污泥处理技术与应用丛书

污泥减量化与稳定化的物理处理技术

廖传华　李　聃　王小军　王万福　著

中国石化出版社

内 容 提 要

《污泥减量化与稳定化的物理处理技术》是“污泥处理技术与应用丛书”之一。本书将污泥的物理处理技术分为调理、浓缩、机械脱水、干化、固化与稳定化、输送等，分别针对各处理方法的原理、工作特性、设备及其工业应用进行了详细介绍，并对电离辐射、微波处理、超声波处理等新兴污泥处理技术进行了简要阐述。

本书不仅适用于石油、化工、生物、制药、食品、医药、市政、环保等专业的高等学校的教师、研究生及高年级本科生阅读，也可作为污水处理厂、污泥处理站的管理人员与技术人员、环保公司的工程设计、调试人员的参考用书。

图书在版编目(CIP)数据

污泥减量化与稳定化的物理处理技术 / 廖传华等著．
—北京：中国石化出版社，2019.3
《污泥处理技术与应用丛书》
ISBN 978-7-5114-5186-6

Ⅰ．①污… Ⅱ．①廖… Ⅲ．①污泥处理-物理处理
Ⅳ．①X703

中国版本图书馆 CIP 数据核字(2019)第 035865 号

中国石化出版社出版发行

地址：北京市朝阳区吉市口路 9 号
邮编：100020 电话：(010)59964500
发行部电话：(010)59964526
http://www.sinopec-press.com
E-mail：press@sinopec.com
北京富泰印刷有限责任公司印刷
全国各地新华书店经销

*

787×1092 毫米 16 开本 21.5 印张 536 千字
2019 年 3 月第 1 版 2019 年 3 月第 1 次印刷
定价：118.00 元

Preface 前言

随着世界各国工业生产的发展、城市人口的增加，城市工业废水与生活污水的排放量日益增多，在城市污水的处理过程中，必然产生大量的污泥。这些污泥中含有大量有害物质和有机物质，大量未经处理的污泥任意堆放和排放，不但会对环境造成新的污染，而且还会浪费污泥中的有用资源。随着污泥海洋处理的禁止和严格填埋标准以及日益严格的农用标准的制定与实施，如何将产量巨大、成分复杂的污泥，经过科学处理使其减量化、稳定化、无害化和资源化，已成为一个世界性的社会和环境问题。

污泥物理处理是采用物理或机械的方法，改变污泥的性质。污泥物理处理是污泥处理过程中非常重要的环节，其目的主要有三个方面：①使污泥减量化。减少水分，为后续处理、利用和运输创造条件，并减少生物固体最终处置前的体积。②使污泥稳定化。通过处理，消除污泥中的有毒有害物质，防止散发恶臭，避免导致二次环境污染，尽量使污泥稳定。③改善污泥的成分和某些性质，以利于达到后续资源化利用的目的。

常用的污泥物理处理技术主要包括污泥调理、污泥浓缩、污泥脱水、污泥干化和污泥稳定化等。由于不同水处理单元或构筑物产生的污泥类型、成分和特性不同，后续适用的处理处置方法各异，因此选择的物理处理方法也随之而异。本书分别对污泥调理、污泥浓缩、污泥脱水、污泥干化、污泥稳定化、污泥输送、污泥电离辐射处理、污泥微波处理和污泥超声波处理等各种污泥物理处理技术进行了介绍。

全书共分10章。第1章概述性地介绍了污泥的来源、分类、性质、危害，我国污泥处理处置的原则及相关政策与标准；第2章分别介绍了物理调理、化学调理、生物调理等各种污泥调理技术；第3章介绍了重力浓缩、气浮浓缩、机械浓缩等各种污泥浓缩技术与设备；第4章介绍了真空过滤脱水、加压过滤脱水、离心脱水、电渗透脱水等各种污泥脱水技术与设备；第 5 章分别介绍了污泥自然干化、加热干化的技术及设备；第 6 章介绍了污泥的固化与稳定化技术；第 7 章分别介绍了污泥的管道输送、泵输送、胶带式输送和螺旋输送的相关设备；第 8 章介绍了污泥的电离辐射处理技术；第 9 章介绍了污泥的微波处理技术；第 10 章介绍了污泥的超声处理技术。

全书由南京工业大学廖传华、中海油能源发展安全环保公司李聃、南京水利科学研究院王小军和中海油能源发展安全环保公司王万福著写，其中第 1 章由廖传华、王小军著写，第 2 章、第 3 章、第 5 章、第 7 章由廖传华著写，第 4 章、第 6 章由王小军、廖传华著写，第 8 章、第 9 章由李聃著写，第 10 章由王万福著写。全书由廖传华统稿。

在著写过程中，南京三方化工设备监理有限公司的赵清万、许开明，南京工业大学耿文华等提出了大量宝贵的建议，研究生赵忠祥、王太东、闫正文、李洋、廖玮、陈厚江、洪至康等在资料收集与处理方面提供了大量的帮助，在此一并表示衷心的感谢。

本书先后得到国家自然科学基金（项目编号：51722905）、中央财政水资源节约、管理与保护项目（项目编号：126302001000160081）、中央分成水资源费项目（项目编号：1261530210031）等支持，在此表示诚挚感谢！

本书著写历时三年，虽经多次审稿、修改，但污泥处理过程涉及的知识面广，由于笔者水平有限，不妥及疏漏之处在所难免，恳请广大读者不吝赐教，作者将不胜感激。

Contents 目录

第1章 绪论

第2章 污泥的调理

第3章 污泥的浓缩

第4章 污泥的机械脱水

第5章 污泥的干化

第6章　污泥的固化与稳定化

第7章　污泥的输送

第 8 章 污泥的电离辐射处理

第 9 章 污泥的微波处理

第10章 污泥的超声波处理

第1章 绪论

随着世界各国工业生产的发展、城市人口的增加，城市工业废水与生活污水的排放量日益增多，在城市污水的处理过程中，必然产生大量的污泥。污泥通常是指主要由各种微生物以及有机、无机颗粒组成的絮状物，是城市污水处理和废水处理不可避免的副产品。据统计，我国每年的污水排放量已达 5.11×10^{12}t，污水处理过程中产生的污泥量约占处理水量的0.3%~0.5%(以含水率为97%计)，如水进行深度处理，污泥量还可能增加0.5~1倍。这些污泥中含有大量有害物质，如寄生虫卵、病原微生物、细菌、病毒、合成有机物及重金属离子等，也含有一些有用物质如植物营养元素(氮、磷、钾)、有机物及水分等。因此，在其产生、储存、处理处置及资源化利用过程中应予以特别注意。目前，随着污泥海洋处理的禁止和严格填埋标准以及日益严格的农用标准的制定与实施，污泥的处理处置已成为一个世界性的社会和环境课题，主要表现为：侵占土地、易腐变质、易污染土壤和地下水，也可能污染河流、湖泊及海洋等地表水体，其中的重金属和毒性有机物容易通过生态系统中的食物链迁移富集，对生态环境和人类健康具有长期潜在的危害性，因此需要引起高度重视。另外，污水污泥的处理处置费用较高，在我国污水处理厂的全部建设费用中，污泥处理费用占20%~50%，甚至达70%左右，因此污泥处理是废水处理系统中的重要组成部分，不能忽视。大量未经处理的污泥任意堆放和排放，不但会对环境造成新的污染，而且还会浪费污泥中的有用能源。因此，如何将产量巨大、成分复杂的污泥，经过科学处理后使其减量化、稳定化、无害化、资源化，已成为我国乃至世界环境界广泛关注的课题之一。

1.1 污泥基础知识

1.1.1 污泥的来源与分类

污泥是在污水处理过程中产生的，它是由有机残片、细菌体、无机颗粒和胶体等组成的非均质体，而污水是由居民生活污水、市政污水、工业污水与地下水、地表水和雨水混合而成，污水中包含有机物、无机物、毒性有机质和病毒微生物，废水中的有机成分主是蛋白质、碳水化合物、脂肪酸和废油。

1.1.1.1 污泥的来源

污水未经处理不能排放有几方面的原因，首先，有机物的分解需要消耗氧，这样会减少水中生物新陈代谢所需氧量，而且有机物分解时会散发大量有臭味的气体。其次，未经处理的污水中含有大量对人体有毒的微生物。第三，废水中含有有毒物质，尤其是重金属物质，会对植物和动物的生长造成破坏，而废水中的磷酸盐和含氮化合物则会导致植物的疯长。因此，废水必须经过处理减少其中的有机物、含氮和含磷化合物、有毒物质及病毒微生物后才能排放。

各国制定了相应的污水排放标准，主要是限制排放污水中的五日生化需氧量（BOD_5）、化学需氧量（COD）、固体悬浮物（SS）、磷酸盐、氮、汞、酚类的含量。现代各国对污染物的排放标准要求越来越严格，污水必须经过机械处理、生化处理、脱氮脱磷三个处理阶段后才能达到污水排放标准要求。

机械处理是对污水进行初步净化，未经处理的污水先流过格栅，粗颗粒被分离出来，然后进入沉淀池进行沉淀，在这一阶段，可沉物质和悬浮物被分离。在机械处理阶段，50%~70%的悬浮物、25%~40%的 BOD_5 被脱除，分离出来的物质形成初级污泥，其成分为30%的无机物和70%的有机物。

污水生物处理过程是指利用微生物的新陈代谢，把污水中存在的各种溶解态或胶体状态的有机污染物转化为稳定的无害化物质，这些转化的无害化物质密度大于水的密度，可以通过沉淀作用沉淀下来形成污泥，这一阶段的污泥称为二级污泥。

第三处理阶段是把氮和磷除去。脱氮经过两个阶段：硝化阶段和脱硝阶段。废水中的氮首先被氧化成硝酸盐，然后通过化学方法把硝酸盐转变成单质氮，在这一过程中，脱硝阶段是实现氮循环的关键性一步，通过脱硝阶段把氮化合物转变成氮气排放到大气中，就完成了废水的脱氮。废水的脱磷是通过在沉淀池添加化学添加剂或通过生物的生化作用把磷转变为能够沉淀的含磷化合物而脱除。在此阶段，产生了含氮、含磷的污水污泥。

1.1.1.2 污泥的分类

城市污水处理厂污泥可按不同的分类标准分类，其中常见的分类方法有以下几种。

(1) 按污水的来源特性分类

按污水的来源特性可将污泥分为生活污水污泥和工业废水污泥。

生活污水污泥是生活污水处理过程中产生的污泥，其有机物含量一般相对较高，重金属等污染物的浓度相对较低；工业废水污泥是工业废水处理过程中产生的污泥，其特性受工业废水性质的影响较大，所含有机物及各种污染物成分变化较大。

(2) 按污泥性质分类

根据污泥的性质，可分为以下四种：

① 有机污泥　主要含有机物，典型的有机污泥是剩余活性污泥，如废水经活性污泥法和生物膜法、厌氧消化法处理后的消化污泥等，此外还有油泥及废水中固相有机污染物沉淀后形成的污泥。有机污泥的特点是污泥颗粒细小，往往呈絮凝体状态，密度小，持水能力强，含水率高，不易下沉，压密脱水困难。同时，有机污泥稳定性差，容易腐败和产生恶臭。但有机污泥常含有丰富的氮、磷等养分，流动性好，便于管道输送。

② 无机污泥　主要含无机物，如利用石灰中和酸性废水产生的沉渣、用混凝沉淀法去除污水中的磷、用化学沉淀法去除污水中的重金属离子等产生的污泥，其主要成分是金属化合物(包括重金属化合物)。这种污泥密度大，固相颗粒大，易于沉淀、压密和脱水，颗粒持水能力差，含水率低，流动性差，污泥稳定不腐化，而且还可能出现重金属离子再溶出。

③ 亲水性污泥　主要由亲水性物质构成，这类污泥往往不易于浓缩和脱水。

④ 疏水性污泥　主要由疏水性物质构成，这类污泥的浓缩和脱水性能较好。

(3) 按污泥的来源分类

根据污泥的来源，可将污泥分成以下几类：

① 栅渣　污水中用筛网或格栅截留的悬浮物质、纤维织品、动植物残片、木屑果壳、纸张、毛发等物质。

② 沉砂池沉渣　是废水中含有的泥砂、煤屑炉渣等，它们以无机物质为主，但颗粒表面多黏附着有机物质，平均相对密度约为2.0，容易沉淀，可用沉砂池沉淀去除。

③ 浮渣　是不能被格栅清除而飘浮于初次沉淀池表面的物质，其相对密度小于1，如动植物油与矿物油、蜡、表面活性剂泡沫、果壳、细小食物残渣和塑料制品等。二次沉淀池表面也会有浮渣，它们主要源于池底局部沉淀物或排泥不当、池底积泥时间过长、厌氧消化后随气体(CO_2、CH_4等)上浮至池面而成。

④ 初沉污泥　是初次沉淀池中沉淀的物质。初沉污泥是依靠重力沉降作用沉淀的物质，以有机物为主(约占总干重的65%)，含水率高(一般在95%~97%)、易腐烂发臭，极不稳定，色呈灰黑，胶状结构，亲水性，相对密度约为1.02，需经稳定化处理。

⑤ 剩余活性污泥　污水经活性污泥法处理后沉淀在二次沉淀池中的物质称为活性污泥，其中排放的部分为剩余活性污泥。剩余活性污泥以有机物为主(占60%~70%)，相对密度在1.004~1.008之间，不易脱水。

⑥ 腐殖污泥　污水经生物膜法处理后沉淀在二次沉淀池中的物质称为腐殖污泥。腐殖污泥主要含有衰老的生物膜与残渣，有机成分占60%左右(占干固体质量)，相对密度约为1.025，呈褐色絮状，不稳定易腐化。

初沉污泥、剩余活性污泥和腐殖污泥可统称为生污泥；生污泥经过消化池消化处理后为熟污泥或消化污泥。

⑦ 化学污泥　用化学沉淀法处理污水后产生的沉淀物称为化学污泥或化学沉渣，如用混凝沉淀法去除污水中的磷；投加硫化物去除污水中的重金属离子；投加石灰中和酸性污水产生的沉渣以及酸、碱污水中和处理产生的沉渣均称为化学污泥或化学沉渣。

(4) 按污泥处理的不同阶段分类

按污泥处理的不同阶段可分为以下几类：

① 生污泥或新鲜污泥　是指未经任何处理的污泥。

② 浓缩污泥　是指经浓缩处理后的污泥。

③ 消化污泥　是指经厌氧消化或好氧消化稳定处理的污泥。厌氧消化可使45%~50%的有机物被分解成CO_2、CH_4和H_2O；好氧消化是利用微生物的内源呼吸而使自身氧化分解为CO_2和H_2O，且消化污泥易脱水。

④ 脱水污泥　是指经脱水处理后的污泥。

⑤ 干化污泥　是指经干化处理后的污泥。

1.1.2 污泥的性质

污泥的来源不同，其物理、化学和微生物学特性存在差异，了解污泥的各种性质是选择合适的污泥处理处置方法的基础。

1.1.2.1 *污泥的物理性质*

表示污泥物理性质的指标主要有污泥含水率、污泥浓度、污泥体积、挥发性固体与灰分、污泥密度、污泥的脱水性能与污泥比阻、污泥的臭气、污泥的传输性、污泥的毒性和污泥的热值等。

(1) 污泥含水率

污泥中所含水分按其存在形式可大致分为四类：空隙水、毛细水、吸附水和内部水等四类，如图 1-1 所示。空隙水是指被大小污泥颗粒包围的水分，约占污泥中总水分的 70%，由于空隙水不直接与固体结合，因而很容易分离，此类水在调节池停留数小时后即可显著减少，是污泥浓缩的主要对象；毛细水是指在固体颗粒接触面上由毛细压力结合，或充满于固体与固体颗粒之间或充满于固体本身裂隙中的水分，约占污泥水分的 20%，此类水的去除需施以与毛细水表面张力的合力相反方向的作用力，如离心机的离心力、真空过滤机的负压力、电渗力或热渗力等，方可达到脱水目的；吸附水是吸附在污泥小颗粒表面的水分，占污泥水分的 7%左右，污泥常处于胶体颗粒状态，比表面积大，在表面张力作用下能吸附较多的水分，表面吸附水的去除较难，不能用普通的浓缩或脱水方法去除，需采用混凝剂辅助进行分离或采用加热法脱除；内部水是指微生物细胞内部的液体，大约占污泥水分的 3%左右，去除内部水必须破坏细胞膜，使用机械方法难以奏效，可采用高温加热或冷冻等措施将其转变成外部水，也可通过生物分解手段，如好氧氧化、堆肥化、厌氧消化等予以去除。

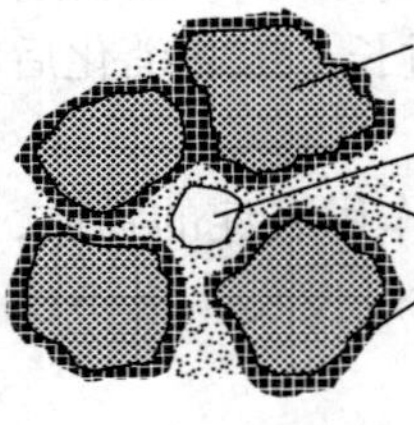

图 1-1 污泥水分分布图

污泥含水率(P)指污泥中所含水分的质量与污泥总质量之比的百分数：

$$P = \frac{W}{W + S} \times 100\% \tag{1-1}$$

式中 P ——污泥的含水率,%；

W ——污泥中水分质量，kg；

S ——污泥中总固体质量，kg。

污泥的含水率一般都较高，相对密度接近于 1。

(2) 污泥浓度

污泥浓度也称污泥固体浓度，表示污泥中所含固体物质的质量与污泥总质量之比的百分数，即

$$C = \frac{S}{W + S} \times 100\% \tag{1-2}$$

式中 C ——污泥浓度,%。

(3) 污泥体积

污泥的体积为污泥中水的体积与固体体积两者之和，即

$$V=\frac{W}{\rho_w}+\frac{S}{\rho_s} \tag{1-3}$$

式中　V——污泥体积，m^3；

W——污泥中水分质量，kg；

S——污泥中总固体质量，kg；

ρ_w——污泥中水的密度，kg/m^3；

ρ_s——污泥中干固体密度，kg/m^3。

污泥的体积、质量及所含固体物质浓度之间的关系，可用式(1-4)表示：

$$\frac{V_1}{V_2}=\frac{W_1}{W_2}=\frac{100-P_2}{100-P_1}=\frac{C_2}{C_1} \tag{1-4}$$

式中　P_1、V_1、W_1、C_1——污泥含水率为 P_1 时的污泥体积（m^3）、质量（kg）及固体浓度（mg/L）；

P_2、V_2、W_2、C_2——污泥含水率为 P_2 时的污泥体积（m^3）、质量（kg）及固体浓度（mg/L）。

(4) 挥发性固体（或称灼烧减重）与灰分（或称灼烧残渣）

挥发性固体近似等于有机物含量；灰分表示无机物含量。二者可通过“600℃高温减重法”试验测定。

(5) 湿污泥相对密度与干污泥相对密度

湿污泥质量等于污泥所含水分质量与干固体质量之和。湿污泥相对密度等于湿污泥质量与同体积水的质量的比值。由于水的相对密度为 1，所以湿污泥的相对密度 γ 可用式(1-5)计算：

$$\gamma=\frac{P+(100-P)}{P+\dfrac{100-P}{\gamma_s}}=\frac{100\gamma_s}{P\gamma_s+(100-P)} \tag{1-5}$$

式中　γ——湿污泥相对密度；

P——湿污泥含水率，%；

γ_s——污泥中干固体平均相对密度。

干固体中有机物（即挥发性固体）所占百分比及其相对密度分别用 P_v、γ_v 表示，无机物（即灰分）的相对密度用 γ_a 表示，则干污泥的平均相对密度 γ_s 可计算为

$$\frac{100}{\gamma_s}=\frac{P_v}{\gamma_v}+\frac{100-P_v}{\gamma_a} \tag{1-6}$$

由式(1-6)可得

$$\gamma_s=\frac{100\gamma_a\gamma_v}{100\gamma_v+P_v(\gamma_a-\gamma_v)} \tag{1-7}$$

有机物的相对密度一般等于 1，无机物的相对密度一般约为 2.5~2.65，以 2.5 计，式(1-7)可简化为

$$\gamma_s=\frac{250}{100+1.5P_v} \tag{1-8}$$

则湿污泥的相对密度 γ 为

$$\gamma = \frac{25000}{250P + (100 - P)(100 + 1.5P_v)} \tag{1-9}$$

确定湿污泥的相对密度和干污泥的相对密度，对于浓缩池的设计、污泥运输及后续处理都有实际意义。

(6) 污泥的脱水性能与污泥比阻

污泥的含水率一般都很高，为了使污泥便于输送、处理和处置，必须对污泥进行脱水处理。但不同性质污泥的脱水性能差别很大，脱水的难易程度也不同。污泥比阻 r 常用来衡量污泥的脱水性能，它反映了水分通过污泥颗粒所形成的泥饼时所受阻力的大小，其物理意义是：单位质量的污泥在一定压力下过滤时，单位过滤面积上的阻力即单位过滤面积上滤饼单位干重所具有的阻力，即

$$r = \frac{2FA^2b}{\mu\omega} \tag{1-10}$$

式中 r——污泥比阻，m/kg；

F——过滤压力，N/m^2；

A——过滤面积，m^2；

b——污泥性质系数，s/m^2；

μ——滤液动力黏度，Pa·s。

ω——单位体积滤液产生的干滤饼质量，kg/m^3。

(7) 污泥的臭气

污泥本身是有气味的，如果处理不当可释放出难闻的臭气和其他有害污染物，因此，臭气的控制是污泥处理和管理中必须重视的问题之一。

在分解污水中有机物质的过程中微生物会利用一些元素，如碳、氮以及其他元素，形成新的有机化合物并释放出二氧化碳、水、硫化氢、氨、甲烷和相当数量的中间产物。这些有机化合物中的相当一部分都是严重的臭味污染物。因此，控制臭气的最有效方法是阻止或者控制有机物的分解循环。

臭味污染物的浓度低，分子结构复杂，在空气中的停留时间短，来源和存在条件多变。大体上可将它们分成两类：含硫有机化合物和含氮有机化合物。含硫有机化合物包括硫醇(通式为 C_xH_ySH)、有机硫(C_xH_yS)和硫化氢(H_2S)等；在含氮有机化合物中，各种复杂的胺(C_xH_yNH)、氨(NH_3)和其他含 N 和 NH_2 原子团的有机物都是恶臭污染物。大多数臭气污染物(除胺和氨以外)的臭味阈值浓度都非常低。

(8) 污泥的传输性

液体污泥(大约 6%的总固体)通常是牛顿流体，其物理性质与水极为相近，在层流状态下，压力的减少与速度和黏度成比例，可以很容易地通过离心泵、皮碗泵、谐振器、膜式泵、活塞泵和其他类型的传送方式实现输送。

浓缩污泥(特别是脱水污泥)是非牛顿流体，其随着固体含量的增加还会变成塑性流体。浓缩污泥特别是脱水污泥通常更难运输、计量和储存，因此，对污泥泵、运输工具和储存位置的选择要非常重视。

管道系统的设计也是非常关键的因素。污泥输送管线的管径一般都不小于 150mm。污泥在输送管内经常发生沉积，结果导致传输耗损增加，如果不安装管道清淘措施，污泥输送

管最终会堵死。

动力传送带、无轴螺杆传送带、特殊的容积式真空泵和活塞泵已开始用于输送脱水污泥。封闭式传送带和输送泵在含臭味污泥的输送过程中有非常明显的优越性。

(9) 污泥的储存性

污泥的储存需要适应污泥产生率的变化，并要充分考虑污泥处理设备不工作(周末或停产)时的堆放问题。污泥的储存对保证污泥均匀供给每一处理过程(如脱水、干化、焚烧等热化学处理等)非常重要。

短时间的液体污泥储存可以在沉淀和浓缩池内完成；长时间的污泥储存需要在好氧和厌氧消化池内完成，特别是要储存在隔离储存池或地下储存池内。

(10) 污泥的燃烧值

废水污泥尤其是剩余污泥、油泥等，含有大量的有机物质，因此具有一定的发热值。若有机成分单一，可通过有关资料直接查取该组分的氧化反应方程式及发热值。污泥中可燃组分主要是C、H、S，如果已知有机组分各元素的含量，可根据式(1-11)来计算污泥的低位发热值 Q_{dw} (kJ/kg)。

$$Q_{dw} = 337.4C + 603.3\left(H - \frac{O}{8}\right) + 95.13S - 25.08P \tag{1-11}$$

式中　C、H、O、S——污泥中碳、氢、氧、硫的质量分数,%；

P——污泥的含水率,%。

然而，污泥组成很复杂，较难确定各组分的含量。比较便利和常用的分析方法是测量污泥的COD值，它可以间接表征有机物的含量，与污泥的发热值存在着必然的联系。对大多数有机物而言，燃烧时每去除1g COD所放出的热量平均约为14kJ。利用这一平均值计算污泥的低位发热值所产生的最大相对误差约为10%，在工程计算时是允许的。这样，有机污泥的低位发热量 Q_{dw} (kJ/kg)可利用式(1-12)进行估算：

$$Q_{dw} = 14\text{COD} - 25.08P \tag{1-12}$$

式中　COD——有机污泥的COD值，g/kg。

一般有机污泥的热值相当于劣质煤，见表1-1。用焚烧法处理污泥时，辅助燃料的消耗量直接关系到处理成本的高低。对于有机污泥，因其热值较高(一般达6300kJ/kg)，如果选用适合燃用低热值污泥的流化床焚烧炉，可不加辅助燃料进行处理，从而大大降低其运行费用。

表1-1　有机污泥发热量与燃料对比

污泥类别	原污泥	活性污泥	纸浆污泥	酪朊	煤	燃料油
平均热值/(kJ/kg)	18180	14750	11870	24540	20900	45020

1.1.2.2　污泥的化学性质

污泥的化学性质包括污泥的基本理化特性、可消化程度、污泥的肥分、污泥中所含的重金属物质等。

(1) 污泥的基本理化特性

城市污水处理厂污泥的基本理化成分见表1-2。可以看出，城市污水处理厂污泥以有机物为主，有一定的反应活性，理化特性随处理状况的变化而变化。挥发分是污泥最重要的化学性质，决定了污泥的热值及其可消化性。

表 1-2　城市污水处理厂污泥的基本理化成分

项　　目	初次沉淀污泥	剩余活性污泥	厌氧消化污泥
pH 值	5.0~8.0	0.5~0.8	6.5~7.5
干固体总量/%	3~8	0.5~1.0	5.0~10.0
挥发性固体总量(以干重计)/%	60~90	60~80	30~60
固体颗粒密度/(g/cm^3)	1.3~1.5	1.2~1.4	1.3~1.6
容重	1.02~1.03	1.0~1.005	1.03~1.04
BOD_5/VS	0.5~1.1	—	—
COD/VS	1.2~1.6	2.0~3.0	—
碱度(以 $CaCO_3$ 计)/(mg/L)	500~1500	200~500	2500~3500

（2）污泥的化学构成

污水的来源和处理方法在很大程度上决定着污泥的化学组成。一般的，污泥的化学构成包含植物营养元素、无机营养物质、有机物质、微量营养物质等。

① 植物营养元素

污泥中含有植物生长所必需的常量营养元素和微量营养元素，其中氮、磷和钾在污泥的资源化利用方面起着非常重要的作用。

② 无机营养物质

污泥的无机物组成也是按其与污染控制有关的各个方面进行描述，其中包含毒害性无机物组成、植物养分组成、无机矿物组成等三个主要方面。

a. 植物养分组成，是按氮、磷、钾 3 种植物生长所需要的宏量元素含量对污泥组成进行描述，既是对污泥肥料利用价值的分析，也是对污泥进入水体的富营养化影响的分析。对污泥植物养分组成的分析，除了总量外还必须考虑其化合状态。因此，氮可分为氨氮(NH_3-N)、亚硝酸盐氮、硝酸盐氮和有机氮；磷一般分为颗粒磷和溶解性磷两类；钾则按速效和非速效分为两类。

b. 污泥的无机矿物组成，主要是铁、铝、钙、硅元素的氧化物和氢氧化物。这些污泥中的无机矿物通常对环境是惰性的，但它们对污泥中重金属的存在形态有较大影响。

c. 无机毒害性元素，主要包括砷、镉、铬、汞、铅、铜、锌、镍等 8 种元素。

③ 有机物质

研究城市污水污泥的组成是选择污泥处理和利用技术的依据。由于城市污水中含有各种成分，因此污泥的组成也很复杂，含有多种有机相和无机相物质。

污泥有机物的组成首先是元素组成，一般按 C、H、O、N、S、Cl 等 6 种元素的构成关系来考察污泥的有机元素组成。另一种组成描述方式是化学组成。由于污泥有机物的分子结构状况十分复杂，因此按其与污染控制及利用有关的各方面来描述其化学组成，其中主要包括：毒害性有机物组成、有机生物质组成、有机官能团化合物组成和微生物组成等。

a. 毒害性有机物组成。所谓的毒害性有机物是按其在环境生态体系中的生物毒性达到一定的程度来定义的，各国均已公布的所谓环境优先控制物质目录中可以找到相应的特定物质。污泥中主要的毒害性有机物有多氯联苯(PCBs)、多环芳香烃(PAHs)等。

b. 有机生物质组成。有机生物质组成是按有机物的生物活性及生物质结构类别对生物污泥有机物组成进行描述，前者可将污泥有机物划分为生物可降解性和生物难降解性两大类，后者则以可溶性糖性、纤维素、木质素、脂肪、蛋白质等生物质分子结构特征为分类依据。这两种生物质组成描述方式能有效地提供污泥有机质的生物可转化性依据。

c. 有机官能团化合物组成。有机官能团化合物组成是按官能团对污泥有机物组成进行描述的方法，一般包括醇、酸、酯、醚、芳香化合物、各种烃类等，其组成状况与污泥有机物的化学稳定性有关。

d. 微生物组成。为了表征污泥的卫生学安全性，一般采用指示物种的含量来描述污泥的微生物组成。我国一般采用大肠杆菌、粪大肠杆菌菌落数和蛔虫卵等生物指标。国外为了能间接检查病毒的无害化处理效果，多将生物生命特征与病毒相似的沙门氏菌列入组成分析范围。

污泥中含有的有机物组成见表1-3。有机物质可以对土壤的物理性质起到很大的影响，如土壤的肥效、腐殖质的形成、容重、聚集作用、孔隙率和持水性等。污泥中含有的可生物利用有机成分包括纤维素、脂肪、树脂、有机氮、硫和磷化合物、多糖等，这些物质有利于土壤腐殖质的形成。

表1-3 污泥中含有的有机物组成

有机物种类	初次沉淀污泥	二次沉淀污泥	厌氧消化污泥
有机物含量/%	60~60	60~80	—
纤维素含量(占干重)/%	8~15	5~10	30~60
半纤维素含量(占干重)/%	2~4	—	8~15
木质素含量(占干重)/%	3~7	—	—
油脂和脂肪含量(占干重)/%	6~35	5~12	5~20
蛋白质含量(占干重)/%	20~30	32~41	15~20
碳氮比(C/N)	(9.4~10)∶1	(4.6~5.0)∶1	—

④ 微量营养元素

污泥中包括的微量营养元素，如铁、锌、铜、镁、硼、钼(促进氮固定作用)、钠、钡和氯等，都是植物生长所少量需要的，但它们对植物的生长非常重要。氯除了有助于植物根系的生长以外，其他方面的作用还不十分清楚。

土壤和污泥的pH值能影响微量元素的可利用性。

(3) 污泥的肥分

污泥中含有大量植物生长所必需的肥分，如氮、磷、钾、微量元素及土壤改良剂如有机腐殖质。我国城市污水处理厂各种污泥所含肥分见表1-4。

表 1-4　我国城市污水处理厂各种污泥肥分含量表

污泥类别	初次沉淀污泥	消化污泥		活性污泥
		初沉池污泥消化后	生物膜法污泥消化后	
总氮/%	2.0	1.6~3.44	2.8~3.14	3.51~7.15
磷/%(以 P_2O_5 计)	1.0~3.0	0.55~0.77	1.03~1.98	3.3~4.97
钾/%(以 K_2O 计)	0.1~0.3	0.24	0.11~0.79	0.22~0.44
有机质/%	50~60	25~30	—	60~70
灰分/%	50~40	75~70	—	—
脂肪酸([H^+]/10^{-3}mol/L)	16~20	4~5	—	—

(4) 污泥中重金属离子含量

污泥中的重金属离子含量决定于城市污(废)水中工业废水所占比例及工业性质。(污)废水经二级处理后，污(废)水中重金属离子约有50%以上转移到污泥中，因此污泥中的重金属离子含量一般都较高。当污泥用作肥料使用时，需要考虑重金属离子含量是否符合《城镇污水处理厂污泥处置 农用泥质》(CJ/T 309—2009)的相关规定，必要时需要进行处理。

1.1.2.3 污泥的生化性质

污泥的生化性质主要包括污泥的可消化程度和致病性两个方面。

(1) 可消化程度

污泥中的有机物是消化处理的对象。有些有机物可被消化降解或称可被气化、无机化，另一些有机物如脂肪和纤维素等不易被消化降解。可消化程度用来表示污泥中可被消化降解的有机物量，如式(1-13)：

$$R_d = \left(1 - \frac{P_{s1}P_{v2}}{P_{s2}P_{v1}}\right) \times 100\% \tag{1-13}$$

式中　R_d——可消化程度,%；

P_{s1}、P_{s2}——生污泥及消化污泥的无机物含量,%；

P_{v1}、P_{v2}——生污泥及消化污泥的有机物含量,%。

因此，消化污泥量可用式(1-14)计算：

$$V_d = \frac{(100 - P_1)V_1}{100 - P_d}\left[\left(1 - \frac{P_{v1}}{100}\right) + \frac{P_{v1}}{100}\left(1 - \frac{R_d}{100}\right)\right] \tag{1-14}$$

式中　V_d——消化污泥量，m^3/d；

P_d——消化污泥含水率,%，取周平均值；

V_1——生污泥量，m^3/d，取周平均值；

P_1——生污泥含水率,%，取周平均值；

P_{v1}——生污泥有机物含量,%；

R_d——可消化程度,%，取周平均值。

(2) 致病性

大多数废水处理工艺将污水中的致病微生物去除后，将其转移到污泥中，因此污泥中包含多种微生物群体。污泥中的微生物群可以分为细菌、放线菌、病毒、寄生虫、原生动物、轮虫和真菌，这些微生物中相当一部分是致病的(如它们可以导致很多人和动物的疾病)。污泥处理的一个主要目的就是去除病原微生物，使其达到合格标准。

未处理的污泥施用到农田会将微生物和病毒的污染传播给庄稼作物以及地表和地下水。污水处理厂、污泥处理设施、污泥堆肥、污泥土地填埋和污泥土地利用等如果操作不当，都可能产生大气和工农业产品的致病体污染。污泥资源化利用和处置之前的有效处理对于防止致病体带来的疾病是十分重要的。

致病微生物可以通过物理加热法(高温)、化学法和生物法破坏。足够长的加热时间可以将细菌、病毒、原生动物胞囊和寄生虫卵降低到可以检测的水平以下(热处理对寄生虫卵的去除效率是最低的)；使用消毒剂(如氯、臭氧和石灰等)的化学处理方法同样可以减少细菌、病毒和带菌体的数量，例如高 pH 值可以完全破坏病毒和细菌，但对寄生虫卵却作用很小或几乎无作用，病毒对 γ 射线和高能电子束辐射处理的抗性最大。致病微生物的去除可由微生物直接检测或监测无致病性的指标生物来衡量。

1.1.3 污泥的危害

污泥中有机物含量高，易腐烂，有强烈的臭味，并且含有寄生虫卵、致病微生物和铜、锌、铬、汞等重金属以及盐类、多氯联苯、二噁英、放射性核素等难降解的有毒有害物质，如不加以妥善处理，任意排放，将会造成二次污染。

1.1.3.1 污泥对水环境的影响

目前，城市污水处理厂普遍采用活性污泥法及其各种变形工艺，进厂污水中的大部分污染物是通过生物转化为污泥去除的，污水成分及其处理工艺的不同直接影响污泥组成。随着污水处理要求的日益严格，污泥成分会更加复杂。在人们的日常生活中，大量废弃物随污水进入城市污水管网，据文献报道大约有 8.0×10^4 种化学物质进入到污水中，在污水处理过程中，有些物质被分解，其余的大部分被直接转移到污泥中。根据文献记录，污水污泥中的有机物分为 15 类共 516 种，其中包含 90 种优先控制物和 101 种目标污染物，而且污泥中经常含有 PCBs、PAHs 等剧毒有机物以及大量的重金属和致病微生物，以及一般的耗氧性有机物和植物养分(N、P、K)等。因此，城市污水厂污泥中含有覆盖面很广的各类污染物质，并且污水处理厂均有大量工业废水进入，经过污水处理，污水中重金属离子约有 50%以上转移到污泥中。

污泥的处置方式不同，对水体环境的污染情况也不相同。当污泥与城市垃圾一起填埋于垃圾场时，污泥中的病原物会随雨水下渗，污染地下水。土地利用被认为是最有前景的污泥处置方式，但施用与保护不当，病原物不仅会污染土壤环境，而且还会经由地表径流和渗滤液污染地表水和地下水。污泥的集中堆置不仅将严重影响堆置地附近的环境卫生状况(臭气、有害昆虫、含致病生物密度大的空气等)，也可能使污染物由表面径流向地下径流渗透，引起更大范围的水体污染问题。因此，选择合适的处置场所和方法，避免病原物引起的水体环境二次污染是污泥土地安全处置中的重要环节。

1.1.3.2 污泥对土壤环境的影响

污泥中含有大量的 N、P、K、Ca 及有机质，这些有机养分和微量元素可以明显改变土壤的理化性质，增加氮、磷、钾的含量，同时可以缓慢释放许多植物所必需的微量元素，具有长效性。因此，污泥是有用的生物资源，是很好的土壤改良剂和肥料。污泥用作肥料，可以减少化肥施用量，从而降低农业成本，减少化肥对环境的污染。但是，由于污水种类繁多、性质各异，各污水处理厂的污泥在化学成分和性质上有很大的差异，由许多工厂排出的污水合流而成的城市污水处理厂的污泥成分就更加复杂。在污泥中，除含有对植物有益的成分外，还可能含有盐类、酚、氰、3,4-苯并芘、镉、铬、汞、镍、砷、硫化物等多种有害物质。当污泥施用量和有害物质含量超过土壤的净化能力时，就可能毒化土壤，危害作物生长，使农产品质量降低，甚至在农产品中的残留超过食用卫生标准，直接影响人体健康。因此，对污泥施肥应当慎重。

造成土壤污染的有害物质主要是重金属元素。农田受重金属元素污染后，表现为土壤板结、含毒量过高、作物生长不良，严重的甚至没有收成。根据对农业环境的污染程度，可将污泥中的重金属元素分为两类：一类对植物的影响相对小些，也很少被植物吸收，如铁、铅、硒、铝等；另一类污染比较广泛，对植物的毒害作用重，在植物体内迁移性强，有些对人体的毒害大，如镉、铜、锌、汞、铬等。

（1）锌。锌是植物正常生长不可缺少的重要微量元素，锌在植物体内的生理功能是多方面的。缺乏锌时，生长素和叶绿素的形成受到破坏，许多酶的活性降低，破坏光合作用及正常的氮和有机酸代谢，进而引起多种病害。如玉米的花白叶病、柑橘的缩叶病。过量的锌会使植株矮小、叶退绿、茎枯死，质量和产量下降。锌在土壤中的含量一般为 20～95μg/g，最高允许含量为 250μg/g。

（2）镉。镉是一种毒性很强的污染物质，它对农业环境的污染已在日本引起了举世闻名的“骨痛病”。镉对植物的毒害主要表现在破坏正常的磷代谢，叶绿素严重缺乏，叶片褪绿，并引起各种病害，如大豆、小麦的黄萎病。试验证明，土壤含镉 $5\times10^{-6}\mu g/m^3$ 可使大豆受害，减产 25%。镉属累积性元素，在植物体内迁移性强，生长在镉污染土壤上的农产品含镉量可达 $0.4\times10^{-6}\mu g/m^3$ 以上。在正常环境条件下，人平均日摄取的镉量超过 300μg，就有得“骨痛病”的危险。土壤中镉的含量通常在 $0.5\times10^{-6}\mu g/m^3$ 以下，最高含量不得超过 $1\times10^{-6}\mu g/m^3$。

（3）铬。铬也是植物需要的微量元素。在缺乏铬的土壤加入铬，能增强植物光合作用能力，提高抗坏血酸、多酚氧化酶等多种酶的活性，增加叶绿素、有机酸、葡萄糖和果糖含量。而当土壤中的铬过多时，则会严重影响植物生长，干扰养分和水分的吸收，使叶片枯黄、叶鞘烂、茎基部肿大、顶部枯萎。土壤铬的含量一般在 $250\times10^{-6}\mu g/m^3$ 以下，最高含量不得超过 $500\times10^{-6}\mu g/m^3$。六价铬含量达 $1000\times10^{-6}\mu g/m^3$ 时，可造成土壤贫瘠，大多数植物不能生长。

（4）汞。汞是植物生长的有害元素，可使植物代谢失调、降低光合作用、影响根、茎、叶和果实的生长发良，过早落叶。汞也属于累积性元素，当土壤中含可溶性汞量达 $0.1\times10^{-6}\mu g/m^3$ 时，稻米中含汞量可达 $0.3\times10^{-6}\mu g/m^3$。土壤中汞的含量一般在 $0.2\times10^{-6}\mu g/m^3$ 以下，最高含量不得超过 $0.5\times10^{-6}\mu g/m^3$。

（5）铜。铜是植物生长的必需元素。土壤缺乏铜时，会破坏植物叶绿素的生成，降低多种氧化还原酶的活性，影响碳水化合物和蛋白质的代谢，进而引起尖端黄化病、尖端萎缩病等症状。但过量铜会产生铜害，主要表现在根部，新根生长受到阻碍，缺乏根毛，植物根部呈珊瑚状。土壤的含铜量一般在(10～50)×10^{-6}μg/m^3，可溶性铜的最高允许含量为125×10^{-6}μg/m^3。据报道，土壤含铜量达200×10^{-6}μg/m^3时，将使小麦枯死。

1.1.3.3 污泥对大气环境的影响

污泥中含有的病原微生物可通过以下种途径对大气环境产生危害：①在污水处理过程中，由于操作流程不规范，产生的污泥没有直接送入密闭装置，污泥颗粒会进入周围的大气环境；②施用液体污泥时，将污泥注射入土壤产生的强大压力使少量污泥溅出，形成细小颗粒进入大气；③污泥表层施用或混施进入土壤后，在耕作或收获作物和刮大风时会形成气溶胶或粉尘，病原物随这些气溶胶或粉尘进入大气。大气中的病原物既可通过呼吸作用直接进入人体内，也可吸附在皮肤或果蔬表面间接地进入人体内，危害人类健康。

污泥中含有部分带臭味的物质，如硫化氢、氨、腐胺类等，任意堆放会向周围散发臭气，对大气环境造成污染，不仅影响堆放区周边居民的生活质量，也会给工作人员的健康带来危害。同时，臭气中的硫化氢等腐蚀性气体会严重腐蚀设备，缩短其使用寿命。另外，污泥中有机组分在缺氧储存、堆放过程中，在微生物作用下会发生降解生成有机酸、甲烷等。甲烷是温室气体，其产生和排放会加剧气候变暖。

1.2 污泥处理处置原则及相关政策与标准

1.2.1 污泥处理处置的原则

1.2.1.1 城镇污水污泥处理处置原则

参考国内外的经验和教训，我国污泥处理处置应符合“安全环保、循环利用、节能降耗、因地制宜、稳妥可靠”的原则。

安全环保是污泥处理处置必须坚持的基本要求。污泥中含有病原体、重金属和持久性有机物等有毒有害物质，在进行污泥处理处置时，应根据必须达到的污染控制标准，对所选择的处理处置方式进行环境安全评价，并采用相应的污染控制措施，确保公众健康与环境安全。

循环利用是污泥处理处置时应努力实现的重要目标。污泥的循环利用体现在污泥处理处置过程中充分利用污泥中所含有的有机质、各种营养元素和能量。污泥循环利用的途径主要有两条：一是土地利用，将污泥中的有机质和营养元素补充到土地；二是通过厌氧消化或焚烧等热化学转化技术回收污泥中的能量。

节能降耗是污泥处理处置应充分考虑的重要因素，应避免采用消耗大量优质清洁能源、物料和土地资源的处理处置技术，以实现污泥低碳处理处置。鼓励利用污泥厌氧消化过程中产生的沼气热能、垃圾和污泥焚烧余热、发电厂余热或其他余热作为污泥处理处置的热源。因地制宜是污泥处理处置方案比较选择的基本前提，应综合考虑污泥泥质特征及未来的变化、当前的土地资源及特征、可利用的水泥厂或热电厂等工业窑炉状况，以及经济和社会发展水平等因素，确定本地区的污泥处理处置技术路线和方案。

稳妥可靠是污泥处理处置贯穿始终的必要条件。在选择处理处置方案时，应优先采用先进成熟的技术；对于研发中的新技术，应经过严格的评价、生产性应用以及工程示范，确认可靠后方可采用。在制订污泥处理处置规划方案时，应根据污泥处理处置的阶段性特点，同时考虑应急性、阶段性和永久性三种方案，最终应保证永久性方案的实现。在永久性方案完成前，可把充分利用其他行业资源进行污泥处理处置作为阶段性方案，并应具有应急的处理处置方案，防止污泥随意弃置，保证环境安全。

通常，在工程中，要求污泥的处理处置满足“减量化、稳定化、无害化、资源化”原则。

（1）减量化。城市污水处理厂的污泥减量化就是通过采用过程减量化的方法减少污泥体积，以降低污泥处理及最终处置的费用。从污水厂出来的污泥体积非常大，这给污泥的后续处理造成困难，要把它变得稳定、方便利用，必须首先要对其进行减量处理。

由于污泥的含水量很高、体积很大且呈流动态，不利于储存、运输和消纳，减量化十分重要。污泥的体积随含水量的降低而大幅度减少，且污泥呈现的状态和性质也有很大变化，如含水率在85%以上的污泥可用泵输送；含水率为70%~75%的污泥呈柔软状；含水率为60%~65%的污泥几乎成为固体状态；含水率为34%~40%的污泥已呈现为可离散状态；含水率为10%~15%的污泥则呈现为粉末状态。因此，可以根据不同的污泥处理工艺和装置要求，确定合适的减量化程度。

污泥减量通常分为质量减少、体积减少和过程减量。质量减少的方法主要是通过稳定和焚烧，但由于焚烧所需的费用很高且存在烟气污染问题，因此主要适用于难以资源化利用的部分污泥。污泥体积的减少主要是通过污泥浓缩、污泥脱水两个步骤来实现。污泥过程减量可通过超声波技术、臭氧法、膜生物反应器、生物捕食、微生物强化、代谢解耦联及氯化法等方法实现。

（2）稳定化。污泥稳定化是降解污泥中的有机物质，进一步减少污泥含水量，杀灭污泥中的细菌、病原体，消除臭味，使污泥中的各种成分处于相对稳定状态的一种过程。污泥中有机物含量为60%~70%，随着堆积时间的加长及外部环境的影响，污泥将发生厌氧降解，并极易腐败及产生恶臭，需要采用生物好氧或厌氧消化工艺，或添加化学药剂等方法，使污泥中的有机组分转化为稳定的最终产物，进一步消解污泥中的有机成分，避免在污泥的最终处置过程中造成二次污染。

（3）无害化。污泥无害化处理的目的是采用适当的工程技术去除、分解或者“固定”污泥中的有毒、有害物质（如有机有害物质、重金属）及消毒灭菌，使处理后的污泥在污泥最终处置中不会对环境造成冲击和意想不到的污染物在不同介质之间的转移，更具有安全性和可持续性，不会对环境造成危害。污泥处理处置时应将各种因素结合起来，综合考虑。

（4）资源化。污泥是一种资源，含有丰富的氮、磷、钾等有机物及热量，其特点和性质决定了污泥的根本出路是资源化。污泥资源化是指在处理的同时回收其中的有用物质或回收能源，达到变害为宝、综合利用、保护环境的目的。污泥资源化的特征是环境效益高、生产成本低、生产效率高、能耗低。

1.2.1.2 污泥处理处置设施规划建设的原则

污泥处理处置设施建设应首先编制污泥处理处置规划。污泥处理处置规划应与本地区的土地利用、环境卫生、园林绿化、生态保护、水资源保护、产业发展等有关专业规划相协调，符合城乡建设总体规划，并纳入城镇排水或污水处理设施建设规划。污泥处理处置设施应与城镇污水处理厂同时规划、同时建设、同时投入运行。

污泥处理处置应包括处理与处置两个阶段。处理主要是指对污泥进行稳定化、减量化和无害化处理的过程；处置是对处理后污泥进行消纳的过程。污泥处理设施的方案选择及规划建设应满足处置方式的要求。在一定的范围内，污泥的稳定化、减量化和无害化等处理设施宜相对集中设置，污泥处置方式可适当多样。污泥处理处置设施的选址应与水源地、自然保护区、人口居住区、公共设施等保持足够的安全距离。

应根据城镇排水或污水处理设施建设规划，结合现有污水处理厂的运行资料，确定并预测污泥的泥量与泥质，作为合理确定污泥处理处置设施建设规模与技术路线的依据。必要时，还应在污水处理厂服务范围内开展污染源调查，分析未来城镇建设以及产业结构的变化趋势，更加准确地掌握泥量和泥质资料。

污泥处理处置设施的规划建设应视当地的具体情况和所确定的应急方案、阶段性方案和永久性方案制定具体的实施方案，并处理好三种方案的衔接，同时应加快永久性方案的实施。污泥处理处置设施还应预先规划备用方案，以保证污泥的稳定处理与处置，应急处理处置方案可视情况作为备用方案。利用其他行业资源确定的污泥处理处置方案宜作为阶段性方案，不宜作为永久性方案。

污泥处理处置应根据实际需求，建设必要的中转和储存设施。污泥中转和储存设施的建设应符合《环境卫生设施设置标准》(CJJ 27—2012)等规定。污泥处理处置设施建设时，相应安全设施的建设也必须执行同时规划、同时建设、同时投入的原则，确保污泥处理处置设施的安全运行。污泥处理设施的工艺及建设标准应满足相应污泥处置方式的要求。污泥处理设施还没有满足污泥处置要求的，应加快改造，确保污泥安全处置。

1.2.1.3 污泥处理处置过程管理的原则

污泥处理处置应执行全过程管理与控制原则，应从源头开始制定全过程的污染物控制计划，包括工业清洁生产、厂内污染物预处理、污泥处理处置工艺的强化等环节，加强污染物总量控制。

工业废水排入市政污水管网前必须按规定进行厂内预处理，使有毒有害物质达到国家、行业或者地方规定的排放标准。在污泥处理处置过程中，可采用重金属析出及钝化、持久性有机物的降解转化及病原体灭活等污染物控制技术，以满足不同污泥处置方式的要求，实现污泥的安全处置。

污泥运输应采用密闭车辆和密闭驳船及管道等输送方式。加强运输过程中的监控和管理，严禁随意倾倒、偷排等违法行为，防止因暴露、洒落或滴漏造成对环境的二次污染。城镇污水处理厂、污泥运输单位和各污泥接收单位应建立污泥转运联单制度，并定期将转运联单统计结果上报地方相关主管部分。

污泥处理处置运营单位应建立完善的检测、记录、存档和报告制度，对处理处置后的污泥及其副产物的去向、用途、用量等进行跟踪、记录和报告，并将相关资料保存 5 年以上。应由具有相应资质的第三方机构定期就污泥土地利用对土壤环境质量的影响、污泥填埋场对场地周围综合环境质量的影响、污泥焚烧对周围大气环境质量的影响等方面进行安全性评价。

污泥处理处置运营单位应严格执行国家有关安全生产法律法规和管理规定，落实安全生产责任制；执行国家相关职业卫生标准和规范，保证从业人员的卫生健康；制定相关的应急处置预案，防止危及公共安全的事故发生。

1.2.2 污泥处理与资源化法规及标准

（1）污泥处理处置过程中的恶臭污染物防治

《恶臭污染物排放标准》（GB 14554—1993）定义恶臭为：一切刺激嗅觉器官引起人们不愉快及损坏生活环境的气体物质。恶臭广泛产生于市政污水及污泥处理处置过程中。不同的处理设施及过程会产生各种不同的恶臭气体。污水处理厂的进水提升泵产生的主要臭气为硫化氢；初沉池污泥厌氧消化过程中产生的臭气以硫化氢及其他含硫气体为主；污泥稳定过程中会产生氨气和其他易挥发物质；堆肥过程中会产生氨气、胺、含硫化合物、脂肪酸、芳香族和二甲基硫等臭气；好氧消化及污泥干化过程中可能产生很少量的硫化氢，但主要有硫醇和二甲基硫气体产生。

（2）稳定化处理

我国《城市污水处理及污染防治技术政策》（建成〔2000〕124号）和《城镇污水处理厂污染物排放标准》（GB 18918—2002）均规定要对城镇污水处理厂污泥进行稳定化处理。

污泥厌氧消化是一种使污泥达到稳定状态的非常有效的处理方法。污泥厌氧消化产生的消化气（沼气）一般由60%~70%的甲烷、25%~40%的二氧化碳和少量的氮硫化物和硫化氢组成，燃烧热值为18800~25000kJ/m^3。大中型污水处理厂对消化产生的沼气进行回收利用，可达到节约能耗、降低运行成本的目的。但是空气中沼气含量达到一定浓度时会具有毒性；沼气与空气以1：（8.6~20.8）（体积比）混合时，如遇明火会引起爆炸。因此，污水处理厂沼气利用系统如果设计或操作不当将会有很大的危险。厌氧消化污泥的稳定化程度可通过监测进泥量（V）、进泥浓度（C）、进泥中挥发性有机物含量（f）、沼气产生量和甲烷含量进行计量，也可通过监测厌氧消化池每次（天）的进、出泥量，测定进、出泥含水率和干污泥固体（含水率为0%）中挥发性有机物的含量百分比进行计量。由此获得了两种对厌氧消化污泥进行稳定化判定的公式：一种是基于沼气产生的计量公式，另一种是基于污泥物料平衡的计算公式。考虑到我国污泥中挥发性有机质含量较低、降解性较差，因此规定：污泥厌氧消化挥发性有机物降解率应大于40%。若经厌氧消化处理后，污泥中挥发性有机物的降解率达不到40%，则取部分消化后的污泥试样于实验室在温度为30~37℃的条件下继续消化40天，在第40天末，若污泥中挥发性有机物与取样相比，减量小于20%，则认为污泥已达到稳定化要求。采用各种生物稳定化工艺要达到的稳定化控制指标见表1-5。

表1-5 污泥稳定化控制指标

稳定化方法	控制项目	控制指标
厌氧消化	有机物降解率/%	>40
好氧消化	有机物降解率/%	>40
好氧堆肥	含水率/%	<65
	有机物降解率/%	>50
	蠕虫卵死亡率/%	>95
	粪大肠菌群菌值	>0.01

（3）污泥干化

污泥干化分为两种类型，即污泥自然干化和热干化。污泥自然干化可以节约能源、降低运行成本，但要求降雨量少、蒸发量大，可使用的土地多、环境要求相对宽松等条件，因此受到一定的限制。

自然干化过程中会产生恶臭等污染物质，对厂区及周边环境造成危害，需要确定安全的卫生防护距离，《城市污水处理及污染防治技术政策》(建成〔2000〕124号)要求自然干化场的卫生防护距离不应小于1000m。

热干化是使用人工能源当热源，主要去除污泥中难以采用机械方式去除的间隙水和结合水，但污泥干化能耗相当高，设备投资和运行成本也非常高，去除每千克水的能耗为3000~3500kJ。污泥热干化厂在污泥储存、输送、处理过程中会产生恶臭污染物质，同时在干化过程中，由于部分挥发性有机物的挥发，使干化尾气中存在部分恶臭污染物；此外，干化污泥储存时也会有恶臭产生。为了防止恶臭污染厂区及周边环境，根据《大气污染物综合排放标准》(GB 16297—2017)和《恶臭污染物排放标准》(GB 14554—1993)的要求，必须采取恶臭防治措施。

(4) 堆肥

《城镇污水处理厂污泥处置 园林绿化用泥质》(GB/T 23486—2009)对城镇污水处理厂的污泥用于园林绿化等相关方面做了明确的规定，具体体现在：外观和嗅觉；理化指标和营养指标；安全指标(污染物浓度限值、卫生防疫安全)；种子发芽指数；污泥用于园林绿化面积较大且比较集中时的施用率；污泥园林绿化面积较小时的施用率；污泥施用地点；污泥施用季节；取样和监测等方面。

《城镇污水处理厂污泥处理技术规程》(CJJ 131—2009)规定：建设集中污泥堆肥中心的城镇污水处理厂，其堆肥场选址时必须首先征得当地环境保护行政主管部门和交通运输管理部门的意见。在规划建设污泥堆肥场时，如果采用自然通风静态堆或强制通风静态堆工艺，必须要满足卫生防护距离大于1000m的要求。同时厂区应采取恶臭防治措施，尾气应收集统一进行处理。堆肥中的卫生指标和重金属指标满足《城镇污水处理厂污染物排放标准》(GB 18918—2002)和《农用污泥中污染物控制标准》(GB 4284—1984)。

(5) 农田利用和土地利用

美国、欧洲早在20世纪70年代就提出重金属的限量标准，以后不断予以修正。美国环保署1993年制定了503条例(USEPA 503)，美国联邦政府对城市污泥土地利用有严格的规定，在《有机固体废弃物(污泥部分)处置规定》中，将污泥分为A和B两大类：经脱水、高温堆肥无菌化处理后，各项有毒有害物质指标达到环境允许标准的为A类污泥，可作为肥料、园林植土、生活垃圾填埋场覆盖土等；经脱水或部分脱水简单处理的为B类污泥，只能作为林业用土，不能直接用于改良粮食作物耕地。欧盟在1996年制定了欧盟污泥农用条件(EC条例)，对污泥中重金属含量进行了规定。

《农用污泥中污染物控制标准》(GB 4284—1984)规定："施用符合本标准污泥时，一般每年每亩用量不超过200kg(以干污泥计)"。卫生指标应满足粪大肠菌群菌数大于0.01，参考《城镇污水处理厂污染物排放标准》(GB 18918—2002)中对粪大肠菌群菌值的规定。

结合美国EPA标准和我国相关标准，统筹考虑，经稳定化处理后的污泥有机物降解率须小于40%，肠道病毒小于1MPn/4gTS，寄生虫卵小于1个/4gTS，蛔虫卵死亡率大于95%。

（6）污泥填埋

目前污泥填埋的方式主要是混合填埋和专用填埋。

污泥专用填埋场的选址主要是参考《生活垃圾填埋污染控制标准》（GB 16889—2008）的规定："生活垃圾填场地应设在当地夏季主导风向的下风向，在人畜居栖点500m以外。"

混合填埋的卫生填埋场建设标准参考《生活垃圾卫生填埋处理技术规范》（GB 50869—2013），必须有效控制进场的污泥含水率，经调查后确认，污泥含水率控制在60%以下最好。

《上海市污水污泥处置技术指南与管理政策研究》规定填埋的污泥含水率必须小于60%，才能在很大程度上减少渗滤液的产生，同时便于操作。污泥填埋场达到设计使用寿命后封场，封场工作应在填埋污泥上覆盖黏土或其他人工合成材料，黏土渗透系数应小于1.0×10^{-7}cm/s，厚度为20～30cm，其上再覆盖20～30cm的自然土作为保护层，并均匀压实。填埋场排放的甲烷气体的含量不得超过5%；建（构）筑物内，甲烷气体含量不得超过1.25%，以确保污泥填埋场的安全。

（7）焚烧

我国目前污泥焚烧所采用的工艺技术为干化焚烧、与生活垃圾混合焚烧、利用水泥窑掺烧、利用燃煤热电厂掺烧。干化焚烧厂通常建在城镇污水处理厂内；后三种焚烧方式通常需要将污泥输送到相应的处理厂与其他物料混合焚烧。以污泥在焚烧物料中所占质量比的多少来判定，将干化焚烧定义为单独焚烧，而将后三种焚烧方式定义为混合焚烧。

《生活垃圾焚烧处理技术规范》（CJJ 90—2009）中规定，进炉垃圾的月平均低位热值不得小于5MJ/kg。因此，对于生活垃圾焚烧发电厂，掺混焚烧污泥时，同样也做此规定。

《城镇污水处理厂污泥处置 单独焚烧用泥质》（GB/T 24602—2009）规定了单独焚烧污泥时，最终排入大气的烟气中污染物最高排放浓度限值，见表1-6。

表1-6　污泥焚烧烟气排放标准

控制项目	单位	数值含义	限值	控制项目	单位	数值含义	限值
烟尘	mg/m^3	测定均值	65	氯化氢	mg/m^3	小时均值	75
排气黑度	格林曼黑度	测定值	Ⅰ级	汞	mg/m^3	测定均值	0.2
一氧化碳	mg/m^3	小时均值	150	镉	mg/m^3	测定均值	0.1
氮氧化物	mg/m^3	小时均值	400	铅	mg/m^3	测定均值	1.0
二氧化碳	mg/m^3	小时均值	260	二噁英类	TEQ mg/m^3	测定均值	0.1

（8）利用水泥生产线掺烧

《城镇污水处理厂污泥处理技术规程》（CJJ 131—2009）规定利用水泥生产线掺烧污泥的，入窑混合物料的含水率应控制在35%以下，粒度应大于75mm。我国脱水污泥的含水率大致在80%左右，具有一定的黏性，但属于塑性流体。生料粉的含水率一般在10%～30%。污泥在窑炉内的停留时间宜大于30min，污泥焚烧残留物质量应小于水泥产量的5%。排入大气的烟气中污染物最高排放浓度按照《水泥工业大气污染物排放标准》（GB 4915—2013）中相关限值要求。为保持水泥产品质量，要求对水泥产品进行浸出毒性试验，产品中重金属和其他有毒有害成分的含量不应超过相关水泥质量要求限值。

（9）利用燃煤热电厂掺烧

《城镇污水处理厂污泥处理技术规程》（CJJ 131—2009）规定：利用燃煤热电厂掺烧污泥

的，每台75t/h以上燃煤锅炉直接掺烧脱水污泥(含固率20%)的量不宜超过燃煤量的10%，且燃煤火力发电厂应有不少于两座75t/h以上的燃煤锅炉，以保证发电厂正常运行。

《生活垃圾焚烧污染控制标准》(GB 18485—2014)中要求循环流化床燃煤锅炉直接掺烧脱水污泥时，应确保炉膛内烟气在850℃以上的温度条件下停留时间大于2s，必要时，可通过加大二次风量保持烟气温度。二次风可引自脱水污泥储存区。

(10) 综合利用

《城镇污水处理厂污泥处理技术规程》(CJJ 131—2009)规定：进厂污泥含水率须小于80%，臭度小于2级(最高6级臭度)。综合利用的污泥必须经脱水、除臭、去除重金属等无害化处理后方可综合利用。我国污泥建材利用重金属浸出限制标准及灰渣中限制建议值见表1-7。

表1-7 我国污泥建利用重金属浸出限制标准及灰渣中限制建议值

元素	浸出液最高允许浓度/(μg/L)			灰渣中允许的最高含量/(mg/kg)	
	Z0	Z1	Z2	Z1	Z2
Hg	0.2	0.5	10	0.2	2.0
Cd	2.0	10	50	0.6	2.0
As	10	10	100	20	30
Cr	15	30	350	50	100
Pb	20	40	100	20	200
Cu	50	100	300	100	1000
Zn	50	100	300	300	1000
Ni	4	50	200	40	200
Be	0.5	1.0	20	—	—
F	50	100	300	—	—

在利用前污泥须进行无害化处理，没有进行无害化处理前，应避免与人体的直接接触。污泥综合利用混掺的污泥量不得对生产工艺和产品的质量造成污染和影响，生产的产品必须符合相关的标准和规范。

1.3 污泥的物理处理方法

目前普遍采用的城镇污水二级处理工艺为活性污泥法，产生的污泥中含有重金属、微量高毒性有机物、大量的致病微生物及一般耗氧有机物N、P、K等。为了避免污水污泥对环境造成更严重的危害，必须对污泥进行适当的处理和处置，以使污泥稳定、减量和无害。污泥处理和处置过程会影响到其资源化利用。

1.3.1 污泥处理处置的方法

目前我国对污泥的处理和处置没有太严格的区分，一般将对污泥进行稳定化、减量化和无害化处理的过程称为处理，而将无害化后污泥的最终消纳称为处置。

(1) 污泥处理

污泥处理主要通过固化、加热干化和焚烧等方式，促使污泥稳定、浓缩和减量。

《生活垃圾填埋场污泥控制标准》(GB 16889—2008)规定，污泥含水率小于60%才可进入生活垃圾填埋场进行填埋处置。混入生石灰可以显著降低污泥含水率，且有杀菌和稳定作用，但这使处理成本显著增加，同时还增加了污泥处理量。干化后污泥体积显著降低，当有机质含量较高时还可以作为燃料使用，或者重金属含量低时可作为肥料使用，但这同样使综合处理成本明显增加，而且作为燃料和肥料使用时均存在环境隐患。焚烧是最为彻底的后处理方式，但污泥焚烧成本非常高，设备投资巨大，同时焚烧过程中的间接污染控制也存在较大难度。

(2) 污泥处置

污泥处置的目的是为了使污泥无害回归自然，并降低对环境的影响。污泥处置主要包括卫生填埋、土地利用和干化积肥、建材利用等途径。污泥卫生填埋方法简单，处置污泥量大，是很多国家常用的方法，但这种方法运行成本较高，特别是污泥含水率较高时会影响填埋场的运转。污泥利用途径相对比较多，但污泥通常需先经过特殊的处理工序才能利用，如干化后作为肥料，生石灰稳定后作为回填材料，焚烧后灰渣用于水泥混凝土等。由于担心污泥回用的次生环境问题，这类处置方式难以大量消纳迅速增加的污泥，绝大部分污泥仍需卫生填埋进行处置。

无论采用何种处理处置方法，都必须遵循“减量化、稳定化、无害化、资源化”的处置原则，从“无害化”走向“资源化”，“资源化”是以“无害化”为前提的，“无害化”和“减量化”应以“资源化”为条件，将“无害化”作为污泥处置的重点，把“资源化”作为污泥处置的最终目标。为有效、彻底地解决污泥的环境污染问题，可以通过技术开发将大量的废物变为可用物质，对污泥进行综合利用，取得良好的经济效益和环境效益。

然而，由于污泥颗粒细小，比表面积巨大，具有吸附大量水分的能力，污泥与水的亲和力很强，含水率很高，一般为96%~99%。如此高的含水率，不仅使污泥更易腐败发臭，而且体积巨大、热值降低，不利于后续的运输与处置。因此在对污泥进行处置之前，必须采取一定的措施将其含水率降低，减少污泥体积，为提高后续处理效率做准备。所采取的这些预处理措施通常称之为污泥的减量化处理过程，一般采用物理或机械的方法实现污泥的减量化。

1.3.2 物理方法在污泥处理中的应用

污泥的物理处理是针对高含水污泥进行的初步处理，其目的主要有三个方面：①减少水分，为后续处理、利用和运输创造条件，并减少生物固体最终处置前的体积；②使污泥无害化、稳定化。通过处理，消除污泥中的有毒有害物质，防止散发恶臭，避免导致二次环境污染，尽量使污泥达到稳定无害；③改善污泥的成分和某些性质，以利于达到后续资源化利用的目的。

污泥物理处理是实现城市污水处理厂污泥减量化与稳定化处理的重要手段。常用的污泥物理处理技术见表1-8，主要包括污泥调理、污泥浓缩、污泥脱水、污泥干化和干燥、石灰稳定化等。在水处理工程中，由于不同处理单元或构筑物产生的污泥类型、成分和特性不同，后续适用的处理处置方法也不同，因此选择的物理处理方法也随之而异。

表 1-8　污泥的物理处理技术

方法			特　点
调理	物理调理		通过外加能量或应力以改变污泥性质
	化学调理		以加入化学药剂的方式改变污泥的特性
	生物调理		使用微生物絮凝剂进行污泥调理
	联合调理		不同的药剂联合或者复配使用，或联合物理调理、化学调理和生物调理而进行污泥调理
浓缩	重力浓缩		污泥在重力沉降过程中通过形成高浓度污泥层而达到浓缩污泥的目的
	气浮浓缩		依靠大量微小气泡附着在污泥颗粒的周围，减小颗粒的相对密度而强制上浮
	机械浓缩		利用机械作用对污泥进行浓缩，包括离心浓缩、带式浓缩和转鼓、螺压浓缩机浓缩等
脱水	机械脱水	真空过滤脱水	利用抽真空的方法造成过滤介质两侧的压力差，进而形成推动力来脱水
		加压过滤脱水	利用液压泵和空压机形成 4~8MPa 的压力增加过滤的推动力的污泥脱水方式
		离心脱水	利用离心力代替重力和压力进行污泥脱水的操作
	电渗透脱水		利用外加直流电场增强物料脱水性能
干化	自然干化		利用自然能源如太阳能等将污泥脱水干化
	干燥		利用人工热源对污泥进行深度脱水处理
固　化			用物理化学方法将污泥颗粒胶结、掺和并包裹在密实的惰性基材中，形成整体性较好的固化体
稳定化	化学稳定化		通过化学反应使有毒物质变成不溶性化合物，使其在稳定的晶格内固定不动
	物理稳定化		将污泥与一种疏松物料(如粉煤灰)混合生成一种粗颗粒的固体
场处理	电离辐射		通过电离辐照去除污泥中所含的有机污染物、重金属离子
	微波处理		通过微波辐照杀灭污泥中所含的细菌、去除污泥中的挥发性有机污染物、诱导催化和辅助光催化氧化污泥中的有机污染物
	超声波		利用超声波杀菌、降解污泥中的有机物、改变污泥的结构与性质、实现污泥的减量化

污泥经物理处理后，至最终处置点的运输费用将大大降低；增加污泥的热能含量从而有利于焚烧等热化学处理；使污泥臭味降低或不易腐化；卫生填埋后会减少二次污染等。

参　考　文　献

[1] 廖传华，米展，周玲，等．物理法水处理过程与设备[M]．北京：化学工业出版社，2016.

[2] 廖传华，朱廷风，代国俊，等．化学法水处理过程与设备[M]．北京：化学工业出版社，2016.

[3] 廖传华，韦策，赵清万，等．生物法水处理过程与设备[M]．北京：化学工业出版社，2016.

[4] 张辰，王国华，谭学军．城镇污水厂污泥厌氧消化工程设计与建设[J]．北京：化学工业出版社，2015.

[5] 姬爱民，崔岩，马劲红，等．污泥热处理[M]．北京：冶金工业出版社，2014.

[6] 张大群．污泥处理处置适用设备[M]．北京：化学工业出版社，2012.

[7] 李兵，张承龙，赵由才．污泥表征与预处理技术[M]．北京：冶金工业出版社，2010.

[8] 王罗春，李雄，赵由才．污泥干化与焚烧技术[M]．北京：冶金工业出版社，2010.

[9] 王星，赵天涛，赵由才．污泥生物处理技术[M]．北京：冶金工业出版社，2010.
[10] 李鸿江，顾莹莹，赵由才．污泥资源化利用技术[M]．北京：冶金工业出版社，2010.
[11] 曹伟华，孙晓杰，赵由才．污泥处理与资源化应用实例[M]．北京：冶金工业出版社，2010.
[12] 王郁，林逢凯．水污染控制工程[M]．北京：化学工业出版社，2008.
[13] 朱开金，马忠亮．污泥处理技术及资源化利用[M]．北京：化学工业出版社，2007.
[14] 王绍文，秦华．城市污泥资源利用与污水土地处理技术[M]．北京：中国建筑工业出版社，2007.
[15] 刘亮，张翠珍．污泥燃烧热解特性及其焚烧技术[M]．长沙：中南大学出版社，2006.
[16] 唐受印，戴友芝．　水处理工程师手册[M]．北京：化学工业出版社，2001.

第2章 污泥的调理

随着人们对环境污染控制认识的加深，污水处理厂在各主要城市相继建成并投入运行。目前，大部分城市污水处理厂采用生化工艺处理污水，在此过程中，必然会产生大量的生化污泥，其数量约占处理水量的0.3%~0.5%。污泥通常组分复杂，变异性大，水分含量高(通常在99%以上)，经浓缩处理的污泥，其含水率仍在85%~90%，如此高的含水率，不仅使污泥更易腐败发臭，而且体积巨大、热值降低，不利于后续的运输与处理，并可能对环境造成二次污染。因此必须对其进一步脱水，以降低其含水率，减小污泥体积，为提高后续处理效率做准备。

污水处理产生的生化污泥是呈胶体状结构的亲水性物质，由于微粒的布朗运动、胶体颗粒间的静电斥力和胶体颗粒表面的水化膜作用，大部分的污泥颗粒不易聚结而稳定分散悬浮于水中，由于污泥颗粒的特殊絮体结构及高度亲水性，使其比阻值较大，脱水性能较差。

影响污泥浓缩和脱水性能的因素主要是颗粒的大小、表面电荷水合的程度以及颗粒间的相互作用，其中污泥颗粒大小是影响污泥脱水性能的最重要的因素，污泥颗粒越小，颗粒的比表面积越大(按指数规律加大)，这意味着更高的水合程度和对过滤(脱水)的更大阻力及改变污泥脱水性能需要更多的化学药剂。为便于污泥厌氧消化、过滤和脱水处理的有效性，以及改善污泥的土力学特性，以便后续的运输、堆肥、焚烧、填埋以及土地利用，对污泥进行调理就显得十分必要了。污泥调理的目的是要克服水合作用和静电排斥作用而改变污泥特性，增大污泥颗粒，增进其脱水性、杀菌和促进有机物的水解，使其易于浓缩和过滤，从而减少操作上的困难，并提高厌氧消化的有效性。

2.1 污泥调理方法的选择

在选择污泥调理的方法时，主要考虑的影响因素有设施的投资费用、运行成本等经济因素，另外，还有调理剂的脱水效果和脱水性能。当然，还必须将浓缩、调理、脱水和后处理作为一个整体进行考虑和分析，所选的污泥调理工艺应该符合污泥机械脱水工艺的要求和标准，并且在工艺上要简单高效，在投资和运行费用上要经济合理，同时管理操作方便、安全可靠，对污泥量和污泥性质的改变要有较强的适应和应变能力。表2-1、表2-2给出了不同污泥调理与脱水方法所能够达到的污泥脱水效果。

表2-1　污泥浓缩和脱水的界限指标

污泥类型	可浓缩性能		采用不同的污水脱水方式的脱水能力					
			带式压滤机①和离心脱水机②（采用高分子絮凝剂作为调理剂）		板框压滤机（采用金属盐类或高分子作为调理药剂）			
					不投石灰		投加石灰	
	含固率/%	含水率/%	含固率/%	含水率/%	含固率/%	含水率/%	含固率/%	含水率/%
可浓缩/脱水性良好	>7	<93	>30	<70	>38	<62	>45	<55
可浓缩/脱水性一般	4~7	93~96	18~30	70~82	28~38	62~72	35~45	55~65
可浓缩/脱水性较差	<4	<96	<22	>78	<28	>72	30~35③	65~70③

①进泥固含率大于3%和小于9%；

②采用高效离心机脱水；

③只有通过提高投石灰的投加量。

表2-2　不同污泥调理工艺对污泥机械脱水的效果

调理方式	脱水机械类型			
	带式压滤机或者离心脱水机		板框压滤机	
	含固率/%	能否满足垃圾填埋场的承载能力要求	含固率/%	能否满足垃圾填埋场的承载能力要求
采用有机高分子药剂	22~30	一般不能	35~45	一般可以
采用无机金属盐药剂	一般不采用		30~40	经常可以
采用无机金属盐药剂和石灰	一般不采用		35~45	经常可以
高温热调理	40~50	一般不能	>50	一般不能

污泥调理主要是指通过不同的物理和化学方法改变污泥的理化性质，调整污泥胶体粒子群的排列状态，克服电性排斥作用和水合作用，减小其与水的亲和力，增强凝聚力，增大颗粒尺寸，改善污泥的脱水性能，提高其脱水效果，减少运输费用和后续处置费用等。

污泥调理脱水是一种十分有效的污泥减量化方法。影响污泥脱水的因素很多，如胞外聚合物（extracellular polymeric substance，EPS）、胶体粒径分布、pH值、比表面积、密度、分形维数等，其中胞外聚合物被认为是影响污泥脱水性能的最主要因素之一，它由微生物细胞分泌的一类高分子有机聚合体组成，主要成分为多糖、蛋白质和少量的脂类、核酸、腐殖酸等。如在活性污泥中，多糖和蛋白质约占胞外聚合物总量的70%~80%，而这些亲水性物质的存在会在一定程度上增强污泥胶体颗粒的束水性能，同时也给污泥的脱水性能造成不同程度的影响。因此，对胞外聚合物的组成及其提取方法进行研究可以为改善污泥的脱水性能提供理论依据。

通常，有机污泥是以有机物微粒为主体的悬浮液，和水之间有很大的亲和力，可压缩性大，因而难以过滤、脱水。污泥调理是提高污泥浓缩和脱水效率的一种预处理。

污泥调理依据调理机制可分成三类：①物理法，泛指通过外加能量或应力以改变污泥性质的方法，如冷冻融化处理及机械能、加热处理、超声波处理、微波、高压及辐射处理等；②化学法，以加入化学药剂的方式改变污泥的特性，如改变酸碱值、离子强度，添加无机金属盐类絮凝剂或有机高分子絮凝剂、臭氧曝气、芬顿试剂以及酶等添加剂；③生物法，主要是指污泥的好氧或厌氧消化过程，在这些过程中，好氧或厌氧菌群利用废弃污泥中的碳、氮、磷等成分作为生长基质，以达到污泥减量与破坏污泥高孔隙结构的目的。

以上方法在实际中都有应用，但以化学调理为主，原因是化学调理方法操作简单，投资成本较低，调理效果较稳定。目前已有的技术包括：在污水处理系统中添加解耦联剂来减少剩余污泥排放量的解耦联剂法；在污泥回流系统中设置反应器，污泥经处理后回流以提高其生物降解性的臭氧氧化法、超声波法；浓缩池污泥经增设的腐殖土反应器处理后与二沉池污泥一起回流至曝气池的腐殖活性污泥法等。

2.2 物理调理

物理调理是通过物理的方法破坏污泥中的微生物细胞，改变污泥的结构，降低污泥与水的结合作用，从而释放出部分内部水的污泥调理方法。物理调理主要包括热调理、冷冻调理、洗涤调理、超声波调理、微波调理和加骨料调理。

热调理和冷冻调理为传统的物理调理方法。热调理是对污泥进行加热的物理调理技术，在对污泥加热过程中，污泥中的微生物细胞受热膨胀破裂，絮体解散，使污泥间隙水游离，从而改善污泥的脱水性能，提高污泥可脱水程度。污泥的冷冻-融化调理是将污泥冷冻到-20℃再进行融解以提高污泥沉淀性和脱水性能的一种处理方式，该法能充分、不可逆地破坏污泥絮体结构，使之变得更加紧密，使污泥结合水含量大大降低，并能减少脱水后污泥残留的水分。尽管目前国内外对这两种技术有一定的研究，但由于加热调理技术受经济限制，冷冻调理技术受气候条件的限制，这两种技术的推广受到了极大的限制。因此，近年来，在物理调理方面出现了其他调理技术，如洗涤调理技术、超声波调理技术和微波调理技术。

2.2.1 加热调理

加热调理是指通过加热，使污泥中的细胞分解破坏，亲水性有机胶体物质水解，颗粒结构改变，从而使细胞膜中的内部结合水游离出来，以提高污泥的脱水性能。污泥中的固体颗粒是由亲水性胶体粒子组成，因而，污泥内部含有大量水分，对污泥加热可加速粒子的热运动，提高污泥胶体粒子的碰撞和结合频率，为胶体粒子间的相互凝聚提供条件。另外，污泥经过加热预处理之后，细胞体会因受热膨胀而破裂，形成细胞膜碎片，同时释放出胞内蛋白质、胶质和矿物质。胶体结构因加热破坏而失稳，释放出大量内部结合水，同时凝聚沉淀。有关资料也显示加热对于脱水性能很差的活性污泥效果尤其显著。如图 2-1 所示为高温法和低温法热调理脱水工艺流程。污泥经热调理后，可溶性 COD 显著增加，有利于消化过程的进行，脱水性能和沉降性能大为改善。

按加热温度的不同，加热调理可分为高温热调理和低温热调理两种工艺。

(1) 高温热调理

高温热调理是将污泥在 160~200℃的高温条件下(压力 1.8~2.0MPa)，加热 1~2h，使污泥固体凝结，破坏凝胶体结构，降低污泥颗粒与水的亲合力，细胞内水释放而达到改善污

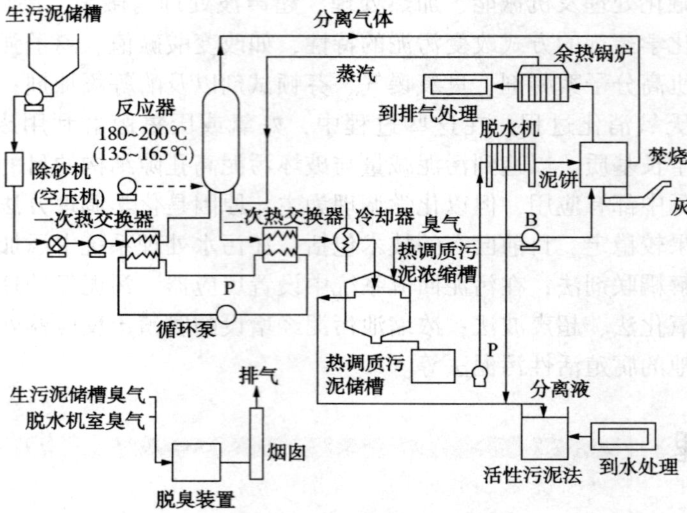

图 2-1　高温法和低温法加热调理脱水工艺流程

泥脱水性能的目的。经过高温调理后的污泥，经浓缩即可使含水率降低到 80%~87%，而且污泥也被消毒，臭味几乎消除。如果进一步进行机械脱水，滤饼的含水率可以降低到 45%~55%，泥饼体积是浓缩-机械脱水法泥饼的 1/4 以下，污泥中的致病微生物与寄生虫卵可以完全杀死。

高温热调理可用于各种混合有机废水污泥，包括难以处理的剩余活性污泥。但高温加热处理后，污泥中有机物的溶出导致分离液中的 COD、BOD 浓度较高，这无疑为后面的分离液处理增加了难度，增大了运行费用。另外，臭气问题的加剧也使尾气处理的复杂程度进一步提高。

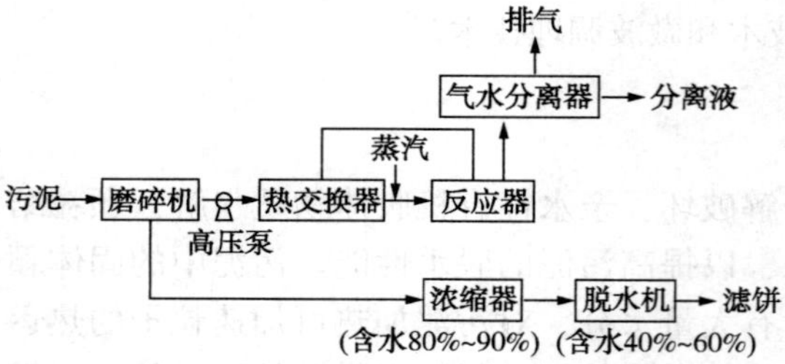

图 2-2　污泥高温热调理工艺流程

污泥高温热调理的典型流程如图 2-2 所示。原污泥经磨细后由高压泵送入热交换器，温度升至 160℃，随后在高压反应釜内下进行反应，使有机物分解，反应后，污泥经热交换器与原污泥进行热交换。

实践证明，反应温度在 175℃以上时，设备容易产生结垢，从而降低热交换效率。而且，污泥经高温加压调理后，分离液中溶解性物质增多，致使分离液处理困难。

高温热调理与湿式氧化并不相同，在湿式氧化中要通入空气以使污泥在高温下有比较深的氧化程度，而加热调理并不要求氧化有机物。

（2）低温热调理

低温热调理的反应温度控制在 135~165℃以下，使有机物的水解受到控制。与高温热调理相比，低温热调理的能耗较低，且分离液的 BOD_5 浓度较低，一般较高温热调理法约低 40%~50%，臭味和色度也明显降低，因此，此法得到了很大发展，其工艺流程大致与高温热调理相同。

目前，污泥加热调理法被认为是一种钝化微生物最有效的方法之一。污泥经过加热调理后，不仅可溶性显著增加，推进污泥消化过程的进行，同时可有效改善污泥的脱水性能。热调理污泥经机械脱水后，泥饼含水率可降到30%~45%，泥饼体积减小为浓缩机械脱水法泥饼的1/4。在污泥的焚烧与堆肥处理中，加热调理比加药调理更为适合。该法适用于初沉池污泥、消化污泥、活性污泥、腐殖污泥及它们的混合污泥。

污泥加热调理的主要缺点是：污泥分离液(澄清液和滤液)的BOD_5和COD都很高，须回流到污水处理系统去处理。虽然流量很小，但回流处理将大大增加污水处理构筑物的负荷，有臭气，设备易腐蚀，需要增加高温高压设备、热交换设备及气味控制设备，费用很高，且过程能耗较高。这些条件通常限制了加热调理法优点的充分发挥，因此难以普及。

2.2.2 冷冻融化调理

冷冻融化调理是将污泥冷冻到凝固点以下，使污泥冻结，然后再进行融解以提高污泥沉淀性能和脱水性能的一种处理方式。其原理是随着冷冻层的发展，颗粒被向上压缩富集，水分被挤向冷冻界面，富集于污泥颗粒中的水分被挤出，使污泥易于浓缩脱水。由于冷冻时的脱水作用以及形成冷冻结构时对污泥颗粒施加了挤压力导致污泥物理结构发生不可逆的改变，因而调理后的污泥颗粒可凝结成相当大的凝聚物，即使再用机械或水泵搅拌也不会重新成为胶体。

在冷冻过程中，污泥颗粒除受到挤压力外，还有一部分污泥颗粒被封闭在冷冻层中间，污泥粒子的水分子由于受到毛细管的作用而被脱除，从而使泥水两相分离。这样，污泥胶体粒子的结构就被破坏，脱水性能得到大幅改善。污泥经冷冻、融化后，其颗粒沉降与过滤速率比冷冻前可提高几倍到几十倍，因此可以不用混凝剂处理而通过自然过滤脱水，这样可节省可观的药剂费用。经过冻融调理的污泥从外观上看，污泥絮体松散，沉降性能增加。冷冻融化调理后的污泥再经真空过滤脱水，可得含水率为50%~70%的泥饼，且不需用混凝剂。而用化学调理-真空过滤脱水，泥饼含水率为70%~85%。另外，冷冻过程也是病原微生物灭活的过程，冻融调理可使细胞机械脱水，丧失活性，有利于污泥的无害化处理，在去除气味的同时减少了生态风险。

冻融调理的关键操作条件是冻融温度。陈悦佳等从冷冻温度角度考查了冻融对剩余污泥有机物释放、固体物质以及脱水性能的影响。结果表明：

(1) 冷冻温度对污泥有机物溶出的影响

污泥中有机物的大量溶出是改善污泥后续处理的必要条件，污泥冻融预处理的目的就是提高溶解性有机物的质量浓度。依据污泥冻融处理后污泥中溶解性有机物(SCOD)、溶解性蛋白质、溶解性碳水化合物、DNA以及NH_4^+-N质量浓度的变化，可确定冷冻温度对污泥破解及有机物溶出的影响。

冻融污泥中SCOD随着冷冻时间延长呈线性增加，其原因可能是：随着冷冻过程的进行，污泥中的水分逐渐形成冰针，在继续冷冻过程中冰针不断获取污泥絮体中的自由水，部分在冰针前方的污泥絮体被推挤，部分被包裹在冰晶内部，污泥絮体的网状结构被破坏，释放絮体中大部分的间隙水。“包裹-破坏絮体”这一过程在冷冻过程中不断重复，引起巨大的局部压缩，造成了污泥絮体结构的改变和污泥内有机物的释放，因而SCOD的数值也相应升高。污泥中溶解性蛋白质的浓度变化与SCOD相似。

在污泥完全冷冻后，冷冻的温度越低，污泥碳水化合物的溶出效果越明显。冻融过程中增加的SCOD主要为溶解性碳水化合物。由于污泥细胞中蛋白质占其干质量的50%~60%，与溶解性蛋白质的增加相比，污泥SCOD和碳水化合物质量浓度的升高相对较小。

有研究表明，冻融污泥上清液中溶解性蛋白质和多糖质量浓度的增加有两个途径：一是冻融导致污泥絮体胞外聚合物释放；二是冻融导致细胞破裂，胞内物质溶出。胞内物质主要由蛋白质、多糖、各种离子、RNA及DNA组成。冻融后污泥中DNA的质量浓度可反映出胞内物质的释放，由此可判定冻融过程是否致使细胞破解。污泥经冻融处理后，污泥上清液中DNA的质量浓度增加。不同温度下冷冻的污泥，只有当污泥完全冷冻后才发生污泥细胞的明显破解，致使胞内物质溶出。

污泥的冻融过程也会导致污泥中氮素的释放，冷冻温度越低，氮素的溶出效果越明显。

(2) 冷冻温度对污泥pH值及碱度的影响

不同冷冻温度下，pH值均随冷冻时间的延长而降低，而碱度则升高。这是因为，污泥经过冻融处理后，污泥细胞会发生有效的破坏并释放出氮磷化合物及有机物等，所释放的磷酸盐以及硝酸盐会增加污泥的碱度，而有机物溶出以及细胞内物质的释放则会导致污泥挥发性脂肪酸(VFA)质量浓度的增加。污泥经冻融破解后会形成特殊的缓冲环境，在碱度增加的同时VFA质量浓度也同时增加，而VFA质量浓度的增加超过碱度增加的速度，因而导致污泥pH值的下降。

(3) 冷冻温度对污泥固体质量浓度的影响

不同冷冻温度下污泥的固体物质变化趋势相似，总固体(TS)与挥发性固体(VS)均有轻微降低，但随冷冻时间变化不大。冻融污泥的挥发性悬浮固体(VSS)以及悬浮固体(SS)的变化较明显，说明冻融污泥中固体颗粒逐渐发生了液化。固体破解主要发生在污泥尚未完全冷冻的阶段，继续延长冷冻时间，污泥的固体破解程度趋于稳定。

虽然冻融处理能够破解污泥絮体，促进细胞内含物溶出，但是破解污泥的能力有限。这种预处理方式对VS的去除率很低，表明单独的冻融预处理虽然可以实现污泥的破解，但不能实现污泥有机物的稳定。

(4) 冷冻温度对污泥脱水性能的影响

污泥冻融过程会破坏污泥絮体的胞外聚合物EPS，而EPS中所含的水分与污泥脱水性能有直接关系。污泥在完全冷冻后的固化时间对污泥毛细吸水时间影响显著，冷冻温度越低，冻融对污泥脱水性能的改善效果越佳。由于冷冻温度影响冷冻过程中污泥絮体的移动以及固体粒子的压实过程，如果冷冻温度足够低，污泥固体颗粒周围的自由水便冷冻成为冰晶的一部分，这迫使污泥中固体颗粒因其表面引力影响而聚合成较大的颗粒。因此，冻融处理后的污泥具有较大的粒径分布和更好的脱水性能。

对不同类型污泥分别采用冻融调理与化学调理进行预处理，其脱水效果见表2-3。采用缓慢冷冻时，可形成大的冰晶体，融化时水容易和固体分离；如果采用快速骤冷，则会成为小的晶体，融化时水会重新被固体吸收进去。

李恺等研究了冷融技术与化学调理联合对污泥脱水的影响，指出在-15℃时，7.38g/L的表面活性剂CTAC能将污泥含水率降至62%左右，这可能是由于污泥表面结构发生变化，大分子EPS的溶出，提高了絮体的可压缩性，使污泥絮体内部的结合水流出，从而导致污泥的脱水效果提升。

表 2-3 污泥冻融调理与化学调理脱水效果对比

污泥种类	原污泥含水率/%	真空过滤泥饼含水率/%	
		冻融调理后	化学调理后
电镀污泥	92.5~98.2	54.6~69.3	78.7~87.4
酸洗污泥	97.5	47.0	78.3
炼铁污泥	97.2	55.2	85.1
自来水厂污泥	89.8~95.1	47.7~56.2	72.1~88.5
造纸厂污水污泥	95.1~96.2	52.9~65.2	73.8~79.4

对我国北方水面封冻期超过 3 个月、冻结深度大于 0.3m 的地区，可利用自然气候提供的冷冻资源来实现污泥的冷冻融化调理。污水厂产生的污泥经浓缩后可放流至露天冷冻融化池储存，经封冻期后再对融化的污泥进行脱水处理，或直接排出上层澄清水后，沉降污泥层作为农业利用。当然这种处理方式占地面积较大，以日处理污水 $10\times10^4m^3$ 的二级处理厂为例，冷冻融化池深 0.3m，每 10^4m^3 污水的污泥产量为 2.4t，浓缩污泥含水率为 95%，则冷冻融化池占地约 $73hm^2$（$1hm^2=10^4m^2$）。

污泥冻融调理除无需混凝剂、显著提高污泥脱水性能和沉降速度、比加热调理显著降低热能消耗等优点外，还有促进胞外多聚物集中从污泥中释放出来的持点，在某些情况下，还能有效杀灭污泥中的寄生虫卵、致病菌与病毒等。冻融调理的主要不足是难以适用于活性污泥，因为活性污泥凝聚作用强烈，其水分子结合的程度比脱水后残余分子结合得更加紧密。

2.2.3 淘洗调理

淘洗调理也称洗涤调理，是将固体或固液混合物与液体完全混合，使某些组分转移到液体中。淘洗调理主要用于消化污泥的调理，目的是降低污泥的碱度，节省药剂用量，降低机械脱水的运行费用。典型的例子是污泥经厌氧消化后，其挥发性固体大为降低，但其常含有较高的重碳酸盐碱度，一般可在数百毫克每升到 2000~300mg/L，因此，在污泥加药调理前如不除掉重碳酸盐，铁盐和铝盐混凝剂就会和其反应形成相应的铁盐和铝盐沉淀以及 CO_2，导致大量药剂的消耗。一般情况下，经淘洗调理后，调理剂的消耗量可减小 50%~80%。

淘洗调理不仅可洗去消化污泥中的重碳酸盐碱度，同时洗去部分颗粒很小、比表面积很大的胶体颗粒，从而达到节约混凝剂的目的。另外，也能有效提高污泥浓缩、脱水的效果。淘洗调理的过程一般包括用淘洗水稀释污泥、搅拌、沉淀分离、撇除上清液。淘洗水可使用初次沉淀池和二次沉淀池的出水或自来水、河水，用量为污泥量的 2~3 倍。洗涤后上清液中的 BOD、COD 和 SS 都很高（可达 2000mg/L 以上），必须回流到污水处理系统去处理。表 2-4 给出了淘洗调理后污泥的碱度、COD、NH_3-N、pH 值的大致变化情况。

表 2-4 淘洗调理后污泥的碱度、COD、NH_3-N、pH 值的大致变化情况

淘洗次数	1 次	2 次	3 次	洗涤后的水
碱度/(mmol/L)	17.6~27.6	9.3~14.3	6.25~7.65	1.67~6.5
COD/(mg/L)	1006~2707	593~1142	439~886	201~394
NH_3-N/(mg/L)	210~322	115.5~199.5	133	59.5~119
pH 值	7.34~8.05	7.25~8.05	7.5~8.05	7.1~8.02

淘洗调理可采用单级、多级串联或逆流淘洗等多种形式。通过吹入空气或机械搅拌，使污泥处于悬浮状态，与水充分接触。在使污泥与水均匀混合的同时，还必须注意保护污泥絮体，搅拌不能过于剧烈，污泥与水的接触次数不宜过多。两级串联逆流洗涤效果最好，淘洗池容积的最大表面负荷以 40～50kg/(m^2·d)(以悬浮物质量计)为宜，水力负荷不超过 28 m^3/(m^2·d)。

污泥淘洗时可利用固体颗粒大小、相对密度和沉降速度不同的性质，将细颗粒和部分有机物微粒除去，降低污泥的黏度，提高污泥的浓缩和脱水效果。

但污泥的淘洗预处理也有其不足之处，主要表现在淘洗过程中，有机物微粒会被逐渐富集，污泥中的氮素被洗涤水带走，从而导致污泥肥效的降低。当污泥用作土壤改良剂或肥料时，无需采用淘洗调理。另外，由于经浓缩的生污泥淘洗效果较差，此时不需要进行淘洗预处理，可采用直接加药的方式进行调理。

通常，淘洗调理污泥节省的调理剂的费用与洗涤水的处理费几乎相等，因此一般不提倡采用这种方法。

2.2.4 超声波调理

超声波是指频率从 20kHz 到 10MHz 的声波。超声波处理污泥主要是利用超声波的能量，其原理主要归因于超声波的空化效应，是指存在于液体中的微小泡核在超声波作用下，经历超声波的稀疏相和压缩相，微小泡核的体积生长、收缩、再生长、再收缩，多次周期性振荡，最终高速崩裂的动力学过程。此过程发生时间极短(在数纳秒至微秒之间)，气泡内的气体受压后急剧升温，在其周期性振荡特别是崩溃过程中，会产生极大的瞬态高温和高压，并使气泡内气体和液体界面的介质裂解。因此，超声波具有频率高、方向性恒定、穿透力强、能量集中等特点。由于大振幅(低频率)超声波能量集中，可使介质产生剧烈振动，常用于超声清洗、钻孔、超声波定位、医疗诊断、化学处理、乳化、探伤等方面。与此同时，利用超声波处理污泥时，强力喷射形成的巨大水剪切力能将微生物细胞壁击破，释放出胞内结合水，提高污泥的脱水效率。

自从 20 世纪中叶以来，人们逐渐认识到超声波在污水和污泥处理中的应用潜力，20 世纪 70 年代，研究人员曾利用超声波来提取细胞壁上的聚合物来研究污泥中微生物的表面特性。20 世纪 90 年代，超声波技术被引入污泥处理研究中。国外研究表明，大功率超声波可以降解污泥，降低其含水率。超声波对污泥能够产生一种海绵效应，使水分更易从波面传播产生的通道通过，从而使污泥颗粒团聚、粒径增大；当其粒径增大到一定程度，就会做热运动相互碰撞、黏合，最终沉淀。超声波可使污泥局部发热、界面破稳、扰动和空化，能够使污泥中的生物细胞破壁，并且加速固液分离过程，改善污泥的脱水性能。另外，超声波对混凝有促进作用。当超声波通过有微小絮体颗粒的流体介质时，其中的颗粒开始与介质一起振动，由于大小不同的粒子具有不同的振动速度，颗粒将相互碰撞、黏合，体积和质量均增大；当粒子变大到不能随超声波振动时，只能做无规则运动，继续碰撞、黏合、变大，最终沉淀。

污泥菌胶团内部包含的水约占污泥总水量的 27%，而菌胶团结构稳定，难以被机械作用(压滤、离心等)破坏，造成污泥脱水困难。超声波能有效地破坏菌胶团结构，将其内部包含水释放成为可以比较容易去除的自由水，还能加快微生物生长，提高其对有机物的分解吸收能力，而且促进效应在超声波停止后数小时内依然存在。杨金美等就超声波处理对一次污泥强化沉降与脱水性能的影响进行了系统研究。结果表明，短时间的超声作用可以提高污泥的脱水和沉降性能，超声处理 7s 后，滤饼含水率降低 2.9%；超声处理 10s 时黏度和比阻值最小，比原污泥分别减小了 29.4%和 24.2%；超声处理 15s 后污泥沉降速度是原污泥的 3.7 倍左右。当絮凝剂投加量为 0.054g/L 时，污泥的沉降速度最快，最终污泥体积为 84.5%，黏度值最低为 84.5MPa·s。而超声作用 10s 后的最佳絮凝剂投加量为 0.027g/L，且最终污泥体积比单独投加絮凝剂 0.054g/L 时减小 4%，黏度值降低 14.8%。超声波与絮凝剂的联用可以改善污泥的脱水性能和沉降性能，投加絮凝剂的减少量达一半以上。

杨金美等的研究表明，超声处理时间对污泥的脱水性能有明显的影响。这是因为，超声波处理时间太长，输送的总声能量太大，可能会改变污泥的内部结构，增加污泥黏度，使污泥脱水性能变差。因此，超声波处理污泥的时间以 90s 为宜。一般来讲，超声时间越长，污泥释放有机物越多，但脱水也越困难。

超声能量对污泥的脱水性能也有较大的影响。Xin Feng 等分析了不同超声能量(按 TS 计)(0~35000kJ/kg)对污泥脱水性能的影响，结果表明，过高的超声能量(大于 4400kJ/kg)不仅不会改善污泥的脱水性能，相反会导致其脱水性能的恶化，而低能量(小于 4400kJ/kg)的超声处理可以轻微地改善污泥的脱水性能，并且当其为 800kJ/kg 时，可获得最佳的脱水效果，此时的毛细停留时间(CST)和过滤比阻(SRF)分别从原来的 94.2s 和 2.35×10^{10}m/kg 下降至 83.1s 和 1.30×10^{10}m/kg，因此，超声能量的选择会直接影响预处理的效果；研究还表明，超声与阳离子聚合电解质的联合应用与电解质的单独预处理相比效果并不显著，这与 Yin X. 等的研究相悖，Yin X. 等研究发现，当聚合电解质与超声联合预处理时，污泥的过滤比阻(SRF)较聚合电解质单独作用时会有一定程度的减少(SRF 从 3.59×10^{12}m/kg 减少到 1.18×10^{12}m/kg)，同时，聚合电解质的剂量也会相应减少大约 25%~50%，即聚合电解质与超声联合的应用效果要优于聚合电解质的脱水效果。

将超声能量换算成超声波功率即可得出结论，超声波功率对污泥的含水率有较大的影响。有研究表明，在超声波处理时间为 90s 的条件下，超声波功率为 44W 时，污泥的含水率最低(为 85%左右)，脱水效果最好；超声波功率小于 44W 或大于 44W 时，污泥含水率均上升，脱水效果变差；加入絮凝剂对污泥脱水有一定的帮助，但在超声波功率为 44W 时几乎无影响。这是因为：适当功率的超声波可以改变污泥的团聚特性，使其更容易脱水；超声波功率太大，产生的空化效应会过分破坏污泥颗粒，增加过滤比阻，反而不易脱水；超声波功率太小，又不能对污泥产生有效的作用，也不宜脱水。只要选用合适功率的超声波，就可以少加或者不加絮凝剂。

超声波可改变电解质内部结构，强化电解质对生污泥的活性。超声波通过足够的时间来改善污泥的脱水性能，这个时间根据电解质类型、结构和电解质剂量有所不同。聚合体形成的形状和尺寸不尽相同，这会影响到脱水过程的速度、澄清度的产生及污泥体积的减小。在絮状物有效的分解过程中存在着超声波的临界能量点。超声波处理包括几个阶段，在超过临界输入能量点的阶段，多孔聚合物被压实成紧密的聚合体，污泥脱水性能显著恶化。

超声处理对污泥的减量化具有促进作用。Mohammed Reza Salsabil 等基于超声波能有效破碎细胞、改善有机物的溶解性能等优点，对超声预处理后的污泥进行好氧和厌氧消化处理，结果表明，在厌氧消化过程中，污泥的减量化效果显著，且破碎程度越高，污泥的减量化效果就越好，最高可达 80%，而好氧消化却效果较差。

超声波处理污泥是一种高效、干净的方法。超声波对污泥的作用机制是机械作用和空化作用，为控制处理成本，采用超声波促进污泥脱水时，一定要控制在较低的强度（<0.2W/cm^3）与较短的处理时间（<2min）内，而促进污泥发酵通常需要较高的超声波强度（>0.3W/cm^3）和较长的处理时间（>10min）。

超声波处理条件温和，污泥降解速率快，适用范围广，可与其他技术结合使用。超声波和其他方法结合也可使污泥凝聚，改善生污泥的活性，降低超过 10%的污泥含水量。有研究者认为，超声波和调理剂（如絮凝剂）联合作用使得污泥的 Zeta 电位有所改变，污泥比阻（SRF）与污泥毛细停留时间（CST）也得以降低，进而改善了污泥的脱水性能。

超声波与调理剂或者其他手段联合处理污泥的研究，主要包括了以下几个方面：①超声波与调理剂（或其他手段）单独以及联合使用对污泥脱水性能的影响，结果显示联合处理污泥的脱水性能优于单独超声波或者调理剂（或其他手段）的处理效果；②超声波与调理剂（或其他手段）使用的顺序问题，部分研究认为，先超声再加调理剂的处理顺序，其处理效果优于先加调理剂再超声的结果；③联合处理中选用的指标主要包括超声时间、超声波频率、调理剂投加量、污泥含率、污泥 CSR、污泥 SRF、颗粒粒径等。

2.2.5 微波调理

微波调理污泥在本质上是加热调理污泥，但是微波并非从物质材料的表面开始加热，而是从各方向均衡地穿透材料均匀加热，微波辐射通过热效应和非热效应的共同作用能够明显提高污泥的脱水性能。微波技术引入污泥的处理始于 20 世纪 90 年代初，该技术的优势表现为加热速率快、热效高、热量立体传递、设备体积小等。将污泥进行适宜时间的微波辐射时，污泥沉降速度会明显加快，污泥沉降比（SV）较未经微波处理的污泥明显减少，同时，微波还可明显改善污泥的过滤性能。有研究表明，原污泥经微波分别辐射适宜时间后，污泥比阻较未经预处理污泥的降低约 75%，且经真空抽滤后的滤饼含水率较未经微波处理的滤饼含水率也明显下降。Eva W. E. 也研究了微波处理对污泥脱水性能的影响，结果表明，微波处理能够改善污泥的脱水性能，经微波处理后，污泥的 CST、SRF 和泥饼含水率均较原污泥减少。

谢敏等采用某污水处理厂二沉池回流污泥，采用丝网（40 目）过滤，去除污泥中的大颗粒物。原污泥含水量在 99.0%~99.5%之间，固体悬浮物浓度在 9200~9500mg/L，溶解性化学需氧量为 80~140mg/L。以此污泥为对象，研究了微波辐射对污泥粒径、分形维数、絮体强度、表面相对疏水性的影响，以及各个参数的变化对剩余污泥脱水特性的影响，在此基础上分析了微波辐射调质污泥的机理。

（1）微波辐射对污泥脱水性能的影响

在不同的微波功率下，随着微波辐射时间的延长，污泥比阻（SRF）均呈现先减小后增大的趋势。微波功率为 180W、360W 和 540W 时，污泥比阻分别在 30s、25s 和 15s 时达到最小值。其中功率为 540W，辐射时间为 15s 时 SRF 达到最小值 6.9×10^{12}m/kg，与原污泥相比下降了 65.6%。因此，适宜的微波辐射能够改善污泥脱水性能。微波功率越强，污泥比阻减小的速率越快；微波辐射时间过长则使污泥比阻增大，脱水性能恶化。

一定量的微波辐射能降低污泥比阻及结合水含量。在不同微波功率下，滤饼含水率随着微波辐射时间的延长，先减少后增加。微波功率在540W、辐射时间15s时滤饼含水率最小，为78.06%。与原污泥(90.64%)比较，通过微波辐射，调质后的污泥滤饼含水率减少了11.58%。

（2）微波辐射对污泥结构的影响

① 微波辐射对污泥分形维数的影响

絮体的分形维数 D_3 表示物体充满空间的程度和污泥絮体颗粒间的填充度，反应了污泥颗粒的聚集状态。D_3 值介于1~3之间，较高的 D_3 值表示了污泥絮体紧凑和致密的结构。

在一定的时间内，不同的微波功率下，D_3 随着微波辐射时间先增大后减小。功率540W、辐射时间15s时，D_3 达最大值2.1709，随后随着微波辐射时间的延长，D_3 迅速下降，甚至低于原污泥。

② 微波辐射对 $d_{0.5}$ 的影响

$d_{0.5}$ 又称"中位粒径"或者"中心粒径"，通常用它来表示该颗粒群的颗粒大小，是纵坐标累计分布50%所对应的横坐标直径值。不同功率的微波辐射在一定辐射时间内能够使污泥的粒径增大。功率540W、辐射15s时，$d_{0.5}$ 达到最大值42.990μm。实验证明，微波的热效应加剧了分子间的布朗运动，污泥颗粒之间的碰撞几率增加，使污泥颗粒粗大化。而过量的微波辐射则会打破污泥絮体和细胞的结构，粒径则随之减小。

③ 微波辐射对疏水性的影响

疏水性(RH)是描述污泥表面性质的参数之一，对污泥絮体沉淀过程起重要作用。活性污泥的疏水作用力随着絮体胞外聚合物中蛋白质含量的增加而加强，疏水作用力较高的污泥具有较好的絮凝能力及脱水性能。

实验证明，RH随微波辐射时间首先迅速增长，而后减小；微波功率越大，RH增长的速率和幅度都越大。微波功率在540W、辐射15s后RH值达到最大，由原污泥的66.61%增加至90.15%。

④ 微波辐射对无机固体的影响

无机固体(FS)是固液分离过程中一个非常关键的参数，对高效去除污泥颗粒有重要影响。FS的大小取决于污泥絮体的粒径和性状。此外，污泥絮体的紧密程度也是影响FS的重要因素之一。

FS大小随着微波时间的延长呈现先增大后减小的趋势。在功率540W、辐射15s时FS有最大值156J/m^2。实验证明，适量的微波辐射能使污泥絮体结构变得紧密。

（3）污泥结构变化对污泥脱水性能的影响

① $d_{0.5}$ 变化对污泥比阻及含水率的影响

污泥比阻及滤饼含水率随 $d_{0.5}$ 的增大而减小，说明较大的 $d_{0.5}$ 能提高污泥的脱水性能。这是因为较大的污泥颗粒在污泥真空过滤过程中不会堵塞滤纸的空隙，使污泥中的自由水更容易通过滤饼。污泥比阻、滤饼含水率与 $d_{0.5}$ 之间的相关性很强，说明粒径分布对污泥脱水性能的影响较大。

② D_3 变化对污泥比阻的影响

污泥比阻随 D_3 的增大而减小，说明在微波调质过程中，密实的絮体结构有利于污泥脱水。污泥比阻与 D_3 之间有着很强的相关性，说明絮体整体结构对脱水性能具有很大的影响。

③ FS 变化对污泥比阻的影响

絮体强度的增长有利于真空过滤，这是因为坚实的絮体结构可以确保减少絮体结构变形，在真空过滤中更加有利于固液分离。因此，絮体强度可同其他传统的污泥脱水指标一样用于指示污泥的脱水性能。

（4）污泥脱水特性模型

对污泥比阻影响较大的因素分别是粒度、分形维数、絮体强度。谢敏等建立了这 3 个参数与污泥比阻的脱水特性模型，可得到微波调质中污泥特性参数与污泥比阻的函数关系为

$$\mathrm{SRF} = 44.250 - 0.71d_{0.5} - 7.072D_3^{\ 2} + 169.259\mathrm{FS}^{-1}$$

模型拟合结果的相关性系数均接近于 1，残差 E 较小，各回归系数的显著性水平均小于 0.05，可以认为自变量 $d_{0.5}$、D_3、FS 对因变量 SRF 均有显著影响，说明建立的污泥比阻和参数之间的模型是有效的。

周翠红等建立了黏度、沉降性能(SVI)、粒度和分形维数与污泥含水率之间的脱水特性模型为

$$Y = 0.59602A + 0.18513B - 0.28991C - 19.45685D + 9.35249$$

式中 Y——含水率；

A——污泥黏度；

B——污泥沉降比；

C——污泥粒度；

D——分形维数。

对比 2 种模型可知，污泥粒径与分形维数对污泥比阻及滤饼含水率的影响均较大。$d_{0.5}$ 略有增大，污泥比阻及含水率均大幅度下降，但由于 D_3 的分维范围有限(污泥颗粒的 D_3 值介于 1~3 之间)，D_3 对污泥脱水性能的影响相对较小，因此，$d_{0.5}$ 是决定污泥脱水性能的关键性因素。

相对于传统的加热调理，微波调理具有加速速率快、易于控制和节省能量等特点，但微波穿透介质的深度有限，所以用微波处理污泥时要注意污泥量的控制。同时，微波对人体有害，调理时还要注意密封性。

2.2.6 高压脉冲电场溶胞

污泥处理主要是减量化、稳定化、无害化和资源化，减量化是基础。减少剩余污泥的产量可能通过以下三种途径来实现：第一，降低微生物的净合成量，就是在某些条件下，抑制合成代谢，阻断能量的传递，致使微生物产率系数降低，从而导致污泥产量的降低。在此类方法中，研究较多的是苯酚类化合物及其衍生物。第二，微生物对细菌的捕食，是利用位于食物链高端的微生物对污泥中的细菌进行捕食、消化、吸收，使得污泥量减少。而食物链越高级即级数越多需要消耗的能量也就越多。微生物通过对污泥中细菌的摄食和消化，同时也增加了污泥的可溶性和消化性。第三，增加微生物的自身氧化速率，是指微生物利用衰亡细胞溶解后所形成的二次基质进行的繁殖，结果是污泥总体表观产率降低，污泥产量减少。整个过程包括溶胞和生长两个阶段。通常的溶胞作用包括前述的加热、冷冻融化、施加机械压力以及这些方法的联合应用，但由于过程中存在能耗高、有异味、腐蚀性和毒性等问题，没能得到大规模应用。

高压脉冲电场(pulsed electric field，PEF)是近几年才发展起来的溶胞新技术，主要是利用快速脉冲和高压电场打破溶液中细胞的细胞膜，形成孔洞，使胞内外的渗透压不等，从而裂解细胞。

(1) 高压脉冲电场预处理的原理

高压脉冲电场溶胞主要是应用瞬间高压脉冲电场作用在放置于两极之间的处理器中的污泥，包括固体物质的溶解液化、有机物水解、精细均质化过程，污泥微生物细胞首先在脉冲电场高温(5000℃)和高压作用下，大量溶解液化，细胞内蛋白质、糖等快速释放出来，同时释放出来的大分子迅速水解为小分子，生成多肽、二肽、氨基酸等，氨基酸进一步水解为低分子有机酸、氨及二氧化碳。经预处理后的污泥，有机物大量溶解，大分子转化为小分子，因此，经处理后的污泥回流至污水处理系统，就能减少污泥的剩余量，提高污泥中有机氮的去除率，从而增加污泥的沉降性能及脱水性能的比率。

细胞在外加电场的作用下，会产生跨膜电位(transmembrane potential，TMP)，当此电位超过临界限值时，细胞膜会被击穿，这个临界限值电位叫做击穿电位。这一理论也叫做膜穿孔理论。Sale A. J. H. 等和 Zimmermann U. 通过实验研究，于 20 世纪建立起了膜穿孔理论的数学模型：$U(t)=\frac{3}{2}rE\cos\theta$。对于半径为 r 并且处于均匀场强为 E 的电场中的细胞来说，半径 r 越大，膜两侧的电位差 $U(t)$ 就会越高，越容易达到细胞膜的击穿电位，从而造成细胞破裂。当外部电场加到细胞两端时，由于膜上的电荷在外加电场力的作用下将会移动，使细胞膜两侧的电位逐渐增大。根据异性电荷相吸的原理，细胞膜两侧之间就会产生相互吸引的作用力，此作用力相当于使膜受到两侧的挤压力。随着电场强度 E 的增大或者是处理时间 t 的延长，跨膜电位不断加大，因此，挤压力也不断累积增大。此时，细胞膜如弹簧般产生弹性相向抵抗力来对抗不断加大的挤压力，随着时间 t 的累积，细胞膜将被局部破坏，在膜上将会产生通道——微孔。因为细胞有自我修复的功能，如果微孔能自我修复闭合，这时的电位被称为可逆电位；如果外加电场强度 E 继续增大，超过了临界电场强度或长时间作用，大量大尺寸的孔就会形成，可逆击穿就会变成不可逆击穿，细胞膜产生机械性不可逆的破坏，进而导致细胞死亡。

PEF 主要应用快速脉冲和高压电场打破构成生物细胞膜和细胞壁的极性官能团——磷脂和肽聚糖，形成气孔。在持续性的电场作用下，气孔变得足够大，开合的时间足够长，细胞内外的渗透压造成细胞的裂解，摧毁细胞的完整性，从而使细胞质变成小分子的胶体，进而从细胞内释放到溶液中，这种作用使其更易生物消化。

电场处理强度(treatment intensity，TI)可以用下式计算：

$$TI = K\frac{V^2 \cdot D \cdot f \cdot \sigma \cdot HRT}{L^2}$$

式中 TI——电场处理强度，kW·h/m³；

V——电压，V；

D——脉冲宽度，s；

f——脉冲频率，Hz；

σ——电导率，S/m；

HRT——水力停留时间，s；

K——常数，$K=1/3600000kW \cdot h/J$。

（2）预处理的效果

姜俊杰等采用如图 2-3 所示的 PEF 电源及脉冲发生器，高压电场强度为 22~40kV/cm，电场处理强度为 12~25kW·h/m^3，对污泥进行了脉冲电场预处理效果的实验。结果表明，经过处理后的污泥，总固体含量及挥发性固含量几乎一样，说明经过处理前后溶质含量没有发生变化，没有发生溶质流失的现象，这对于使用包括各种化学、物理、生物及其相互联合的作用来达到溶胞作用的方法来说，是明显的进步；处理后污泥中的 SCOD 增加了 2 倍以上，脂肪酸增加了 1.5 倍以上，氨态氮含量有大幅度减小，有机氮含量是处理前的 1.28 倍。

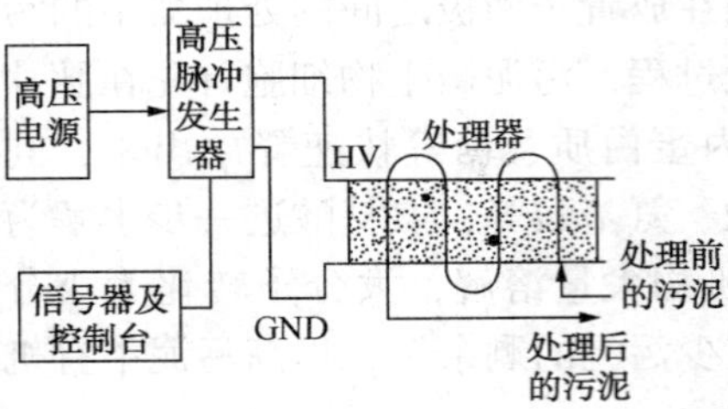

图 2-3　PEF 电源及脉冲发生器

根据生物学可知，细胞膜主要由脂类、蛋白质和糖类组成，各成分含量分别约为 50%、40%和 2%~10%，其中，脂质的主要成分为磷脂和胆固醇。细胞膜是由磷脂双分子层及镶嵌在分子层之间的蛋白质组成的，经过预处理的污泥中的脂肪酸含量是处理前的 2.5 倍，说明细胞膜已遭到脉冲电场的破坏，细胞膜结构已失衡，已经造成不可逆洞穿。这也有力支持了膜穿孔理论。

经过脉冲电场预处理后，污泥整体性结构被破坏，污泥更易消化，污水中的残余物变得更少，出水水质更高。COD 去除率达到 90%左右，TN 的去除率达到 80%左右。结果表明，脉冲电场预处理污泥技术是很有研究前景和价值的。

2.2.7　加骨料调理

污泥的组成决定其含水量、液限和塑限范围，有机质含量高可增加其塑限范围，表明污泥的可压缩程度高，但不利于降低含水量。另外，污泥有机质含量高，仅靠有机高分子絮凝剂与无机混凝剂的吸附架桥、电中和作用来改善污泥脱水性能，效果不明显。一方面，使用有机高分子絮凝剂能减少出水中不溶性颗粒，最多能增加脱水泥饼 10%的固含量，且随着用量的增多，污泥脱水药剂成本升高；另一方面，因污泥压缩的“临界压力”低，加大过滤压力、延长压榨时间对于改善易压缩污泥的最终脱水效果意义不大。因此，絮体强度在脱水中的作用比混凝、絮凝要重要。所以，解决污泥的可压缩性问题，是进一步提高污泥脱水效率的突破口。

加骨料调理是对污泥中加入适量骨料（主要是煤灰）使得污泥物理性状发生改变的调理方法，惰性骨粒在污泥压滤脱水过程中还可以起到骨架作用，以此达到抵抗滤饼的压缩、维持其较大的孔隙度和渗透性能的目的，从而为压滤脱水提供通道。助凝剂（如石灰、珠光体、水泥等）一般为无机惰性材料，本身不起混凝作用，因此也称为物理调理剂（Physical Conditioner）。这些物理调理剂加入到污泥中起到骨架构建体（Skeleton Builder）的作用，在污泥中形成坚硬网格骨架，即使在高压作用下仍然保持多孔结构，有效解决了污泥中有机质可压缩性的问题，从而提高了污泥的脱水过滤性能。

国内外研究学者围绕物理调理剂形成骨架构建体及其改善污泥脱水性能方面开展了研究。Jonathan 较早采用石灰和粉煤灰作为物理调理剂，其形成的透水和刚性晶格结构，保持了高压下泥饼的多孔通道，成功地改善了含油污泥的脱水性能。Zhao 利用石膏作为骨架构建体来提高铝盐絮凝污泥的脱水能力，当石膏投加量为污泥干基的60%时，泥饼含水率降低了7.1%。石膏帮助提供多孔性、渗透性和刚性晶格泥饼结构，降低污泥压缩性，从而有利于脱水。Lee利用台湾地区海鲜壳等食物残渣磨细粉作为碱性的骨架构建体来改善污泥脱水性能，结果表明，添加化学调理剂造成pH值明显降低，导致污泥过滤性能变差，而海鲜壳等细粉能有效改善污泥脱水。Benitez利用粉煤灰、焚化炉灰、水泥窑灰、蔗渣作为骨架构建体，与聚合物一起使用，成功地改善了工业和市政污水混合污泥的脱水性能。Albertson利用煤粉作为骨架构建体提高高分子絮凝剂调理剩余活性污泥的离心脱水性能，添加(0.1~0.3)kg煤/kg干泥，可以将高分子絮凝剂脱水后泥饼的含固率从18%~23%提高到25%~37%，获得的含煤泥饼能够维持自燃烧，从而大大减少了污泥焚烧的成本。K. B. Thapa等通过机械压缩试验研究了褐煤作为骨架构建体对经聚合电解质调理的污泥的脱水性能的影响，结果表明，污泥在褐煤调理与聚合电解质絮凝联合作用下较单独聚合高分子电解质絮凝作用下的脱水效果有一定程度的提高。添加污泥干固体含量273%的改性粉煤灰调理污泥，可使污泥比阻从1.86×10^{13}m/kg下降至4.23×10^{11}m/kg，含水率从86.90%下降至56.52%。

大量研究证实，通过添加物理调理剂作为骨架构建体，能中和污泥电荷及吸附架桥，改善絮体的形成并提供水传递的通道，从而改善污泥脱水性能。一方面，若仅将骨架构建体用于脱水环节，并无明显的技术优势，泥饼增容较大；另一方面，骨架构建体残留在泥饼中，可使其在后期固化中起到一定的强度，因此，若将基于骨架构建体的污泥脱水与固化结合起来，将具有明显的应用优势。

2.3 化学调理

化学调理又称化学调节，其基本原理就是通过向污泥中投加一定量的调理剂(絮凝剂、助凝剂)，在污泥胶体颗粒表面起化学反应，中和污泥颗粒的电荷，破坏污泥胶体颗粒的稳定性，增大凝聚力，使分散的小颗粒相互聚集成大颗粒，从而促使水从污泥颗粒表面分离出来的一种方法。调理效果的好坏与调理剂种类、投加量以及环境因素有关。化学调理效果可靠、设备简单，操作方便，被长期广泛采用。

2.3.1 化学调理过程的机理

污泥中的胶体微粒质量轻、直径小，在胶体微粒表面吸附着阴、阳离子层，称之为双电层。由于胶体微粒本身带电，同类胶体微粒因带有同类电荷，相互排斥，不能结合成较大的颗粒而下沉。另外，许多水分子被吸附在胶体微粒的周围形成氧化膜，阻碍了胶体微粒与带相反电荷的粒子中和，妨碍了颗粒之间接触并下沉，这一特性称为胶体的稳定性。因此，高含水污泥中的细小悬浮物和胶体微粒不易下沉，总保持着分散和稳定的状态。要使胶体微粒下沉，就必须破坏胶体的稳定性，即脱稳作用，这就需要加入混凝剂促使其进行凝聚。凝聚是瞬间的，只需将化学药剂全部分散到水中即可。与凝聚作用不同，絮凝需要一定的时间去完成，但一般情况下两者不好决然分开，因此一般将能起凝聚与絮凝作用的药剂统称为混凝剂。

目前从理论上解释混凝作用的机理，应用较多的有双电层压缩理论、吸附架桥作用机理、吸附电中和作用机理和网捕或卷扫机理。

（1）双电层压缩理论

如前所述，憎水胶体的聚集稳定性主要取决于胶粒的 ζ 电势。根据 DLVO 理论，要使胶粒通过布朗运动相撞聚集，必须降低 ζ 电势，以降低或消除排斥能峰。在水中投加电解质(混凝剂)可以达到这种目的。

例如对天然水中带负电荷的黏土胶体，在投入铝盐或铁盐等混凝剂后，混凝剂提供的大量正离子会涌入胶体扩散层甚至吸附层。因为胶核表面的总电势不变，增加扩散层及吸附层中的正离子浓度相当于压缩双电层，使扩散层减薄，从而使胶体滑动面上的 ζ 电势降低(图 2-4)。当大量正离子涌入吸附层以致扩散层完全消失时，ζ 电势为零，此时称为等电状态。理论上等电状态时排斥势能消失，胶体粒子最易发生凝聚，但实际上，ζ 电势只要降低到一定程度(如 $\zeta=\zeta_k$，图 2-4)而使胶体粒子间的排斥能峰 $E_{max}=0$ 时，胶体粒子就开始产生明显的聚集，此时的电势称为临界电势。胶体粒子因 ζ 电势降低或消除以致失去稳定的过程，称为胶体脱稳。脱稳的胶体相互聚结，称为凝聚。

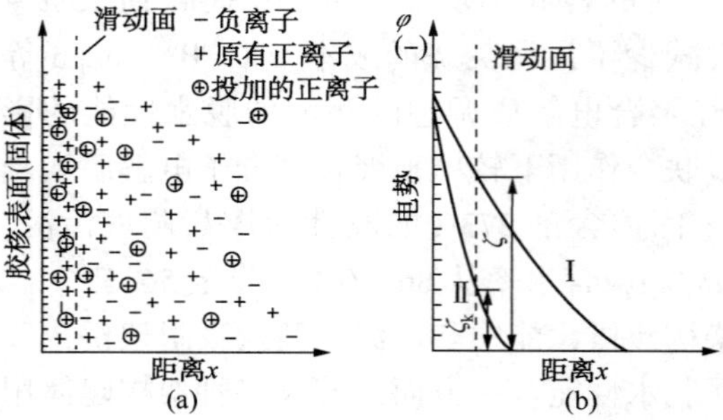

图 2-4 双电层压缩理论

双电层压缩是在 20 世纪 60 年代以前提出的阐明胶体凝聚的一个重要理论，成功地解释了胶体的稳定性及其凝聚作用，特别适用于无机盐混凝剂所提供的简单离子的情况。利用该理论可以较好地解释港湾处的沉积现象，因淡水流进海水时，水中的盐类增加，离子浓度增大，淡水夹带的胶体的稳定性降低，所以在港湾处黏土和其他胶体颗粒易发生沉积。

压缩双电层混凝机理与叔采-哈代(Schulze-Hardy)法则是一致的，即电解质的凝聚能力与电解质离子价数的 6 次方成正比。表 2-5 为不同电解质的凝聚能力的试验结果。可以看出，凝聚能力随离子价的增大而增强很快。高价电解质压缩胶体双电层的效果远比低价电解质有效。对负电荷胶体而言，为使胶体失去稳定性即脱稳，所需不同价数的正离子浓度之比为 $[M^+]:[M^{2+}]:[M^{3+}]=1:(1/2)^6:(1/3)^6$。

表 2-5 不同电解质的凝聚能力

电解质	在浓度相同时对胶体的相对凝聚能力	
	带正电胶体	带负电胶体
NaCl	1	1
Na_2SO_4	30	1
Na_3PO_4	1000	1
$BaCl_2$	1	30
$MgSO_4$	30	30
$AlCl_3$	1	1000
$Al_2(SO_4)_3$	30	>1000
$FeCl_3$	1	1000
$Fe_2(SO_4)_3$	30	>1000

但是双电层压缩理论不能解释水处理中的一些混凝现象，如混凝剂投加量过多时胶体会重新稳定。因为根据该理论，当溶液中外加电解质很多时，至多达到$\zeta=0$状态，而不可能出现胶粒电荷改变的情况。但实际上，三价铝盐或铁盐混凝剂投加过多时凝聚效果反而下降，胶体粒子甚至重新稳定；又如在等电状态，混凝效果应该好，但生产实践却表明，混凝效果最佳时的ζ电势常大于零；与胶体粒子带相同电号的聚合物或高分子有机物可能有好的凝聚效果等。这些复杂的现象与胶体粒子的吸附能力有关，基于单纯的静电现象的双电层压缩理论就难以解释了。

（2）吸附电中和作用机理

吸附电中和作用是指胶核表面直接吸附异号离子、异号胶体粒子或链状高分子带异号电荷的部位等来降低ζ电势。这种吸附能力绝非单纯的静电力，一般认为还存在范德华引力、氢键及共价键等。混凝剂投加量适中时，通过胶核表面直接吸附带相反电荷的聚合离子或高分子物质，ζ电势可达到临界电势ζ_k。但当混凝剂投加量过多时，胶核表面吸附过多的相反电荷的聚合离子，导致胶核表面电荷变号(图2-5)。

吸附电中和理论是在对传统铝盐、铁盐混凝剂的特点进行系统分析的基础上发展而来的。以铝盐为例，当pH>3时，水中便会出现聚合离子及多核羟基络合物。这些物质往往会吸附在胶核表面，分子质量越大，吸附作用就越强。

图2-6为吸附电中和作用的示意图，一种情况表示高分子的带电部位与胶核表面所带异号电荷的中和作用；另一种则表示带正电的小胶体粒子被带负电的大胶体粒子表面所吸附。

吸附电中和理论解释了压缩双电层理论所不能解释的现象，并已广泛用于解释金属盐混凝剂对胶体颗粒的凝聚作用。

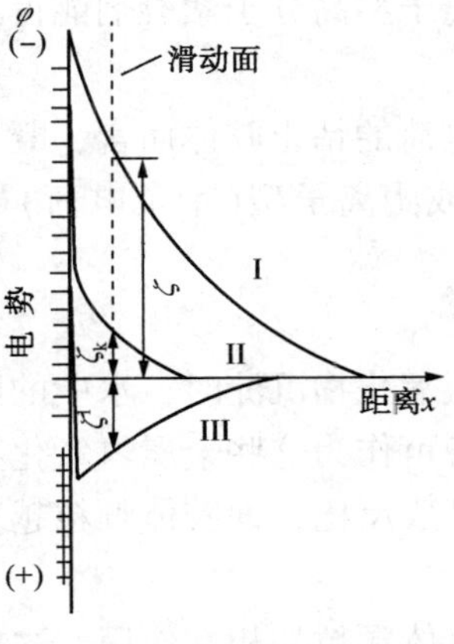

图2-5　吸附电中和ζ电势的变化

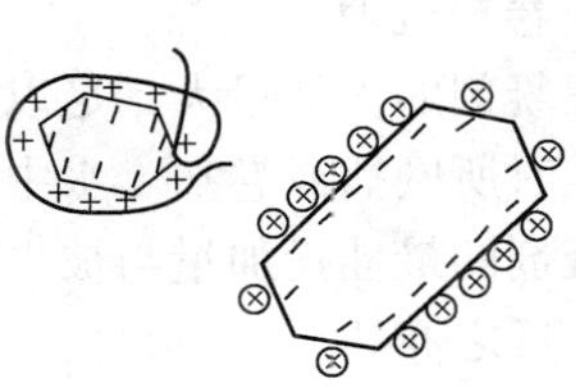
图2-6　吸附电中和作用示意图

（3）吸附架桥作用机理

吸附架桥作用主要是指高分子物质与胶体粒子的吸附架桥与桥连，还可理解成两个大的同号胶体粒子中间由于有一个异号胶体粒子而连结在一起，如图2-7所示。高分子絮凝剂具有线形结构，它们具有能与胶体粒子表面某些部位起作用的化学基团，当高分子聚合物与胶体粒子接触时，高分子链的一端由于基团能与胶体粒子表面产生特殊反应而吸附某一胶体粒子后，另一端又吸附另一胶体粒子，形成“胶体粒子-高分子-胶体粒子”的絮凝体。高分子聚合物在这里起了胶体粒子与胶体粒子之间相互结合的桥梁作用。高分子投加量过少时，不足以形成吸附架桥。但当高分子物质的投加量过多，胶体粒子相对少时，吸附了某一胶体粒子的高分子物质的另一端粘结不到第二个胶体粒子，而是被原先的胶体粒子吸附在其部位，进而产生“胶体保护”作用(图 2-8)，使胶体又处于稳定状态。即当全部胶体粒子的吸附面均被高分子覆盖后，两个胶体粒子接近时，就会受到高分子的阻碍而不能聚集。这种阻碍来源于高分子之间的相互排斥。因此，只有在高分子物质投加量适中时，即胶体粒子只有部分表面覆盖时，才能在胶体粒子间产生有效的吸附架桥作用并获得最佳絮凝效果。一般认为高分子在胶体粒子表面的覆盖率在 1/3～1/2 时絮凝效果最好。但在实际水处理中，胶体粒子的表面覆盖率无法测定，因此高分子混凝剂的投加量通常需由试验决定。已经架桥絮凝的胶体粒子，如受到剧烈的长时间搅拌，架桥聚合物可能从另一胶体粒子表面脱开，重新卷回原所在胶体粒子的表面，造成再稳定状态。

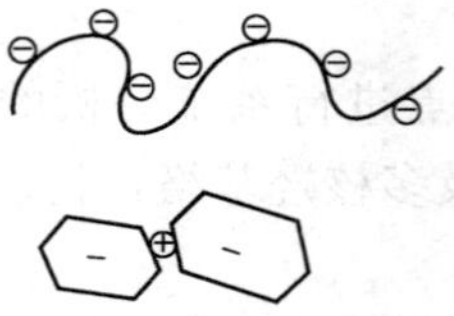

图 2-7　吸附架桥作用示意图

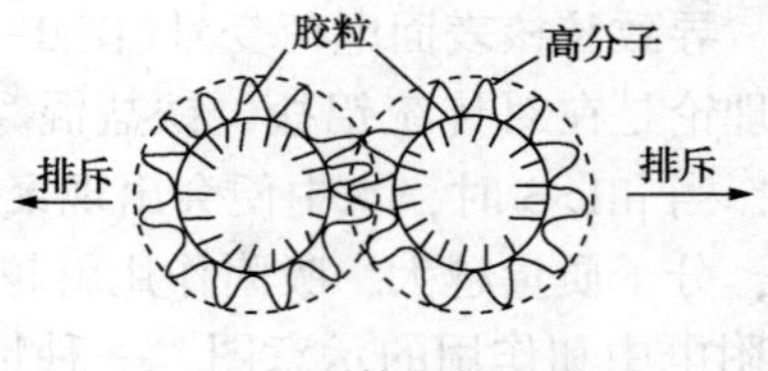

图 2-8　胶体保护示意图

起架桥作用的线性高分子一般需要一定的长度。长度不够不能起到胶体粒子间的架桥作用，只能被单个分子吸附。聚合物在胶体粒子表面的吸附来源于各种物理化学作用，如范德华引力、静电斥力、氢键、配位键等，取决于聚合物同胶体粒子表面二者化学结构的特点。

利用这个机理可解释非离子型或带同号电荷的离子型高分子絮凝剂能得到好的絮凝效果的现象。

高分子物质若为阳离子型聚合电解质，对带负电荷的粘土胶体而言，既具有电性中和作用又具有吸附架桥作用；若为非离子型(不带电荷)或阴离子型(带负电荷)聚合电解质，只能起吸附架桥作用。

(4) 网捕或卷扫机理

当金属盐混凝剂的投加量大到足以形成大量的氢氧化物沉淀时，水中的胶体粒子可被这些沉淀物在形成时所网捕或卷扫。水中胶体颗粒本身可作为这些金属氢氧化物沉淀物形成的核心，所以混凝剂的最佳投加量与被去除物质的浓度成反比，即胶体颗粒越多，所需的混凝剂投加量越少，反之亦然。

以上各种混凝机理从不同角度解释了混凝剂与胶体颗粒的相互作用。这些作用并不是孤立的，混凝过程实际是以上几种机理综合作用的结果，只是在一定情况下以某种现象为主而已，如低分子电解质以基于双电层压缩原理产生凝聚为主，高分子聚合物则以吸附架桥连接作用而产生絮凝为主，这一过程总称为混凝。混凝效果和作用机理不仅取决于所使用的混凝剂的物理化学特性，而且与所处理水的水质特性，如浊度、碱度、pH 值以及水中杂质等有关。

化学调理常用的调理剂分为无机调理剂和有机调理剂两大类。一般认为，絮凝剂对胶体粒子的作用包括静电中和、吸附架桥和卷扫凝聚三种。化学调理是这三种作用综合的结果，只是不同的絮凝剂所起的作用不同。无机絮凝剂是以电中和及卷扫作用为主，非离子和阴离子型有机高分子絮凝剂以架桥作用为主，阳离子型有机絮凝剂中的低分子絮凝剂以静电中和为主，高分子絮凝剂同时有中和与吸附架桥作用。由于污泥胶体颗粒带有负电荷，而阳离子型絮凝剂的絮凝作用是由吸附架桥作用和电荷中和作用两种机理产生的，可以中和污泥中更多的胶体，使得出水上清液的浊度更低。

2.3.2 调理剂

化学调理常用的调理剂分为无机调理剂和有机调理剂两大类。

无机调理剂主要起电性中和的作用，所以这类调理剂被称为混凝剂，常用的有石灰、铁盐、铝盐等。聚铁、聚铝等无机高分子化合物和有机高分子化合物是起吸附架桥作用，此类调理剂被称为絮凝剂，其形成的污泥絮体抗剪切性能强，不易打碎，尤其适合于后续脱水采用带式压滤脱水和离心方法时应用。有机高分子调理剂有聚合电解质、有机高分子和阳离子型有机高分子，目前应用较多的是聚丙烯酰胺类阳离子絮凝剂。

污泥化学调理过程中投加的助凝剂主要有硅藻土、珠光体、酸性白土、锯木屑、污泥焚烧灰、粉煤灰、石灰及贝壳粉等。助凝剂一般不起混凝作用，其作用主要表现为调节污泥的pH值，供给污泥以多孔网格状的骨架，改变污泥颗粒的结构，破坏胶体的稳定性，提高混凝剂的混凝效果，增加絮体强度等。

2.3.2.1 无机调理剂

无机调理剂主要包括铁盐、铝盐和石灰等。铁盐主要是氯化铝($FeCl_3 \cdot 6H_2O$)、硫酸铁($Fe_2(SO_4)_3 \cdot 4H_2O$)、硫酸亚铁($FeSO_4 \cdot 7H_2O$)和聚合硫酸铁(PFS，$[Fe_2(OH)_n(SO_4)_{3-n/2}]_m$)。铝盐主要是硫酸铝($Al_2(SO_4)_3 \cdot 18H_2O$)、氯化铝($AlCl_3$)、碱式氯化铝$[Al(OH)_2 \cdot Cl]$、聚合氯化铝(PAC，$[Al_2(OH)_nCl_{6-m}]_m$)。硫酸铝是世界上使用最多的絮凝剂，$Fe^{3+}$加石灰的调节方式能显著提高脱水程度。

(1) 铁盐

① 三氯化铁

三氯化铁($FeCl_3 \cdot 6H_2O$)是铁盐调理剂中最常用的一种。和铝盐相似，三氯化铁溶于水后，铁离子(Fe^{3+})通过水解聚合可形成多种成分的配合物或聚合物，其混凝机理也与铝盐相似，但混凝特性与铝盐略有区别。一般地，铁盐适用的pH值范围较宽，在5~11之间；形成的絮凝体比铝盐絮凝体密实，沉淀性能好；处理低温或低浊水的效果比铝盐效果好。但缺点是溶液具有较强的腐蚀性，固体产品易吸水潮解，不易保存，处理后的水的色度比用铝盐的高。

② 硫酸亚铁

硫酸亚铁($FeSO_4 \cdot 7H_2O$)是半透明绿色结晶体，俗称绿矾，易溶于水。硫酸亚铁在水中离解出的Fe^{2+}只能生成简单的单核络合物，因此不具有Fe^{3+}的优良混凝效果。残留于水中的Fe^{2+}会使处理后的水带色，特别是与水中有色胶体作用后，将生成颜色更深的不易沉淀的物质。因此采用硫酸亚铁作混凝剂时，应先将Fe^{2+}氧化成Fe^{3+}后使用。氧化方法有空气氧化、氯氧化等方法。

当水的 pH 值大于 8.0 时，加入的 Fe^{2+} 易被水中的溶解氧氧化成 Fe^{3+}：

$$4Fe(OH)_2 + 2H_2O + O_2 \longrightarrow 4Fe(OH)_3 \quad (2\text{-}1)$$

当水的 pH 值小于 8.0 时，可通过加入石灰去除水的 CO_2：

$$Ca(OH)_2 + CO_2 \longrightarrow CaCO_3 + H_2O \quad (2\text{-}2)$$

当水中没有足够的溶解氧时，可加氯或漂白粉予以氧化：

$$6FeSO_4 \cdot 7H_2O + 3Cl_2 \longrightarrow 2Fe_2(SO_4)_3 + 2FeCl_3 + 7H_2O \quad (2\text{-}3)$$

理论上，1mg/L $FeSO_4$需加氯 0.234mg/L。

③ 聚合铁

聚合铁包括聚合硫酸铁(PFS)和聚合氯化铁(PFC)。

聚合硫酸铁是碱式硫酸铁的聚合物，其化学式为$[Fe(OH)_n(SO_4)_{3-n/2}]_m$，其中 $n<2$，$m>10$。聚合硫酸铁有液、固两种形态，液体呈红褐色，固体呈淡黄色。制备聚合硫酸铁的方法有好几种，但目前基本上都是以硫酸亚铁为原料，采用不同的氧化方法将硫酸亚铁氧化成硫酸铁，同时控制总硫酸根和总铁的物质的量之比，使氧化过程中部分羟基(OH)取代部分硫酸根而形成碱式硫酸铁 $Fe(OH)_n(SO_4)_{3-n/2}$。碱式硫酸铁易于聚合而产生聚合硫酸铁。聚合硫酸铁的盐度需要控制在较低范围内，一般[OH]/[Fe]控制在 8%~16%。

聚合硫酸铁具有优良的混凝效果，其腐蚀性远小于三氯化铁。

聚合氯化铁的研制始于 20 世纪 80 年代的日本。试验表明，聚合氯化铁的混凝效果一般高于聚合硫酸铁，但由于聚合氯化铁产品的稳定性较差，在聚合后几小时至一周内即会发生沉淀，从而使混凝效果降低。

（2）铝盐

① 硫酸铝

硫酸铝有固、液两种形态，固体产品为白色、淡绿色或淡黄色片状或块状，液体产品为无色透明至淡绿或淡黄色，常用的是固态硫酸铝。

硫酸铝使用方便，混凝效果较好，但当水温低时硫酸铝水解困难，形成的絮体较松散。硫酸铝可干式或湿式投加。湿式投加时一般采用 10%~20%的浓度。硫酸铝使用时的有效 pH 值范围较窄，约在 5.5~8 之间。

② 聚合铝

聚合铝包括聚合氯化铝(PAC)和聚合硫酸铝(PAS)等，目前使用最多的是聚合氯化铝。

PAC 作为混凝剂具有下列优点：适用范围广，对污染严重或低浊度、高浊度、高色度的原水均可达到较好的混凝效果；水温低时，仍可保持稳定的混凝效果；适宜的 pH 值较高，一般在 5~9 之间；矾花形成快，颗粒大而重，沉淀性能好，投药量比硫酸铝低。

PAC 的作用机理与硫酸铝相似，但它的效能优于硫酸铝。实际上，聚合氯化铝可看成是氯化铝在一定条件下经水解、聚合后的产物。一般铝盐在投入水后才进行水解聚合反应，因此反应产物的形态受水的 pH 值及铝盐浓度的影响，而聚合氯化铝在投入水中前的制备阶段即已发生水解聚合，投入水中后也可能发生新的变化，但聚合物成分基本确定。其成分主要决定于羟基(OH)和铝(Al)的物质量之比，通常称为盐基度，以 B 表示：

$$B = \frac{[OH]}{3[Al]} \times 100\% \quad (2\text{-}4)$$

盐基度对混凝效果有很大的影响。用于生活饮用水净化的聚合氯化铝的盐基度一般为

40%~90%；用于工业给水、废水和污水及污泥处理的聚合氯化铝的盐基度一般为30%~95%。

PAS也是聚合铝类混凝剂之一。PAS中的硫酸根离子具有类似羟基的架桥作用，促进铝盐的水解聚合反应。

无机调理剂除了上述常用的铝盐、铁盐外，还有镁盐混凝剂，如硫酸镁、碳酸镁等，其特点是形成的絮凝体大且重，易沉淀，而且可以重复利用。但因其价格昂贵，国内很少采用。

无机调理剂用于污泥脱水可以把含水率降到较低的水平，并且能加强絮体的结构，而且价廉易得，因此应用广泛。但无机调理剂存在投加量大、成本高，对设备有腐蚀等缺点，而且产生的渣量大，受pH值的影响较大。经无机调理剂处理后污泥量增加，污泥中无机成分的比例提高，污泥的燃烧值降低，不利于污泥焚烧；而加有机调理剂则与之相反。无机调理剂对过滤速度的提高不如有机调理剂。

(3) 无机调理剂对污泥建材化的影响

污泥建材化主要是用其制砖或制陶粒，目前应用于建材烧制的污泥一般为污泥焚烧灰或者干污泥。污泥焚烧灰由于有机物含量低，可达到较高的添加量；而干污泥在建材原料中的添加量易受污泥中有机物含量的限制，一般为5%~10%。

与黏土等常规建材原料相比，污泥中有机物的含量较高，并且随着经济的增长，城市污水处理厂污泥中的有机质含量呈上升趋势，这成为影响污泥建材化利用的瓶颈。因此，在以建材化利用为目的的污泥调理脱水工艺中，投加无机调理剂以适当降低泥饼中的有机成分，显然对后续利用更为有利。另外，无机絮凝剂、混凝剂和助凝剂种类丰富，根据原料各成分的比例，可投加相应的药剂进行调理，既能进一步改善污泥的脱水性能，又能调节污泥的成分，使之更符合建材化原料中所需成分的要求。

研究结果表明，添加无机助凝剂后污泥含水率及其比阻均有所下降。在污泥调理中，当无机混凝剂的投量为12%的干污泥量时，干污泥增加量约10%；当有机调理剂的投加量为0.5%的干污泥量时，对污泥的有机成分和干污泥量的增加均很小。这表明无机调理剂的投加可有效改善污泥的有机成分。

从经济成本来看，无机低分子调理剂的用量为有机高分子调理剂用量的20~50倍，而有机高分子调理剂的市场价格为无机低分子的10~50倍。两种调理剂的经济成本基本相当。

在相同脱水性能的前提下，使用无机调理剂可使污泥无机成分增加，提高了污泥在建材化利用中的添加量。但泥量的增加又会加重后续处理量和处理成本，因此需结合后续污泥利用，选择合适的无机调理剂投量，既能经济、有效地降低污泥含水率，又能改善泥饼的有机质含量。

2.3.2.2 有机调理剂

有机调理剂在1960年开始投入使用。与无机调理剂结构、类型单一不同，有机调理剂可以分为许多不同类型的产品，如表面活性剂、天然高分子物质和有机合成高分子物质。这些产品具有不同的化学组成及有效官能团。此外，新的产品还在不断研究开发中。

(1) 表面活性剂

表面活性剂是应用十分广泛的一种化学助剂。表面活性剂可以破坏污泥絮体的结构或改变絮体的表面性质，从而使污泥中更多的水分转化为易被脱除的自由水。研究者认为表面活性剂可以降低脱水后滤饼的水分含量，絮凝剂可提高过滤速率，两者合用往往能获得良好的效果。国内外的研究者进行了大量的研究工作，如 Zagyvai 等将混合型表面活性剂 CM-1 与絮凝剂 SD 混合用来调理镍精铁矿浆；Chitikela 等研究者将阳离子表面活性剂 DTMA 与絮凝剂 PAM 混合用来调理厌氧消化污泥；Rushing Pan 等研究者将阳离子表面活性剂与阳离子絮凝剂混合用来调理明矾污泥，均取得较好的效果。

陈银广等研究了表面活性剂单独及与 $FeCl_3$ 和石灰水共同使用对污泥脱水性能的影响，发现表面活性剂提高污泥沉降和脱水性能的主要原因是它不但能使污泥表面的蛋白质、DNA 等大分子物质脱离污泥颗粒，而且使得这些物质较易溶于水，减少了污泥颗粒间的间隙水，导致污泥的沉降速度加快、脱水污泥的体积减小。

吴桂标等发现污泥自然沉降时，表面活性剂的加入可以加快污泥的沉降速度。他们认为，表面活性剂的加入能使污泥颗粒表面的蛋白质和 DNA 释放出来，这可能是其改变污泥脱水和沉降性能的一个原因。

（2）天然高分子调理剂

天然高分子调理剂多属于蛋白质或多糖类化合物，具备制取简单、使用方便、成本低等优点，同时存在有效成分含量不高、性能不够理想等不足，但可通过化学改性而提高其絮凝性能。工业应用较多的是壳聚糖、胺甲基淀粉(LMS)、羧甲基纤维素(CMC)和阳离子淀粉等。

壳聚糖作为阳离子型聚电解质絮凝剂在污泥调理中的应用研究已有多年，如 Asano 报道利用壳聚糖对厌氧消化污泥进行脱水处理试验，用 0.6%~1.4%的混凝剂(以污泥中悬浮固体含量计)处理，有 96%以上的悬浮物分离出来，得到含水率为 75%~83%的污泥饼。古森尧喜对面包酵母厂废水生化产生的活性污泥进行脱水试验时发现，在聚合氯化铝存在时，用壳聚糖处理效果更好。Chung 等把壳聚糖和戊二醛并用，在 pH 值为 6 时取得满意效果。国内这方面的报道很少。

（3）有机合成高分子调理剂

有机合成高分子调理剂种类很多，按聚合度可分为低聚合度(相对分子质量约为 1000 至数万)和高聚合度(相对分子质量为数十万至数百万)。按高分子聚合物中含有的官能团的带电与离解情况，可分为以下四种：官能团离解后带正电的称为阳离子型高分子混凝剂；官能团离解后带负电的称为阴离子型；分子中既含正电基团又含负电基团的称为两性型；分子中不含离解基团的称为非离子型。污泥调理中常用的是阳离子型、阴离子型，两性型使用极少。

目前国内常用的有机合成高分子调理污泥脱水药剂主要以 PAM(聚丙烯酰胺)为主。聚丙烯酰胺的聚合度可达 20000~90000，相对分子质量可高达 150 万~600 万。作为絮凝剂使用的聚丙烯酰胺，分子量最好在 500 万左右。高分子混凝剂的混凝效果主要在于对胶体表面具有强烈的吸附作用，在胶体粒子之间起到吸附架桥作用。为了使高分子混凝剂能更好地发挥吸附架桥作用，应尽可能使高分子的链条在水中伸展开。为此，通常将聚丙烯酰胺在碱性条件下(pH>10)使其部分水解，生成阴离子型水解聚合物(HPAM)：

$$\underset{\substack{|\\ CONH_2}}{\left[CH_2-CH\right]_n} + mH_2O \xrightarrow{NaOH} \left[CH_2-\underset{\substack{|\\ CONH_2}}{CH}\right]_{n-m}\left[CH_2-\underset{\substack{|\\ COO^-}}{CH}\right]_m + mNH_3$$

聚丙烯酰胺经部分水解后，部分酰胺基转化为羧酸基，带负电荷，在静电斥力作用下，高分子链条得以在水中充分伸展开来。由酰胺基转化成羧酸基的百分数称为水解度。水解度过高或过低都不利于获得良好的混凝效果，一般水解度控制在 30%~40%。通常将无机絮凝剂和有机絮凝剂配合使用，效果会更好。如将聚丙烯酰胺作为助凝剂配合铝盐或铁盐混凝剂使用，效果会更显著。使用时一般分别溶解，先后加药。当处理颗粒直径在 50μm 以下时，一般先加入无机絮凝剂，再加入有机絮凝剂；当处理颗粒直径在 50μm 以上时，则应先加入聚丙烯酰胺，再加入无机絮凝剂。若将无机、有机两种絮凝剂先混合再处理，一般来说混凝效果较差。

与无机调理剂相比，有机调理剂具有渣量少、受 pH 值影响小等优点，但它仍存在费用高、溶解难、脱水效果不高等缺点，因此国内许多专家都在寻找更好的替代品。

有机调理剂对同一种污泥在达到同一处理效果时，所需的用量比无机调理剂要少得多，无形中节约了成本。如果污泥最终处置采用焚烧法，使用有机调理剂不仅不会降低污泥泥饼的燃烧热值，还可以得到更高的固体回收率。然而，有机调理剂对污泥的脱水效果不如无机调理剂，脱水后泥饼的含水率在 70%左右，用于污泥干化时仍需消耗大量的热量。因此研究新型的污泥脱水有机药剂，进一步降低脱水后污泥泥饼的含水率成为当前污泥脱水研究的重点。

尽管有机絮凝剂在污泥脱水中的应用越来越多，但影响有机高分子絮凝剂絮凝性能的因素繁多，如絮凝剂用量、pH 值、相对分子质量、阴阳离子度以及絮凝剂混合搅拌机转速等，用量过少时，不足以使污泥形成絮团，脱水效果不好；用量过大时会起分散作用，絮体不结实，也不利于污泥脱水。因此，需对有机絮凝剂脱水效果的影响因素作进一步的研究和探索。

2.3.3 调理效果的影响因素

凝聚剂调理效果的好坏，不仅取决于所使用凝聚剂的物化特性，同时还与所处理对象、水质条件有关，因此，只有通过科学的试验，才能正确选择凝聚剂的种类、使用条件和方法。

影响化学调理效果的因素主要有污泥组成、絮凝剂的种类、投加量、pH 值及温度、投加顺序等。

(1) 温度

温度对化学调理效果有明显影响。通常在低温时，絮凝体形成缓慢，絮凝颗粒细小、松散。其主要原因有：

① 混凝剂水解多是吸热反应，水温低时，水解速率慢、不完全。特别是硫酸铝，水温降低 10℃，水解速率常数约降低 2~4 倍；当水温低于 5℃时，水解速率非常缓慢。

② 温度影响矾花的形成速率和结构。水温低时，胶体颗粒的水化作用增强，妨碍胶体凝聚。尽管增加投药量，絮体的形成还是很缓慢，而且结构松散，颗粒细小，难以去除。

③ 低温时，水的黏度大，致使水中杂质颗粒的布朗运动减弱，颗粒间的碰撞机会减少，不利于脱稳胶粒的凝聚。同时，水黏度大时，水流剪力增大，不利于絮凝体的成长，难以形成较大的絮体。

④ 温度太高，易使高分子絮凝剂老化或分解生成不溶性物质，反而降低混凝效果。

(2) 水的 pH 值和碱度

水的 pH 值对混凝效果的影响程度视混凝剂品种而异。对于无机盐类混凝剂，水的 pH 值直接影响其在水中的水解和聚合，亦即影响无机盐水解产物的存在形态。不同的混凝剂，最佳的 pH 值范围不同：对硫酸铝而言，用以去除浊度时，最佳 pH 值在 6.5~7.5 之间，絮凝作用主要是氢氧化铝聚合物的吸附架桥和羟基络合物的电性中和作用；用以去除水的色度时，pH 值在 4.5~5.5 之间。采用三价铁盐混凝剂时，用以去除水的浊度时，pH 值在 6.0~8.4 之间；用以去除水的色度时，pH 值在 3.5~5.0 之间。

如果采用高分子混凝剂，由于其聚合物形态在投入水中前已基本确定，因此其混凝效果受水的 pH 值影响较小。

对于无机盐类混凝剂的水解，由于不断产生 H^+，从而导致水的 pH 值下降。要使 pH 值保持在最佳范围内，水中应有足够的碱性物质与 H^+ 中和：

$$H^+ + OH^- \longrightarrow H_2O \tag{2-5}$$

$$H^+ + HCO_3^- \longrightarrow H_2CO_3 \tag{2-6}$$

当原水碱度不足或混凝剂投加量甚高时，水的 pH 值将大幅度下降，以致影响混凝剂继续水解。为此，应投加碱剂如石灰等以中和混凝剂水解过程中产生的 H^+，反应如下：

$$Al_2(SO_4)_3 + 3H_2O + 3CaO \longrightarrow 2Al(OH)_3 + 3CaSO_4 \tag{2-7}$$

$$2FeCl_3 + 3H_2O + 3CaO \longrightarrow 2Fe(OH)_3 + 3CaSO_4 \tag{2-8}$$

将水中原有碱度考虑在内，石灰的投加量按下式估算：

$$[CaO] = 3a - x + \delta \tag{2-9}$$

式中 [CaO]——纯石灰的投加量，mmol/L；

a ——混凝剂的投加量，mmol/L；

x ——原水碱度，按 mmol/L(CaO)计；

δ ——保证反应顺利进行的剩余碱度，一般取 0.25~0.5mmol/L(CaO)。

应当注意的是，石灰的投加不可过量，否则形成的 $Al(OH)_3$ 会溶解为负离子 $Al(OH)_4^-$ 而使混凝效果恶化。一般情况下，石灰的投加量最好通过试验确定。

污水生物处理产生的剩余活性污泥的 pH 值为中性，在中性条件下的污泥絮体具有胶体稳定性和高结合水含量的特性。污泥在酸性条件下的絮体结构和表面性质对水的亲和力小，结合水含量也小，从而使污泥中易被脱除的水分比例增大，酸处理可大大降低污泥的结合水量，提高污泥的脱水程度。用碱将污泥调回中性后，结合水含量增大，脱水程度降低。在常用絮凝剂投加前用酸或碱做预处理，能在前者基础上降低结合水含量，提高脱水程度。但酸或碱处理对污泥的过滤、离心脱水速率的提高幅度不大，与常用混凝剂联合使用，效果更不佳。

酸处理后，再用碱将污泥调回中性后，在性质和结构上仍存在差异，酸处理形成的有利于脱水的部分特性会保留下来，并且碱本身对污泥絮体的结构与性质也会产生影响。

试验得到的最优加酸量时的污泥 pH 值在 2.0~2.5 之间，与活性污泥的等电点相一致。试验结果还表明，污泥经过酸或碱预处理后，可以使达到最优加药所需的无机混凝剂的投加量减少近一半，而有机药剂的用量仍然不变。对于脱水速率而言，污泥絮体在酸环境中发生的两个变化都有利于提高脱水速率。

(3) 污泥的成分、性质和浓度

污泥的成分、性质和浓度对调理效果有明显的影响。

① 水中含有二价以上的正离子时，对天然水中黏土颗粒的双电层压缩有利。

② 污泥中颗粒细小而均匀者，调理效果较差。杂质颗粒级配越单一均匀、越细，越不

利于混凝，大小不一的颗粒将有利于混凝。

③ 污泥中有机物含量高时，能被黏土微粒吸附，使微粒具备了有机物的高度稳定性，从而对胶体产生保护作用，需要投加较多的混凝剂才能产生混凝效果。

④ 污泥中的盐类也能影响混凝效果，如水中 Ca^{2+}、Mg^{2+}、硫、磷化合物一般对混凝有利，而某些阴离子、表面活性物质却有不利影响。

总之，污泥浓度和成分不一样，混凝效果不同，适宜的混凝剂种类和投加量也是不一样的，从理论上只能做些定性分析，在实际生产中可通过混凝试验来进行评价。

(4) 调理剂种类

调理剂的选择主要取决于胶体和细微悬浮物的性质和浓度。如水中污染物主要呈胶体状态，且 ζ 电位较高，则应先选无机混凝剂使其脱稳聚凝；如絮体细小，还需投加高分子混凝剂或配合使用活化硅酸等助凝剂。很多情况下，将无机混凝剂与高分子混凝剂并用，可明显提高混凝效果，扩大应用范围。对于高分子混凝剂而言，链状分子上所带电荷量越大，电荷密度越高，链越能充分延伸，吸附架桥的空间范围也就越大，絮凝作用就越好。

(5) 调理剂投加量

调理剂投量范围很大，因此在特定的情况下，最好通过试验确定最佳投加量。在最佳投加量下，污泥的比阻(SRF)和毛细停留时间(CST)最小。投量过多可能造成胶体重新稳定。一般情况下，对于城市污水处理厂污泥，三氯化铁的投加量为5%～10%；消石灰投加量为20%～40%；聚合氯化铝和聚合硫酸铁的投加量为1%～3%；硫酸亚铁的投加量为10%～15%；阳离子聚丙烯酰胺的投加量为0.1%～0.3%。

(6) 水力条件

水力条件对混凝有重要影响。在混合阶段，要求混凝剂与水迅速均匀地混合，而到了反应阶段，既要创造足够的碰撞机会和良好的吸附条件让絮体有足够的成长机会，又要防止生成的小絮体被打碎，因此搅拌强度要逐步减小，反应时间要长。

(7) 混凝剂的投加顺序

当使用多种混凝剂时，其最佳投加顺序应通过试验确定。一般而言，当无机混凝剂与有机混凝剂并用时，先投加无机混凝剂，再投加有机混凝剂。但当处理的胶粒在50μm以上时，常先投加有机混凝剂吸附架桥，再加无机混凝剂压缩双电层而使胶体脱稳。

2.3.4 酸处理

对剩余活性污泥单独加入絮凝剂进行调理后，能形成较大的矾花，但是由于活性污泥颗粒的特殊絮体结构及其高度亲水性，污泥絮凝后形成的大颗粒絮体中包括了大量的间隙水和表面水等难脱去的水分，所以造成虽然污泥在调理后其比阻(SRF)和毛细停留时间(CST)下降很多，污泥脱水的速率加快，但是污泥在过滤或者离心后形成的泥饼仍包含有很高的剩余水量，即泥饼含水率仍较高，一般在80%左右。Christelle 和 Jin 等认为，污泥脱水性能取决于结合水含量和毛细吸水时间，也就是可脱水程度和脱水速率。何文远等试验研究发现，污泥脱水效果由其脱水速率和最终可脱水程度两方面决定。常规化学调理手段(投加混凝剂或者絮凝剂)只能增加污泥脱水速率，不能提高污泥可脱水程度。即只要给予足够长的脱水时间，加或者不加混凝剂和絮凝剂得到的污泥泥饼含水率是相同的。所以降低污泥结合水含量，增大其脱水程度的调理方法是一种值得研究的方向。

(1) 酸处理对污泥过滤脱水性能的影响

就板框压滤脱水过程而言，短压榨时间得到的泥饼含水率高低表征了污泥脱水速率的慢与快，短压榨时间得到的污泥泥饼含水率越低，说明过滤速率越快；长压榨时间(以观察不到有滤出水流出为准)得到的泥饼含水率表征了污泥的可脱水程度，当再没有滤出水流出时，可以认为机械脱水达到了极限，此时泥饼含水率越低说明污泥可脱水程度越高。何文远等进行了酸处理对活性污泥脱水性能的实验研究，结果表明，只投加阳离子 PAM 调理，污泥经过板框压滤脱水后(压榨时间10min)得到泥饼含水率为79.14%；经过酸化预处理(氢氧化钠调 pH)后再加阳离子 PAM 压榨 10min 得到含水率为80.75%的泥饼，两者相差不大，说明酸处理并没有增加污泥的脱水速率；从长时间压榨(直至压不出水为止)来看，只加阳离子 PAM 得到的泥饼最终含水率为70.23%，而经过酸处理的泥饼最终含水率可以达到62.93%，即酸化处理可以提高污泥的可脱水程度。

(2) 酸处理对污泥离心脱水性能的影响

对于离心脱水，何文远等采用低转速(1800r/min)、短时间(2min)离心后泥饼的含水率评价离心脱水速率，用高转速(4800r/min)、长时间(60min)离心后泥饼的含固率评价可脱水程度。结果表明，酸处理对污泥离心脱水速率没有太大影响，却可以提高污泥的可脱水程度。

(3) 酸处理对污泥结合水含量的影响

可脱水程度增大的深层原因是污泥的物理性质(水分分布)发生了变化，即酸处理使污泥结合水含量减少，使一部分难机械脱出的水分(结合水)变成了易脱出的水分(自由水)。

何文远等对不同酸化程度的污泥结合水含量的测验结果表明，酸处理后污泥结合水含量下降。随着酸化程度的增加，开始时污泥结合水有下降趋势；到 pH 值为 2 时，结合水含量降到最低。

酸处理改变了活性污泥的水分分布，使结合水含量减少，酸处理释放出来的结合水是有量的限度的，只能将部分间隙水变成自由水，不能将表面水、化学结合水释放出来。

(4) 酸处理对污泥离心上清液中有机物含量的影响

活性污泥中大部分为悬浮的污泥絮体，而絮体是由大量的分散细菌通过胞外聚合物 EPS、阳离子(如 Ca^{2+})以及其他细小颗粒架桥组成的絮凝体。胞外聚合物 EPS 是包裹在细胞周围的高水合、松散聚合物，其中挟持大量水分。活性污泥法的特点就是降解污染物的细菌能够通过胞外聚合物 EPS 的生物絮凝作用形成颗粒较大的絮体，从而能够在二沉池中较好地沉淀去除。但是由于胞外聚合物的高度亲水性使絮体内部包括了大量的水分，从而给污泥脱水带来了困难。如果使胞外聚合物水解、分散，则将有一部分絮体中的间隙水变成自由水，从而污泥水分分布将发生改变，活性污泥的可脱水程度将大大提高。

Clegg 对真核细胞的细胞内部水进行了研究，结果表明，对于大部分真核细胞，表面水的量占总细胞水的15%~50%。至于污泥细胞，大部分为原核细胞，由于其结构简单，有着更少的胞内表面积，所以导致其细胞内部含有更少的细胞内表面水，更多的间隙水。由此可以认为一部分存在于细胞内部的水是间隙水，如果污泥细胞瓦解，则这部分水可以表现出与自由水一样的性质。

酸处理的作用机理就是创造一个酸性环境，让活性污泥中胞外聚合物 EPS 水解、微生物细胞瓦解，污泥水分分布发生变化，一部分间隙水从絮体中或细胞内部被释放出来，宏观性质表现为可脱水程度提高，从而能在较短时间内达到很好的脱水效果。

何文远等对经过酸化的活性污泥离心上清液中有机物含量进行了分析，结果表明，酸(H_2SO_4)的投加量越多，酸化体系的 pH 值越低，上清液中有机物越多；上清液中有机物含量随酸化程度增加而增加。pH 值为 3 的酸化体系上清液中的 COD 值比空白样上清液中的 COD 值高出 44%，接近一倍。上清液中增多的有机物来源于酸化作用下胞外聚合物水解、微生物细胞瓦解释放出来的蛋白质或多糖等。正是由于微生物絮体、细胞结构发生变化，间隙水得到释放，才引起污泥水分分布发生变化，污泥的可脱水程度提高，最终导致污泥脱水效果好。

2.4 生物调理

微生物絮凝现象最早是由 Louis Pasteur 于 1876 年发现的。对微生物产生菌与絮凝作用之间关系的研究，是从 1935 年美国科学家 Butterfield 从活性污泥中筛选到絮凝剂产生菌开始的。微生物絮凝调理技术是使用微生物絮凝剂进行污泥调理的技术。

微生物絮凝剂的主要成分为蛋白质、多糖等。根据微生物絮凝剂物质组成的不同，微生物絮凝剂可分为三类：①直接利用微生物细胞的絮凝剂，如某些细菌、真菌、放线菌和酵母，它们大量存在于土壤活性污泥和沉积物中；②利用微生物细胞提取物质的絮凝剂，如酵母细胞壁的葡萄糖、甘露聚糖、蛋白质和 *N*-乙酰葡萄糖胺等成分均可作为絮凝剂；③利用微生物细胞代谢产物作为絮凝剂，微生物细胞分泌到细胞外的代谢产物主要是细菌的夹膜和黏液质，除水分外，其余主要成分为多糖及少量的多肽、蛋白质、脂类及其复合物，其中多糖化酶在某种程度上可作为絮凝剂。

与其他类型絮凝剂相比，用微生物絮凝剂进行调理有利于水中胶体悬浮物相互凝聚沉淀和提升污泥脱水性能，具有絮凝性能好，无毒、可快速生物降解的优势。1976 年，J. Nakamuara 等以酱油曲霉(Aspergillums)为原料生产了 AJ7002 微生物絮凝剂。1985 年，H. Takagi 等以拟青霉属微生物产生的絮凝剂制得了 PF101 絮凝剂，它对各种微生物细胞都有絮凝沉淀作用，并可除去溶液中几乎所有的悬浮颗粒，包括有机物和无机物。1985 年和 1986 年，Ryuichiro Kurane 等采用从自然界分离出的红球菌属 Rhodococcus erythropolis 的 S-1 菌株，用特定培养基及培养条件研制的微生物絮凝剂 NOC-1，并将其用于畜产废水处理、砖厂生产废水处理、膨胀污泥和废水的脱色处理等方面，均取得取良好的处理效果，被认为是目前发现的最好的微生物絮凝剂，并进行了大规模的生产。有关研究人员提出，微生物絮凝剂的絮凝性能主要由位于染色体上和染色体外的絮凝遗传基因所决定，并进一步从具有絮凝性能的酵母菌体细胞中成功分离出相对分子质量为 37000 的多肽和氨基酸类物质，为生物絮凝剂高效性的研究奠定了理论基础，也为提高生物絮凝剂的活性指明了方向。Fenwu Liu 等以嗜酸氧化硫硫杆菌和氧化亚铁硫杆菌为絮凝剂，采用生物浸矿法对污泥进行调理，污泥比阻和毛细吸水时间分别减少了 93.1%和 74.1%，同时对污泥中的 COD、氨氮、总磷有一定的去除作用。

我国从 20 世纪 70 年代开始研制微生物絮凝剂，现已发现可直接用作絮凝剂的微生物有细菌、霉菌和酵母菌。张娜等采用酱油曲霉产生的微生物絮凝剂(MBF)作为污泥絮凝脱水剂，对城市污水处理厂浓缩污泥进行调理，结果表明，当微生物絮凝液最佳投加体积为

6%~8%(体积分数)，调理温度为28~32℃、pH值为6~7时，经微生物絮凝剂调理的污泥在3600r/min离心9min后可以获得高达82.7%的脱水率，滤饼含水率降低至77.3%，污泥脱水后体积减至原来的1/5左右，在一定程度上实现了污泥的减量化。刘奋武等采用生物沥浸法，以含嗜酸性硫杆菌为主要菌群进行生物氧化酸化，对市政污泥进行中试脱水研究，脱水后的污泥滤饼含水率为58%。王电站等采用生物淋滤法调理制革污泥，使其过滤比阻由195×10^{12}m/kg下降至5.4×10^{12}m/kg，将其进行离心脱水，脱水率达到83%。杨阿明等从活性污泥中培养分离出奇异变形杆菌作为絮凝剂，在投加量为6%(体积分数)、pH值为6.5的条件下，污泥脱水率达82%。

尽管微生物絮凝剂具有无毒、无二次污染、可生物降解、污泥絮体密实、对环境和人类无害、适用范围广、高效、价格较低等优点，具有广阔的发展前景，但因其存在絮凝剂的用量大、研究水平较低、制备成本较高、絮凝机理尚无明确解释、针对性不强等问题，使其在工业上的广泛应用受到很大限制。目前，对微生物絮凝剂的研究主要集中于微生物絮凝剂的制备，在给水和污水水质处理方面已被广泛应用，且复合型微生物絮凝剂、微生物絮凝剂与高分子有机、无机絮凝剂复配药剂也不断出现，并表现出良好的改善污泥脱水性能的效果。如赵继红等从活性污泥中筛选出一株微生物絮凝剂产生菌，将在优化培养条件下所产的微生物絮凝剂M-127与聚丙烯酰胺、聚合氯化铝以及硫酸铝进行脱水效果对比，试验结果表明，M-127投加量为2mg/L时，污泥沉降性能得到明显改善；当此生物絮凝剂的投加量为40mg/L、pH值为6.5时，污泥过滤比阻(SRF)可降至4.71×10^{10}m/kg，脱水率可达96.3%，效果优于PAC、PAM以及$Al_2(SO_4)_3$。但微生物絮凝剂的不足仍不容忽视，今后仍需进一步改善和提高其絮凝性能，对微生物絮凝剂的种类、成分与处理污泥类型之间的关系作进一步的研究，使其能够单独用于污泥调理中，并取得良好效果，做到真正的无二次污染。

微生物絮凝剂的特征与良好的处理效果决定了它在水处理等众多领域中有很大的应用潜力，取代传统的无机高分子和合成有机高分子得到越来越多的重视。微生物絮凝剂的研究应在絮凝剂产酸菌的培养、絮凝剂的活性控制、拓广研究与应用范畴、进一步降低处理成本等方面进行更深入的研究。另外，将微生物絮凝剂与化学絮凝剂复合使用，不仅能获得更好的净化效果，而且可大大降低絮凝剂的使用量。

2.5 联合调理

基于单独的物理、化学和生物调理都有着一定的缺陷，联合调理技术在近些年来成为研究的热点。联合调理就是不同的药剂联合或者复配使用，或联合物理调理、化学调理和生物调理的污泥调理方法。

联合调理可分为药剂联用、物理调理和化学调理联用技术以及污泥混合调理技术三类。

2.5.1 化学调理剂的复合使用

各种调理剂有着不同的结构和作用方式，因此有着各自的优缺点：单独使用无机絮凝剂能加强絮体的结构，但形成的絮体较小，需较多的药剂；单独使用有机絮凝剂能形成较大的絮体，用药量小，但是絮体强度不够。鉴于各种絮凝剂均有明显的不足，单独使用已经越来越不能满足生产实践的需要，因此，除了进一步加大力度研发新型高效絮凝剂以外，将无机调理剂和有机调理剂进行合理的复合使用，不仅能形成大而坚固的絮体，而且用药量比单独使用一种絮凝剂时减少，从而可以降低污泥调理的综合费用，而且污泥的脱水效果更好。

复合使用调理剂时，各种调理剂的投加顺序会影响调理效果。无机絮凝剂由于其价格低廉，常作为配合絮凝剂使用，以降低处理成本。综合应用2~3种混凝剂，混合投配或依次投加，如先加无机絮凝剂再加有机絮凝剂，既能达到较高的调理效果，也能获得较好的经济效益。如石灰和三氯化铁同时使用，不但能调节pH值，而且由于石灰和污水中的重碳酸盐生成的碳酸钙能形成颗粒结构而增加了污泥的孔隙率。当投加比例或顺序不恰当时，效果会适得其反，同时可能会对环境造成二次污染。

(1) 阳离子型表面活性剂和阳离子型聚合物联用

单独加入表面活性剂(阳离子型或阴离子型)，对污泥的调理作用均不大。若先加入阳离子型表面活性剂再加入阳离子型聚合物，则有较好的调理效果。这是因为先加入的阳离子型表面活性剂吸附在污泥颗粒表面，使表面特性从憎水性变为亲水性，分散了污泥颗粒，颗粒与聚合物能更好地接触，减缓了絮体在过滤过程中的沉降速度，防止了滤孔堵塞。

(2) 阳离子型聚合物和非离子型聚合物联用

先加入阳离子型聚合物，使其吸附在污泥表面，形成初级絮体。再加入非离子型聚合物，通过水合力和范德华力，吸附在初级絮体上，形成更大的絮体。混合聚合物的吸附层更密集、更扩展，聚合物与聚合物的接触导致了更强的架桥作用，从而加强了絮凝和脱水。此外，架桥作用也能连接过多的聚合物，使水中的游离聚合物变少，从而克服了加一种聚合物调理易发生的加药量过大、效果明显降低的问题。

(3) 无机金属混凝剂和有机两性聚合物联用

由无机金属混凝剂和有机两性聚合物联用开发的颗粒化/浓缩系统(在一个池中完成颗粒化和浓缩)，用来取代传统的污泥浓缩池。复合使用时，可先添加无机絮凝剂中和污泥表面的负电荷，使污泥脱稳，然后加入两性高分子絮凝剂形成大而强的絮体，在絮凝过程中进行适当的搅拌可使大的絮体颗粒化(8~20mm的球状颗粒)，此颗粒有足够的机械强度，易脱水。这样可以降低两性有机高分子絮凝剂的投加量，形成高强度的絮凝体。

目前，化学药剂，如铝盐、三氯化铁、硫酸亚铁和聚合电解质等常被用于改善污泥的脱水性能，尤其是聚合电解质在污泥脱水预处理上的应用更为广泛。例如，日本专利JP58-51988用聚合硫酸铁作为无机絮凝剂并单独加入一种高分子有机絮凝剂来对污泥进行絮凝脱水处理。Y. Watanabe等用两性高分子电解质对污泥进行脱水预处理时发现，脱水滤饼的含水率较传统预处理(阳离子、阴离子高分子电解质的联合或单独的预处理)要低2%~5%。日本专利JP56-16599也用一种无机絮凝剂和一种两性高分子絮凝剂对污泥进行处理。另外，人们为了改进聚合物的性能，也作了许多尝试，日本专利JP11-156400开发了一种新的污泥脱水剂，主要成分为一种两性高聚物，是由一种阳离子单体、阴离子单体及一种水溶性非离子单体和一种溶解度不超过1g的疏水性丙烯酸衍生物共聚反应制备而成。为解决在单体聚合过程中产生的凝胶现象，美国专利US200502300319发明了一种新型水溶性共聚物，它是由一种水溶性单体与一种基端带有乙烯类不饱和基的聚环氧烷低聚物共聚而成，该聚合物具有极佳的絮凝特性，对各种类型的污泥均具有良好的脱水性能。Haase等分析并提出了一种用季铵类高分子絮凝剂处理化学污泥的五种方法：①将聚合季铵盐与聚丙烯酰胺混合后直接加入生物污泥中；②将聚合季铵盐和阴离子聚丙烯酰胺单独分开加入；③将丙烯酰胺与季铵化单体合成的共聚物直接加入到污泥中；④将季铵化聚丙烯酰胺与阳离子聚丙烯酰胺共同加入到污泥中；⑤将硫酸铝、铁的氯化物与聚合季铵盐一起加入到污泥中。结果表明，五种添加方法在污泥调理预处理上针对不同性质污泥均有很好的脱水效果，污泥的脱水性能得到不同程度的提高。

章继龙等利用粉煤灰改善精对苯二甲酸(PTA)化工废水剩余污泥的性质进行了系统研究，结果表明，絮凝剂 PAM、粉煤灰与干污泥的最佳投放量(质量比)为 1∶125∶300，污泥的絮凝沉降性能和在带式压滤机上的助滤效果得到了有效提高。污泥 30min 沉降比由原来的 98%下降到 40%，浓缩后的污泥质量浓度由原来的 5g/L 提高到 25g/L，上清液 COD_{Cr}的质量浓度由原来的 1500~2000mg/L 降至 200mg/L 左右，泥饼含水率不大于 85%，产泥量由原来的 30~50kg/h 增加到 1000kg/h。宋宪强等采用三种常见药剂复配成的新型复合絮凝剂——FO 混凝剂对污泥进行调理，通过污泥沉降性能和过滤性能试验，确定了FO 混凝剂中三种药剂的最佳配比为 1∶2∶0.05，投加量为 9.15%(固体药剂质量占干污泥质量的比例)时，可使污泥比阻值由原来的 $2.03\times10^9 s^2/g$ 下降到 $0.29\times10^9 s^2/g$，污泥的脱水性能得到了很大的改善，在进一步的中试试验中发现，在投加最佳配比的 FO 混凝剂时，污泥经压滤脱水后的泥饼含水率可降低至 73.21%，固体回收率接近 95%。

2.5.2 物理调理和化学调理联用

传统物理调理主要包括加热和冷冻调理。加热调理可以破坏污泥细胞的结构，使污泥间隙水游离，改善污泥脱水性能，提高污泥的可脱水程度。冷冻-融化调理也能充分破坏污泥絮体结构，使污泥结合水含量大大降低。目前，国内外对这两种技术都有一定的研究，但是，由于加热调理技术受经济上的限制、冷冻调理技术受气候条件的限制，这两种技术难以推广使用。在物理调理方面，出现了其他调理技术，主要为超声波调理技术和微波调理技术。由于超声波在水中产生的各种效应十分复杂，超声波调理污泥的机理至今还没有得到统一的解释。用微波处理污泥时要注意污泥量的控制，同时微波对人体有害，调理时还要注意密封性。基于单独的物理调理或化学调理技术有一定的缺陷性，近年来出现了物理调理和化学调理联用的联合调理技术。

物理调理和化学药剂调理联用，可取得比单独使用物理调理或化学药剂调理好的效果，既节约了物理调理所需要的能量，又节约了化学药剂，降低了化学药剂对环境的污染。

(1) 超声波与化学调理联用技术

超声波作用于污泥时，空化效应产生的空化泡具有强烈的剪切作用，瞬时破坏污泥的菌胶团和胞外多聚物 EPS，较低频率和声能密度的超声波能有效破坏污泥细胞结构，从而改善污泥的脱水性能。但单一的超声调理污泥的结合水转移的量不多，效果不理想，如进行过度的超声，污泥中其他物质大量溶出，导致污泥脱水性能恶化。化学调理可释放出污泥内部的结合水，超声波与化学调理联用，可达到优势互补，具有一定的操作可行性和优越性。

Zhang Buangming 等比较了超声波脱水和超声联合 $FeCl_3$ 和 PAM 的脱水效果，结果表明，超声联合 $FeCl_3$ 和 PAM 可明显减少调理剂的用量(40%~50%)，且最佳条件下污泥的最终含水量为 72%。Xun-an Ning 等以印染污泥为目标物，探讨了超声波联合芬顿试剂技术对污泥脱水性能及结构的影响，结果表明，超声波联合芬顿试剂技术优于任一单一技术，污泥的平均粒径明显降低，污泥经芬顿试剂处理后产生的羟基会导致污泥絮体表面 EPS 的部分氧化和重组，经超声联合芬顿试剂处理后，超声波空化效应产生的空化泡具有强烈的剪切作用，使污泥絮体结构进一步遭到破坏，上清液中蛋白质、多糖、羟基自由基的含量明显增加，改善了污泥的脱水性和稳定性。

Xinbo Tian 等研究了超声波联合 NaOH 对污泥性能的影响，溶解性化学需氧量（SCOD）从 1200mg/L 增加到 11000mg/L，污泥的厌氧生物降解达到 37.8%。苏建文等研究了超声波或生石灰单独及联合使用对污泥脱水性能的影响，研究发现，超声波单独对污泥进行处理时，污泥释放大量的胞外聚合物，增加污泥离心出水的 COD 值，使水质变差。超声波与生石灰联合使用不仅减少了生石灰的投加量，还能降低污泥离心出水的 COD 值，改善出水水质。薛向东等在固定频率为 25kHz、不同声强及作用时间下，考察和比较了超声预处理前后污泥结合水及过滤比阻的变化，并就超声预处理污泥的絮凝脱水性能进行了相关测试。结果表明，低声强（0.1~0.15W/mL）、短时间（2~3min）的超声预处理可有效降低污泥的结合水量及过滤比阻；当药剂投加量相同时，经超声预处理的污泥絮凝脱水性能明显优于未预处理的污泥。朱书卉等探讨了超声波联用复合絮凝剂技术对污泥脱水的影响，结果表明，复合絮凝剂优于单一絮凝剂，再经 20kHz、400W/m^2超声处理 2.5min 后，污泥体积缩小 86%左右，含水率可降至 79%，比无超声作用时污泥干基含水率减少 7%左右。周翠红等通过对市政污泥进行超声处理、PAM 处理和超声结合 PAM 处理，结果发现，超声结合 PAM 处理可使污泥絮体团聚更加紧密，提高了污泥的脱水性能。

尹军等以某城市污水处理厂低有机质剩余污泥 $\left[\dfrac{m(\mathrm{VSS})}{m(\mathrm{SS})}=0.42\right]$ 为对象，通过实验研究了超声与碱（NaOH 和 CaO）联合预处理对污泥特性的影响，分析了加碱和未加碱时，污泥上清液中 pH 值、ORP（氧化还原电位）、SCOD、TP 和 NH_3-N 等随超声处理时间的变化规律。结果表明，在超声处理 30~120min 范围内，超声加碱处理可使污泥上清液中 ORP 明显下降；超声加碱处理可明显提高污泥上清液中的 SCOD 释放量，且加 NaOH 比加 CaO 更为明显；NaOH 加超声处理可促进污泥中 TP 的释放，但 CaO 加超声处理则与此相反；无论是否加碱，超声处理对污泥上清液中 NH_3-N 的释放影响较小；超声加碱处理剩余污泥可明显改善污泥絮体，使其更为紧密。由此可见，污泥物理调理和化学药剂联用调理较单一处理技术在有效改善污泥的性能方面具有更好的效果，既节约了物理调理所需要的能量，又节约了化学药剂，降低了化学药剂对环境的污染。

戴世宇等分别从超声作用机理和絮凝剂作用机理分析净水污泥的脱水机理，同时通过热力学原理分析两者协同作用的机理。

① 超声调理污泥脱水机理

超声波作用于净水污泥可分为物理效应和化学效应。物理效应表现为由于超声波沿着纵向传播对于污泥颗粒有一定的冲击作用，增大污泥颗粒的比表面积，使得污泥表面的化学键更多的裸露在污泥外围，同时也加速了污泥内部多孔通道内壁坍塌，使得污泥内部的结合水流出颗粒。化学效应表现为超声空化现象，由于超声波在液体中传播，处于膨胀相的液体呈负压状态，外部压力大于内部压力。在足够强度的超声作用下，处于膨胀相中的液体分子振幅变大，从而撕开液体，使其破裂，产生小气泡（又称空化核），气泡内部具有高活性的自由基（如氢离子和氢氧根离子），在负压相中迅速胀大，然后在正压相中又被压缩爆破，释放出巨大的能量，这种能量足以断裂物质的化学键，减小了泥水之间的链接力度，使得污泥的脱水阻力变小。

然而，并不是声能密度越大、作用时间越长就越有利于提高污泥的脱水性能。有研究表明，高声能的超声波长时间作用于污泥会打破其絮体状态和菌胶团结构，使污泥颗粒更加微型化，导致沉降性能变差，从而产生负面效应。

② 絮凝剂调理污泥脱水机理

在泥水混合系统中，净水污泥颗粒之间带有同种电荷，所以污泥颗粒呈相互排斥状态。由于污泥表面带有负电荷，采用阳离子型 PAM 作为絮凝剂，可使污泥颗粒和高分子絮凝剂相互吸引，消除了颗粒之间的排斥作用，破坏胶体的稳定状态，形成"胶粒-絮凝剂-胶粒"的空间结合体，继而空间结合体具有一定的重量，相互结合成大型网状结构，在重力的作用下，执行网捕任务，使得物理颗粒从水中分离出来，最终有效地提高污泥的脱水性能。

③ 超声联合絮凝剂协同作用于污泥脱水机理

超声和高分子絮凝剂都能改善污泥的脱水性能，但两者改善污泥脱水作用的机理不同，且两者之间存在互利关系。

a. 联合作用于污泥脱水的物化机理

超声能有效提高混凝效果。当超声作用于净水污泥时，其一，会产生海绵效应，使水分沿着声波传播产生的通道通过，从而使颗粒含水率降低。由于颗粒内部的水分丢失，促使颗粒粒径增大。粒径增大的颗粒由于布朗运动，互相碰撞，产生一定的链接作用力，直至沉降；超声波在一定程度上提高了污泥的可脱水程度，这是絮凝剂所不能达到的作用效果。其二，由于超声波具有一定的能量，能够使系统发热，并且产生空化作用，破坏污泥中的生物细胞壁和污泥絮体以及断裂污泥表面的化学键。由于化学键反应遵循低能稳定的反应原理，如果不及时将断裂化学键链接到新的分子上，超声作用停止后，断裂的化学键将重新回到低能状态，达到稳定，这就降低了超声的处理效果，但是如果及时投加絮凝剂，效果便会不同。

在絮凝剂的吸附架桥作用下，超声打碎的污泥颗粒在聚集吸附作用下变成大颗粒，比表面积减小，同时也阻断了化学键断裂的逆反应，使得泥水分离效果更加明显。超声和絮凝剂相联合，完全达到了 1+1>2 的效果，两者组合得当，产生很大的脱水效应，不仅加速了污泥脱水效率，而且也提高了污泥的可脱水性。

b. 联合作用于污泥脱水的热力学分析

根据热力学第一定律，任何能量只能从一种形式转化为另一种形式，在转化过程中能量的总值是不变的。在恒温可逆且非体积功为零时，

$$\mathrm{d}G = V\mathrm{d}P$$

对理想气体有

$$\Delta G = \int \frac{RT}{T}\mathrm{d}P = RT\ln\frac{P_2}{P_1}$$

对混合溶液而言，用浓度 C 代替压力，有：

$$\Delta G = RT\ln\frac{C_0}{C}$$

由于净水污泥本身的浊度较高，因此水中含泥量达到高度饱和，在饱和度的推动力下，水中含泥成分趋向于相互结合。因此，当 $C_0 < C$，即 $\Delta G < 0$ 时，泥水混合物本身自发进行相

变结合过程。

在热力学等温等压条件下,

$$\Delta G = \Delta H - T\Delta S$$

在平衡条件下,

$$\Delta G = 0$$

则有

$$\Delta H - T\Delta S = 0$$

$$\Delta S = \frac{\Delta H}{T_0}$$

式中 T_0——相变的平衡温度,K。

在任意温度的不平衡条件下,

$$\Delta G = \Delta H - T\Delta S \neq 0$$

如果 ΔH、ΔS 不随温度变化,则有

$$\Delta G = \Delta H - \Delta S \frac{T}{T_0} = \Delta H \frac{T_0 - T}{T_0} = \Delta H \frac{\Delta T}{T_0}$$

由于超声仪本身振荡产生一定的能量,对泥水混合液做了一定的非体积功,使得泥水混合液的温度升高,则 $\Delta T > 0$,泥土成分与水分子结合化学键断裂为吸热过程,因此

$$\Delta H > 0$$

即

$$\Delta G > 0$$

表明在超声作用下,泥水结合键断裂属于非自发过程,一旦停止超声作用,过程将逆向进行。

根据上述分析,超声结束后,应立即投加絮凝剂终止泥水之间的化学键再次合成,此时高分子絮凝剂提供大量絮凝键接口,利用率也瞬时提高。

(2)微波与化学调理联用技术

微波辅助能有效提高污泥的脱水性能,微波处理具有所需时间短、反应过程易于控制以及有特殊的灭菌功能等优点,通过微波产生的高频电磁场作用可促使污泥结构脱稳。短时间的微波辐射能使污泥内部产生温度梯度,破坏结合水与 EPS 之间的结合力,从而使难处理的内部水和结合水转化为易处理的自由水。

Qingcong Xiao 等采用均匀实验设计研究了微波-H_2O_2对污泥性能的影响,研究发现,经过均匀实验优化,H_2O_2的用量减少了 3.87 倍。Yawei Wang 等采用星点-响应面法优化了微波-H_2O_2联用技术预处理对污泥破解的影响并建立了相关的二次模型,结果表明,pH 值在整个联用技术中至关重要。

Nalan Bilgin Oncu 等研究了微波-H_2O_2和微波-$S_2O_8^{2-}$对污泥脱水性能的影响,结果表明,相对于微波-H_2O_2,微波-$S_2O_8^{2-}$在更低温度、更少氧化剂用量条件下,污泥的脱水性能提高了 2 倍。Jae-Ho Lee 等比较了微波与 H_2SO_4、NaCl 和 $CaCl_2$联用时对活性污泥增溶性的影响,结果表明,微波与 NaCl 联用是一条可行的途径。魏源送研究表明微波-碱、微波-H_2O_2联用技术对污泥中含碳有机物、含氮物质具有明显的溶出作用,同时可促进污泥中磷的溶出。Qi Yang 等研究了微波联合碱预处理对污泥破解及酸化的影响,结果表明,在 pH

值为11、比能量为38400kJ/kg时，剩余污泥的破解率达65.8%。韩洪军等研究了微波联合PAM对污泥脱水性能的影响，结果表明联用技术可使PAM投加量节省33%左右，适宜的微波与PAM联用对污泥的脱水性能有明显改善。林颐等研究了高铁酸钾-微波耦合对印染污泥脱水性能的影响，在最佳条件下，泥饼含固率相比原污泥增加14.58%，微波耦合高铁酸钾能有效破坏污泥絮体结构，随着高铁酸钾投量增加，上清液的蛋白质含量持续增加，多糖含量则先增加后减少。Jing Zhang研究了微波联合芬顿试剂和微波耦合对污泥脱水性能的影响，结果表明，该方法能有效改善污泥的脱水性能，在最佳条件下，污泥比阻降至$1.85\times 10^9\ s^2/g$，污泥含水量为65.93%。

（3）电化学与化学调理联用技术

电化学氧化污泥减量是在特定的电化学反应器内，利用形成的强氧化性羟基自由基（·OH）破坏污泥EPS，从而提高污泥的脱水性能。电化学污泥减量一般无需很多化学药品，后续处理简单，占地面积小，管理方便，符合污泥处理减量化、稳定化、无害化和资源化的总体要求。

Nan-wen Zhu等系统研究了电化学联合化学处理技术对污泥脱水性能的影响，一定的电压和电解时间会改善污泥的脱水性能，但电压过高会使污泥的脱水性能变差。电化学处理前污泥菌胶团结构较为完整，经30V、30min处理后，污泥菌胶团结构遭到破坏，释放自由水，污泥脱水性能得到改善，但经50V、30min处理后，污泥菌胶团结构严重破碎，污泥脱水性能变差。

Nan-wen Zhu等的研究结果表明，不管是否使用电化学技术，十二烷基硫酸钠、聚乙二醇辛基苯基醚（Triton X-100）会对污泥的脱水性能产生负面影响，聚合硫酸铁与电化学没有耦合效应，而电化学技术与阳离子聚丙烯酰胺（PAM）、甲基溴化铵（CTAB）共同使用时，污泥EPS被破坏，脱水性能大幅提高。Hamed Gharibi等采用新型电解/电凝技术处理污泥，结果与Nan-wen Zhu等的结论一致。Ali Reza Rahmani等优化了电化学-芬顿试剂联用技术处理污泥的条件，结果表明，在最优条件下NaCl存在时，COD去除率达到72%，总大肠菌类去除率达到100%。Emna Feki等比较了双氧水氧化、电化学、电化学-双氧水联用技术、热-碱联用技术对污泥厌氧消化的影响，结果表明，电化学-双氧水联用技术对污泥的溶出率最大，达到了28%，该联用技术使沼气产率比空白提高了78%，可有效改善污泥厌氧消化性能。傅金祥等研究表明，NaOH作为电解质，电化学破解污泥效果最佳，实现污泥的减量，改善污泥的沉降性能。

（4）冷融与化学调理联用技术

冷融处理是一种有效的污泥调理手段，可使泥水两相分离，破坏污泥胶团结构，使疏松的颗粒结构转变为致密形态，同时也是一种有效灭活污泥细菌的方法。James Diak等研究了冷融技术联用高铁酸钾对污泥脱水性能的影响，表明该联用技术可破坏污泥胶团结构，增加污泥粒径，有利于污泥脱水。W. Gao等研究了在酸性和碱性条件下的冷融作用，研究表明，冷融作用使污泥颗粒变大，脱水性能提高。

综上可知，污泥具有很高的亲水性，污泥中的水分与污泥固体胶粒的结合力很强，通过对污泥进行物理和化学技术联用调理，改变污泥颗粒的表面物理化学性质，破坏污泥颗粒部分胶体结构，降低与水的亲和力，从而实现提高污泥脱水性能的目的，具有良好的应用前景。但为了使预处理效果最优化，需要通过进一步的实验找出合适的联用条件，且污泥脱水机理有待进一步研究；另外，还需针对不同的物理化学联用技术，开发新的污泥脱水技术与设备并应用于实际工程。

2.5.3 污泥混合调理

污泥混合调理是将化学污泥与活性污泥以一定比例混合，化学污泥作为污泥的骨架减少了污泥的可压缩性，增强了污泥的脱水能力。

Hao Zhang 等以制铝工业的废渣赤泥、硅酸盐水泥以及生石灰作为污泥脱水的骨料，配合芬顿试剂，对城市污水处理厂剩余污泥进行污泥调理脱水研究，结果表明，当 Fe^{2+} 投加量为 31.9mg/g、H_2O_2 投加量为 33.7mg/g、赤泥投加量为 275.4mg/g 时，污泥的含水率为 59.8%。G. R. Chang 等以制革厂污水处理系统的初沉池污泥为骨料，与二沉池剩余活性污泥混合后，投加聚电解质调理，研究发现当活性污泥：初沉污泥为(1∶1)~(2∶1)时，混合污泥具有较好的污泥脱水性能。

污泥混合调理可减少絮凝剂的添加量，但在过程中会使化学污泥中的无机物进入液相，容易破坏活性污泥的稳定性，从而限制了活性污泥的循环利用。

参 考 文 献

[1] 朱廷风，廖传华．物理法污泥调理技术研究进展[J]．中国化工装备，2018，(3)：7-14.

[2] 戴世宇，杨兰，王东田．超声波/絮凝剂联用于净水污泥脱水机理研究[J]．工业安全与环保，2017，43(7)：68-82.

[3] 罗宿星，伍远辉，徐禅，等．物理与化学联用技术调理改善污泥脱水性能研究进展[J]．遵义师范学院学报，2017，19(3)：101-105.

[4] 梁波，陈海琴，关杰．超声波预处理城市剩余污泥脱水性能研究进展[J]．工业用水与废水，2017，48(4)：1-6.

[5] 伍远辉，罗宿星，翟飞，等．类芬顿试剂耦合超声对活性污泥脱水性能的影响[J]．环境工程学报，2016，10(5)：2655-2659.

[6] 姜俊杰，梁美生，李伟，等．脉冲电场在污泥处理中的应用[J]．环境工程学报，2016，10(1)：405-409.

[7] 廖传华，朱廷风，代国俊，等．化学法水处理过程与设备[M]．环境工程学报，2016，10(8)：4457-4461.

[8] 谢敏，李好，刘小波，等．微波调质对剩余污泥结构及其脱水性能的影响[J]．北京：化学工业出版社，2016.

[9] 郭俊元，赵净，付琳．水稻秸秆制备微生物絮凝剂及改善污泥脱水性能的研究[J]．中国环境科学，2016，36(11)：3360-3367.

[10] 徐鑫，濮文虹，时亚飞，等．活化过硫酸盐对市政污泥调理效果的影响[J]．环境科学，2015，36(11)：4202-4207.

[11] 李玉瑛，何文龙，邓斌，等．超声波联合高分子絮凝剂对污泥的调理研究[J]．工业水处理，2015，35(2)：57-60.

[12] 王寒可．用于剩余污泥调理的复合凝聚剂研制及其性能研究[D]．上海：华东理工大学，2015.

[13] 黄显浪．阳离子表面活性剂与沸石对城市污泥的调理及机理研究[D]．长沙：湖南大学，2015.

[14] 严伟嘉，孙永军，冯丽颖，等．污泥调理技术研究进展[J]．土木建筑与环境工程，2015，37(A1)：41-45.

[15] 周国强，欧阳仡欣，郭宏伟，等．污泥调理对其脱水性能的实验研究[J]．环境工程，2015，33(A1)：570-573.
[16] 陈悦佳，赵庆良，柳成才．冷冻温度对冻融污泥有机物变化的影响[J]．哈尔滨工业大学学报，2015，47(4)：1-8.
[17] 范宏英，王亭，祁丽，等．不同预处理方法对污泥脱水性能的影响[J]．环境工程学报，2015，9(8)：4015-4020.
[18] 苏建文，郑浩，王彩冬，等．超声波或生石灰单独及联合作用对污泥脱水性能的影响[J]．净水技术，2014，33(3)：48-51.
[19] 林颐，宁寻安，温炜彬，等．高铁酸钾-微波耦合对印染污泥脱水性能的影响研究[J]．环境科学学报，2014，34(7)：1776-1780.
[20] 姚虹．污泥调理剂在造纸污泥脱水性能中的研究[D]．长沙：长沙理工大学，2014.
[21] 胡东东，俞志敏，易允燕．污泥调理技术发展与研究[J]．安徽农学通报，2014，20(18)：90-92.
[22] 汪宝英．污水厂污泥调理深度脱水工艺研究[J]．有色冶金与研究，2014，35(5)：81-83，85.
[23] 凌鹰．污泥调理技术及相应脱水特性的实验研究[D]．北京：北京工业大学，2014.
[24] 于俊杰，汪家权．絮凝剂对城市污水处理厂污泥的调理研究[J]．广州化工，2013，41(10)：180-182，201.
[25] 程磊，于衍真，索宁，等．粉煤灰在污泥调理中的应用进展[J]．中国资源综合利用，2013，31(4)：37-39.
[26] 张凯，陈云玲，吴朝军，等．生物酶结合 CTAB 对造纸活性污泥调理的影响[J]．中国造纸，2013，32(10)：28-32.
[27] 徐鑫．过硫酸盐与烷基糖苷用于污泥调理及脱水机理研究[D]．武汉：华中科技大学，2013.
[28] 李玉瑛，李冰．冷融技术对剩余污泥的调理研究[J]．工业水处理，2012，32(8)：56-58.
[29] 侯海攀，濮文虹，时亚飞，等．非离子表面活性剂对污泥调理脱水效果的影响[J]．环境科学，2012，33(6)：1930-1935.
[30] 赵瑞娟．改性沸石对城市污泥的调理与机理分析[D]．长沙：湖南大学，2012.
[31] 张硕峰．城市剩余污泥调理工艺及其机理研究[D]．广州：广东工业大学，2012.
[32] 李海峰．污泥调理及深度脱水研究[D]．上海：华东理工大学，2012.
[33] 王睿韬，汪澜，马忠诚．市政污泥脱水技术进展[J]．中国水泥，2012，(4)：57-61.
[34]王丽，李春梅，强亮生，等．电化学氧化活性污泥减量效能[J]．哈尔滨工业大学学报，2012，44(2)：116-119.
[35] 陈彦中．石化业污泥调理与脱水研究[D]．台北：国立台湾科技大学，2011.
[36] 邓伟，林杰豪．城市污泥调理过程中调理剂的应用比较研究[J]．河南化工，2011，28(4)：19-21.
[37] 郑立庆，崔红帅，黄瑞娟，等．新型改性聚丙烯酰胺的合成及对污泥调理效果的研究[J]．环境工程学报，2011，5(5)：1166-1170.
[38] 肖凌鹏．基于生物淋滤的污泥调理和脱水研究[D]．北京：北京林业大学，2011.
[39]周翠红，陈家庆，孔惠，等．市政污泥强化脱水实验研究[J]．环境工程学报，2011，5(9)：2125 -2128.
[40]周贞英，袁海平，朱南文，等．电化学处理改善剩余污泥脱水性能[J]．环境科学学报，2011，31(10)：2199-2203.
[41] 熊唯，刘鹏，刘欣，等．污泥调理剂的研究进展[J]．化工环保，2011，31(6)：501-505.
[42]时亚飞，杨家宽，李亚林，等．基于骨架构建的污泥脱水/固化研究进展[J]．环境科学与技术，2011，34(11)：70-75.
[43] 李兵，张承龙，赵由才．污泥表征与预处理技术[M]．北京：冶金工业出版社，2010.

[44] 王磊，夏菲菲，陈依，等．城市污水厂生化污泥调理脱水的研究[J]．环境卫生工程，2010，18(3)：4-6.
[45] 渐明柱，李德生，薛敏涛，等．电化学预处理与 MBR 工艺联合处理制膜废水[J]．广州化工，2010，38(6)：175-180.
[46] 马军军，周迟俊．胞外多聚物对污泥的调理[J]．化工进展，2010，29(7)：1369-1372.
[47] 刘昌庆．基于生物淋滤的城市污泥调理技术[D]．长沙：湖南大学，2010.
[48] 李欣，蔡伟民．污泥调理剂与有机高分子絮凝剂联合作用对污泥脱水性能影响的研究[J]．净水技术，2009，28(3)：40-44.
[49] 陈畅亚．改性粉煤灰对城市污泥的调理作用及机理分析[D]．长沙：湖南大学，2009.
[50] 涂玉．污泥调理中混凝剂对污泥脱水性能的影响研究[D]．南昌：南昌大学，2008.
[51] 段宏伟．可生化污泥调理剂的研制与应用基础研究[D]．昆明：昆明理工大学，2007.
[52] 朱书卉，许红林，韩萍芳．超声波结合复合絮凝剂强化生物污泥脱水研究及其作用机理[J]．化工进展，2007，26(4)：537-541.
[53] 郦光梅，金宜英，李欢，等．无机调理剂对污泥建材化的影响研究[J]．中国给水排水，2006，22(13)：82~85.
[54] 何文远，杨海真，顾国维．酸处理对活性污泥脱水性能的影响及其作用机理[J]．环境污染与防治，2006，28(9)：680-682，706.
[55] 胡锋平．低浓度剩余活性污泥调理剂的优选[J]．江西农业大学学报，2005，27(1)：143-45.
[56] 张印堂，陈东辉，陈亮．壳聚糖絮凝剂在活性污泥调理中的应用[J]．上海环境科学，2002，21(1)：49-52.

第3章 污泥的浓缩

污泥的处理处置应以减量化、稳定化、无害化、资源化为原则。污泥浓缩的目的是降低污泥含水率，减少污泥体积，降低后续构筑物或处理单元的压力，如减小消化池的容积及加热污泥所需的热量。浓缩池产生的污水通常返回到处理厂的进口处再次处理，产生的浓缩污泥甚至可用于土地回用。

污泥中所含水分大致分为四类：颗粒间的空隙水，即污泥包围着并不直接与固体结合的那部分水，约占总水分的70%；颗粒间毛细管内的毛细水，指由于产生毛细现象而密集附着在细小污泥固体颗粒周围的水，约占总水分的20%；污泥颗粒的吸附水，即包围在微生物细胞周围的水；内部水，即细胞内的含水。吸附水和内部结合水大约共占总水量的10%。污泥浓缩主要是用来降低污泥颗粒间的空隙水，由于污泥水分中空隙水所占的比例最大(一般占污泥含水量的70%左右)，因此污泥浓缩是减少污泥体积最经济有效的方法。污泥经过浓缩后，含固率提高到5%~10%，为污泥的进一步脱水提供了基本的条件。

污泥浓缩效果通常可用浓缩污泥的浓度、固体回收率和分离率三个指标来评价。

(1) 浓缩污泥浓度

对浓缩污泥的浓度测定最精确的方法是从排泥管中取样分析。一般污泥(混合污泥)浓缩后，固体浓度因废水的处理方法、流入污泥的浓度及季节的变化而变动，其变化范围大致在2%~5%。

(2) 固体回收率

固体回收率是指浓缩污泥固体量与流入固体量之比，该指标也是评价浓缩效果好坏的重要工艺参数，因为无论浓缩后污泥浓度有多高，如果固体随溢流水流出，这种浓缩设备的性能就不能说得到发挥。固体回收率 η 可用式(3-1)表示：

$$\eta = \frac{Q_u C_u}{Q_f C_f} \times 100\% = \frac{Q_f C_f - Q_o C_o}{Q_f C_f} \times 100\% \qquad (3-1)$$

式中 η——固体回收率,%；

C_f——流入污泥质量浓度，kg/m^3；

Q_f——给泥量，m^3/d；

C_u——浓缩污泥质量浓度，kg/m^3；

Q_u——浓缩污泥量，m^3/d；

Q_o——溢流水量，m^3/d；

C_o——溢流水污泥质量浓度，kg/m^3。

一般来说，正常运行的浓缩池，固体回收率 η 在90%~95%范围内，浓缩初沉污泥时，η 应大于90%，浓缩初沉污泥和活性污泥的混合污泥时，η 应大于85%。

(3) 分离率

分离率是指浓缩池上清液溢流量占流入污泥量的百分比，可用式(3-2)表示：

$$F=\frac{Q_o}{Q_f}\times 100\% \tag{3-2}$$

式中 F——分离率，%。

污泥浓缩可分为重力浓缩、气浮浓缩、机械浓缩，其中重力浓缩应用较为广泛。各种浓缩方法的特点见表3-1。在选择浓缩工艺时，除考虑各种方法本身的特点外，还应考虑产生污泥的污水处理工艺、污泥的性质、整个污泥处理流程及最终处置方式等。如重力浓缩用于浓缩初沉污泥和剩余污泥的混合污泥时效果较好；单纯的剩余污泥一般用气浮法浓缩。

表3-1 常用污泥浓缩方法及比较

浓缩方法	优点	缺点	适用范围
重力浓缩法	储泥能力强；动力消耗小；运行费用低；操作简便	占地面积较大；浓缩效果较差，浓缩后污泥含水率高；易发酵产生臭气	主要用于浓缩初沉污泥、初沉污泥和剩余活性污泥的混合污泥
气浮浓缩法	占地面积小；浓缩效果较好，浓缩后污泥含水率较低；能同时去除油脂，臭气较少	占地面积、运行费用小于重力浓缩法；污泥储存能力小于重力浓缩法；动力消耗、操作要求高于重力浓缩法	主要用于浓缩初沉污泥、初沉污泥和剩余活性污泥的混合污泥，特别适用于浓缩过程中易发生污泥膨胀、易发酵的剩余活性污泥和生物膜法污泥
机械浓缩法	占地面积很小；处理能力大；浓缩后污泥含水率低；全封闭，无臭气发生	专用设备价格高；电耗是气浮法的10倍；操作管理要求高	主要用于难浓缩的剩余活性污泥和场地小、卫生要求高、浓缩后污泥含水率很低的场合

3.1 重力浓缩

在污泥浓缩中，重力浓缩因简便而使用最为广泛，采用该法可使污泥的固含量提高到4%~5%。

重力浓缩是污泥在沉降过程中通过形成高浓度污泥层而达到浓缩污泥的目的。单独的重力浓缩是在独立的重力浓缩池中完成，工艺简单有效，但停留时间较长时可产生臭味；重力浓缩法适用于初沉污泥、化学污泥和生物膜污泥。根据运行情况，重力浓缩可分为间歇式和连续式两种。

3.1.1 重力浓缩沉降的形态

重力浓缩是污泥在重力场的作用下自然沉降的分离方式，是一个物理过程，不需要外加能量，是一种最节能的污泥浓缩方法。重力浓缩沉降可分为四种形态：自由沉降、干涉沉降、区域沉降和压缩沉降。

(1) 自由沉降

当悬浮物含量不高时，在沉降过程中，颗粒之间互不碰撞，呈单颗粒状态，各自独立地完成沉降过程。沉降的颗粒与上清液之间不形成清晰的界面，但可以见到澄清区域。不过如果所含胶体颗粒不失稳，还是得不到澄清的上清液。颗粒的沉降速度不受固体颗粒含量的影响，而决定于颗粒的大小和密度。

典型例子是砂粒在沉砂池中的沉淀，以及悬浮物浓度较低的污水在初沉池中的沉淀过程。自由沉淀过程可用牛顿第二定律及斯托克斯公式描述。

(2) 干涉沉降

也称絮凝沉淀，当悬浮物浓度增大到50~500mg/L时，在沉降过程中，颗粒与颗粒之间可能相互碰撞产生絮凝作用，使颗粒的粒径与质量逐渐增大，沉降速度不断加快，因此实际沉速很难用理论公式计算，主要靠试验测定。这类沉淀的典型例子是活性污泥在二沉池中的沉淀。

如果将这种悬浮液搅拌后静止放置，短时间内就会出现由沉降速度最快的颗粒形成的颗粒层，该层的上方颗粒浓度很低，残留的颗粒发生自由沉降，颗粒层中的颗粒以相同的速度沉降，一般没有清晰的界面。

(3) 区域沉降

也称成层沉淀或拥挤沉淀。当悬浮物浓度大于500mg/L时，在沉降过程中，相邻的颗粒之间互相妨碍、干扰，沉速大的颗粒也无法超越沉速小的颗粒，各自相对位置保持不变，并在聚合力的作用下，颗粒群结合成一个整体向下沉降，与澄清水之间形成清晰的液-固界面，沉降显示为界面下沉。典型例子是二沉池下部的沉淀过程及浓缩池的开始阶段。

区域沉降的状态可以用沉降界面高度-沉降时间曲线来描述。初期沉降曲线是直线，称为等速沉降。之后，界面沉降速度逐渐降低，并接近最终沉降速度，这个时期称为减速沉降期。各沉降时期内固体浓度不同，沉降速度也不一样，随着固体浓度的增大，沉降速度减慢。

(4) 压缩沉降

这是区域沉淀的延续。颗粒之间互相交承，上层颗粒在重力作用下，挤出下层颗粒的间隙水，粒子之间相互接触更紧密，使污泥得到浓缩。压缩沉降过程中界面的沉降速度与通常的沉降速度不同，它还受到堆积颗粒层高度的影响，变得十分缓慢。典型例子是活性污泥在二沉池的污泥斗中及浓缩池中的浓缩过程。

活性污泥在二次沉淀池及浓缩池中的沉淀与浓缩过程中，实际上都顺次存在着以上四种类型的沉淀过程，只是产生各类沉淀的时间长短不同而已。如图3-1所示的沉淀曲线即活性沉污在二次沉淀池中的沉淀过程。

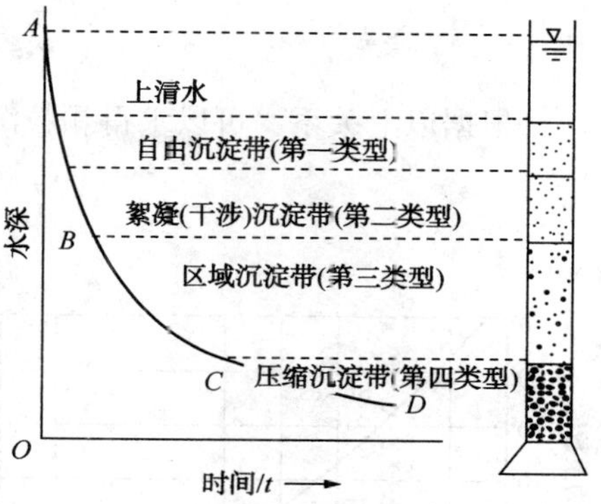

图 3-1　污泥在二次沉淀池中的沉淀过程

以上四种沉降类型中，自由沉降是重力浓缩法的基础，重力浓缩池的理论分析与设计都是基于自由沉降的。

3. 1. 2　颗粒的沉降特性

(1) 自由沉降

对于低浓度的离散性颗粒，如砂砾、铁屑等，其在水中的沉降过程不受相互间的干扰。假设：①颗粒外形为球形，不可压缩，也无凝聚性，沉降过程中其大小、形状和质量等均不改变；②水处于静止状态。颗粒在水中开始沉淀时，受到重力 F_g 、浮力 F_b 和流体阻力 F_D 的作用：

$$F_g = m_s g = \frac{\pi}{6} d_p^3 \rho_s g \tag{3-3}$$

$$F_b = m_1 g = \frac{\pi}{6} d_p^3 \rho_1 g \tag{3-4}$$

$$F_D = C_D A_p \frac{\rho_1 u^2}{2} = C_D \frac{\pi d_p^2}{4} \frac{\rho_1 u^2}{2} \tag{3-5}$$

式中　d_p ——颗粒直径，m；

m_s ——颗粒质量，kg；

ρ_s ——颗粒密度，kg/m^3；

ρ_1 ——水的密度，kg/m^3；

m_1 ——水的质量，kg；

A_p ——颗粒在垂直于运动方向水平面的投影面积，对于球形颗粒，$A_p = \frac{\pi d_p^2}{4}$，$m^2$；

C_D ——阻力系数；

u ——颗粒与流体之间的相对运动速度，m/s；

g ——重力加速度，m/s^2。

根据牛顿第二定律($F = ma$)，可以建立以下关系：

$$F_g - F_b - F_D = m_s \frac{du}{dt} \tag{3-6}$$

颗粒下沉时，初始沉速 u 为 0。然后在重力作用下产生加速运动，但同时水的阻力 F_D 也逐渐增大。经过一段很短的时间后，作用于水中颗粒的重力 F_g 、浮力 F_b 和阻力 F_D 达到平衡，加速度 $\frac{du}{dt} = 0$。此后，颗粒开始以匀速下沉：

$$\frac{\pi d_p^3}{6}\rho_s g - \frac{\pi d_p^3}{6}\rho_l g - C_D\frac{\pi d_p^2}{4}\frac{\rho_l u^2}{2} = 0 \quad (3-7)$$

根据以上关系，可以求得颗粒沉速的基本公式为：

$$u = \sqrt{\frac{4}{3}\cdot\frac{g}{C_D}\cdot\frac{\rho_s - \rho_l}{\rho_l}d_p} \quad (3-8)$$

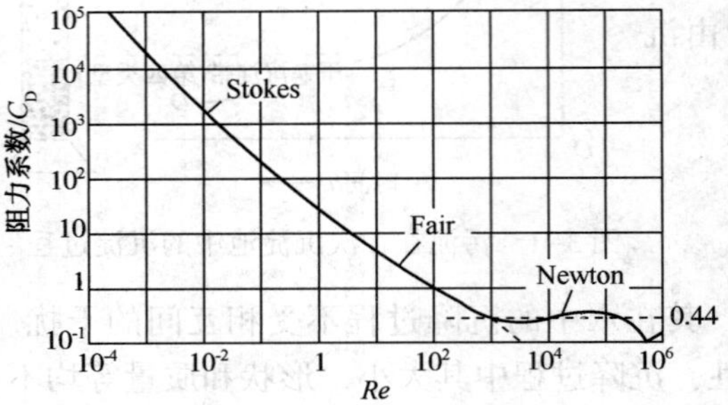

图 3-2　球形颗粒阻力系数与雷诺数的关系

沉速计算公式(3-8)中的阻力系数 C_D 与颗粒的雷诺数 Re 有关，由实验确定。对于球形颗粒，阻力系数 C_D 与雷诺数 Re（$Re = \frac{\rho_l u d_p}{\mu}$）的关系曲线如图 3-2 所示。

颗粒沉淀的阻力系数 C_D 可以用不同区域的公式来表示，由此得到了在不同区域内的颗粒沉速公式。

① 当 $Re < 1$ 时：在此范围内颗粒沉降速度很慢，颗粒表面附近绕流的流态为层流，阻力系数的关系式为：

$$C_D = 24/Re \quad (3-9)$$

把此关系带入颗粒沉速的基本公式[式(3-8)]，就得到了该区域内颗粒的沉速公式——斯托克斯(Stokes)公式：

$$u = \frac{1}{18}\cdot\frac{\rho_s - \rho_l}{\mu}g d_p^2 \quad (3-10)$$

式中　μ——水的黏度，Pa·s。

② 当 $1 < Re < 1000$ 时：该范围内的流态属于过渡区，阻力系数 C_D 的表达式为

$$u = \frac{24}{Re} + \frac{3}{\sqrt{Re}} + 0.34 \quad (3-11)$$

或

$$u = \frac{10}{\sqrt{Re}} \quad (3-12)$$

由此得到该区域内颗粒的沉速公式——阿兰(Allen)公式：

$$u = \left[\left(\frac{4}{255}\right)\frac{(\rho_s - \rho_l)^2 g^2}{\mu\rho_l}\right]^{\frac{1}{3}} d_p \quad (3-13)$$

③ 当 $Re > 1000$ 时：在此范围内的流态属于紊流区，阻力系数 C_D 保持为常数，近似为 0.4。因此得到该区域的颗粒沉速公式——牛顿(Newton)公式：

$$u = \sqrt{3.33\frac{\rho_s - \rho_l}{\rho_l}g d_p} = 1.83\sqrt{\frac{\rho_s - \rho_l}{\rho_l}g d_p} \quad (3-14)$$

采用上述公式，可以计算出颗粒的沉速。在研究水处理的沉淀问题时经常使用的颗粒沉速公式是斯托克斯公式和阿兰公式。

因为在选用沉速公式时需要先知道 Re，而计算 Re 又需要知道沉速 u。因此，在实际计算中一般是先选用某一沉速公式，再根据计算所得的沉速进行 Re 校核，看是否在该沉速公

式的适用范围内，以确定所用公式是否正确。

应用斯托克斯公式计算颗粒的沉速，要求围绕颗粒的水流呈层流状态，因此该公式的应用有很大的局限性，但该公式有助于理解影响沉速的诸因素：①沉速与颗粒和水的密度差（$\rho_s - \rho_l$）成正比，密度差越大，沉速越快；②与颗粒直径的二次方成正比，颗粒直径越大，沉速越快。一般地，沉淀只能去除 $d_p > 20\mu m$ 的颗粒。通过混凝处理可以增大颗粒的粒径；③与水的黏度成反比，黏度越小，沉速越快。因此提高水温有利于加速沉淀。

对于某种物质的颗粒，一定的粒径有着一定的沉速，或者说，一定的沉速就代表着一定的颗粒。在沉淀设计与计算中，往往用某个沉速来代表一定的颗粒，而不再标注密度与粒径。

(2) 絮凝沉降（干涉沉降）

当原水中含有絮凝性悬浮物时（如投加混凝剂后形成的矾花、活性污泥等），在沉降过程中，絮凝体相互碰撞凝聚，使颗粒尺寸变大，因此沉速将随深度而增加，沉淀的轨迹呈如图 3-3 所示的曲线。在絮凝沉淀过程中，由于颗粒的质量、形状和沉速是变化的，因此，颗粒的实际沉速很难用理论公式来描述，需通过沉淀实验来测定。

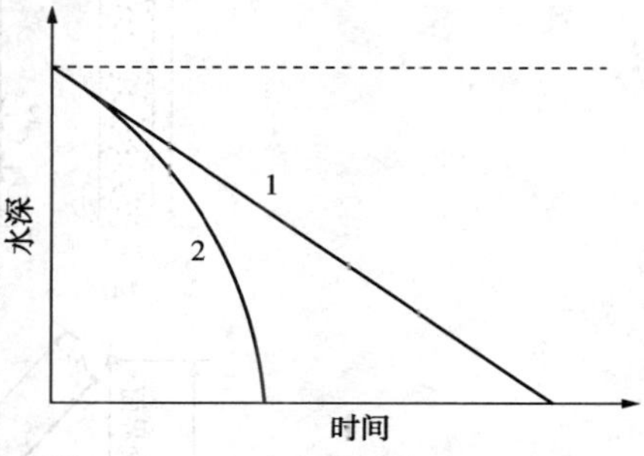

图 3-3　自由沉淀与絮凝沉淀的轨迹

1—离散颗粒；2—絮凝颗粒

与自由沉降过程不同的是，在絮凝沉降过程中，对于一定的颗粒，不同水深将有不同的沉淀效率，水深增大，沉降效率增高，这是因为絮凝后颗粒沉速加大。若水深增加 1 倍，沉淀时间并不需要增加 1 倍，因此某些沉速小于 u_0 的颗粒也可以沉到底部，也就是说可以去除更多的颗粒。

(3) 拥挤沉降（成层沉降或区域沉降）

当原水中的悬浮物浓度较高时，在沉降过程中，会产生颗粒彼此干扰的拥挤沉淀现象。发生这种沉淀现象的颗粒可以是混凝后的矾花，或者是曝气池的活性污泥，或者是高浊度水中的泥砂。一般地，当矾花浓度达到 2～3g/L 以上，或活性污泥含量达 1g/L 以上，或泥砂含量达 5g/L 以上时，将会产生拥挤沉淀现象。拥挤沉淀的特点是：在水的沉淀过程中，会出现一个清水和浑水的交界面，沉淀过程也就是交界面的下沉过程，因此又称为分层沉淀，如图 3-4 所示。

如图 3-4（a）所示污泥开始沉淀时，沉淀柱内的污泥浓度是均匀一致的，浓度为 C_0。沉淀一段时间后，沉淀柱内出现 4 个区：清水区 A、等浓度区 B、变浓度区 C 和压实区 D，如图 3-4（b）所示。清水区下面的各区可以总称为悬浮物区或污泥区。等浓度区中的污泥浓度都是均匀的，这一区内的颗粒大小虽然不同，但由于相互干扰的结果，大颗粒的沉速变慢，小颗粒的沉速变快，因而形成等速下沉的现象，整个区似乎都是由大小完全相等的颗粒组成。当最大粒度与最小粒度之比约为 6∶1 以下时，就会出现这种沉速均一化的现象。等浓度区又称为受阻沉降区。随着等浓度区的下沉，清水区和污泥区之间存在明显的分界面（界面 1-1）。颗粒间的絮凝过程越好，交界面就越清晰，清水区的悬浮物就越少。该界面的沉降速度 v_s 等于等浓度区颗粒的平均沉降速度。与此同时，在沉淀柱的底部，由于悬浮固体的累积，出现压实区 D。压实区内的悬浮物有两个特点：一是从压实区的上表面起至沉淀柱底止，颗粒沉降速度逐渐减少为零；另一个是，由于柱底的存在，压实区内悬浮物缓慢下沉的过程也就是这一区内悬浮物缓慢压实的过程。在压实区与等浓度区之间存在一个过渡区，即从等浓度区的浓度逐渐变为压实区顶部的变浓度区。变浓度区和压实区之间的分界面(界面 2-2)以一恒定的速度 v 上升。当沉淀时间继续增长，界面 1-1 以 v_s 匀速下降，界面 2-2 以 v 匀速上升，等浓度区的高度逐渐减小，而开始时变浓度区的高度基本不变。当等浓度区消失后[图 3-4(c)]，变浓度区也逐渐减小至消失时[图 3-4(d)]，只剩下 A 区和 D 区。此时称为临界沉降点。此后，压实区内的污泥进一步压实，高度逐渐减小，但很缓慢，因为被顶换出来的水必须通过不断减少的颗粒间空隙流出，最后直到完全压实为止[图 3-4(e)]。

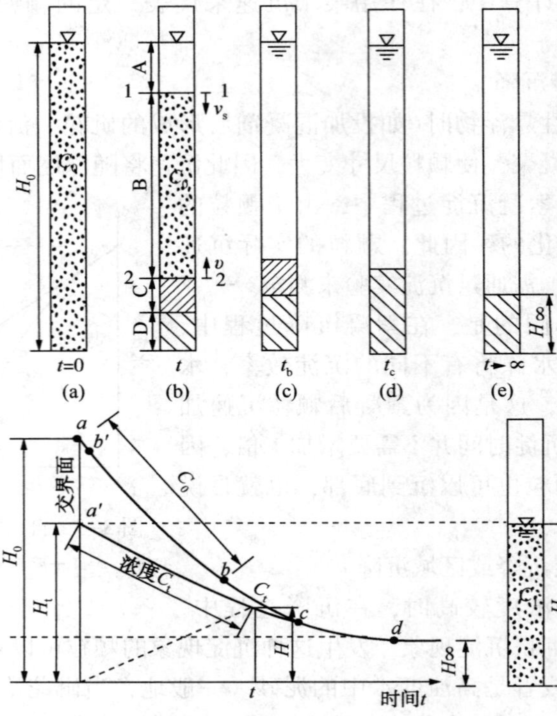

图 3-4　拥挤沉淀的沉降过程

如以交界面 1-1 的高度为纵坐标，沉淀时间为横坐标，可得交界面沉降过程曲线，如图 3-4(f)所示。各区的沉降速度可由沉降曲线上各点的切线斜率绘出。曲线 $a-b'$ 段的上凸曲线可解释为沉淀初期由于颗粒间的絮凝导致颗粒凝聚变大，沉降速度逐渐变大。$b'-b$ 段为直线，表明交界面等速下降。$a-b'$ 段一般较短，有时不甚明显，可以作为 $b'-b$ 直线段的延伸。曲线 $b-c$ 段为下凹的曲线，表明交界面的下降速度逐渐减小。B 区和 C 区消失的 c 点即为临界沉降点。$c-d$ 段表示临界沉降点之后压实区沉淀物的压实过程。压实区最终高度为 H_∞。

由图 3-4(f)可知，曲线 $a-b$ 段的悬浮物浓度为 C_0，$b-d$ 段的悬浮物浓度均大于 C_0。在 $b-d$ 段任何一点 t ($C_t > C_0$)作切线与纵坐标相交于 a' 点，得高度 H_t。根据肯奇(Kynch)沉淀理论可得

$$C_t = \frac{C_0 H_0}{H_t} \tag{3-15}$$

上式的含义是：高度为 H_t、均匀浓度为 C_t 的沉淀柱中所含的悬浮物量和原高度为 H_0、均匀浓度为 C_0 的沉淀柱中所含悬浮物量相等。曲线 $a'-C_t-c-d$ 为图 3-4(g) 所示虚拟的沉淀柱中悬浮物拥挤沉淀曲线。该曲线与图 3-4(a) 所示沉淀柱中悬浮物沉淀曲线在 C_t 点前不一致，但之后两曲线重合，过 C_t 点切线的斜率表示浓度为 C_t 的悬浮液交界面下沉速度：

$$v_t = \frac{H_t - H}{t} \tag{3-16}$$

由实验可知，用同样的水样，不同水深的沉淀柱进行沉淀实验，其得到的拥挤沉淀过程曲线是相似的，等浓度区的浑液面的下沉速度完全相同，如图3-5所示。两条沉降过程曲线之间存在相似关系 $\frac{OP_1}{OP_2}=\frac{OQ_1}{OQ_2}$。因此当某一沉淀过程曲线已知时，就可以利用该关系画出任何沉淀高度的沉淀曲线。利用这种沉淀过程与沉淀高度无关的现象，就可以用较短的沉淀柱做实验，来推测实际水深的沉淀效果。

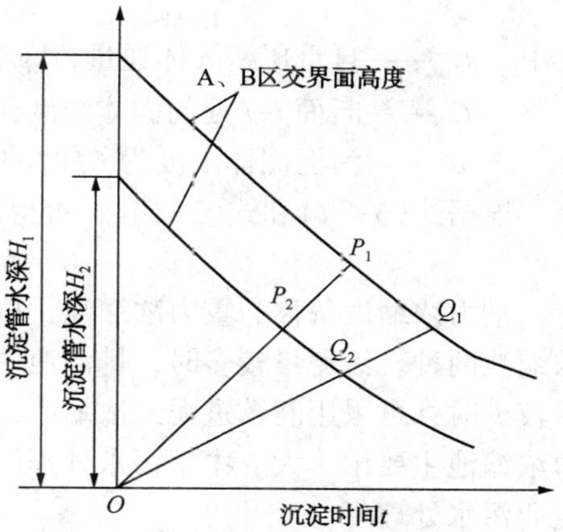

图 3-5　不同沉淀高度沉降过程的相似关系

3.1.3　重力浓缩的基本原理

污泥重力浓缩理论最主要的是重力浓缩的迪克(Dick)理论。迪克引入浓缩池横断面和固体通量这一概念，即单位时间内，通过单位面积的固体质量称为固体通量 [kg/(m²·h)]。当浓缩池运行正常时，池中固体量处于动态平衡状态，如图 3-6 所示，图中固体浓度由上向下逐渐增大。

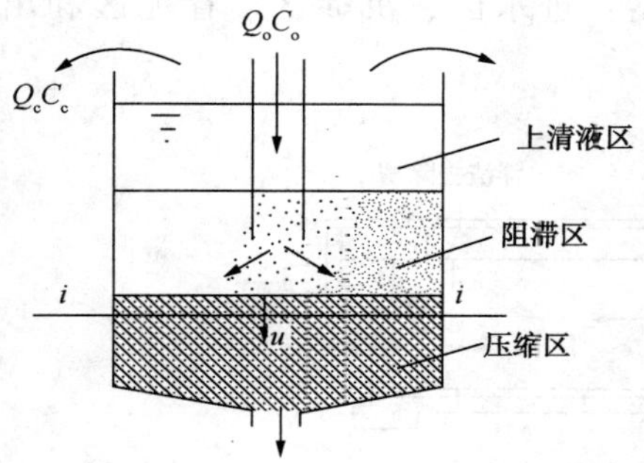

图 3-6　重力浓缩过程示意图

通过浓缩池任一断面的固体通量都由两部分组成：其一是浓缩池底部连续排泥造成的向下流固体通量；其二是污泥自重压密造成的固体通量。

设图 3-6 中任一断面 i-i 处的固体浓度为 C_i，通过该断面的向下流固体通量 G_u 为

$$G_u = v_u C_i \tag{3-17}$$

式中　G_u ——向下流固体通量，kg/(m²·h)；

C_i ——断面 i-i 处的固体浓度，kg/m³；

v_u ——向下流流速，即由于底部排泥导致产生的界面下降速度，m/h。

若底部排泥量为 Q_u (m³/h)，浓缩池断面积为 A (m²)，则有

$$v_u = \frac{Q_u}{A} \tag{3-18}$$

运行资料表明，活性污泥浓缩池的 v_u 一般为 0.25~0.51 m/h。

由式(3-17)和式(3-18)可知，当 v_u 为定值时，G_u 和 C_i 为直线关系。

自重压密固体通量 G_i 可表示为

$$G_i = v_i C_i \tag{3-19}$$

式中 G_i——自重压密固体通量，kg/(m^2·h)；

C_i——断面 i-i 处的固体浓度，kg/m^3；

v_i——污泥固体浓度为 C_i 时的界面沉速，m/h。

根据式(3-17)和式(3-19)，可得浓缩池任一断面的总固体通量为

$$G = G_u + G_i = C_i(v_u + v_i) \tag{3-20}$$

重力浓缩设备称为重力浓缩池，按运行方式不同可分为连续式重力浓缩池和间歇式重力浓缩池两种。污泥量较多时，排泥池中的污泥连续排出，可采用连续进泥式浓缩池。当污泥量较少时，可采用间歇进泥式浓缩池，这种形式的浓缩池运转管理较容易。目前，连续式重力浓缩池主要用于大、中型污水处理厂，而间歇式重力浓缩池多用于小型污水处理厂或工业企业污水处理厂。

浓缩池运行过程中，应经常对浓缩效果进行测定，及时予以调节，确保浓缩池正常运行。

3.1.4 连续式重力浓缩池

根据池内水流方向，连续式重力浓缩池分为平流式、竖流式和辐流式三种。

(1) 平流式浓缩池

平流式浓缩池为一矩形水池，如图 3-7 所示，初始污泥从池的一端进入，在池内做水平流动，从池的另一端流出。其基本组成包括：进水区、沉淀区、存泥区和出水区四部分。

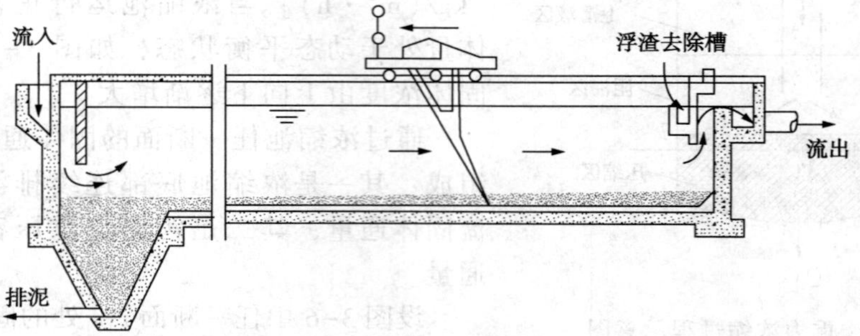

图 3-7 设刮泥车的平流式浓缩池

平流式沉淀池的优点是：沉淀效果好；对冲击负荷和温度变化的适应能力较强；施工简单；平面布置紧凑；排泥设备已定型化。但缺点是：配水不易均匀；采用多斗排泥时，每个泥斗需要单独设排泥管各自排泥，操作量大；采用机械排泥时，设备较复杂，对施工质量要求高。平流式浓缩池主要适用于大、中、小型给水和污水处理厂。

① 进水区

进水区的作用是使水流均匀地分配在沉淀池的整个进水断面上，并尽量减少扰动。

在污水处理和污泥浓缩工艺中，进水可采用：溢流式进水方式，并设置多孔整流墙[穿

孔墙，图 3-8(a)]；底孔式入流方式，底部设有挡流板[大致在 1/2 池深处，图 3-8(b)]；淹没孔与挡板的组合[图 3-8(c)]；淹没孔与有孔整流墙的组合[图 3-8(d)]。原水流入沉淀池后应尽快地消能，防止在池内形成短流或股流。

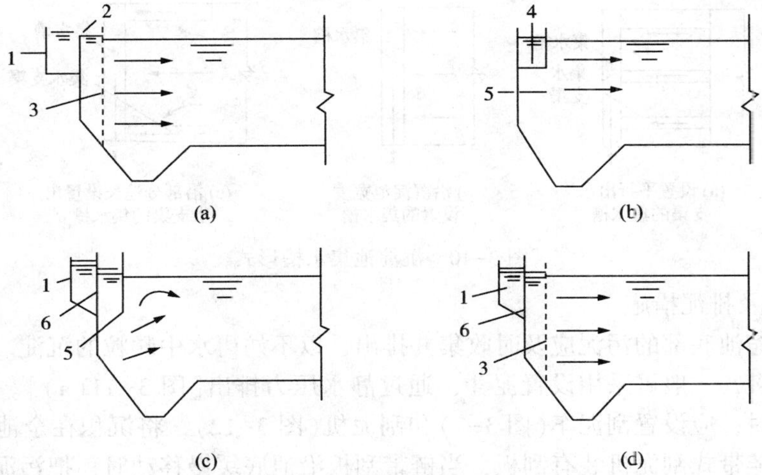

图 3-8 沉淀池进水方式

1—进水槽；2—溢流槽；3—有孔整流墙；4—底孔；5—挡流板；6—淹没孔

② 沉淀区

为创造一个有利于颗粒沉降的条件，应降低沉淀池中水流的雷诺数和提高水流的弗劳德数。采用导流墙将平流式沉淀池进行纵向分隔可减小水力半径，改善沉淀池的水流条件。

沉淀区的高度与前后相关的处理构筑物的高程布置有关，一般为 3~4m。沉淀区的长度取决于水流的水平流速和停留时间，一般认为沉淀区的长宽比不小于 4，长深比不小于 8。在给水处理中，水流的水平流速一般为 10~25mm/s；在废水处理中，对于初次沉淀池一般不大于 7mm/s，对于二次沉淀池一般不大于 5mm/s。

③ 出水区

污泥经浓缩后析出的水应尽量地在出水区均匀流出，一般采用溢流出水堰，如自由堰[图 3-9(a)]和三角堰[图 3-9(b)]，或采用淹没式出水孔口[图 3-9(c)]。其中锯齿三角堰应用最普遍，水面宜位于齿高的 1/2 处。为适应水流的变化或构筑物的不均匀沉降，在堰口处需设置能使堰板上下移动的调节装置，使出口堰口尽可能水平。堰前应设挡板，以阻拦漂浮物，或设置浮渣收集和排除装置。挡板应当高出水面 0.1~0.15m，浸没在水面下 0.3~0.4m，距出水口 0.25~0.5m。

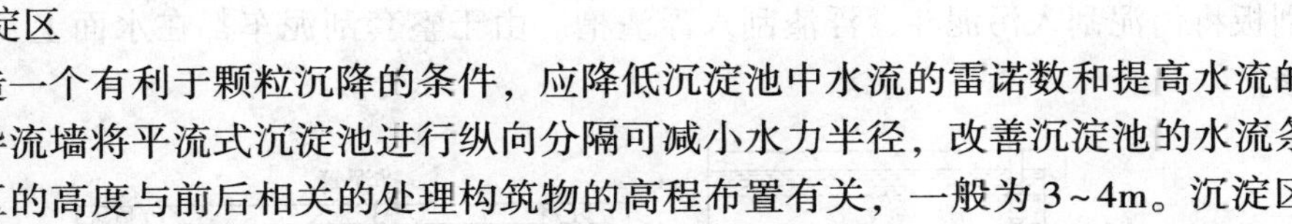

图 3-9 沉淀池出水堰形式

为控制平稳出水，溢流堰单位长度的出水负荷不宜太大。废水处理中，初沉池不宜大于2.9L/(m·s)；二次沉淀池不宜大于1.7L/(m·s)。为了减少溢流堰的负荷，改善出水水质，溢流堰可采用多槽布置，如图3-10所示。

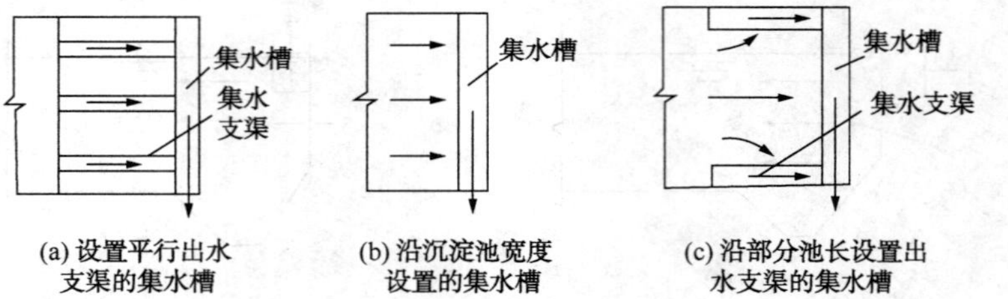

图3-10　沉淀池集水槽形式

④ 存泥区及排泥措施

沉积在浓缩池底部的污泥应及时收集并排出，以不妨碍水中颗粒的沉淀。污泥的收集和排出方法有很多，一般可采用设置泥斗，通过静水压力排出[图3-11(a)]。泥斗设置在浓缩池的进口端时，应设置刮泥车(图3-7)和刮泥机(图3-12)，将沉积在全池的污泥集中到泥斗处排出。链带式刮泥机装有刮板，当链带刮板沿池底缓慢移动时，把污泥缓慢推入到污泥斗中，当链带刮板转到水面时，又可将浮渣推向出水挡板处的排渣管槽。链带式刮泥机的缺点是机械长期浸没于水中，易被腐蚀，且难维修。桁车刮泥小车沿池壁顶的导轨往返行走，使刮板将污泥刮入污泥斗，浮渣刮入浮渣槽。由于整套刮泥车都在水面上，不易腐蚀，易于维修。

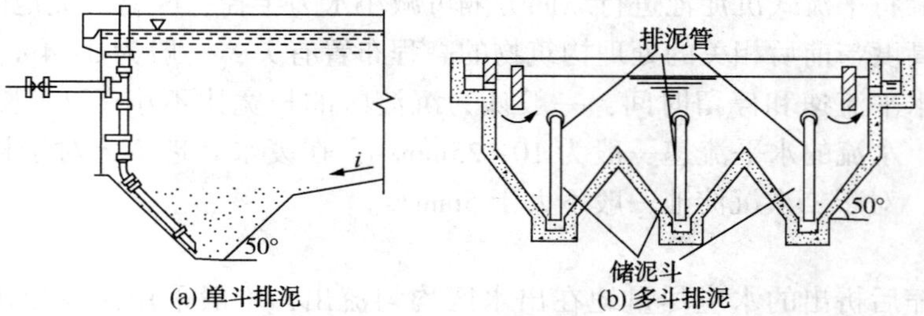

图3-11　沉淀池泥斗排泥

如果浓缩池体积不大，可沿池长设置多个泥斗。此时无需设置刮泥装置，但每个污泥斗应设单独的排泥管及排泥阀，如图3-11(b)所示。排泥所需要的静水压力应视污泥的特性而定，如为有机污泥，一般采用1.5~2.0m，排泥管直径不小于200mm。

此外，也可以不设泥斗，采用机械装置直接排泥。如采用多口虹吸式吸泥机排泥(图3-13)。吸泥动力是利用沉淀池水位所能形成的虹吸水头。刮泥板1、吸口2、吸泥管3、排泥管4成排地安装在桁架5上，整个桁架利用电机和传动机械通过滚轮架设在沉淀池壁的轨道上行走。在行进过程中将池底积泥吸出并排入排泥沟10。这种吸泥机适用于具有3m以上虹吸水头的浓缩池。由于吸泥动力较小，池底积泥中颗粒太粗时不易吸起。

除多口吸泥机外，还有一种单口扫描式吸泥机。其特点是无需成排的吸口和吸管装置，当吸泥机沿浓缩池纵向移动时，泥泵、吸泥管和吸口沿横向往复行走吸泥。

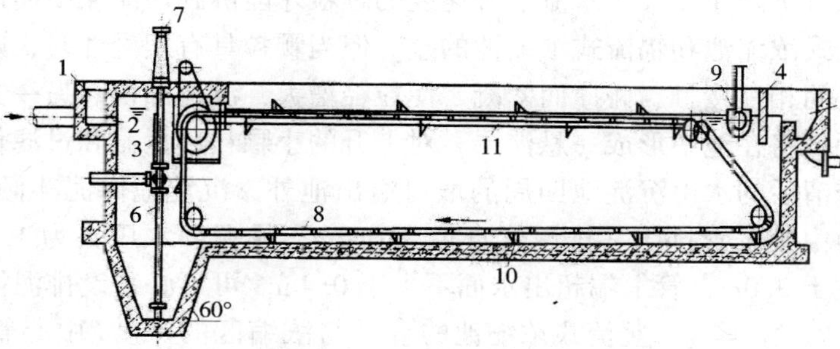

图 3-12　设链带刮泥机的平流式浓缩池

1—进水槽；2—进水孔；3—进水挡板；4—出水挡板；5—出水槽；6—排泥管；7—排泥阀门；8—链带；9—排渣管槽(能转动)；10—刮板；11—链带支撑

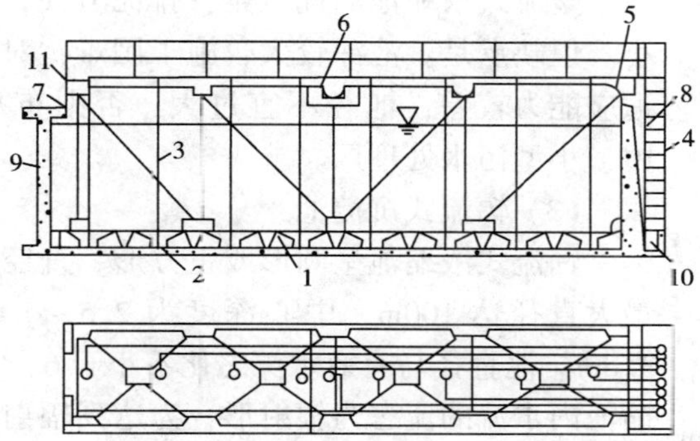

图 3-13　多口虹吸式吸泥机

1—刮泥板；2—吸口；3—吸泥管；4—排泥管；5—桁架；6—电机和传动机构；7—轨道；8—梯子；9—沉淀池壁；10—排泥沟；11—滚轮

(2) 竖流式浓缩池

竖流式浓缩池可设计成圆形、方形或多角形，但大部分为圆形。图 3-14 为圆形竖流浓缩池。

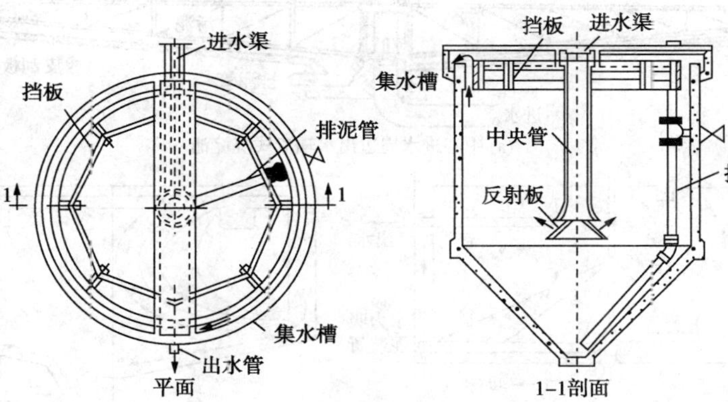

图 3-14　圆形竖流式浓缩池

原水由中心管下口流入池中，通过反射板的拦阻向四周分布于整个水平断面上，缓慢向上流动。由此可见，在竖流式沉淀池中水流方向是向上的，与颗粒沉降方向相反。当颗粒发生自由沉淀时，只有沉降速度大于水流上升速度的颗粒才能沉到污泥斗中而被去除，因此浓缩效果一般比平流式浓缩池和辐流式浓缩池的差。但当颗粒具有絮凝性时，则上升的小颗粒和下沉的大颗粒之间相互接触、碰撞而絮凝，使粒径增大，沉速加快。另一方面，沉速等于水流上升速度的颗粒将在池中形成一悬浮层，对上升的小颗粒起拦截和过滤作用，因而浓缩效率将有提高。澄清后的水由沉淀池四周的堰口溢出池外。沉淀池储泥斗倾角为45°~60°，污泥可借静水压力由排泥管排出。排泥管直径为0.2m，排泥静水压头为1.5~2.0m，排泥管下端距池底不大于2.0m，管上端超出水面不少于0.4m。可不必装设排泥机械。

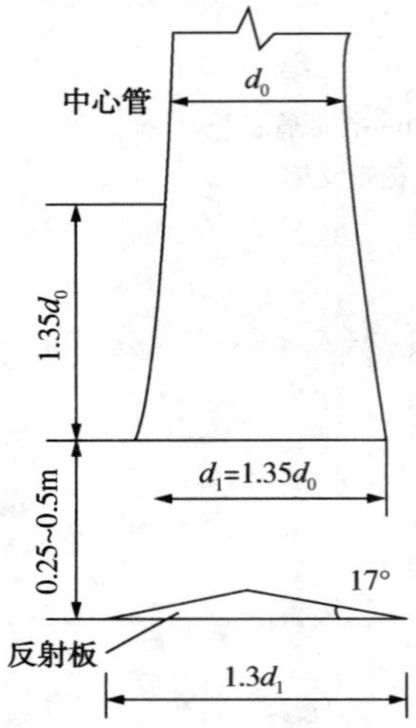

图3-15　竖流式浓缩池中心管出水口

竖流式浓缩池的直径与浓缩区的深度(中心管下口和堰口的间距)的比值不宜超过3，使水流较稳定和接近竖流。直径不宜超过10m。浓缩池中心管内的流速不大于30mm/s，反射板距中心管口采用0.25~0.5m，如图3-15所示。

竖流式浓缩池的优点是：排泥方便，管理简单；占地面积较小。但缺点是：池深较大，施工困难；对冲击负荷和温度变化的适应能力较差；池径不宜过大，否则布水不匀，因此仅适用于中、小型污水处理厂。

(3) 辐流式沉淀池

辐流式浓缩池呈圆形或正方形。直径较大，一般为20~30m，最大直径达100m，中心深度为2.5~5.0m，周边深度为1.5~3.0m。池直径与有效水深之比不小于6，一般为6~12。辐流式浓缩池内水流的流态为辐射形，为达到辐射形的流态，原水由中心或周边进入沉淀池。

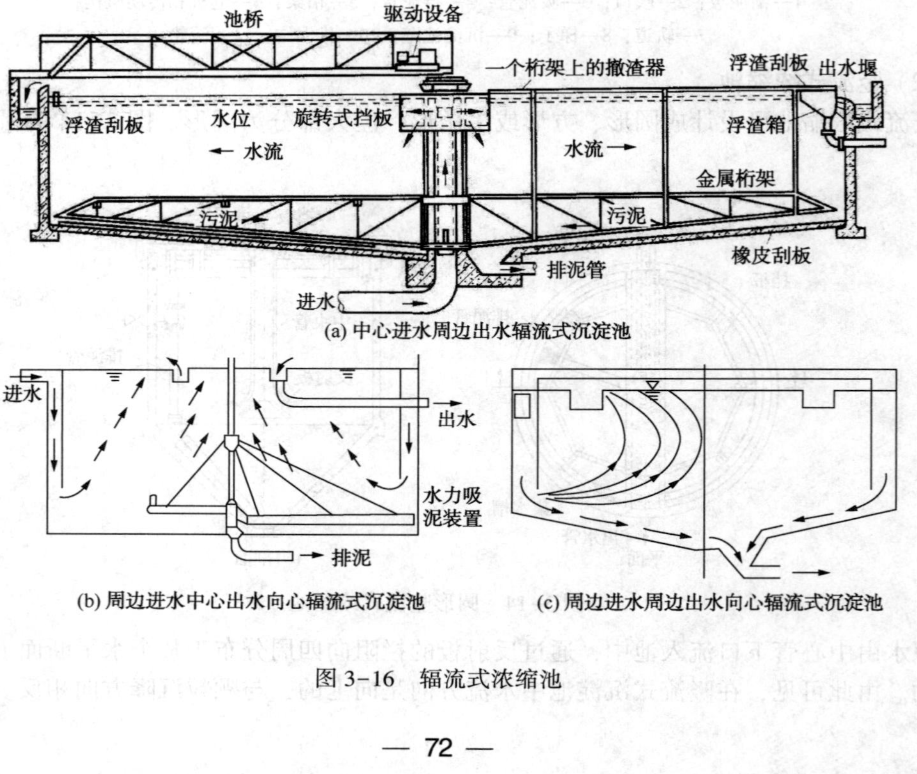

(a) 中心进水周边出水辐流式沉淀池

(b) 周边进水中心出水向心辐流式沉淀池　(c) 周边进水周边出水向心辐流式沉淀池

图3-16　辐流式浓缩池

中心进水辐流式浓缩池如图 3-16(a)所示，在池中心处设有进水中心管。原水从池底进入中心管，或用明渠自池的上部进入中心管，在中心管的周围常有穿孔挡板围成的流入区，使原水能沿圆周方向均匀分布，向四周辐射流动。由于过水断面不断增大，因此流速逐渐变小，颗粒在池内的沉降轨迹是向下弯的曲线(图 3-17)。澄清后的水从设在池壁顶端的出水槽堰口溢出，通过出水槽流出池外，如图 3-18 所示。为了阻挡漂浮物质，出水槽堰口前端可加设挡板及浮渣收集与排出装置。

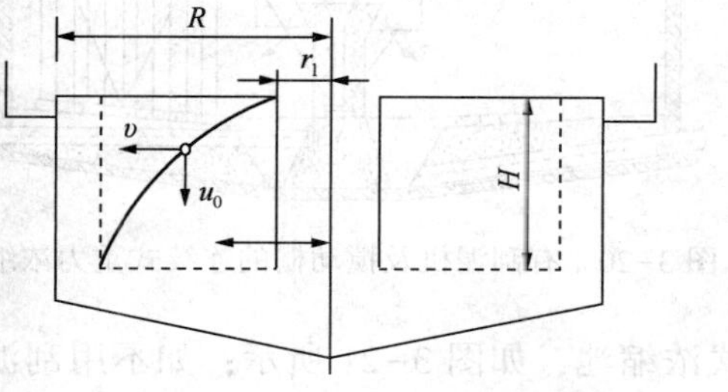

图 3-17　辐流式浓缩池中颗粒沉降轨迹

图 3-18　辐流式浓缩池出水堰

周边进水的向心辐流式浓缩池的流入区设在池周边，出水槽设在沉淀池中心部位的 *R*/4、*R*/3、*R*/2 或设在沉淀池的周边，俗称周边进水中心出水向心辐流式浓缩池[图 3-16(b)]或周边进水周边出水向心辐流式浓缩池[图 3-16(c)]。由于进、出水的改进，向心辐流式浓缩池与普通辐流式沉淀池相比，其主要特点有：

① 出水槽沿周边设置，槽断面较大，槽底孔口较小，布水时水力损失集中在孔口上，使布水比较均匀。

② 沉淀池容积利用系数提高。根据实验资料，向心辐流式浓缩池的容积利用系数高于中心进水的辐流式浓缩池。随出水槽的设置位置，容积利用系数的提高程度不高，从 *R*/4 到 *R* 的设置位置，容积利用系数分别为 85.7%~93.6%。

③ 向心辐流式浓缩池的表面负荷比中心进水的辐流式浓缩池提高约 1 倍。

辐流式浓缩池是最常用的连续式重力浓缩池，可分为有刮泥机与污泥搅动装置、不带刮泥机以及多层浓缩池(带刮泥机)三种。

辐流式浓缩池大多采用机械刮泥。通过刮泥机将全池的沉积污泥收集到中心泥斗，可借静水压力或污泥泵排出。刮泥机一般是一种桁架结构(图 3-19)，绕中心旋转，刮泥机安装在桁架上，可中心驱动或周边驱动。当池径小于 20m 时，用中心传动；当池径大于 20m 时，用周边传动。池底以 0.05 的坡度坡向中心泥斗，中心泥斗的坡度为 0.12~0.16。如果浓缩池的直径不大(小于 20m)，也可在池底设多个泥斗，使污泥自动滑进泥斗，形成斗式排泥。

如图 3-20 所示为带刮泥机及搅拌栅的连续式重力浓缩池的构造示意图。该类浓缩池一般都是直径为 5~20m 的圆形钢筋混凝土构筑物，坡底坡度一般采用 1/10~1/12，污泥在水下的自然坡角一般采用 1/20。进泥口设在池中心，池周围有溢流堰。污泥由中心进泥管连续进泥，污泥在向池的四周缓慢流动的过程中，固体粒子得到沉降分离，上清液(即分离液)由溢流堰流入溢流槽，被浓缩沉降到池底的浓缩污泥用刮泥机缓慢刮至池中心的污泥斗并从排泥管排出。为了提高浓缩效果和缩短浓缩时间，在刮泥机上装有垂直搅拌栅，搅拌栅随着刮泥机缓慢转动，周边线速度为1m/min左右，每条栅条后面可形成微小涡流，有助于颗粒之间的絮凝，使颗粒逐渐变大，并可造成空穴，促使污泥颗粒的空隙水与气泡逸出，浓缩效果约可提高20%以上，且可缩短浓缩时间4~5h。

图3-19 辐流式沉淀池机械刮泥装置

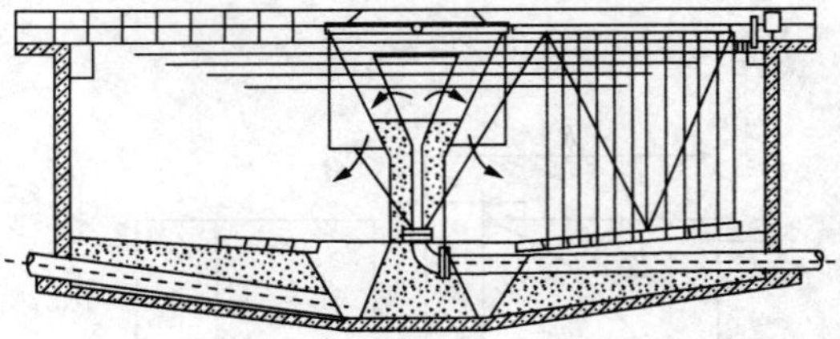

图3-20 有刮泥机及搅动栅的连续式重力浓缩池

当用地受到限制时，可考虑采用多层辐射式浓缩池，如图3-21所示；如不用刮泥机，可采用多斗式浓缩池，如图3-22所示，依靠重力排泥，斗的锥角应保持55°以上，因此池深较大。

小型连续式浓缩池可不用刮泥机，设一个泥斗即能满足要求。

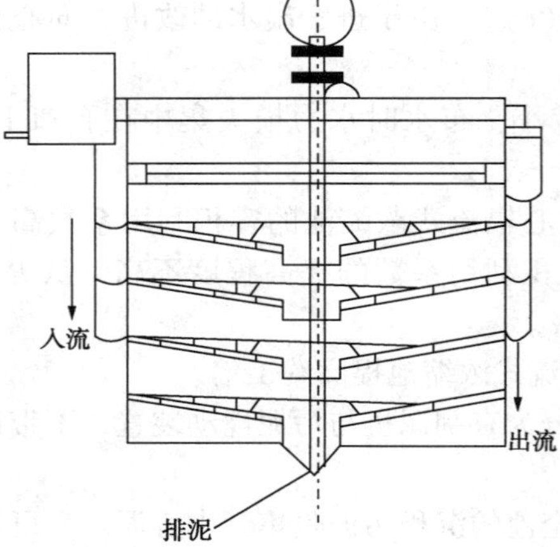

图3-21 多层辐射式浓缩池

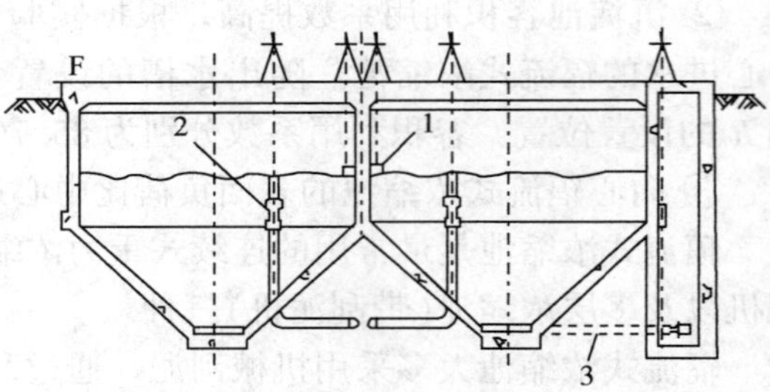

图3-22 多斗连续式浓缩池

1—进口；2—可升降的上清液排除管；3—排泥管

辐流式浓缩池的主要优点是：机械排泥设备已定型化，运行可靠，管理较方便，但设备复杂，对施工质量要求高，适用于大、中型污水处理厂。

3.1.5 间歇式重力浓缩池

间歇式重力浓缩池的基本结构如图3-23所示。间歇式重力浓缩池的设计原理与连续式重力浓缩池相似，运行时，应先排除浓缩池中的上清液，腾出池容，再投入待浓缩的污泥。

为此，应在浓缩池深度方向的不同高度上设上清液排除管。间歇式重力浓缩池的浓缩时间一般不宜小于12h。

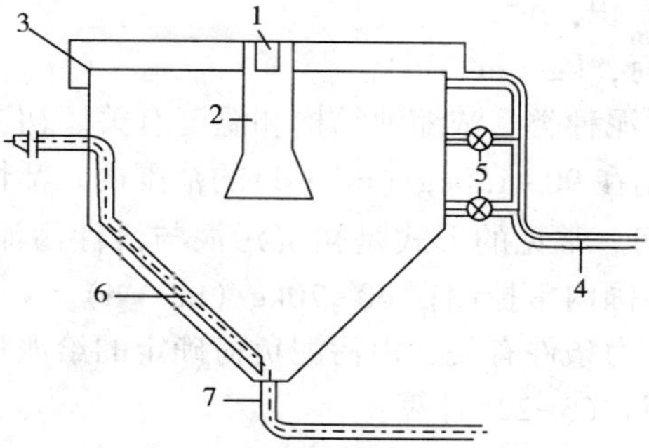

(a) 带中心管间歇式浓缩池

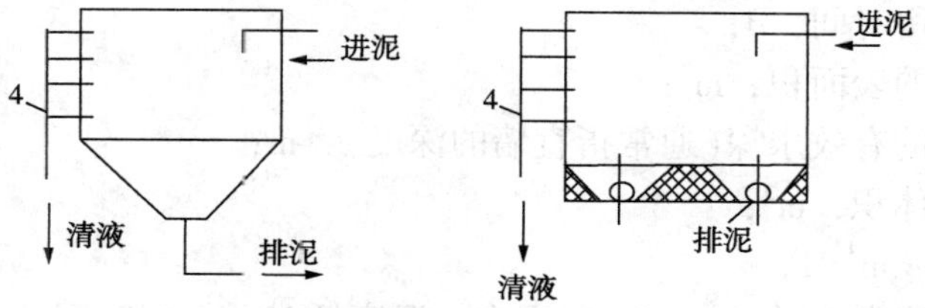

(b) 不带中心管间歇式浓缩池

图 3-23　间歇式重力浓缩池

1—污泥入流槽；2—中心筒；3—上清液溢流管；4—上清液排出管；5—闸门；6—污泥泵吸泥管；7—排泥管

重力浓缩法工艺、构造和运行简单，但占地面积大，卫生条件差，不进行曝气搅拌时，在池内可能发生污泥的厌氧消化，污泥上浮影响浓缩效果，这种厌氧状态还使污泥已吸收的磷释放，重新进入污水之中。

3.1.6　影响重力浓缩效果的因素

影响重力浓缩效果的因素主要有以下几点：

(1) 悬浮液浓度

由于粒子与液体之间的表观密度差减小，液体的表观黏度增大，流体力学条件发生变化，粒子沉降而被置换出来的液体上升速度因空隙率减小而增大，阻碍了粒子的沉降，因此粒子沉降速度随着悬浮液中固体浓度的增大而减小。

当污泥种类和浓缩池确定后，给泥量存在一个最佳控制范围。当给泥量太大，超过了浓缩池的浓缩能力时，会导致上清液固体浓度太高，排泥浓度太低，起不到应有的浓缩效果；当给泥量太低时，不但降低处理量，浓缩池也得不到充分利用，还可导致污泥上浮，使浓缩不能顺利进行下去。

浓缩池的给泥量可由式(3-21)计算：

$$Q_f = \frac{q_s A}{\rho_f} \tag{3-21}$$

式中　Q_f——给泥量，m^3/d；

ρ_f——进泥密度，kg/m^3；

A——浓缩池的表面积，m^2；

q_s——固体表面负荷，$kg/(m^2 \cdot d)$。

固体表面负荷大小与污泥种类、浓缩池结构和温度有关。初沉污泥的浓缩性能较好，其固体表面负荷 q_s 一般可控制在 90~150$kg/(m^2 \cdot d)$的范围内。活性污泥的浓缩性能差，q_s 一般在 10~30$kg/(m^2 \cdot d)$之间。常见的形式是初沉污泥与活性污泥混合后进行重力浓缩，其 q_s 取决于两种污泥的比例，国内常控制在 60~70$kg/(m^2 \cdot d)$。

污泥的悬浮物浓度与水力条件有关，由污泥负荷确定的给泥量还应当用水力停留时间进行核算。水力停留时间可用式(3-22)计算：

$$t = \frac{V}{Q_f} = \frac{AH}{Q_f} \tag{3-22}$$

式中　t——水力停留时间，d；

A——浓缩池的表面积，m^2；

H——浓缩池的有效水深(通常指直墙的深度)，m；

V——浓缩池体积，m^3；

Q_f——给泥量，m^3/d。

水力停留时间一般控制在 12~30h 范围内，温度低时，停留时间长一些，温度高时，停留时间短一些为宜，以防止污泥上浮。

(2) 温度

当温度升高时，一方面，污泥容易水解酸化(腐败)，可导致污泥上浮，使浓缩效果降低；另一方面，温度升高会使污泥的黏度降低，而粒子的沉降速度无论在定速期、减速期和压缩期都和黏度成反比，因此沉降速度增大，从而提高浓缩效果。在防止污泥水解酸化的前提下，浓缩效果随温度的升高而提高。另外，温度的变化也影响凝聚状态的变化，温度升高，能使污泥中的孔隙水容易分离出来，固体颗粒的沉降速度加快，也提高了浓缩效果。

但是，温度升高，浓缩池周边四壁的冷却形成悬浮液内的对流，也会影响粒子的沉降，需要引起注意。

(3) 搅拌强度

外力作用能显著地改变污泥的凝聚状态。搅拌强度太大，往往会破坏易凝固的固体或者是混凝沉淀法生成的沉淀物的凝聚状态，降低沉降速度。但合适的搅拌强度有利于促进凝聚，增大沉降速度。凝聚状态的变化也会改变压缩脱水的机制，所以搅拌对沉降浓缩全过程的影响是复杂的。

在重力浓缩过程中，从区域沉降状态至压缩沉降状态之间，往往在浓缩泥层中形成一些小通道，下方泥层中的液体经过这些小通道，直接到达泥层表面，在泥层表面可见到一个个小的突起，这种现象称为沟流。当悬浮液中粒子的容积百分率达到 40%前后时，往往会产生这种现象。产生沟流后溶液直接通过这些小通道到达表面，界面的沉降速度急剧增大，沉降速度与浓度不成函数关系。沟流现象目前还缺乏定量的描述，成为沉降浓缩理论的一个盲点。

（4）设备结构

重力浓缩设备的直径过小，沉降受池壁影响，往往容易形成架桥现象，或者设备倾斜时，沉降速度也与正常沉降速度不同。因此，在为取得设计参数而进行试验时，应选用直径大于 6cm 的容器。

此外，污泥的性质（SVI、污泥龄等）对浓缩也有重要的影响。

3.1.7 重力浓缩池的设计要点

（1）小型污水处理厂采用方形或圆形间歇式浓缩池；大、中型污水处理厂采用竖流式和辐流式连续浓缩池。

（2）间歇式浓缩池的主要设计参数是水力停留时间。停留时间最好经过试验决定，一般取 9~12h。如果停留时间太短，浓缩效果不好；而停留时间太长，不仅占地面积大，还可能造成有机物厌氧发酵，从而破坏浓缩过程。无试验数据时，可按 12~24h 设计。当以浓缩后的湿污泥作为肥料时，污泥浓缩和储存可采用方形或圆形湿污泥池，有效水深采用 1~1.5m，池底坡度为 0.01，坡向一端。

（3）连续式浓缩池的合理设计与运行取决于对污泥沉降特性的确切掌握。污泥的沉降特性与固体浓度、性质及来源有密切关系，所以在设计时，最好先进行污泥浓缩试验，掌握沉降性能，得出设计参数。主要设计参数包括：

① 浓缩池的固体通量，指单位时间内，通过浓缩池任一断面的干固体量，$kg/(m^2 \cdot h)$ 或 $kg/(m^2 \cdot d)$；

② 水力负荷，指单位时间内，通过单位浓缩池表面积的上清液溢流量，$m^3/(m^2 \cdot h)$ 或 $m^3/(m^2 \cdot d)$；

③ 水力停留时间，h 或 d。

有效水深采用 4m，竖流式浓缩池的有效水深按沉淀部分的上升流速不大于 0.1mm/s 进行复核，池容积按浓缩 10~16h 核算。当采用定期排泥时，两次排泥间隔可取 8h。

（4）浓缩池的上清液应送回初沉池或调节池重新处理。

3.1.8 重力浓缩池的设计计算

（1）浓缩池断面积

在浓缩池的深度方向存在着一个固体通量最小（以 G_L 表示）的控制断面，其他断面的固体通量都大于 G_L，因此浓缩池的设计断面总面积 A 应为

$$A \geqslant \frac{Q_0 C_0}{G_L} \tag{3-23}$$

式中 A——浓缩池设计断面总面积，m^2；

Q_0——入流污泥量，m^3/d；

C_0——入流污泥固体浓度，其与含水率 P（%）的关系为 $C_0=(100-P)\times 10$，kg/m^3；

G_L——极限固体通量，$kg/(m^2 \cdot d)$。

式（3-23）中 Q_0 与 C_0 为已知数，G_L 取值因污泥类型不同而异；对于剩余污泥，G_L 为 30~60$kg/(m^2 \cdot d)$；对于初沉池污泥，G_L 为 80~120$kg/(m^2 \cdot d)$。

（2）浓缩池的高度

设浓缩池浓缩时间为 T（$T \geqslant 12h$，一般为 16h 左右），浓缩池工作部分高度 H_1（m）为

$$H_1 = \frac{TQ_0}{24A} \tag{3-24}$$

设浓缩池缓冲层高度为 H_2（H_2 一般为0.3m），则浓缩池有效水深 H（m）为

$$H = H_1 + H_2 \tag{3-25}$$

浓缩池总高度 H_T（m）为

$$H_T = H_1 + H_2 + H_3 + H_4 + H_5 \tag{3-26}$$

式中 H_T——浓缩池总高度，m；

H_3——浓缩池超高，一般取0.3m；

H_4——圆锥体高度，m；

H_5——污泥斗高度，m。

（3）计算有效池容

浓缩池的有效池容可按式(3-27)计算：

$$V = AH \tag{3-27}$$

式中 V——浓缩池的有效池容，m^3。

（4）复核停留时间 T'（h）

$$T' = \frac{V}{Q} \tag{3-28}$$

若 $T' > 16h$，则应修定固体通量，重新计算上述各值。最终确定浓缩池设计断面面积 A、有效池容 V 和停留时间 T。

（5）浓缩后污泥体积 V_1

浓缩后污泥体积 V_1(m^3/d)为

$$V_1 = \frac{Q_0(1 - P_1)}{1 - P_2} \tag{3-29}$$

式中 Q_0——需浓缩的污泥量，m^3/d；

P_1、P_2——分别为进泥和浓缩后污泥的含水率，对于剩余活性污泥 $P_1 = 99.5\%$，$P_2 = 97\%$。

澄清液量 V_2(m^3/d)为

$$V_2 = Q_0 - V_1 \tag{3-30}$$

3.1.9 重力浓缩池的运行管理

（1）重力浓缩池的运行

重力浓缩池在运行中经常遇到的问题包括：初沉池污泥或初沉池污泥与剩余活性污泥混合浓缩时的厌氧发酵问题；剩余活性污泥浓缩时的膨胀问题。前一问题的解决办法是加氯；后一问题与曝气池的运行有密切关系，可采用生物法、化学法和物理法等方法进行处理解决。

生物法主要是协调细菌的营养，当碳氮比失调时，可在入流污泥中投加氮源(如尿素、碳酸氨、氯化铵或消化池的上清液)。改变碳氮比，是解决浓缩池中污泥膨胀的根本方法。

化学法主要是用化学药剂来抑制丝状菌的过度生长或改善污泥的沉降性能，如加入氯、投加过氧化氢等药剂抑制污泥膨胀。化学法不能从根本上解决膨胀，只能作为临时措施。

物理法是投加惰性固体，如黏土、活性炭、石灰、消化污泥、初沉污泥、污泥焚烧灰等；或加絮凝剂，如明矾、铁矾、高分子絮凝剂和石灰等，提高活性污泥的沉降性能，解决膨胀问题。

为从根本上解决重力浓缩过程中遇到的问题，应经常对浓缩效果[通常采用浓缩比(排泥浓度/入流污泥度)、固体回收率(浓缩到排泥中的固体量/入流固体量)和分离率(上清液量/入流污泥量)三个指标]进行综合评价，并随时予以调节。一般来说，浓缩初沉污泥时，浓缩比应大于2，固体回收率应大于90%；浓缩活性污泥与初沉污泥组成的混合污泥时，浓缩比应大于2，分离率应大于85%。如果某一指标低于以上数值，应分析原因，检查进泥量是否合适，控制的 G_L 是否合理，浓缩效果是否受到了温度等因素的影响。

(2) 浓缩池的日常维护管理

浓缩池的日常维护管理包括以下内容：①及时清除池面浮渣；②保证入流污泥混合均匀，防止因混合不匀而出现密度异重流，降低浓缩效果；③当水温较高或者生化系统发生污泥膨胀时，浓缩池污泥也会上浮和膨胀，此时可向池中加入氧化剂(Cl_2、$KMnO_4$、O_3、H_2O_2等)，抑制微生物活动；④在浓缩池入流污泥中加入部分二沉池出水，可以防止污泥厌氧上浮，提高浓缩效果，同时还能适当降低恶臭程度；⑤浓缩池较长时间没排泥时，应先排空清池，严禁直接开启污泥浓缩机；⑥在寒冷地区的冬季，浓缩池面会出现结冰现象，此时应先破冰并使之融化，再开启污泥浓缩机；⑦应定期检查上清液溢流堰的平整度，如不平整或被泥块堵塞应予以调节，否则导致池内流态不均匀，产生短路现象，降低浓缩效果；⑧应定期(每隔半年)排空彻底检查是否积泥或积砂，并对水下部件予以防腐处理。

(3) 异常现象分析与对策

现象一：污泥上浮，液面有小气泡逸出，且浮渣量增多。

出现这种现象的可能原因及解决对策是：①集泥不及时，可适当提高浓缩机转速；②排泥不及时，排泥量太小或排泥历时太短，应加强运行调度，做到及时排泥；③进泥量太小，污泥在池内的停留时间太长，导致污泥厌氧上浮，可通过投加氧化剂来解决，或者减小投运池数，增加每池的进泥量；④由于初沉池排泥不及时，污泥在初沉池内已经腐败，此时应加强初沉池的排泥操作。

现象二：排泥浓度太低，浓缩比太小。

出现这种现象的可能原因及解决对策是：①进泥量太大，G_L 超过浓缩池的浓缩能力，应降低入流污泥量；②排泥太快，排泥速率超过浓缩速率，导致排泥中含有一些未完成浓缩的污泥，应降低排泥速率；③浓缩池发生短流，溢流板不平整，进泥口深度不合适，入流挡板或导流筒脱落，温度和入流浓度突变或冲击进泥，均可导致短流，应根据不同原因予以处理。

3.2 清泥设备

为了保证浓缩池的正常运行，必须连续或定期地将浓缩池中沉积的污泥清排。常用机械方式清泥。根据清除污泥的方式，清泥机械可分为刮泥机和吸泥机两种。

3.2.1 刮泥机和浓缩机

刮泥机是将浓缩池中的污泥刮到一个集中部位(或沉淀池进水端的集泥斗)的设备，多用于污水处理厂的初次沉淀池，用在重力式污泥浓缩池时称为浓缩机。常用的刮泥机有链条刮板式刮泥机、桁车式刮泥机和回转式刮泥机及浓缩机。

（1）链条刮板式刮泥机

链条刮板式刮泥机是在两根主链上每隔一定间距装有一块刮板。两条节数相等的链条连成封闭的环状，由驱动装置带动主动链轮转动，链条在导向链轮及导轨的支承下缓慢转动，并带动刮板移动，刮板在池底将沉淀的污泥刮入池端的污泥斗，在水面回程的刮板则将浮渣导入渣槽。

链条刮板式刮泥机的特点是移动的速度可调，常用速度为 0.6~0.9m/min。由于刮板的数量多，工作连续，每个刮板的实际负荷较小，因此刮板的高度只有 150~200mm，它不会使池底污水形成紊流。由于利用回程的刮板刮浮渣，因此浮渣必须设置在出水堰一端。整个设备大部分在水中运转。缺点是单机刮板宽度只有 4~7m；水中运转部件较多，维护困难；大修设备有时需更换所有主链条，成本较高(约占整机成本的 70%以上)。

链条刮板式刮泥机的驱动装置为一台三相异步电动机和一部减速比较大的摆线行星针轮减速器。减速器的输出端安装一只驱动链轮，用驱动链轮带动主动轴转动。这种形式的驱动装置，机械效率约为 75%。主动轴是一根横贯沉淀池的长轴，用普通钢材制造，两端的轴承座固定在池壁上，作用是将驱动链轮传来的动力传到主链轮。为了适应长轴的挠曲，一般采用调心式滚动轴承。由于主动轴在水面以下运行，为了方便加油或者加脂，两个轴承都有通到水面上的加油管。主动链轮按规定的链距安装在主动轴上，用以驱动主链条运动，主动轴的转速约为 1r/min。导向链轮的轴承座固定在混凝土构筑物上，导向链轮一般设有贯通全池的长轴。由于导向轮都在较深的水下运转，经常加油是非常困难的，因此一般都是采用水润滑的滑动轴承。为了使两根主链条有适当的张紧度，在一对导向轮上还安装了螺旋张紧装置，通过调整导向链轮的相对位置来调节链条的张紧度。主链条采用可锻铸铁、不锈钢或高强度塑料制造。刮泥板用柏木、塑料及不锈钢型材制造。刮板导轨用于保持刮板及链条的正确刮泥、刮渣位置。池底的导轨用聚氯乙烯板固定于池底，上面的导轨用聚氯乙烯板固定于钢制的支架上。

链条式刮泥机的机械安全装置大多采用剪切销，主链轮的运动出现异常阻力时，设置在驱动链轮上的剪切销会被切断，使驱动装置与主动轴脱开，用于保证整个设备的安全。在操作中如发生剪切销切断的情况，应首先检查造成过扭矩的原因，例如主链轮及各链轮有无卡死的现象，刮泥板有无歪斜及脱落，池底的泥是否沉积时间过长或者含砂量太大。当造成过扭矩的原因排除后，方可更换剪切销；注意剪切销应使用原厂备件，不可临时加工代用。另外，安装剪切销的链轮上有 1~3 个黄油环，应常加注黄油，以防止锈死。在污水处理厂，使用这种剪切销的机械安全装置还广泛用于格栅除污机、螺旋泵组、螺旋输送机及各种搅拌设备等处。管式浮渣撇除装置常用一根 ϕ250~300 的金属管，上面切去 1/4，管子可以由人工控制转动。平时管子的四分之一缺口朝上，水无法流入管内。每隔一段时间，当刮板刮来一定数量的浮渣时，操作人员可朝来渣方向转动横管，使其缺口低于水面，聚集在横管前的浮渣便随水冲出管内，并通过与横管相连的另一管道排出池外。这种装置的关键是横管一端的凸缘轴承，它一方面要转动自如，另一方面又要有一定程度的密封。横管转动失灵或轴承漏水是较常见的故障。另外，撇渣装置的横管是固定的，其缺口浸没于水中，管道靠一只球阀来控制是否排放浮渣。一般每日定时 1~3 次排渣，勿使浮渣聚集太多而造成管道堵塞。

链条式刮泥机的电控制装置很简单，包括一套开关及过载保护系统，以及可调节的定时开关系统。操作者可根据实际需要，控制每一天的间歇运行时间。

（2）桁车式刮泥机

桁车式刮泥机安装在矩形平流浓缩池上，往复运动。每一个运行周期包括一个工作行程和一个不工作的返回行程。这种刮泥机的优点是在工作行程中，浸没于水中的只有刮泥板及浮渣刮板，而在返回行程中全机都提出水面，给维修保养带来了很大的方便；由于刮泥与刮渣都是正面推动，因此污泥在池底停留时间短，刮泥机的工作效率高。缺点是运动较为复杂，故障率相对较高。

桁车式刮泥机的结构部分主要包括横跨沉淀池的大梁、轮架以及供操作人员行走的走道、扶手等。目前生产和使用的刮泥机大部分是钢制结构，也有铝合金结构的大梁、轮架。铝合金结构比钢铁结构的重量要轻，只有同尺寸钢铁件的1/3，因而在运行中消耗的动力要比钢铁结构的节省1/2以上，仅此每年每台机组可节约电能万度以上；而且铝的防腐性能良好，省去了每两年一次的防腐维护费用，整洁美观。缺点是成本高，热胀冷缩现象比钢铁机架要明显。

工作装置主要包括刮泥板、浮渣刮板及其提升装置。提升方式主要有铰盘钢绳式及液压式两种。前者由电动机、摆线针轮减速机、电机制动器、钢绳卷筒及卷筒轴等构成。为了使同一台刮泥机的几个刮泥板同步升降，几个钢绳卷由一台电机驱动。刮板的三个位置由行程开关控制。考虑到污水对钢丝绳的腐蚀，一般采用镀锌钢绳或不锈钢绳。对于这种形式的刮板提升机械，操作人员应时常观察其刮泥板的三个装置，如有偏差应调整钢丝绳的长度及行程开关的触发位置。同时还应保证电机制动器有效工作，因为制动器是为使刮板保持应用位置而设置的。液压式刮板提升装置靠齿轮油泵提供高压油，由电磁阀门控制油路，由液压油缸来提升刮泥板及浮渣刮板。油缸的动作可靠、平稳，可以完成较为复杂的动作及保护，特别适用于自动操作，因此液压系统在桁车式刮泥机上使用较多。

桁车往复行走的驱动装置主要由驱动电机、减速机及连接机构组成。驱动电机一般采用双速三相异步电机，在工作行程时月1500r/min的转速转动，在返回行程时以3000r/min的速度运转，返回速度增加一倍，以节约非工作行程的时间。刮泥机的运动速度很慢，在工作行程时的运动速度为0.5~1.2m/min，返回行程的速度为1~2.5m/min。因此驱动减速机的减速比都很大，一般在1：1000以上。为了能达到这样的减速比，刮泥机常常使用两级摆线针轮行星减速机或多级齿轮减速机。

摆线针轮行星减速机是国产刮泥机常常采用的减速机，它的减速比大，结构简单，故障率低，但噪声较大。多级齿轮减速机是欧洲产品常采用的机型，常常需要经过6~7级减速才能达到需要的减速比，因此结构较复杂，但这种减速机运行平稳，噪声低，效率高。

桁车车轮的驱动方式有分别驱动式和集中驱动式（长轴驱动）两种。分别驱动是每个驱动轮分别用独立的驱动装置驱动，几个驱动装置均以相同的机件组成。为避免桁车走偏，要求几个驱动装置同步运行。一般在桁车跨距较大时采用四只驱动装置；中小跨距时采用两只驱动装置。集中驱动是中小跨距桁车常用的驱动装置，通常由一台电机、一只减速机、传动长轴、轴承座和联轴器等组成。驱动电机及减速机位于长轴的跨中位置，以保证两端驱动轮同步运转。减速器输出轴与长轴之间一般采用链传动。

行走轮按功能有主动行走轮、从动行走轮及导向轮。主动行走轮是通过联轴器与减速机连接在一起的；从动行走轮不与动力装置相连；导向轮一般横向安装，作用于沉淀池的侧壁或中隔墙的导向面上，用于防止桁车运行中的偏斜。按结构分为钢轮和实心橡胶轮两种。钢轮必须在专门辅设在沉淀池两边的钢轨上行驶，优点是导向性好(不需要导向轮)、负重能力强、能支承几十吨重的桁车行走。缺点是运行中振动大，桁架及钢轨在温度变化时的热胀冷缩现象会造成轮距及轨距的误差，从而发生钢轮与钢轨的干涉，即啃轨现象。安装橡胶轮的刮泥机运转平稳，能适应热胀冷缩的变化，但承载能力小，本身没有导向作用，要靠导向轮来保持其运行位置。刮泥机的行走轮一般采用滚动轴承，润滑方式为脂润滑。

行走着的刮泥机必须同外界有电缆连接，以便向机桥传入动力电源和控制信号，传出监测信号。桁车式刮泥机通常使用滑线电缆式或电缆鼓式。滑线电缆式连接可靠，吊在滑线上的电缆一头与刮泥机的控制柜直接相连，另一头与沉淀池边的配电箱相连，数只套在滑线上的滑环使刮泥机在行走中电缆不乱，不拖地。它没有电刷接触，不会发生电弧。尽管这种方式有时有碍池面的美观与整洁，但仍然被相当一部分桁车式刮泥机、吸泥机采用。

电缆鼓由线鼓、扭矩电机、减速机、集电环箱及保护开关构成。扭矩电机与减速机使线鼓产生一个使电缆绕紧的扭矩。当桁车在工作行程时，在桁车的拖动下电缆鼓将电缆展开，使其平铺在地面或电缆槽中。当桁车在返回行程时，电缆又被整齐地绕回鼓上。扭矩电机产生的转矩总是使电缆保持适当的张紧状态。集电环箱中的集电环和电刷将转动的电缆鼓上的信号与电源传给平动着的桁车。如果在运行中电缆绕乱或电缆落入池中，将触动一只电缆鼓保护开关，整机停止运行并报警。电缆鼓无高架的线杆及滑线，使整个池面整齐美观，连接也较为可靠，缺点是结构复杂，其中仍有滑动接触，用久了会发生电刷的烧蚀、磨损，继而造成接触不良。

往复运行的桁车式刮泥机与链条式刮泥机相比，工作程序要复杂得多。它有工作行程与返回行程，并需对这两个行程准确定位；有刮泥板及浮渣刮板的升降及定位；有各种延时及定时开关功能；有过载保护、超定位保护、刮泥板及浮渣刮板保护、电缆鼓保护、油压保护、漏电保护等数种保护功能；有远程监控、自动与手动切换等功能。因此刮泥机上有一个内部结构较为复杂的控制柜及与之连接的传感器、行程开关、保护开关、电磁制动器等，形成一套完整的电气控制系统。这套系统还可以通过电缆与污水处理厂的控制室联网，实现远距离监控，并通过控制室实现与污泥泵、浮渣泵等的联动。集成化的可编程控制器(PLC)的应用使得电控系统的功能更加完善，但由于精密度较高，任何一部分失调或损坏都会造成停机事故。

(3) 回转式刮泥机及浓缩机

在辐流式沉淀池和圆形污泥浓缩池上使用的回转式刮泥机和浓缩机，除了具有刮泥及防止污泥板结的作用外，还利用很多纵向的栅条对池中污泥进行搅拌，用于促进泥水分离。

① 全跨式与半跨式

半跨式(或单边式)回转式刮泥机在池半径上布置刮泥板，桥架的一端与中心主柱上的旋转支座相接，另一端安装驱动机构和滚轮，桥架做回转运动，每转一圈刮一次泥。其特点是结构简单，成本低，适用于直径30m以下的中小型沉淀池。全跨式(或双边式)回转式刮泥机具有横跨直径的工作桥，旋转式桁架为对称的双臂式结构，刮泥板也是对称布置的。对于直径大于30m的沉淀池，刮泥机运转一周需30~100min，采用全跨式可每转一周刮两次泥，可减少污泥在池底的停留时间。有些刮泥机在中心附近与主刮泥板的90°方向上再增加几个刮泥板，在污泥较厚的部位每回转一周刮四次泥。

② 中心驱动式与周边驱动式

中心驱动式刮泥机的桥架是固定的，桥架所起的作用是固定中心悬架位置与安置操作、维修人员走道，驱动装置安置在中心，电机通过减速机使悬架转动。悬架的转动速度非常慢，如果要求外周的刮泥速度为 1.5r/min，对于直径为 20m 以上的沉淀池，则每 40min 转一周。如果驱动电机的转速为 1500r/min，那么减速机的减速比则为 1∶60000。通常是使用大减速比的二级摆线针轮行星减速机加一级蜗轮减速装置。由于减速比大，主轴的转矩也非常大，可达 10000~30000N/m。为了防止因刮板阻力大引起的超扭矩而造成的破坏，联轴器上都安装了剪切销。刮泥板安装在悬架下部，为了保证刮泥板与池底的距离并增加悬架的支承力，刮泥板下部都安装有支承轮(一般用尼龙制成)。中心驱动式刮泥机的最大直径一般不超过 30m。

周边驱动式刮泥机的桥架绕中心轴转动，驱动装置与桁车式刮泥机的相似，安装在桥架的两端(单边是一端)。这种刮泥机的刮板与桥架通过支架固定在一起，随桥架绕中心转动。由于周边传动使刮泥机受力状况改善，因此它的回转直径最大可达 60m。

周边驱动式需要在池边的环形轨道上行驶。如果行走轮是钢轮，则需设置环形钢轨；如果是胶轮，则只需要一圈平整的水泥环形池边即可。

由于周边驱动式刮泥机的控制柜及驱动电机都安装在转动的桥架上，它与外界动力电缆与信号电缆的连接要靠集电环，集电环装在桥架的中心，外界电缆通过池下预埋的管子从中心支座通向集电环箱，再由集电环引向控制柜。

③ 斜板式刮泥板与曲线式刮泥板

刮泥板有多种形式，使用较为广泛的是斜板式和曲线式两种。斜板式由多个倾斜安装的刮泥板组成，当斜板绕中心转动时，就产生了一个使污泥向沉淀池中心运动的分力，加之漏斗形的池底也使污泥的重力有一个向中心运动的分力，二力使污泥在随刮板转动时向中心流动。当污泥脱离这个刮板后，靠近中心的另一个刮板又接着刮，使污泥逐级流动，最终进入泥斗。缺点是刮泥板与悬架刚性连接，如果池底出现板结或有较大异物时，会造成阻力急剧增加而导致破坏，长时间停机后开机，应特别注意；另一缺点是刮泥逐级进行，外圈污泥进入泥斗的时间较长，可能会不同程度地发生厌氧分解。

曲线式刮泥板常用的线型有对数螺旋形和外摆线形，安在池底有数个小轮支承，由几根浮动的钢索牵引，随机桥转动。污泥在随刮板转动的同时，在刮板曲线的各点都受到一个使之向中心运动的分力，使污泥沿刮板缓慢向中心流动，最后进入中心泥斗。由于刮板浮动安装，因此当污泥阻力变大时刮板可抬起，避免了刚性连接的阻力急剧增加所引起的破坏。另外，污泥是沿刮板连续流动，可以在较短的时间内进入泥斗，但这种刮泥机的直径不宜过大，一般在 30m 以下。

④ 浮渣排除系统

回转式刮泥机的浮渣排除系统包括刮板及浮渣斗。当浮渣随固定浮渣刮板转动时，浮渣刮板向浮渣施加一个向池边运动的分力，加之转动时的离心力，使浮渣集中于外圈的出水堰附近，通过浮渣斗时被浮渣刮板刮入斗内。浮渣斗上装有冲洗阀门，可通过手动或自动将斗内浮渣冲到池外的浮渣井。

位于漏斗形池底中心的泥斗与排泥管和污泥泵相连，需保持污泥的流动性，为此在泥斗内设置小型刮泥板，刮泥板随着刮泥机转动，缓慢搅拌泥斗中的污泥，以防止板结。

三角形出水堰的堰口常被一些浮渣堵塞，或生长一些藻类，影响出水均匀，因此刮泥机上常安装两只转刷，随桥架旋转，清洗出水堰。

⑤ 浓缩机

浓缩机的作用是促进泥水的分离，使污泥进一步沉淀、浓缩；将浓缩的污泥刮入浓缩池中心的泥斗，以协助污泥泵将泥抽到下一道工序；不停地搅拌沉入浓缩池底的污泥，保持其流动性，防止板结。

回转式浓缩机与回转式刮泥机在结构上的不同是在斜板式刮泥板的上方加了一些纵向栅条，栅条间隔100~300mm。通过栅条缓慢转动时的搅拌作用，促进污泥颗粒的聚结，加快污泥的沉降过程。在运转管理方面，它与刮泥机的区别是浓缩池的进泥往往是间歇的，而浓缩机却应连续运转，以保持污泥的流动性。如因维修等原因造成较长时间停机，在池中有泥时，重新启动应特别注意，板结在池底的泥可能造成很大阻力而导致刮泥机栅条的损坏。

⑥ 控制系统

与桁车式刮泥机相比，回转式刮泥机的控制是非常简单的，主要包括驱动电机的继电器及空气开关、转刷电机的开关及保护系统等。另外，控制柜还通过集电环和电缆与总控制室相连，实现远距离监控。有的控制系统中安装了时间继电器，以控制其间歇运行。

3.2.2 吸泥机

吸泥机是将沉淀于池底的污泥吸出的机械设备，一般用于二次沉淀池，吸出活性污泥回流至曝气池。大部分吸泥机在吸泥过程中有刮泥板辅助，因此也称为刮吸泥机。常用的吸泥机有回转式吸泥机与桁车式吸泥机，前者用于辐流式二沉池，后者用于平流式二沉池。

吸泥机的吸泥方式有以下几种：

①静压式

这种装置将数根吸泥管的上端与一个集泥槽相连，集泥槽半浸入水中使其底面低于沉淀池的水面，每个吸泥管与集泥槽的连接部位安装一个锥形阀门。当泥水满罐时打开锥形阀，由液位差形成的压力使池底的活性污泥不断地经吸泥管流入集泥槽，再由集泥槽通过中心泥罐流入配水井或者回流至污泥泵房。

静压式吸泥适用于回转式刮吸泥机，其优点是操作方便，每个吸泥管的吸泥量可用锥形阀控制，只要池中液面高于中心泥罐的液面即可工作。缺点是由于结构限制，液位差不能很大，特别是靠近边缘的吸泥管压力差更小一些，当吸取较稠的污泥时有一定的困难，有时需要借助其他方式来强制提升污泥。另外，桁车式吸泥机无法使用静压式吸泥。

气提是静压式吸泥的一种辅助手段，它的主要作用是疏通被堵塞的吸泥管，当因故障停机造成池底污泥变稠时，大量上升的气泡有助于污泥与水混合，有助于污泥向上流动。气提装置的气源来自两个方面：一种是主动式，即利用每台吸泥机上安装的气泵供气；另一种是被动式，即压力空气直接从鼓风机房用管道引来，这需要在池底敷设管道。压力空气用一根软管从机桥引到吸泥管下端。

②虹吸式

利用虹吸的原理将污泥抽到辐流池底的中心罐或平流池的边侧泥槽中。形成虹吸的条件是虹吸管出口的液面应低于沉淀池的液面。使用这种方式需要在初始时将虹吸管充满水，即人为地制造形成虹吸的条件。

③泵吸式

在吸泥机上安装一台或数台污水泵直接吸取池底污泥。这种方式由于可以把液面提高到曝气池内，因此不需要有液位差，打开水泵即可抽泥，甚至省去了回流污泥泵及剩余污泥泵。如果沉淀池排空系统失效，这些泵可以把池水抽空作排空泵使用。

④静压式与虹吸式、泵吸式配合吸泥

利用静压式吸泥原理使污泥自动流入集泥槽后，再利用虹吸管或吸泥泵从泥槽中将污泥吸到池外。这种方式的适应面广，在不适用静压式吸泥的桁车式吸泥机上也能应用，还可以使用气提协助提升污泥，用锥形阀来调节污泥的流量与浓度。其操作方式及造虹方法与前述基本相同。

(1)桁车式吸泥机

这种吸泥机的结构与桁车式刮泥机相似，也包括桥架和使桥架往复行走的驱动系统，只是将可升降的刮泥板换成了固定于桥架上的污泥吸管。在沉淀池一侧或双侧装有导泥槽，用以将吸取的污泥引到配泥井或回流到污泥泵房及剩余污泥泵房。这种吸泥机往复行走，其来回两个行程的速度相同。桁车式吸泥机的运行速度应根据入流污水量、污泥量、池子的深度等诸多因素综合考虑确定，一般为0.3~1.5m/min，速度过快会使流态产生扰动而影响污泥的沉淀。

①向吸泥管集泥的主要形式

每台吸泥机都有两根或多根吸泥管，但吸泥管的吸口不可能将池底完全覆盖，每个吸泥管之间会有很大的空间。为了使空间中的污泥向吸泥管处集中，桁车式吸泥机采取了下述三种方式。

V形槽。这种方法是将混凝土的池底做出一些纵向的V形槽，沉淀于池底的污泥由于重力作用向V形槽的底部流动。吸泥管的管口深入槽的底部，沿槽的方向往复行走，吸取槽底集中的泥。

为了克服吸泥机往返行程内吸取污泥浓度不均匀的现象，还有一种回转式吸泥管，即在往返两个行程内，每个吸泥管是在不同的两个V形槽中吸泥，吸泥机行走到池子的一端即将返回时吸泥管会自动转到临近的另一个V形槽内，返回时吸取另一个槽内的沉泥。这种形式的优点是每一个吸泥管吸取污泥时，槽内的污泥的沉降时间是一样的，可使吸取的污泥浓度在一个周期内尽可能均匀。在同样的沉降条件下，采用回转式吸泥管，比前一种方法的运行速度快一倍。缺点是结构较为复杂，要求几个吸泥管在到达准确的位置后自动同步转位，还要求回转轴承既能灵活转动，又不能有一点泄漏。工作不协调会导致吸泥口与V形槽的干涉，造成损失。

X形刮板。这种方法是在固定的吸泥管口安装分布成X形的四个小刮板，这样，吸泥机运行的两个方向都可以利用刮板将污泥刮拢到吸泥管口。它的优点是池底可以做成水平的，降低了土建费用，且收集污泥的效果好。缺点是刮泥板会增加运行时的阻力。另外，这种形式出泥的浓度是不均匀的，呈周期性的变化。当桁车从进水端向出水端返回时，浓度突然减少，然后逐渐加大，而当从出水端返回时浓度最小，有时甚至类似于清水。

扁平吸口。这种方法是将吸泥管口扩大成扁平的，以扩大吸泥宽度，池底仍可做成水平的。缺点与X形刮板一样，出泥浓度不均匀，呈周期性变化。

②浮渣的排除

吸泥机上也装有可升降的浮渣刮板，其升降方式也有液压式、电磁式及钢绳式三种。浮渣槽装在进水端的水面，在从进水端向出水端运行时，刮板脱离水面，在回程时刮板入水，其排渣过程与桁车式刮泥机的基本相同。

③吸泥的方式

桁车式吸泥机的吸泥方式也有两种，一种是虹吸式，另一种是泵吸式。

(2)回转式吸泥机

回转式吸泥机按驱动方式分中心驱动和周边驱动两种。中心驱动式的驱动电机、减速机等都安装在吸泥机的中心平台上。减速机带动固定在转动支架上的大齿圈，驱动机架旋转。机架的结构形式有多种：一种是桥式，桥架的两端有支承轮与环形轨道，机桥绕中心转动时带动吸泥管转动；另一种是悬索式，在桥架的中心有一塔状支架，数根钢索从支架牵拉住桥架，有些桥架上还设置了浮箱，用以在运行时减轻钢索的拉力；还有一种的桥架是固定的，吸泥管固定在旋转支架上，随旋转支架转动。

中心驱动式吸泥机由于其结构的限制，一般仅安装在直径30m以下的中小型沉淀池上。

周边驱动式比中心驱动式应用广泛，直径30m以上的大型吸泥机一般都采用这种驱动方式。它完全采用桥式结构，在桥架的一端或两端安装驱动电机及减速机，用以带动驱动钢轮或胶轮运转，从而使整个桥架转动。吸泥管、导泥槽、中心泥罐等一起随桥架转动。

回转式吸泥机主要由以下几部分组成。

①桥架

分旋转桥架和固定桥架两种，钢或铝合金制造，它起着支承吸泥管、安装泥槽、安装水泵或真空泵、操作维修人员的走道以及固定控制柜等作用。

②端梁

它是周边驱动式吸泥机上用以支承桥架及安装驱动装置及主动和从动行走轮的，中心驱动式吸泥机较少使用端梁。

③中心部分

包括中心集泥罐、稳流筒、中心轴承、集电环箱等。中心集泥罐用于收集吸出的污泥，与泥槽或虹吸管相连，下部有管道通过池底与回流污泥泵房相连。有的中心集泥罐是固定的，虹吸管出泥口围绕其旋转，有的则与集泥槽相连并随桥架一起转动。稳流筒在集泥槽的下部，使进水均匀进入沉淀池，防止产生紊流。中心轴承是维持桥架或旋转支架绕中心轴转动的大型轴承。由于吸泥机驱动方式及运转方式的不同，轴承的类型、规格及安装方式也不尽相同，有的采用滚动轴承，少部分采用滑动轴承。操作人员应保证定期加注润滑脂。集电环及集电环箱是周边驱动式的重要部件。外界的动力电源及监控信号通过埋在池底的电缆从集电环传到转动的吸泥机上去。

④工作部分

由固定于桥架或旋转支架上的若干根吸泥管、刮泥板及控制每根吸泥管出泥量的阀门组成。当采用静压式吸泥时，中心泥罐与各个吸泥管由泥槽相连接。由于回转式吸泥机是只朝一个方向转动的，因此多数这种吸泥机的刮板呈V形安装在吸泥管口，用于向管口收集污泥。

回转式吸泥机的吸泥管是以其所处位置的半径绕中心转动，每个吸泥管运动的线速度和路程的长短是不一样的。靠近中心的吸泥管的线速度较慢，每一圈行走的路程也短，所控制的池底环形面积也小，而靠近边缘的吸泥管则相反。辐流式沉淀池在径向中心部位积泥最多，池中和池周则较少，因此，要使各个吸泥管吸取的污泥浓度尽量一致，操作时应调整每个吸泥管的阀门。如发现某个吸泥管出泥量小，浓度大，就应将阀门开大；如果某个吸泥管出泥太稀，则应将阀门关小。

⑤驱动装置、浮渣排除装置、电气控制系统、出水堰清洗刷等与回转式刮泥机的基本相同，其中出水堰清洗刷比初沉池更为重要，因为最终沉淀池的出水堰上更容易生长一些苔藓及藻类，影响出水均匀，也影响美观。

3.3 气浮浓缩

19 世纪末，气浮(DAF)浓缩工艺最早应用于采矿工业，自 1957 年第一个气浮浓缩装置在纽约的 BayPark 污水处理厂成功地浓缩污泥以来，气浮浓缩技术在许多国家城市污水处理厂得到了广泛应用。压力溶气气浮在国外已广泛应用于城市污水处理厂和剩余污泥浓缩。

气浮浓缩是依靠大量微小气泡附着在污泥颗粒的周围，减小颗粒的相对密度而强制上浮，因此气浮法对相对密度接近或小于 1 的污泥尤其适用。气浮浓缩一般可使污泥的含水率从 99%以上降低到 95%~97%，澄清液的悬浮物浓度不超过 0.1%，可回流到废水处理厂的进水泵房。气浮浓缩法操作简便，运行中有一定臭味，动力费用高，对污泥的沉降性能(SVI)敏感；适用于剩余污泥产量不大的活性污泥法处理系统。由于活性污泥难以沉降，气浮浓缩逐渐完善，大有取代重力浓缩之势，成为污泥浓缩的重要手段。

3.3.1 气浮浓缩的基本原理

气浮法是通过某种方法产生大量的微气泡，使其与废水中密度接近于水的固体或液体污染物微粒黏附，形成密度小于水的气浮体，在浮力的作用下，上浮至水面形成浮渣，进行固-液或液-液分离的一种技术。因此气浮浓缩过程适用于污泥颗粒相对密度接近于 1 的活性污泥。

一定温度下，空气在液体中的溶解度与空气受到的压力成正比，即服从亨利定律。当压力恢复到常压后，所溶空气即变成微细气泡从液体中释放出。大量微细气泡附着在污泥颗粒周围，可使颗粒相对密度减小而被强制上浮，达到浓缩目的。因此，气浮的关键在于产生微气泡，并使其稳定地附着在污泥絮体上而产生上浮作用。气体对固体颗粒的附着力大小与固体颗粒物的形态、粒径、表面性质有关，也与气泡的大小有关。固体颗粒和气泡的直径越小，附着的气泡越多，且较稳定。气泡也容易附着在疏水性固体颗粒的表面。活性污泥虽然是亲水性的，但由于能形成絮体，污泥颗粒在絮凝过程中能捕集气泡，絮体的捕集作用和吸附作用足以使污泥颗粒表面附着大量气泡，从而使絮体的密度减轻而达到气浮的目的。

气浮可分为分散空气气浮和加压气浮两种。分散空气气浮是将空气直接吹入悬浮液中，形成的气泡直径较大，一般在 1000μm 左右，这种方法一般在矿物、煤炭浮选中使用。加压气浮是在一定的压力下使空气溶解在水中，压力恢复到常压，溶解在水中的过饱和空气从水中释放出来，产生大量微气泡，直径只有 10~100μm，固液分离效率高，污泥浓缩效果好，目前污泥浓缩一般采用这种方法，如图 3-24 所示。

进气室的作用是使减压后的溶气水大量释放出微细气泡，并迅速附着在污泥颗粒上。气浮池的作用是上浮浓缩，在池表面形成浓缩污泥层并由刮泥机刮出池外。不能上浮的颗粒沉降到池底，随设在池底的清液排水管一起排出。部分清液回流加压，并在溶气罐中压入压缩空气，使空气大量地溶解在水中。减压阀的作用是使加压溶气水减压至常压，进入气浮室起气浮作用。

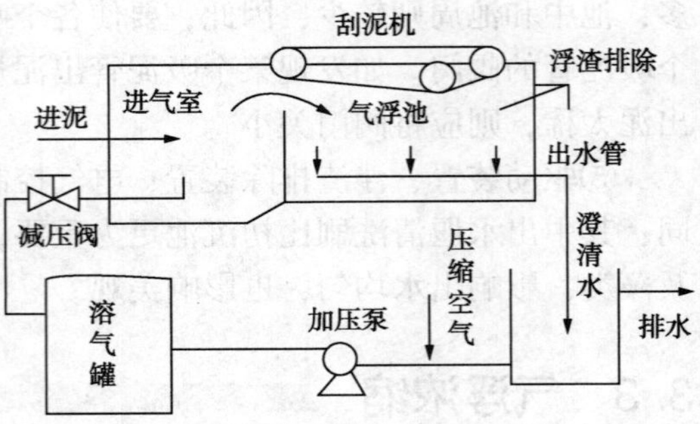

图 3-24　气浮浓缩工艺流程示意图

3.3.2　加压溶气气浮浓缩工艺及特点

加压溶气气浮浓缩按溶气水的不同，其基本流程可分为全溶气（全部原水溶气）流程、部分溶气（部分原水溶气）流程和回流加压溶气（部分回流溶气）流程。

（1）全溶气流程

全溶气流程如图 3-25 所示。在该流程中将全部入流废水用泵加压至 0.3~0.5MPa 后，送入加压溶气罐。在溶气罐内，空气溶于废水中，再经减压释放装置进入气浮池进行固液分离。

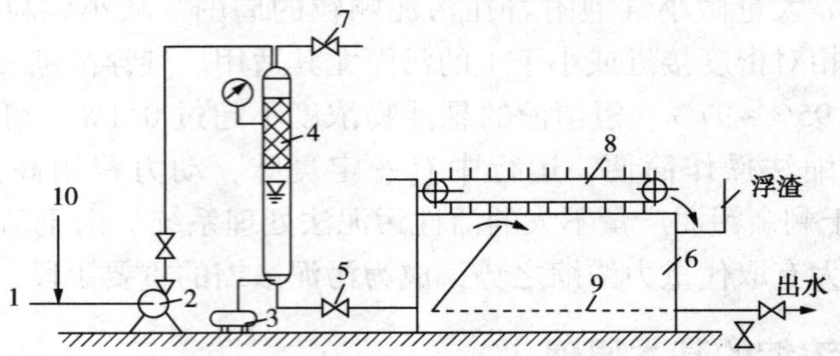

图 3-25　全加压溶气气浮法工艺流程

1—废水进入；2—加压泵；3—空压机；4—压力溶气罐；
5—减压释放阀；6—气浮池；7—放气阀；8—刮渣机；
9—出水系统；10—混凝剂

全溶气流程的优点是溶气量大，增加了悬浮颗粒与气泡的接触机会。在处理量相同时，所用的气浮池较部分回流溶气气浮法小，可以节约基建费用，减少占地。缺点是含油废水的乳化程度增加，所需的压力泵和溶气泵比另两种流程大，增加了投资；由于对全部废水进行加压溶气，其动力消耗也较高。

（2）部分溶气流程

部分溶气气浮法是取部分废水（一般为 30%~35%）加压和溶气，剩余部分直接进入气浮池与溶气废水混合，其工艺流程如图 3-26 所示。这种流程的特点是由于只有部分废水进入溶气罐，加压泵所需加压的水量和溶气罐的容积比全溶气流程的小，因此可节省部分设备费用和动力消耗；压力泵所造成的乳化油量低。但由于仅部分废水进行加压溶气所能提供的空气量较少，因此如需提供与全溶气方式同样的空气量，必须加大溶气罐的压力。

（3）回流加压溶气流程

回流加压溶气气浮工艺流程如图 3-27 所示。部分处理后的回流水被加压泵送往压力溶气罐。空压机将空气送入压力溶气罐，使空气充分溶于水中。压力溶气水经释放器进入气浮池，并与废水来水混合。由于突然减到常压，溶解于水中的过饱和空气从水中逸出，形成许多微细的气泡，从而产生气浮作用。气浮池形成的浮渣由刮渣机刮到浮渣槽内排出池外。处理水从气浮池的中下部排出。回流量取原废水的 25%~50%，一般取 30%。这种流程的优点

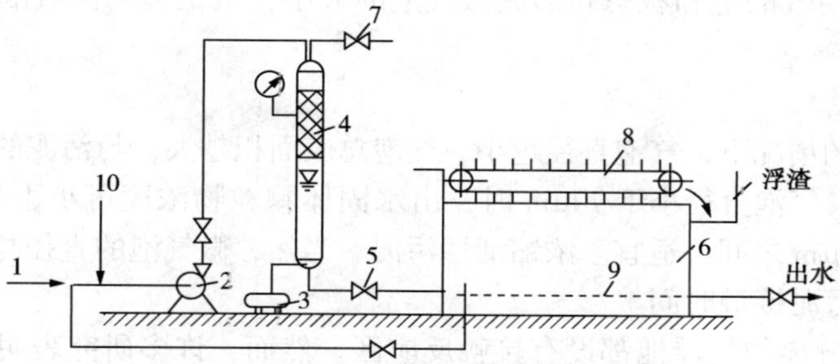

图 3-26 部分加压溶气气浮法工艺流程

1—废水进入；2—加压泵；3—空压机；4—压力溶气罐；5—减压释放阀；6—气浮池；7—放气阀；8—刮渣机；9—出水系统；10—混凝剂

是加压水量少，动力消耗少，不会促成含油废水的乳化，但气浮池的容积较大。该方式适用于悬浮物浓度高的废水，但由于回流水的影响，气浮池所需的容积比其他方式的要大。

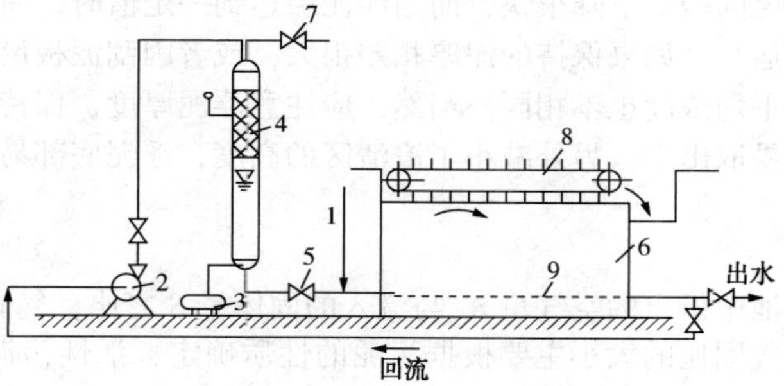

图 3-27 回流加压溶气气浮法工艺流程

1—废水进入；2—加压泵；3—空压机；4—压力溶气罐；5—减压释放阀；6—气浮池；7—放气阀；8—刮渣机；9—出水系统

与重力浓缩法、离心浓缩法相比，气浮浓缩法有如下特点：

①气浮浓缩污泥的含固率高于沉降法，低于离心法；

②气浮法的固体负荷和水力负荷较高，水力停留时间短，构筑物体积小；

③气浮法对水力冲击负荷缓冲能力强，能获得稳定的浮泥浓度及澄清水质，能有效浓缩膨胀的活性污泥；

④气浮法能防止污泥在浓缩过程中腐化，避免气味问题；

⑤气浮浓缩法的电耗比沉降法高，比离心法低。

3.3.3 影响气浮浓缩效果的因素

影响气浮浓缩效果的因素很多，主要有溶气压力、循环比、入流污泥浓度、停留时间、气固比、污泥种类和性质、固体负荷和水力负荷、絮凝剂的使用与否等。

(1)溶气压力

溶气压力是污泥气浮浓缩法的一个重要参数。研究发现，压力过高，单位水量形成的微气泡过多，会发生微气泡并聚，生成的大气泡与污泥附着力降低，从而引起浮泥上升速度降低。溶气压力的选择范围通常在 0.20~0.30MPa 之间。

空气压力决定空气的饱和状态和形成微气泡的大小，也是影响浮渣浓度和分离液水质的重要因素。

(2)微气泡直径

在气固比一定的情况下，气泡直径越小，气泡总表面积越大，与污泥的碰撞黏附机会也就越多，出水越澄清。气泡直径小于70μm时，出水固体颗粒物浓度可小于20mg/L；加压溶气气泡直径在30~120μm之间，适宜于浓缩活性污泥。当然，微气泡的直径与减压方法有关。

(3)溶气水和污泥接触时间

通常用于泥水分离的气浮池都设有接触反应区。然而，许多研究表明，溶气水与污泥混合后，在极短的接触时间内，污泥上的气泡附着量就达最大值。延长接触时间，附着量反而减少，对污泥-气泡体的上升速度不产生明显影响。研究表明，接触时间仅需5s即能满足工程要求。

(4)浮泥停留时间、浮泥厚度和浮泥含固率

气浮池表面泥层中顶层含固率最大，随着深度的增加，含固率逐渐减少，当浮泥层很薄时，浮泥浓度随着深度的增加下降很快，而当浮泥层达到一定值时，曲线平缓。因此，即使在完全相同的条件下运行，如果保持的泥厚相差很大，或者因刮泥板设置深度、刮泥周期的不同，所得到的浮泥平均浓度也不相同。当然，应注意浮泥厚度，保持浮泥层适宜厚度，如浮泥层过厚，浮泥不易取出来，另外减小了澄清区的高度，浮泥底部易受到冲刷，影响出水水质。

(5)气固比

气固比是指气浮池中析出的空气量A_a与流入的固体量S之比，气固比是主要控制参数，直接影响运行费用。气固比的大小主要根据污泥的性质确定，活性污泥浓缩时A_a/S的适宜范围为0.01~0.05，一般为0.02。

(6)固体负荷

据报道，溶气压力为0.4MPa，曝气系数α_s=0.015~0.02，固体负荷N_v为192 kg/(m^2·d)，SVI=120~250时，澄清水的SS浓度仍为20mg/L。在气浮浓缩池中，即使水力负荷q高达9m^3/(m^2·h)[固体负荷N_v=200kg/(m^2·d)，曝气系数α_s=0.03]，也能获得令人满意的浓缩效果。另外，据资料介绍，美国洛杉矶市污水厂所采用的固体负荷N_v高达840 kg/(m^2·d)。有研究报道，若以固体负荷N_v=300kg/(m^2·d)，水力负荷q=10~12 m^3/(m^2·h)的参数连续运行，也获得了含固率为5.5%的浮泥。当固体负荷N_v小于800 kg/(m^2·d)时，较大的固体负荷N_v对于浓缩效果没有很大的影响；但固体负荷N_v较大时，出水的SS较高。

(7)循环比

循环水量应控制在合适的范围内，水量太小，释放出的空气量太少，不能达到气浮效果；水量增加，释放的空气量多，可以将流入的污泥稀释，减少固体颗粒对分离速度的干涉效应，对浓缩有利。但是水量过大，不仅能耗升高，也可能影响微气泡的形成。

溶气压力、循环比、气固比和固体负荷确定后，还应调节水力负荷。水力负荷太高，易使上清液中固体浓度升高。对于活性污泥，水力负荷一般应控制在120 m^3/(m^2·d)以内。

3.3.4 气浮浓缩装置

气浮浓缩装置如图3-28所示。气浮浓缩装置一般由三部分组成：加压溶气系统、溶气

释放系统和气浮分离系统。加压溶气系统包括水泵、空压机、压力溶气罐及其他附属设备，其中压力溶气罐是影响溶气效果的关键设备；水泵用来提升污泥，将污泥、气以一定压力送入溶气罐。溶气罐是促进空气溶解，使水与空气充分接触的场所。溶气罐类型很多，常用的是罐内填充填料的溶气罐。溶气方式有水泵吸气式、水泵压水管射流器挟气式和空压机供气式。溶气释放系统主要由溶气释放装置和溶气水管路组成，溶气释放装置的功能是将压力溶气水通过消能、减压，使溶入水中的气体以微气泡的形式释放出来，并能迅速且均匀地附着到污泥絮体上，常用的溶气释放装置有减压阀、溶气释放喷嘴、释放器等。气浮分离系统，常用的有平流式和竖流式两种。

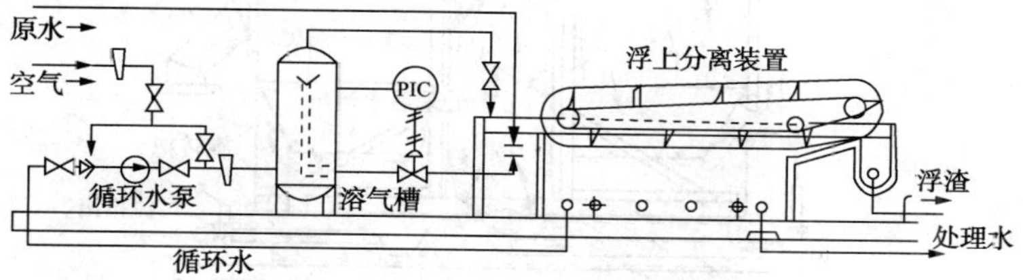

图 3-28　气浮浓缩装置

平流式加压气浮浓缩装置如图 3-29 所示。在气浮浓缩池的一端设置进水室，污泥和加压溶气水在这里混合，释放出来的微气泡附着在污泥絮体上，上浮后从上方以平流方式流入分离池，在分离池中，固体与澄清液分离。用刮泥机将上浮到表面的浮渣送到浮渣室。澄清液则通过设置在池底部的集水管汇集，越过溢流堰，经处理水管排出。在分离池中沉淀下来的污泥将被集中到污泥斗之后排出。

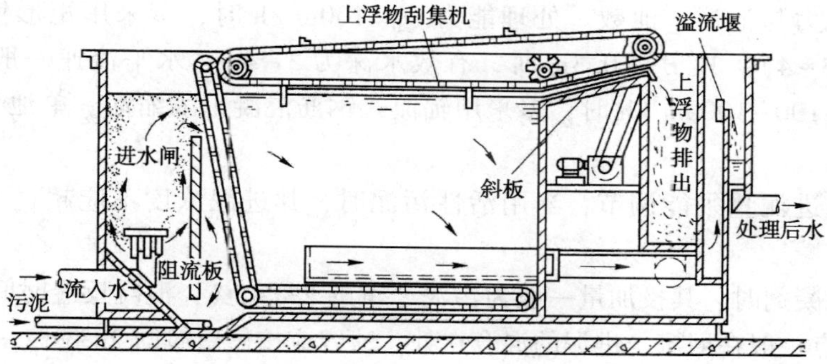

图 3-29　平流式加压气浮浓缩装置

平流式气浮浓缩池的优点是池身浅、造价低、结构简单、管理方便。缺点是分离部分的容积利用率不高，与后续处理构筑物在高程上配合较困难。

竖流式加压气浮浓缩装置如图 3-30 所示，在浓缩装置的中间设置圆形进泥室，在对流入的污泥悬浮液所具有的能量进行衰减的同时起到均化作用。加压溶气水与污泥悬浮液一同进入进泥室，释放出的微气泡附着在污泥絮体上后，污泥絮体上浮，然后借助刮泥板把浮渣收集排出。未上浮而沉淀下来的污泥，依靠旋转耙收集起来，从排泥管排出。澄清液则从底部收集后排出。刮泥板、进泥室和旋转耙等都安装在中心旋转轴上，从结构上使整个装置变成一体，依靠中心轴的旋转，使这些部件以同样的速度旋转。

竖流式加压气浮浓缩装置的优点是接触室在池中央，水流由接触室向四周扩散，水力条

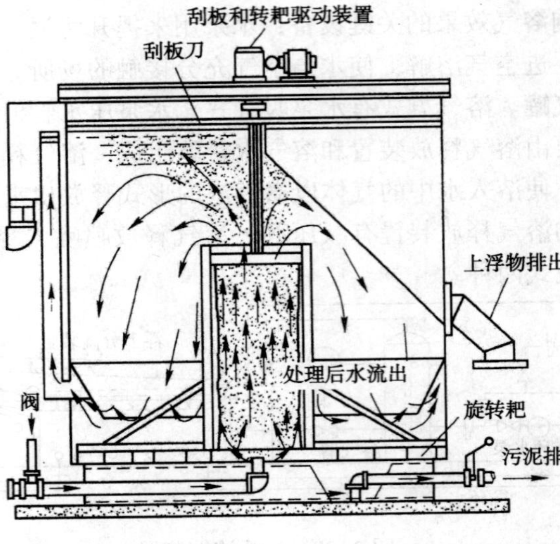

图 3-30　竖流式加压气浮浓缩装置

件比平流式好，便于与后续处理构筑物在高程上配合；缺点是与反应较难衔接，构造比较复杂，容积利用率较低。

3.3.5 气浮浓缩池的设计计算

气浮浓缩池的设计要点可概括为以下几点：

①处理能力与池形、池数。处理能力 Q_0<100m^3/h 时，多采用矩形钢筋混凝土浓缩池，$L:B=(3\sim4):1$，$B\geqslant0.3$m 时，有效水深为 3~4m，水平流速一般为 4~10mm/s。处理能力 Q_0>100~1000m^3/h 时，多采用辐流式钢筋混凝土浓缩池。单池处理能力不应大于 1000m^3/h。

②系统的进泥量须能调节，当用活性污泥时，其进泥浓度不应超过 5g/L，即含水率为 99.5%。

③投加混凝剂时，其投加量一般为污泥干重的 2%~3%，混凝反应时间一般不小于 5~10min，投加点一般在回流与进泥的混合点处。池容应按停留时间 2h 校核。

④浮渣层厚度一般应控制为 0.15~0.3m，利用出水堰板进行调节。刮渣机运行速度一般采用 0.5m/min，并应可调。刮出的泥渣因含有空气，其起始密度一般为 700kg/m^3，需储存几小时后才恢复正常，若立即抽送，则应选用不会产生气堵的柱塞泵或离心泵。沉泥一般按进泥量的 1/3 计算。

⑤设计参数。设计前进行必要的试验，无试验资料时可采用下列参数：

加压溶气的气固比(A_a/S)一般采用 0.01~0.04kg 气体/kg 固体；水力负荷 q 一般采用 40~80m^3/(m^2·d)；溶气压力一般为 0.3~0.5MPa，浓缩效率一般取 50%~90%；溶气罐高径比常用 2~4。

气浮浓缩池的设计内容主要包括气浮浓缩池所需气浮面积、深度、空气量、溶气罐压力等。

(1)溶气比的确定

气浮时有效空气质量与污泥中固体物质量之比称为溶气比或气固比，用 A_a/S 表示。

无回流时，用全部污泥加压：

$$\frac{A_a}{S}=\frac{S_a(fp-1)}{C_0} \tag{3-31}$$

有回流时，用回流水加压：

$$\frac{A_a}{S}=\frac{S_aR(fp-1)}{C_0} \tag{3-32}$$

式中 A_a——在 0.1MPa 下释放的空气量，kg/d；

S——气浮的干污泥量，$S=Q_0C_0$，mg/h；

Q_0——需浓缩的污泥量，m^3/d；

C_0——入流污泥中固体物质浓度，mg/L；

$\frac{A_a}{S}$——溶气比，即气浮时有效空气总质量与入流污泥中固体物质总质量之比，一般取 0.005～0.060；

S_a——在 0.1MPa 下，空气在水中的饱和溶解度（mg/L），其值等于 0.1MPa 下，空气在水中的溶解度（以容积计，单位为 L/L）与空气容重（mg/L）的乘积。不同温度时，空气的溶解度及容重见表 3-2；

p——溶气罐压力，一般为 0.2～0.4MPa；

R——回流比，等于加压溶气水的流量与入流污泥流量 Q_0 之比，一般为 1.0～3.0；

f——回流加压溶气水的空气饱和度，%，一般为 50%～80%。

表 3-2　0.1MPa 下不同气温下的空气溶解度及容重

气温/℃	溶解度/(L/L)	空气容重/(mg/L)	气温/℃	溶解度/(L/L)	空气容重/(mg/L)
0	0.0292	1252	30	0.0157	1127
10	0.0228	1206	40	0.0142	1092
20	0.0187	1164			

(2)气浮浓缩池表面水力负荷

气浮浓缩池的表面水力负荷 q 可参考表 3-3 选定。

表 3-3　气浮浓缩池的表面水力负荷、固体负荷

污泥种类	入流污泥浓度/%	表面水力负荷 q/[m^3/(m^2·h)]		表面固体负荷/[kg/(m^2·h)]	气浮污泥固体质量分数/%
		有回流	无回流		
活性污泥混合液	<0.5	1.0～3.6（一般用 1.8）	0.5～1.8	1.04～3.12	3～6
剩余活性污泥	<0.5			2.08～4.17	
纯氧曝气剩余活性污泥	<0.5			2.50～6.25	
初沉污泥与剩余活性污泥的混合污泥	1～3			4.17～8.34	
初次沉淀池污泥	2～4			<10.8	

(3)回流比 R 的确定

溶气比 $\frac{A_a}{S}$ 确定以后，即可根据式(3-32)计算出回流比 R 值。无回流时，不必计算。

(4)气浮浓缩池的表面积 A

气浮浓缩池的表面积 A 可根据下式计算：

无回流时，

$$A = \frac{Q_0}{q} \tag{3-33}$$

有回流时，

$$A = \frac{Q_0(R+1)}{q} \tag{3-34}$$

式中 A ——气浮浓缩池的表面积，m^2；

Q_0 ——需浓缩的污泥量，m^3/d 或 m^3/h；

R ——回流比，等于加压溶气水的流量与入流污泥流量之比；

q ——气浮浓缩池的表面水力负荷，$m^3/(m^2 \cdot h)$ 或 $m^3/(m^2 \cdot d)$，参考表 3-3 取值。

求出表面积 A 后，需用固体负荷校核。如不能满足，则应采用固体负荷求得的面积。

气浮浓缩池的表面积 A 也可按固体通量计算，根据式(3-23)即 $A \geqslant \frac{Q_0 C_0}{G_L}$ 计算。当不加混凝剂时，式中 G_L 值常取 $100kg/(m^2 \cdot d)$；当投加混凝剂时，G_L 值可提高 1 倍。

矩形气浮池长宽比 $L : B = (3\sim4) : 1$，则有

$$B = \sqrt{\frac{A}{3 \sim 4}} \tag{3-35}$$

$$L = (3 \sim 4) B \tag{3-36}$$

(5)气浮池过水断面 w

$$w = \frac{Q_0(1+R)}{v} \tag{3-37}$$

式中 w ——气浮浓缩池的过水断面，m^2；

Q_0 ——需浓缩的污泥量，m^3/d；

R ——回流比，等于加压溶气水的流量与入流污泥流量之比，一般为 1.0~3.0；

v ——气浮浓缩池的水平流速，一般取 4~10mm/s。

(6)气浮浓缩池高度 H

$$H = H_1 + H_2 + H_3 \tag{3-38}$$

式中 H ——气浮浓缩池的高度，m；

H_1 ——气浮浓缩池分离区的高度，m，$H_1 = \frac{w}{B}$；

H_2 ——气浮浓缩池浓缩区的高度，m，一般为 1.2~1.8m；

H_3 ——气浮浓缩池死水区高度，m，一般为 0.1m。

单座矩形气浮浓缩池的高宽比 $H : B > 0.3$，有效水深一般为 3~4m；圆形升流式气浮浓

缩池高度 $H \geqslant 3m$。

(7)校核计算

①校核水力负荷 q：

$$q=\frac{Q_0(1+R)}{A}$$ 应在 1 ~ 3.6$m^3/(m^2 \cdot h)$ 之间。

②校核停留时间 t：

$$t=\frac{AH}{Q_0(1+R)}$$ 应在 2h 之内。

(8)溶气罐计算

溶气罐的容积可按下式计算：

$$V=\frac{Q_0Rt'}{60} \tag{3-39}$$

式中 V——溶气罐的容积，m^3；

Q_0——需浓缩的污泥量，m^3/d；

R——回流比，等于加压溶气水的流量与入流污泥流量之比，一般为 1.0~3.0；

t'——回流水在罐中的停留时间，min，一般取 3min。

溶气罐的高度可按下式计算：

$$H=\frac{4V}{\pi D^2} \tag{3-40}$$

式中 H——溶气罐的高度，m；

V——溶气罐的容积，m^3；

D——溶气罐的直径。

一般而言，溶气罐罐体高度和直径之比常用 2~4。

3.3.6 刮渣机

气浮池中浮渣排除通常采用刮渣机来完成。刮渣机主要由驱动装置、主动轮组、导轨及拖架、刮板组、从动轮组、链条张紧机构、集渣管等部件组成。刮渣机运行时，由链条带动刮板在池中作连续的回转运动，将池面的浮油或浮渣刮至集渣槽内排除。刮渣板上带有刮板，刮板深入水面下不宜太深，否则会扰动水流，影响除渣效果。

矩形气浮池采用桥式刮渣机(图 3-31)，圆形气浮池推荐采用行星式刮渣机(图 3-32)。

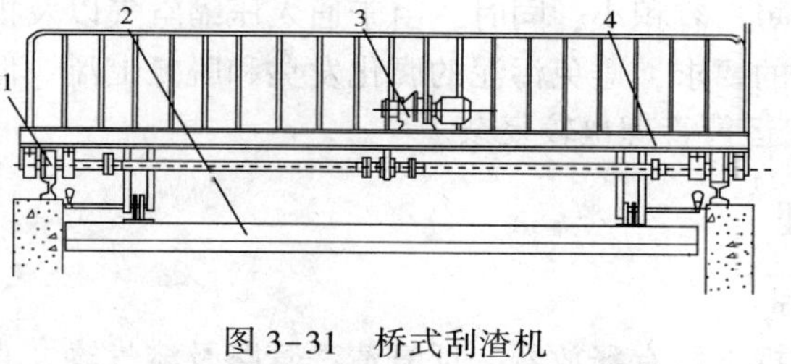

图 3-31 桥式刮渣机

1—行走部分；2—刮板；3—驱动机构；4—桁架

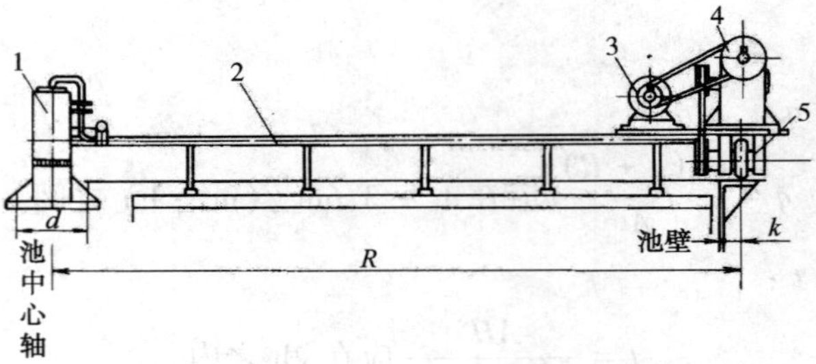

图 3-32　行星式刮渣机

1—中心管柱；2—行星臂；3—电机；4—传动部分；5—行走轮

3.3.7　气浮浓缩应注意的问题

气浮浓缩法运行过程中应注意絮凝剂投加与否、污泥体积指数 SVI 的变化、刮泥周期长短等问题。

(1) 气浮浓缩混凝剂的应用

气浮浓缩可采用无机混凝剂，如铝盐、铁盐、活性二氧化硅等，或有机高分子聚合电解质，如聚丙烯酰胺(PAM)等，在水中形成易于吸附或俘获空气泡的表面及构架，改变气泡-液体界面、固体-液体界面的性质，使其易于互相吸附，提高气浮浓缩的效果。至于使用何种混凝剂及其剂量，最好通过试验确定。

如果气浮浓缩后的污泥用于回流曝气池时，则不宜采用混凝剂，因为混凝剂会影响曝气池中活性污泥的正常运行。

(2) 污泥膨胀

污泥膨胀无助于气浮浓缩，因此当发现 SVI 值不在正常范围内时，应采用物理、化学或生物法来控制。

生物法主要是协调细菌的营养，当碳氮比失调时，可在入流污泥中投加氮源(如尿素、碳酸氨、氯化铵或消化池的上清液)。改变碳氮比，是解决浓缩池中污泥膨胀的根本方法。

化学法主要是用化学药剂来抑制丝状菌的过度生长或改善污泥的沉降性能，如加入氯、投加过氧化氢等药剂抑制污泥膨胀。化学法不能从根本上解决膨胀，只能作为临时措施。

物理法是投加惰性固体，如黏土、活性炭、石灰、消化污泥、初沉污泥、污泥焚烧灰等；或加絮凝剂，如明矾、铁矾、高分子絮凝剂和石灰等，提高活性污泥的沉降性能，解决膨胀问题。

气浮浓缩停留时间短、容积小，同时，由于通入压缩空气以及提高压力，可进一步满足活性污泥的生化需氧量的要求，避免污泥的腐化发臭和脱氮上浮。但气浮浓缩的运行费用比重力浓缩法高 2~3 倍，运行管理也较复杂。

3.3.8　运行管理

(1) 气浮系统的调试

①调试前的工作：拆下所有释放器，反复清洗管路及溶气罐，直至出水中无杂质；检查连接溶气罐和空压机间管路上单向阀的水流方向是否指向溶气罐。

②调试时的工作：先用清水调试压力溶气罐和溶气释放系统，待该系统运行正常后，再

向气浮池内注入原废水。

③控制压力溶气罐内的水位距罐底60~100cm(既不淹没填料，也不能过低)，将进出水阀门完全打开，防止出水阀门处截流，气泡提前释出。

④异常现象及解决办法：接触区浮渣面不平，局部冒出大气泡或水流不稳定，应取下释放器排除堵塞；分离区浮渣面不平，池面常见大气泡破裂，则表明气泡与絮凝颗粒黏附不好，应验查并对混凝系统进行调整；不合格出水返回集水井，合格出水进入后续处理系统。

⑤控制气浮池出水调节阀或可动堰板，将气浮池水位稳定在集渣槽口以下5~10cm。待水位稳定后，用进出水阀门调节并测量处理水量，直至达到设计流量为止。

⑥待浮渣积至5~8cm后，开动刮渣机进行刮渣。检查刮渣和排渣能否正常进行，出水水质是否受到影响。

(2)日常维护及管理

①根据反应池的絮凝、气浮池分离区浮渣及出水水质，调整混凝剂投加量等混凝参数。检查并防止加药管堵塞。

②掌握浮渣积累规律和刮渣时间，建立刮渣制度。

③经常观察溶气罐的水位指示管，控制管内水位在60~100cm之内，防止大量空气窜入气浮池。

④冬季水温过低时，絮凝效果差，除增加投药外，有时还须增加回流水量或溶气压力，以增加微气泡数量及絮凝颗粒的黏附，以弥补因水流黏度的增加而降低带气絮粒的上浮性能，保证出水水质。

⑤做好日常运行记录，包括处理水量、水温、进出水水质、投药量、溶气水量、溶气罐压力、刮渣周期、泥渣含水率等。

3.4 机械浓缩

重力浓缩是利用污泥颗粒在重力场中受到的重力作用而实现浓缩的；气浮浓缩是利用污泥颗粒吸附气泡后受到浮力而实现浓缩的。机械浓缩是采用机械的作用使污泥颗粒受到外加的物理作用(如离心力等)而实现浓缩的。机械浓缩包括离心浓缩、带式浓缩、转鼓浓缩机和螺压浓缩机浓缩等。

3.4.1 离心浓缩

离心浓缩是利用离心力分离悬浮液中固体杂质的方法。污水做高速旋转时，由于悬浮固体和水的质量不同，所受的离心力也不同，质量大的悬浮固体被抛向外侧，质量小的水被推向内侧，这样悬浮固体和水从各自出口排出，从而使污水得到处理。离心浓缩法就是利用污泥中固体和液体的相对密度及惯性不同，在离心力场受到的离心力不同而被分离。由于离心力远远大于重力或浮力，因此离心浓缩过程分离速度快，浓缩效果好。

离心浓缩的主要参数有：入流污泥浓度、排出污泥含固量、固体回收率、高分子聚合物的投加量等。离心浓缩和脱水的设计工作很困难，通常以参考相似工程实例更可靠。表3-4列出了离心机的运行参数，可供参考。

表 3-4　离心机用于污泥浓缩的运行参数

污泥种类	入流污泥浓度/%	排泥浓度/%	高分子聚合物投加量/(g/kg 干污泥)	固体物质回收率/%	离心机类型
剩余活性污泥 1	0.5~1.5	8~10	0；0.5~1.5	85~90；90~95	轴筒式
厌氧消化污泥	1~3	8~10	0；0.5~1.5	80~90；90~95	
普通生物滤池污泥	2~3	8~9，9~10	0；0.75~1.5	90~95；95~97	
厌氧消化的初沉污泥	—	8~9	0	95~97	
与生物滤池的混合污泥	2~3	7~9	0.75~1.5	94~97	
剩余活性污泥 2	0.75~1.0	5.0~5.5	0	90	转盘式
剩余活性污泥 3	—	4	0	80	
剩余活性污泥(经粗滤后)1	0.7	5.0~7.0	0	93~87	
剩余活性污泥(经粗滤后)2	0.7	6.1	0	97~80	
剩余活性污泥 4	0.7	9~10	0	90~70	篮式

与离心脱水的区别在于，离心浓缩用于浓缩活性污泥时，一般不需加入絮凝剂调质，只有当需要浓缩污泥含固率大于 6%时，才加入少量絮凝剂，而离心脱水机要求必须加絮凝剂进行调质。

离心浓缩的特点是自成系统，浓缩效果好，浓缩设备占地面积小、造价低，操作简便，不会产生恶臭，对于富磷污泥可以避免磷的二次释放，提高污泥处理系统总的除磷率，但设备运行费用较高，且需要高的机械维护水平，因此经济性差，一般很少用于污泥浓缩，但对于难浓缩的剩余活性污泥可以考虑使用。离心浓缩主要用于浓缩大中型污水厂的生物和化学污泥、剩余活性污泥等难脱水污泥或场地狭小的场合。

离心浓缩工艺最早始于 20 世纪 20 年代初，当时采用的是最原始的筐式离心机，后经过盘嘴式等几代更换，目前常用的离心浓缩机有螺旋浲水形卧式离心机和笼形立式离心机两种。在螺旋浲水形卧式离心机中，浓缩污泥从转筒中由螺旋将其排出，而笼形立式离心机则通过集泥管排出污泥。

(1)卧式螺旋离心浓缩机

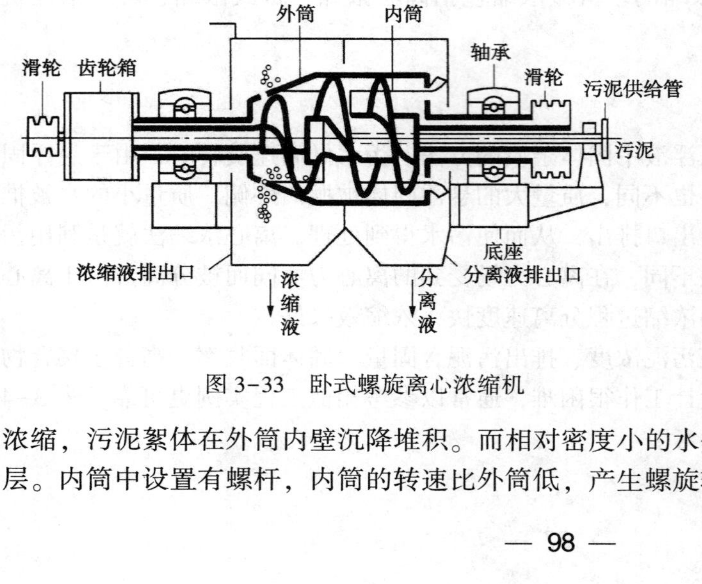

图 3-33　卧式螺旋离心浓缩机

图 3-33 为卧式螺旋离心浓缩机的一种，主要由转鼓、带空心转轴的螺旋输送器、差速器等组成。

以污泥供给管为中心，外筒和内筒保持一定的转速差而旋转。污泥通过空心转轴输入卧式螺旋离心浓缩机转鼓内，在离心力的作用下，污泥中相对密度大的固相颗粒，离心力也大，得到浓缩，污泥絮体在外筒内壁沉降堆积。而相对密度小的水分，离心力也小，在内圈形成液体层。内筒中设置有螺杆，内筒的转速比外筒低，产生螺旋输送作用，螺杆把外筒内壁堆积的污泥输送到转鼓的锥端，作为浓缩污泥经出口连续排出。上清液从外筒侧面的排出口溢流出来，排至转鼓外。这类离心浓缩机的分离因数 α 为 1000~3000。

卧式螺旋离心浓缩机的主要技术参数包括：

①转鼓直径和有效长度

转鼓是卧式螺旋离心浓缩机的关键部件，转鼓的直径越大，离心浓缩机的处理能力也越大；转鼓的长度越长，污泥在机内的停留时间也越长，分离效果也越好。常用转鼓直径在 200~1000mm 之间，长径比 L/D 在 3~4 之间。

②转鼓的半锥角

半锥角是锥体母线与轴线的夹角，锥角大，污泥受离心挤压力大，利于脱水，通常离心浓缩机的半锥角为 6°~10°。锥角大，螺旋推料的扭矩也需增大，叶片的磨损也会加大，若磨损严重会降低脱水效果。

③转差和扭矩

转差是转鼓与螺旋输送器的转速差。转差大，输渣量大，但也带来转鼓内流体搅动量大、污泥停留时间短、浓缩分离液中含固量增加、浓缩污泥的含水量增大等缺点。污泥浓缩的转差以 2~5r/min 为宜。

卧式螺旋离心浓缩机的主要优点是：污泥进料含固率变化的适应性好；能自动长期连续运行；分离因数高，絮凝剂投加量少，运行费用低；单机生产能力大，结构紧凑，占地面积小，维修方便；可封闭操作，环境条件好。

(2)笼形立式离心浓缩机

笼形立式离心浓缩机的结构示意如图 3-34 所示。圆锥形笼框内侧铺上滤布，驱动电机通过旋转轴带动笼框旋转。污泥从笼框底部流入，其中的水分通过滤布进入滤液室，然后排出。污泥中的悬浮固体被滤布截留，从而实现固液分离，污泥被浓缩。浓缩的污泥沿笼框壁徐徐向上，从上端进入浓缩室再排出。由于离心和过滤的双重作用，该种离心浓缩机大大提高了过滤效率，实现了浓缩装置小型化，大大减少占地面积。

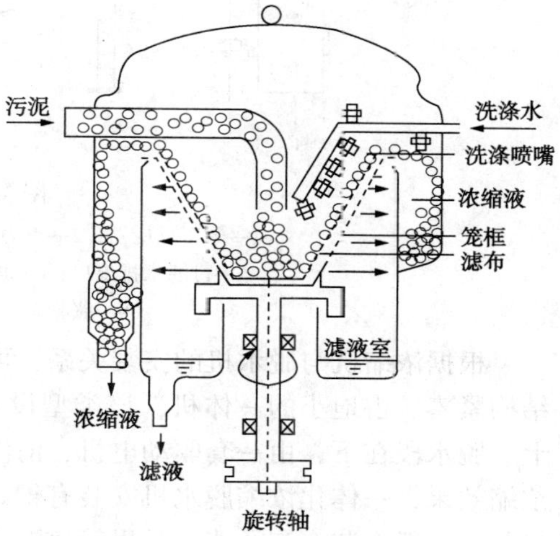

图 3-34 笼形立式离心浓缩机

3.4.2 带式浓缩机浓缩

带式浓缩机多用于污水处理厂，对初沉池及二沉池的排泥进一步浓缩，以增加污泥致密性。带式污泥浓缩机是连续运转的污泥浓缩设备，进泥含水率为 99.2%，污泥经絮凝并进行重力脱水后含水率可降至 95%~97%，达到下一步污泥脱水的要求。一般带式浓缩机浓缩与带式脱水机联合使用，实现污泥的浓缩脱水，因而污泥经浓缩后直接进入带式压滤机进行脱水处理。

带式污泥浓缩机的结构原理与带式压滤机的结构原理相似，是根据带式玉滤机的前半段即重力脱水段的原理并结合沉淀池排出污泥含水率高的特点而设计的一种新型污泥浓缩设备。带式污泥浓缩机可代替混凝土浓缩池及大型带浓缩栅耙构成的浓缩池，因而可减少占地面积，节省土建投资。

带式污泥浓缩机的总体结构如图 3-35 所示，主要由框架、进泥配料装置、脱水滤布、可调泥耙和泥坝组成。工作时污泥进入浓缩段，被均匀摊铺在滤布上，好似一层薄薄的泥层，在重力作用下泥层中污泥的表面水大量分离并通过滤布空隙迅速排走，而污泥固体颗粒则被截留在滤布上。由于污泥层具有一定的厚度，而且含水率高，但其透水性不好，为此设置了很多犁耙，将均铺的污泥耙起很多垄沟，垄背上的污泥脱出的水分通过垄沟能顺利地透过滤带而分离。

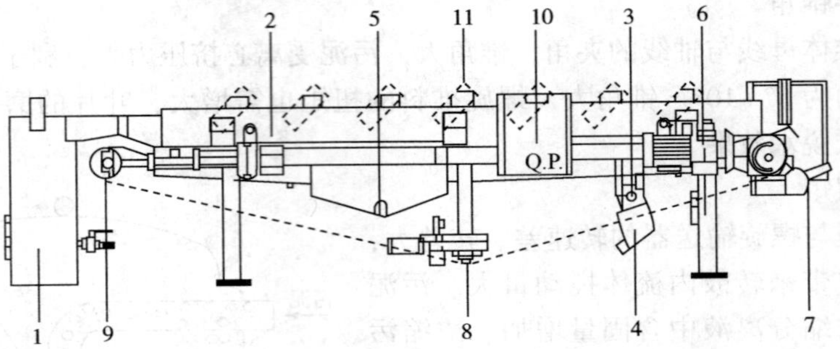

图 3-35　带式浓缩机

1—絮凝反应器；2—重力脱水段；3—冲洗水进口；4—冲洗水箱；
5—过滤水排出口；6—电机传动装置；7—卸料口；8—调整辊；
9—张紧辊；10—气动控制箱；11—犁耙

根据浓缩机与脱水机的安装关系，可分为一体机、组合机和分体机三种。目前一般采用结构紧凑、占地小的一体机，该类型设备将浓缩机与脱水机组装在一个机架上，浓缩段在上、脱水段在下，由一套驱动电机、清洗水泵、调偏机构、进布料器组成一个整体。为保证浓缩效果，一体化浓缩脱水机安装有耙式分料器、翻转装置。为改善污泥脱水性能而投加絮凝剂，一般安装有三孔式文丘里管道混合器。

带式机械浓缩机通常具备很强的可调节性，其进泥量、滤布走速、泥耙夹角和高度均可进行有效的调节以达到预期的浓缩效果，主要用于污泥浓缩脱水一体化设备的浓缩段。

浓缩脱水一体化设备具有工艺流程简单、工艺适应性强、自动化程度高、运行连续、控制操作简单和过程可调节性强等优点，正得到越来越多的设计单位和用户特别是中小污水处理厂用户的关注。在项目工艺设计和运行操作时应注意把浓缩脱水一体化设备与普通脱水机相区分，浓缩脱水一体化设备与现有工艺应匹配，实际处理能力达到设计要求，保证泥饼质量等。

浓缩过程是污泥浓缩脱水一体化设备的关键控制环节，水力负荷是带式浓缩机运行的关键。一般设备厂家通常会根据具体的泥质情况提供水力负荷或固体负荷的建议值。不同厂商设备之间的水力负荷可能相差很大，质量一般的设备 1m 带宽只有 $20\sim30m^3/h$，但好的设备可以做到 1m 带宽 $50\sim60m^3/h$ 甚至更高，设备带宽最大为 3.0m。在没有详细的泥质分析资料时，设计选型的水力负荷可按 1m 带宽 $40\sim50m^3/h$ 考虑。

带式浓缩机的常见故障有滤带跑偏、污泥外溢及滤带起拱等，影响带式浓缩机的运行和环境。

带式浓缩机和离心浓缩机均可起到传统浓缩池的作用。对有机物含量高、含水率高、不易脱水的好氧活性污泥，一般采用离心浓缩机，而不宜采用带式浓缩机；对低负荷下运行的已完成(有机质)消化的活性污泥，其脱水性能比前述污泥好，浓缩时既可用带式机，也可用离心机。

3.4.3 其他浓缩机浓缩

转鼓浓缩机、螺压浓缩机或类似的装置是将经化学混凝的污泥进行螺旋推进脱水和挤压脱水，使污泥含水率降低的一种简便高效的机械设备，主要用于浓缩脱水一体化设备的浓缩段。

(1)转鼓浓缩机浓缩

转鼓转筛浓缩+带式脱水的机型对易脱水的污泥，特别是初沉池的污泥和初沉池与二沉池的混合污泥进行浓缩脱水，可以取得较好的效果。对于比较难处理的剩余活性污泥或长泥龄工艺产生的剩余活性污泥，转鼓转筛浓缩+带式脱水一体化机型的效果往往就不如带式一体机，泥饼含固率最多接近20%(国外厂商样本一般注明为16%~19%)。

(2)螺压浓缩机浓缩

螺压浓缩机适用于给水排水等行业的污泥浓缩。

以SMS2型螺压浓缩机为例，是一种将稀浆液进行机械性浓缩的新型设备。与传统浓缩池处理方法相比，螺压浓缩机可实现机械化、连续化、全封闭方式运行。当固含量为0.5%左右的稀浆液进入螺压浓缩机时，先进入圆形搅拌槽内，对稀浆液进行缓慢搅拌，使其浓度均质稳定。对于需要投加絮凝剂的稀浆液在进入搅拌槽前可投加干粉状或液体状絮凝剂，使溶药后的浆液在搅拌槽内进行反应，再通过溢水堰进入螺压浓缩机主装置。SMS2型压榨主装置的絮凝浆液经压榨转动作用被缓慢提升、压榨，直到含固量达到6%~12%，过滤液则穿过筛网排出。筛网的洗刷在运转过程中，通过转动自动清洗保证设备边运行边清洗。浓缩后的污泥卸入集泥斗，进入后续处理或进一步脱水干化。螺压浓缩机设备体积小、占地少、能耗低、效率高，整机在小于12r/min的低速下运行，无振动和噪声，使用寿命长。

螺压浓缩机的工作流程示意如图3-36所示，其结构如图3-37所示。

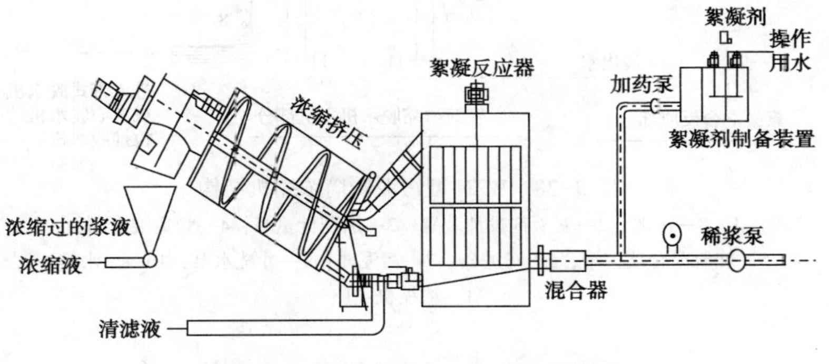

图3-36 螺压浓缩机工作流程示意图

转鼓浓缩机和螺压浓缩机的工艺参数主要是单台设备单位时间的水力接受能力及固体处理能力。

(3)转筒浓缩机浓缩

以WZN型污泥转筒浓缩机为例，可替代浓缩池的作用，将污泥经转筒浓缩后进入带式脱水机进行污泥脱水。

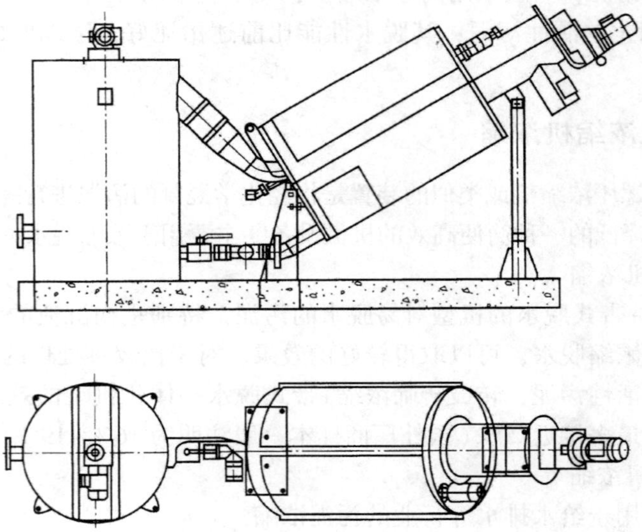

图 3-37　螺压浓缩机的结构示意图

转筒浓缩机的特点是：分离浓缩效率高，费用低，可节省污泥浓缩投资费用的 1~2 倍；系统可连续自动运行；全封闭运行，生产环境良好；可替代污泥浓缩池，提高脱水机的产率，减少脱水机的台数；也可运用于酒厂、酒精厂及造纸厂等工业废水处理中的固液分离。

WZN 型污泥转筒浓缩机的结构如图 3-38 所示。

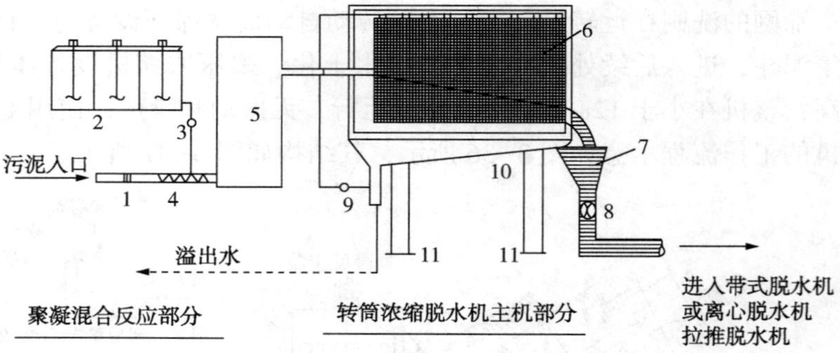

图 3-38　WZN 型污泥转筒浓缩机结构

1，8—污泥；2—絮凝剂投加装置；3—加药计量泵；4—管道混合器；5—旋流混合反应罐；6—筛滤器；7—污泥斗；9—冲洗水泵；10—集水槽；11—浓缩机支座

3.5 其他浓缩过程

除前述的重力浓缩、气浮浓缩与机械浓缩外，适用于污泥浓缩的工艺还有生物气浮浓缩、涡凹气浮浓缩、离心筛网浓缩、微孔滤机浓缩等。

(1)生物气浮浓缩

1983 年，瑞典 Simona Cizinska 开发了生物气浮污泥浓缩工艺。该工艺是加入硝酸盐，利用污泥的自身反硝化能力，在污泥进行反硝化作用时产生气体，使污泥上浮而进行浓缩。硝酸盐浓度、温度、碳源、初始污泥浓度、泥龄和运行时间对污泥的浓缩效果有较大影响。气浮浓缩污泥的浓度是重力浓缩的1.3~3倍，对膨胀污泥也有较好的浓缩效果，气浮浓缩污泥中所含气体少，对污泥后续处理有利。

生物气浮污泥浓缩工艺在捷克的Pisek、Milevsko污水处理厂和瑞典的Bjornlunda污水处理厂进行了生产性试验，结果表明，可将MLSS浓度为6.2g/L、10.7g/L和3.5g/L的污泥分别浓缩到59.4g/L、59.7g/L和66.7g/L，每浓缩增加1g/L浓度的MLSS，消耗的NO_3^-分别为1.72 mg、16.7 mg和29.7mg。浓缩时间为4~24h。

生物气浮浓缩工艺的日常运行费用比压力溶气气浮污泥浓缩工艺低，能耗小，设备简单，操作管理方便，但污泥停留时间比压力溶气气浮污泥浓缩工艺长，而且需投加硝酸盐。

(2)涡凹气浮浓缩

涡凹气浮产生气泡的原理是通过引入机械力的切割作用，并利用水和空气的表面张力，形成微气泡并维持其在水中稳定存在。其主要设备有池体、涡凹曝气机、刮渣装置、排渣装置以及配套的混凝池。涡凹曝气机是产生微气泡的核心设备，其工作原理是靠高速旋转叶轮的离心力所造成的真空负压状态将空气吸入水底，然后依靠叶轮的高速旋转切割将空气打散成为微气泡而扩散于水中。涡凹气浮的系统组成如图3-39所示。

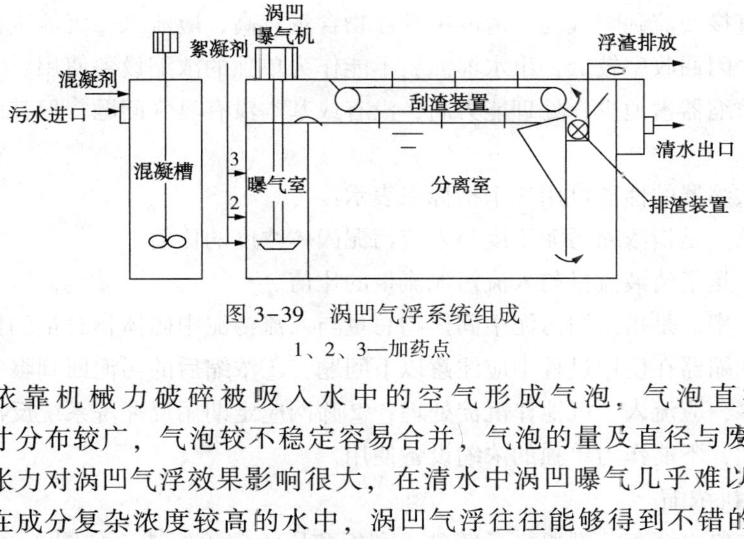

图3-39　涡凹气浮系统组成

1、2、3—加药点

涡凹气浮依靠机械力破碎被吸入水中的空气形成气泡，气泡直径较大(700~1500μm)，尺寸分布较广，气泡较不稳定容易合并，气泡的量及直径与废水水质关系密切。水的表面张力对涡凹气浮效果影响很大，在清水中涡凹曝气几乎难以得到令人满意的微气泡，但在成分复杂浓度较高的水中，涡凹气浮往往能够得到不错的曝气效果。胡锋平等采用CAF-5型涡凹气浮设备对某污水处理厂剩余污泥进行过一些浓缩试验，结果表明，涡凹气浮浓缩工艺具有污泥停留时间短、污泥浓缩效果好、浓缩污泥脱水性能好、设备简单、操作方便、费用低、污泥无磷释放等特点，可以很好地应用于剩余污泥浓缩，浓缩后污泥含固率高，对于含水率在99%的剩余污泥，浓缩后的含水率可以达到96%，能够满足剩余污泥浓缩的要求。

涡凹气浮在进水端通过涡凹曝气机的高速剪切作用破碎空气成为微气泡，但也带来了一个问题，即废水中已形成的絮体在该剪切力的作用下会被打碎，影响气浮效果。为解决这一问题，涡凹气浮系统取消了絮凝装置，只保留混凝槽。絮凝剂的投加点一般设在气浮池进水管上紧邻出水口处(如图3-39中的1号加药点)，这样在废水流经剧烈湍流的曝气头时，絮凝剂与废水充分混合，絮体才逐渐形成。在絮体形成过程中，还可逐渐包裹进更多的气泡，形成较为密实稳定的气固混合体。与溶气气浮工艺相比，涡凹气浮由于絮体内部也包裹了大量气泡，上升速度更快，且浮渣含水率更低。

但涡凹气浮独特的絮凝剂加药方式并非对所有的废水都有效，毕竟涡凹气浮曝气室内的水流湍流程度要高于溶气气浮的接触室，因此对某些絮体不易形成、或形成之后密实度较差、易破碎的废水，涡凹气浮都较难得到理想的效果。改进的方法有：①改变加药点的位置，尽量避开剧烈湍流区域，如把加药点调整到备用加药点(如图 3-39 中的 2 号、3 号加药点)；②曝气机采用变频调速，稍稍调低转速减轻湍流；③优化混凝剂和絮凝剂的种类和投加量，改善絮体形成速度、密实度及稳定性。实际应用中方法③往往是调试的关键因素，但对药剂的选择的更多依赖也限制了涡凹气浮的广泛应用。

(3)离心筛网浓缩

离心筛网浓缩器一般由中心分配器、进水布水器、旋转筛网笼、出水集水室、排出器、调节流量转向器、反冲洗系统、电动机等构成。离心筛网浓缩过程中，污泥从中心管压入旋转筛网笼，压力仅需 0.03MPa，筛网笼低速旋转，使清液通过筛网从出水集水室排出，浓缩污泥从底部排出。筛网定期用反冲洗系统反冲。

离心筛网浓缩器可作为曝气池混合液的浓缩，以减少二沉池的负荷和曝气池的体积，浓缩后的污泥可直接回流到曝气池。清液中悬浮物含量较高，应流入二沉池进行沉淀处理。但离心筛网浓缩器因回收率较低，出水浑浊，不能作为单独的浓缩设备使用。

离心筛网浓缩器占地少，处理能力高，没有或基本没有臭气问题，但其电耗大，对操作人员要求高。

离心筛网浓缩器的性能可用三个指标来表示：

①浓缩系数。是指浓缩污泥浓度与入流污泥固体浓度的比值。

②分流率。是指清液流量与入流污泥流量的比值。

③固体回收率。是指浓缩污泥中固体物总量与入流污泥中固体物总量的比值。

离心筛网浓缩器在使用过程中应注意以下问题：①浓缩后的污泥回到曝气池，分离液因为固体浓度较高，应流入二沉池作沉淀处理；②筛网应定期用反冲洗系统反冲；③因回收率较低，出水浑浊，不能作为单独的浓缩设备使用。

(4)微孔滤机浓缩

微孔滤机主要由滤布、剥离带、转鼓、刮板和压液辊等组成，如图 3-40 所示。泥槽 1 内的污泥一进到滤布 2 上，其水分被吸收在滤布的内部，而污泥浓集在滤布的表面。随着转鼓和剥离带的旋转，浓集的污泥在转鼓 3 与剥离带 4 之间受到挤压(压力可以调节)，含水率进一步降低。同时，由于附着力差，泥饼便转粘到剥离带上，然后被刮板 5 刮掉。为防止孔眼堵塞，滤布用洗涤水管 6 来的洗涤水洗净，再由压液辊 7 榨出其内部水分后回到原泥槽位置。

微孔滤机浓缩过程中，污泥应先进行混凝调节，可使污水含水率从 99%以上浓缩到 95%。微孔滤机的滤网可用金属丝网、涤纶织物或聚酯纤维品等亲水性强的物料制成，由于微气孔构成毛细管现象，因此吸水性好。滤布孔眼堵塞后，可用 3%~4%的草酸溶液洗涤再生。

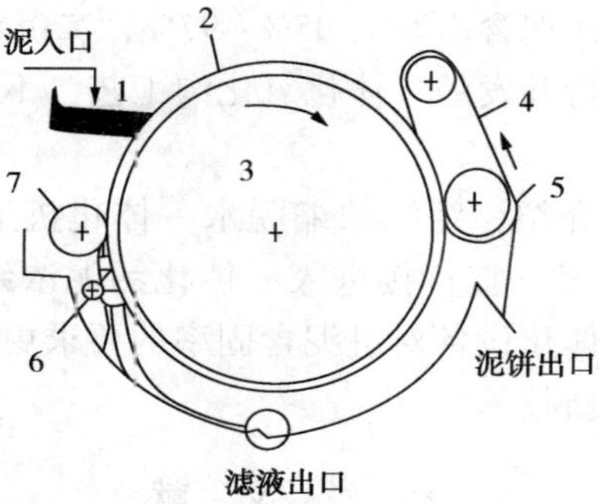

图 3-40　微孔滤机

1—泥槽；2—滤布；3—转鼓；4—剥离带；
5—刮板；6—洗涤水管；7—压液辊

3.6 污泥浓缩技术的发展趋势

(1)机械浓缩、气浮浓缩工艺逐步取代重力浓缩工艺

重力浓缩法，维修管理及动力费用低，但占地面积大、卫生条件差，浓缩效率不高，特别是对于低浓度活性污泥的浓缩，不能有效地去除污泥中的水分。另外，由于污泥在重力浓缩池中停留时间长，浓缩池中形成厌氧环境，富磷污泥在浓缩过程中释磷现象严重，使整个系统的除磷效果变差，使用受到了限制，在污水处理厂中会逐步被取代。

采用机械浓缩、气浮浓缩工艺(或设备)取代重力浓缩池，可以克服上述缺点，并便于实现自动控制。因此，城市污水处理总体工艺在要求简单高效、更加注意脱氮除磷要求的同时，机械浓缩、气浮浓缩技术正逐渐为人们掌握并应用。

(2)进一步完善浓缩脱水一体化设备

浓缩脱水一体化设备具有工艺流程简单、工艺适应性强、自动化程度高、运行连续、控制操作简单和过程可调节性强等优点，正得到越来越多的设计单位和用户，特别是中小城市污水处理厂用户的关注。

在采用污泥浓缩脱水一体化机的工程中，各污水处理厂的污泥进入污泥浓缩脱水一体化设备前，均有污泥储泥池或污泥均质池(实际上相当于浓缩池)，其停留时间甚至比重力浓缩池停留时间还长，如天津市某污水处理厂采用德国 ROEDIGER 公司生产的转鼓预浓缩与带式一体化污泥脱水机，SBR 反应池剩余污泥排入储泥池，经 48h 沉淀后排入污泥脱水机房进行污泥脱水，进入转鼓预浓缩前的污泥含水率大多数情况在 94%~96%。昆明市某污水处理厂将含固率为 0.7%~0.85%的剩余污泥从 ICEAS 池泵入储泥池(水力停留时间 HRT 为 7d)，在池中，间歇曝气和间歇浓缩交替进行以防止磷的析出，并使污泥浓缩到含固率为 1.5%，然后进入带式浓缩机和带式脱水机。

污泥浓缩脱水一体化设备的目标与实际应用存在一定的差距，如果把长污泥停留时间的储泥池看成是重力浓缩池的话，甚至可以认为污泥浓缩脱水一体化设备比传统污泥处理工艺在工艺流程上更加复杂，污泥浓缩脱水一体化设备的应用需要进一步完善。

(3)研究开发低浓度污泥浓缩工艺

典型城市污水处理厂初沉污泥含水率为95%~97%，二沉污泥含水率为99.2%~99.6%，有些变革工艺，如重庆大学自行开发的一体化氧化沟工艺，不设二沉池，经固液分离器的剩余污泥含水率更高。

根据各环保设备厂的样本介绍，污泥浓缩脱水一体化机适用于含水率在99.5%以下的污泥，含水率高于99.5%的污泥不宜直接进入一体化污泥浓缩脱水机，需要先经过其他浓缩方法浓缩。实际应用中，一体化设备对进泥含固率的要求更高，故需进一步研究开发适用于低浓度剩余活性污泥的浓缩新技术。

参 考 文 献

[1] 廖传华，江晖，黄诚，等．分离技术、设备与工业应用[M]．北京：化学工业出版社，2018.

[2] 廖传华，米展，周玲，等．物理法水处理过程与设备[M]． 北京：化学工业出版社，2016.

[3] 董进波，张磊，陈恒宝，等．城镇污水厂污泥浓缩脱水的优化控制研究[J]．环境科学与管理，2015，40(8)：106-109.

[4] 曹群科．溶气气浮和涡凹气浮的比较及适用场合[J]．广州化工，2015，43(2)：105-107.

[5] 李淑晶．叠螺式含油污泥浓缩脱水工艺应用分析[J]．石油石化节能，2014，4(11)：49-50.

[6] 周玉红，杨威，任重远．A2/O 和 MBR 工艺剩余污泥浓缩过程中磷释放对比[J]．广东化工，2014，41(5)：225，216.

[7] 许世伟，付强，张伟军，等．气浮技术在膜生物反应器剩余污泥浓缩过程中的应用[J]．环境工程学报，2014，8(12)：5161-5166.

[8] 管新亮．卧式螺旋离心机在焦化废水污泥浓缩处理中的应用[J]．燃料与化工，2014，45(6)：56-58.

[9] 张玉鑫．污泥处理站含油污泥浓缩处理工艺[J]．油气田地面工程，2013，32(9)：92-93.

[10] 张大群．污泥处理处置适用设备[M]．北京：化学工业出版社，2012.

[11] 李振华．浓缩时间对污泥浓缩效果、磷释放及去除的影响[J]．给水排水，2012，28(3)：64-66.

[12] 李江．城市污水厂污泥浓缩消化一体化处理生产性试验研究[D]．重庆：重庆大学，2012.

[13] 王峰，陈宏儒，赵荣．搅拌对给水厂污泥浓缩的影响[J]．山西建筑，2012，38(1)：132-133.

[14] 王睿韬，汪澜，马忠诚．市政污泥脱水技术进展[J]．中国水泥，2012，(4)：57-61.

[15] 何强，唐川东，胡学斌，等．污泥浓缩消化一体化中试试验研究[J]．土木建筑与环境工程，2011，33(A1)：6-8，30.

[16] 王新华，吴志超，李秀芬．平板膜在污泥浓缩消化处理中的应用研究[J]．中国环境科学，2011，31(1)：62-67.

[17] 王哲刚，蔡晓健，韦艳．PTA 废水污泥浓缩工艺的改造及试验[J]．常州大学学报(自然科学版)，2011，23(1)：36-38.

[18] 濮军文．涡凹气浮技术在污泥浓缩中的应用[J]．化学工业与工程技术，2011，32(5)：57-60.

[19] 王新华，李秀芬，吴志超，等．城市污泥浓缩工艺在我国的研究和应用进展[J]．江南大学学报(自然科学版)，2011，10(3)：373-378.

[20] 李兵，张承龙，赵由才．污泥表征与预处理技术[M]．北京：冶金工业出版社，2010.

[21] 李昱辰．高效水力混凝澄清与机械污泥浓缩组合工艺试验研究[D]．北京：中国地质大学(北京)，2010.

[22] 周立杰．油田含油污泥的浓缩试验研究[J]．石油矿场机械，2010，39(8)：45-48.

[23] 何强，杨巍，刘鸿霞，等．两相一体式污泥浓缩消化反应器的性能研究[J]．中国给水排水，2009，25(11)：15-17，21.

[24] 刘鸿霞，何强，李进丰，等．改良型污泥浓缩消化反应器的试验研究[J]．中国给水排水，2009，25(11)：63-65.
[25] 刘鸿霞．污泥浓缩消化一体化反应器试验研究[D]．重庆：重庆大学，2009.
[26] 杨巍．两相一体式污泥浓缩消化反应器性能的研究[D]．重庆：重庆大学，2009.
[27] 胡学斌．污泥浓缩消化一体化反应器的优化设计与中试研究[D]．重庆：重庆大学，2009.
[28] 杨公平．滤带式污泥浓缩脱水机的结构型式探讨[J]．给水排水，2008，34(2)：107-110.
[29] 王新华，吴志超，华娟，等．平板膜污泥浓缩工艺操作条件的优化研究[J]．环境污染与防治，2008，30(6)：54-7.
[30] 胡祝英，康泽龙．污泥浓缩工艺的应用现状和发展对策[J]．榆林学院学报，2008，18(4)：73-75.
[31] 王涛．污泥浓缩脱水及相关技术研究进展[J]．中国环保产业，2008，2：32-35.
[32] 马永强．气浮工艺应用于给水污泥浓缩的试验探索[J]．山西建筑，2008，34(3)：190-191.
[33] 朱开金，马忠亮．污泥处理技术及资源化利用[M]．北京：化学工业出版社，2007.
[34] 罗立新．油田含油污泥浓缩工艺研究[J]．石油与天然气化工，2007，36(4)：344-346.
[35] 李键光．涡凹气浮在石化污水预处理中的应用[J]．石油化工安全环保技术，2007，23(3)：38-39，51.
[36] 张玉华，高新红，赵崇山．水解酸化—涡凹气浮—序批式活性污泥法处理屠宰废水工程[J]．环保与节能，2007，(2)：40-42.
[37] 华娟．平板膜运用于剩余活性污泥的浓缩及同步浓缩消化研究[D]．上海：同济大学，2007.
[38] 刘玉玲，杨国丽．污泥浓缩试验研究[J]．西北水力发电，2007，23(1)：101-101.
[39] 管晓涛，胡锋平，徐烈猛，等．调理对CAF污泥浓缩工艺影响的试验研究[J]．环境污染治理技术与设备，2006，7(11)：89-91.
[40] 何强，王祥勇，方俊华，等．新型内循环污泥浓缩消化反应器的研究[J]．中国给水排水，2005，21(4)：5-8.
[41] 仲伟刚，胡苏明．完全一体化结构的带式污泥浓缩压滤机[J]．环境污染治理技术与设备，2005，6(6)：83-86.
[42] 党永光，陈吕军，汪诚文，等．污泥浓缩脱水投药量优化控制的研究[J]．给水排水，2005，31(1)：15-18.
[43] 陈静．自来水厂污泥浓缩和聚丙烯酰胺预处理研究[D]．上海：同济大学，2005.
[44] 丁大勇，陈玉叶．污泥浓缩脱水滤液除磷试验研究[J]．工业水处理，2004，24(3)：44-46.
[45] 陈长顺．涡凹气浮机在炼油污水处理中的应用[J]．石油化工环境保护，2004，27(4)：21-22，49.
[46] 刘明明．平板膜在剩余活性污泥浓缩与减量化处理中的应用基础研究[D]．上海：同济大学，2004.
[47] 张鹏．膜分离在剩余活性污泥浓缩中应用的研究[D]．上海：同济大学，2003.
[48] 张涛．高效含油污泥浓缩剂的研制与应用[J]．石油炼制与化工，2002，33(10)：55-59

第4章 污泥的机械脱水

污泥是一种由固体和液体两部分组成的悬浊液，相对密度通常为1左右，未经处理的污泥含水率高达95%以上，所以去除污泥中的水分，使其体积减量化是其后续有效利用的关键问题之一。

污泥进入处理处置系统前通常需对其进行浓缩、稳定、脱水，以降低其含水量。处理后的污泥通常采用农田、填埋或焚烧的处理方法。在实际应用过程中，在采用农田利用方法时存在较多的困难，如浓缩污泥含水率过高，造成运输困难、运输量大的问题，脱水泥饼分散困难，田间操作时需借助机械设备等。采用填埋方法时，同样由于含水率过高的原因，致使污泥的土力学性质差，填埋时需混入大量泥土，土地的利用率很低。采用焚烧方法时，由于泥饼含固率低，能值低，焚烧时需加入辅助燃料，使处理成本明显增加。由上可以看出，污泥的含水率是关键的影响因素，因此，解决目前污泥处理过程中所遇到的许多问题，降低污泥含水率是关键所在。

污泥脱水的目的是在浓缩的基础上进一步减少污泥的体积，便于后续处理、处置和利用。污泥中的自由水分基本上可在污泥浓缩过程中被去除，而内部水一般难以分离，所以污泥脱水去除的主要是污泥颗粒间的毛细水和颗粒表面的吸附水。

污泥脱水的方法主要有自然干化、机械脱水和热处理法。自然干化占地面积大，卫生条件相对较差，易受天气状况的影响。热处理法脱水也称人工干化或污泥干燥。与加热脱水相比，机械脱水的能量消耗相对较低，20MPa的能量相当于70kJ/kg，汽化热为2200kJ/kg，因此，机械脱水被广泛应用于污泥脱水中。

4.1 机械脱水的基本原理

由于受污泥水分形态及液压传导机理的限制，污泥机械脱水很难实现高干脱水，因而污泥需要进一步干化脱水。在发达国家，污泥热干燥技术逐渐进入工业化应用，但干燥是耗能最多的工业操作之一，有报道称，在欧洲和美国，污泥干燥的能耗约为每年 1.6×10^{11} MJ。因此，作为干燥的预处理技术，脱水非常重要，脱水越彻底，则总能源消耗就越少。在发展中国家，由于受能耗的限制，污泥干燥技术还没有进入工业化应用阶段，污泥机械脱水之后，一种比较简单、低成本的方法是自然干化，但这种方法仅适用于少雨地区的小型污泥处理厂。基于污泥表面电荷的电渗透脱水技术由于能耗低、脱水效率高，会具有很强的实用性。

4.1.1 污泥中水的存在形式

污泥中的水以四种形式存在：间隙水、毛细管结合水、表面吸附水及内部(结合)水。这四种形式分别反映了水分与污泥固体颗粒结合的情况。

(1)间隙水

污泥颗粒之间包围着的间隙水不与固体直接结合，作用力弱，很容易被分离。这部分水是污泥浓缩的主要对象，占污泥水分含量的70%。

(2)毛细管结合水

毛细现象形成的毛细管结合水由于受到液体凝聚力和液固表面附着力的作用，需要较高的机械作用力和能量才能将其分离出来。分离方法可以采用与毛细水表面张力相反的作用力，如离心力、负压抽真空、电渗力或热渗力等。实际中常用离心机、真空过滤机或高压压滤机来去除这部分水。污泥中的各类毛细管结合水约占污泥中水分总量的20%。

(3)表面吸附水

由于污泥常处于胶体状态，而胶体的特征为颗粒小、比表面积大，所以表面吸附水分较多。表面张力较强导致表面吸附水的去除较难，不能用普通的浓缩或脱水方法去除。通常要在污泥中加入电解质混凝剂，利用凝结作用使污泥固体与水分分离。表面吸附水占污泥中水分的7%。

(4)内部水

微生物的细胞膜包围了一部分污泥中的水，形成内部结合水，与微生物结合得很紧，必须破坏细胞膜。通常采用生物作用(好氧堆肥化、厌氧堆肥化等)将细胞分解，或采用其他方法使细胞膜破裂，使内部水扩散出来再进一步去除。内部水约占污泥中水分的3%。

污泥浓缩主要是针对间隙水，经浓缩后的污泥含水率为90%以上，呈流动状态，体积依然很大，故需进行机械脱水，将污泥中的毛细管结合水分离出来。污泥经机械脱水后体积减少到原来的1/10以下，大大降低了后续处理的难度。

4.1.2 常规滤饼过滤理论

污泥机械脱水是以过滤介质两侧的压力差作为推动力，使污泥中的水分被强制通过过滤介质，形成滤液，而固体颗粒被截留在介质上，形成滤饼，从而达到脱水的目的。Ruth提出了常规滤饼过滤理论来描述恒压条件下的过滤状态：

$$\frac{\mu \bar{a} \bar{c}}{2A^2 \Delta p} V^2 + \frac{\mu R_M}{A} V - t = 0 \tag{4-1}$$

式中 μ——滤液的动力黏度，$N \cdot s/m^2$；

$\bar{a}$——平均比阻，m/kg；

$\bar{c}$——单位体积滤液中固体物质的干重，kg/m^3；

R_M——过滤介质的阻抗，m^{-2}。

A ——过滤面积，m^2；

V ——过滤体积，m^3；

t ——过滤时间，s；

Δp ——过滤压力，N/m^2。

平均比阻和以体积分数表示的平均滤饼浓度可用滤饼成压的幂函数表示：

$$\bar{a} = a_0(1 - n)\Delta p_g^n \tag{4-2}$$

$$\bar{c} = c_0(1 - m)\Delta p_g^m \tag{4-3}$$

式中　a_0、n、c_0、m ——实验常数。

单位体积滤液中固体物质的干重的平均值可以从滤饼平均浓度和滤浆中固体物质的质量分数中获得

$$\bar{c} = \frac{1}{\dfrac{1 - s}{s\rho_1} - \dfrac{1 - c}{c\rho_s}} \tag{4-4}$$

式中　ρ_1、ρ_s——液体和固体的密度，kg/m^3。

瞬时过滤效率可用式(4-5)表示：

$$Q = \frac{dV}{dt} = \left(\frac{\mu \bar{a}\bar{c}}{A^2 \Delta p}V^2 + \frac{\mu R_M}{A}\right)^{-1} \tag{4-5}$$

$$\Delta p_g = \Delta p - \frac{\mu R_M}{A} \cdot Q \tag{4-6}$$

式(4-6)表示可以通过总压减去滤液中的压降来计算滤饼中的压降。

滤饼的瞬时厚度可从如下关系中计算得出

$$L = \frac{\Delta p_g^{l-m-n}}{\mu a_0 c_0 \rho_s (l - m - n)} \cdot \frac{A}{Q} \tag{4-7}$$

滤饼内部高度为 y 处的体积浓度为

$$c_y = c_0 \Delta p_g^m \left(\frac{y}{L}\right)^{m/(l-m-n)} \tag{4-8}$$

机械脱水的速度不仅受到污泥粒子粒径和其分布的影响，还受到泥饼层内的有效孔隙率、深度、粒子的比表面积和形状的影响，并且这些因素都会随着污泥分散凝聚程度的不同而不同。

过滤过程中粒子的捕捉机理如图 4-1 所示。

在间歇过滤过程中，滤液通路内为层流状态，忽略流速分布和粒子移动，过滤速度可以表示为

$$\frac{1}{A} \cdot \frac{dV}{dt} = \frac{A \Delta p_g c(1 - mw)}{\mu (V + V_M) \rho w \bar{a}} \tag{4-9}$$

$$\Delta p = \Delta p_m + \Delta p_c$$

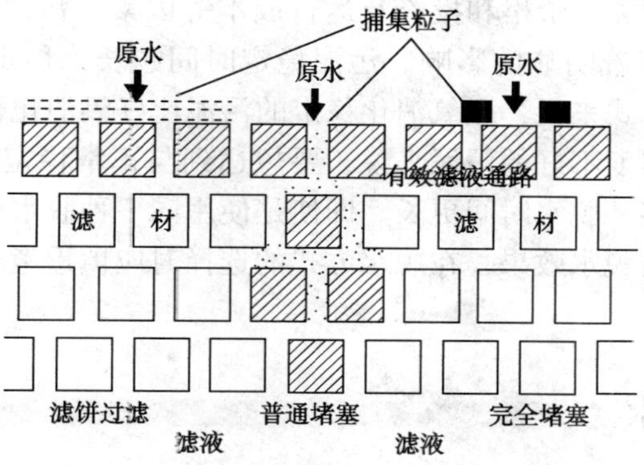

图 4-1　过滤过程中粒子的捕捉机理

式中　m——湿污泥对干燥泥饼的质量比，即

$$m=\frac{1}{w}-\frac{\rho V}{W_{m}}$$

式中　w——干燥泥饼的质量，g；

W_m——与滤材阻力相当的泥饼质量，g；

$\bar{a}$——干燥泥饼单位质量的过滤阻力，即平均比阻，m/kg 或 mm/g。

根据式(4-1)可知，过滤介质两侧的压力差越大，单位时间内的过滤体积也越大。因为，为了提高过滤过程的处理能力，应尽可能提高两侧的压力差。

4.1.3　污泥机械脱水的方式

形成压力差推动力的方法有四种：依靠污泥本身厚度的静压力，如自然干化脱水；在过滤介质的一侧造成负压，如真空过滤脱水；对污泥加压把水分压过介质，如压滤脱水；造成离心力，如离心脱水。在这四种方法中，除自然干化脱水外，其他三种均属于机械脱水。

污泥脱水的机械主要分过滤式和产生人工力场式两类，过滤式分负压过滤(如真空过滤)和正压过滤(如板框压滤机和带式压滤机)。产生人工力场式是在人工力场的作用下，借助固体和液体的密度差来使固液分离，如离心脱水。

真空过滤机由于出泥含水率高、占地面积大而被淘汰。板框压滤机虽然脱水效率较高，但设备价格和土建费用比带式压滤机和离心机高，且间歇运行，工人操作强度大，其使用也受到一些限制。带式压滤机可连续生产，机械制造容易，操作简单，在国内外污泥脱水中得到了广泛应用，在国内发展尤为迅速，新建污水处理厂的脱水设备几乎都是带式压滤机，但是它必须与有机聚合物配合使用，而我国目前合成有机物价格较贵，致使带式压滤机运行费用较高。离心脱水机械是世界各国在污泥处理中应用较多的脱水机械，其处理量大，基建费用少，工作环境卫生，操作简单，自动化程度高，但用于污泥脱水的缺点是离心后泥饼含水率较高。

在选择机械脱水形式时，应考虑到污泥的调理方式及污泥脱水之后的干燥、焚烧等最终处置方式。只有含固率大于 20%～25%的污泥才能被直接用于农业；如果选择污泥卫生填埋，则必须同时考虑到含水率和承载力两方面的要求。国外经验证明，要达到填埋场的要求，需使用无机药剂的化学调理和板框压滤机相结合才能达到要求。此外，还应结合当地情况，考虑污泥调理剂的种类、价格和投资及运行成本等因素。污泥生物稳定的时间、方式、程度对污泥的脱水性能有着明显的影响。污泥稳定时间越长，稳定程度越好，脱水效果越好。就污泥的生物稳定方式来说，厌氧消化稳定的污泥比好氧消化稳定的污泥效果要好。对于稳定时间不长和稳定程度不好的污泥来说，要想达到与正常稳定的污泥同样的脱水效果，所需要的化学调理剂更多，脱水时间更长。即使是使用同一种脱水机械，由于污泥理化性质不同，也可能产生不同的脱水效果，在脱水方式的选择时应慎重考虑，已有的污水处理厂的经验只能作为参考。

4.2 真空过滤脱水

真空过滤技术与设备是较早出现的机械脱水方式，是利用抽真空的方法造成过滤介质两侧的压力差，进而形成推动力来脱水。其特点是运行平稳，能自动连续生产，可自动控制；但因其维持真空需要较大功率的真空泵等辅助设备，因此它存在工艺复杂、能耗高、辅助设备噪声大、占地面积大、相对出泥含固率低、效率低等缺点。近年来，由于更加有效的脱水设备出现，真空过滤脱水技术的应用日趋减少。

真空过滤脱水适用于污泥比阻较小的场合，可用于初沉污泥和消化污泥的脱水，也可用于处理来自石灰软化水过程的石灰污泥。经厌氧消化处理后的污泥，在真空过滤之前，要进行预处理，即淘洗，污泥淘洗后的碱度一般要求 400~600mg/L（以 $CaCO_3$ 计）。

4.2.1 真空过滤脱水工艺

真空过滤脱水的工艺流程如图 4-2 所示。进入真空过滤机的污泥，含水率应不大于 95%，最大不应大于 98%。脱水后泥饼的含水率为 75%~80%。真空过滤的固体回收率为 85%~99.5%。

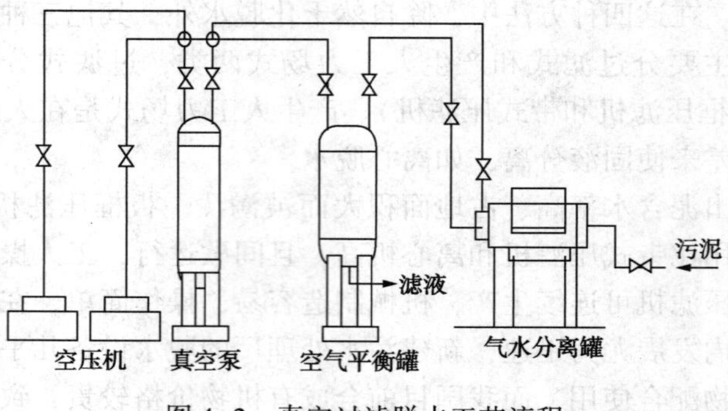

图 4-2 真空过滤脱水工艺流程

真空过滤脱水的性能一般可根据过滤速度、固体回收率、泥饼质量和滤液性状等指标来判断。最需经常测定的指标为过滤速度，用过滤机出口处单位时间单位过滤面积上的滤饼的干重来表示。

固体回收率，用生成的滤饼量与污泥的供给量的比来表示。实际应用中有时为了提高处理量，往往降低回收率。

泥饼的含水率一般为 70%~80%，一般应根据最终处理处置方法加以调整。液体中固体的浓度一般为500~1000mg/L，原液中10%~20%的固体进入滤液中，需进行循环过滤，长此以往会导致循环固体的累积，影响处理设备和过滤性能。所以，液体中的固体浓度尽量控制在较低的范围内。

真空过滤脱水工艺的泥饼产率如表4-1所示。

表4-1 真空过滤机的泥饼产率

污泥种类		泥饼产率/[kg/(m²·h)]
原污泥	初沉污泥	30~40
	初沉污泥+生物滤池污泥	30~40
	初沉污泥+活性污泥	15~25
	活性污泥	7~12
消化污泥(中温)	初沉污泥	25~35
	初沉污泥+生物滤池污泥	20~35
	初沉污泥+活性污泥	15~25

真空过滤设备一般是由一部分浸在污泥中，同时不断旋转的圆筒转鼓构成，过滤面分布在转鼓周围。转鼓被分割成许多小室，为过滤区段和干燥区段。首先，滤鼓和滤布被抽成真空，污泥中的水分在过滤和干燥区段被过滤，泥饼在滤布上形成。

真空过滤可以与有机化学调理、无机化学调理及热调理一起使用。各种过滤机的不同之处在于泥饼的剥离方式，目前常用的是转筒真空过滤机和带式真空过滤机。

4.2.2 转筒真空过滤机

转筒真空过滤机是一种连续操作的过滤机械，广泛应用于工业生产。如图4-3所示，设备的主体是一个能转动的水平圆筒，其表面有一层金属网，网上覆盖滤布，筒的下部浸入污泥中。圆筒沿周向分隔成若干扇形格，每格都有单独的孔道通至分配头上。圆筒转动时，凭借分配头的作用使这些孔道依次分别与真空管和压缩空气管相通，因而在回转一周的过程中每个扇形格表面即可顺序进行过滤、洗涤、吸干、吹板、卸饼等项操作。

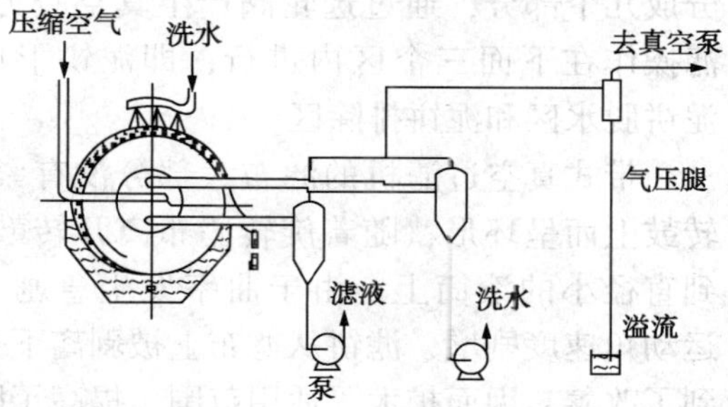

图4-3 转筒真空过滤机装置示意图

分配头由紧密贴合着的转动盘与固定盘构成，转动盘随着筒体一起旋转，固定盘内侧各凹槽分别与各种不同作用的管道相通，如图4-4所示，当扇形格1开始浸入污泥内时，转动盘上相应的小孔便与固定盘上的凹槽f相对，从而与真空管道连通，吸走滤液。图上扇形格1~7所处的位置称为过滤区。扇形格转出污泥槽后，仍与凹槽f相通，继续吸干残留在滤饼中的滤液。扇形格8~10所处的位置称为吸干区。扇形格转至12的位置时，洗涤水喷洒于滤饼上，此时扇形格与固定盘上的凹槽g相通，以另一真空管道吸走洗水。扇形格12、13所处的位置称为洗涤区。扇形格11对应于固定盘上凹槽f与g之间，不与任何管道相连通，该位置称为不工作区。当扇形格由一区转入另一区时，因有不工作区的存在，方使各操作区不致相互串通。扇形格14的位置为吸干区，15

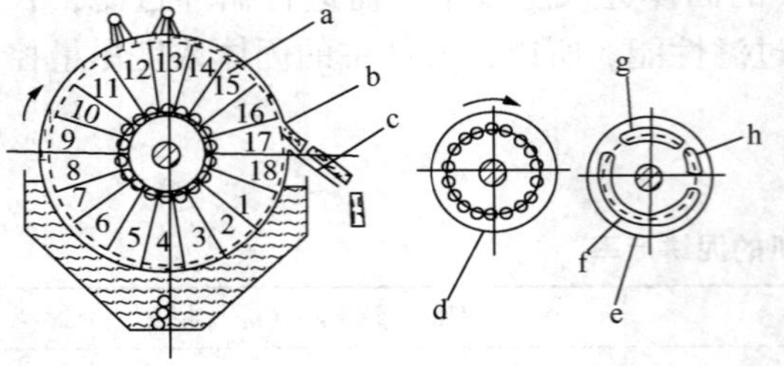

图 4-4　转筒及分配头的结构

a—转筒；b—滤饼；c—割刀；d—转动盘；e—固定盘；f—吸走滤液的真空凹槽；g—吸走洗水的真空凹槽；h—通入压缩空气的凹槽

为不工作区。扇形格 16、17 与固定凹槽 h 相通，再与压缩空气管道相连，压缩空气从内向外穿过滤布而将滤饼吹松，随后由刮刀将滤饼卸除。扇形格 16、17 的位置称为吹松区及卸料区，18 为不工作区。如此连续运转，整个转筒表面上便构成了连续的过滤操作。转筒过滤机的操作关键在于分配头，它使每个扇形格通过不同部位时依次进行过滤、吸干、洗涤、再吸干、吹松、卸料等几个步骤。

转筒的过滤面积一般为 5~40m^2，浸没部分占总面积的 30%~40%。转速可在一定范围内调整，通常为 0.1~3r/min。滤饼厚度一般保持在 40mm 以内，对难于过滤的胶质物料，厚度可小于 10mm 以下。转筒过滤机所得滤饼中的液体含量很少低于 10%，常可达 30%左右。

转筒真空过滤机能连续地自动操作，节省人力，生产能力强，特别适宜于处理量大而容易过滤的料浆，但附属设备较多，投资费用高，过滤面积不大。此外，由于它是真空操作，因而过滤推动力有限。

4.2.3　带式真空过滤机

带式真空过滤机又称水平带式真空过滤机，由一个较大的转鼓组成，以循环移动的环形滤带作为过滤介质，转鼓的底部浸没在污泥池中，转鼓转动时，污泥在真空吸力作用下被带到滤带上，在负压和重力作用下使液固快速分离的一种连续式过滤机，如图 4-5 所示。转鼓分成几个部分，通过选轮阀产生真空吸力，过滤操作在下面三个区内进行，即泥饼形成区、泥饼脱水区和泥饼排除区。

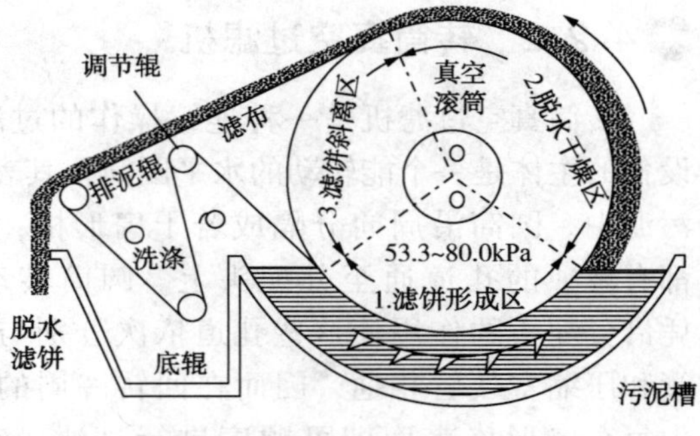

图 4-5　带式真空过滤机工作原理图

带式真空过滤机的滤布大部分没有紧贴在转鼓上而呈环形，随着旋转滤布离开转鼓被卷到直径小的滚筒上。由于曲率发生急剧变化，运动角速度剧增，滤饼从滤布上被剥离下来。相对于转筒真空过滤机来说，由于滤布堵塞得到了改善，因而扩大了适用范围，提高了脱水性能，泥饼含水率为 70%~75%。

水平带式真空过滤机按其结构原理分为移动室型、固定室型、间歇运动型和连续移动盘型。

移动室型带式真空过滤机是真空盒随水平滤带一起移动，并且过滤、洗涤、下料、卸料等操作同时进行。固定室型带式真空过滤机采用一条橡胶脱液带作为支承带，滤布放在脱液带上，脱液带上开有相当密的、成对设置的沟槽，沟槽中开有贯穿孔。脱液带本身的强度足以支承真空吸力，因此滤布本身不受力，滤布的寿命较长。间歇运动型带式过滤机是靠一个连续的循环运行的过滤带，在过滤带上连续或批量加入料浆，在真空吸力的作用下，在过滤带的下部抽走滤液，在过滤带上形成滤饼，然后对滤饼进行洗涤、挤压或空气干燥。连续移动盘型带式真空过滤机是将整体式真空滤盘改为由很多可以分合的小滤盘组成，小滤盘联结成一个环形带，滤盘可以和滤布一起向前移动。

带式真空过滤机的特点是水平过滤面，上面加料，过滤效率高，洗涤效果好，滤饼厚度可调，滤布可正反两面同时洗涤，操作灵活，维修费用低。

真空过滤机的设计主要是根据原污泥量、每天转鼓的工作时间及场地的大小来决定所需的过滤面积，然后根据真空转鼓的产品系列选择一个或几个真空转鼓，使总过滤面积满足要求。

真空过滤机的滤布种类很多，多采用合成纤维，如腈纶、涤纶、尼龙等不易堵塞而又耐久的材料。在选择滤布时必须对污泥的性质和调理药剂充分考虑，最好先进行滤布试验，但滤布应先洗涤 3~5 次，以便于发现问题。

4. 2. 4　影响真空过滤脱水性能的因素

影响真空过滤脱水性能的因素有污泥性质、真空度、转鼓浸没程度、转鼓转速、搅拌强度、滤布种类、污泥调理情况等，这些因素有时相互关联，必须引起注意。

大小和形状不同的固体颗粒通过其压缩性和絮凝性影响过滤脱水性能。大小形状均匀、粒径较大的污泥颗粒孔隙率大，过滤性能好，不易板结。实际中，为改善大小不均、颗粒较细的污泥的过滤性能，通常加入较多的调理药剂。

污泥的腐败变质也会影响其脱水性能。消化的污泥，其中的纤维组织和颗粒物质被分解为类胶体、胶体和溶解性物质，填在小颗粒物质的孔隙中，影响其过滤性能。如果污泥放置 24h 而未曝气，就会发生腐败变质。如想获得与未变质污泥同样的过滤脱水效果，则需加入 2 倍的调理药剂量。

污泥浓度是影响脱水性能的因素之一。随着脱水的进行，污泥的浓度增大，泥饼的产生量增大，产生单位质量泥饼的滤液量减少，需要对真空过滤机的运行参数进行调整。对于浓度过低的污泥，增大转鼓的浸入深度，延长污泥的抽吸时间，泥饼的厚度增加，同时含水率也增加，可以通过延长过滤周期，留有足够的水分干燥时间，降低泥饼的含水率，这种方式降低了真空过滤机的效率。通常，浸入率是转鼓总面积的 15%~25%。

污泥的可压缩性能也会影响脱水性能。由于污泥的压缩性好，泥饼阻力随着真空度的增加而增大，因此，要保持一定的真空度，通常为 50. 66kPa。实际操作中可采用在污泥中投加炭粉、硅藻土、木屑等来增加孔隙率，提高过滤速度，克服因污泥的可压缩性导致的不利因素。

滤液和悬浮液的黏度、固体颗粒在液体中的分散度也影响污泥的脱水性能，因此，过滤槽中搅拌装置的速度应可调，以防止浓度不均或者发生沉淀。

活性污泥的真空过滤特性如表 4-2 所示。

表 4-2　活性污泥的真空过滤特性

污泥种类	供给污泥浓度/%	调理药剂量/%		过滤速度/[kg/(m^2 · h)]	泥饼含固率/%
		$FeCl_3$	$CaCO_3$		
二沉池污泥	2. 0~2. 5	9~10	—	17. 0~22. 0	15~20
浓缩污泥	3. 5~4. 5	10~12	—	22. 0~25. 4	13~15

续表

污泥种类	供给污泥浓度/%	调理药剂量/%		过滤速度/[kg/(m^2·h)]	泥饼含固率/%
		$FeCl_3$	$CaCO_3$		
二沉池污泥	1.3~1.8	5~10	—	7.3~8.8	18~24
二沉池污泥	2.0~2.7	7~10	—	11.2~15.1	20~30
二沉池污泥	2.9~3.6	6~10	—	9.8~11.7	14~18
混合污泥	6.4	4.4	13.3	20.0	29.0
初沉和消化污泥	5.3	2.5	7.6	35.2	26.4

4.3 加压过滤脱水

加压过滤是利用液压泵或空压机形成 4~8MPa 的压力增加过滤的推动力的污泥脱水方式，其基本原理与真空过滤相同，区别在于加压过滤使用正压，真空过滤使用负压。其优点是过滤效率高、滤饼的固体含量高、滤液中固体含量低，前处理时可不加或加少量的调理剂，滤饼的剥离方式简单，因此，加压过滤方式被广泛使用。加压过滤经历了由间歇操作到连续操作的发展，根据不同的压滤形式又分不同的类型。目前广泛使用的为板框压滤机、辅以空气的板框压滤机及带式压滤机等几种类型。

4.3.1 板框压滤机

板框压滤机属于间歇式加压过滤机，由压紧装置、机架和滤框及其他附属装置等部件组成，滤板和滤框交替叠合架在两根平行的支撑梁上，所有滤板两侧都具有和滤框形状相同的密封面，滤布夹在滤板、滤框密封面之间，成为密封的垫片。其结构如图 4-6 所示。板和框都用支耳架在一对横梁上，可用压紧装置压紧或拉开。

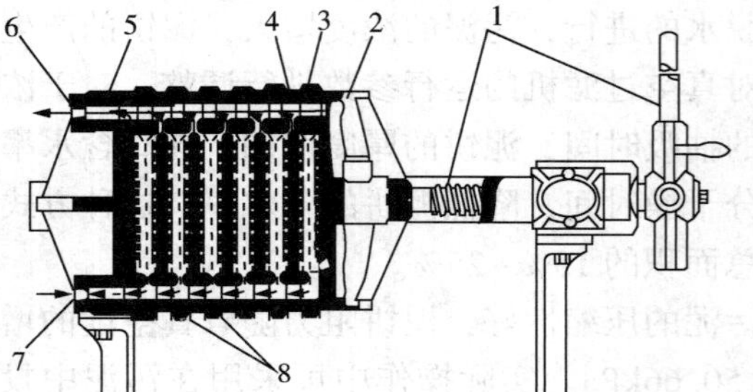

图 4-6　板框压滤机

1—压紧装置；2—可动头；3—滤框；4—滤板；5—固定头；6—滤液出口；7—滤浆进口；8—滤布

板和框多做成正方形，其构造如图 4-7 所示。板、框的角端均开有小孔，装合并压紧后即构成供滤浆或洗水流通的孔道。框的两侧覆以滤布，空框与滤布围成了容纳滤浆及滤饼的空间。滤板的作用有两个：一是支撑滤布，二是提供滤液流出的通道。为此，板面上制成各种凹凸纹路，凸者起支撑滤布的作用，凹者形成滤液流道。滤板又分为洗涤板与非洗涤板两种，其结构与作用有所不同。为了组装时易于辨别，常在板、框外侧铸有小钮或其他标志，如图 4-7 所示，故有时洗涤板又称三钮板，非洗涤板又称一钮板，而滤框则带二钮。装合时即按钮数以 1—2—3—2—1—2—…的顺序排列板与框。所需框数由生产能力及滤浆浓度等因素决定。每台板框压滤机有一定的总框数，最多的可达 60 个，当所需框数不多时，可取一盲板插入，以切断滤浆流通的孔道，后面的板和框即失去作用。

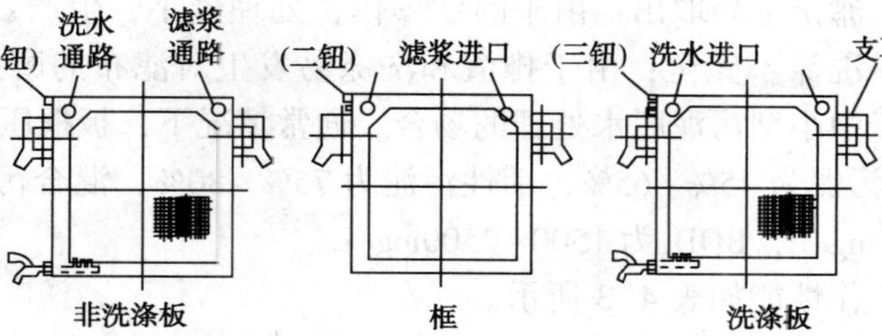

图 4-7 滤板和滤框

过滤时，悬浮液在指定的压强下经滤浆通道由滤框角端的暗孔进入框内，如图 4-8(a)所示，滤液分别穿过两侧滤布，再沿邻板板面流至滤液出口排出，固体则被截留于框内。待滤饼充满全框后，即停止过滤。

若滤饼需要洗涤时，则将洗水压入洗水通道，并经由洗涤板角端的暗孔进入板面与滤布之间。此时应关闭洗涤板下部的滤液出口，洗水便在压强差推动下横穿一层滤布及整个滤框厚度的滤饼，然后再横穿另一层滤布，最后由非洗涤板下部的滤液出口排出，如图 4-8(b)所示。这样安排的目的在于提高洗涤效果，减少洗水将滤饼冲出裂缝而造成短路的可能。

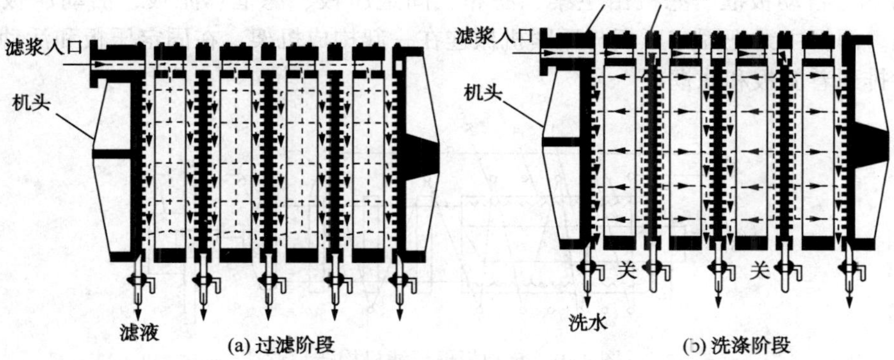

图 4-8 板框压滤机内液体流动路径

洗涤结束后，旋开压紧装置并将板框拉开，卸出滤饼，清洗滤布，整理板、框，重新装合，进行另一个操作循环。

板框压滤机的操作表压一般不超过 $8×10^5$Pa，有个别达到 $15×10^5$Pa 者。滤板和滤框可用多种金属材料或木材制成，并可使用塑料涂层，以适应滤浆性质及机械强度等方面的要求。滤液的排出方式有明流和暗流之分。若滤液经由每块滤板底部小直管直接排出，则称为明流。明流便于观察各块滤板工作是否正常，如见到某板出口滤液浑浊，即可关闭该处旋塞，以免影响全部滤液的质量。若滤液不宜暴露于空气之中，则需将各板流出的滤液汇集于总管后送走，称为暗流。暗流在构造上比较简单，因为省去了许多排出阀。压紧装置的驱动有手动与机动两种。

板框压滤机的优点是滤材使用寿命长，滤饼的厚度可通过改变滤框的厚度来改变，且滤饼厚度均一，结构较简单、附属设备少、制造方便、操作容易、运行稳定，故障少，过滤面积选择范围灵活，且单位过滤面积占地较小、过滤面积较大、操作压强高、过滤推动力大，所得滤饼含水率低，对各种物料性质的适应能力强，适用于各种污泥。其不足之外在于，滤框给料口容易堵塞，滤饼不易取出；由于间歇操作，处理量小，生产效率低、劳动强度大；滤饼密实而且变形，洗涤不完全；由于排渣和洗涤易发生对滤布的磨损，滤布的使用寿命短。因此，它适合于中小型污泥脱水处理的场合。通常情况下，板框压滤机的滤饼含水率为45%~80%，初沉池污泥为45%~65%，活性污泥为75%~80%，混合污泥为55%~65%，滤液悬浊液浓度为400mg/L，BOD_5为1500~2500mg/L。

板框压滤机的工作性能如表4-3所示。

表4-3 板框压滤机的工作性能

污泥种类	污泥固含率/%	压滤时间/h	调理剂用量/(g/kg)		泥饼含固率/%
			$FeCl_3$	CaO	
初沉污泥	5~10	2.0	50	100	45
初沉污泥+活性污泥(>50%)	1~4	2.5	60	120	45
初沉污泥+活性污泥(<50%)	3~6	2.5	50	100	45
活性污泥	1~5	2.5	75	150	45

为了克服间歇式板框压滤机的缺点，提高其生产效率，发展了一种自动板框压滤机，如图4-9所示。自动板框压滤机由主梁、滤布、固定压板、滤框、滤板、活动压板、压紧机械等组成。两根主梁把固定压板与压紧机械连在一起构成机架。在固定压板和活动压板之间依次交替排列着滤板和滤框。

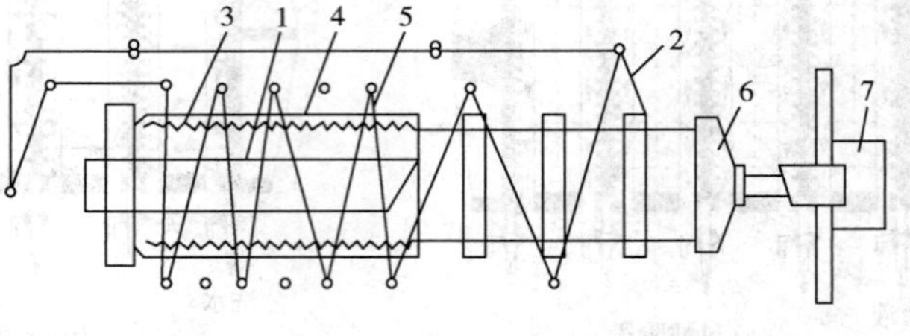

图4-9 自动板框压滤机构造示意

1—主梁；2—滤布；3—固定压板；4—滤板；

5—滤框；6—活动压板；7—压紧机

压紧机械驱使活动板带动滤板和滤框在主梁上行走，用以压紧和拉开板框。在滤板和滤框四周均有耳孔，板框压紧后形成暗通道，分别为进泥口、高压水进口、滤液出口以及压干、正吹、反吹和压缩空气通道。滤布在驱动装置下行走，通过洗刷槽进行清洗，使滤布得以再用。

板框压滤脱水的设计，主要是根据污泥处理量、脱水泥饼浓度、压滤机的过滤能力来确定所需过滤面积、过滤机的台数和设备布置方式。

板框压滤机的脱水能力可按式(4-10)进行计算：

$$L = \frac{S}{(1+n)At} \tag{4-10}$$

式中 L——对污泥的过滤能力(不计调理剂带来的效果)，kg/(m^2·h)；

S——滤饼干重，kg；

n ——絮凝剂对干污泥的质量比；

A ——有效过滤面积，m^2；

t ——总过滤时间，*t* =进泥时间+压滤时间+出泥时间，h。

滤饼取出时间越短，过滤能力越大。原污泥含水率越低，过滤时间越短，过滤能耗越低。絮凝剂的用量一般为污泥固体含量的5%～10%。

4.3.2 带式压滤机

带式压滤机是连续运转的污泥脱水设备，具有结构简单、生产连续、处理能力高、耗电量在多种型式的脱水机中为最低、处理量大、允许负荷有较大范围的变化、污泥脱水效果好、出泥含水率低且稳定、管理控制不复杂等特点，所以被广泛采用。带式压滤机进泥的含水率一般为96%～97%，污泥经絮凝、重力脱水、压榨脱水后滤饼的含水率可达75%～80%。该设备适用于城市给排水及化工、造纸、冶金、矿业加工等各类污泥的脱水处理。

带式压滤机的处理能力主要由进泥量及进泥固体负荷确定。一般情况下，进泥量可达到4～7m^3/(m·h)，进泥固体负荷可达到150～250kg/(m·h)。不同型号带式压滤机的滤带宽度不同，一般不超过3m。

(1)带式压滤机的压榨脱水型式

一般带式压滤机的压榨脱水区，其压榨型式有四种，如图4-10所示。其中P型(相对辊式)压榨方式是相对辊压榨方式，它是利用辊间压力脱水，由于辊间接触面积很小，所以具有压榨力大、压榨时间短的特点。S型(水平辊式)压榨方式是利用滤带的张紧力对辊子曲面施加压力，由于滤带辊子的接触面积较宽，具有压榨力小、压榨时间长的特点。而W型和SP型是上述两种形式的组合或变型。目前带式压滤机中S型(水平辊式)用得最多。

图4-10　压榨脱水区的压榨方式

(2)带式压滤机的工作过程

带式压滤机的工作原理如图4-11和图4-12所示。污泥流入在滚压筒之间连续转动的上、下两块带状滤布后，利用滤布的张力和滚压筒的压力及剪切力对两块滤布之间的污泥进行加压脱水。

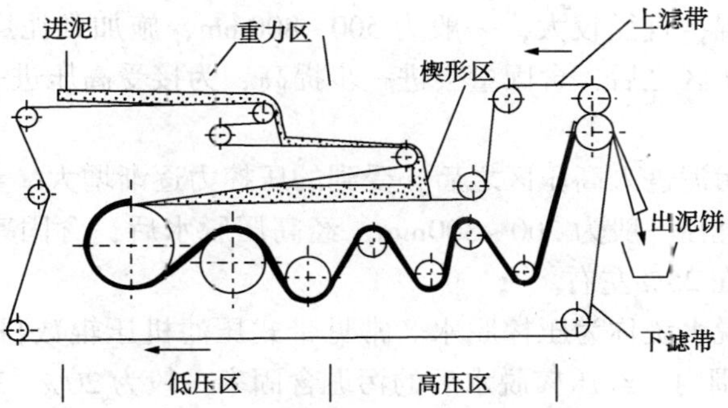

图4-11　带式压滤机工作原理

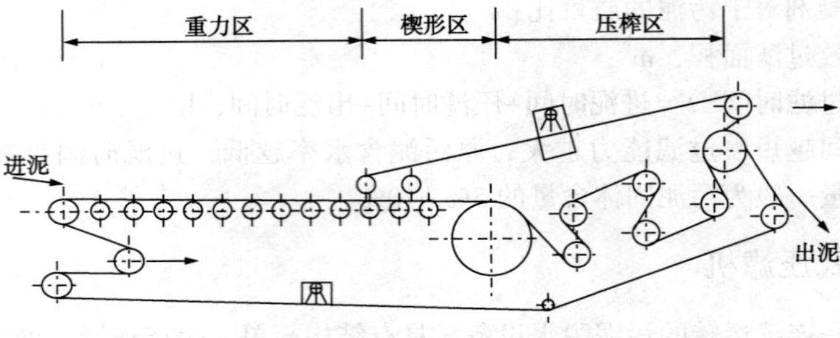

图 4-12　DYL 型带式压滤机工作原理

带式压滤机的工作过程是：污泥絮凝→重力脱水→楔形脱水→低压脱水→高压脱水。重力脱水是必不可少的第一步脱水步骤，能使自由水排出。脱水泥饼由刮泥板剥离，剥离泥饼的滤布用喷射水洗刷，防止滤布孔堵塞，影响过滤速度。冲洗水可以是自来水或污水处理厂的出水。如果使用污水处理厂的出水，它必须不含悬浮物以防止喷射口堵塞。在整个压榨过程中，污泥所受的作用为：

①污泥絮凝

污泥在脱水前必须经过絮凝过程，用高分子絮凝剂对悬浮污泥进行预处理，使悬浮液中的固相粒子发生粘接产生凝聚现象，使固液分离。

②重力脱水

压滤机在压滤之前，有一水平段，在这一段上大部分游离水借自身重力穿过滤带，从污泥中分离出来。一般重力脱水区可脱去污泥中 50%~70%的水分，使含固量增加 7%~70%，在滤带布置方面考虑这一段应尽可能延长，但长度增加会使设备外形加大，此段长度一般为 2.5~4.5m。在此段内设有分料耙和分料辊，可把污泥疏散并均匀分布在滤布表面，使之在重力脱水区更好地脱去水分。

③楔形脱水

楔形区是一个三角形的空间，两滤带在该区逐渐靠拢，污泥在两条滤带之间逐步开始受到挤压。在该段内，污泥的含固量进一步提高，并由半固态向固态转变，为进入压力脱水区做准备。

④低压脱水

污泥经楔形区后，被夹在两条滤带之间绕辊作 S 形上下移动。施加到泥层上的压榨力取决于滤带张力和辊筒直径。在张力一定时，辊筒直径越大，压挤力越小。

压滤机前面三个辊，直径较大，一般为 500~800mm，施加到泥层的压力较小，因此称为低压区。污泥经低压区之后，含固量会进一步提高，为接受高压进一步脱水作准备。

⑤高压脱水

经低压脱水后的污泥进入高压区之后，受到的压榨力逐渐增大，其原因是辊筒的直径越来越小。高压区辊筒直径一般为 200~300mm，经高压脱水后，含固率进一步提高，一般大于 20%，正常情况下在 25%左右。

低压脱水和高压脱水统称为压榨脱水。常见带式压滤机压辊数目为 10~20 个，辊筒直径在 150~1200mm 范围内。经压榨脱水后的污泥含固率一般为 20%~30%，可用输送机输送至堆放场或直接装车送出厂外。

(3)带式压滤机的主要组件

带式压滤机由滤布和滚压筒组成，利用滚压筒的压力和滤布的张力在滤布上榨去污泥中的水分。其结构如图 4-13 所示，主要组件包括：

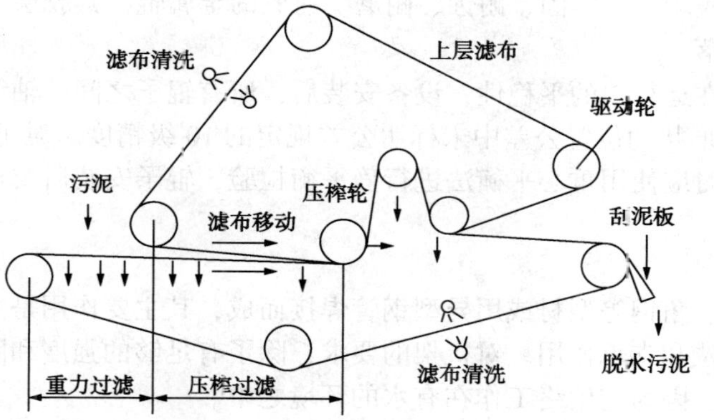

图 4-13　带式压滤机结构图

①主传动装置

由于污泥的种类较多，性质不同，要求带式压滤机能在较宽的工作范围内使用。主传动系统一般采用无级调速。常用交流电动机-摩擦盘无级调控器-蜗轮减速机直联两级减速，实现滤带速度的无级调节。

滤带速度一般为 0.5~5m/min，对于处理生活污水产生的污泥及有机成分较高的不易脱水的污泥取低速；对于消化污泥及含无机成分较高的易于脱水的污泥取高速。

②滤带的张紧及矫正装置

对于处理不同性质的污泥，要求滤带的张紧力能够调节。滤带张紧拉力常用气动或液动系统来实现，一般用气缸或液缸来拉紧滤带。采用此种方式，结构简单，通过调节减压阀改变气体或液体的压力即可调整滤带的拉力。采用气动系统时，气体减压阀的压力一般在 0.1~0.4MPa 之间调节，常用滤带的张紧气压为 0.2~0.3MPa。

滤带矫正装置示意如图 4-14 所示。在上、下滤带的两侧设有机动换向阀，当滤带脱离正常位置时，将触动换向阀杆，接通阀内气路，使纠偏气缸带动纠偏辊运动，在纠偏辊的作用下，使滤带恢复原位。

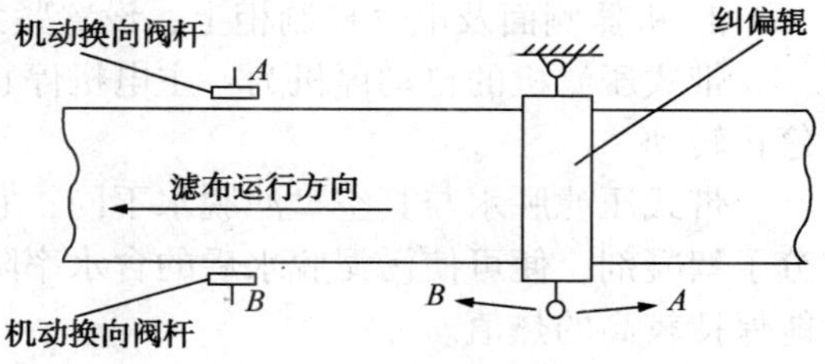

图 4-14　滤带矫正装置示意

气体传动比液体传动应用得更多，它具有动作平稳可靠、灵敏度高、维修方便、没有污染等特点。

正常工作时，滤带允许偏离中心线两边 10~15mm，超过 15mm 时，滤带矫正装置开始工作，调整滤带的运行。如果矫正装置工作失灵，滤带得不到调整，当滤带偏离中心位置超过 40mm 时，应有保护装置，使机器自动停机。

③传动辊、压榨辊及导向辊

带式压滤机有各种不同直径的辊，其结构形式相似。一般的压榨辊均采用无缝钢管，两端焊接轴头，一次加工而成。主传动轴和纠偏轴，为增加摩擦力，在外表面衬胶(包一层橡胶）。在低压脱水段使用直径大于500mm的压榨辊，一般用钢板卷制而成。由于此工作段污泥的含水率高，常在辊筒表面钻孔或开有凹槽，以利于压榨出来的水及时排出。除了衬胶的压榨辊以外，一般的压榨辊表面均需特殊处理，并涂以防腐涂层以提高其耐腐蚀性，或采用不锈钢材质。涂层应均匀、牢固、耐蚀、耐磨。衬胶的金属辊，其胶层与金属表面应紧密贴合、牢固、不得脱落。

为了保持滤带在运行中的平稳性，设备安装后，所有辊子之间的轴线应平行，平行度不得低于GB/T 1184形状和位置公差中未标明公差规定的10级精度。对于直径大于300mm的辊子，在加工制造时应使用重心平衡法进行静平衡检验，辊子安装后要求在任何位置都应处于静止状态。

④机架

机架是用槽钢、角钢等型材或用异型钢管焊接而成，其主要作用是安装传动装置和各种工作部件，起到定位和支承作用。对机架的要求，除了有足够的强度和刚性之外，还要求有较高的耐腐蚀能力，因为它始终工作在有水的环境之中。

⑤滤带冲洗装置

滤带经卸料装置卸去滤饼后，上、下滤带必须清洗干净，保持滤带的透水性，以利于脱水工作连续运行。对于混合污泥，因为污泥的黏性大，常堵塞在滤带的缝隙中不易清除，因此冲洗水压必须大于0.5MPa。清洗水管上要装有等距离的喷嘴，喷出的水呈扇形，有利于减小水的压力损失。有的清洗水管内设置铜刷，用于洗刷喷嘴，避免堵塞。

⑥安全保护装置

当发生严重故障，不能保证机器的正常、连续运行时，应自动停机并报警。带式压滤机应设置以下保护装置：

a. 当冲洗水压小于0.4MPa时，滤带不能被冲洗干净会影响循环使用，应自动停机并报警；

b. 滤带张紧采用气压时，当气源压力小于0.5MPa时，滤带的张紧压力不足，应自动停机并报警；

c. 运行中滤带偏离中心超过40mm无法矫正时，应自动停机并报警；

d. 机器侧面及电气控制柜上，设置紧急停机按钮，用于紧急情况下停机。

带式压滤机的自动停机为：主电机停止转动，同时进泥的污泥泵、加药泵、冲洗水泵也停止转动。

带式压滤脱水与真空过滤脱水不同，它不使用石灰和三氯化铁等药剂，只需投加少量高分子絮凝剂，便可使污泥脱水后的含水率降低到75%~80%，不增加泥饼质量，脱水污泥仍能保持较高的热值。

带式压滤脱水是通过调节污泥入口速率、聚合物类型和投量、投加点和带速来实现正常运转的。有经验的操作者通过肉眼观察重力脱水部分的性能，就可以判定污泥的调理是否合适；也可通过监测脱水后的污泥固体浓度和固体黏附性判定污泥的整体脱水效果。

（4）旋转挤压脱水

旋转挤压脱水是近年来发展起来的污泥脱水技术。污泥被泵入外转沟槽，当机械装置转动时，产生挤压力，使液体被迫流出，在沟槽内形成泥饼并被排出。

旋转挤压是一个连续的脱水过程，因此其附属设备和带式压滤、离心脱水的附属设备相似；机械设备占地相对较小，而且聚合物调理对旋转挤压脱水是一个必不可少的步骤。

4.4 离心脱水

离心脱水是利用离心力代替重力和压力进行污泥脱水的操作。

4.4.1 离心脱水机的工作原理

当装有污泥的容器旋转角速度达到一定值、其离心加速度大于重力加速度时，污泥中的固相和液相就很快分层，这就是离心沉降。利用离心作用原理，污泥通过中心进料管引入转子，在离心力的作用下很快分为两层，较重的固相沉积在转鼓内壁上形成沉渣层，而较轻的液相则形成内环分离液层，沉渣脱水后由出渣口甩出，分离液从溢流口排出，从而完成污泥脱水的过程。一般地，离心脱水装置自成系统，运行时不需要过多监视，干度较好，但需要特别维护，一般不适于间歇运行，适用于能连续运行的大、中型污水处理厂大量污泥的处理。

离心脱水机的性能如表 4-4 所示。

表 4-4 离心脱水机的工作性能

污泥种类	泥饼含水率/%	固体回收率/%	
		未化学调理	化学调理
生污泥			
初沉污泥	65~75	75~90	>90
初沉污泥+腐殖污泥	75~80	60~80	>90
初沉污泥+活性污泥	80~88	55~65	>90
腐殖污泥	80~90	60~80	>90
活性污泥	85~95	60~80	>90
消化污泥			
初沉污泥	65~75	75~90	>90
初沉污泥+腐殖污泥	75~82	60~75	>90
初沉污泥+活性污泥	80~85	50~65	>90

离心分离操作的效果一般用分离因数 α 来表示，即颗粒所受离心力与重力之比：

$$\alpha = \frac{F}{G} = \frac{m\omega^2 r}{mg} = \frac{\omega^2 r}{g} \approx \frac{N^2 r}{900} \tag{4-11}$$

式中 α ——分离因数；

F ——颗粒所受离心力，N，$F = m\omega^2 r$；

m ——颗粒质量，kg；

ω ——旋转角速度，s^{-1}；

r ——旋转半径，m；

G ——颗粒所受重力，N，$G = mg$；

g ——重力加速度，$g = 9.8m/s^2$；

N ——离心机的转速，r/min。

分离因数 α 越大，分离效果越好。按分离因数的大小，可分为低速离心机（$\alpha=1000\sim1500$）、中速离心机（$\alpha=1500\sim3000$）和高速离心机（$\alpha>3000$）。

采用离心脱水时，事先应对污泥采用高分子混凝剂进行调理。当污泥有机物含量高时，一般选用离子度低的阳离子型有机高分子混凝剂；当污泥中无机物含量高时，一般选用离子度高的阴离子型有机高分子混凝剂。混凝剂的投加量与污泥性质有关，应根据实验来确定。

离心脱水过程中，经有机高分子絮凝剂调质等前处理的污泥在离心力的作用下，比重较大的固体颗粒黏附在旋转圆筒的内壁上，并随螺旋状导流叶片移到出口处排出。脱水后泥饼含固率可达到 65%~75%。

离心过滤机适用于软化污泥和混凝沉淀污泥的处理。处理混凝沉淀污泥时，原水浊度升高，聚丙烯酰胺耗量将大幅增加，离心法脱水后泥饼呈糊状；处理软化污泥时，污泥含水率可降到 30%~40%。

4.4.2 污泥的离心脱水流程

用离心机处理给排水、环卫等污泥，应掌握污泥性状和高分子絮凝剂特性，经试验筛选后确定配伍。常用工艺流程如图 4-15 所示。

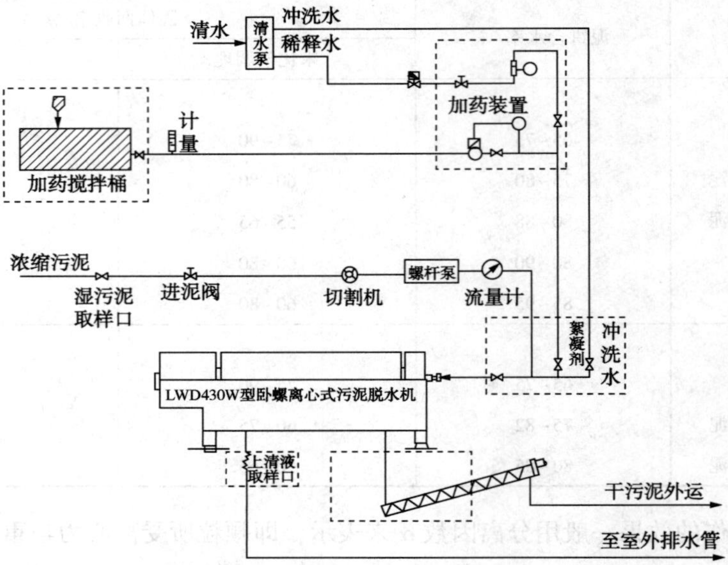

图 4-15 污泥离心脱水处理流程

污泥经污泥浓度计测得相应信号，启动螺杆泵，将污泥泵送至离心机。

在螺杆泵的吸入管路上，视污泥情况设置污泥切割机，以便切碎污泥中携带的固体杂物。螺杆泵的压送管路上设有流量计计量，从而在污泥输入离心机前按浓度计和流量计的信号输入计算机后，由计算机指令投加高分子絮凝剂——聚丙烯酰胺溶液（投加浓度预先设定）的投加量，使污泥能结成粗大的絮凝团，促进泥水的分离。分离后的污泥堆集外运，分离水外排应监测，必须符合污水综合排放相关标准。

4.4.3 污泥脱水用离心机

污泥离心脱水设备一般采用转筒机械装置，最常用的有涡管出流离心机、转筒式离心机。转筒式离心机由转筒(通常一端渐细)、旋转输送器、覆盖在转筒和输送器上的箱盒、重型锌铁基础、主驱动器和后驱动器等组成。主驱动器驱动转筒，后驱动器则控制传输器速度。转筒离心装置有同向流和反向流两种形式。在同向流结构中，固体和液体在同一方向流动，液体被安装在转筒上的内部滗除设备或排放口去除；在反向流结构中，液体和固体运动方向相反，液体溢流出堰盘。图 4-16 是反向流转筒离心装置。

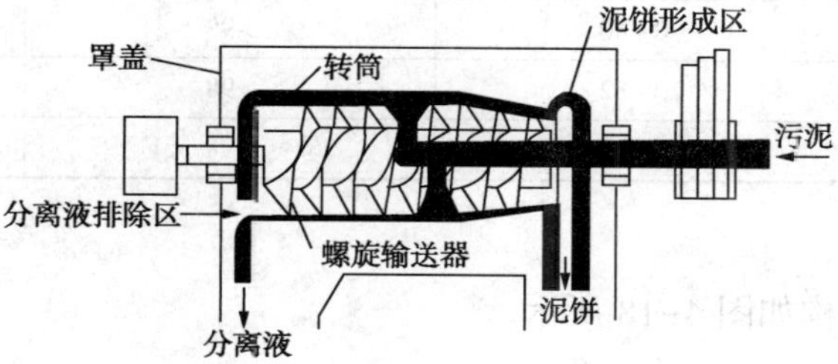

图 4-16 反向流转筒离心装置

离心脱水的特点是结构紧凑，附属设备少，臭味少，能长期自动连续运行。缺点是噪声大、脱水后污泥含水率较高、污泥中沙砾易磨损设备。实际应用的污泥离心脱水机有卧式倾析离心机(卧式圆筒倾析离心机)、碟片式离心机(分离板型离心机)、卧式螺旋卸料沉降离心机和叠螺脱水机。

(1)卧式倾析离心机

卧式倾析离心机的结构如图 4-17 所示。

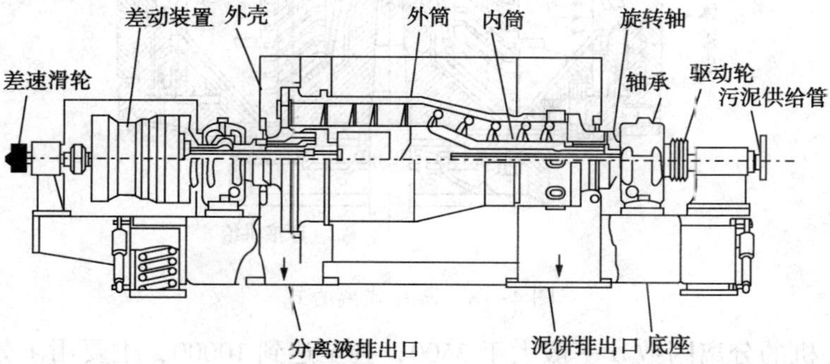

图 4-17 卧式倾析离心机

卧式倾析离心机可以实现污泥连续供给，连续脱水，泥饼和分离液连续排出。离心机工作时，污泥从供给管流到内筒，由分散装置分散均匀，到达外筒，污泥随内外筒同时高速旋转，在离心力的作用下，在外筒的内层，沿转轴形成一定厚度的料液层，液面为外筒圆锥形斜面高度的一半。污泥在外筒的溢流孔处固液分离，泥饼留在外筒壁上，液体从溢流孔流出。积聚在外筒壁上的污泥在离心力的作用下不断被浓缩压实。由于内外筒的转速不同，一般相差 0.2%~3%，浓缩压实的污泥由内筒上的螺旋慢慢排到外筒的圆锥部分，形成泥饼，由排出口排出。此时的污泥在离心力的作用下飞散排出，需要收集罩收集起来。

通常，污泥颗粒的沉降速度与离心力大小成正比，离心力越大，固态物质回收率就越高，但同时存在污泥打滑、凝聚物破裂、脱水效率下降等问题，还会导致机械磨损，动力消耗大，形成噪声。通常选择分离因数 α 小于 2000 的离心机

卧式倾析离心机的脱水效果如表 4-5 所示。

表 4-5　卧式倾析离心机的脱水效果

污泥种类	泥饼含水率/%	SS 回收率/%	絮凝剂投加量/%
初沉污泥	65~70	>98	0.4~1.0
活性污泥	78~83	>98	0.6~1.2
混合污泥	70~80	>98	0.4~1.2
厌氧消化污泥	70~82	>98	0.4~1.2
好氧消化污泥	75~83	>98	0.6~1.2

(2)碟片式离心机

碟片式离心机的结构如图 4-18 所示。

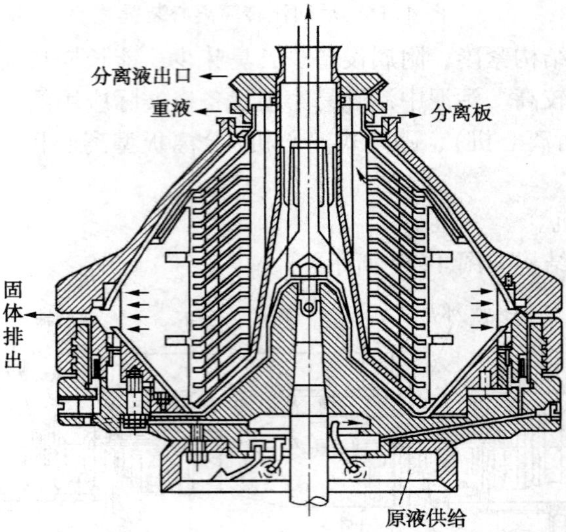

图 4-18　碟片式离心式

碟片式离心机的分离因数 α 一般大于 3500，甚至达到 10000，主要用于分离密度非常接近的液体、细微粒径的乳浊液或悬浊液等高度分散的液体。这些液体中的颗粒组成相近，粒径小，沉降速度低，需分离因数高的离心机才能将其分开。碟片式离心机的处理能力一般为 120~10000L/h，沉降距离较小的悬浮颗粒容易被捕捉，通过转筒上的细孔连续排出，其密度浓缩了 5~20 倍。由于转筒上细孔的直径为 1.27~2.54mm，该离心机对污泥的浓度和粒径有一定的要求，通常的方法是对污泥进行筛分。

碟片式离心机也可以进行固体、油、水的三相分离，目前主要用于一般离心机难分离的悬浊液或者三相分离的液体，其脱水能力不是很强。

(3)卧式螺旋卸料沉降离心机

卧式螺旋卸料沉降离心机主要由转鼓、带空心转轴的螺旋输送器、差速器等组成。污泥由空心转轴输入转鼓内，在高速旋转产生的离心力作用下，污泥中相对密度大的固相颗粒，离心力也大，迅速沉降在转鼓的内壁上，形成固相层(因呈环状，称为固环层)，而相对密度小的水分，离心力也小，只能在固环层内圈形成液体层，称为液环层。固不层的污泥在螺旋输送器的推移下，被输送到转鼓的锥端，经出口连续排出；液环层的分离液由圆柱端堰门溢流，排至转鼓外，达到分离的目的。

在实际应用中，螺旋卸料沉降离心机发展了很多的系列。图 4-19～图 4-21 为 LW 系列卧式螺旋卸料沉降离心机的结构，它适用于城镇市政污水及各种工业废水处理中污泥的脱水、造纸、化工、石油、矿山、化纤、纺织印染、酒精等行业的固液分离。

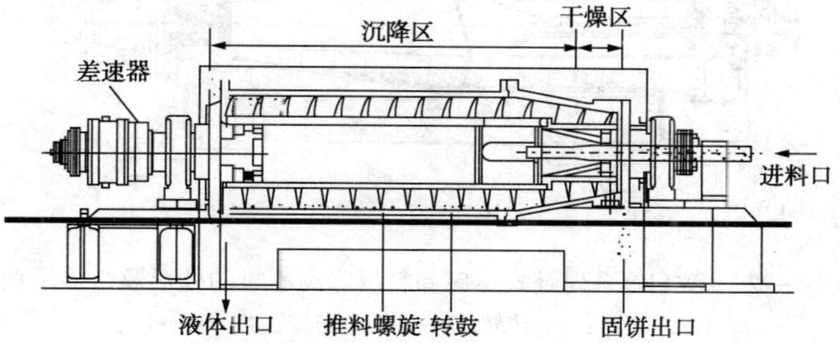

图 4-19　LW 系列逆流卧式螺旋卸料沉降离心机结构

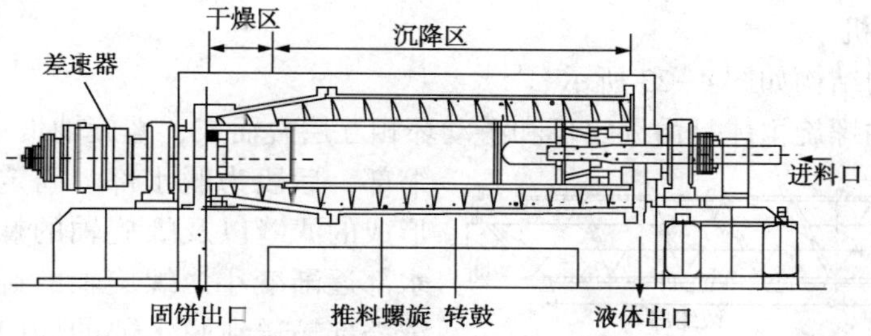

图 4-20　LWB 系列逆流卧式螺旋卸料沉降离心机结构

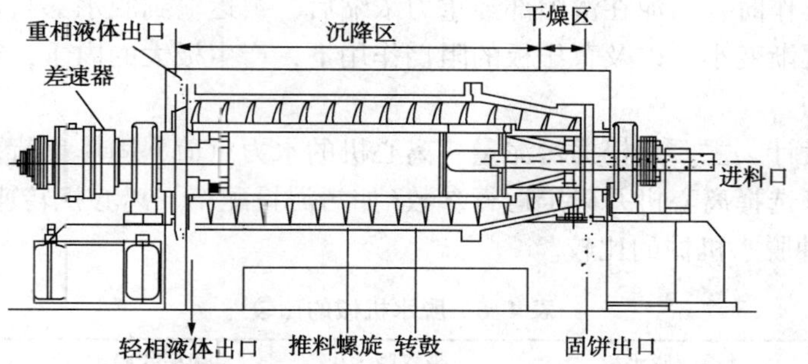

图 4-21　LWS 系列三相卧式螺旋卸料沉降离心机结构

LW 系列卧式螺旋卸料沉降离心机的转鼓等主要部件采用耐腐蚀不锈钢或优质合金钢制造；推料螺旋采用特殊耐磨措施，可镶装硬质合金耐磨瓦或堆焊硬质合金保护层；大长径比、高分离因数；重负载、大传动比、渐开线行星差速器；差速器及扭矩可随物料浓度、流量变化自动调节。

卧式螺旋卸料沉降离心机按照物料在转鼓内的流动方式可分为逆流式和并流式两种。如图 4-22 所示为 LW(D)系列卧式螺旋卸料沉降离心机的外形及结构示意图。该机可自动显示主要技术参数，实现一机多用(并流型和逆流型复合一体)，对物料可进行一种或多种液相的澄清，悬浮液的固/液分离及固相脱水和粒度分级等。具有分离性能高、可靠性高、结构紧凑等优点，能较好地满足污泥浓缩脱水的需要。

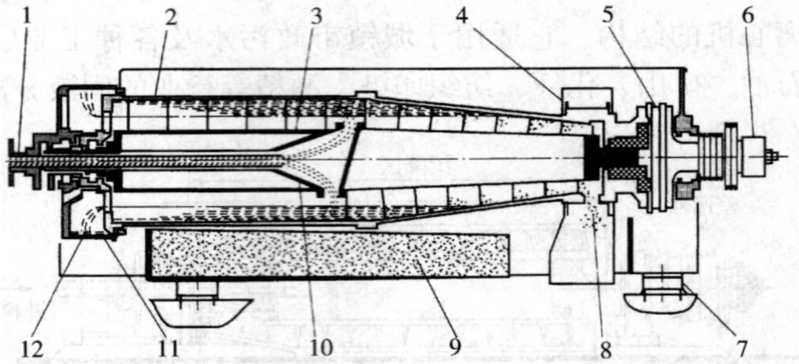

图 4-22　LW(D)系列卧式螺旋卸料沉降离心机的外形及结构示意

1—进料口；2—转鼓；3—螺旋推料器；4—挡料板；
5—差速器；6—扭矩调节；7—减震垫；8—沉渣；
9—机座；10—布料器；11—积液槽；12—分离液

(4)叠螺脱水机

叠螺脱水机的结构如图 4-23 所示。

叠螺脱水机的螺旋主体是由固定环和游动环相互层叠而成，螺旋轴贯穿其中。前段为浓缩部，后段为脱水部。固定环和游动环之间形成的滤缝以及螺旋轴的螺距从浓缩部到脱水部逐渐变小。螺旋轴的旋转在推动污泥从浓缩部输送到脱水部的同时，也不断带动游动环清扫滤缝，防止堵塞。

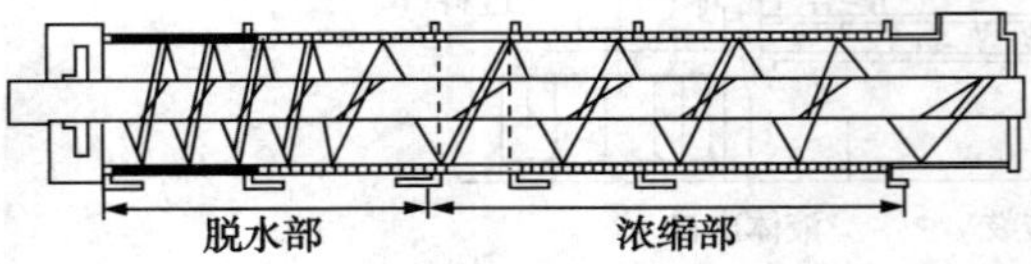

图 4-23　叠螺脱水机

叠螺脱水机工作时，污泥在浓缩部经重力浓缩后，被运输到脱水部，在前进的过程中随着滤缝及螺距的逐渐变小，以及背压板的阻挡作用下，产生极大的内压，容积不断缩小，达到充分脱水的目的。

离心脱水的设计，主要是根据污泥量、离心机的水力负荷、固体负荷及脱水泥饼的含水率和固体回收率来选择离心机并确定运行参数(如污泥投配率、离心机转速等)。

表 4-6 为各种脱水机械的比较。

表 4-6　脱水机械的比较

种类	叠螺脱水机	带式脱水机	板框式脱水机	离心式脱水机
脱水方式	游动环螺旋形层叠脱水	重力+剪切脱水	加压脱水	离心脱水
低浓度污泥脱水	可以	不可以	不可以	不可以
污泥浓缩池	不需要	需要	需要	需要
污泥储存槽	不需要	需要	需要	需要

续表

种类	叠螺脱水机	带式脱水机	板框式脱水机	离心式脱水机
用电量	非常少	大	中	最大
清洗冲淋水用量	非常少	非常大	少	少
运转噪声、振动	小	大	大	极大
维修管理	操作时间短	操作时间长	操作时间长	操作时间长
污泥黏性要求	低(更适合含油污泥)	要求高	要求低	中
絮凝剂	使用	使用	使用	使用
泥饼含水率/%	约 80	>80	<80	约 80
污泥处理率/%	>95	90~95	85~95	90~95
24h 无人连续运行	可以	不可以	不可以	不可以

4.5 滤带式污泥浓缩脱水机

传统的污泥浓缩脱水工艺，一般都是将浓缩、脱水两道工序分开进行的。浓缩过程一般通过设置单独的污泥浓缩池来完成。浓缩段时间较长，并且需要配置相应的机械设备。污泥浓缩脱水机是国际上近些年兴起的一种高效污泥处理机械设备，它可以替代占地面积大、投资高、处理工艺相对落后的污泥浓缩池，来进行高效浓缩脱水并达到除磷的目的，同时可成倍地提高污泥的脱水效率和生产能力，可以连续浓缩、压滤大量的污泥，能够广泛应用于市政、煤炭、化工、建材、食品、造纸等行业的污泥脱水工艺中。

污泥浓缩脱水机是市政行业污水处理工艺中的末端设备，各种污水经过不同处理工艺的处理，最后产生的污泥通过污泥浓缩脱水机进行浓缩、脱水，将含水率 99%以上的污泥转化为含水率 80%以下的泥饼，可进行填埋或进一步处理后作肥料使用。常用的污泥浓缩脱水机是带式污泥浓缩脱水机，如图 4-24 所示为 DNDYQ 型带式浓缩压滤机的外形构造。根据污泥的处理量，分别有 500mm、1000mm、2000mm、3000mm 等不同带宽的规格。

污泥的处理工艺过程是：经污泥泵输送过来的污泥与溶解成一定浓度的絮凝剂溶液经过管道的静态混合器混合后，污泥中的固体颗粒被凝聚成絮团，并立即开始分离出自由水，输送到污泥浓缩段进行一定时间的浓缩运行(包括重力浓缩、重力脱水)，然后再把浓缩后的污泥输送到脱水段上，经过楔形脱水、低压脱水、高压脱水的压滤后形成泥饼排出。

4.5.1 浓缩段和脱水段的组合型式

根据设备安装的空间、长度要求以及工艺的浓缩时间、脱水效率、污泥性质等不同因素，污泥浓缩脱水机的浓缩段和脱水分别有不同的组合型式，目前主要有前后组合、上下组合和相互组合等。

(1)前后组合式

污泥浓缩脱水机的前后组合式是根据污泥的处理过程，污泥浓缩段在前、脱水段在后的组合结构型式。

此种组合结构型式占地面积较大，呈一字排开，污泥浓缩段位置略高于脱水段，污泥经

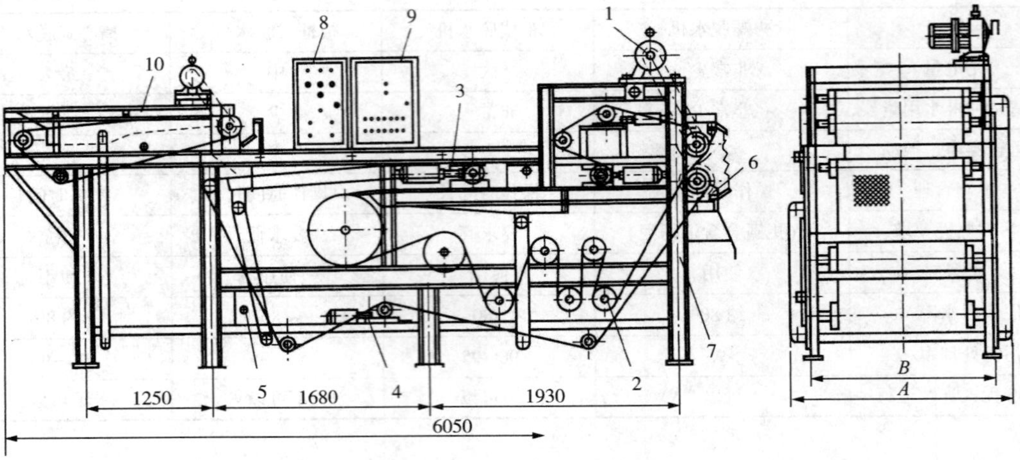

图 4-24　DNDYQ 型带式浓缩压榨过滤机的外形构造

1—传动机构；2—滤带运行辊筒；3—滤带气动张紧机构；4—滤带跑偏调整机构；
5—滤带清洗装置；6—卸泥饼装置；7—机架；8—气动控制机构；9—电控系统；10—污泥浓缩机

前面的浓缩段水平运行一定时间，经过重力浓缩、重力脱水后落入后面的脱水段，进行下一步的压滤脱水处理。前后组合式虽然需要占用较大面积的厂房，但占用空间较小，整套设备布置又比较低，正常运行时的日常观察以及维修、调试等比较方便。目前在我国各污水处理厂应用比较广泛。整套设备的上方如需进行集气罩的安装时具有足够的空间，并且安装污泥浓缩脱水机的工作车间不需要设计得高大，降低了建设费用。设备上方设置的桥式起重机具有较大的起吊空间。

(2)上下组合式

污泥浓缩脱水机的上下组合式是根据污泥的处理过程，污泥浓缩段在上、脱水段在下的组合结构型式。污泥经上方的浓缩段水平运行一定时间，经过重力浓缩、重力脱水后落入下边的脱水段，进行下一步的压滤脱水处理。污泥处理的工艺过程与前后组合基本相同。

上下组合式因上下重叠，占地面积较小，但占用空间较大，设备的上方如需进行集气罩的安装时必须留有足够的空间，而且浓缩段设计在脱水段的上方，整机设置比较高，一般在2.5m以上，对正常运行时进行日常观察以及维修、调试等十分不便。因设备的上方要设置有桥式起重机，并且还要留有一定的起重高度，所以安装污泥浓缩脱水机的工作车间应该设计得比较高大，建设费用相对较高。

除了特殊条件所限，或者必须在原有条件基础上进行技术改造外，因上下重叠的高度会带来一系列的问题，因此一般不采用此种组合结构方案。

(3)相互组合式

污泥浓缩脱水机的相互组合式总体布局是污泥浓缩段在前、脱水段在后，并且污泥浓缩段和脱水段互有交叉。

相互组合式污泥处理工艺过程与前后组合式、上下组合式基本相同。此种结构型式比较紧凑，不但占地面积比较小，占用空间也不大，并且因为设计的整套设备可以具有较低的高度，正常运行时的日常观察以及维修、调试等非常方便。浓缩段和脱水段互有交叉的设计为工艺运行留有较大的调整空间。如需在设备的上方进行集气罩的安装时也具有较高的空间，整机的上方若设置桥式起重机，同样具有较大的起吊高度。

相对于前后组合式和上下组合式，相互组合式目前是比较理想的组合结构型式，随着污泥处理技术的不断进步，可能将有更趋合理的组合结构型式出现。

4.5.2 浓缩段和脱水段的辊子排列型式

(1)污泥浓缩段辊子排列型式

污泥浓缩段的主要功能是使污泥和一定浓度的絮凝剂溶液进行充分的混合、絮凝、浓缩、脱水，辊子排列结构型式相对比较简单。工作过程主要是对循环运行的一套滤带起到张紧、驱动、纠偏等作用，污泥浓缩段的辊子排列结构型大同小异。

(2)污泥脱水段辊子排列型式

污泥脱水段的主要功能是对污泥浓缩段送过来的浓缩污泥进行多次压榨脱水，辊子排列结构型式相对复杂。工作过程主要是对两套滤带起到张紧、驱动、纠偏、压榨、脱水等作用。污泥脱水段的辊子是按直径由大到小的顺序布置，浓缩污泥受到的压榨力由小逐渐增大，经过数个压榨辊对浓缩污泥进行呈S形的多次压榨、错动、剪切后，浓缩污泥脱去大部分结合水，完成污泥的脱水过程。除驱动和纠偏辊筒需有较大摩擦力表面必须包胶外，其余辊筒大多采用整体不锈钢制造。按相对位置，污泥脱水段的辊子排列结构型式可分为水平排列和上下排列两种。

①水平排列

污泥脱水段的大部分辊子呈水平排列，少部分辊子根据功能要求设计在不同位置。水平排列的结构型式比较紧凑，整机体积较小，传动比较平稳，但因水平排列的结构型式和整机的布局存在许多无法克服的缺陷，会带来许多不便：

a. 正常运行一段时间后如果需要进行检查、调试、维修时，有些部位工作人员无法深入内部操作，十分不便，甚至必须对外边的零部件进行拆卸才能对里面进行操作，增加了维修的工作量。

b. 对辊子及其他零部件进行拆卸、抽出、更换等操作困难，甚至无法进行操作，给维修工作造成麻烦，必须先对上面的零部件拆除后才能对下面的辊子进行维修或拆除吊装。设备在设计时没有充分考虑设备的维修。

c. 更换滤带时如果出现新旧脱开、钢丝卡阻等异常情况时，处理工作将十分麻烦。

d. 设备进行维修后，在原滤带已拆卸需要对滤带重新穿入时，操作困难，也有较大的危险性。

正因为上述缺陷，水平排列的结构型式有逐渐被上下排列的结构型式所取代的趋势。

②上下排列

污泥脱水段的大部分辊子呈上下排列，根据功能要求有少部分辊子设计在其他位置上。上下排列结构比较合理，整机设计紧凑，体积较小，传动比较平稳，是一种比较理想的辊子排列结构型式，其主要优点如下：

a. 辊子的上下排列结构型式，克服了水平排列结构型式中所存在的许多无法克服的缺陷，大大改善了调试、维修、拆卸的条件，不需要对上面的辊子进行拆除即可对下面的辊子进行操作。

b. 滤带的新旧更换，全面维修后重新穿入新的滤带，以及滤带的故障处理等，均比较容易操作。

c. 方便操作人员和维修人员对辊子、滤带等零部件的察看、清洗、调整等工作。

随着污泥处理技术的不断进步，可能将有更合理和理想的结构型式出现。

4.5.3 污泥浓缩脱水机的外观型式

根据污泥浓缩脱水机机型的结构设计要求和不同的审美要求，污泥浓缩脱水机有全封闭型式和全敞开型式，也有污泥浓缩段封闭、脱水段敞开的型式和污泥脱水段封闭、浓缩段敞开的型式。

(1) 全封闭型式

污泥浓缩脱水机的浓缩段和脱水段四周和底部全部封闭，因上部需要进料和观察等基本为敞开。

全封闭型式的优点是外观比较整齐，基本看不到内部各种零部件的运行、污泥的压滤过程等情况。冲洗滤带和污泥浓缩、脱水的大量废水基本可以全部收集，飞溅引起的噪声较小。其缺点是设备观察、调试、维修、拆卸等不便，特别是较厚的钢板内加槽钢作为整机结构的机型，既不能对结构钢板作为覆盖件进行拆除，又给工作带来很多麻烦。

(2) 敞开型式

污泥浓缩脱水机的浓缩段和脱水段四周、底部以及上部全部敞开。

敞开式的优点和缺点，正好与封闭式相反。优点是完全可以看到内部各种零部件的运行、污泥的压滤过程等情况，设备观察、调试、维修、拆卸等十分方便。缺点是外观不太整齐，很多零部件裸露在外，冲洗滤带和污泥浓缩、脱水的大量废水收集比较差，飞溅严重，并且飞溅引起的噪声较大。

浓缩段封闭、脱水段敞开的型式和脱水段封闭、浓缩段敞开的型式可参考全封闭和全敞开型式。

如果把封闭型式和敞开型式的优缺点综合考虑，设计出比较理想的机型，完全可以满足不同用户的需求。如果能在敞开型式的基础上充分考虑覆盖件的模块化设计，供使用单位选择取舍，将是比较理想的方案。但封闭型式和敞开型式各有利弊，应依据生产的实际情况进行选取。

4.5.4 污泥浓缩脱水机的特点

污泥浓缩脱水机集污泥浓缩与压榨脱水于一体，由带式污泥浓缩机和传统的带式压滤机组成。污泥浓缩主要依靠一条绕在辊筒上的滤带形成较长的重力脱水区，实现污泥快速重力脱水浓缩，絮凝后的污泥通过重力作用排出游离滤液。污泥浓缩脱水工艺的主要特点是：

①浓缩效果好。由于采用了浓缩前投加絮凝剂的方法，有效解决了污泥浓缩后进入压滤段的衔接问题，提高了浓缩效果。因为污泥浓缩属于压缩沉淀，主要是将颗粒间的空隙水排除，以减小体积；

②除磷效果好。将传统的重力浓缩池用带式浓缩设备进行替代，污泥停留时间短，使得污泥中细菌来不及重新释放磷，浓缩后的污泥已进入压榨脱水阶段，使磷基本上保留在泥饼中，游离液中磷的含量极低，可以减轻全厂除磷的负担，提高污水厂的总体运行效果。

③节省投资，减少占地。采用浓缩脱水一体化设备，可以将传统污泥浓缩池取消，只保留脱水机房即可，使污水处理厂占地面积减少，节约土地，降低土建造价。

4.6 电渗透脱水

污泥是由亲水性胶体和大颗粒凝聚体组成的非均相体系，具有胶体性质，机械方法只能把表面吸附水和毛细水除去，很难将结合水和间隙水除去。电渗透脱水是利用外加直流电场增强物料脱水性能的方法，它可脱除毛细管水，因此脱水性能优于机械方法，逐渐得到了应用。

4.6.1 污泥电渗透脱水的机理

对于电动学的研究已经有了相当长的历史。早在1809年，Reuss就发现了电动现象。当对黏土与水的混合物施加外加电压时，观察到水通过毛细管向阴极移动；当不施加外加电压时，水的流动马上停止。对于多孔介质存在五种主要的电动现象，分别是电渗透、电泳、离子迁移、流动电势和移动电势。前三种和电场作用下溶液通过多孔介质中的运动机理有关，后两种分别是由于电荷和带电粒子的运动而产生的电势。

大部分污泥相对水来说都有轻微的电荷，而且带有负电荷。为了平衡这些电荷，在污泥固体颗粒表面会吸附带有相反电荷的阳离子，因而固体颗粒表面和溶液中被吸附的反离子构成的系统称为双电层。在电场作用下，污泥固体颗粒表面吸附的阳离子由于受到电场力吸引向阴极移动，因而污泥中大量的水分随着阳离子边界层的移动被分离出来，这种现象称为电渗透。污泥水溶液中存在的阳离子向阴极移动的同时，阴离子也向阳极移动，这种现象称为电迁移。其中带有电荷的固体颗粒和胶体在电势梯度下向带有相反电荷的极板移动，这种现象称为电泳。

Casagrande阐释了水在毛细管中的电渗透机理，在固液接触面上，反离子由于受到强烈的吸引会吸附在毛细管壁，其余反离子分布在溶液中，构成邻近平行的内层。当对毛细管两端施加电压时，液相内层中的离子携带着水分向带有相反电荷的电极移动。

对于电渗透脱水的研究已经有了相当长的历史。1931年，Schwerin利用电渗透现象进行了泥炭脱水的应用实验，但由于电渗透应用在理论和技术上还存在难点，因此未能像电泳那样得到广泛应用。然而，近几十年来，由于科学技术的进步和城市工业废水中污泥处理问题的突出，电渗透技术得到了长足发展，尤其在日本，已开发了一系列实用型的电渗透脱水机。

近十几年来，人们对电渗透脱水的机理及应用进行了大量研究。Chen等研究了蔬菜污泥和尾矿的电渗透脱水，结果表明，对于蔬菜污泥，电渗透和压滤脱水相结合比电渗透或压滤脱水更有效；而对于尾矿，单独的电渗透脱水与电渗透和压滤脱水相结合的脱水效果相同，压滤对尾矿的脱水没有明显的效果。Banerjee等考察了恒电压和恒电流下含有泥煤有机腐殖质和混合肥料的污泥电渗透脱水，结果表明，生物材料的电渗透脱水在技术上和经济上是可行的，并且恒电压状态下污泥的脱水速率和外加电压强度呈线性增加，恒电流状态下的脱水能耗与脱水时间以二次函数的形式消耗。Kondoh等成功地把电场并入压滤脱水器，脱水后泥饼的含水率为50%~60%，而压滤脱水后泥饼的含水率为75%~85%。Yoshida等考察了恒电压和恒电流条件下污泥的电渗透脱水，结果显示电渗透脱水对机械难脱水的污泥是非常有效的。Barton 等进行的小试研究表明电场的应用可以提高传统压滤污泥的脱水效率，电渗透脱水后污泥的含水率为 65%~54%，而压滤脱水后泥饼的含水率为 76%~70%。

有关电渗透脱水技术工业化应用的研究报道很少。日本的 Kawata Mfg. 公司开发了一种污泥脱水的工艺，该工艺基于电渗透理论，声称可将污泥脱水至含水率为 50%~70%，污泥质量减少 50%~66%，所需要的能量还不足热干燥工艺的 1/4。此外，电极的电压控制在 40~80V 之间，细菌菌体在电场力的作用下也被破碎，释放出更多的水。因此，电渗透脱水技术节能、高效，有很大的潜力。电渗透脱水可以去除污泥中的自由水和部分间隙水。

电渗透脱水技术虽然效率高、能耗低，但在实际应用中还存在许多问题。当对脱水物料施加电场时，水分在电场作用下从上向下运动，上部水分快速下降，形成不饱和脱水层，污泥发生破裂、结壳，该部分电阻迅速增大，电压梯度上升，而下部物料层的脱水驱动力减小，这将严重影响电渗透脱水过程的进行。另外，在物料上施加直流电场，电流通过物料层，在电极与物料接触处发生电化学反应，反应中产生的气体会加速阳极附近污泥脱水层的电阻；而且与电极接触处物料的 pH 值将发生变化，这也将影响到电渗透脱水的进行。再者，电渗透脱水从原理上不能去除污泥中所有的水分，因为当污泥中液相变得不连续时，电流就不再通过污泥床层，电渗透脱水即停止。

4.6.2 电渗透脱水的影响因素

影响电渗透脱水效果的因素有如下几点：

(1)电渗透脱水和机械脱水相结合

为减少电渗透脱水过程中阳极附近污泥层的电阻，Yoshida 把电渗透脱水与真空抽滤脱水法相结合来改变整个物料层的水分、电压梯度分布。结果显示，恒电压状态下，脱水相同时间，电渗透脱水与真空抽滤相结合的阳极附近污泥层产生的电压降比单独电渗透脱水后的小。

(2)改变电场方向

为减小阳极和脱水物料层的电阻，Yoshida 试图周期性反转电极板即用交流电来解决这个问题，但效果不是很明显。Zhou 等提出使用水平方向的电场来减小阳极附近污泥的电阻，虽然取得了一定的效果，而且污泥脱水率提高，但是对水平电场脱水装置的放大及连续操作有待进一步研究。陈国华等提出使用旋转的阳极来防止阳极附近干污泥层的快速形成，从而达到提高电渗透脱水效率的目的。结果显示，污泥的脱水率随阳极转速的增加而增大，当转速增加到 240r/min 时，水的去除率达到最大，与阳极不动时相比，多脱去 70.8% 的水分；同时脱水能耗不到水分蒸发潜热的 20%。但是，出于安全考虑保持阳极不动比较适宜，这样可以简化设备的操作及减小设备的损坏。

(3)极板电化学反应

电渗透脱水过程必定伴随着电化学反应。极板附近污泥层中的电解液发生电化学反应形成的气体也是污泥电阻增大的一部分原因，因而如果生成的气体能及时释放到电渗透脱水周围的空间将有助于脱水的进行。Larue 等设计了一种专门的活塞用以排除电渗透脱水过程中产生的气体。结果显示，当不受电解气体干扰时，在电压为 15V、电流强度 100mA 的操作条件下，污泥含水率从 91%下降到 60%，平均能耗为 0.7kW · h/kgH_2O。

通过在高电压梯度下使用高极比、非催化的电极材料可以减小电极反应速率，从而延迟阳极附近 zeta 电位的减小和电渗透脱水过程的停止。对于阴极，如 Zn、Sn、Pb、In、Cd、Hg 等金属，对于减小产生氢气的反应比较适宜；对于阳极，如非贵金属、合金、碳化物和硅化物等，可以减小产生氧气的反应。过去，电极材料的绝大部分是不锈钢．但由于电化学反应，不锈钢电极的腐蚀非常严重。近年来，基于电导性人工合成材料的开发已引起了人们的广泛重视，这些新型电极材料不仅导电性能好，而且耐腐蚀。

(4)电池效应

当外加电源断开电极发生短路时，整个电路形成原电池，系统放电产生瞬时电流，这时电流从负极流向正极。电流方向的改变可以消除 zeta 电位梯度，并且使阳极附近的 zeta 电位恢复到电解前的初始值。Gopalakrishnan 等考察了断开外加电源对电渗透脱水效率的影响。结果显示，周期性断开外加电源同时电极短接时电渗透脱水效率提高，且断开外加电源的时间存在一个最佳值；与连续通电相比，当电渗透脱水 30s 后断开电源 0.1s 周期性操作时，泥土的电渗透脱水效果较好且耗能较低。

(5)添加电解质溶液

学者们发现通过使用一定离子电位和化学添加剂、聚电解质和表面活性剂改变煤炭的 zeta 电位可以改善电渗透脱水性能、提高电渗透脱水的效率。然而，阳离子聚合电解质的特性和投加量对污泥机械脱水有显著影响，但对电渗透脱水过程中水分的运动却没有影响。

另外，采用多阶段电极可使电渗透脱水效果成倍增加，但多阶段电极的装卸不方便。

4.6.3 电渗透脱水技术的研究应用

于小燕等采用如图 4-25 所示的实验装置进行污泥电渗透脱水过程的研究，研究内容包括：考察阴极构造、阳极材料、电压梯度及脱水时间对污泥电渗透脱水过程的影响；分析电渗透脱水过程中污泥的特性；分析影响污泥电渗透脱水的控制因素；考察 EPS 化学成分对污泥电渗透脱水的影响。研究结果表明：

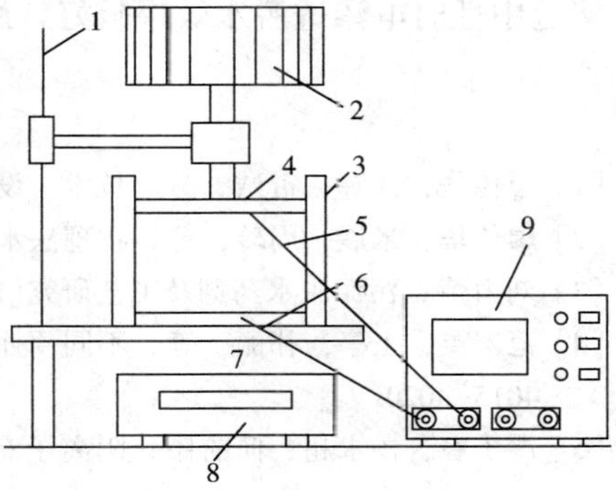

图 4-25　污泥电渗透脱水实验装置

1—支架；2—重物；3—有机玻璃筒；4—阳极；5—泥饼；6—阴极；7—吸水材料；8—电子天平；9—直流电源

(1)电压梯度越高，污泥脱水速率越快，但同时脱水能耗增大。综合考虑污泥电渗透系数、脱水能耗以及通过极板的最大瞬时电流密度，得出最佳梯度为 20V/cm。随着脱水时间的延长，污泥脱水速率逐渐减小，而能耗随时间却呈指数增加，因而选择最佳电压梯度为 20V/cm 时，脱水时间不超过 8min；钌锡和铱涂层的钛阳极的电渗透脱水效果较好。

(2)初始外加电压越大，阳极附近污泥含水率降低得越快，然而阴极附近污泥含水率的变化却不受初始外加电压的影响；阳极附近污泥的 pH 值呈酸性，阴极附近污泥的 pH 值呈碱性，而中间层的 pH 值较原污泥变化不大；随着脱水时间的延长，阳极附近污泥变得更酸，阴极附近污泥变得更碱。酸性或碱性环境都不利于污泥脱水，且酸性或碱性越强，脱水效果越差。

(3)电渗透脱水过程中污泥的 K^+、Fe^{3+}，其浓度在阳极附近急剧减小，而在中间层和阴极附近却依次减小，而 Mg^{2+} 在脱水初期，其浓度在阳极附近急剧减小，在阴极附近反而升高，但到脱水后期又逐渐下降；在脱水初期，P 在阳极附近的迁移最慢；Zn^{2+} 和 Mn^{2+} 的运动规律相似，脱水初期，阳极附近 Zn^{2+} 和 Mn^{2+} 的浓度急剧减小，随着时间的增加，中间层的浓度下降最快且浓度和阳极区的差别不大，但到脱水后期整个污泥层的 Zn^{2+} 和 Mn^{2+} 浓度下降缓慢，原污泥中重金属 Ni^{2+} 的浓度很小，其值小于 100mg/kg 干污泥。

(4)通过污泥的化学调理对污泥电渗透脱水行为影响的研究发现，流动电势是影响污泥电渗透脱水的一个重要因素。当污泥流动电势小于零时，污泥的电渗透脱水速率较高；当流动电势大于零时，污泥的电渗透脱水速率降低，且流动电势为正，污泥的电渗透脱水效果越差。污泥中结合水的含量、颗粒粒度及灰分对污泥电渗透脱水效果影响不大，只对机械脱水效果影响显著。

(5)通过胞外聚合物(EPS)对污泥电渗透脱水特性影响的研究发现，EPS 中蛋白质与多糖的比例与电渗透脱水后污泥的最终含水率正相关。当蛋白质与多糖比例较小时，污泥含水率较低，污泥脱水较容易；反之亦然。当蛋白质与多糖比例为 3.6 时，污泥含水率从 75%降到 58%。

(6)通过对电渗透脱水过程中电压降及污泥成分变化规律的研究发现，阳极附近污泥含水率的快速下降导致污泥干化层的快速形成；干化层产生的电压降随污泥含水率的减小呈指数增加。通过对脱水过程中能耗及脱水极限的研究表明，电压降是表征污泥脱水能耗高低的重要因素。吸水材料的引入有效减小了整个污泥层的含水率，尤其是阴极附近的含水率，同时又减小了阳极附近污泥干化层的电压降。另外，研究表明电渗透脱水技术对于污泥中金属离子的去除是有效的。

(7)通过实验，重点考察了污泥初始 pH 值对脱水速率和能耗的影响，污泥初始 pH 值接近中性时电渗透脱水效果较好，酸性或碱性环境都不利于污泥电渗透脱水。

参 考 文 献

[1] 廖传华，江晖，黄诚．分离技术、设备与工业应用[M]．北京：化学工业出版社，2018.

[2] 廖传华，米展，周玲，等．物理法水处理过程与设备[M]． 北京：化学工业出版社，2016.

[3] 刘力荣．污泥脱水药剂及工艺研究[D]．广州：中国科学院研究生院(广州地球化学研究所)，2015.

[4] 范宏英，王亭，祁丽，等．不同预处理方法对污泥脱水性能的影响[J]．环境工程学报，2015，9(8)：4015-4020.

[5] 严子春，杨永超，何前伟．阴离子有机絮凝剂对污泥脱水效果的研究[J]．环境工程，2015，33(8)：110-113.

[6] 宋秀兰，石杰，吴丽雅．过硫酸盐氧化法对污泥脱水性能的影响[J]．环境工程学报，2015，9(1)：5585-5590.

[7] 谢敏，邓玉梅，刘小波，等．磁化调质对活性污泥脱水性能的影响[J]．工业水处理，2015，35(4)：25-27，40.

[8] 黄殿男，李薇，王冬，等．碱-电法对污泥脱水性能的试验[J]．沈阳建筑大学学报(自然科学版)，2015，31(5)：936-943.

[9] 陈巍，陈月，邢奕，等．脱硫灰-$FeCl_3$ 联合作用改善污泥的脱水性能[J]．工程科学学报，2015，37(9)：1239-1245.

[10] 林霞亮，周兴求，伍健东，等．无机混凝剂与壳聚糖联合调理对污泥脱水的影响[J]．工业水处理，

2015，35(10)：38-41.
[11] 谭洋，冯丽颖，严伟嘉，等．有机高分子污泥脱水絮凝剂研究[J]．土木建筑与环境工程，2015，37(A1)：46-50.
[12] 王寒可，林逢凯，王淑影，等．阳离子聚丙烯酸酯对污泥脱水性能的影响[J]．环境工程学报，2015，9(1)：441-447.
[13] 黄志超．给水厂污泥脱水工艺的设计研究[D]．天津：天津大学，2015.
[14] 倪金．水热法污泥脱水的中试研究[D]．鞍山：辽宁科技大学，2015.
[15] 孟令鑫．污泥脱水性能的中试试验研究[D]．合肥：合肥工业大学，2015.
[16] 董林沛．厌氧消化污泥脱水性能的研究[D]．哈尔滨：哈尔滨工业大学，2015.
[17] 郭皓．含油污泥的脱水处理及综合利用初步探索[D]．济南：山东大学，2015.
[18] 路建萍，孙根行，孙绪博，等．炼油废水污泥脱水工艺条件的优化[J]．化工环保，2014，34(1)：55-59.
[19] 黄朋，叶林．壳聚糖/蒙脱土复合絮凝剂的结构及污泥脱水性能[J]．高分子材料科学与工程，2014，30(4)：119-122，126.
[20] 洪晨，邢奕，司艳晓，等．芬顿试剂氧化对污泥脱水性能的影响[J]．环境科学研究，2014，27(6)：615-622.
[21] 陶园园．剩余污泥脱水预处理方法的比较研究[D]．湘潭：湘潭大学，2014.
[22] 张尧．化工企业污水处理污泥脱水技术研究[D]．天津：天津大学，2014.
[23] 杨麒，邓晓，罗琨，等．生物表面活性剂对污泥脱水性能的影响[J]．湖南大学学报(自然科学版)，2014，41(7)：64-69.
[24] 裴晋，于晓华，姚宏，等．PAM 对制药污泥脱水性能改善及毒性削减[J]．环境工程学报，2014，8(9)：3939-3945.
[25] 洪晨，邢奕，王志强，等．不同 pH 下表面活性剂对污泥脱水性能的影响[J]．浙江大学学报(工学版)，2014，48(5)：860-867.
[26] 洪晨，邢奕，王志强，等．无机调理剂与表面活性剂联合调理对污泥脱水性能的影响[J]．化工学报，2014，65(3)：1068-1075.
[27] 陈泓，宁寻安，罗海健，等．生物淋滤-Fenton 对印染污泥脱水性能的影响[J]．环境工程学报，2014，8(4)：1641-1646.
[28] 谢经良，李常芳，刘亮，等．超声波与氧化铁联用改善污泥脱水性能的研究[J]． 科技通报，2014，30(7)：203-206.
[29] 张砾文，罗建中，邓俊强，等．混凝调理印染污泥脱水的研究[J]．环境工程，2014，32(7)：6-9.
[30] 刘吉宝，魏源送，王亚炜，等．基于预处理的强化污泥脱水研究进展[J]．中国给水排水，2014，30(4)：1-6.
[31] 吴坚荣，宁寻安，张坚濠，等．电解-PAM 联用对印染污泥脱水性能的影响[J]．环境工程学报，2014，8(11)：4943-4948.
[32] 邢珊珊，朱洪涛．正渗透污泥脱水工艺的影响因素研究[J]．中国科技论文，2014，9(16)：707-712.
[33] 邢奕，洪晨，赵凡．脱硫灰调理对污泥脱水性能的影响[J]．化工学报，2013，64(5)：1810-1818.
[34] 王睿韬．市政污泥脱水效果及脱水机理的研究[D]．北京：中国建筑材料科学研究总院，2013.
[35] 朱建平，彭永臻，李晓玲，等．碱性发酵污泥脱水性能的变化及其原因分析[J]．化工学报，2013，64(11)：4210-4215.
[36] 周翠红，凌鹰，曹洪月．市政污泥脱水性能实验研究与形态学分析[J]．中国环境科学，2013，33(5)：898-903.
[37] 谢从波，钱觉时，张志伟，等．掺加页岩与粉煤灰对污泥脱水性能的影响[J]．功能材料，2013，44

(10)：1437-1441.
[38] 刘铁，周健，刘杰，等．污泥脱水性能的关键影响因素研究[J]．环境工程学报，2013，7(7)：2689-2693.
[39] 梁秀娟，宁寻安，刘敬勇，等．Fenton 氧化对印染污泥脱水性能的影响[J]．环境化学，2013，32(2)：253-258.
[40] 韩洪军，牟胥铭．微波联合 PAM 对污泥脱水性能的影响[J]．哈尔滨工业大学学报，2012，44(10)：28-32.
[41] 王鑫，易龙生，王浩．污泥脱水絮凝剂研究与发展趋势[J]．给水排水，2012，38(A1)：155-159.
[42] 张大群．污泥处理处置适用设备[M]．北京：化学工业出版社，2012.
[43] 李兵，张承龙，赵由才．污泥表征与预处理技术[M]．北京：冶金工业出版社，2010.
[44] 朱开金，马忠亮．污泥处理技术及资源化利用[M]．北京：化学工业出版社，2007

第5章 污泥的干化

污泥是处理污水的衍生物，含有大量的好氧微生物，其余的成分主要是泥沙、纤维、动植物的残体等。其次，根据污水的来源不同，污泥中还含有重金属物质、病菌等，所以如果污泥未能够得到及时处理，将会对自然环境和人体健康造成极大的威胁。我国常用的污泥处理方法有填埋、堆肥、焚烧以及土地利用等，但刚排出的污泥含水率较高，无法直接利用和处理，所以首先要对污泥进行处理后才能够对其进行处置，其中，污泥干化技术就是常用的污泥处理方法。

污泥干化所应用的污泥脱水能量主要是热能。应用自然热源的干化过程称为自然干化，使用人工热源的干化过程称为人工干化或污泥干燥。

污泥干化技术具有处理效率高、稳定性强、操作灵活等优点，因此污泥二化技术在我国污水处理行业中得到了广泛应用。但由于污泥干燥过程的能耗较高(每千克水去除的能耗为3000~3500kJ)，因此污泥干燥仅适用于脱水污泥的后续深度脱水。

5.1 污泥干化的方式及存在的问题

污泥干化技术的主要运行原理是利用热物理的原理，对污泥中的水分进行排除，从而达到干燥污泥的目的，经过干化处理后的污泥一般呈粉末状或颗粒状。污泥干化技术中能量是净支出形式，而且在干化过程中消耗能量的多少是评价干化技术优劣的关键标准之一。

5.1.1 污泥干化的方式

目前我国常用的污泥干化方式有：

(1)传统的污泥干化场

这种污泥干化方式是把污泥堆积在室外建设的专门干化场，通过自然通风和重力作用对污泥进行干化。但是这种干化方式的干化时间长，效率低，而且容易受到天气和气候的影响，使污泥干化处理不彻底。

(2)太阳能污泥干化技术

由于污泥干化技术中能量是净支出形式，所以为了节省能源，可以高效利用太阳能进行污泥干化。根据太阳能处理装置的结构形式和运行方式，太阳能污泥干化装置可以分为温室型和集热式两种，根据污泥不同的实际情况而选择不同的太阳能污泥干化技术。

(3)污泥生物干化技术

污泥生物干化是一种新型的污泥干化技术，是利用微生物高温好氧发酵过程中降解有机物所产生的生物能，加上一定的控制措施，并配合强制通风，促进污泥中水分的蒸发去除，从而实现快速干化的一种处理工艺。污泥生物干化技术并不需要提供额外的热源，干化过程所需的能量属于生物能，来自微生物的好氧发酵活动，符合我国经济节能的生产目标，同时还可以通过人为的控制，缩短干化周期，提高污泥干化效率。但由于其造价较高，所以未能够在我国广泛推广和应用。

干化床干化(利用自然通风和重力)、太阳能干化(利用太阳能)、生物干化(利用生物能)均是利用自然力量将污泥脱水干化的，一般将其统称为自然干化。自然干化虽然可利用自然力量而节约能源，但由于自然力量的能量密度低，干化过程的传质推动力小，因此导致干化周期长，干化效率低。为此，利用外加热源对污泥进行干化处理的热干化技术得到了广泛应用。

(4)污泥热干化技术

污泥热干化技术是目前现代化的最主要的污泥干化技术，其主要工作原理是通过外加热源，蒸发污泥中的水分，从而干化污泥。这种污泥干化技术占地面积小、减量化明显、产品用途灵活。其次，污泥热干化技术还可以根据传热方式、设备形式、干化设备进料方式等分成很多不同的污泥干化技术，能够根据污泥的特性和实际成分选择不同的污泥干化技术。但是污泥热干化技术在实际的应用过程中也存在很多问题，如设备投资大，运行费用也较高，并且具有粉尘爆炸安全隐患，所以未能在我国广泛推广和应用。

5.1.2 我国污泥干化技术应用过程中存在的问题

(1)污泥干化质量监管体系不完善

我国对污水处理厂设有减排的约束性目标，但对于污泥处理处置的约束性指标却并没有清晰的标准，导致地方政府对污泥干化处理不像污水处理那样重视，缺乏污泥干化处理政策支持与资金投入。发达国家污泥的投资占污水处理厂总投资的50%~70%，而我国只有20%~30%。相关的监管部门没有明确的污泥稳定化和无害化的强制性规范要求。尽管已经有相关污泥干化质量监管体系，但是缺乏详细的规条和法律的强制性，可操作性较差，整个污泥干化质量监管体系不完善，令污泥干化处理技术发展进程严重滞后。

(2)污水处理厂管理人员不重视污泥干化处理程序

有部分污水处理厂的管理人员由于不重视污泥干化处理程序的开展，所以污水处理厂中并没有投入资金购买相关的处理设备，也无预留地，一般只把污泥的含水率降到相关的标准就交给第三方填埋或是别的处理，因此不少地方出现污泥偷排现象，甚至在监管力度不足的城市，这种情况越来越严重。除了污水处理厂管理人员的不重视，有时候第三方由于利益的驱使，瞒着污水处理厂把污泥偷排。此外，一些独立的污泥干化设备开始在我国污水处理厂出现，但这些污泥干化设备在实际应用过程中并不能稳定运行，无法达到相关的污泥干化处理目标。

(3)脱水机械和工艺欠完善

在20世纪90年代，我国就已经开始建设大型城市污水处理工程和污泥用于堆肥的研究，目前已取得了明显的成果。在污泥干化技术的应用中，机械脱水是污泥干化技术最重要的步骤之一，同时也是热处理工艺能量是否自平衡的关键环节。一般的，在污泥干化技术应用过程中达到热平衡时，污泥含水率达到80%，而污泥干基的高位发热量在3200～3600kcal/kg(1kcal≈4.19kJ)，这一数值对于一般的城市污水处理厂来说是难以达到的，所以需要对脱水机械进行完善，降低污泥的含水率。同时，由于污泥含有大量的微生物，这些微生物在一定的热环境下进入“失活”状态，使污泥中的物理态和生物态的水由于环境的变化而变得较易被机械脱除，在热处理能量自持平衡的大前提条件下，适当设计同流部分热能以改善脱水环境，当热产出大于热投入时，即形成了工艺的良性循环。

(4)污泥干化过程的防粘结和尾气问题

由于污泥有机物组分、活性以及其他物理特征，所以污泥在降低含水率时，难免会出现污泥黏结问题和大量的臭气逸出，如果这些问题处理不当，将会导致污泥干化程序失败。城市污泥在干燥过程中有一些特殊的胶黏相阶段，尤其是污泥含水率为40%～60%左右时，这一问题更易出现。在这一阶段，污泥极易结块，表面坚硬，难以粉碎，而污泥的内部却仍是稀泥，这为污泥的进一步干燥和灭菌带来极大困难，且能耗比达到常态的2.5倍。其次，就是污泥的尾气问题。过去一般会采用ESP直接加热系统，引入外部空气经加热后通入干燥器，蒸发污泥中的水分并运送污泥。离开干燥器后热风与干污泥颗粒分离，然后经过除尘、热氧化除臭后排放。但是这种加热系统的处理成本较高，导致不少污水处理厂的管理人员都放弃对污泥干化尾气处理的完善。

5.1.3 污泥干化技术的发展方向

(1)污泥生物干化技术的发展方向

污泥干化是一个能量净支出的过程，所以对干化过程的能耗进行研究是十分重要的。现阶段国内外污泥干化多采用热干化的形式，虽然采取了优化热源、减少工艺步骤、优化运行参数等方法来降低能耗，但由于其工艺本身利用外加热源的技术缺陷，决定了热干化的能耗不可能降低到一个理想的数值。而利用微生物好氧发酵产热来蒸发水分的生物干化工艺，不用外加热源，因此是一种经济节能的干化技术。在提倡可持续发展及矿物能源不断恶化的今天，生物干化作为一种新兴的生物处理手段，已经较多地应用于畜禽粪便生物干燥和生活垃圾脱水处理。

(2)污泥太阳能干化技术的发展方向

针对污泥太阳能干化技术的缺点，污泥太阳能干化技术的未来发展方向将会是优化污泥太阳能干化设备的集热系统，同时降低集热系统的占地面积，降低成本，提高太阳能的利用效率。其次，就是加强设备的蓄热装置，降低天气和气候对污泥太阳能干化技术的影响，增强污泥太阳能干化的稳定性。此外，提高热泵技术水平，提高太阳能回收率，能够有效确保污泥太阳能干化系统持续运行的措施。

5.2 自然干化

自然干化是利用自然力量(如太阳能等)将污泥脱水干化的一种常用方式。污泥自然干化的主要构筑物传统上常用的是干化场，现在使用的主要是污泥干化床。干化床适用于小型污水处理厂，该方法适用于气候比较干燥、占地不紧张，而且蒸发率相对较高、环境卫生条件允许的地区。

5.2.1 干化场

污泥自然干化法常采用污泥干化场(或称晒泥场)，是利用天然的蒸发、渗滤、重力分离等作用，使泥水分离，达到脱水的目的，是污泥脱水中最经济的一种方法。排入污泥干化场的城市污水厂污泥的含水率，来自初沉池的初沉污泥为95%~97%，生物滤池后二沉池的二沉污泥为97%，曝气池后二沉池的活性污泥为99.2%~99.6%，污泥消化池的消化污泥为97%。通过自然干化，污泥含水率可降低到75%左右，污泥体积大大缩小，干化后的污泥压成饼状，可以直接运输。

干化场是一种较古老、较简便、采用广泛的污泥脱水方法，起初是用于污水处理厂的生物污泥处理，现在也用于水厂污泥脱水，下部一般铺一层砂，也有的在砂下再加一层小石子。干化场脱水的机理主要是渗透、溢流和蒸发。污泥进入干化场后，自由水在重力作用下脱离泥层，一部分从底部渗入砂层，然后由集水系统排走，自由水排干需要耗时若干天；另一部分形成上清液层，通过溢流去除，雨水也从溢流管排出。蒸发取决于日照量与日照时间，蒸发是干化场最主要的脱水机理，因此自然干化通常需要在日照强烈的干旱地区进行，要达到最终的目标含固率必须经过一段时间的蒸发。

(1)干化场的分类和构造

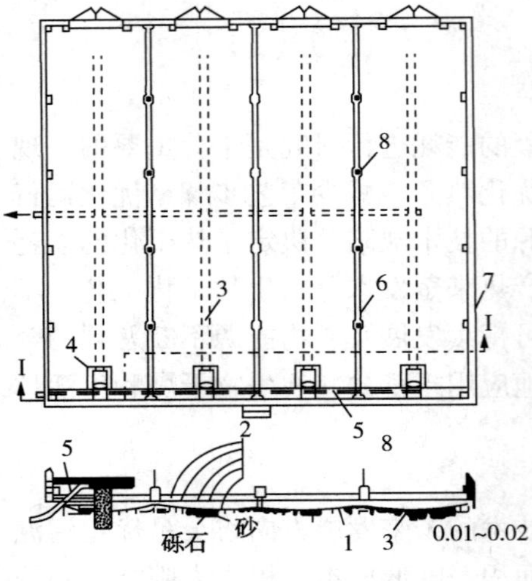

图5-1 人工滤层干化场

1—不透水地板；2—滤层；3—排水管系统；4—溅泥面；5—输泥管与切门；6—隔墙；7—围堤；8—柱子

干分场有许多形式，如空地砂床、空地路床(可带有排水渠)、覆盖砂路床、真空干化床、冷冻融化池+干化床等。干化场可分为自然滤层干化场和人工滤层干化场。自然滤层干化场适用于自然土质渗透性能好、地下水位低，渗透下去的污水不会污染地下水的地区；人工滤层干化场的滤层是人工铺设的，渗下的污水由埋设在人工不透水层上的排水管截留，送到处理厂重复处理。人工滤层干化场可分为敞开式干化场和有盖式干化场两种。

人工滤层干化场的构造如图5-1所示，它由不透水底层、排水系统、滤水层、输泥管、隔墙及围堤等部分组成。有盖式的，设有可移开(晴天)或盖上(雨天)的顶盖，顶盖一般用弓形骨架覆有塑料薄膜制成，移置方便。

滤水层由上层的细矿渣或砂层铺设，厚度为200~300mm，下层用粗矿渣或砾石层铺设，厚为200~300mm，容易滤水。排水管道由直径为100~150mm的陶土管或深度与此相当的阴沟网构成，管子接头不密封，以便排水。管道之间的中心距为4~8m，纵坡为0.0025~0.003m，排水管起点覆土深度(至砂层顶面)为0.4~0.6m。隔墙与围堤把干化场分隔成若干块，轮流使用，以便提高干化场的利用率。

干化场的建设应因地制宜，必须对土地性质和操作控制加以考虑。地势、地形对干化床的选址起决定性作用，在选址时必须考虑操作条件(如污泥输送距离)。当对干化床要求较高时，宜选用现浇混凝土或预制混凝土模块；当级别要求较低时，可采用土制直线边墙。

干化场的排水暗渠系统是用于收集和输送沿砂石渗透的自由水，为防止地下水污染，需在排水管下铺设不透水的蒙古土层或衬层。如果干化床设有溢流，那么溢流水和渗透水就在排水暗渠中汇合。排水暗渠由特制的瓷化黏土或塑料管建成。

(2)干化场脱水的影响因素

干化场的脱水机理主要是渗透、溢流和蒸发。渗透过程约在污泥排入干化场最初的2~3天内完成，可使污泥含水率降低至85%左右。此后水分不能再被渗透，只能依靠蒸发去除。要达到最终的目标含固率，必须经过一段时间的蒸发。如污泥太干燥，就会产生灰尘问题。

影响污泥在干化场上脱水的因素有：

①气候条件

由于污泥中占很大比例的水分是靠自然蒸发而干化的，因此气候条件，包括降雨量、蒸发量、相对湿度、风速及年冰冻期对干化场的脱水有很大的影响。研究证明，水分从污泥中蒸发的数量约等于从清水中直接蒸发量的75%，降雨量的57%左右要被污泥所吸收，因此，在干化场的蒸发量中必须加以考虑。

蒸发所需的时间是决定干化床尺寸的控制因素。

②污泥的性质

污泥的性质对干化效果的影响很大。例如消化污泥在消化池中，承受着比大气压高的压力，并含有很多消化气泡，排到干化场后，体积膨胀，气体迅速释出，把固体颗粒挟带到泥层表面，降低水的渗透阻力，提高了渗透性能。对脱水性能差的污泥，水分不易从稠密的污泥层中渗透过去，往往会形成沉淀，分离出上清液，这种污泥主要依靠蒸发进行脱水，并可在围堤或围墙的一定高度上开设撇水窗，撇除上清液，以加速脱水过程。对雨量多的地区，也可利用撇水窗，撇除污泥面上的雨水。

干化污泥的浓度取决于污泥的初始浓度、所加入的混凝剂或其他物质的调理情况、干化床厚度以及排水系统的效率。可通过试验确定污泥干化床厚度、初始污泥浓度以及混凝剂调理可获得的最大含固率。根据污泥产量和蒸发次数确定干化床面积。对于絮凝污泥，干化床的处理负荷一般在50~150kg/(m^2·a)范围，单床负荷为5~20kg/m^2，絮凝剂用量为1g/kg时可大幅度提高干化污泥的含固率，从而产生絮凝污泥。石灰污泥的干化床负荷为20~100kg/m^2，絮凝剂对提高石灰污泥的产量作用较小。

(3)污泥干化面积的确定

干化场所需的面积随污泥性质、地区的平均降雨量及空气湿度等不同而异。一般来说，对生活污水的消化污泥，每1.5~2.5人应设置0.4m^2，当未消化的污泥不得不在干化场上干化时，则需比消化污泥提供更大的面积。一次送来的污泥集中放在一块干化场上，其所需的面积可根据一次排放的污泥量按每次放泥厚度30~50cm计算。

近年来，在气候干燥、蒸发量大的地区，出现了一种采用由沥青或混凝土铺成的不透水层而无滤水层的干化场，依靠蒸发脱水。这种干化场的优点是泥饼容易铲除。

对于降雨量大或冰冻期长的地区，可在干化场上加盖。加盖后的干化场，能够提高污泥的干化效率。盖可以做成活动式的，在雨季或冰冻期盖上，而在温暖季节、蒸发量大时不盖。加盖式干化场卫生条件好，但造价高，在实际工程中使用的较少。

污泥干化场占地面积大，劳动强度高，卫生条件差，敞开式工作，难于控制臭味，易导致臭味投诉，因此大型污水处理厂不宜采用。但污泥自然干化比机械脱水经济，在一些小型污水处理厂，尤其是气候比较干燥、有废弃土地可资利用以及环境卫生允许的地区可以采用。近年来，聚合物调理成功地用于干化床，从而提高了固液分离和快速脱水的效率。

为了提高干化场的干化速率，可在干化床上增加真空系统，从而形成真空干化床。真空干化床能够使自由水被更快地去除(相对于重力脱水)。液态污泥由污泥泵输送到沟槽的表面，在支撑体系的下面使用真空系统强化重力脱水。如果真空干化床建在室外，真空脱水后还可能继续蒸发脱水。在把污泥排入真空干化床之前，污泥一般需进行聚合物调理，这样有利于快速脱水。

(4)干化场的设计

干化场的设计，应当综合考虑污泥类型、进泥的固体浓度、污泥的施用厚度、蒸发速率、采用的出泥方式及污泥的最终处置方式等因素，以确定对当地而言最优的设计负荷和操作方式。由于上述因素均受地域与原水水质的影响而呈现各自的特点，因此干化床的设计必须考虑地域的独特性。

干化场设计的主要内容是确定总面积和分块数。目前，干化床的设计主要以经验数据为基础，并参考同类水厂已有的运行经验或现场试验所得数据。

干化场的总面积决定于污泥面积负荷——单位干化场面积每年可接纳的污泥量，$m^3/(m^2 \cdot a)$或m/a。面积负荷的数值与当地气候及污泥性质有关。

干化场的污泥面积负荷，可按下式计算：

$$q = n \cdot H \tag{5-1}$$

式中 q——污泥面积负荷，mm/a；

n——每年铲除污泥的次数。

$$n = \frac{\eta_1 h_1 - \eta_2 h_2}{\left(\frac{C_1}{C_2} - \frac{C_1}{C_3}\right) H} \tag{5-2}$$

式中 h_1——年蒸发量，mm/a；

η_1——污泥水分年蒸发系数，一般取 $\eta_1 = 0.75$；

h_2——年降雨量，mm/a；

η_2——污泥吸收雨量系数，经验值，取 $\eta_2 = 0.57$；

C_1——进入干化床的污泥固体浓度，取 $C_1 = 0.06$；

C_2——渗透脱水污泥固体提高浓度，取 $C_2 = 0.15$；

C_3——干化脱水后污泥固体浓度，取 $C_3 = 0.30$；

H——每次排入干化场的污泥厚度，mm，取 $H = 250$mm。

干化场总面积，按下式计算：

$$A = \frac{1.2Q}{q} \tag{5-3}$$

式中 A——干化场总面积，m^2；

1.2——安全系数；

Q——年产污泥量，m^3/a。

5.2.2 太阳能干化床

太阳能干化技术是利用太阳能蒸发污泥中的水分，以实现降低污泥含水率，达到有效利用污泥的目的。虽然太阳能干化的干化时间较长，但其能耗较低。机械热干化过程的能耗(包括电能和热能)约 800~1000 kW · h/t H_2O，而太阳能干化过程的电耗不到 100 kW · h/t H_2O，热能可全部或大部分由太阳能提供。由于太阳能干化污泥能耗低，在欧洲等地有较多的应用，近年来我国也有一些企业建设了污泥太阳能干化工程。

太阳能是清洁可再生能源，太阳能干化是污泥干化的一个低能耗路线，但太阳能干化系统适合太阳能辐射强度常年较大且土地资源充足的地区。根据阳光是否直接照射在物料上可分为敞口型太阳能干化场、温室型太阳能干化系统和集热式太阳能干化系统三类。

(1)敞口型太阳能干化场

敞口型太阳能干化场在形状和操作上都与砂干化床相似，但它具有一个封闭(不透水)的底层，因此这种床只有少量的或根本没有渗透排水，污泥的浓缩和干化主要通过溢流和蒸发。为了增加污泥床吸收太阳能的能力，太阳能干化场一般都设有翻泥装置，以便不断更新污泥的蒸发表面，从而提高蒸发速率。

太阳能干化场最大的特点是维护和清理费用低，且没有换砂的费用支出。由于底部是密封的，也就不需要排水暗渠的建设和维护费用。太阳能床的整个底部有垫层或混凝土浇筑，因此整个床从上至下的清理非常快捷和方便。

太阳能干化床具有节能、充分利用可再生能源、设备制造工艺相对成熟、技术要求相较较低、便于大规模推广使用、易于建设等优点。但太阳能干化床主要依靠蒸发，其负荷比砂干化床低，因此太阳能干化床效率低，干化时间长，从而导致占地面积大，同时易造成污泥内部的厌氧消化，产生恶臭气体。另外，太阳能干化床易受天气条件(如当地的降雨量、蒸发量、相对湿度、风速和年冰冻期)的影响，从而导致系统运行不稳定，因此大部分太阳能干化床都建在蒸发比较旺盛的南部或东南部地区。

(2)温室型太阳能干化系统

为了解决敞口型太阳能干化场的臭味问题，并减少天气条件对太阳能干化场的影响，可在敞口型太阳能干化场的基础上增设温室大棚与通风除臭装置，这就构成了温室型太阳能干化系统。

(3)集热式太阳能干化系统

为了提高太阳能干化系统的稳定性，可以采用集热式太阳能干化系统，首先利用太阳能集热器将太阳能转变为恒定水温的热水，通过地板辐射对污泥进行热干化。为了弥补太阳能非稳定供应的不足，还可通过辅助热源来增强系统的干化效率，例如增加红外灯照射、加热地板、加热空气等。

集热式太阳能干化系统能够降低污泥的处理费用，但同时也存在集热器占地面积大的问题。集热器的面积仅与处理量与太阳能辐射强度有关，为了减小集热器的面积，可将集热式太阳能干化系统和温室型太阳能干化系统耦合，建成集热式太阳能温室，以便于利用辅助能源。这种集热式太阳能温室型干化系统便于引入辅助能源，如污泥消化产生的沼气、地源热泵、水源热泵等，这些清洁能源的添加既不会增加太多的运行成本，也可显著减少太阳能集热器的占地面积，同时还可适应太阳辐照强度随季节波动的特点。

(4)太阳能干化的传热过程

太阳能干化所需的热量完全来自自于太阳辐射，具有能量密度小、耗散严重的特点。污泥的太阳能干化过程有4个明显的阶段：

①初始阶段：污泥内部温度较低，表面无裂纹，因此内部水分扩散到外表面的速率较低。

②增速阶段：经过一段短暂的时间后，由于太阳辐射换热和空气自然对流换热导致污泥表面和内部温度升高，使得污泥内部水分的扩散速率加快。

③恒速阶段：经过一段相对较长的时间(一般约1h)后，污泥温度升高至逐渐接近空气温度，太阳辐射换热增加，空气对流换热量减少，同时在污泥表面含水率较低的部分开始出现裂纹，水分蒸发面积增加，此阶段的污泥干燥速率接近于一个恒定值。

④降速阶段：在干燥结束前的一段时间内，随着污泥内部水分急剧减少，污泥温度达到顶峰，此时污泥裂纹的增大已不足以抵消上述两个因素的阻碍效果，干燥速率开始降低，最终污泥中的水分达到一个干燥平衡值，干燥速率为零。

太阳辐射对污泥主要通过两条途径来传递热量：一是辐射传热；二是先对空气进行辐射传热，然后空气和污泥之间再进行自然对流换热。在污泥初始含水率、厚度恒定的情况下，空气温度、空气流速、太阳辐射强度就成为了最主要的影响因素。

5.2.3 生物干化

与众多其他污泥干化方法相比，污泥生物干化技术以其良好的节能性和经济性展现了广阔的应用前景。污泥生物干化技术是以降低污泥含水率为主要目的，利用微生物好氧发酵产生的热量增强水分的蒸发，同时加以人工强制通风将污泥中的水分降低的干化技术。干化后的产物质量、体积和含水率等指标降低，便于运输与后续处理处置，为当前亟待解决的污泥问题提供了一条节能、经济的发展思路。

(1)生物干化机理

生物干化最早始于1984年，由J. E. Well等研究牛粪生物干燥时提出的，这个过程是利用生物降解固体废物中的有机成分，主要利用生物活动产生的热量，结合适宜的通风形成好氧条件并将堆体中的水分快速带走，以降低含水率的干化过程。与强调对有机物彻底降解并达到稳定化的好氧堆肥不同，生物干化过程更注重快速去除水分，并且使产物保留一定的热值，便于后续焚烧或作为肥料等利用。

污泥中的水分主要分为间隙水(约占70%)、毛细结合水(约占20%)、表面吸附水和颗粒内部水(共占10%左右)4类，其中通过污泥浓缩可以去除大部分间隙水，通过机械脱水可去除毛细结合水，其余10%的表面吸附水和颗粒内部水需通过加热烘干的方法去除，例如常用的热干化技术以及衍生出来的微波干化、红外干化、热泵干化等，都是采用了外在的热源加热污泥，但由于投资和处理费用较高，所以难以大范围推广。

生物干化过程中不需要外加热源，干化所需能量全部来源于微生物降解污泥中有机质所产生的热量，堆体温度可达30~70℃。同时，微生物活动还能将污泥内部水分活化，使其转变为更易蒸发的水分，通过强制通风带出，从而实现污泥含水率的降低。生物干化周期比好氧堆肥减少1/2~2/3，因此是一种经济实用的干化技术，显现了生物干化良好的技术和应用优势。

(2)生物干化的影响因素

污泥生物干化研究主要借鉴了污泥好氧堆肥技术和城市生活垃圾生物干化技术，与好氧堆肥相比，两者的主要区别在于生物干化以降低含水率为主要目的，而好氧堆肥则以有机物稳定和腐熟为主要目的；与城市生活垃圾生物干化相比，污泥的有机质含量、物理化学性质又有别于城市生活垃圾，物料调控和运行方式也有一定区别。

影响生物干化的主要因素有：物料性质、温度、湿度、外源接种菌剂、调理剂、通风策略等，通过过程调控手段对这些因素加以合理控制，可使其达到适宜的环境，最大限度的提高干化效率。

①物料性质

有机质是微生物赖以生存和繁殖的重要物质基础，生物干化反应需要一个合适的有机质含量范围。大量研究表明，在污泥好氧堆肥中，适合堆肥的有机质含量范围为20%～80%。城市污泥中含有大量有机质和植物养分，易被生物降解。郭广慧等对中国93个城市污水处理厂污泥样本的统计分析发现，城市污泥中有机质的平均含量分别为280g/kg，表明我国城市污泥有机质基本符合生物堆肥及干化的要求。

此外，物料的碳氮比必须达到适宜的值才能进行理想的生物反应，对好氧堆肥和干化的研究表明碳氮比一般为(20：1)～(40：1)，通常污泥的碳氮比较低，需添加一些纤维、木质素、果胶较多的秸秆、杂草和枯枝等提高物料的碳氮比。

pH值是细菌生长繁殖的重要环境因素，适宜的pH值可使微生物有效的发挥作用，一般认为适于堆肥的pH值为5.2～8.8，最佳pH值为7.6～8.7。但通常城市污水厂脱水污泥的pH值不需要调节，且微生物可在较大的pH值范围内生长繁殖。

②温度

生物干化是一个水分受热蒸发的过程，理论上温度越高则其水分蒸发越快。但温度并非越高越好，超过一定的温度会杀死微生物，而过低的温度则会降低微生物的活性。温度同时影响微生物的生长和繁殖，从而引起生物干化过程中微生物的数量和优势种群的交替变化，并直接影响有机物的降解。微生物好氧发酵分为升温阶段、高温阶段和降温阶段，由于在高温阶段(50～60℃)对有机质有很好的降解效果，水分蒸发快，因此应在保证微生物较高活性的前提下，尽可能维持较高的温度以获得更高的脱水效率。

有研究发现，维持更低的堆体温度能获得更好的干化效果，因为堆体水分附着力小，通过大量通风仍能去除，但此时已不是完全意义上的生物干化，更类似于人工强化的自然干化，其能耗也高于正常的生物干化过程。

③湿度

水分是好氧堆肥时微生物生命活动的基础，也是生物干化中重要的工艺控制参数。湿度过高会导致厌氧发酵，产生臭气和植物毒性物质，甚至会使微生物活动停止。湿度太低会使堆肥过早干化，因而会抑制微生物的新陈代谢，产生物理稳定而生物活性不稳定的产品。

湿度也是影响微生物降解有机物的重要因素之一，如果生物干化过程中湿度下降过快，水分的损失将会导致有机物降解速率的明显降低。湿度同样会影响氧气的供应，由于氧气在水中的扩散能力仅为其在空气中扩散能力的1/10000，因而湿度太高会降低氧气向堆肥颗粒内的扩散。罗维等归纳大量文献后发现，不同堆料和堆肥工艺，最佳湿度值普遍倾向于60%。虽然生物干化近似于堆肥，但有关其适宜湿度尚未有全面的报导。

④外源接种菌剂

生物干化中，好氧微生物成为热量产生的唯一力量，但数量不足或降解能力差的土著菌群可能导致干化效果差、产品质量不稳定。人工加入一些高效微生物菌剂或干化熟料可以调节菌群结构、提高微生物活性，从而提高干化效率，缩短干化周期，提高干化后污泥的质量。

研究表明，添加复合菌剂后堆体升温快、高温持续时间长，明显优于不添加菌剂。接种菌剂与不接种菌剂相比，能够更好的降低含水率和降解有机质，这是因为接种外源菌剂能增强微生物的降解能力、提高降解速率。不仅如此，多次接种菌剂的效果明显优于单次接种。对于复合水解-好氧生物干化过程，不同时机接种外源菌剂也有不同的效果，在好氧阶段刚开始的时候接种菌剂，含水率可从72.0%降低到48.5%，优于在干化初始的水解阶段接种。

⑤调理剂

在生物干化过程中可以向堆体中加入调理剂增加基质的蓬松程度，增加堆体的自由空域，以利于形成好氧发酵环境；并且加入适当的调理剂可以提高堆体的碳氮比，防止因污泥有机质含量过低而使生物活动受到抑制。

蒋建国等利用秸秆和锯末作为调理剂，并通过实验证实前者的调节作用优于后者，可以使物料温度上升更快，含水率下降更多，因为秸秆比锯末更易被微生物利用，微生物呼吸作用持续时间更长。调理剂的粒径一般以较小为宜，Zhao Ling 等研究污泥生物干化时，利用粒径为0.5~3mm的稻草秸秆和粉状锯末作为调理剂，得到良好的干化效果。

研究还发现，高调理剂含量配比的升温速率明显要比低调理剂含量配比的快，这是因为如果调理剂含量过低，堆体的自由空域过低，阻碍氧气的存储和传输过程，从而引起堆体的厌氧发酵。但是，如果调理剂添加量过高，必然要引起干化成本增加，而且违背了污泥处理减量化的原则。m(污泥)/m(调理剂)为5∶1时效果更佳。一些研究人员认为，生物堆体的自由空域维持在30%左右最有利于生物堆体发生好氧反应。

⑥好氧策略

通风速率和通风方式是影响堆体温度和水分的重要因素，污泥生物干化过程中通风起到提供氧气、调节温度和带走水分的作用。通风干燥和通风散热是相互矛盾的两个方面：风量大、持续时间长则有利于带走堆体水分，但同时也带走热量、增加运行成本；较高的通风量可以去除较多的水分，但较低的通风量可以让堆体维持更高的温度。Zhao Ling 等通过研究不同的通风量对生物干化的影响发现，较高的通风量[$0.0909m^3/(h \cdot kg)$]比低通风量[$0.0455\ m^3/(h \cdot kg)$]的水分去除效率高、VS降解效率高。通过变换通风方向和翻堆，均可以使生物干化产品的性质更加稳定和均匀。

不同的通风策略对生物干化会产生影响，目前主要的通风策略有：连续通风、间歇通风、温度控制通风、氧含量控制通风等。与连续通风相比，间歇通风有利于生物堆体温度升高和干化效果，温度控制通风与氧含量控制通风等方式对于通风的控制更为精确，能够通过反馈调节提高干化效率，反馈控制方式更适合于大规模的生产调控。而为了实现更短时间内去除更多水分的目的，需要在不同阶段采取不同的通风策略，对生物干化过程进行实时在线监测和反馈控制，这样更有利于提高生物干化效率。

⑦机械翻堆

生物干化是一个复杂的污泥好氧发酵和强制通风的过程，其影响较多，干化机理也较复杂。Lu Cai 等研究了污泥生物干化过程中的水分及能量变化机理，发现在生物干化的高温时期，含水率、代谢产水量和水蒸发量首先增加并达到最高值，然后开始降低；在生物干化过程中，通风促进了水的蒸发，水的蒸发量远大于水的产生量，所以物料得以干化。

翻堆是通过翻倒、搅拌、混合等方式使物料、氧气、温度和水分等均匀化，起到混合物料、供给空气、增加空隙率、散失水分等作用，提高生物干化的脱水效率。翻堆对于现代化、机械化的生物发酵技术具有重要的作用，也是动态发酵与静态发酵技术的区别依据。吕育财等研究发现，翻堆后可使堆体内氧气体积分数达到 18.5%，翻堆结束后堆体内的氧气在半小时内耗尽，翻堆后虽堆体温度下降，但在微生物好氧呼吸的作用下，堆体温度迅速上升，在半小时内即可恢复到翻堆前的温度。但过高的翻堆频率会使材料焓和翻堆的热消耗更高，不利于堆体温度的积累，通常维持每两天翻堆 1 次的频率较为合理。韩沉耀等研究表明，翻堆能进一步改善污泥干化效果，在适宜的通风量条件下，每两天翻堆 1 次，产物含水率为 53%，水分去除率达 0.47kg/kg。

(3)污泥生物干化的应用前景

①污泥生物干化产品用途

污泥干化后，化学性质更加稳定，生物稳定性和力学稳定性等方面也显著提高，有利于进行运输、储存、填埋、焚烧和农业利用等用途。但无论何种用途，污泥的干化都是重要的第一步处理，因此污泥干化在整个处理过程中的作用越来越重要，干化产品的用途也十分广泛。

随着含水率的降低，干化后的污泥质量、体积显著减小，能够减少储存和运输成本。研究表明，污泥含水率在 65%左右时，一般可以直接填埋，而经生物干化后的污泥，含水率一般可降低到 50%左右，可以直接填埋，且稳定性较好。

根据国内外对于城市生活垃圾进行的生物干化实验研究表明，对城市生活垃圾生物干化后，含水率能够降低到 53%以下，热值可达到 12.28kJ/g，其性质稳定，可以用作生物燃料。经生物干化后的污泥，含水率一般可降低到 50%左右，由于含水率降低，热值有了较大提高，后续作为生物燃料，无论进行单独焚烧还是与其他燃料混合焚烧，都有较好的技术优势。

②技术经济前景

污泥干化是一个能量净支出的过程，而污泥干化过程中大部分运行成本来自于能量的耗用，因此对能耗、成本方面的研究是污泥干化改进和研究的重点。现阶段国内外污泥干化多数采用热干化的形式，耗用大量电能，成本较高。虽然新的热干化技术采用了诸如太阳能或太阳能—地源热泵、微波干化等新技术，但由于污泥热干化工艺利用外加热源的技术缺陷，决定了热干化的能耗仍然较高。而利用微生物好氧发酵产热来蒸发水分的生物干化工艺，由于充分利用了污泥自身的生物能，除通风曝气所需的电耗外，不用外加热源，因此是一种经济、节能、环保的干化技术。

③政策前景

党的十九大报告紧盯环保重点领域，提出“持续实施大气污染防治行动，加快水污染防治，强化土壤污染管控和修复，加强固体废物和垃圾处置”。为此，国家出台了一系列的政策规划、技术标准与技术指南的文件，对污泥的处理处置进行一定的鼓励、引导和扶持，促进污泥处理处置的相关研究、应用和推广，以实现污泥的“减量化、稳定化、无害化和资源化”。良好的政策支持，为污泥生物干化的发展提供了有力的保障，污泥生物干化作为污泥处理处置的关键环节之一，以其独特的优势，展现了其良好的应用前景和政策前景。

5.2.4 污泥干化芦苇床

利用芦苇床进行污泥干化这一想法是20世纪60年代由德国的马普学会(马克斯·普朗克科学促进学会，Max Planck Instituta for the Advancement of Science，MPIAS，简称马普学会)构思出来的，Kaethe Seidel拓展了其原始构思，利用植物的根区系统来使得污泥渗透脱水，保持污泥表面破裂，最终使底层污泥也干化。因此，利用芦苇床对污水厂剩余污泥进行稳定的研究和应用起源于欧洲，随后在世界范围内得到广泛关济，对其概念描述也不尽相同，主要有如下几类：污泥干化芦苇床(sludge drying reed bed)、污泥处理湿地(sludge treatment wetland)、芦苇床污泥处理系统(reed bed sludge treatment system)、污泥生态稳定化系统(sludge ecological stabilization system)。

(1)芦苇床稳定污泥的基本原理

利用芦苇床对污水厂剩余污泥进行稳定化处理，实际上就是利用人工湿地和传统污泥干化床的有机结合，从而形成一种新型的污泥处理技术。将芦苇种植于人工湿地填料层中，形成芦苇床。将剩余污泥间歇性排入，其中水分经填料层以及后形成的污泥层下渗，最后经排水管排出后，或进行下一步处理，或回流到污水处理系统；而固体物质被截留在填料层表面，再通过蒸发作用和植物蒸发蒸腾作用进行脱水并达到减容的目的。

湿地植物芦苇具有向根系传递氧并减弱厌氧土壤的物理和化学危害的独特特性，通过植物生长和枝体的摇动促进污泥的脱水和稳定，将剩余污泥转化为具有农用价值的、类似土壤的基质。芦苇床稳定剩余污泥，是植物、微生物、阳光、风等综合作用的结果，而这些要素又构成了一个完整的生态系统，因此将其定义为“污泥生态稳定化系统”。

芦苇床中的植物生存在剩余污泥这一逆境环境中，芦苇根系要承受来自污泥中有毒有害物质的影响。同时，污泥中含有氮、磷、钾等营养元素以及植物生长所必须的各种微量元素，如钙、镁、铁等，这些元素又促进芦苇的生长。芦苇在生长过程中，通过吸收、转化、根系分泌和根系释氧功能，促进污泥的稳定和无害化。经芦苇床稳定后的污泥可用于改良土壤、增加土壤肥力，尤其是在沙质土壤改良和沙地绿化方面，有望成为常规肥料的替代品。

在利用芦苇床稳定污泥过程中，污泥脱水由蒸发、渗透和矿化作用完成。芦苇生长在剩余污泥中可提高污泥的含固率，提高有机质的分解和改善渗滤液水质。芦苇对污泥水分渗滤具有积极作用归因于污泥胶体结构的变化，靠近植物根系的区域产生腐殖酸溶胶，水很容易透过。同时，芦苇根茎在污泥中生长以及根系新陈代谢产生的腐根增加了污泥的空隙度，连同风对芦苇的摇动作用，在其周围形成细微通道，可以促进水向下渗透。

污泥干化芦苇床中污泥的干化速度较传统干化床快，其原理为：茎、地下茎和根系向深处提供排水通道，强化了排水作用；由于风的摇摆作用，使得污泥层中在茎的周围产生孔隙；植物蒸发蒸腾作用，促进污泥水分减少；矿化作用。

(2)芦苇床设计与运行

污泥直接由沉淀池排出，投配到芦苇床中，或者在排入芦苇床前先在调节池中混合均匀。从调节池流出的污泥再分别投配到每个芦苇床，如图5-2所示，系统以间歇流运行。根据设施的处理能力，芦苇床的数量设在定3~18个，分别相当于400~123000人口当量，芦苇床的面积也有很大的变化幅度，小到4.5m^2，大到1000m^2以上。

芦苇床以建成矩形的混凝土池体，也可以由土方建成，池底铺设有防水膜进行密封，以防止滤液外渗。当然，芦苇床也可根据地形条件建成任何形状，原有干化床也可改建成芦苇床。为了将渗滤液更加容易地收集在集水管道中，池底的坡度至少为1%。同时，这些铺设于池底的管道可强化穿过卵石滤层和污泥层的通风作用。系统通过布设在芦苇床一角的管道进泥，进泥管道可沿池的一侧或在池中间分布。

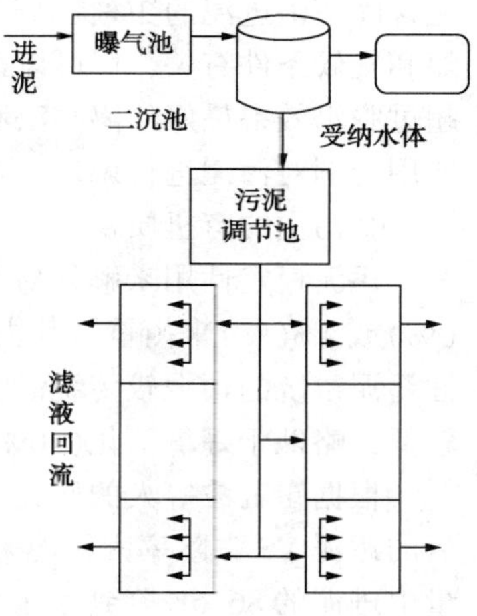

图 5-2　污泥干化芦苇床系统

在芦苇床中，污泥的干化是分批进行的。在持续1~2天(有的甚至达1~2周)的进泥期内，每次将污泥投配到一个芦苇床中。进泥期结束之后，芦苇床开始间歇干化期，在此期间进行污泥脱水。这期间污泥投配到下一个芦苇床中。间歇期可能持续几天至几十天，其长短取决于系统的处理能力、气候条件、系统运行年份、干物质含量及污泥厚度。随后的下一个周期中，污泥重新投配到残余污泥层上面，进泥期的长短与之前的相同，在后续的间歇期进行脱水。每次进泥之后污泥中的固体截留在表面，污泥脱水过程中起主要作用的是水分通过污泥残渣层和粒状填料介质进行渗滤。残余污泥的水分还可以通过植物的蒸腾作用进一步去除。系统中芦苇床数量的增加有助于形成更长的循环运行周期，从而延长了间歇干化期，能够提高残余污泥的干化程度。

另外，在间歇期间，积存泥表面形成的一层干化膜，这层干污泥会因植物的生长运动而开裂。通常植物生长所导致的污泥层表面破裂会减少较大裂缝的数量，而会增加中小裂缝。污泥层的破裂加快了水分的蒸发和氧的转移，这样促进了污泥床层有更为均匀的孔隙，并且有利于底层污泥的矿化。通过植物将氧气从大气传输到根系，再加上在污泥层的很多区域，氧气通过表层污泥的裂缝为填料层创造了好氧条件，能够促进好氧微生物生长，最终可以提高污泥矿化的效率。

正常运行期间，芦苇床中污泥层厚度的增长速度相对稳定。当污泥层厚度接近最大值时，最后的1~12个月停止进泥，系统处于间歇期和自然稳定期，其目的是为了提高最终污泥的含固率和矿化程度。最后将稳定化污泥从芦苇床中挖出。需要注意的是，清除污泥时不要将较深层的残余污泥全部取出，而是把能够再生长其植物的根部保留下来，从而可以顺利进入下一个运行周期，避免重新种植芦苇。

经芦苇床进行的污泥脱水和矿化过程产生的最终产物适用于土地利用，既可以直接利用，也可以经过另外堆肥处理后再利用，视具体施用要求而定。

(3)芦苇床稳定污泥的效果

①污泥的脱水效果

利用芦苇床处理污泥的主要目的之一是使污泥脱水，将污泥由液态转变为固态，形成含水量较低的干化污泥，从而达到污泥减容的目的。固体含量高、体积小的污泥其后续处置的费用就低，因此在芦苇床稳定污泥的相关研究中，针对污泥脱水性的研究报道较为多见。以处理剩余活性污泥为例，根据 Nielsen 等的研究，进泥含固率为0.5%~0.7%，稳定后的污泥含固率为20%；Uggetti 等的研究结果显示，进泥含固率为3%，稳定后的污泥含固率为20%~28%。而崔玉波等的研究结论认为，经过2年的污泥负荷期和1年的自然稳定期，污泥含固率由进泥的3%提高到最后的65.7%。显然，稳定化污泥的含固率与自然稳定期的长短和气候条件有关，但可以肯定的是，经过芦苇床稳定的污泥可以达到较高的含固率，甚至超过脱水效果最好的离心法和压滤法(可使含固率提高到35%)，但这些机械方法通常都需要用药剂对污泥进行调理，存在着能耗高、操作运行费用高的缺点。

②污泥的有机质稳定

污泥稳定性用来解释易生物降解有机物的降解程度。通常，污泥的有机质含量用有机质(%)或VS(%)来衡量，其去除率的大小取决于进泥中的VS含量。例如，来自延时曝气活性污泥系统的污泥较传统活性污泥法的VS含量低，经芦苇床处理后，污泥的VS去除率也较低，略低于好氧消化(40%~55%)或厌氧消化(35%~50%)。

根据崔玉波等人的研究，经过2年的污泥负荷期和一年的自然稳定期，经芦苇床稳定化后的污泥VS去除率因污泥来源不同而不同。来源于A2/O工艺的剩余污泥经稳定后，VS含量由进泥的86.5%降到稳定后的28.7%，去除了57.8%。而来源于CASS工艺的剩余污泥经稳定后，VS含量由进泥的34.7%降到稳定后的16.8%，去除了17.9%。

对于污泥堆肥系统来说，稳定性是一个与堆肥物质中微生物的分解活动和呼吸活性有关的定性参数，它由微生物的呼吸强度来决定。Giraldi、崔玉波和Peruzzi等通过测定脱氢酶活性(DHase)，研究了污泥中的微生物活性。这些作者发现，污泥在经芦苇床稳定过程中，污泥的脱氢酶活性有明显的历时降低趋势，反映了微生物在芦苇床中的稳定化过程。另外，他们还观察到，在处理一年后，污泥在一定程度上已经达到了矿化和腐殖化。

③污泥中的营养物质

污水处理产生的剩余污泥必须转变为一种副产品，如适合农作物田地施用的有机肥料和适合土地改良用的土壤改良剂。对于污泥中的营养物质，氮和磷的含量是需要特别关注的，其含量大小表明最终产物具有用作肥料的潜质。

芦苇床中稳定化污泥中氮的转化相对复杂，有形态的转化，也有相的转移。据报道，经过10个月的稳定，污泥全氮含量从进泥的5.49%降到1.89%，去除了65.5%；而另有报道称，经过3年的芦苇床稳定，污泥全氮含量由表层的3.9%增加到底层的5.0%，其中的原因有待进一步的研究。但根据崔玉波等的研究，经过2年的污泥负荷期和1年的自然稳定期，进泥不同，产生的效果也不同。来自长春某污水处理厂CASS工艺的剩余污泥含氮量为2.55%，稳定化污泥的含氮量平均为0.98%，较进泥下降了61.6%；而来自大连某污水厂A2/O工艺的剩余污泥含氮量为6.62%，稳定化污泥的含氮量为3.1%，较进泥下降了53.2%。虽然去除率差别不大，但稳定化污泥的含氮量却存在较大差异。考虑到植物吸收只占总氮去除量的大约4%，可以推断，污泥中全氮得以去除的主要机理是芦苇床中污泥发生了脱氮作用。

关于芦苇床中污泥含磷量变化的研究报道差异性较大。Kalisa报道厌氧稳定污泥经芦苇床稳定后，污泥上中下三层的全磷含量分别为20mg/g、23mg/g和17mg/g，进泥为17.6mg/g，中上层污泥的全磷去除率为负值。Zwara也有相似的报道，经过3年的稳定，污泥中全磷含量由3.3mg/g升高到5.2mg/g，造成磷积累。而相反的研究结论为磷去除，例如有研究表明，污泥经过1年稳定，磷含量由进泥的9.29mg/g下降到3.1mg/g，去除了66.6%；进泥磷含量7.2mg/g，稳定化污泥0.7~1.1mg/g。

但根据崔玉波等的研究，经过2年的污泥负荷期和1年的自然稳定期，进泥不同，产生的效果也不同。来自长春某污水处理厂 CASS 工艺的剩余污泥含磷量为 1.42%，稳定化污泥的含磷量平均为 0.27%，较进泥下降了 81%；而来自大连某污水处理厂 A2/O 工艺的剩余污泥含磷量为 0.78%，稳定化污泥的含磷量为 0.633%，较进泥下降了 18.85%。

④污泥中的有毒有害物质

目前针对芦苇床稳定化污泥中有毒有害物质的研究报道较少。崔玉波等以污泥中的多环芳烃(PAHs)为研究对象，经过 3 年芦苇床的稳定化处理，发现芦苇床中污泥中多环芳烃的含量随着污泥稳定时间的延长，其中有 16 种多环芳烃的含量均呈明显下降趋势。经芦苇床稳定化的污泥总 PAHs 含量平均为 1.863mg/kg(DW)，去除率平均为 67. 28%。芦苇床较传统干化床去除污泥中 PAHs 的效率平均高出 29.86%，去除的 PAHs 中以 2~3 环芳烃为主。

研究发现，污泥干化芦苇床中的芦苇对污泥中的 PAHs 产生了明显的富集作用。经过 2 年的污泥负荷期和 1 年的自然稳定期，芦苇根、茎、叶所含 PAHs 的总量相对原生芦苇分别提高了 8.50 倍、3.52 倍和 3.08 倍，且以低环 PAHs 为主，根、茎、叶中低环 PAHs 的含量分别占 PAHs 总量的 55.14%、56.96%和 44.59%，芦苇在稳定污泥中 PAHs 方面发挥了积极的促进作用。

污泥干化芦苇床的主要优点在于其能耗低，运行和维护相对简单，且能与自然环境相融合。从目前的相关研究中可以看出，污泥经芦苇床稳定后，污泥含水率有效降低，有机质被矿化，其最终产物甚至不需要进一步的堆肥处理即可适用土壤改良。但该技术目前缺乏构造规范和设计参数标准，即使丹麦拥有 140 多个芦苇床污泥稳定化系统，也尚未形成一整套技术规范。不同地域、不同气候条件下的系统运行差异性较大，是难以形成规范的主要原因之一。为了强化处理效果，对这些系统的设计和管理方面进行深入研究仍然是很有必要的。

从环境角度来看，针对污泥干化芦苇床系统内的碳平衡和降低温室气体排放的有效措施，以及污泥中有毒有害物质的降解水平是下一步的研究重点。从技术和经济的角度来看，污泥脱水数学模型的相关研究将会强化进泥方式和间歇模式的优化，为污泥干化芦苇床的设计和管理提供有力工具。

5.3 污泥的加热干燥

污泥经过自然干化或机械脱水后，仍有 45%~85%的含水率，体积与质量仍然很大，可进一步采用人工干化(或称污泥干燥)的方法去除毛细管水、吸附水和颗粒间隙水，使污泥的含水率降低至 10%左右，以利于后续的处理与处置。

污泥干燥是利用人工热源对污泥进行深度脱水处理的方法。操作温度通常大于 100℃，干燥对污泥的处理效应不仅是深度脱水，而且还具有热处理的效应，即可以杀灭污泥中所含的寄生虫卵、致病菌、病毒等病原生物，并对最终产物消毒，减少其他非病源生物，因此污泥干燥处理可同时改变污泥的物理特性、化学特性和生物特性，使其完全符合污泥处理与利用的相关标准；大幅度减少污泥的体积与质量；能保持污泥的营养物质，并使其得以循环利用；可将处理后的污泥加工成某种有价值的物质，如生物肥料、土壤修复剂及燃料等，从中获得一定的经济效益；可改善污泥产品的运输、储存性能，使其更易被社会接纳，是处理城市污水污泥的一个可靠有效的方法，特别是对人口稠密、土地有限的地区来说，意义更为重要。

由于污泥干燥所具有的这种改变污泥物性的能力，污泥干燥不仅在污泥焚烧和热化学转化等工艺体系中作为预处理单元应用，也可将干燥污泥直接当肥料或土壤改良剂使用。因此，加热干燥工艺及技术得到了迅速发展。

5.3.1 污泥干燥原理

干燥是通过加热或通风使污泥中的水分蒸发，此过程伴随较复杂的传热及传质。污泥的水分分布状况与普通的晶体物质有很大的差异，水分在污泥中有四种存在形式：自由水、间隙水、表面吸附水及结合水。由于四种水分与固体颗粒的结合情况不同，干燥过程中首先脱除的是自由水分，而后是间隙水分，第三是表面吸附水分。污泥中的结合水分是不能通过干化脱除的，只有加热到一定程度后，污泥发生裂解的过程才能除去。污泥的热干化曲线如图 5-3 所示。

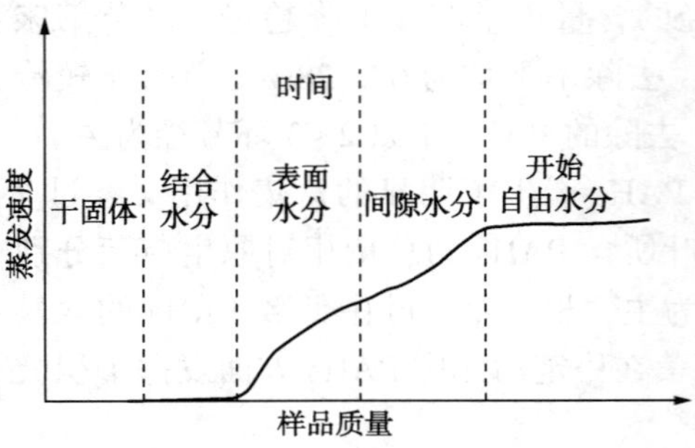

图 5-3 污泥热干化曲线

由于污泥中水分分布状况与晶体不同，化工操作中已经成熟的数学模型和设备直接用于污泥处理不一定有效，因此需对污泥的热干燥特性加以深入的研究，建立相应的数学模型，开发适用的干燥设备。

5.3.2 污泥加热干燥过程

污泥干燥过程可分为三个阶段：第一阶段为污泥预热期，第二阶段是恒速干燥阶段，第三阶段是降速干燥阶段，也称污泥加热阶段。污泥的干燥过程如图 5-4 所示。

在预热阶段，主要进行湿污泥预热，并汽化少量水分。污泥温度(假定其初始温度比空气温度低)很快升到某一值，并近似等于湿球温度，此时干燥速率也达到某一定值。

在恒速干燥阶段，空气传给污泥的热量全部用来汽化水分，即空气所提供的显热全部消耗在水分汽化所需的潜热，污泥表面温度一直保持不变，水分则按一定速率汽化。

在降速干燥阶段，空气所提供热量的一小部分用来汽化水分，大部分用于加热污泥，使污泥表面温度升高。干燥速率降低，污泥含水量减少得很缓慢，直到平衡含水量为止。

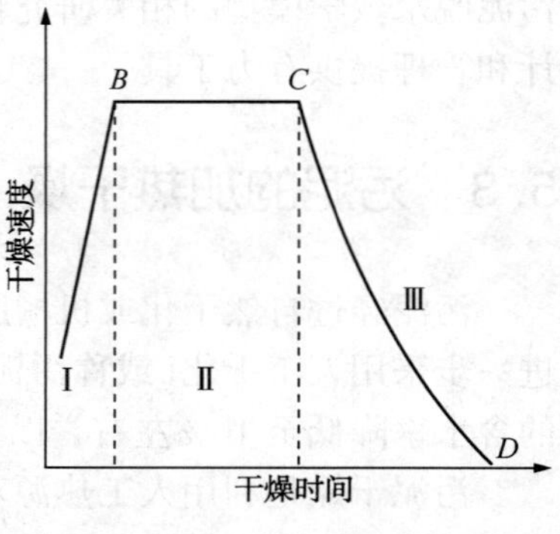

图 5-4 污泥干燥速率曲线

由图 5-4 可知，第二阶段为表面汽化控制阶段，第三阶段为内部扩散控制阶段。

如图 5-5 所示分别为活性污泥、消化污泥和浓缩污泥的干燥特性曲线。由图可知，污泥在整个干燥过程中的状态分为三个区域：首先是湿区，在这个区域内的污泥能自由流动，能非常容易地流入加热管；然后是黏滞区，在这个区域内的污泥含水率为 40%~60%，具有黏性，不能自由流动；最后是粒状区，这个区域内的污泥呈粒状，容易和其他物质掺混。

干燥是一个耗能巨大的过程，因此在污泥干燥之前，通常使用机械方法脱水。机械脱水是一个重要的预处理过程，能减少干燥过程中必须要去除的水的含量。脱水污泥中的水在干燥器中蒸发，但是污泥中的有机物不能被破坏，干化过程中固体温度需保持在60~93℃。污泥干燥技术有两个方向，半干燥工艺(干燥至湿区的底部)和完全干燥工艺。完全干燥有两个阶段，应用再循环混合技术，将未经干燥的污泥与已经干燥的再循环污泥以一定比例混合成能越过黏滞区的固态污泥(大约干燥率为65%)，再循环污泥的量决定于脱水机械的脱水率和要求越过黏滞区的固态污泥的要求，要达到此要求，一般再循环污泥的量要大于进入混合器湿污泥的量。同时，再循环污泥和未处理的脱水污泥混合在一起进入干燥器，能减少结块，增大污泥与干燥介质的接触面积，使得干燥操作更有效率。

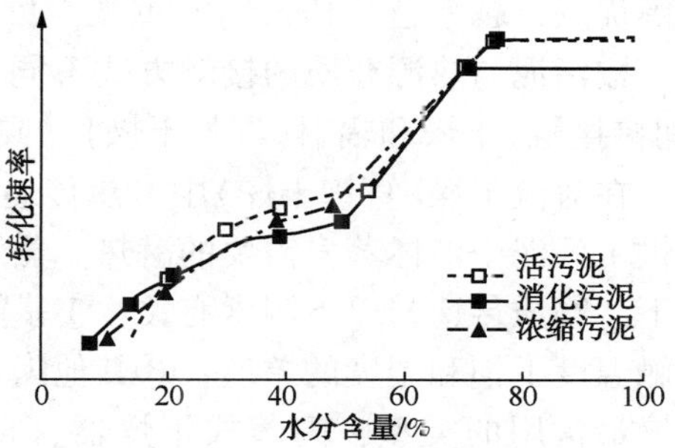

图5-5　污泥的干燥特性曲线

在干燥器和旋风分离器中，干污泥和废气是分离的。在去除臭味和颗粒物的污染控制系统中蒸汽全部耗尽。

5.3.3　影响干燥速率的因素

污泥干燥所需时间的长短首先取决于干燥速率，即单位时间内在单位面积上从污泥所能取走(汽化)的水分量。

经验表明，干燥速率是一个很复杂的量，到目前为止还不能用数学函数关系来表征干燥速率与有关因素的关系，通常要做一些小型试验以确定物料的干燥特性曲线。干燥速率通常考虑的因素有：

(1)物料的性质和形状。包括物料的化学组成、物料结构、形状、大小和物料层堆积方式以及水分的结合形式等。

(2)物料的湿度和温度。物料的初始含湿量、终了含湿量及临界含湿量等都影响干燥速率。物料本身的温度也对干燥速率有影响，物料温度越高，干燥速率越大。

(3)干燥介质的温度和湿度。干燥介质的温度越高，干燥速率越大。但干燥介质的温度究竟多少为宜，则与被干燥物料的质量要求有关。干燥介质的相对湿度对干燥速率也有很大的影响，相对湿度越小，干燥速率则越大。

(4)干燥介质的流动情况。干燥介质的流动速度越大，介质与物料间的传热就越强，物料的干燥速率就越高。

(5)干燥介质与物料的接触方式。物料在介质中分布得越均匀，物料与介质的接触面积就越大，从而强化了干燥过程的传热和传质，提高了干燥速率。固体流态化技术在干燥操作中的应用就是一个明显的例子。物料与干燥介质相互之间的运动方向也对干燥速率有较大影响。

(6)干燥器的结构形式。干燥器的结构形式是多种多样的，但都必须要考虑到以上各种因素的影响，以便设计出较为有效的干燥装置。

5.4　污泥加热干燥技术

污泥加热干燥处理技术具有操作灵活，可根据污泥的最终处置要求来调节干污泥的含固率等优点，越来越受到人们的重视。目前，相当多的国家已在污泥处理中采用加热干燥技术。按污泥与热源介质的接触方式不同，污泥加热干燥可分为对流(直接接触)干燥、传导(间接接触)干燥和辐射(红外干燥)，或者是这些技术的整合。

在对流干燥(直接干燥)中，热传递通过湿污泥与热气体的直接接触完成。进气的热量提供了污泥中液体蒸发需要的潜热。蒸发的液体被热气体所携带。在一定流速的干燥平衡条件下，物质传递与以下因素有关：①暴露的湿固体表面积；②干空气的水分含量和污泥空气接触温度下饱和湿度的差值；③其他因素，如速度和干空气的湍流度。直接干燥是污泥加热干燥最常用的类型，闪蒸式干燥器、直接转筒式干燥器、流化床干燥器使用的都是这种方法。

在传导干燥(间接干燥)中，热传递由湿污泥与热表面的接触来完成。金属壁将污泥和加热媒介(通常是蒸汽或者导热油)隔开，蒸发的液体从加热媒介中被去除。城市污泥加热干燥的间接干燥技术包括水平桨式、中空螺旋式或者圆盘式和垂直间接干燥技术。

在辐射干燥(红外或辐射的热干燥)中，热传递由电阻元件，如燃气的耐火白炽灯或者红外灯提供辐射能来完成。红外热干燥技术的一个实例就是常用于污泥焚烧的多炉膛焚烧炉。

直接加热干燥技术又称对流热干燥技术。直接干燥工艺与间接干燥工艺的明显不同之处是湿物料与加热介质(热空气、燃气或蒸汽等)直接接触。在操作过程中，加热介质与污泥直接接触，加热介质低速通过污泥层，在此过程中吸收污泥中的水分，处理后的干污泥需与热介质进行分离。排出的废气一部分通过热量回收系统回到原系统中再用，剩余的部分经无害化处理后排放。直接干燥工艺需要更大量的加热介质。直接干燥器中最基本的热传递方式是热量在相邻的热蒸汽和颗粒间传递。直接干燥工艺系统是一个固-液-蒸汽-加热气体混合系统，这一过程是绝热的，在理想状态下没有热量传递。

在直接加热干燥器中，水和固体的温度均不能加热超过沸点，较高的蒸汽温度可使得物料中的水分蒸发为气体。当干燥物料表面水分的蒸气压远远大于空气中的蒸汽分压时，干燥容易进行。随着时间的延长，空气中的蒸气分压逐渐增大，当两相互成平衡时，物料与干燥介质之间的水分交换过程达到动态平衡，干燥过程就会停止。

直接加热干燥设备有转鼓干燥器、流化床干燥器、闪蒸干燥器等类型，在众多的干燥器中，转鼓干燥器应用最为广泛，其费用较低，单位效率较高。

直接加热干燥器值得进一步改进的地方有：

(1)由于与污泥直接接触，热介质将受到污染，排出的废水和蒸汽需要经过无害化处理后才能排放；同时，热介质与干污泥需要加以分离，给操作和管理带来一定的麻烦。

(2)所需的热传导介质体积庞大，能量消耗大。

(3)气量和臭味较难控制，虽采用空气循环系统可部分消除这一不利影响，但所需费用较高。

(4)所有的直接干燥工艺都很复杂，均涉及一系列的物理、化学过程，如热传递、物质传递、混合、燃烧、传导、分离、蒸发等。

间接加热干燥技术，热介质并不直接与污泥接触，而是通过热交换器将热传递给湿污泥，使污泥中的水分得以蒸发，因此在间接加热干燥工艺中热传导介质可以是可压缩的(如蒸汽)，也可以是不可压缩的(如液态的热水、热油等)。同时加热介质不会受到污泥的污染，省去了后续的热介质与干污泥分离的过程。干燥过程中蒸发的水分在冷凝器中冷凝，一部分热介质回流到原系统中再利用，以节约能源。

蒸汽、热油、热气体等热传导介质加热金属表面，同时在金属表面上传输湿物料，热量从温度较高的金属表面传递到温度较低的物料颗粒上，颗粒之间也有热量传递，这是在间接加热干燥工艺中最基本的热传递方式。间接干燥系统是一个液-固-气三相系统，整个过程是非绝热的，热量可以从外部不断地加入到干燥系统内。在间接干燥系统内，固体和水分都可以被加热到100℃以上。搅动可以使温度较低的湿颗粒与热表面均匀接触，因而间接加热干燥可获得较高的加热效率，加热均匀。

间接干燥工艺的优势是；可利用大部分低压蒸汽凝结后释放出来的潜热，其热利用效率较高；不易产生二次污染；气体导入少，较易控制、净化气体和臭味；在有爆炸性蒸汽存在时，可免除其着火或爆炸的危险；由干燥而来的粉尘回收处理均较为容易；可以使用适当的搅拌作用，提高干燥效率。

典型的间接干燥器有顺流式干燥器、垂直多段圆盘干燥器、转鼓干燥器、机械流化床干燥器等。

5.4.1 直接加热转鼓干燥技术

其工作原理是：脱水后的污泥从污泥斗进入混合器，按比例与部分颗粒过大或过细的干化污泥充分混合，使混合后污泥的含固率达50%~60%，然后经螺旋输送机运到三通道转鼓式干燥器中。在转鼓内与同一端进入的流速为1.2~1.3m/s、温度为700℃左右的热气流接触混合集中加热，经25min左右的处理，烘干后的污泥被带计量装置的螺旋输送机送到分离器，在分离器中干燥器排出的湿热气体被收集进行热力回收，带污染的恶臭气体被送到生物过滤器处理以达到符合环保要求的排放标准，从分离器中排出的干污泥，其颗粒度可控制在1~4mm，再经筛分器将满足要求的污泥颗粒筛分后送到储存仓待处理。干燥后的污泥干度可达85%~95%。用于加热转鼓干燥器的燃烧器可使用沼气、天然气或热油等为燃料。分离器将干燥的污泥和水汽进行分离，水汽几乎携带了污泥干燥时所耗用的全部热量，这部分热量一般可通过冷凝器回收利用。冷凝器冷却水入口温度为20℃，出水温度为55℃，被冷却的气体送到生物过滤器处理完全达到排放标准后排放。如图5-6所示是直接加热转鼓式干燥系统工艺流程图，干燥后的产品可用作农田肥料或园林绿化等。

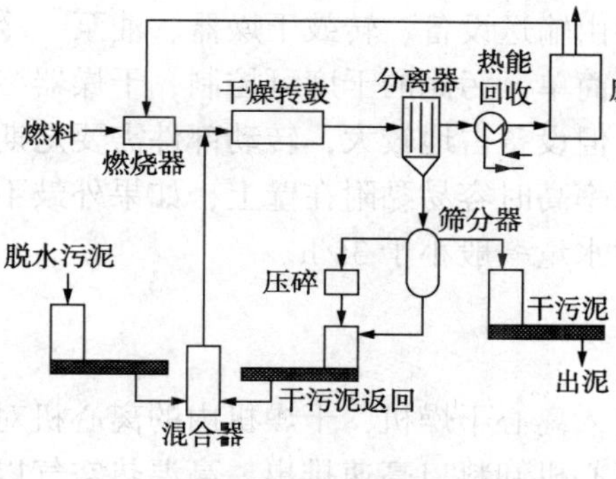

图5-6 直接加热转鼓式干燥系统工艺流程

直接加热转鼓干燥系统主要由输送设备、物料混合设备、转鼓干燥器、分离设备、压碎设备、筛分设备、热量回收设备及废气处理装置等构成。

该干燥工艺的特点是：在无氧环境中操作，不产生灰尘，干燥污泥呈颗粒状，粒径可以控制，采用气体循环回用设计减少了尾气的处理成本。

5.4.2 间接加热转鼓干燥技术

脱水后的污泥输送至干燥机的进料斗，经过螺旋输送器送至干燥器内，螺旋输送器可变频控制定量输送。干燥器由转鼓和翼片螺杆组成，转鼓通过燃烧炉加热，转鼓最大转速为1.5r/min。翼片螺杆通过循环热油传热，最大转速为0.5r/min。转鼓和翼片螺杆同向或反向旋转，污泥可连续前移进行干燥，转鼓沿长度方向分为三个燃烧温度区域，其温度分别为370℃、340℃和85℃。翼片螺杆内的热油温度为315℃，翼片螺杆内的热媒也可以为水蒸气或热水。转鼓经抽风控制，其内部为负压，水汽和尘埃无法外逸。污泥经转鼓及翼片螺杆推移和加热被逐步烘干并磨成粒状，在转鼓后端低温区经过“S”形空气止回阀由干泥螺杆输送器送至储存仓。污泥蒸发出的水汽通过系统抽风机送至冷凝和洗涤吸附系统。湿污泥直接进料、间接加热转鼓干燥系统工艺流程图如图5-7所示。

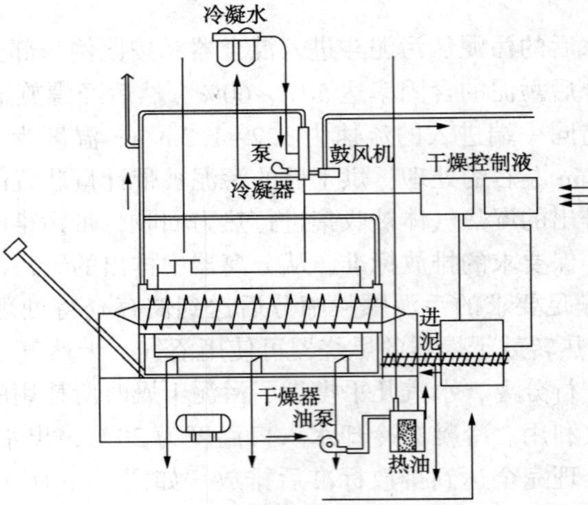

图5-7 直接进料、间接加热转鼓干燥系统工艺流程

间接加热转鼓干燥系统主要由输送设备、转鼓干燥器、油泵、冷凝设备及鼓风设备等构成。该干燥工艺的特点是：流程简单，污泥的干度可控制，干燥器终端产物为粉末状，所需辅助空气少，尾气处理设备小。但设备占地较大，转动部件需要定期维护，需要单独的热媒加热系统，能耗较高；进泥含水率高时容易黏附在壁上，如果外鼓不转，容易在底部有沉积而发生燃烧。该系统的处理蒸发水量一般小于3t/h。

5.4.3 离心干燥技术

稀污泥自浓缩池或消化池进入离心干燥机，干燥机内的离心机对污泥进行脱水，经机械离心脱水后的污泥呈细粉状从离心机卸料口高速排出，高温热空气以适当的方式引入到离心干燥机的内部，遇到细粉状的污泥并以最短的时间将其干燥到含固率为80%左右。干燥后的污泥颗粒经气动方式以70℃的温度从干燥机排出，并与一部分湿废气一起进入旋流分离器进行分离；另一部分湿废气进入洗涤塔，在洗涤塔中，湿废气中的大部分水分被冷凝析出，净化后的废气以40℃的温度离开洗涤塔。离心干燥机系统的工艺流程如图5-8所示。

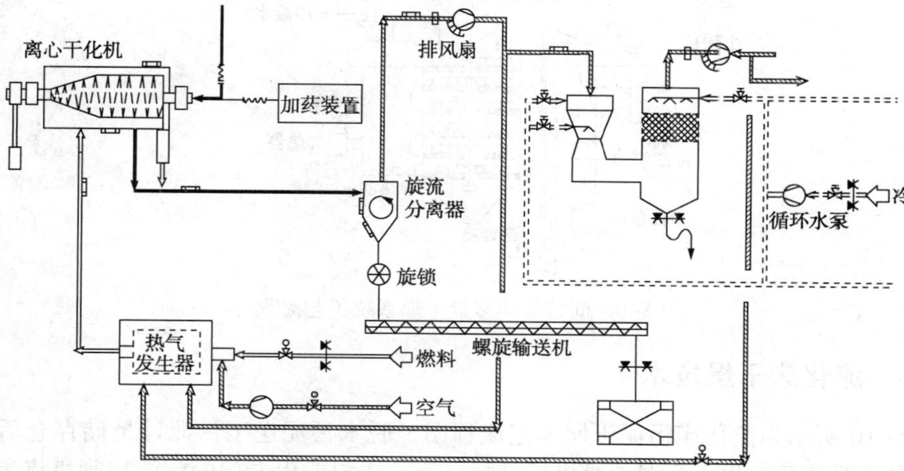

图5-8　离心干燥机系统工艺流程

离心干燥机系统主要由加药装置、热气发生器、离心干燥机、旋流分离器及螺旋输送机等组成。该干燥系统的特点是流程简单，省去了污泥脱水机及从脱水机至干燥机的存储、输送、运输装置。

5.4.4　间接加热多盘干燥技术

间接加热多盘干燥技术的工作原理是：机械脱水后的污泥(含固率为25%～30%)送入污泥缓冲料仓，然后通过污泥泵输送至涂层机，在涂层机中再循环的干污泥颗粒与输入的脱水污泥混合，以干污泥颗料作为中心，在其外层涂上一层湿污泥后形成颗粒。此涂覆过程非常重要，内核是干的(含固率大于90%)，外层是一层湿污泥，涂覆了湿污泥的颗粒被送入硬颗粒造粒机(多盘干燥器)，然后倒入造粒机上部，均匀分散在顶层圆盘上。造粒机呈立式布置多级分布，通过与中央旋转主轴相连的耙臂上的耙子的作用，污泥颗粒在圆盘上运动时直接和加热表面接触干燥。污泥颗粒逐盘增大，类似于蚌中珍珠的形成过程，最终形成坚实的颗粒，故也叫珍珠工艺。干燥后的颗粒温度为90℃，粒径为1～4mm，离开干燥机后由斗式提升机向上送至分离料斗，一部分颗粒被分离后再循环回到涂层机，剩余的颗粒进入冷却器冷却至40℃后再送入颗粒储料仓。污泥干燥过程所需的能量由热油传递，温度介于230～260℃之间的热油在干燥机内中空的圆盘内循环，导热油采用以天然气和污泥消化过程产生的沼气作为燃料的燃烧炉加热。从干燥机排出的接近115℃的蒸汽冷凝，经热交换器冷凝后的热水温度为50～60℃，可用于消化池污泥加热。

间接式多盘干燥器也叫造粒机，立式布置多级分布，间接加热。间接加热多盘干燥系统的工艺流程如图5-9所示。该干燥系统的特点是：在干燥和造粒过程中，氧气浓度小于2%，避免了着火和爆炸的危险性。颗粒呈圆形，坚实、无灰尘且颗粒均匀，具较高的热值，可作为燃料；油热系统较为复杂，盘片表面需要定期清洗；由风机抽排保证干燥机内的负压，尾气经冷凝、水洗后送回燃烧炉，将产生臭味的化合物彻底分解，所以其尾气能满足很严格的排放标准，液态冷凝物需返回污水处理厂处理。

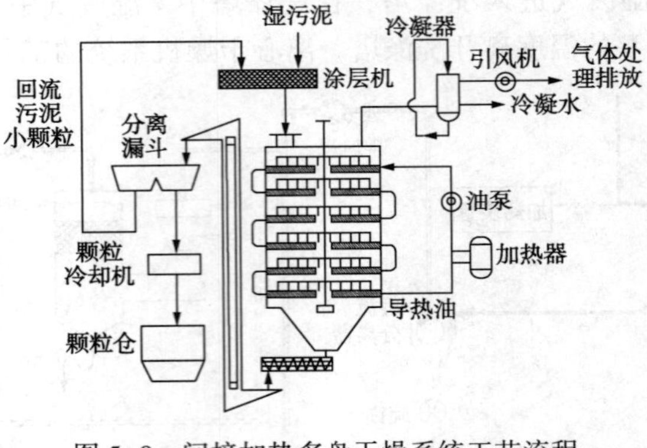

图 5-9　间接加热多盘干燥系统工艺流程

5.4.5　流化床干燥技术

如图 5-10 所示为流化床污泥干燥工艺流程图。脱水污泥送至污泥计量储存仓后，直接用污泥泵将污泥送至流化床污泥干燥机的进料口。在进料前由专门的污泥切割机将污泥切成小颗粒，与流化气体一同进入保持不停运动的干燥颗粒床中。

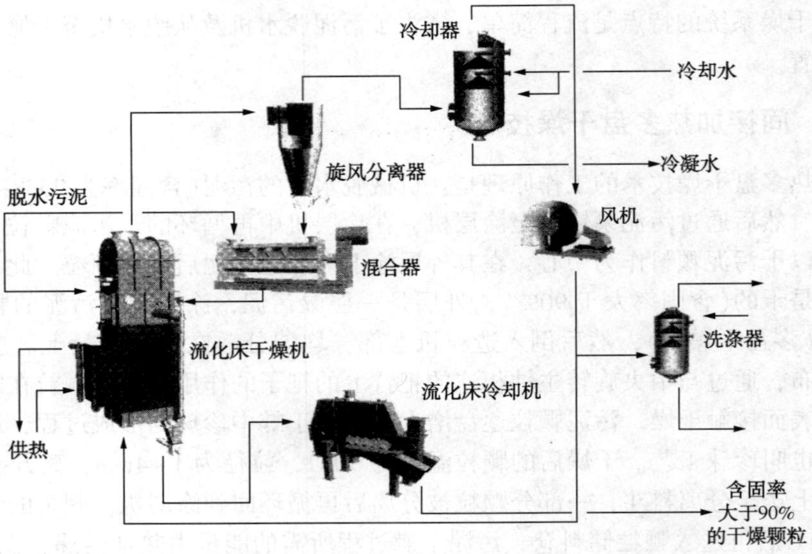

图 5-10　流化床污泥干燥工艺流程

流化床污泥干燥机从底部到顶部基本由三部分组成：干燥机的最下面是风箱，用于将循环气体分送到流化床装置的不同区域，其底部装有一块特殊的气体分布板，用来分送惰性流化气体，保持干颗粒均匀浮动；在中间段，为流化床中的内置热交换器，用于蒸发水的热量由水蒸气或热油送入热交换器循环使用；最上部为抽吸罩，用来使流化的干颗粒脱离循环气体，而循环气体携带污泥细粒和蒸发的水分离开干燥机。

干燥机内的干燥温度为 85℃，产生的污泥颗粒被循环气流流化并产生激烈的混合。由于流化床内依靠其自身的热容量，滞留时间长、产品数量大，因此，即使供料的质量或水分有些波动也能确保干燥均匀。用循环的气体将污泥细粒和灰尘带出流化层，污泥颗粒通过旋转气锁阀送至流化床冷床冷却器，冷却到低于40℃，通过输送机送至产品料仓。

灰尘、污泥细粒与流化气体通过旋风分离器分离，灰尘、污泥细粒通过计量螺旋输送机从灰仓输送到螺旋混合器。在那里，灰尘与脱水污泥混合并通过螺旋输送机再返回到流化床干燥机进行再次循环处理。

干燥机系统和冷却器系统的流化气体均保持在一个封闭气体回路内。循环气体将污泥细粒和蒸发的水分带离流化床干燥机。污泥细粒在旋风分离器内分离，而蒸发的水分在一个冷凝洗涤器内采用直接逆流喷水方式进行冷凝。蒸发的水分以及其他循环气体从85℃左右冷却到60℃，然后冷凝，冷凝下来的水离开循环气体回流到污水处理区，冷凝器中干净而冷却的流化气体又回到干燥机。

流化床污泥干燥系统主要由物料混合设备、流化床干燥机、流化床冷却装置、旋风分离器及尾气处理装置组成。其特点是：将流化床内置热交换器表面的接触干燥和循环气体的对流干燥结合，干燥效果好，处理量大，无返料系统(仅有少量流化气体中分离出的灰分返回)，干燥器本身无活动部件，几乎无需维修。但干燥颗粒的粒径无法控制。另外，因为采用间接加热方式，因此需要单独的热媒系统。流化床内颗粒需要呈“流化状态”，气体流量较大，除尘、冷却等处理设施复杂、规模大。

5.5 污泥干燥设备

污泥干燥设备的主要研究方向是有效利用能源、提高产品的质量与产量、减少环境污染、安全操作、易于控制和一机多用等。具体可从以下几个方面开展工作：在直接式干燥器中使用过热蒸汽作为干燥介质；大量使用间接加热方式；采用组合式加热方式(对流、传导与介电或辐射的组合)；采用容积式加热(微波或高频场)；组合使用不同类型干燥器；运用新型气、固接触技术，即二维喷动床、旋转喷动床等；应用计算机辅助设计灵活的、多用途的干燥器；使用模糊逻辑、神经网络、专家系统等实现干燥过程的控制。

5.5.1 旋转式干燥器

(1)直接转鼓式干燥器

直接转鼓式干燥器也称回转圆筒干燥机，其结构示意如图5-11所示。干燥机主要由筒体、扬料板(或称抄板)、传动装置、支撑装置及密封圈等部件组成。外壳圆筒由两对导轮支承，电动机经无级减速后带动圆筒转动。干燥机是一个与水平线呈3°~4°倾角倾斜的旋转圆筒，混合污泥(湿污泥与干污泥混合物)从转筒的上端输入，流速为1.2~1.3m/s、温度为649℃的高温热空气与物料并流进入筒体，两者在筒体内接触混合，随着筒体的转动(转速为5~8r/min)，物料由于重力的作用运行到较低的一端。在圆筒内壁上装有抄板，把物料抄起又洒下，使物料与气流的接触表面增大，

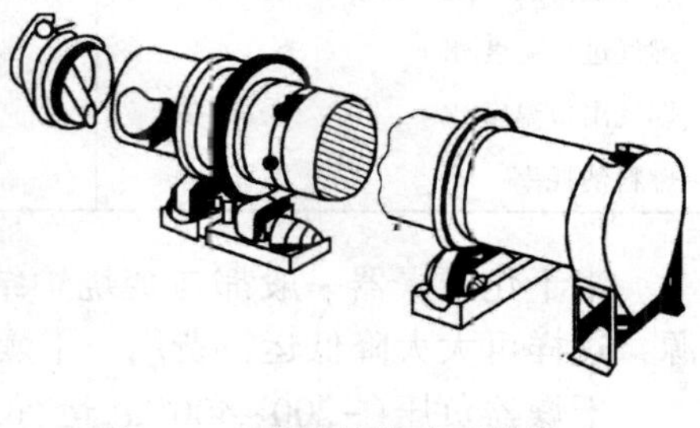

图5-11 直接转鼓式干燥器

以提高干燥速率并促进物料前行。经 20~60min 的处理，干污泥从下端徐徐输出，最终得到含水率低于 10%的干污泥产品。

(2)间接转鼓式干燥器

如图 5-12 所示是 Atlas-Stord 公司的间接转鼓式干燥器，既适用于污泥半干化工艺，又适用于污泥全干化工艺。

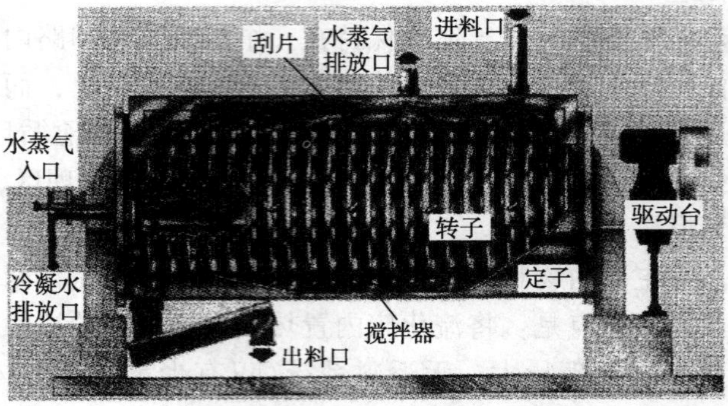

图 5-12　Atlas-Stord 公司的间接转鼓式干燥器的结构

间接转鼓式干燥机主要由定子(外壳)、转子(转盘)和驱动装置组成。通过位于转盘边缘的推进搅拌器的作用，污泥将均匀缓慢地通过整个干燥机，从而被干化。在干化过程中，热蒸汽冷凝在转盘腔的内壁上，形成冷凝水。冷凝水通过一根管子被导入中心管，最终通过导出槽导出干燥机。污泥在干燥机内部的输送由推进搅拌器实现，为防止污泥黏附在转盘上，在转盘之间装有刮刀，刮刀固定在外壳(定子)上。

热源可为导热油，也可为蒸汽或高温烟气，有余热可用时，还可以用热水作为热源。以蒸汽作为导热介质时，饱和蒸汽一般是用$(4\sim11)\times10^2$kPa 的饱和蒸汽；采用导热油作为导热介质时，进油温度介于 180~220℃，出油温度要低 40℃左右。

半干化(干化后干固体含量小于 50%)时，干污泥无需回流。尾气可直接冷凝而无需除尘。用于半干化的污泥转鼓干燥设备的典型运行参数如表 5-1 所示。

表 5-1　污泥转鼓干燥设备的典型运行参数

指标	给水污泥	城市污水处理厂污泥
泥饼含水率/%	75~85	约 84
干燥污泥含水率/%	50~60	17.6~21.0
总体积传热系数/[W/(m^2·K)]	230~580	242~251
燃气进口温度/K	1073~1173	1073
燃气出口温度/K	400~450	—
燃料消耗率	60~100m^3/L(标准天然气/水)	0.1kg/kg(燃料油/水)

半干化干燥器一般都与焚烧炉结合，因可达到能量自平衡和最佳利用，而无需辅助热源，这样可大大降低运行费用。干燥器内污泥载荷大，便于控制。

干燥器负压(-200~400Pa)运行，避免了尾气泄漏。设备设计紧凑，传热面积大，设备占地面积与厂房空间和其他干燥机相比为最小；维修少，持续运行性好，可昼夜连续运转，保证每年运行 8000h。

荷兰的 SNB 污泥干化焚烧厂是目前世界上最大的污泥处理站，采用转盘干燥机+流化床焚烧炉，卡车从各污水处理厂运来污泥，送入转盘式干燥机干化，然后进入流化床焚烧炉内焚烧，烟气通过废热锅炉产生蒸汽，最后是烟气处理。整个系统能量自平衡，无需添加辅助燃料。在尾气处理过程中产生的蒸汽满足了干燥机所需热能，需要额外追加的能量(用于启动点火、烟气处理)只占整个装置总消耗能量的 3%。

(3)卧式滚筒干燥机(转窑)

卧式滚筒干燥机是在单通道旋转式干燥机的基础上发展起来的新型干燥设备，主要用于高黏度高湿度物料的干燥。针对物料干燥过程中易结团结块的特性，改变了一般单通道干燥机的扬料板结构形式，采用了组合式扬料板结构，增加了活动箅条式翼板和自清理装置，极大地扩展了单通道干燥机的应用范围，不仅可以干燥各类污泥，还可以干燥各种高黏度物料。

与直接转鼓式干燥器不同的是，卧式滚筒干燥机的筒体内沿轴线分为 6 个区间：第一区间装有大倾角导料板，该区为高温区；第二区间装有倾斜扬料板(或称抄板)；第三区间装有活动箅条式翼板；第四区间装有带清扫装置的圆弧形扬料板；第五区间装有带清扫装置的圆弧形箅条式扬料板；第六区间为无扬料板区，控制粉尘飞扬。其工作原理见如图 5-13 所示。

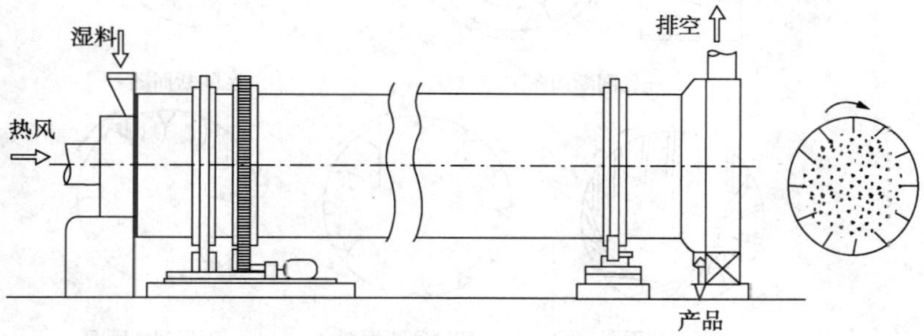

图 5-13 卧式滚筒干燥机的工作原理

卧式滚筒干燥机的工作过程为：污泥由给料机经溜槽进入干燥机内导料板上(第一区间)，随着筒体的转动，物料被导至倾斜扬板上(第二区间)，即被提升到筒体的中心位置，逐渐洒落形成料幕，高温气流从中穿过，使物料预热并蒸发部分水分；当物料洒落、移动到活动的箅条式翼板上(第三区间)时，物料又与预热过的箅条式翼板夹杂在一起，将热量传给物料，使部分水分蒸发。同时，翼板夹带物料提起、洒落，重复多次，物料与热气流进行对流和接触热交换；当物料移动到第四区间，即带有清扫装置的圆弧形物料板时，链条在上部空间所接受的热量传给物料，随着筒体的转动，物料被扬料板提起洒落，与热气流进行较为充分的热交换。同时，埋在物料中的清扫装置也沿圆弧形扬料板的里侧下滑，把扬料板内壁黏附的物料清扫下来。当清扫装置随筒体转过垂直线以后，又在圆弧扬料板背面拖动，将其黏附在扬料板外壁的物料清扫下来。随着筒体的不断转动，使部分水分蒸发，污泥又得到进一步干燥。同时，清扫装置对污泥团球也起到了打碎作用，提高了干燥速率；物料移动到第五区间，污泥团球进一步被清扫装置打碎，使其中的水分蒸发。当物料进入到第六区间时，即变成低水分的松散物料。为了减少扬尘和减轻除尘器的负荷，在距离筒体末端 1m 左右范围内不设扬料板，干燥后的物料滑行至排料箱，完成整个干燥过程。

卧式滚筒干燥机的结构如图 5-14 所示，具有如下特点：

①干燥机处理能力大，燃料消耗少，干燥成本低；

②适用于大量连续处理高黏度高湿度物料，适应被干燥物料性质的变化；

③干燥机具有耐高温的特点，能够使用高温热风对物料进行快速干燥；

④可扩展能力强，设计考虑了生产余量，即使产量小幅度增加，也无需更换设备；

⑤采用调心式托轮结构，托轮与滚圈的配合好，大大降低了磨损及动力消耗；

⑥专门设计的挡轮结构大大降低了由于设备倾斜工作所带来的水平推力；

⑦抗过载能力强，筒体运行平稳，可靠性高。

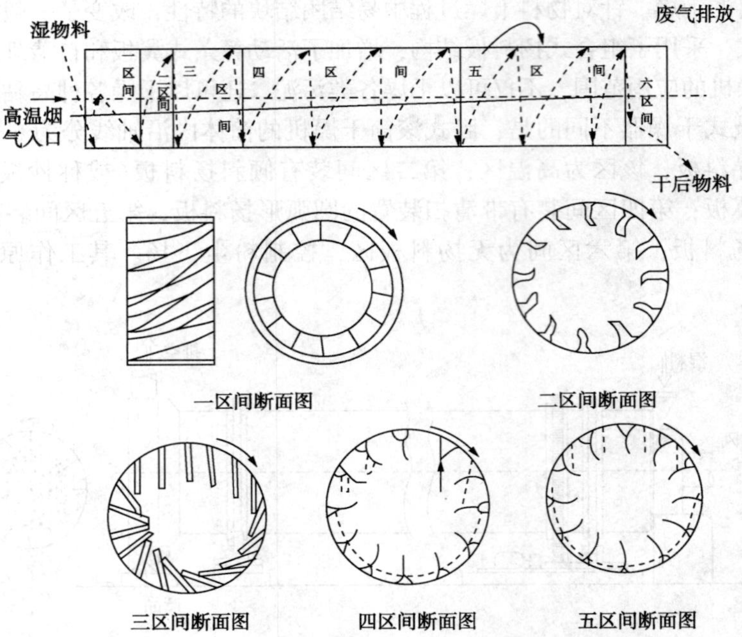

图 5-14　卧式滚筒干燥机的结构

卧式滚筒干燥机的工艺流程如图 5-15 所示。湿物料由运输机送到料斗，由进料口加入。转筒干燥器主体是略带倾斜并能回转的圆筒体。物料进入圆筒内部时，与通过筒内的热风顺流接触并进行有效传热传质而被干燥，干燥后的产品从另一端下部出料。在干燥过程中，物料借助于圆筒的缓慢转动，在重力作用下从高的一端向较低一端移动。筒体内壁上装有顺向抄板，它不断把物料抄起又洒下，使物料的热接触面积大大增加，提高了干燥速率并促使物料向前移动。热载体(热空气或烟道气)干燥物料后，通过旋风除尘器收集其挟带的粉尘后排空。

(4)打散回转干燥机

打散回转干燥机的工艺流程如图 5-16 所示。湿物料进入干燥器内，被转动筒壁上的抄板扬起到顶部落下，在下落的过程中经过打散装置的打击而破碎；同时，热风从物料表面穿过进行传热和传质。大块物料在反复抄起落下的过程中，不断被打碎成小颗粒，表面积不断增加并与热风充分接触而烘干，达到要求的水分后排出；被热风夹带的细粉由收尘装置收集。其工作原理如图 5-17 所示。

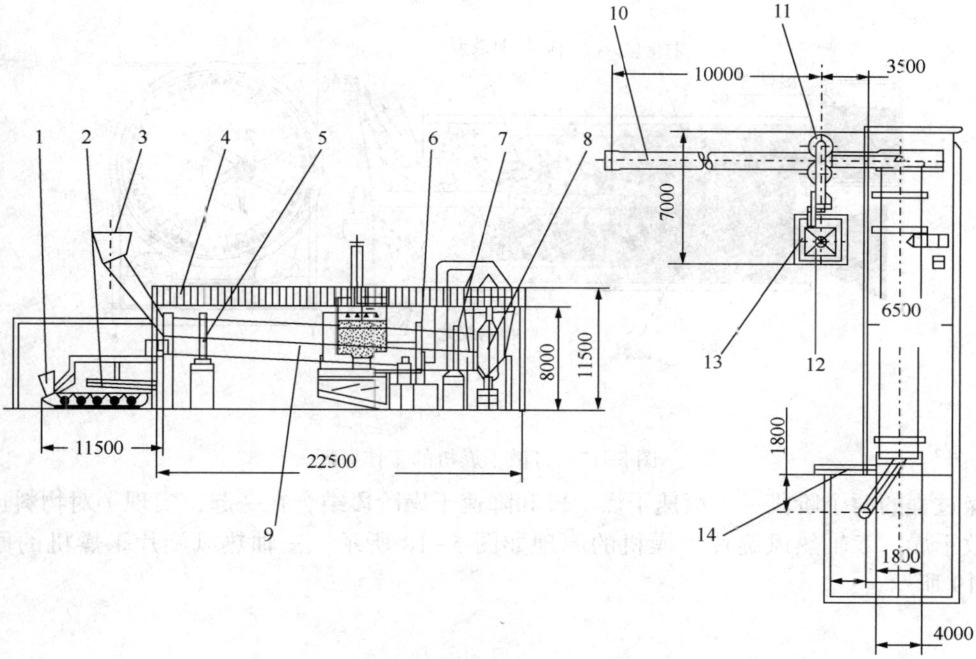

图 5-15　卧式滚筒干燥机的工艺流程

1—热风炉上浆斗；2—热风炉；3—湿物料溜槽；4—滚筒入料槽；
5—滚筒前托轮；6—滚筒传动装置；7—滚筒后托轮；8—滚筒出料管；9—滚筒体；
10—成品输送带；11—旋风除尘器；12—水除尘器；13—鼓风机；14—热风炉风道

打散回转干燥机具有如下特点：

①通过打散装置和回转筒的复合效果，总传热系数通常是回转烘干机的2~3倍；

②打散装置使物料和热风充分接触，热效率高；

③干燥机具有耐高温的特点，能够使用高温热风对物料进行快速干燥；

④具有一定的造粒作用，可将膏糊状、高黏性物料一次干燥成不规则颗粒；

⑤结构简单，操作容易，坚固，故障少；

⑥主机采用调速结构，使用范围广，生产能力大。

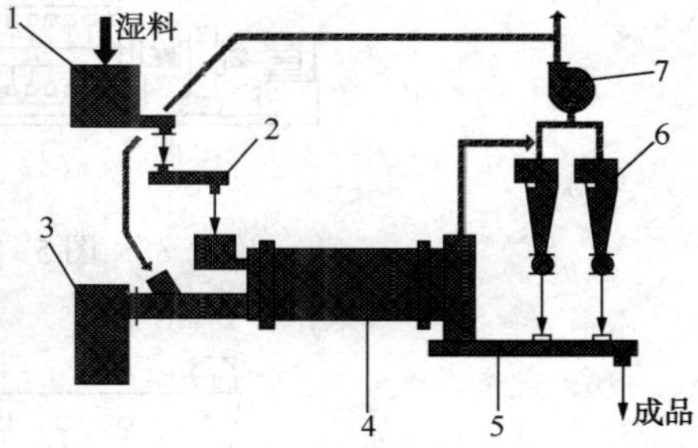

图 5-16　打散回转干燥机的工艺流程

1—湿料仓；2—进料输送机；3—热源；
4—干燥机；5—出料输送机；6—旋风除尘器；
7—引风机

该机组适用于城市污泥、工业污泥、活性污泥、污水处理泥浆、无机泥浆、矿石泥浆等。

5.5.2　热风高速旋片干燥机

热风高速旋片干燥机分双轴(立式、卧式)、三轴(卧式)两种类型，适合于高黏度高湿度物料的干燥，可将初含水85%以下的高湿物料一次烘干到终含水12%左右，干燥时间短，一般为2~10min。该机成功地组合了热风槽式高速旋片干燥机和脉冲气流式干燥器的优点，

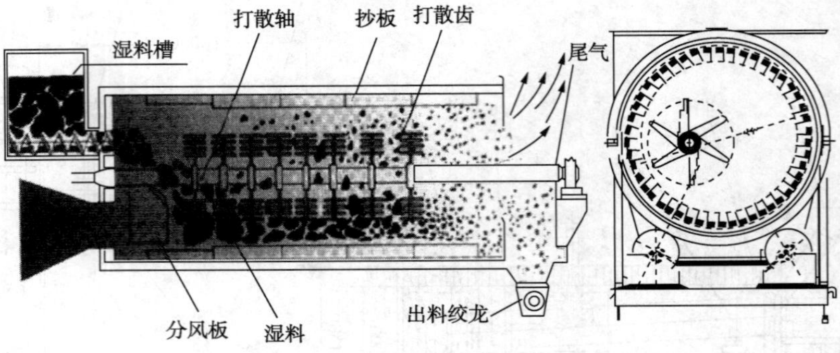

图 5-17　打散干燥机的工作原理

将干燥过程的两个阶段——恒速干燥阶段和降速干燥阶段结合在一起，实现了对物料连续两级高效干燥。双轴热风旋片干燥机的原理如图 5-18 所示，三轴热风旋片干燥机的原理如图 5-19 所示。

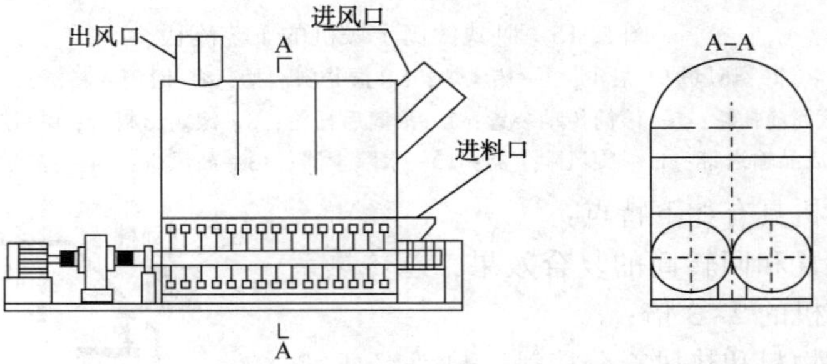

图 5-18　双轴热风旋片干燥机原理

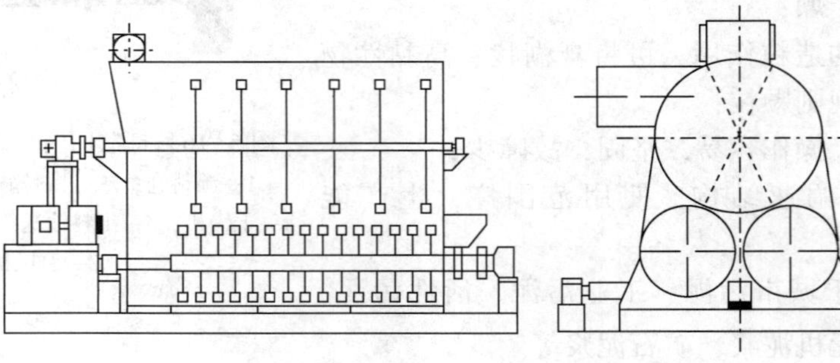

图 5-19　三轴热风旋片干燥机原理

热风高速旋片干燥机具有以下特点：

①采用高温快速干燥工艺，干燥工艺先进，传热系数大，热效率高，有机结合了旋流、流化、喷动及粉碎技术；

②生产能力大，干燥强度高，在两根高速搅拌轴上的叶片作用下，能够将黏性湿物料在机器内充分分散，气-固两相间的相对速度较大，与干燥热风形成良好的接触，强化了传质传热；

③该机专门为干燥高黏度高湿度物料而设计，具有旋转叶片角度可变、转轴转速可调、机体上部设置湿物料返流层、特殊搅拌器等特点；

④机内采用特殊的刮料装置，避免了物料粘壁现象；

⑤适应范围广、操作简单、维修量小，产品质量稳定。

热风高速旋片干燥机适用于城市污泥、工业污泥等高黏度、高湿度物料的干燥。该设备的适用范围见表 5-2。

表 5-2　热风高速旋片干燥机污泥处置使用范围

物料名称	初含水/%	终含水/%	产量/(kg/h)
油田污泥	70	20	1500
化工污泥	87	12	800

热风旋片干燥机的工艺流程如图 5-20 所示。首先，将湿物料直接加入干燥机中，物料在高速旋转叶片的作用下抛起、击碎，并弥散于机体内，同时与高温热风充分有效接触，强烈进行对流传热，由此实现了质、热传递过程。在此过程中(即恒速干燥阶段)，物料水分(湿基)由 80%降至 35%以下。

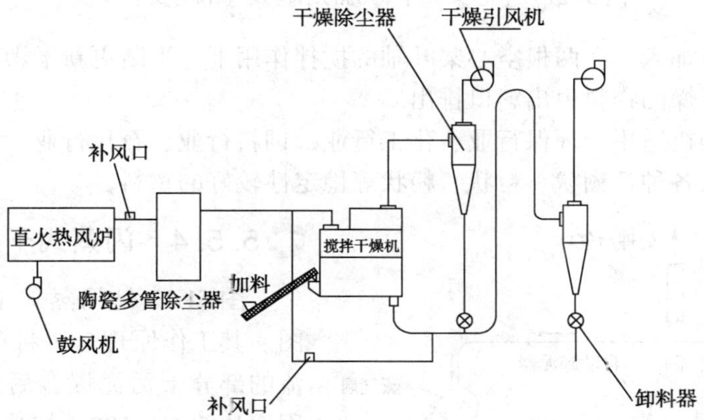

图 5-20　热风旋片干燥机的工艺流程

然后，再将物料送入气流干燥器底部的搅拌器内，再一次使物料与热空气进行强烈对流换热，在气流管内快速实现质、热传递过程。在此过程中(即降速干燥阶段)，物料水分(湿基)由 35%降至 10%。经测试，两级干燥热效率最高，产品质量最佳。

由于采用高速旋转叶片激烈搅拌潮湿物料，湿物料能与热风良好接触。物料在机内前半部分水分蒸发较快，机内热风温度急剧下降，因此，即使使用高温热风，物料的温升也不高，如进风温度为 650℃，物料也不会超过 60℃。

根据物料的特性及环保要求，可以采用旋风除尘器或布袋除尘器。对于有异味的物料，如各种污泥，或采用直燃式干燥时，可在除尘器后段接综合塔或洗涤塔，以达到除尘脱硫去异味的目的，满足环保方面的要求。

5.5.3 空心桨叶干燥机

空心桨叶干燥机又称叶片干燥机，主要由带有夹套的 W 形壳体和两根空心桨叶轴及传动装置组成。轴上排列着中空叶片，轴端装有热介质导入的旋转接头。干燥水分所需的热量由带有夹套的 W 形槽的内壁和中空叶片壁传导给物料。物料在干燥过程中，带有中空叶片的空心轴在给物料加热的同时又对物料进行搅拌，从而进行加热面的更新，是一种连续传导加热干燥设备。如图 5-21 所示为其结构及外形与安装尺寸。

加热介质为蒸汽、热水或导热油。加热介质通入壳体夹套内和两根空心桨叶轴中，以传导加热的方式对物料进行加热干燥，不同物料的空心桨叶轴结构有所不同。

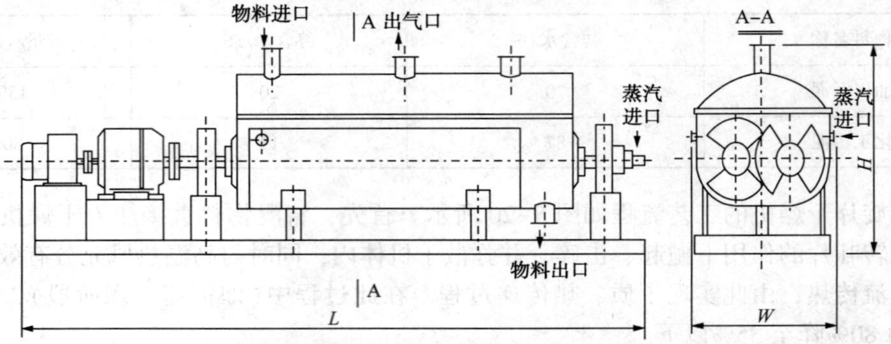

图 5-21 空心桨叶干燥机的结构及外形与安装尺寸

物料由加料口加入，在两根空心桨叶轴的搅拌作用下，不断更新干燥界面，同时推进物料至出料口，被干燥的物料由出料口排出。

空心桨叶干燥机适用于环保行业、化工行业、饲料行业、石化行业、食品行业，可处理污水处理厂污泥及各种膏糊状、粒状、粉状等稳定性较好的物料。

5.5.4 闪蒸式干燥器

图 5-22 是闪蒸式干燥器的工艺流程图。其工作原理是：将湿污泥与干燥后回流的部分干污泥混合后形成的混合物(含固率达 50%~60%)与受热气体(来自燃烧炉，温度高达 704℃)同时输入闪蒸式干燥器，污泥在干燥器中高速转动的笼式研磨机搅动下与流速为 20~30m/s 的高热气体进行数秒钟的接触传热，污泥中的水分迅速得到蒸发，使其含水率降至 8%~10%。然后再经旋风式分离机将气固分离开来，得到温度约为 71℃的干污泥产品和 104~149℃的气体。干污泥一部分返回闪蒸式干燥器与湿污泥混合，其余部分则输出作后续处理和处置。

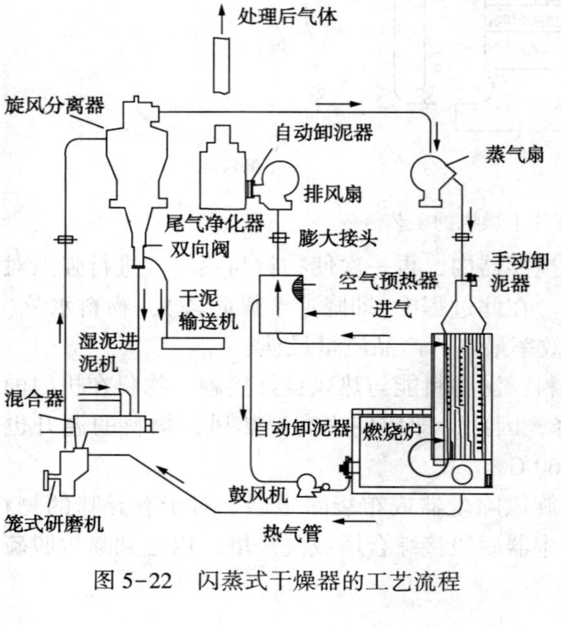

图 5-22 闪蒸式干燥器的工艺流程

5.5.5 流化床干燥器

流化床干燥器仅适用于污泥全干化处理。

流化床干燥器包括一个底部多孔的固定立床，热气体(通常是空气或者蒸汽)在内部流动。流化床干燥系统内的污泥流向如图 5-23 所示。脱水污泥通过进料器从料斗进入圆筒形干燥器。空气和炉内气体在高压通风设备形成的压力下，通过烟气分布炉，形成干污泥和惰性材料的流化床。干化污泥以微粒的形式排放，从一个可调高度的挡板上面进入干污泥斗。废气中的小部分粉尘在旋风分离器中回收，进入污泥进料斗。气体通过湿式洗涤器净化并部分冷却，最后由烟囱排出。

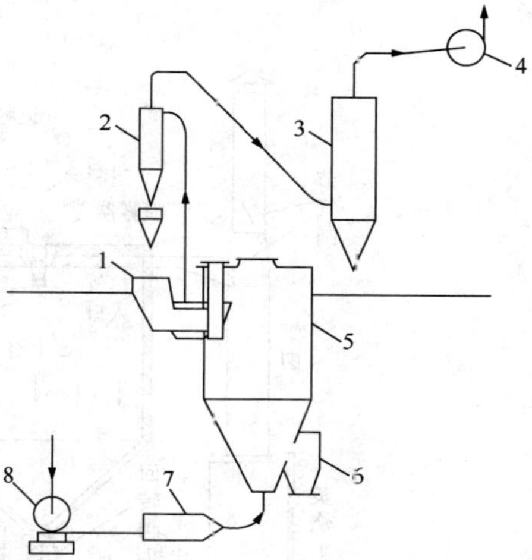

图 5-23　流化床干燥器系统污泥流向示意图

1—脱水污泥斗；2—旋风分离器；
3—湿式洗涤器；4—排气(废气)设备；
5—圆筒形干燥器；6—干污泥排出斗；
7—燃烧炉；8—高压通风设备(鼓风机)

表 5-3 所示为流化床干燥器的操作参数。流化床的惰性材料可以是石英砂或者矿渣。工艺的精确设计参数由每个部分的经验情况决定。载热体温度为 500～600℃，干燥时间为 10～15min，污泥干燥温度为 300～900℃，燃烧室的气体温度为 800～1100℃。加热到如此高的温度需要大量热量，因此，系统需配备能量回收设备。

表 5-3　流化床干燥器的操作参数

参　　数		范　围
温度/℃	载热体	500～500
	干燥污泥	300～900
	燃烧室气体	800～1100
	废气	120～250
干燥时间/min		10～15
单位体积水分蒸发量/(kg/h)		80～140
蒸发 1kg 水分的比消耗	空气/kg	10～25
	热量/J	3770～5870
干燥器入口的载热体速度/(m/s)		15～25

流化床干燥器的主要优点是污泥干燥时间的可控制性和高强度的热传递，流化床干燥器没有不固定的部件，设计简单。其缺点是废气中的粉尘含量高，大致为 0.6～0.7g/m^3。

5.5.6 喷射干燥器

喷射干燥器可分为喷射干燥器和反向喷射干燥器。

（1）喷射干燥器

喷射干燥器利用一个高速离心转钵进料，进料污泥通过离心力雾化成为细颗粒，并被喷洒在干燥室的顶部，污泥中的水分在干燥室内转化为热气体，其工作流程示意图如图 5-24 所示。

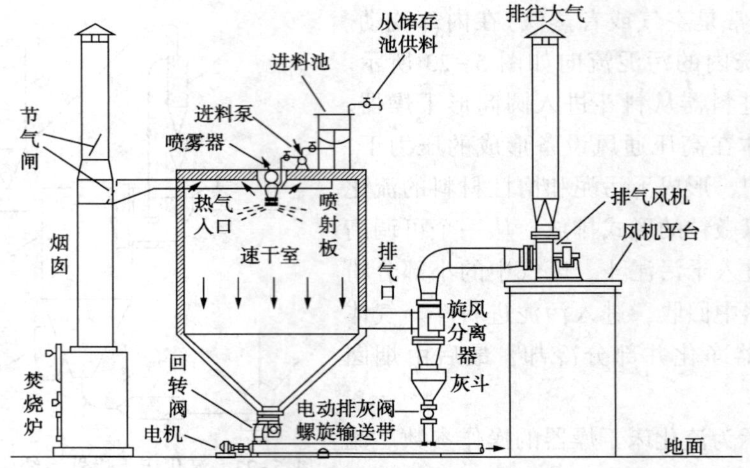

图 5-24 喷射干燥器的工作流程示意图

（2）反向喷射干燥器

反向喷射干燥器可分为两段(图 5-25)，下段是有反向喷射单元的污泥干燥室，上段则是产物/气体处理设备。脱水污泥滤饼由皮带运输机传送，通过双轴转动进料机进入反向喷射单元。这部分设计成两个水平喷射管同轴地嵌入一根竖管中。干燥过程包括细颗粒干污泥的再循环、进料湿污泥的返回和空气喷射装置中干污泥的排放。污泥滤饼在双轴螺旋进料机中与一部分干污泥混合，使得干燥器进料在组成和水分含量上均匀，强化干燥过程。第二段的气流分离器增加了干燥介质与污泥的接触时间。

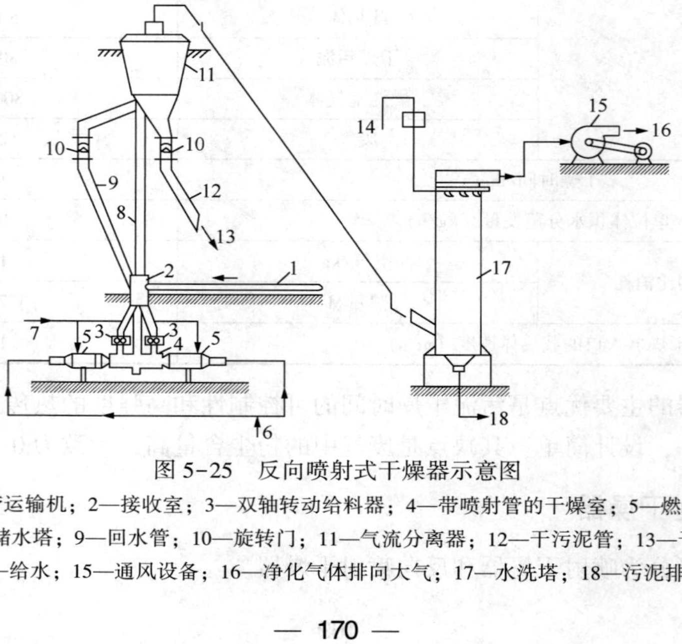
图 5-25 反向喷射式干燥器示意图

1—污泥进料皮带运输机；2—接收室；3—双轴转动给料器；4—带喷射管的干燥室；5—燃烧室；6—进气；7—燃料(气)；8—储水塔；9—回水管；10—旋转门；11—气流分离器；12—干污泥管；13—干污泥产品出料斗；14—给水；15—通风设备；16—净化气体排向大气；17—水洗塔；18—污泥排出

在干燥过程中，污泥颗粒在热气流中形成气态悬浮物。喷射碰撞产生振动，增大了干燥区的污泥浓度。干燥介质以足够高的速度将污泥磨成粉，总的传热传质表面积增大。反向喷射干燥器的操作参数见表 5-4。

表 5-4　反向喷射干燥器的操作参数

参　　数		范　　围
干燥介质温度/℃	初始	600~800
	最终	100~150
喷嘴逆流气压/MPa		0.01~0.03
$1m^3$ 干燥器容积水分蒸发量/(kg/h)		600~1200
蒸发 1kg 水分的具体消耗	标准燃料/kg	0.114~0.128
	电能/(kW·h)	0.05~0.08
	热量/MJ	3.4~3.8
污泥水分含量/%	干燥前	60~80
	干燥后	20~50

5.5.7　螺环式干燥器

螺环式干燥器是一个三歧管内部绕转式圆形装置，如图 5-26 所示。它是采用喷射粉碎原理，利用高速热气流驱动污泥输送、干燥及碰撞粉碎而完成污泥干燥处理的技术。

其工作过程是：含水率为 50%~60%的干湿混合污泥在温度为 260~760℃、流速为 30m/s 的高速热气流的冲击下进入污泥干燥区，再在另一管道引入的高速热气流的强力冲击搅动下，迫使污泥在机器内产生螺环式绕转。当污泥干燥到一定程度时，污泥颗粒间相互冲撞，污泥颗粒变小，质量变轻，干污泥即由高速风力从气流出管带出，经旋风分离器分离得到干污泥产品。

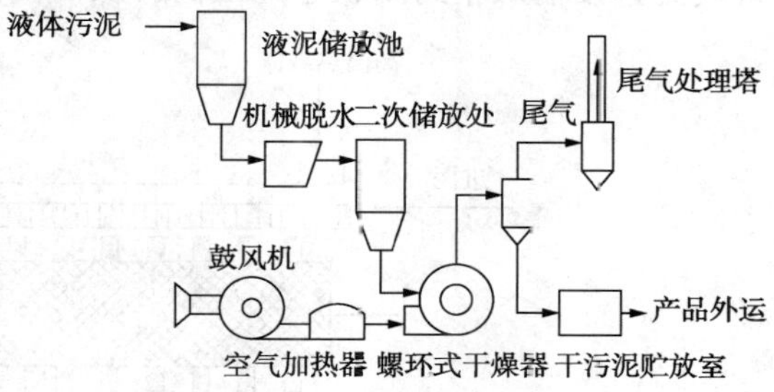

图 5-26　螺环式干燥系统流程

5.5.8　带式干燥器

带式干燥器有直接干燥式和直接-间接联合干燥式两种。直接干燥式带式干燥器的工作原理如图 5-27 所示。直接干燥式的干燥过程是在不锈钢丝网运载污泥缓缓转运的过程中，热空气从钢丝网下方经网眼向上通过，使污泥与热气发生接触传热，从而将污泥中的水汽蒸发带出；在具体操作中，污泥往往由污泥挤压机挤压成条状(蠕虫状)，这样有利于扩大热空气与污泥的接触面积，以提高污泥水分的蒸发效率。联合干燥式带式干燥器的设计特点则是：不锈钢带在一不锈钢盘上走动，一方面，热空气从污泥表面流过并在封闭的炉膛内回转对流传热(污泥进口和出口端在同一方向)；另一方面，通过加热不锈钢盘传导热能到不锈钢带上的污泥，使污泥受热，水分蒸发，经 15~30min 环形转动后，在出口处输出干污泥产品。

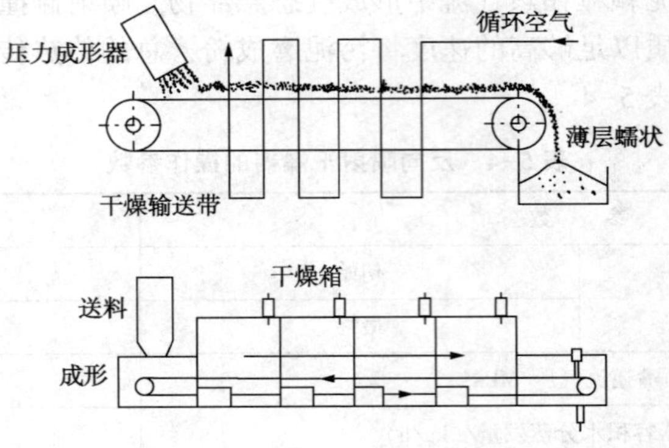

图 5-27　直接干燥式带式干燥器的工作原理

5.5.9　薄膜干燥器

薄膜干燥器有间接干燥式和直接-间接联合干燥式两种形式。间接干燥式薄膜干燥器的工作原理如图 5-28 所示。它是利用中间高速转动的螺杆向前运动并在壁上形成薄层，污泥薄层与受热壁接触，水分得以蒸发去除。在实际运用中，薄膜干燥器往往作为两阶段干燥处理的第一级(后接转筒式或其他形式的干燥器)，而较少作为唯一处理器来运用(此时需干污泥返混)。联合式薄膜干燥器实质上是间接式薄膜干燥器的改进类型，它是在器壁传热的同时将气流直接输入半封闭状态的圆筒，从而使污泥得以迅速干燥。

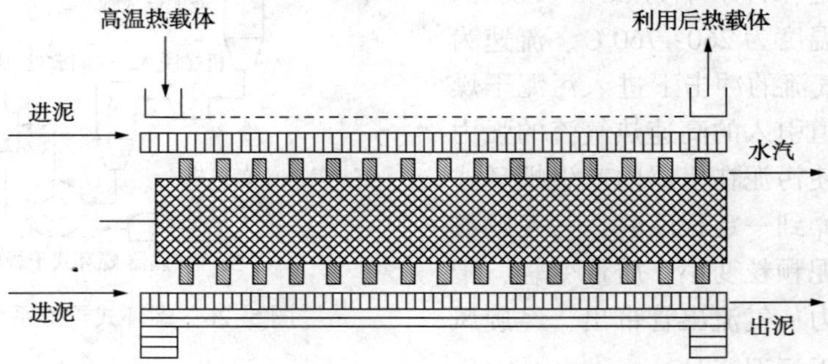

图 5-28　薄膜干燥器的工作原理

5.5.10　喷雾干燥器

如图 5-29 所示是以喷雾干燥器为主体的一种干燥系统形式。

喷雾干燥器是将污泥雾化成雾状细滴分散于热气流中，使水分迅速汽化而达到干燥的污泥干燥装置。该装置所采用的雾化器通常是一个高压力的喷头或高速离心转盘(或转筒)，雾化的液滴从塔顶喷下，而温度高达 705℃ 的热气流从塔底往上逆流，经气-液数秒钟的接触传热，水分汽化，干污泥产品从塔底引出，尾气则经旋风分离器分离后，或回用热能，或直接送出作脱臭处理。

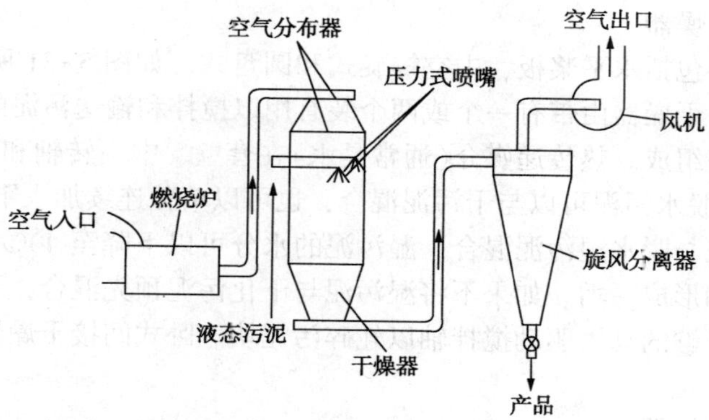

图 5-29　喷雾干燥系统的工艺流程

5.5.11　多效蒸发器

如图 5-30 所示为污泥二效蒸发系统的工作流程。其操作过程包括：泥与油混合、多效蒸发、油-固分离以及冷凝水与油的分离等几个步骤。油与污泥的混合物在操作中易于泵流，与器壁摩擦小，能方便地通过蒸发器中的换热管管壁与污泥发生热交换，使污泥水分蒸发，蒸发的污泥水汽所含的潜能供下一级蒸发利用，而蒸汽冷凝液则供锅炉回用。由于在多效蒸发过程中，所采用的油是沸点高于水的 2 号燃油，因此在水分蒸发过程中，油大多仍与污泥结合，直至最后阶段经离心处理使油-污分离，并通过后续的蒸馏等处理使残留于污泥中的油进一步得到分离和回收。

如图 5-30 所示的是一个二效蒸发处理系统，但在具体应用上，蒸发器的级数可视具体情况设置。

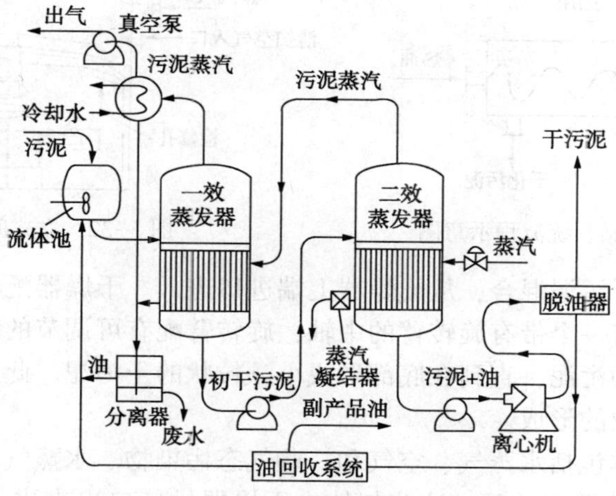

图 5-30　二效蒸发处理系统流程

5.5.12　间接干燥器

间接干燥是一种热介质与污泥不直接接触的干燥方式。根据布置方式的不同，间接干燥机可分为卧式间接干燥器和立式间接干燥器。

（1）卧式间接干燥器

卧式间接干燥器包括水平桨板、中空螺旋式和圆盘式。如图 5-31 所示为卧式间接干燥系统的流程示意图。干燥器由带有一个或两个装有用以搅拌和输送污泥的桨板、螺旋或者圆盘的转轴的水平套壁组成。热传递媒介(通常是水)在套壁、中空转轴和搅拌器(桨板、螺旋或者圆盘)内循环。脱水污泥可以与干污泥混合，也可以单独连续加入干燥器中。

如果将干化污泥与脱水湿污泥混合，湿污泥的水分可以下降至 40%~50%，这样能避免热传递表面的结块和形成污垢。如果不将湿污泥与干化污泥预先混合，干燥器内部需配备粉碎杆，并且必须有足够的马力驱动搅拌轴以轧碎污泥块。卧式间接干燥器能得到含固率大于 90%的干污泥。

（2）立式间接干燥器

立式间接干燥器如图 5-32 所示，它同时具有污泥干燥和造粒功能。干燥器呈立式布置多级分布，使用蒸汽或导热油作为闭路循环中的热传递媒介，可使干污泥产品的含固率达到 90%以上。

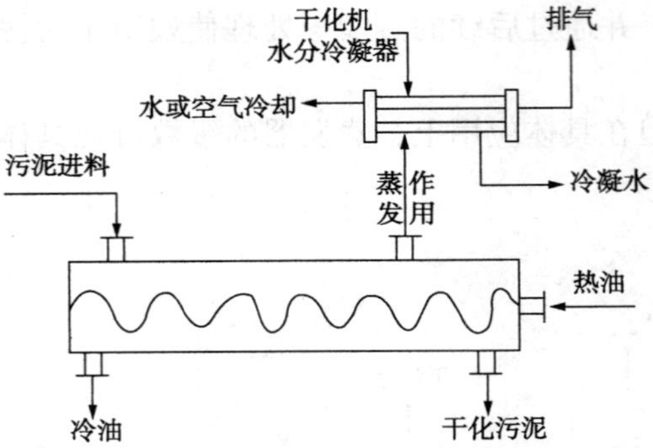

图 5-31　卧式间接干燥系统流程示意图

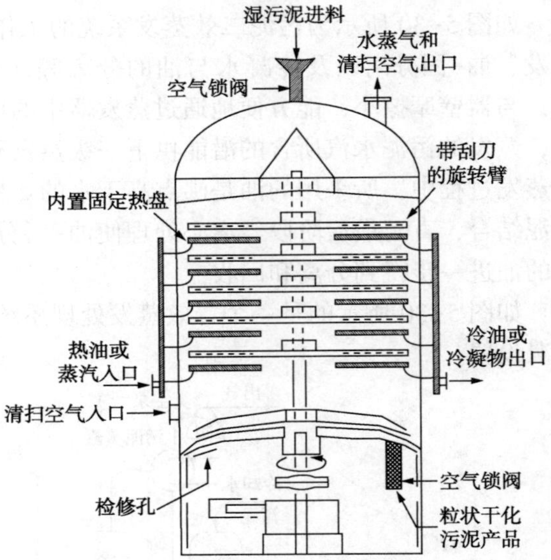

图 5-32　立式间接干燥器

脱水污泥滤饼与干污泥混合，从干燥器上端进口进入。干燥器配备有若干圆盘，由热传递媒介加热。干燥器有一个带有旋转臂的中轴，旋转臂配有可调节的刮泥板，刮泥板在两个圆盘间移动，同时翻动污泥，直到在底部形成小颗粒状的干污泥。此过程能最大限度地避免过细或过大干污泥颗粒的形成。

干燥器产生的气体包括水蒸气、空气和一些气态污染物。水蒸气凝结后，只有少量的气体(主要是湿空气)仍然需要处理。这些气体由干燥器排气口出来进入气味控制单元，使引起气味的化合物得到热分解。

5.5.13　双向剪切楔形扇面叶片式污泥专用干燥机

双向剪切楔形扇面叶片式污泥专用干燥机是一种间接加热低速搅拌型干燥机。设备内部有两根或者四根空心转轴，空心轴上密集并联排列着扇面楔形中空叶片，设备结构设计合理。轴体相对转动，利用角速度相同而线速度不同的原理和独特的结构形式达到了轴体上污泥的自清理作用，有效防止了污泥干化过程中的"抱轴"现象，污泥在干化过程中达到了双向剪切的状态。采用夹套式壳体结构，使得污泥在设备内部各个界面均匀受热，轴体转动，污泥在设备内不断翻腾，受热面不断更新，从而大大提高了设备的蒸发效率，达到了污泥干化的目的。

双向剪切楔形扇面叶片式污泥专用干燥机的外形如图 5-33 所示，结构原理如图 5-34 所示。

图 5-33　双向剪切楔形扇面叶片污泥专用干燥机

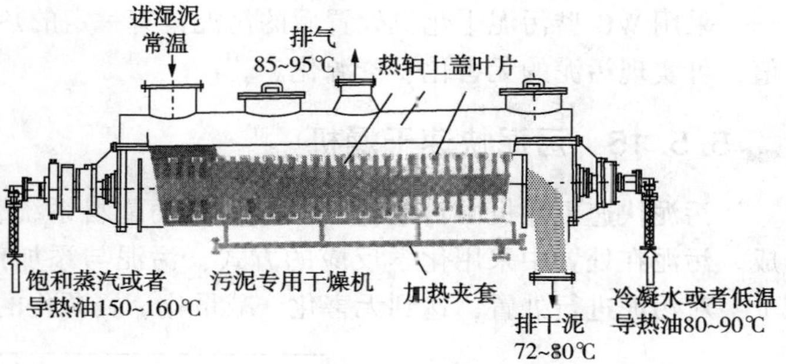

图 5-34　双向剪切楔形扇面叶片污泥专用干燥机结构原理

双向剪切楔形扇面叶片式污泥专用干燥机具有如下特点：

① 节能化。节能化是该设备的最大优点，节能降耗保证成套设备的低成本运行。

② 集约化。单台机器的日处理能力可达 100t 污泥，使得成套设备达到了集约化。

③ 环保化。系统设备全部密封运行，无粉尘及气味外泄。成套设备为负压运行，现场干净卫生，环保性能好。

④ 智能化。设备全部采用智能检测，自动控制和手动控制两条线，更利于生产现场的稳定运行。

⑤ 简单化。设备结构有利于设备的检修与维护，既降低了生产工人的劳动强度，又降低了对使用现场维修设备的更高级的高求。

⑥ 减量化。干化后的污泥体积是湿污泥体积的 1/5，极大地降低了污泥的后处理费用及运输成本。

5.5.14　WG 型污泥干化机

WG 型污泥干化机是一种直接接触型污泥干化设备，采用楔形桨叶设计，随着桨叶的旋转，污泥被不断压缩、膨胀，传热面上的污泥不断交替更迭，利用电厂余热作为热源，可迅速减少污泥体积，提高固体质量，实现污泥的减量化。WG 型污泥干化机的工艺流程如图 5-35 所示。

WG 型污泥干化机的楔形桨叶设计，可处理高含水率污泥，具有自清洁能力；结构紧凑，单位体积传热面积大，处理能力大；传热效率高，散热损失小，能耗低，运行成本低；尾气处理量少，辅助设备少，配套设备简单，占地面积小，适用于市政、纺织、造纸、皮革等沉淀处理的污泥干化，是污水处理厂脱水污泥常用的干化设备。

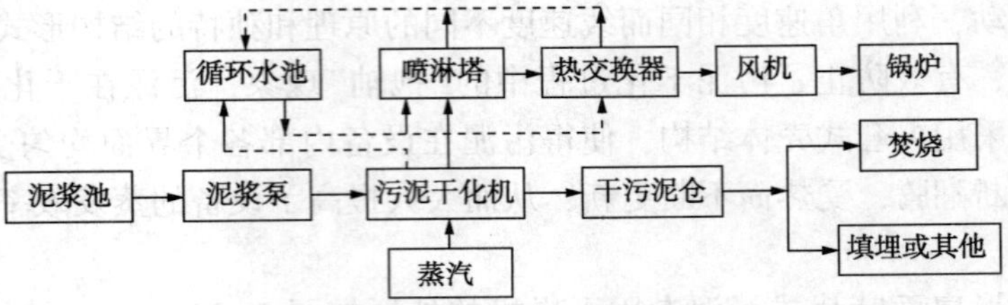

图 5-35　WG 型污泥干化机的工艺流程

采用 WG 型污泥干化机处置后的污泥具有一定的热值和有机质成分，具有很好的利用价值，可实现污泥的无害化、资源化。

5.5.15　污泥快速干燥机

污泥快速干燥机由自动控制系统、自动配料系统、搅拌系统、反应系统、除臭系统组成。污泥在处置中采用化学反应的方式，污泥与添加剂按照一定配比在不配套热源的情况下，对污泥进行处置，达到无害化、减量化、资源化的目的。其工艺流程如图 5-36 所示。

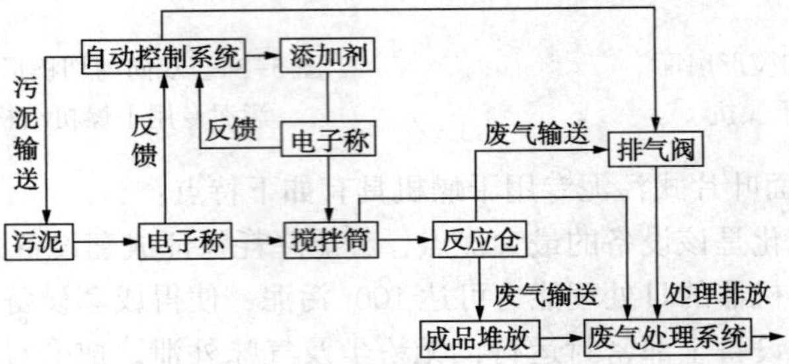

图 5-36　污泥快速干燥机的工艺流程

污泥快速干燥机适用于污水处理厂脱水后污泥、河道清淤污泥、工业废水处理污泥的处置。

5.6　污泥干化工艺实例

5.6.1　污泥流化床干化工艺

上海某污水处理厂污泥干化采用直接加料的流化床工艺。流化床污泥干化机从底部到顶部基本上由三部分组成：

第一部分：风箱，用于通过气体分布板将循环气体分送到流化床装置的不同区域。

第二部分：带热交换器的中间部分，通过热交换器组将导热油的热量传递给污泥，并使之干化。

第三部分：干燥器风罩，使流化的干颗粒脱离循环气体，而循环气体带着污泥细颗粒和蒸发的水分离开干化机。

流化床干化机的工作原理如图 5-37 所示。

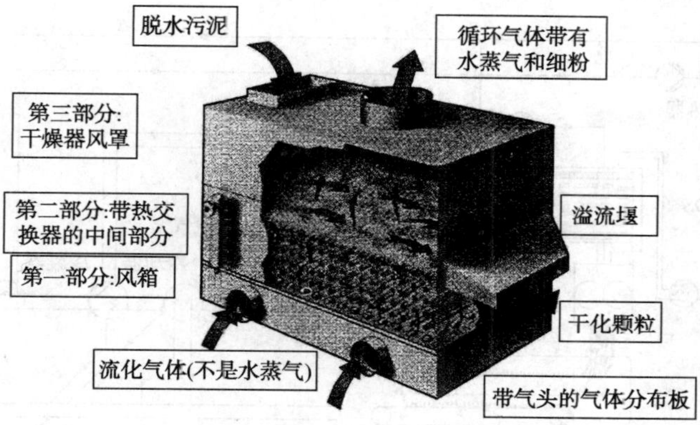

图 5-37 流化床干化机工作原理

整个污泥干化过程在污泥干化机中进行。污泥干化机维持在一个密封循环的惰性气体回路中，整个回路在操作时保持惰性气氛及负压操作。流化热空气由下往上穿过流化床，使床内污泥处于流态化，防止污泥黏结，并使其均匀干化。同时流化热空气与污泥进行热交换，蒸发其中的水分。通过调节控制进入污泥干化机的脱水污泥量，控制床层温度约为 85℃，控制系统的氧含量小于 4%。污泥干化机蒸发出的水分和热空气经冷凝换热器洗涤冷凝，然后经汽水分离器去除水分。循环惰性气体由风机重新送回到污泥干化机。经干化后的污泥含水率为 5%~10%，干化系统每蒸发 1t 水分需消耗热能 2800kJ。采用旋风分离器使灰尘和污泥细粒与流化气体分离。螺旋输送机将灰尘从灰仓输送到螺旋混合器。在此，灰尘与脱水污泥进行混合，并通过螺旋输送机再送回到流化床干化机。冷凝换热器采用直接逆流喷水方式对水分和热空气进行冷凝，使其温度从 85℃左右冷却到 60℃左右，冷凝下来的水离开循环气体，回流进入污水处理系统。从气锁阀出来的最终产品——干化污泥颗粒被直接输送到一台流化床冷却器中，由一个惰性气体回路系统冷却到 40℃以下。流化床冷却器冷却产品产生的湿热气体在洗涤器内冷却到 25℃左右，并通过风机进行再循环。干化颗粒在流化床冷却器冷却后通过输送机输送到干污泥料仓内进行储存，然后输送到焚烧炉进行焚烧处理。

5.6.2 组合两级干化工艺

某公司组合两级干化工艺采用第一阶段的间接干燥和第二阶段的直接干燥组合式技术，其工艺流程如图 5-38 所示。

第一阶段的部分剩余能量回收后用于第二阶段的加热。该工艺在第一阶段的干燥中提供最高的能量输入，在黏性阶段进行成品污泥的成形准备。在第二阶段，在低温条件下，接触干燥机中污泥的含固量从 40%~50%逐渐达到 90%。该工艺具有以下优点：①采用两级干燥工艺，污泥在第一阶段具有可塑性时形成颗粒，在第二阶段进行进一步的干燥处理。在可塑性阶段形成颗粒污泥以及带式干燥机的独特设计，确保了此干化是一个无尘工艺，使冷凝水的处理成本降低，使设备安装更安全。②低温操作、不含粉尘以及封闭的环境保证了绝对的安全性。该工艺防止了颗粒污泥自燃和爆炸的危险，无需采用特定的限制(充入惰性气体或其他限制)即可满足很多现行的国家规定。③热量回收一体化。此工艺装置分两级进行，在第二阶段中的空气温度低于 100℃，在第一阶段中所产生的水蒸气的热量可完全用于加热第

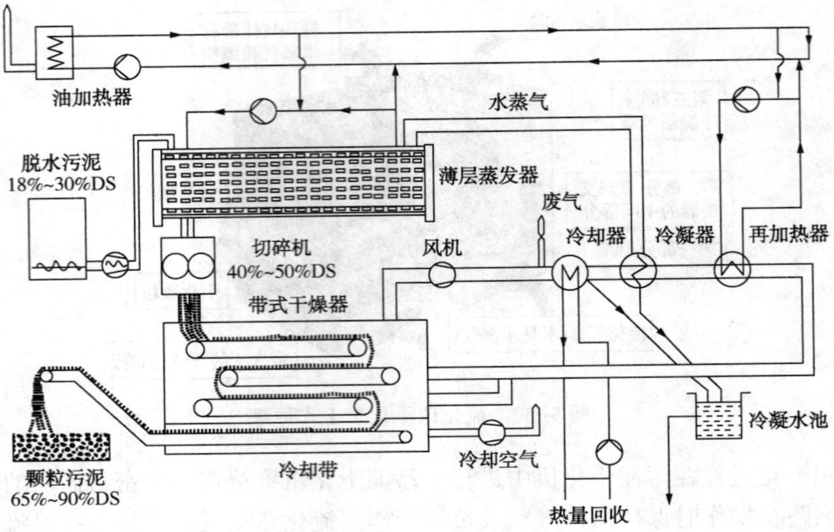

图 5-38　某公司组合式两级干化工艺流程

DS—干污泥

二阶段的干燥空气。其他类型的干燥机，每蒸发 1t 水的能耗为 1100kW · h，而此干燥机的能量回收系统更加经济，每蒸发 1t 水的能耗仅为 650~750kW · h。④最终干化污泥的含固率和颗粒尺寸可调。通过调整第二阶段的运行，此工艺可得到含固率在 65%~90%、颗粒尺寸在 1~10mm 范围内的不同含固率和颗粒尺寸的干化污泥。整个系统在低温下工作，污泥温度为 85~90℃，水蒸气的温度约为 110℃。在薄层蒸发器内，污泥含固率从 20% 提高到 40%~50%。该过程没有粉尘形成。

（1）第一阶段：薄层蒸发器(TFE)

脱水后污泥储存在一个缓冲容器内，通过速度受控的偏心螺杆泵连续地向水平的薄层蒸发器进料。蒸发器的旋转叶片承载污泥，形成薄层的污泥沿加热表面(保护罩的圆柱体内壁)传输。在进料口的对面，蒸发器上设有一个切向开孔，即污泥团的出口，如图 5-39 所示。

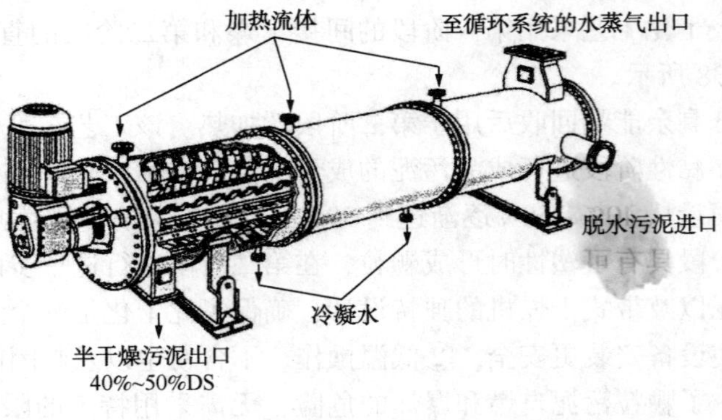

图 5-39　薄层蒸发器(TFE)的结构

通过加热流体(油或水蒸气)在保护罩的外壁和内壁之间循环，对保护罩的内壁进行加热，保护罩的外壁采取隔热措施。在薄层蒸发器出口，呈可塑状态并具有延展性的污泥直接落入一个挤压装置(切碎机)。污泥受到挤压并穿过一个有孔的格栅，形成直径为6~10mm的面条状长条，然后被均匀分布到缓慢移动的带式干燥机的上层运输带上。

(2) 第二阶段：带式干燥机

带式干燥机包括一个或几个缓慢移动的带孔钢板传输带，传输带安装在一个完全隔热的保护罩中，且上下平行放置。保护罩处于较小的负压状态，以防止空气从保护罩泄漏出去。切碎机形成的颗粒被均匀分布在上层输送带上。预成形的颗粒在传输带上形成颗粒层，热空气逆向扫过和穿透颗粒层，使其干燥并达到所要求的含固率。在传输带的前部，污泥温度保持在90℃，水蒸气温度为100℃，在颗粒污泥出口处设置有一个冷却区，采用冷空气使颗粒温度迅速下降至40~50℃。

(3) 颗粒污泥的排放和处置

带式干燥机直接将污泥排放至一个带式传输系统，该系统将颗粒污泥自动送至储存器中。如果必须将污泥装入罐车或大包装袋中，干燥厂内将配置一个斗式运输器和料仓。在切碎机内插入另一个格栅，或在带式干燥机出口下方安装破碎机。破碎机带有粒径调节装置，移动缓慢，可根据污泥的最终用途调节颗粒的大小。由于颗粒已经具有相当的硬度，该处理过程不会产生额外的粉尘。

(4) 加热系统

加热流体(水蒸气或油)网络分两级，一级服务于薄层蒸发器，另一级则服务于带式干燥机。

5.7 干化的安全性

在污泥热干化、运输及储藏过程中，存在着严重的自燃与粉尘爆炸的危险。

污泥在全干状态下(含固率大于80%)一般呈微细颗粒状，粒径较小，同时由于污泥之间、污泥和干燥器之间、污泥和介质之间的摩擦、碰撞，使得干化环境中可能产生大量粒径小于150μm的超细颗粒——粉尘。这种高有机质含量的粉尘在一定的氧气、温度和点燃能量条件下可能发生燃烧和爆炸，即所谓“粉尘爆炸”。

在污泥干化技术工业化应用的同时，欧洲和北美污泥干化厂的事故时有发生，从污泥的自燃到设备的爆炸，从个别小型附属设备到整个干燥生产线，无论有无制造或运行类似干化设备的经验，无论安全措施设计得多么复杂和完备，污泥干化厂事故始终没有断绝。

欧盟早在1994年就制定了爆炸性气体设备和运行操作(ATEX)安全规程，并于2003年7月1日全面强制实施。这为污泥干化行业设备及运行操作的安全性提供了强有力的保障。所以，我国在推广污泥干化技术的同时，污泥干化工艺的安全性也是一个非常值得关注的焦点。

5.7.1 污泥干化工艺中粉尘爆炸的特性

污泥干化工艺中的粉尘爆炸特性主要包括粉尘爆炸下限浓度、最低含氧量和点燃能量3个参数。

(1) 粉尘爆炸下限浓度

粉尘气体混合物只有在爆炸上限和下限之间的浓度范围内才具有爆炸性。可燃性粉尘的爆炸浓度下限一般为每立方米几十至几百克，上限可达2~6kg/m³。由于粉尘具有一定的粒度和沉降性，其爆炸浓度的上限很少能达到，一般只考虑其爆炸浓度的下限。

一般认为有机质粉尘的爆炸浓度下限为20~60g/m³，市政污泥的取值大约在40~60g/m³之间。

(2) 最低含氧量

在一定粉尘浓度和点燃能量下，能够引起燃烧的最低氧气含量称为“最低含氧量”。根据研究，保护性气体分别为氮气、二氧化碳和蒸汽时，粉尘燃烧爆炸的最低含氧量分别在5%、6%和10%左右。

(3) 点燃能量

污泥粉尘燃烧爆炸必须具备一定的点燃能量。根据研究，市政污泥的点燃能量要求小至几到几十毫焦，其大小与污泥的温度有关。温度在20℃时，污泥的点燃能量也不会超过10mJ。而一般的干化系统典型的温度范围在85~125℃之间，此时的点燃能量低至1.1~1.2mJ。由于污泥的点燃能量很低，而干化工艺本身就是凭借温度进行的，加上污泥干化所涉及的一系列设备以及污泥在干燥器内本身的流动，即使在静电、金属碰撞等条件都得到控制的情况下，污泥燃烧所需要的点火能量基本上是一个难以避免的问题。

5.7.2 污泥干化工艺中粉尘爆炸的主要影响因素

(1) 粉尘粒径

多数可燃性粉尘的粒径在1~150μm范围内，粒径越细越易飞扬。粒径小的粉尘，比表面积大，表面能大，所需点燃能量小，所以容易点爆。

(2) 气体含湿量

蒸发所产生的蒸汽是最有效的惰性气体，增加干燥系统的湿度可降低粉尘浓度，提高点燃能量，降低氧气含量，因而是提高整个系统安全性的一个重要手段。

(3) 环境温度和压力

环境温度升高和压力增大，均能使爆炸浓度范围扩大，所需着火能量下降。

5.7.3 提高污泥干化安全性的主要措施

(1) 完善设备设计和加强设备管理

现在的污泥干化技术都非常重视设备的安全性，并针对性地采取措施来完善设计和加强管理。

在氧气含量的控制方面，间接加热器可附加氮气保护来确保系统内氧气含量小于2%；直接加热器可通过气体循环使用来控制氧气含量小于8%。同时对系统内氧气含量进行实时监测，在系统内设置氧气超标保护，一旦氧气含量超过10%，系统自动停机。

颗粒温度的控制，关键在于控制污泥在干燥器内的停留，必须保持干污泥中适量的水分，以避免污泥过热而燃烧，所以当污泥达到一定的干度(如90%)时就需离开干燥器。设有湿污泥仓的工厂，必须考虑甲烷的产生而尽量减少湿污泥的储存时间，可在设计中将湿污泥仓中甲烷浓度控制在1%以下；为防止自燃，应将干污泥仓中的干污泥颗粒的温度控制在40℃以下。

(2) 完善污泥干化工艺

① 干化污泥返混工艺

进料泥饼的含固率一般在20%~25%之间，而大多数污泥干化设备无法直接处理含固率低于60%的污泥，所以大多数的污泥干化设备采用干泥返混工艺，将大量已经干燥到90%以上的细颗粒返回到系统中进行混合。污泥返混可使粉尘量增加，增大了粉尘爆炸的风险，所以应尽量降低污泥的返混量。

② 逆流工艺

逆流的作用是可以获得更高的处理效率，但由于污泥的粉尘爆炸性质，使得这一工艺在极为严格的惰性环境中才能存在。在一个干化系统中，某些干污泥颗粒由于不规则气流、挡板、通道折弯等的作用，可能形成逆流或紊流运动，这时与高热表面或气流相遇，就可能产生颗粒的过热，从而使粉尘增加。

(3) 降低干化系统的氧含量

干化系统必须实施闭环，同时，所有的干化系统都必须抽取一定量的气体排出闭环，从而避免干化系统中产生的不可凝气体在回路中饱和。采用抽取的方式，使回路处于微负压状态，避免气体从别的出口、缝隙外溢。负压的形成，可能导致空气进入循环。在紧急停机、重新开机、关机、开机等操作过程中，必须使用惰性气体来控制回路，以避免升温和降温过程中由于含湿量的变化导致的氧含量超标。

设备类型不同，其降低系统氧含量的方法也不同。

① 直接加热的转鼓干燥器

输入能源为高温燃烧烟气，烟气中的二氧化碳和氮气为主要成分，氧含量可能低于5%。保持这样的回路，即可实现低氧特征。但由于烟气中本身含有氧气，燃烧状况与氧气过剩量密切相关，燃料燃烧条件的变化和波动，大量气体的排放和处理，均会影响污泥干化工艺过程。必须依靠复杂的监控系统来保持最低氧含量低于6%。

② 间接工艺的转碟和圆盘式干燥器

由于热传导本身的限制，对于高含固率的污泥，其传热效率较低，必须抽取一定量的气体以形成微负压，由此形成一定的气流，从而及时将湿分排出干燥器。但是其结构决定了其内部热量分配不可能是均匀的，温度的分布也是不均衡甚至是不确定的。低速搅拌可能带来的部分过热，特别是部分存在的逆流工艺，很可能导致小环境中的粉尘积聚、过热。此时，如果回路的微负压导致外部气体进入，将是非常危险的。其开机、停机等一切非常操作也都必须在严格的惰性环境下进行。其蒸汽出口端的氧含量应低于1%。

③ 间接加热方式的流化床工艺

物料的停留、翻动和搅拌均靠空气的动能实现，其气量是所有干化工艺中最大的。大气量、高气速，均可能导致更多的粉尘，所以其氧含量要求更为严格，正常运行条件下最低氧含量要求低于2%。

④ 涡轮薄层干化工艺

涡轮薄层干化工艺属于间接加热工艺，而在传热方式上属于两种热交换形式的混合型，其气量约为直接对流工艺的1/2，间接对流工艺的1/5以下。回路在开机和关机时也仍然要求惰性化。由于干污泥的总浓度可能低于所谓的爆炸下限，出口处气体的含湿量高，正常运行状态下的最低氧含量允许值高达10%。

5.7.4 污泥干化安全系统的构成与维护

污泥干化工艺和设备的安全性是由工艺本身决定的，所有其他安全性措施均是对该工艺的补充。这些措施分别具有预防、干预和补救功能。典型的措施有：喷水系统；废热烟气/二氧化碳注射系统；氮气发生、储藏、注射系统；湿度、压力、温度在线监测系统；在线氧气测量和反馈系统；泄压阀或爆破隔膜；制冷撤热系统；灭火装备和设施；隔离墙或屏障等。

具有预防性功能的如湿度、压力、温度测量属于必备设备，对于某些工艺来说，氧气测量系统也是必备的。在正常开机、停机操作中使用的喷水系统，废热烟气/二氧化碳注射系统，氮气发生、储藏、注射系统均属于具有一定预防性功能的设备。预防性干预在于及时、迅速地建立严格的惰性环境。蒸汽、二氧化碳、氮气的惰性化能力是不同的，使用喷水方式进行干预，有可能在几十秒内使环境迅速惰化，且成本低廉；使用二氧化碳或氮气，要建立严格的惰性环境，所需时间较长，而且维持在线的惰性气体发生系统的费用较高。

当出现紧急状况时，系统一般首先切断热源供应、湿污泥进料，启动紧急干预措施，包括喷水、氮气、二氧化碳等以形成惰性化环境；启动制冷撤热设备，将热源撤出等。

当出现较大险情时，则应动用灭火装备进行扑救，疏散人员至隔离墙之外等。

此外，还应考虑极端情况下的系统安全性。如考虑在突然断电情况下如何保障系统的安全。逐项、逐段地考察出现这一情况时系统各个部位的状态，分别按照停机 0.5h、12h、24h、48h 的条件来判定其重新启动时的条件以及可能出现的安全问题，这些条件对于发现多数安全隐患和工艺问题是具有代表性的。

简化操作是保持干化系统长期安全运行的必要条件。这里的必要条件包括：开机参数少，操作运行相对简单，稳定性高；工艺窗口宽，允许的氧含量、温度变化幅度大，报警少；维护量少，无大量机械件、滤网、结垢物料频繁更换；紧急情况下处理方式简捷，且不造成系统必须冷机干预；维护的友好性使人员无需爬高，或钻入不卫生环境进行手工清理；操作环境周围无造成人身意外伤害的危险等。

5.8 新型污泥干化技术

5.8.1 微波干化热解技术

微波干化技术是利用微波技术对污泥进行处理。微波是指频率为 300MHz~300kMHz 的电波。当微波到达污泥表面时，污泥中的水分子等极性分子会随着微波高频电场的快速变化而急速旋转，分子间相互摩擦产生热能。这种热能在污泥表面和内部同时产生，因此微波可以使污泥温度迅速升高。

（1）微波干化热解技术的相关研究

污泥中有许多水分子附着在污泥有机物表面，因此单纯机械脱水不能有效降低污泥含水率。虽然微波能量不足以破坏化学键，但可以破坏能量相对较低的氢键，从而改变其结构。采用微波技术，不仅能快速提高污泥干化温度，同时能够在高温下使污泥裂解，释放出结合水。同时，微波加热效率非常高，可以在90s内使污泥温度迅速升高至200℃。微波干化技术不仅可以在高温下使污泥迅速脱水，更重要的是能在短时间内使污泥温度达到1000℃，实现污泥热解。经过热解，污泥体积可以减少到原来的1/5左右，实现污泥减量化。污泥热解过程中，污泥中的大分子有机物会转化为分子较小的易被生物降解的物质，有利于后续处理。此外，将污泥与一些添加剂共同热解，不仅能提高污泥热解效率，而且其产物是性能良好的生物吸附质，可以作为其他处理工艺的吸附材料。而对于含重金属的工业污泥，微波稳定处理也同样具有广阔的应用前景。通过微波稳定处理，向含重金属的污泥中投加铝粉等稳定剂，500℃下可使其对重金属有较好的稳定效果，尤其是铜的稳定效果较好，并且通过毒性浸出试验，证明其具有很好的稳定性。

（2）微波干化热解技术的特点

随着微波技术的发展，微波发生装置已经可以实现工业化生产，并且其容量也在不断增大，这使得微波干化热解技术工业化成为可能。通过微波干化热解的污泥易于后续处理，用途广泛。微波干化热解技术具有高效、低能耗等特点，具有良好的应用前景。

5.8.2 污泥热水解干化技术

与初沉污泥相比，剩余污泥在消化与脱水方面都有一定的困难，造成这种现象的主要原因是剩余污泥中EPS的含量较高。热水解干化技术，也称热液干化技术，是通过高温高压的热蒸汽接触污泥发生液化反应，释放出大量热能，从而破坏污泥内部结构，使污泥菌胶团的结构变性。经过进一步脱水，大幅提高污泥脱水率，使污泥体积大幅下降。

（1）污泥热水解干化技术的相关研究

污泥内部吸附结合水的去除效率直接关系到污泥脱水效果，污泥的深度脱水主要是去除污泥内部的吸附结合水。热水解干化技术正是利用高温热蒸汽的液化放热，在极短时间内放出大量热量，破坏污泥内部结构，从而使污泥吸附结合的水得以脱除。Jiang等研究发现，将污泥在温度为190℃、压力为2MPa的热蒸汽条件下反应30min，通过24h自然干化，污泥含水率可以降低到20%以下。虽然污泥内的有机物有所变化，但污泥热值并没有减少，仍可达到2000kcal/kg以上，可以作为生物燃料加以利用。Park等研究表明，将污泥在200℃下用热液干化20min，其含水率下降10%，而碳含量和热值分别增加6.6%和25%。

污泥热水解是首先将混合污泥（初沉污泥与剩余污泥）从含固率约3%脱水至16%左右，然后进行热水解。以Cambi工艺为例，该技术主要由三个阶段组成，首先污泥进入浆化罐，利用工艺的废热对污泥进行加热，通常污泥会加热到90℃然后进入反应罐；反应罐的数量会根据处理厂规模大小而有所不同，在反应罐内污泥加热到165℃左右，压力维持在0.065MPa，反应30min左右。反应之后的污泥进入闪蒸罐迅速泄压，细胞壁大量破碎，闪蒸罐的蒸汽返回浆化罐预热下一批污泥，污泥然后冷却、稀释到9%～10%的含固率。

挪威的Hias污水处理厂最早于1995年应用了污泥热水解工程，英国泰晤士水务的Chertsey污水处理厂在1999年应用了污泥热水解技术，是英国最早的案例，此后在英国和爱尔兰有数十个项目应用了这一技术。美国华盛顿Blue Plains污水处理厂的污泥热水解工程于2014年投入运行，这是迄今为止全球最大的污泥热水解工程。除了Cambi之外，还有威立雅的Biothely、Exelys以及荷兰开发的Turbotec等热水解技术。

(2) 污泥热水解干化技术的特点

污泥热水解干化技术的干化效率高，且脱水效果好，能破坏污泥内部结构，同时能将大分子有机物转化成小分子、易降解的有机物。污泥中的致病菌也在干化时被消除，实现污泥无害化。但污泥热水解干化技术对设备要求较高，高温高压条件下才能进行反应，使成本大幅增加。普通废热难以被利用，同时对运行过程中的安全性提出了更高的要求。

参 考 文 献

[1] 廖传华，江晖，黄诚，等．分离技术、设备与工业应用[M]．北京：化学工业出版社，2018.

[2] 廖传华，米展，周玲，等．物理法水处理过程与设备[M]．北京：化学工业出版社，2016.

[3] 虞向峰，王庆海，曾贤平．污泥干化技术的现状及发展方向[J]．轻工科技，2016，(5)：106-107.

[4] 陈成，司丹丹，陈清武，等．集热式太阳能污泥干化系统能效评估与适应性分析[J]．广东化工，2016，43(22)：60-62.

[5] 彭闻，张勇，赵卫兵，等．污泥生物干化技术及应用前景展望[J]．中国环保产业，2016，(5)：37-40.

[6] 刘念汝，王光华，李文兵，等．城市污泥微波干化及污染物析出特性研究[J]．工业安全和环保，2016，42(7)：80-83.

[7] 郝丹．污泥干化技术的研究与应用[D]．大庆：东北石油大学，2015.

[8] 陈彤，詹明秀，林晓青，等．特定污泥干化过程中二噁英抑制气体排放特性[J]．浙江大学学报(工学版)，2015，49(2)：86-89.

[9] 靖丹枫，耿震．石化污泥干化焚烧工程设计[J]．中国给水排水，2015，31(18)：61-63.

[10] 侯霜，李子富，张扬．不同生态床对剩余污泥脱水和稳定化的影响[J]．环境科学研究，2015，18(4)：589-595.

[11] 吴智勇．城市污泥脱水焚烧新工艺研究[D]．大连：大连理工大学，2015.

[12] 王永川，郑皎，方静雨，等．污泥干化过程中导热系数的试验研究[J]．太阳能学报，2015，36(3)：703-707.

[13] 兰伟，曾国杰．制浆造纸企业污泥干化技术介绍[J]．中国造纸，2015，34(5)：47-51.

[14] 周杰，吴敏，牛明星，等．污泥干化过程中恶臭气体释放的研究进展[J]．中国给水排水，2015，31(4)：25-27.

[15] 孟令鑫，汪家权，张辉．改性污泥脱水性能的中试研究[J]．环境工程学报，2015，9(10)：5078-5082.

[16] 耿震，许敏．一种圆盘式污泥干化系统工艺设计实例[J]．给水排水，2015，41(10)：55-7.

[17] 田甲蕊．改性印染污泥干化和掺烧特性研究[D]．南京：东南大学，2015.

[18] 刘志超．工业污泥干化与煤粉掺烧协同利用生命周期评价[D]．广州：华南理工大学，2015.

[19] 李黎杰，田辉，颜廷山，等．污泥干化焚烧技术的应用[J]．环境卫生工程，2015，33(2)：60-62.

[20] 范海宏，武亚磊，李斌斌，等．市政污泥干化动力学研究[J]．环境工程学报，2015，9(9)：4488-4494.

[21] 吴静仪，叶志平，随文琪．污泥的生物干化及其热值变化[J]．华南师范大学学报(自然科学版)，2015，47(3)：80-85.

[22] 罗俊．污泥过热蒸汽干燥工艺参数优化研究[D]．南昌：南昌航空大学，2015.

[23] 王慧玲，杨朝晖，黄兢，等．泡沫化预处理对污泥干燥特性的影响[J]．环境工程学报，2015，9(2)：907-912.

[24] 严加才．化工废水处理中生化污泥的干燥及无害化利用[J]．现代化工，2015，35(1)：133-135.

[25] 金澎，朱秀伟，亓永亮，等．市政污泥干燥过程中粘性的研究[J]．干燥技术与设备，2015，13(5)：35-42.
[26] 苏志伟，张绪坤，王学成，等．污泥干燥工艺设备研究进展[J]．工业安全与环保，2014，40(3)：8-10，83.
[27] 马德刚，朱红敏，翟君，等．电渗透脱水污泥干燥特性曲线及干燥模型[J]．环境工程学报，2014，8(2)：740-744.
[28] 邵志伟，黄亚继，严玉朋，等．流化床中污泥干燥特性[J]．环境工程学报，2014，8(9)：3965-3970.
[29] 周宏伟．一种节能低温余热带式振动污泥干燥技术的研究[D]．苏州：苏州大学，2014.
[30] 汪泳．市政污泥干燥特征及污泥中温带式干燥工艺应用研究[D]．天津：天津大学，2014.
[31] 向轶，刘建忠，许佩佩，等．太阳辐射强度对污泥干燥特性的影响[J]．可再生能源，2014，32(5)：715-722.
[32] 魏瑞军，余权恒．污泥干燥特性及动力学模型分析[J]．山东化工，2014，43(9)：1-4.
[33] 李辉，吴晓英，蒋龙波，等．城市污泥脱水干化技术进展[J]．环境工程，2014，32(11)：102-107，101.
[34] 姬爱民，崔岩，马劲红，等．污泥热处理[M]．北京：冶金工业出版社，2014.
[35] 田顺，陈文娟，魏垒垒．太阳能-中水热泵污泥干化系统干化机理研究[J]．给水排水，2014，40(C1)：182-185.
[36] 李博，王飞，朱小玲，等．污泥干化焚烧联用系统最佳运行工况研究[J]．环境污染与防治，2014，36(8)：29-33，42.
[37] 钱炜．污泥干化特性及焚烧处理研究[D]．广州：华南理工大学，2014.
[38] 刘永付．污泥干化与电站燃煤锅炉协同焚烧处置的试验研究[D]．杭州：浙江大学，2014.
[39] 邱锐．深圳市污泥干化焚烧工艺运行成本分析[J]．给水排水，2014，40(8)：30-32.
[40] 谢小青，陈向强，刘美龄，等．免翻堆快速生物干化技术在污泥处理中的应用[J]．中国给水排水，2014，30(9)：142-146.
[41] 刘麒，张克峰，张可贵，等．污泥生物干化研究进展及应用前景展望[J]．环境科技，2013，26(6)：67-70.
[42] 李波．城市生活污泥干化处理及煤掺烧实验研究[D]．合肥：合肥工业大学，2013.
[43] 刘永付，王飞，池涌，等．太阳能蒸汽辅助污泥干化的试验研究[J]．中国给水排水，2013，29(17)：35-39.
[44] 孙红杰，崔玉波，杨少华，等．污泥干化芦苇床技术述评[J]．环境工程，2013，31(6)：117-121.
[45] 张栋，王三反．新型污泥干化技术综述[J]．江苏农业科学，2013，41(7)：337-339.
[46] 宋国华，张振涛，杨鲁伟，等．温室太阳能污泥干化系统的设计及试验研究[J]．中国农业大学学报，2013，18(5)：141-45.
[47] 李斌斌，范海宏，杨爱武，等．污泥干燥及气体释放特性研究[J]．硅酸盐通报，2013，2：205-209.
[48] 程诚，黄亚继，袁琦，等．污泥干燥特性及其模型求解[J]．环境工程，2013，31(A1)：585-589，680.
[49] 黄瑞敏，杨署军，刘欣．印染污泥干燥过程中气体污染物的释放研究[J]．中国给水排水，2013，29(15)：94-97.
[50] 邹永忠，孙广官．污泥干燥焚烧应用总结[J]．小氮肥，2013，41(1)：1-2.
[51] 漆雅庆．污泥干燥焚烧发电的生命周期评价[J]．能源与节能，2013，2：47-48，79.
[52] 李博，王飞，严建华，等．污水处理厂污泥干化焚烧处理可行性分析[J]．环境工程学报，2012，6(10)：3399-3404.

[53] 颜晓斐，李博，王飞．污泥干化焚烧系统安全评价[J]．工业安全与环保，2012，38(12)：37-39.
[54] 饶宾期，曹黎．太阳能热泵污泥干燥技术[J]．农业工程学报，2012，28(5)：184-188.
[55] 王锐思，李根，叶世超，等．酒精污泥干燥特性及数学模型[J]．环境工程学报，2012，6(9)：3334-3338.
[56] 黄黎明，黄瑞敏，周海滨，等．印染污泥干燥过程中挥发分冷凝液的研究[J]．环境工程，2012，30(1)：79-82.
[57] 凌莹．电渗透脱水污泥干燥特性研究[D]．天津：天津大学，2012.
[58] 王灵军．节能型盘式污泥干燥设备控制系统的开发[D]．杭州：杭州电子科技大学，2012.
[59] 王传奇．温室型污泥干燥系统的理论分析与实验研究[D]．北京：中国科学院研究生院，2012.
[60] 毛文龙．太阳能污泥干燥系统流动传热特性的研究[D]．镇江：江苏大学，2012.
[61] 张大群．污泥处理处置适用设备[M]．北京：化学工业出版社，2012.
[62] 金浩，彭发修，江波，等．不同加热功率下含油污泥的干燥[J]．化学工程，2012，40(7)：26-29.
[63] 翁焕新，章金骏，刘瓒，等．污泥干化过程氨的释放与控制[J]．中国环境科学，2011，31(7)：1171-1177.
[64] 周登健，林超．污泥自然干化过程中的影响因素[J]．科技创新导报，2011，(34)：79-80.
[65] 金浩，石丰，刘鹏，等．含油污泥的干燥研究[J]．石油与天然气化工，2011，40(5)：522-526，431.
[66] 马学文，翁焕新，章金骏．颗粒状污泥的干燥特性及表观变化[J]．环境科学，2011，32(8)：2358-2364.
[67] 马学文，翁焕新，章金骏．不同形状污泥干燥特性的差异性及其成因分析[J]．中国环境科学，2011，31(5)：803-809.
[68] 方静雨．污泥干燥机理试验研究[D]．杭州：浙江大学，2011.
[69] 余方．水处理污泥干燥特性及过程研究[D]．武汉：武汉大学，2011.
[70] 刘凯．污泥干燥和热重实验及动力学模型分析[D]．广州：华南理工大学，2011.
[71] 李洋洋，金宜英，李欢，等．碱热联合处理对剩余污泥干燥特性的影响[J]．高校化学工程学报，2011，25(5)：877-881.
[72] 吴龙，吴中华，李占勇，等．城市污泥热风与微波干化特性研究[J]．干燥技术与设备，2011，9(5)：259-267.
[73] 王罗春，李雄，赵由才．污泥干化与焚烧技术[M]．北京：冶金工业出版社，2010.
[74] 郭松林，陈同斌，高定，等．城市污泥生物干化的研究进展与展望[J]．中国给水排水，2010，26(15)：102-105.
[75] 王传奇，张振涛，吕君，等．温室型太阳能污泥干燥研究[J]．科技导报，2010，28(22)：33-38.
[76] 刘煜，李伟东，刘海峰．污泥干燥预处理后与神府煤共成浆性的研究[J]．燃料化学学报，2010，38(6)：656-659.
[77] 武德智，楼波，钟世清．污水污泥和造纸污泥干燥特性的对比研究[J]．生态科学，2010，29(2)：156-160.
[78] 王伟云，李爱民，张晓敏．脱水污泥干燥气化焚烧综合处理工艺[J]．化工进展，2010，29(A1)：244-247.
[79] 王传奇，张振涛，吕君，等．温室型太阳能污泥干燥研究[J]．科技导报，2010，28(22)：33-38.
[80] 马学文，翁焕新．温度与颗粒大小对污泥干燥特性的影响[J]．浙江大学学报(工学版)，2009，43(9)：1661-1667.
[81] 刘志强，彭望明，徐爱祥．市政污泥干燥技术现状及研究进展[J]．给水排水，2009，35(A1)：266-269.

[82] 袁军．城市污水污泥转筒式直接干化研究[D]. 上海：上海交通大学，2009.
[83] 杜涛，蔡九菊，董辉，等．油田采油污水污泥干燥特性实验研究[J]. 东北大学学报(自然科学版)，2008，29(4)：553-556.
[84] 朱开金，马忠亮．污泥处理技术及资源化利用[M]. 北京：化学工业出版社，2007.
[85] 丘锦荣，吴启堂，卫泽斌，等．城市污泥干燥研究进展[J]. 生态环境，2007，16(2)：667-671.
[86] 马德刚，张书廷，柴立和．污泥干燥速率曲线的分形维数分析[J]. 天津大学学报，2007，40(10)：1199-1204.
[87] 曲艳丽，李爱民，李润东，等．饼状污泥干燥特性的研究[J]. 燃烧科学与技术，2005，11(1)：96-99.

第6章 污泥的固化与稳定化

污泥是水处理过程中产生的漂浮物和沉淀物，是一种由细菌菌体、有机残片、无机颗粒、胶体等组成的成分极复杂的非均质体。污泥具有颗粒较细、密度较小、含水率高且不易脱水，堆放过程中易腐化和恶臭等特点，同时还含有大量的铜、锌、铬和铅等有毒重金属以及病原微生物。若处理不当，将随雨水进入土壤和地下水体，对地质环境及生态环境造成严重的污染和破坏，并危及人体健康。

目前，我国污泥的最终处置方式主要以转为农用、焚烧、填埋等为主，但是由于污泥含水率高、污染物含量高、力学性能差等特点，这些处置方式往往存在二次污染、处理成本过高或容易引起填埋场工程灾害等问题，难以满足日益增长的污泥处理处置需求。根据我国污泥处理处置的现状，同时借鉴发达国家的经验，从经济可行性的角度出发，通过固化/稳定化(S/S)技术将污泥作为填埋处置的预处理手段或转化为可再生利用的岩土工程材料，是符合我国目前污泥处置现状的有效途径之一。

固化/稳定化技术起源于20世纪50年代对放射性废物的处理，随着时代的发展，固化/稳定化技术慢慢趋于成熟，也被广泛用于污泥的处置方面。其中污泥固化是指用物理化学方法将污泥颗粒胶结、掺和并包裹在密实的惰性基材中，形成整体性较好的固化体的一种过程。固化所用的惰性材料叫固化剂，污泥经过固化处理所形成的固化产物为固化体。污泥稳定化是将有毒有害污染物转变为低溶解性、低迁移性及低毒性物质的过程。稳定化一般可分为化学稳定化和物理稳定化。化学稳定化是通过化学反应使有毒物质变成不溶性化合物，使其在稳定的晶格内固定不动；物理稳定化是将污泥与一种疏松物料(如粉煤灰)混合生成一种粗颗粒的固体。

固化/稳定化技术可以通过化学反应形成稳定的固化物，能够对重金属类污染物形成封闭效应，对生物化学条件进行控制，最大程度防止二次污染的发生，并使固化体的物理力学性质满足相关工程要求，成为新的材料资源，或者达到填埋标准。国内外学者围绕污泥固化/稳定化技术已经开展了较多的研究，目前该技术在我国污泥处理中也得到了一些应用，但同发达国家相比还有一定差距。

按照污泥的来源不同，可将污泥分为河湖污泥、市政污泥及工业污泥三大类。河湖污泥是来自江河、湖泊的一类污泥，一般在河湖环境整治及清淤过程中产生，该类污泥有机质含量高，颗粒较细，密度相对较小，有害有毒物质含量很少，对环境的危害相对较小，且在固化处理过程中，力学性质为主要的参考指标。市政污泥是指来自水厂或生活污水处理过程中产生的污泥，其产量是三类污泥中最大的，该类污泥有机质含量一般较高，但有毒有害物质的浓度却相对较低，主要由于产量很大，难以集中处理，而采用固化的处置方法会浪费大量的固化剂，不够经济，效果也不能达到预期，因而常常经过简单的脱水消化堆积于垃圾填埋场或污泥库中，且比较容易发生侧滑、失稳等事故，严重影响当地的环境。工业废水污泥主要是指工业废水处理过程中产生的污泥，该类污泥中的有机物及各种有毒有害污染物成分差别较大，其中重金属离子含量较大、种类复杂，这也是在稳定化过程中难以综合处理的原因所在。

一般地，工业污泥对环境的危害最大，因为其中的污染物和有毒重金属含量较多，不仅需要保证固化体的强度，而且在稳定化过程中，也需要选择合适的固化材料对污泥中的各类污染物和重金属的浸出浓度进行控制。相对河湖污泥和市政污泥，工业污泥在处理处置过程中更需慎重对待，处理不当将会导致严重的二次污染。针对不同类型的污泥，采用固化/稳定化技术进行处理时，可通过选择不同的固化剂及改变固化剂和污泥的配比来优化处置效果。

6.1 污泥的固化

污泥的固化是指在污泥中添加固化剂，通过一系列复杂的物理化学反应(如水化反应)，使其转变为不可流动固体或形成紧密固体的过程。固化的产物类似土壤或胶结强度很大的固体，可就地填埋或用作建筑材料等，并可以方便地按尺寸进行运输，无需任何辅助容器。

6.1.1 污泥固化剂

目前常用的污泥固化材料分无机和有机两大类，包括石灰固化、大型包胶、专用药剂固化以及水泥固化等，但总体上以无机类材料为主，如水泥和石灰等，此外还包括粉煤灰、矿渣、底灰、氯化钙、黏土矿物等辅助材料。一般的无机固化剂加入到污泥当中能够形成坚硬的网格骨架，起到骨架建体的作用，中和污泥的电荷及吸附架桥，改善絮体的形成。加入固化剂后其一方面可以改变污泥的脱水性能，另一方面在后期的固化中起到一定的强度支撑作用。基于经济性、技术可行性及污染物稳定效果，美国环保局已将水泥固化技术推荐为处理有毒有害废弃物的最佳处理技术。但是各类固化材料都有优缺点，如以碱性固化材料为主的固化剂前期作用比较明显，以硅酸盐水泥为主的固化材料则在一定的养护期后，其强度才能完全发挥，且用该类固化剂固化后产物浸出液的 pH 值过高，会产生一定的环境问题。而其余辅助固化材料则主要是为了填充固化后产物孔隙形成完整的胶结体，使之能够获得更高的强度，以及对于重金属的封存起到增强的作用，而本身并不能独立的对污泥起到固化作用。

对于污泥的固化而言，固化剂的选择是决定污泥固化效果的重要因素，大体遵循以下几个原则：①污泥经固化处理后所形成的固化体应具有良好的抗浸出性、抗冻融性、抗干湿性、抗渗透性及足够的力学强度等；②固化过程中材料和能量的消耗要低，增容比要低；③固化工艺过程简单，便于操作；④固化剂来源丰富，价廉易得；⑤处理费用低等。因此，为了达到理想的固化效果，实际工程中常常将多种固化材料混合使用。考虑到污泥的特殊性和不断提高的环境指标要求，开发新型高效固化剂一直是该领域学者的重要研究内容。

6.1.2 污泥的固化处理方法

根据固化基材及其固化过程，目前常用的固化处理方法主要包括：水泥固化、石灰固化、沥青固化、塑性材料固化、有机聚合物固化、自胶结固化、烧融固化(玻璃固化)和陶瓷固化等。

(1) 水泥固化

水泥固化是以水泥为固化剂将危险废物固化的一种处理方法。在用水泥固化时，废物被掺入水泥的基质中，水泥与废物中的水分或另外添加的水分发生水化反应后生成坚硬的水泥固化体。

① 水泥固化基材及添加剂

水泥是一种无机胶结材料，其主要成分为 SiO_2、CaO、Al_2O_3和 Fe_2O_3，经水化反应后可形成坚硬的水泥块，从而把分散的固体添料(如砂、石)牢固地黏结为一个整体。水泥固化有害废物就是利用水泥的这一特性。对有害污泥进行固化时，水泥与污泥中的水分发生水化反应生成凝胶，将有害污泥微粒分别包容，并逐步硬化形成水泥固化体。这种固化体的结构主要是水泥的水化反应产物 $3CaO \cdot SiO_2$，水化结晶体内包进了污泥微粒，使得污泥中的有害物质被封闭在固化体内，从而达到无害化、稳定化的目的。

水泥的品种很多，如普通硅酸盐水泥、矿渣硅酸盐水泥、火山灰硅酸盐水泥、矾土水泥、沸石水泥等都可作为废物固化处理的基材。

为了改善固化产品的性能，可根据废物的性质和对产品质量的要求添加适量的添加剂。添加剂分为无机添加剂和有机添加剂两大类，前者有蛭石、沸石、多种黏土矿物、水玻璃、无机缓凝剂、无机速凝剂和骨料等；后者有硬脂肪酸丁酯、β-糖酸内酯、柠檬酸等。

水泥固化工艺通常是污泥、水泥和其他添加剂一起与水混合，经过一定的养护时间而形成坚硬的固化体。固化工艺的配方是根据水泥的种类以及污泥的处理要求制定的。影响水泥固化的因素主要有：pH 值；水、水泥和废物的质量比；凝固时间；添加剂，常常根据污泥的性质渗入适量的添加剂，就是为了改善固化条件，提高固化体质量。如投加适量的沸石或蛭石于含有大量硫酸盐的废物中，可以防止硫酸盐与水泥成分发生化学反应生成水化硫酸铝钙而导致固化体膨胀和破裂；采用蛭石作添加剂，还可以起到骨料和吸收的作用。

② 应用及特点

水泥固化处理技术适用于无机类型的废物，如多氯联苯、油和油泥、含有氯乙烯和二氯乙烷的废物、硫化物等，尤其是含有重金属污染物的废物，也被应用于低、中放射性废物以及垃圾焚烧厂产生的焚烧飞灰等危险废物的固化处理。

水泥固化法的优点主要有：a. 设备和工艺过程简单，无需特殊的设备，设备投资、动力消耗和运行费用都比较低；b. 水泥和添加剂价廉易得；c. 操作条件简单，对含水率较低的废物可直接固化，无需前处理，且在常温下即可进行，尤其对电镀污泥处理十分有效；

d. 固化体强度高、长期稳定性好，对受热和风化也有一定的抵抗力，因而其利用价值较高。

对于含有有害物质的污泥，水泥固化法是最经济的，但也存在一些缺点：a. 水泥固化体的浸出速率较高，通常为10^{-5}~10^{-4}g/(cm^2·d)，主要是由于它的空隙率较高所致，因此需作涂覆处理；b. 水泥固化体的增容比较高，达1.5~2；c. 有的废物需进行预处理和投加添加剂，使处理费用增高；d. 水泥的碱性易使铵离子转变为氨气逸出；e. 处理化学泥渣时，由于生成胶状物，使混合器的排料较困难，需加入适量的锯末予以克服。

虽然如此，水泥固化在工程中仍被广泛应用。

(2) 石灰固化

石灰污泥固化法也称SSD固化法，是指以石灰和具有火山灰活性的物质(如粉煤灰、垃圾焚烧灰渣、水泥窑灰等)为固化基材对污泥进行稳定化与固化处理的方法。在有水存在的条件下，这些基材物质发生反应，将污泥中的重金属成分吸附于所产生的胶状微晶中。而石灰与凝硬性物料结合会产生能通过化学与物理方法将废物包裹起来的黏性物质。石灰固化利用一些很少有或者没有商业价值的废物，对废物处理者来说是非常有利的，因为两种废物可以同时得到处理。

① 石灰固化的原理

石灰固化技术常以加入氧化钙(生石灰)的方法稳定污泥。石灰固化法的原理是污泥遇到石灰后会发生下列反应，进而致使污泥固化。

a. 水化反应

以生石灰为主要成分的石灰固化剂与污泥中的水分发生水化反应，结合水分并产生热量(温度升至60~80℃)致使污泥中的水分蒸发，反应如下：

$$1\text{kg } CaO + 0.32\text{kg } H_2O \longrightarrow 1.32\text{kg } Ca(OH)_2 + 1177\text{kJ}$$

生石灰和水反应生成氢氧化钙后，可继续与污泥中的其他物质发生进一步的反应。

b. 离子交换反应

带负电荷的土颗粒与石灰中的钙离子(正离子)发生结合，使悬浮的土颗粒发生沉淀凝聚。

c. 普查兰(灰结)反应

凝聚土颗粒与钙离子反应形成结晶产生硬化。石灰中的钙与废物中的硅铝酸根会发生反应产生硅酸钙、铝酸钙的水化物或者硅铝酸钙。为了使固化体更稳定，可以同时投加少量的添加剂。

d. 碳化反应

石灰与土中的碳酸和空气中的二氧化碳发生反应生成固体碳酸钙。反应如下：

$$1\text{kg } CaO + 0.78\text{kg } CO_2 \longrightarrow 1.78\text{kg } CaCO_3 + 0.32\text{kg } H_2O + 2212\text{kJ}$$

由于碳酸钙基本不溶于水，一旦产生碳酸钙，则污泥不再泥化。

② 应用及特点

石灰固化技术适用于稳定石油炼制污泥、重金属污泥、氧化物、废酸等无机污染物。总的来说，石灰固化方法简单，物料来源方便，操作不需特殊设备及技术，比水泥固化法便宜，并在适当的处置环境可维持普查兰反应的持续进行。但石灰固化处理得到的固化体强度较低，固化物固化结构易受强酸液破坏，所需要的养护时间较长，并且体积膨胀较大，增加清运和处置的困难，因而较少单独采用。

(3) 沥青固化

① 沥青固化的原理

沥青固化是以沥青类材料为固化剂，与危险废物在一定的温度、配料比、碱度和搅拌作用下发生皂化反应，使有害物质包容在沥青中并形成稳定固化体的过程。沥青属于憎水性物质，具有良好的黏结性和化学稳定性，而且对于大多数酸和碱有较高的耐腐蚀性。目前我国所使用的沥青大部分来自石油蒸馏的残渣，其化学成分包括沥青质、油分、游离碳、胶质、沥青酸和石蜡等。从固化的要求出发，较理想的沥青组分是含有较高的沥青质和胶质以及较低的石蜡性物质。完整的沥青固化体具有优良的防水性能。

② 工艺

沥青固化的工艺主要包括三个部分，即固体废物的预处理、废物与沥青的热混合以及二次蒸汽的净化处理，其中关键的部分为热混合环节。

放射性废物沥青固化的基本方法有高温熔化混合蒸发法、暂时乳化法和化学乳化法。

③ 应用特点

沥青固化一般被用来处理中、低放射性蒸发残液、废物化学处理产生的污泥、焚烧炉产生的灰分，以及毒性较大的电镀污泥和砷渣等危险废物。

沥青固化与水泥固化技术相比较，二者所处理的废物对象基本上相同，除可以处理低、中放射性废物外，还可以处理浓缩废液或污泥、焚烧炉的残渣、废离子交换树脂等。但在固化技术方面，沥青固化具有如下特点：a. 固化体的空隙率和固化体中污染物的浸出速率均大大降低。另外，由于固化过程中干废物与固化剂之间的质量比通常为(1∶1)~(2∶1)，因而固化体的增容较小。b. 固化剂具有一定的危险性，固化过程中容易造成二次污染，需采取措施加以避免。另外，对于含有大量水分的废物，由于沥青不具备水泥的水化作用和吸水性，所以需预先对废物进行浓缩脱水处理，因此，沥青固化工艺流程和装置往往较为复杂，一次性投资和运行费用均高于水泥固化法。c. 固化操作需在高温下完成，不宜处理在高温下易分解的废物、有机溶剂以及强氧化性废物。

(4) 塑性材料固化

塑性材料固化是以塑料为固化剂，与危险废物按一定的比例配料，并加入适量催化剂和填料进行搅拌混合，使其共聚合固化，将危险废物包容形成具有一定强度的稳定性固化体的过程。根据所用材料的性能不同，可分为热固性塑料固化和热塑性塑料固化两种方法。

① 热固性塑料固化

热固性塑料固化法是用热固性有机单体(如脲醛)和已经过粉碎处理的废物充分地混合，在助凝剂和催化剂的作用下产生聚合以形成海绵状的聚合物质，从而在每个废物颗粒的周围形成一层不透水的保护膜。但是经常有一部分液体废物遗留下来，所以一般在最终处置以前还需干化。目前使用较多的材料是脲醛树脂、聚酯和聚丁二烯等，有时也可使用酚醛树脂或环氧树脂。由于在绝大多数过程中废物与包封材料之间不进行化学反应，包封效果仅取决于废物自身的形态(颗粒度、含水量等)及进行聚合的条件。

② 热塑性材料固化

热塑性材料固化是用熔融的热塑性物质在高温下与危险废物混合，以达到废物稳定化的目的。可使用的热塑性物质有沥青、石蜡、聚乙烯、聚丙烯等。在操作时，通常是先将废物干燥脱水，然后将聚合物与废物在适当的高温下混合，并在升温的条件下将水分蒸发掉。

③ 应用及特点

热固性塑料固化法在过去曾是固化低水平有机放射性废物(如放射性离子交换树脂)的重要方法，同时也可以用于稳定非蒸发性的、液体状态的有机危险废物。由于需要对所有废物颗粒进行包封，在适当选择包容物质的条件下，可以达到十分理想的包容效果。该法的主要优点是引入密度较低的物质，所需要的添加剂数量也较少，固化体密度小。主要缺点是操作过程复杂，热固性材料自身价格高昂。由于操作中存在有机物的挥发，容易引起燃烧起火，所以通常不能在现场大规模应用。

热塑性材料固化与水泥等无机材料的固化工艺相比，除污染物的浸出低得多外，由于需要的包容材料少，又在高温下蒸发了大量的水分，它的增容率也就较低。该法的主要缺点是在高温下进行操作，耗能较多；操作时会产生大量的挥发性物质，其中有些是有害的物质；有时在废物中含有热塑性物质或者某些溶剂，影响稳定性和最终产物的稳定效果。

(5) 玻璃固化

玻璃固化是以玻璃原料为固化剂，将其与危险废物以一定的配料比混合后，在1000~1500℃的高温条件下熔融，经退火后形成稳定的玻璃固化体。

玻璃固化主要用于高放射性废物的固化处理。尽管可用于玻璃固化的玻璃种类繁多，但是，普通钠钾玻璃在水中的溶解度较高，不能用于高放射性废液的固化；硅酸盐玻璃的熔点高，制造困难，也难以使用。通常，采用较多的是磷酸盐和硼酸盐玻璃。

磷酸盐玻璃固化法最适于处理含盐量低、放射性极高的危险废物，如普雷克斯废液。

硼酸盐玻璃固化是半连续操作。将高放射性废物与固化剂(硼硅玻璃原料)以一定的配料比混合后，加入装有感应炉装置的金属固化罐中加热煅烧至干，然后升温至1100~1150℃，保温数小时。熔融玻离从玻璃固化罐流入接收容器，经退火后便得到含有高放射性废物的玻璃固化体。

近年来，含重金属污泥的玻璃固化处理逐步引起重视和研究，许多试验表明，在含有各种重金属的电镀污泥中添加锌和二氧化硅进行玻璃固化处理时，不但可以抑制铬的析出，其他金属也不会溶出。

玻璃固化在所有固化方法中效果最好，固化体中有害组分的浸出速率最低，固化体的增容比最小；但由于烧结过程需要在1200℃左右的高温下进行，会有大量有害气体产生，可能挥发出金属物质，因此要求配备尾气处理系统。同时，由于在高温下操作，会给工艺带来一系列困难，增加处理成本。另外，由于玻璃是非晶态物质，稳定性和耐久性较差，经过一定的时间后会发霉长花、晶花，特别是含硼玻璃易被微生物降解。

(6) 自胶结固化技术

① 自胶结固化的原理

自胶结固化是利用废物自身的胶结特性来达到固化目的的方法。该技术主要用来处理含有大量硫酸钙和亚硫酸钙的废物，如磷石膏、烟道气脱硫废渣等。

将含有大量硫酸钙和亚硫酸钙的废物在控制的温度下煅烧，然后与特制的添加剂和填料混合成为稀浆，经过凝结硬化过程即可形成自胶结固化体。其原理是因废物中的硫酸钙与亚硫酸钙均以二水化物($CaSO_4 \cdot 2H_2O$ 与 $CaSO_3 \cdot 2H_2O$)的形式存在。当将它们加热到脱水温度(107~170℃)时，二水化物会脱水而逐渐生成有自胶结作用的硫酸钙和亚硫酸钙的半水化物($CaSO_4 \cdot 1/2H_2O$ 与 $CaSO_3 \cdot 1/2H_2O$)，在遇到水以后会重新恢复为二水化物，并迅速凝固和硬化。

② 应用及特点

自胶结固化法的主要优点是工艺简单，不需要加入大量添加剂，废物也不需要完全脱水。固化体化学性质稳定，具有抗渗透性高、抗微生物降解和污染物浸出速率低等特点，并且结构强度高。缺点是这种方法只限于含有大量硫酸钙的废物，应用面较为狭窄。此外还要求熟练的操作和比较复杂的设备，煅烧泥渣也需要消耗一定的热量。

自胶结固化法已在美国大规模应用。美国泥渣固化技术公司(SFT)开发了一种名为Terra-Crete的技术，用以处理烟气脱硫泥渣。

(7) M1固化剂固化

以镁盐、氯酸盐、磷酸盐和二元醇等为主要原料进行复配，并加入促凝剂和防水剂，可得到一种新型的镁系胶凝固化剂(M1固化剂)。针对目前污水处理厂污泥的固化处理，与其他固化剂相比，该固化剂的优点如下：

① 固化时间短，可以在短期(48h)内使污泥凝固，达到填埋要求；

② 添加量(5%~10%)少，对污泥pH值的改变较小，同时可以抑制臭气的产生；

③ 是一种绿色的污泥调理剂，不对污泥造成二次污染，并能改进污泥的性能，促进污泥的稳定化；

④ 固化过程简化，易于生产和施工；

⑤ 固化处理的污泥经过在填埋场内2~3年的稳定期后，形成一种类土壤物质，可进行开采利用，实现污泥填埋场的可持续使用；

⑥ 使用M1固化剂固化处理后的污泥浸出毒性均低于《危险废物鉴别标准——浸出毒性鉴别》的要求。

综上所述，M1固化剂与其他常规固化剂相比，无论在投加量、固化效果、资源化利用方面都具有明显优势。

有人用不同的固化剂进行不同添加比例的污泥固化对比实验，结果表明：水泥固化剂的添加量在20%时的抗压强度达到了58.17MPa，但是固化后体积增加明显，增容比达1.52；石灰固化的污泥强度较差，小于20kPa，并且在添加量较大时使污泥的pH值偏碱性，污泥的恶臭气味增加；M2固化剂的固化效果较好，添加量为5%时的抗压强度就达到了52MPa，并且不增加污泥的填埋体积，对污泥pH值的影响也较小。

(8) 基于骨架构建体的污泥脱水同步固化

现有的研究多关注基于骨架构建体类药剂对污泥脱水效果的影响，或以传统高分子絮凝剂脱水泥饼或进一步干化的污泥为对象再进行固化研究。如果将基于骨架构建体的污泥脱水和后续固化有机结合起来，可以使骨架构建体在泥饼固化体中均匀分散，大大降低固化剂的用量，提高固化效果，同时泥饼中的骨架构建体会发生类似于火山灰的水化胶凝反应，进一步增加固化体的后期强度。例如，用生石灰和粉煤灰改善污泥的脱水效果，同时可将脱水污泥用于建材化，或进一步作为填埋场覆盖材料利用，降低污泥处理处置的成本。

基于骨架构建体的污泥脱水固化处理与处置一体化技术如图6-1所示，其具有以下优点：

① 脱水处理与固化处置相结合。基于骨架构建体的污泥脱水处理与固化处置有机结合起来，实现高效脱水与固化的优势互补，降低了污泥处理与处置的综合成本，有效解决了湿

污泥团块化的问题，提高了固化效率，并大大改善了泥饼后续干化中水分蒸发的效果。

② 污泥固化与长期稳定性兼顾。污泥在复合固化体系中，固化体后期强度的持续增加，能够对重金属及有机物进行有效的固化与稳定化，固化体的长期强度及固化效果明显优于污泥与垃圾/黏土等混合填埋的简易模式，大大降低了污泥污染环境的风险。

③ 污泥处置与资源化结合。将固化污泥作为填埋场覆盖材料符合污泥有效材料转化利用的固废管理发展模式，可减少填埋场覆盖黏土的用量，减少黏土开采对土地资源的破坏。

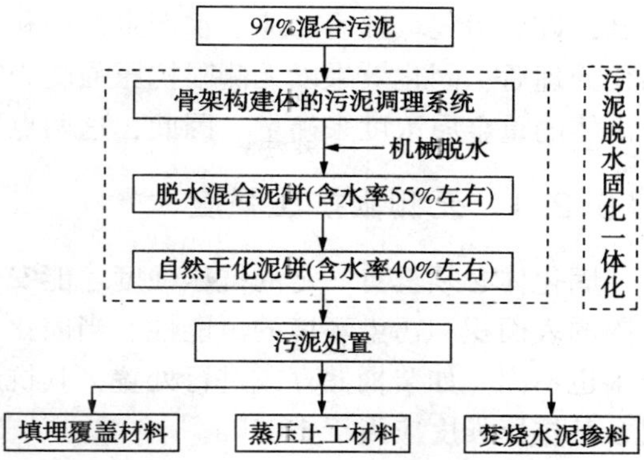

图 6-1　污泥脱水固化处置一体化技术

6.1.3　污泥固化工艺流程

污泥固化预处理的工艺流程如图 6-2 所示。所需固化剂粉料由粉料仓经闸门、螺旋自动给料机，到达螺旋电子秤，螺旋电子秤按照重量设定值自动连续称量出所需量，并输送到搅拌装置进料口。污泥按照所需流量，经污泥输送机和污泥电子秤，按需量均匀进入搅拌装置内。进入搅拌机的料，在机内经相互反转的两根搅拌轴上双道螺旋桨片的搅拌下，受到桨片周向、径向、轴向力的作用，使物料一边相互产生挤压、摩擦、剪切、对流，从而进行剧烈的搅拌与充分的混合，一边向出料口推移。当物料到达机内的出料口时，各种物料已得到均匀的拌和。此后，均匀的物料由出料口输送到成品皮带机，经成品皮带机输送到储料仓内。等运料车来后，开启储料仓门，装车后用车运往施工现场。

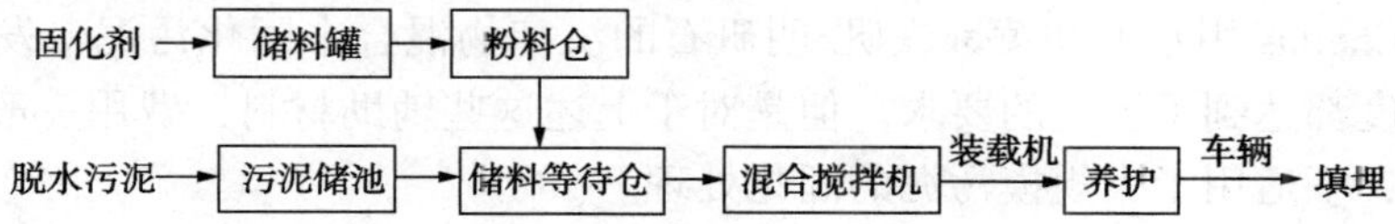

图 6-2　污泥固化处理工艺流程

6.2　污泥固化技术的评价指标

污泥固化的机理是向污泥中加入固化剂，通过一系列复杂的物理化学反应(如水化反应)，将有毒有害的物质固定在固化形成的网链(晶格)中，使其转化成类似土壤或胶结强度很大的固体，可就地填埋或用作建筑材料等。污泥固化处理技术既可用于特殊工业污泥(如含重金属污泥、含油污泥、电镀污泥、印染污泥等危险废弃物)的固化处理，也可用于城市污水处理厂产生的普通污泥的固化处理。

根据污泥成分极其复杂的特点，及传统重水轻泥思想的影响(处理投资少)，通过固化技术将污泥填埋或作为填埋场覆盖材料是现阶段污泥处置比较经济适用的一种方式。这就需要污泥在经过固化处理后满足一般填埋物的要求：一是污泥本身的性质，主要是力学性质，即承载力要求；二是填埋后对环境可能造成的不良影响，需要对污泥填埋的环境安全性进行控制，以免污泥填埋后对地下水产生污染和散逸出刺激性气体而影响周围的环境。污泥经过固化处理后，固化效果以无侧限抗压强度为参考指标；稳定化效果则采用毒性浸出试验测定浸出体的重金属浓度来衡量。因此，这两点也是衡量污泥固化效果的两个主要技术指标。

6.2.1 无侧限抗压强度

固化体必须具有一定的抗压强度才能安全储存，否则一旦其出现破碎和散裂，就会增加暴露的表面积和污染环境的可能性。当固化体采用不同处置或利用方式时，对其抗压强度的要求也不同。如装桶储存或进行处置，其抗压强度控制在0.1~0.5MPa即可；如用做建筑材料，其抗压强度应大于10MPa。

目前，大多数国家都没有具体的脱水污泥填埋强度指标，只有德国对污泥填埋做出了强度上的要求，即无侧限抗压强度不小于50kPa。然而污泥经预脱水后含水率居高不下(80%以上)，抗压强度只有10kPa左右，对于填埋的强度要求还远远不够。为此一些学者用水泥、石灰等固化剂来进行固化，但研究表明，某些情况下即使大幅增加某一种固化剂的掺量，也不能取得预期的固化效果，根本原因是污泥中有机质含量高，无机固体颗粒成分少，一般得到的产物疏松多孔，无法构建有效的骨架。因此，大多数研究人员都不以单一材料作为固化剂，而是通过将几种材料混合进行固化，以满足强度标准。如林城等以膨润土为添加剂辅助硅酸盐水泥对污泥进行了固化试验研究，结果表明：在适宜的配比下，28天养护期后，抗压强度可以达到50kPa的填埋要求，且强度随着膨润土与水泥含量的增加呈增长趋势。李磊等用淤泥代替部分水泥，发现其固化效果比单独添加水泥的固化效果要好，其无侧限抗压强度明显增加。这可能是由于添加淤泥使固化体形成了较为坚固的骨架，从而增加了固化污泥的强度。国外的学者也用了一些辅助材料来进行固化，如Chu et al. 利用铜渣辅助水泥对污泥进行了固化，Asavapisit等用燃烧灰辅助硅酸盐水泥作为固化材料来固化氰化锌电镀污泥，Cheilas用水泥和黄钾铁矾/明矾石的沉淀物混合来固化污泥，发现其经过适宜的养护期后强度都达到了填埋的要求。但是对于上述这些辅助材料，费用一般较高，同时来源也不够丰富，不适用于大规模污泥的固化处理。

除以水泥为主要固化剂外，一些学者还尝试了其他的固化材料，也取得了不错的效果。如曹永华等以石灰为主要固化剂，通过对石灰+土+污泥、石灰+粉煤灰+污泥这两组试验方案来进行研究，发现在石灰含量达到20%、粉煤灰超过30%、土超过20%时，25天养护期后，固化试样刚刚能够达到填埋要求。石灰固化的主要原理是石灰加入污泥中后，干化过程中伴有大量复杂的化学反应，能够显著降低污泥的含水率和有机物含量，促进其强度发展。此外，Zheng et al. 用5%的铝盐和10%的硫酸钙与污泥混合养护7天后测得其固化物的含水率为50%~60%，抗压强度为(51.32±2.9)kPa，也能达到卫生填埋的强度要求。

由此可见，上述一些固化材料在特定的环境和试验条件下对污泥进行固化后，强度基本上可以达到50kPa，满足填埋要求，但在大规模应用方面还存在一些问题，尤其是很多学者发现了固化污泥的强度受污泥的初始含水率、养护时间、固化材料的种类和掺量等许多因素的影响。

(1) 初始含水率对固化强度的影响

污泥中含有大量的微生物菌体和有机胶体物质，粒径大多小于10^{-4}m，因而污泥黏度大，孔隙小，水力渗透系数低，机械脱水困难。污泥的高含水率是制约污泥处理效果的一个重要因素，众多学者围绕污泥的含水率对固化强度的影响进行了研究。张华等研究了污泥摊开自然风干时含水率变化对无侧限抗压强度的影响，发现随着含水率的降低，污泥抗压强度呈线性增加。可见，在污泥未经固化之前对其进行脱水，可以有效增加其抗压强度，这对后期固化有很好的铺垫作用。此外，初始含水率对污泥固化后的强度也有非常显著的影响，林城等分别对初始含水率为314%和357%的两种污泥进行了固化试验，发现前者的强度明显高于后者，最大差距达50~60kPa。常方强等也开展了类似试验，用石灰-黏土或水泥-黏土固化两种含水率的污水处理厂污泥，发现当含水率从92.1%降低到53.1%时，固化强度增大了2~10倍。污泥初始含水率的高低对污泥固化强度影响很显著的原因主要有以下两点：①含水率高加大了污泥颗粒间结合水化膜的厚度，减小了静电引力；②增大了污泥颗粒间的润滑作用，减小了摩擦力，从而导致强度降低。因此，鉴于强度对污泥固化后利用的重要性，通过降低污泥的初始含水率是可取的方法之一。

（2）养护时间对固化强度的影响

大多数污泥在固化后都需要一定的养护时间以达到强度要求。掌握固化污泥强度随养护时间的变化规律对研究固化机理及指导工程实践有重要意义。曹永华等通过以石灰为主要固化剂再添加土和粉煤灰辅助固化，发现固化试样的强度随养护时间的增加而增加，养护25天后的强度是养护5天强度的10倍左右。常方强等也得到了类似的结论，不管以石灰还是水泥为主要固化剂，养护强度都是随养护时间的增加而增加，这主要是因为固化剂与水和污泥发生化学反应后，需要一定时间来生成骨架产物。

此外，一些研究人员发现固化污泥强度与养护时间的关系和使用的固化材料有关。Ma et al. 和Sun et al. 分别用氯氧化镁水泥和硫代铝酸盐水泥代替硅酸盐水泥进行污泥固化的研究，发现它们几乎在一天时间内就能达到填埋的标准强度（50kPa），但后期强度增加相对较缓慢。需要指出的是，养护时间并不是越长越好，很多学者发现基于水泥固化的污泥强度在28天后随养护时间的进一步增加无显著增大。试验研究的固化时间大多以28天为临界参考值。对于市政污泥的处理需要与实际相结合，应根据选用的固化剂种类确定合适的养护时间，以便达到最佳的固化效果。

（3）固化剂种类及掺入量对固化强度的影响

众多学者的研究成果表明，在强度方面水泥比石灰的固化效果要好，而且水泥相对容易获得，所以目前污泥固化基本以水泥为主要固化剂，同时辅以其他骨架材料。其中固化材料的配比对固化体的强度具有决定性作用。王宇峰等研究了不同水泥及本地土掺量对污泥固化强度的影响，试验所用污泥的初始含水率为79.01%，养护龄期为7天，以本地土为辅助添加剂，将水泥与本地土按不同配比进行混合，掺入量都是0.05~0.25kg/kg，试验结果表明，当本地土掺量一致时，污泥固化强度随水泥掺量的增加而增加。但当水泥掺量一定时，本地土存在一个最优掺量，对应固化强度达到最大值。根据试验结果进行综合分析，得出污泥、水泥及本地土的最佳掺入量比为110∶12∶30。朱伟等在研究水泥和膨润土固化污泥时，发现污泥、水泥和膨润土的比例在7∶2∶1时，其固化产物的无侧限抗压强度能够达到最大值。曹永华等对石灰、土以及污泥的固化组合进行研究后，得出三者的比例为1∶4∶5时固化体的无侧限抗压强度最高。尽管许多学者发现水泥掺入量的增加有利于提高污泥的固化强度，但同时也会导致固化成本升高，且过多的水泥掺量会使浸出液的pH值显著增高，不利于某些污染物的稳定。因此，在确保固化污泥力学性能满足要求的前提下，应尽可能选择最优的固化剂配比，使固化效果达到最佳。

影响污泥固化强度的因素还有很多，如污泥中有机质及重金属含量等。通常情况下，污泥中的有机质和重金属能够抑制固化剂的水化反应，影响污泥与固化剂的黏合，阻止水化产物形成一个完整的固结矩阵，3%污泥重量的有机质和重金属含量能够使固化体的强度降低90%以上，且含量越高，对水化反应的抑制越显著，固化污泥的力学强度则越低。通过对这些影响因素开展研究，有利于在实际工程中采取针对性措施对固化效果进行优化。

6.2.2 浸出毒性

浸出毒性是评价固化技术处理污泥有效性的另一个重要指标。浸出毒性是指采用规定的浸出液及浸出流程，对固体废弃物进行浸取后测定浸出液中污染物的浓度。固体废弃物是否具有浸出毒性的评价准则是浸出液中污染物的浓度是否超过规定的标准，如果超过说明该废弃物具有浸出毒性，则可能对环境造成潜在的污染。由于污泥经过固化后，并不是一个十分密实的整体，而是一种疏松多孔的材料，在渗滤液(主要是雨水和地下水)的物理冲刷和化学溶蚀作用下，固化体的渗透性不断增加，导致重金属的氢氧化物不断流失，重金属离子可能会再次溶出，危害土壤及地下水。此外，污泥固化后堆置环境的渗滤液中一般含有大量的微生物，当渗滤液渗透过固化体时，污泥固化体的稳定性不断降低，因而增加了重金属再溶出的可能性。所以，为了保证环境的安全，对污泥固化体浸出毒性的研究不可或缺。浸出毒性同时也是选择废弃物处理、处置方法的重要依据。

一般情况下，污泥中不同的重金属元素，存在的主要形式也可能存在较大的差异，即使是同一种重金属元素，在不同来源的污泥中存在的形态也有可能不同。污泥中重金属主要以化合物的形式存在，有氧化物、氢氧化物、硫化物、硅酸盐、不可溶盐及有机络合物等，以自由离子形式存在的极少。同时，不同形态的重金属离子对环境构成的威胁也不同，可溶态的重金属活动性强，对环境造成的威胁更大。对于污泥中不同的重金属元素经过固化后的浸出问题，国内外的学者进行了大量的试验研究。

Phenra et al. 用水泥固化污泥中的含砷污染物，试验结果表明，以水泥作为主要的固化剂时，与水或者石灰、水反应所形成的固化体在浸出环境下可以有效阻止砷离子的溶出。Chang et al. 利用废弃的火山灰作为添加剂结合水泥固化工业制革污泥，试验中污泥与固化剂的质量混合比例控制在 5：3，经 28 天养护后，溶出的重金属浓度控制在浸出的标准以下，远远小于起始浓度。吴芳等研究了水泥固化电镀污泥中的 Cu 和 Ni 离子，发现 Cu 离子的浸出浓度只有未经固化时浓度的 1.5%，由 7810mg/L 降低到 115mg/L；而 Ni 离子由初始的 22415mg/L 下降到 2212mg/L，降低了 90%左右，固化效果相当显著。除了最常用的水泥固化剂之外，涂洁等采用以工业废渣为主要原料制成 HAS 土壤固化剂，对电镀污泥进行稳定化处理，经过一定的养护期后进行浸出试验，浸出液中不同的重金属离子的浓度均在浸出标准以内。由以上的试验结果可以看出，污泥中的重金属经过固化处理后，大多被固定要固化体中，对环境的危害大大降低。这主要是化学反应的结果，固化剂与污泥混合后，固化剂中的盐类与污泥中的重金属离子反应生成了难溶于水的重金属盐(主要为氢氧化物)，从而使固化体中的重金属离子难于溶出。此外，固化剂与污泥水化反应的产物(水化硅酸钙)能够填充固化体中的孔隙，使固化体结构更致密，也能有效阻碍重金属离子的溶出。

对于重金属离子的浸出浓度，其值也并非一定，受很多因素的影响。对此，很多学者也开展了相关研究，发现 pH 值、Eh 值(氧化还原电位)和固化剂的掺入量等是影响重金属溶出的主要因素。

(1) pH 值及 Eh 值对重金属溶出的影响

一般认为 pH 值是控制重金属活动性的首要因素。在生产实践中，重金属污泥经固化剂固化后，常置于露天的环境中，可能会遇到不同 pH 值水溶液的浸泡，因此很有必要对此开展针对性研究。王继元等通过试验对固化块的重金属浸出浓度与 pH 值的关系进行了研究(合适配比下，12 天浸泡时间)，试验结果表明，在不同 pH 值浸泡液的浸泡下，大部分重金属离子的浸出浓度极低，只有六价铬与总铬的浸出浓度略偏高(所有重金属的浸出浓度都在浸出标准以下)，说明采用水泥作为主要固化剂处置含重金属污泥的固化效果比较理想。结果还表明，当水溶液的 pH 值为 7.0 时，重金属浸出浓度相对最低，水溶液 pH 值偏高或偏低均会使重金属浸出浓度升高。钟玉凤等在试验中也得到了类似的结论，他们发现当 pH 为酸性条件时，随着 pH 值的升高，总 Cr 和 Ni 的浸出浓度逐渐减小，当 pH 为碱性条件时，随着 pH 值的升高，总 Cr 和 Ni 的浸出浓度增大，在中性条件时，则相对最小。与此同时，pH 值对不同重金属浸出的影响也是不一样的，如 pH 值对 Cr 的浸出影响较大，但对 Ni 的影响较小，Ni 的浸出浓度和对应浸出率基本都小于 0.01mg/L 和 0.01%。此外，国外的学者 Carmalin et al. 及 Malviya et al. 的研究也证实了上面的结论。因此，在实际工程中，将处理污泥的 pH 值控制在中性条件下，比较有利于限制重金属的溶出。

与 pH 值类似，Eh 值是影响重金属活动性的另一个重要因素。针对 pH 值、Eh 值，李磊等采用试验研究了这两种因素对固化污泥中重金属稳定性的影响，结果表明在低 pH 值和高 Eh 值时，Cu 离子的浸出率最大；而在高 pH 值和低 Eh 值时，Cu 离子的浸出率明显减小，说明高 pH 值和低 Eh 值时对抑制固化体的浸出性有较好的效果。此外，微生物的活动也能引起 pH 值与 Eh 值的变化，并直接影响重金属离子的溶出，但目前对于这方面的研究还十分薄弱，有待加强。

(2) 固化剂掺量对重金属溶出的影响

如同固化剂掺量对固化污泥强度的影响一样，固化剂掺量对重金属的浸出性影响也是十分显著的。通常情况下，固化剂掺量越高，重金属浸出浓度越低。钱春军等将污泥与固化剂以不同的比例混合养护一段时间后，对固化块进行了浸出毒性试验，结果表明随着添加固化剂的比例逐渐增加，浸出的重金属离子浓度明显降低，且在规定的环境浸出标准以下。王继元等研究了水泥掺量对 Cr 离子浸出的影响，发现随水泥掺量的增加，Cr 的浸出率降低，当水泥与电镀重金属污泥的比值为 1 : 8 时，可取得最佳的固化效果，但当水泥减少 10%时，Cr 的浸出率增加了 1.6 倍。赵萌等研究了水泥掺量对含砷污泥固化后砷离子的浸出性，发现在试验初期，随着水泥掺量的增加，砷离子的浸出浓度降低非常明显，但当水泥掺量增加到 30%的时候，砷离子的浸出浓度降幅变缓，到后期基本上随水泥掺量的增加无明显变化。这些结果表明，合适的固化剂掺量对重金属的浸出性有重要影响。尽管增加固化剂掺量对固化体的强度及重金属的溶出控制有一定的正面作用，但同时也会导致处理成本和固化体增容比的增加，所以一味的提高固化剂的掺量并不是万全之策。

除了 pH 值、Eh 值和固化剂掺量外，其他因素如固化体的养护时间、浸出液浸泡时间等都对固化污泥中的重金属离子浸出有一定的影响。一般地，为了便于比较，固化体的浸出毒性一般采用浸出速率衡量。浸出速率是指固化体浸于水或其他溶液中时，其中危险物质浸

出的速率。国际原子能机构(IAEA)将其表示为标准比表面积的样品每日浸出放射性(即污染物质量)，即

$$R_n=\frac{\frac{m_n}{m_0}}{\left(\frac{F}{V}\right)t_n} \tag{6-1}$$

式中 R_n——浸出速率，cm/d；

m_n——第 n 个浸提剂更换期内浸出的污染物质量，g；

m_0——样品中原有的污染物质量，g；

F——样品暴露出来的表面积，cm^2；

V——样品的体积，cm^3；

t_n——第 n 个浸提剂更换期的时间历时，d。

固化体在浸泡时的溶解性能，是鉴别固化体产品性能的最重要的一项指标。R_n 实际上是“递减浸出速率”，它反映出固化体中污染物质的浸出速率通常不是恒定的，而是固化体开始与水接触时浸出速率最大，然后逐渐降低，最后几乎趋于恒定。

在实际工程中，应综合考虑污泥中重金属的种类和污泥处理环境条件，选择最佳的固化方案。但从本质上讲，污泥经过固化后，固化体的强度及重金属的浸出问题都可以通过选择不同的固化材料和优化污泥与固化剂的配比得到有效控制。

6.2.3 增容比

增容比也称体积变化因数，是指污泥在固化处理前后的体积比，即

$$C_n=\frac{V_1}{V_2} \tag{6-2}$$

式中 C_n——体积变化因数；

V_1——固化前危险废物的体积；

V_2——固化体的体积。

6.3 污泥的稳定化

污泥处理处置必须遵循“稳定化、减量化、无害化、资源化”的要求和原则，其中稳定化是最为关键和重要的，是其他“三化”的前提条件。污水处理厂污泥中的有机质一般可占到60%以上，稳定性非常差，容易造成腐化及恶臭，使运输和处置过程的难度增大，对环境造成严重危害。广义的污泥稳定化主要包括流态稳定和有机质稳定。流态稳定即污泥的脱水过程，由高含水率的流态污泥变为较低含水率的可塑态污泥；有机质稳定是进一步去除污泥中的有机质或将污泥中的不稳定有机物转化为较稳定物质，使其在较长时间堆置后成分也不再发生明显的变化。通常所说的稳定化是指后者，主要是将有毒有害污染物转变为低溶解性、低迁移性及低毒性物质的过程，从而使污泥中的挥发性固体物质与有机质含量减少、杀死病原菌、污泥体积减量，使得污泥在处置过程中发生二次污染的风险降低，保证污泥更好的安全处置。

总体来说，污泥稳定化是指通过种种方法，使污泥中的有机物在一定条件下，经生物化学或物理化学的一系列反应，逐渐转化变成矿化程度较高的无机化合物或发生分解，从而达到污泥停止降解，其中的细菌、病原体失活、消除臭味等目的，并将污泥变废为宝。稳定化后的污泥可以进行多种资源化利用与循环再生，如生产建筑材料、制炭和作为土壤改良剂等。

6.3.1 污泥稳定化技术

污泥稳定化是污泥处理处置的一个重要过程，主要稳定方法可分为物理稳定化、化学稳定化和生物稳定化。物理稳定化是将污泥与一种疏松物料(如粉煤灰)混合生成一种粗颗粒的固体；化学稳定化是通过化学反应使有毒物质变成不溶性化合物，使其在稳定的晶格内固定不动；生物稳定化是指利用生物的代谢作用使污泥中的有机物发生降解，包括好氧消化稳定、厌氧消化稳定及好氧+厌氧组合法等。

(1) 污泥消化技术

污泥消化根据对氧的需求有以下两种类型。

① 污泥厌氧消化

污泥厌氧消化是指污泥在厌氧条件下，污泥中的有机物最终矿化为无机物及以 CH_4为主的沼气，一般包括酸性发酵和甲烷发酵两个阶段。污泥消化后呈黑色粒状结构，体积明显减少，性质稳定。与好氧消化相比，污泥厌氧消化具有稳定化程度高、能耗低、沼气能回收利用等优点，还可减少温室气体排放。根据操作温度的不同，传统的厌氧消化工艺分为高温消化和中温消化两类；两种工艺组合的方式目前应用较多，如中温-高温二级处理工艺、高温酸化-中温甲烷化两相厌氧消化等。国际上目前比较常用的污泥稳定化技术是厌氧消化，如欧洲经厌氧消化处理的污泥占到 50%以上，其中英国经中温厌氧消化处理后处置的污泥占到了 57%。厌氧消化应用的缺点是对毒物和冲击负荷敏感、反应慢等。此外，污泥厌氧消化产生的沼气及其中 CH_4的含量不稳定，难以高效利用。

② 污泥好氧消化

污泥好氧消化是指其因长时间的曝气作用，微生物因营养状况不良处于内源呼吸状态，消耗内在储存的物质以完成重要的生命活动，细胞物质合成的量远远低于矿化分解的量，从而达到污泥减量与稳定的效果。该法可认为是活性污泥法的继续。好氧消化法无臭稳定，降解程度高；但消化污泥量少，运行费用高，温度波动对降解程度影响较大，比厌氧消化的病原菌去除效果差。近年来，好氧消化工艺研究较多，如平板膜-污泥同时浓缩消化工艺(MSTD)由于膜的分离性能，使得污泥浓度维持较高，消化后上清液水质明显提高；高温自热好氧消化工艺(ATAD)使用微生物内源呼吸产生的热达到并维持在 55℃以上，反应时间缩短到约 6 天，且杀灭病原菌；缺氧/好氧消化工艺(A/AD)比传统污泥消化工艺的需氧量节省 18%。

(2) 污泥堆肥技术

污泥堆肥是一种污泥处理且能使之资源化的重要技术。污泥堆肥化主要是污泥中的微生物在发酵过程中，由于混合微生物群体氧化分解有机物，将高分子长链有机物分解为小分子的类腐殖质，最终降解转化为 CO_2、H_2O、NH_3和无机盐等。污泥经堆肥处理可消除污泥本身的臭味，污泥堆肥产生的高温能杀死其中大部分寄生虫和病原菌等；经堆肥分解的有机质变为更利于植物吸收的速效养分，堆肥产物可用于农肥或改良土壤。近年来，污泥堆肥化研究很多，孙先锋等研究表明，接种复合生物菌剂能使升温速率提高且高温持续时间延长、有机质降解加速、蛔虫卵死亡率提高、重金属含量降低、种子发芽指数提高。孙西宁等研究表明，城市污泥好氧堆肥过程中 Pb、Ni、Cu 的有效态均降低，使土壤污染风险降低。张雪英等研究发现，污泥堆肥过程中 Zn 和 Cu 的含量随腐殖质含量的增加而升高，Zn 与小分子物质结合，Cu 吸附于大分子物质上。冯春等进行好氧堆肥发现，将磷矿粉、粉煤灰加入到污泥，起到了明显钝化重金属的作用。王厚成等在污水厂脱水污泥中添加重金属（Cd、Pb、Cu、Zn、Ni）溶液进行堆肥，考察发现，进入污泥中各重金属的碳酸盐结合态及可交换态的总占比顺序为 Pb（7.40%）< Cu（19.49%）< Zn（33.67%）< Ni（65.83%）<Cd（72.31%），说明 Pb、Cu 及 Zn 与污泥化学物质的反应速率较快，而 Cd 及 Ni 的反应相对较慢。

（3）污泥固化稳定化技术

固化稳定化技术是在废弃物中添加固化剂，使其形成固化体或成为不可流动体的过程，将有害污染物转变成低毒性、低溶解性、低移动性的物质，达到降低有害物的污染潜力。目前污泥固化稳定化使用的固化剂主要有粉煤灰、石灰、水泥、大型包胶、一些专用药剂等。其中，美国环境保护署较为推广将水泥用作固化材料固化污泥。固化稳定化的污泥处理处置方式主要有：填埋、填埋场上覆土材料、改良酸性土壤、农用、建材；此外，还有以减少无机污染物和有机污染物为目的的固化稳定化。

污泥石灰稳定化是在原污泥或消化污泥的基础上加入石灰，污泥 pH 值因石灰溶解而升高（超过 12），污泥温度随反应放热而升高，部分游离水结合于溶解后的生成物中，且部分游离水因反应放热而得以蒸发；此外，部分重金属离子在碱性条件下向无害化合物转变，病原体、病毒和细菌处于强碱性条件下而失去活动能力或被杀灭（寄生虫卵除外），从而免除了污泥的臭气。因此，污泥经石灰处理能使得污泥含水率降低、重金属钝化、病原体杀灭等，可有效地稳定污泥，以便加以利用。蒋建国等研究了添加不同比例的石灰对污泥的稳定化效果，结果表明，添加不同比例的工业用生石灰后，污泥的温度较原污泥均有提高；粪大肠杆菌值较原污泥下降；污泥 pH 值由初始的 6.5 左右均提升到高于 12；臭味强度由 5 级降为低于 2 级。

（4）污泥湿式氧化技术

湿式氧化（WO）是将空气在高温高压条件下压入，将污泥中的还原性无机物和有机物氧化成水、CO_2及少量固体残渣。WO 法对各种难降解有机污泥处理效果较好，在一定的压力及 300℃以上高温氧化 30min 后，污泥中有机物被降解 82%，MLSS 去除率高于 70%。李本高等采用湿式氧化方法对生化剩余污泥进行消解研究表明，污泥中高分子挥发性悬浮物经处理降解转变为有机酸、糖、水溶性蛋白质及氨氮等小分子有机物；湿式氧化能使污泥特性明显改善，大幅降低 TCOD 与 VSS 的浓度，BOD_5/COD 比值、SCOD 及 NH_3-N 浓度明显提高，脱水性能显著改善；湿式氧化中去除 VSS 的机理与温度相关，水解反应发生于较低氧化温度下，而氧化反应发生于较高氧化温度时；污泥脱水性能的关键影响因素是 VSS，随 VSS 含量升高污泥的脱水性能变差。

（5）污泥等离子体处理技术

污泥等离子体处理法是脱水污泥经电弧等离子体产生高温突跃作用，污泥中的有机物在该作用下发生物理化学变化，由此得以快速制取主要成分为 CO 的可燃气体，该气体产物可以做燃料用来直接点火燃烧。研究结果表明，污泥含水率对 CO 产率有影响，污泥含水率在 43%左右时，CO 产率最高。

(6) 氯氧化技术

氯氧化法是指将高剂量的氯气通入装有污泥的密封反应器中，使污泥经氧化而达到稳定化的过程。砂床干化层在现在的技术中较为常用，添加一定量的聚合电解质与氢氧化钠于污泥中可使其脱水前处于较好状况。污泥经氯氧化作用可能使其上清液与滤池中重金属和氯胺的含量较高；重金属释放与污泥的 pH 值、污泥中的金属形态及金属含量有关。

6.3.2 石灰稳定化的作用及其工艺

在石灰稳定化工艺中有大量化学反应发生，主要是 CaO 和 H_2O 反应生成 $Ca(OH)_2$，同时放出热量。石灰的加入可以起到如下作用：

(1) 污泥中臭味物质的分解

臭味物质通常是含氮、含硫的有机化合物、无机化合物和某些挥发性碳氢化合物。污泥中的含氮化合物包括溶解性的氨（NH_4^+）、有机氮、亚硝态氮和硝态氮。在碱性条件下，NH_4^+被转化为氨气，pH 值越高，污泥碱稳定化处理过程中释放出的氨气（NH_3）就越多。

(2) 中和酸性土壤

经碱稳定化处理后的污泥可用作农用石灰的替代品来调节土壤的 pH 值，使之接近中性，从而提高土壤的生产能力。

(3) 同化重金属

污泥经碱稳定化处理后的高 pH 值可导致水溶性的金属离子转化为不溶性的金属氢氧化物。

石灰稳定化以液态污泥为处理对象，也可视为一种污泥调理方法，但与污泥调理又有所不同。石灰稳定化的目的以杀灭和抑制污泥中的微生物为主，控制参数是污泥的 pH 值及其保持时间；污泥的调理则是以改善污泥的可脱水性为目的，控制参数主要是污泥的比阻。

石灰稳定化过程中应重点考虑三个因素：pH 值、接触时间和石灰用量，具体数值则应根据不同的污泥进行实验后确定。常用的石灰稳定化工艺有 BIO　FIX 工艺、N-Viro Soil 工艺、RDP En-Vessel 巴氏杀菌工艺、Chenfix 工艺。

(1) BIO　FIX 工艺

BIO　FIX 工艺是由 Wheelabrator 净水公司 BIO GRO 分公司推向市场的专利碱稳定工艺。该工艺将生石灰（以及其他物料）以合适的比率与污泥混合在一起，生产符合 A 类（PFAP）或 B 类（PSAP）标准的污泥产品。该工艺设施一般每天可处理 40t 干污泥（20%~24%TS），能保证每天 235t 的 A 类产品资源化使用，可大部分用作垃圾填埋场的覆盖物。

该工艺的优点是：在同一装置中可生产多用途产品；能有效控制空气挥发物和臭味；固定重金属并降低其浓度；可自动控制；占地面积小；成本低。其缺点是：增加了质量/体积比（相对于进入的脱水污泥，质量提高了 15%~30%）。当满足 A 类标准时，费用相对较高。

(2) N-Niro Soil 工艺

N-Viro Soil 工艺是使用石灰和窑灰的后石灰稳定化工艺，该工艺是在 20 世纪 80 年代后期由美国的 N-Viro 能源公司开发和申请专利的。它是采用相对低温、高 pH 值和干燥化联合处理来达到满足美国 EPA A 类标准要求的，其终产品为干燥的颗粒状固体，使用时无臭味。该工艺生产产品的资源化应用途径是用作石灰化药剂、垃圾填埋覆盖物和土壤补充剂。

该工艺的优点是：质量稳定；可固定重金属；运行费用较低。缺点是：增加了质量/体积比，与入流污泥相比，质量提高了 50%～70%；干化需要较大的空间；臭味控制费用较高；温度控制需手工操作，常采用碱调整需要的碱度；成本较高。

（3）RDP En-Vessel 巴氏杀菌工艺

RDP En-Vessel 巴氏杀菌工艺由美国 RDP 公司开发研制，包括生石灰与脱水污泥的混合和辅助加热混合物(通常是电加热)两部分。该系统有脱水污泥进料器、双轴热混合器、带有变速石灰进料器的石灰储存箱和巴氏低温杀菌容器。热混合器把石灰与污泥混合起来，并加热混合物至大约 70℃。用电加热污泥进料器和混合器，并绝缘隔离巴氏低温杀菌容器，加热的混合物在 70℃ 以下可保存 30min 以上。

（4）Chenfix 工艺

Chenfix 工艺是 20 世纪 70 年代开发出来的一种污泥稳定化工艺，使用石灰、波特兰(Portland)水泥和溶解性硅酸钠凝硬性化合物作为稳定剂。90 年代早期，在 Chenfix 工艺的基础上，出现了改进的工艺，称为 Chenpost 工艺。

6.3.3 石灰稳定化工艺的控制参数

在石灰稳定化方案的设计中，有三个参数必须要重点考虑，即 pH 值、接触时间和石灰用量；其中石灰用量是整个设计的关键，它取决于污泥的种类，对具体的污泥应当通过实验来确定。设计中应采用三个参数的实验值，实际工作与经验数值之间的差距太大时，尤其应进行实验。

为了杀死病原菌，保证足够的碱度，即使不立即对污泥进行最终处置和利用，也不至于再次发生腐败现象，须保持 pH 值 12 以上 2h，在 pH 值 11 水平上维持几天。

为了达到上述目的，对石灰剂量的控制非常关键。石灰剂量取决于污泥的种类。对含固率为 3%～6% 的初沉污泥，其初始 pH 值大约为 6.7，为使 pH 值达到 12.7 左右，平均 $Ca(OH)_2$添加量应为干固体量的 12%；对于剩余污泥，固体的含量在 1%～1.5%之间，初始 pH 值约为 7.1，投加 $Ca(OH)_2$量应为干固体的 30%，可使 pH 值达到 12.6；对于经厌氧消化的混合污泥，含固率为 6%～7%，初始 pH 值为 7.2，投加 $Ca(OH)_2$量为干固体的 19%，可使 pH 值达到 12.4。在以上的投加量条件下，可使所达的 pH 值保持 30min。

6.4 污泥稳定化技术的评价指标

目前国内外学者对污泥的稳定化指标并没有统一的标准，因为污泥的稳定化过程是一个逐渐完成的过程，且稳定化指标和污泥的最终处置方式是密不可分的，如污泥用于改良土壤，且当使用污泥的农田距居民区较近，则臭气应作为污泥稳定化指标之一；若施用污泥的农田种植的作物进入人类食物链，则污泥中含有的病原菌含量至关重要。因此，不同污泥稳定化方法应与最终的污泥处置方式保持一致。但无论采用何种污泥稳定化方法，其稳定化效果均可采用如下的污泥稳定程度指标进行评价，同时考虑指标的可行性及其产生的环境效益和经济效益。

（1）BOD_5/COD 值

COD 基本可以代表污泥好氧稳定系统中全部有机物的量，而 BOD_5则体现了系统中可生物降解的量，二者的比值体现了系统中污泥所含有机物可进一步降解的能力。通常认为，若 BOD_5/COD 值小于 0.15，则污泥很难进一步降解，即污泥的稳定性很好。但在实践中发现 BOD_5/COD 值很难小于 0.15，且测定 BOD_5、COD 的方法都是在溶液中进行，而目前含水率较低的污泥中的 BOD_5、COD 测定还没有统一的方法，但是 BOD_5/COD 值这个指标容易理解，又比较直观，是污泥好氧稳定的一个较为精准的指标。

（2）有机酸含量

在污泥厌氧稳定化中，有学者指出有机酸含量（通常以乙酸计）是衡量污泥稳定化程度的最佳指标。原因是，在污泥的厌氧稳定过程中，微生物降解有机物可分为 3 个部分，即水解、产酸和产甲烷阶段，而水解和产酸阶段的中间产物大部分是各种有机酸，最后产甲烷菌将产生的各种有机酸转化为甲烷和水等其他最终产物。目前污泥厌氧消化都是在中温范围（33~55℃）内进行的，而污泥停留时间约为 20 天，因此污泥厌氧消化中有机物的水解及产酸这两个过程都可以彻底进行。如果最后流出物中有机酸含量高，则表明产甲烷阶段没有很好地进行；如果最终流出物含有机酸量低，则说明产甲烷菌能很好地将水解和酸化阶段产生的有机酸进一步降解转化。由此看来，在污泥的厌氧稳定化中，有机酸是指示污泥稳定化的一个较好的指标。众多实践表明，在中温污泥厌氧消化池中，若流出物中乙酸（即有机酸）含量在 100~300mg/L 范围内，则认为污泥稳定化程度已较为彻底。

（3）腐殖质含量

在厌氧稳定化过程中，污泥含有的有机物部分被活性微生物降解转化为 H_2O、CO_2和无机物等，还有一些有机物会经过一系列的转化最终变成腐殖质。腐殖质成分复杂，并非单一的有机物，主要以胡敏酸与富里酸为主。Okafor 等研究表明，污泥在厌氧消化过程中，腐殖质的含量呈增加趋势，且胡敏酸与富里酸含量的变化刚好相反，即随着稳定化过程的进行，富里酸含量逐渐减小而胡敏酸含量是逐渐增加的，最终趋于稳定的污泥，其胡敏酸与富里酸含量的比值趋于 1。因此，可以根据胡敏酸与富里酸含量的比值来判断污泥厌氧消化的稳定程度，即二者比值越接近 1，则污泥稳定化程度越高。

（4）种子发芽指数

污泥的腐熟是指污泥经过微生物作用后，其中的有机物腐化分解，从而达到稳定。若处理处置后的污泥腐熟程度不够（C/N 值大于 30）即施入土壤，会造成有机质的继续分解，分解热量会使作物或植物出现“烧根”现象。污泥的腐熟程度可以用种子发芽指数（GI）来评价。莫测辉等的试验表明，当种子发芽指数达到 80%时，说明污泥毒性消除，污泥达到稳定化，适合作物或植物生长。

（5）碱性液化试验

污泥中有机物的降解分为水解、产酸和产甲烷 3 个阶段，而污泥形态的变化仅仅只体现在水解和酸化两个阶段，这也说明这两个阶段可以体现污泥的稳定化程度。但是污泥无论厌氧还是好氧降解所需时间都较长，而污泥所含的有机物质在强碱条件下都能很快水解，转化为有机酸等微生物易降解的可溶性 COD。因此，为提高污泥水解酸化程度和节省时间，可以在污泥稳定化体系中加入强碱性物质。黄浩华做过厌氧稳定性试验和液化稳定性试验，用可溶性 COD 作为污泥的稳定化程度指标，结果显示厌氧稳定性试验需要 100 天污泥才能基本达到稳定，而在厌氧稳定性试验中加入强碱（NaOH 溶液），污泥仅需 10 天便可达到稳定状态，时间整整缩短了 10 倍，且碱性液化试验中的可溶性 COD 值更高。Otero 等也做过此类试验，得到的结论是一致的。

（6）污泥的耗氧速率

在污泥试样中，DO 浓度随时间减小的速率称为污泥耗氧速率。在污泥的好氧稳定化中，微生物需要足够的氧来降解有机物，当稳定化趋于完成时，微生物的需氧量越来越小，即污泥耗氧速率减小，最后趋于稳定。因此，污泥的耗氧速率可以反映出污泥好氧稳定过程中有机物的含量、有机物的可降解量和微生物降解有机物的速率，是判断污泥是否发臭的较为理想的指标。但由于污泥耗氧速率受污泥稳定过程中温度的影响很大，而好氧稳定化过程中温度变化很大，所测的污泥耗氧速率不可能都在同一温度下，若每次测污泥耗氧速率时都将系统温度调至同一温度，则系统微生物会难以迅速适应新环境而造成测量值不准确。因此，若使用污泥耗氧速率作为污泥好氧稳定指标，则必须要认真分析其测定条件，必要时还得结合其他参数指标，这样才能准确评价污泥好氧稳定化程度。

（7）挥发性固体分解率

在污泥厌氧稳定化中，经常使用挥发性固体分解率作为衡量其稳定化程度的指标。在温度为 600℃的条件下，污泥灼烧 3h，灼烧中污泥的损失量就是污泥的挥发性固体（VSS）。污泥的挥发性固体包括有机物和无机物，通常有 45%左右的挥发性固体会在污泥厌氧稳定化中分解。随着污泥厌氧稳定化的进行，污泥中所含的挥发性固体会越来越少，则污泥的挥发性固体分解率会越来越大，这就说明污泥厌氧稳定化程度越来越高。这个指标在宏观上体现了污泥中的总挥发性固体的减少，但对于各有机物、无机物的具体变化过程并没有体现出来。总体上这个指标较经济，且测定简单，因此在实践中使用也较多。

（8）其他评价指标

污泥稳定化过程中主要发生的是氧化还原反应，使得还原酶即脱氢酶在稳定过程中显得尤为重要。用 TTC 试验测定脱氢酶活性，研究脱氢酶活性与污泥好氧稳定化程度的关系，结果表明，脱氢酶活性越大，污泥的稳定化程度越低。这是因为脱氢酶活性越大，说明系统内的氧化还原反应越剧烈，则污泥稳定性差。由此可以看出，用还原酶活性来指示污泥的稳定化程度是较为合理的，但测定酶活性的方法较复杂，在实践中使用此法的案例较少。

研究表明，污泥好氧稳定化程度与曝气池污泥负荷及污泥龄有密切关系。经验表明，当曝气池污泥混合液的悬浮固体浓度（MLSS）的 BOD_5 负荷小于 0.05kg/（kg·d），而污泥龄大于 25d 时，基本认为曝气池排泥达到稳定。

需要指出的是，污泥好氧稳定化过程中的温度对污泥稳定的影响是巨大的，因为污泥稳定是一个活性微生物降解有机物的过程，在生物降解过程中会有升温、降温等过程，温度不同则微生物的种类及活性也不相同，从而影响有机物的降解速率，使得污泥的稳定化程度也大不一样。

对于上述的各种评价指标，在针对具体的污泥稳定化情况进行评价时，不可能面面俱到，只能有所侧重，因此在进行稳定化程度评价时，必须对所选用的评价指标进行筛选。污泥稳定化评价指标的筛选主要考虑指标测试的可行性及其产生的环境效益和经济效益，同时要评价该指标对生产的影响，以及能否对资源、能源节约及污染物减排产生作用。此外，节约生产成本、提高生产效率、提高产品质量也是需要重要考虑的因素。

污泥稳定化指标筛选过程中需着重考虑的因素有：指标测试过程中是否节约材料；是否降低指标测试的费用；是否降低人工费；指标测试所需设备等运行维护费用；指标测试技术先进性如何，是否已在污水厂内部其他部门或是在同行业采用过；指标测试的难易程度；指标测试所需时间的长短；指标测试过程中对其他相关工艺正常运转的影响大小。

分析表明，腐殖质、有机酸和碱性液化试验都可以单独用于评价污泥稳定化程度的优劣，经济、技术、环境等条件完全可行，是理想的污泥稳定化评价指标；BOD_5/COD 值、污泥耗氧速率和脱氢酶活性的精准度都很高，但 BOD_5/COD 值和污泥耗氧速率的测试条件较为苛刻，脱氢酶活性测试方法比较复杂，因此这 3 个指标实践应用都较少；而植物毒性测试、MLSS 的 BOD_5 负荷、温度和挥发性固体分解率，因其准确性较低，需要和其他参数配合才能评价污泥的稳定化程度。

6.5 污泥固化/稳定化的机理

污泥的固化与稳定化一般同时进行，在污泥的固化/稳定化技术研究与应用中，不仅需要合理地选择固化剂，更应该掌握不同固化剂的固化机理。

污泥的固化机理主要为物理改性和化学加固两个方面。一般而言，固化机理主要有以下 4 个方面：①污泥自身具有一定的强度；②污泥颗粒的团粒化运动；③固化剂反应产生的胶凝性物质使污泥颗粒胶结成一体；④水泥水化以及石灰干化生成氢氧化钙后，与污泥颗粒中的一些胶凝性物质反应，进一步胶结污泥颗粒，增加其强度。

污泥的稳定化机理主要是由以下两点来解释：①污泥经过水泥和石灰稳定化后，一般具有较高的 pH 值，在碱性条件下，污泥中的重金属离子能够生成难溶于水的碳酸盐和氢氧化物等；②由于水泥的水化反应生成了很稳定的晶格，重金属离子被封存在晶格中难于浸出。

由于污泥具有高含水率及高有机物含量的特点，自身强度极低。在自然脱水以及加入固化剂的情况下，能使污泥的含水率降低，结合水化膜厚度变薄，增加粒子间的吸附力，从而提高其强度。其次，当污泥中掺入水泥或石灰等固化剂及粉煤灰等辅助材料后，污泥中会发生一系列的化学反应，生成硅酸钙、氢氧化钙等一些次生矿物，这些化学反应的产物能够填充污泥中的大孔隙，使结构更加紧凑，强度得到提高。再者，水化产物的凝胶作用可以团粒化污泥中的土颗粒，进一步增加其固化体的强度。但由于污泥中的有机质以及重金属含量比较高，会阻止一部分反应，使污泥得不到充分的固化，导致固化块强度普遍不高。

水泥或石灰的水化产物(氢氧化钙、水化硅酸钙及铝酸钙等)能够吸附、包裹和沉淀污泥中的重金属离子，这是水泥稳定污泥中重金属的最主要的原因。用固化剂处置后，污泥中的重金属及其他有害物质被封闭在固化体内，从而达到在复杂的环境中不易溶出的目的。而添加一些黏土矿物、粉煤灰、矿渣以及铜渣等，其一方面能够填充污泥固化体中的一部分孔隙，使其结构更加致密，其次，它们能够对污泥中的重金属离子起到一定的包裹作用，使重金属离子更加不易溶出。

为了更好地掌握上述基于水泥与石灰等无机类材料的污泥固化机制，国内外的学者进行了大量的微观结构研究，主要以 X 射线衍射(XRD)分析和扫描电镜(SEM)分析为主。

XRD 分析是基于不同的矿物晶体具有不同的晶格排列，呈现不同的衍射特征，从而来了解固化反应中生成的水化产物种类及含量的一种有效手段。Cheng et al. 基于水泥固化剂开展了详细的研究，指出水泥的水化程度对固化污泥的强度及化学污染物的稳定效果起决定性作用。他们用 XRD 探测污泥中的 C_3S 和 C_2S 或者水化产物的含量，可以分析水泥的水化程度，为研究水泥水化程度对固化/稳定化效果的影响提供了重要的参考指标，根据固化体的成分可进一步分析固化机理。金艳等采用 XRD 对水泥、氯化钙等材料混合固化污泥的成分进行了研究，发现固化块的主要成分为原硅酸钙、碳酸钙、水化硅酸钙等，它们结构致密，并含有大量的颗粒状结晶，推测为水化硅酸钙等凝胶物质。水化硅酸钙等物质的生成能极大提高固化块的抗压强度，并能有效阻碍重金属离子的溶出。国外关于 XRD 分析固化体矿物组成的研究比较普遍，如 Katsioti et al. 采用膨胀土-水泥混合物对重金属污泥进行固化并开展了 XRD 分析，结果显示几乎所有试样的 XRD 图都出现了相同的峰值，固化产物的主要成分是钙-硅-氢、氢氧化钙和钙矾石、硅酸钙等。当水泥的主要成分硅酸钙水化后，几乎同时生成了钙-硅-氢、氢氧化钙和钙矾石等，这些水化产物的生成直接导致水泥硬化，形成一个比较完整的整体，从而有效提高固化体的强度并封闭重金属离子。Cheilas et al. 采用黄钾铁矾与明矾混合物作为辅助剂对重金属污染物进行固化，他们的 XRD 分析结果与上述研究基本一致。

SEM 分析是一种获取微观结构图片的方法，可以观察固化/稳定化污泥的微观结构，并根据反应产物的微观结构特点分析所生成的反应产物。曹永华等对基于水泥基材料固化污泥前后的微观结构进行了 SEM 对比分析，污泥固化前，即使龄期达到 25 天，孔隙含量依然很高，而固化/稳定化后污泥的孔隙含量明显降低，固化块的密实性得到了显著提高。对于同一试样，随着时间的推移，其密实性也逐渐提高，这是导致固化体强度增加的一个重要原因。钱春军等也采用 SEM 对水泥基材料固化污泥的微观结构进行了分析，结果表明：在污泥的固化过程中，污泥中的 Al、Ca、Fe、Mg、Zn 等离子与固化剂发生胶凝反应，生成针状和长柱状的晶体，且这些晶体相互交叉成网状结构，为固化体提供了坚硬的骨架，从而提高固化体的密实性和强度。Ma et al. 等用镁氧氯水泥(MOC)固化污泥，然后用扫锚电镜分析，在固化产物的表面发现了针状和蜂窝状的微观结构晶体，在晶体之间相互连接，形成一个均匀的网格。在 Mg-Si-Al 和 $MgO-MgCl_2-H_2O$ 的联合作用下，固化体有较高的力学特性，对重金属的包裹作用也较强。此外，其他学者对固化/稳定化污泥的微观结构研究也得到了类似结论，即固化后污泥的密实度增加，孔隙率减少，并在内部形成比较完整的骨架结构，这些是导致固化/稳定化污泥的强度和重金属包裹能力增加的主要原因。

6.6 污泥固化/稳定化技术的应用

由于污泥固化/稳定化技术能实现污泥的无害化和稳定化，在许多领域得到了大量的应用。

6.6.1 以填埋为目的的固化/稳定化

由于污泥的含水量很高，含有较多的有机质、重金属和病原菌，土力学性质比较差，一般达不到填埋的要求(填埋一般要求含水量小于 40%和有机质含量小于 30%)。且污泥如果不加处理直接填埋的话，会对周边土壤环境和水环境造成污染，因此，在填埋前对污泥进行固化/稳定化，可以有效减少毒性渗滤液和改善其填埋特性。

文献指出，将石灰、粉煤灰或水泥与污泥混合后，发生一系列的物理化学反应，生成水化硅酸钙和水化铝酸钙，生成的水化产物填充到污泥的孔隙中，从而使固化体的强度得以提高。另外，水化产物具有一定的胶凝作用，可以将污泥中的土颗粒团粒化。但由于污泥中氧化硅和氧化铝含量较少，且污泥中有机质含量较高，阻碍了固化体强度的进一步提升，这也是固化体强度普遍不高的重要原因。对于重金属，主要是通过水泥氢化产物(含水硅酸钙和铝酸钙以及氢氧化钙)所产生的物理包裹、沉淀和吸附作用产生的。在固化废物的过程中会产生钙-硅-氢(Ca-Si-H)胶体，胶体颗粒从水中析出，黏附于水泥粒的富硅层，渐渐地形成针状或毛刺状集合体，所形成的这种集合体对于包裹重金属有着重要的作用。

曹永华在将污泥与石灰或粉煤灰拌合后发现，由于石灰、粉煤灰的吸湿作用，拌合物的含水量逐步下降。混合试样的十字板强度和无侧限抗压强度均低于10kPa。将混合试样自然干化后，十字板强度随着时间有一定程度的增长，可以达到填埋的要求。与石灰拌合的试样的体积安定性比较好，基本上没有膨胀性，而且干缩程度也很小。而污泥与粉质黏土混合，试样发生较大的膨胀收缩，体积安定性较差。与粉煤灰混合试样略有膨胀性，随着含水量的降低，试样出现干缩现象，干缩程度比掺粉质黏土试样要小，但比掺石灰试样要大。究其原因，可能是石灰、粉煤灰吸水膨胀的一部分抵消了试样的干缩，且混合后试样的pH值很高，抑制了污泥中微生物的活动。渗滤液试验研究表明，石灰可以使填埋柱的渗透性得到改善，渗滤液的产生量相对粉煤灰与污泥的掺合物和粉质黏土与污泥的掺合物最大，pH值最高，有强烈的恶臭，COD值远高于未加入固化材料的污泥填埋柱的。石灰对渗滤液的影响是双面的：一方面它使渗滤液的COD值增大，使固化污泥中的Cu离子趋于不稳定；另一方面，它对污泥中的Zn离子具有固化作用。Ahmet H. Aydilek和Tuncer B. Edil通过对石灰固化和稳定化后的含多氯联苯的污泥进行研究发现，经石灰处理后的污泥的体积有所增加，当石灰与污泥的体积比为1∶1和2∶1时，污泥体积增加范围在20%~60%之间，但此时污泥的含固率从45%提高到60%。所做的粉煤灰固化污泥的试验表明，粉煤灰的添加可以提高污泥的含固率，但其也会使污泥体积增加。在无侧限抗压强度试验中，粉煤灰可以提高污泥混合物的强度，但均低于345kPa，而通过将粉煤灰与水泥进行混合作为添加物来处理污泥，则处理后的强度均超过345kPa。但是，在考虑气候变化对处理后污泥混合体的影响时，进行干湿循环试验和冻融试验后固化体的强度损失非常大。因此，固化体的耐久性比较差。一维固结试验的结果表明，单纯用粉煤灰处理污泥，随着施加压力的增加，固化体的竖向固结系数增加，提出的固化体一维固结特性与Duncan在1993年分析的CH(High Plasticity)黏土的固结特性很相似。

Vratislav Bednarik在研究中采用流化床燃烧灰来固化/稳定化污泥，同时采用多孔隙炭黑作用吸附剂，并且用沥青水乳混浊液在固化后的污泥表面形成了沥青保护层。由于炭黑吸附剂的加入，从而减少了燃烧灰的加入剂量，同时减少了有机复合物的渗滤。所产生的沥青保护层可以有效阻止污泥中所有污染物的渗滤，从而减少了填埋后污泥的污染。

Suwimol Asavapisit等将30%的石灰和70%的粉煤灰混合作为固化剂来固化电镀污泥，在添加了碱激活性硅酸钠和碳酸钠后发现粉煤灰和石灰混合物的早期强度增加，究其原因，试验者指出，由于硅酸钠和碳酸钠的添加，溶液碱性增强导致了电镀污泥中金属氧化物Ca—O、Si—O、Al—O联结键的断裂，从而形成钙硅水合物凝胶，因而早期强度增加。但是当加入电镀污泥后，强度有所下降。另外，对毒性浸出液进行分析，未发现Pb、Cd、Cu，而

Cr、Zn、Fe 则被检出，且超出了美国环保局规定的填埋标准。

6.6.2 以作为填埋场上覆土材料为目的的固化/稳定化

在城市固体废弃物填埋场的运行过程中，需要大量的适用材料完成日覆盖；在填埋场封场时又需要适用材料完成最终覆盖，并能支撑覆盖层表面的植被覆盖。通常，填埋是以农业土地上的耕作土或专用取土场采集的黏土作为填埋场覆盖层材料，采用城市污泥替代是对农业和土地资源的保护。

填埋场的日覆盖是标准的城市固体废弃物卫生填埋操作的一个组成部分。美国的联邦法规(40CFR，Part 241，Solid Waste Regulations，USEPA)和大部分州的法规(如伊利诺伊州填埋场规范，Title 35，Subtitle G，Patr 807，Illionis Pullution Control Board Regulations)均要求对填埋固体废弃物实施日覆盖。日覆盖层的主要作用为：①减少填埋场内有害生物如蝇类、鼠类的滋生；②减少臭气散发；③减少垃圾被风吹散的可能性；④改善填埋场的观瞻；⑤减少填埋场内失火后的传播面积；⑥减少对地下水和地表水的污染危险。

根据美国的应用实践与理论分析表明，以污泥替代黏土作日覆盖材料，其有利性为：

(1) 减少有害生物滋生

含固率达到或大于 50%的城市污水厂污泥，在外观和功能作用方面与耕作土和黏土均十分相似。在污泥中的挥发性组分(有机质)已于前置生物稳定化过程中被有效降低和稳定后，污泥可作为防止有害生物进入填埋废弃物层的有效物理屏障。达到含固率水平的污泥具有很高的持水容量和吸水潜力，用作日覆盖材料时可有效降低废弃物层的含水率，这样有助于进一步控制易在潮湿环境下栖息、繁殖的苍蝇、蚊子和鼠类的滋生。

(2) 减少臭味散发

类似于土壤，含固率达到或高于 50%的污水厂污泥具有很大的臭气吸附容量，这已被有关的实验研究所证实，而达到此含固率水平的污泥也具有作为物理屏障封闭填埋层内臭气散发途径的作用，污泥日覆盖层因减少了废弃物的暴露面积而对限制其中的臭气散发有利。

(3) 控制垃圾的吹散、改善填埋场观瞻

含固率达到或高于 50%的污泥，在作为物理屏障控制废弃物填埋层内垃圾被风吹散方面具有与黏土相同的功用。达到这样含水率的污泥在外观上与泥土相近，因此作为覆盖层时，在改善填埋场观瞻方面，也有与泥土覆盖层类似的功用。

(4) 减少失火传播面积

火灾(失火)是城市固体废弃物填埋场常见事故之一，当以有机质含量较低(经前置消化稳定处理)、可燃性低的污泥作为覆盖层时，可起到控制火灾对填埋场危害的作用。

实验室测试表明，含挥发性固体(VS)50%~55%、含水率约 50%的污泥闪点为 250℃，其所构成的日覆盖层应具有令人满意的阻火作用。

(5) 减少对地下水和地表水体的污染危险

污水厂污泥是含多种污染物的废弃物，利用其作为日覆盖材料，很自然地会引起人们关于这种覆盖方式是否会对填埋场渗滤液的水质有不利影响的疑问，但有关的实验研究却得出了乐观的结论：以污水厂污泥作为填埋场的日覆盖层有减少填埋场运行对地表水、地下水体污染危险的潜力，并且可以确实改善渗滤液的水质。

污泥经过固化/稳定化处理后可以作为垃圾填埋场日覆盖材料，由于其最后将作为填埋场的一部分，所以其应满足一般填埋物的要求。另外，由于其是废物和污染物，所以还应满足环境标准。目前国内尚无统一标准，根据《上海市污水污泥处置技术指南与管理政策》规定，污泥作为垃圾填埋场日覆盖材料时需满足：含固率大于60%，有机质含量小于50%，渗透系数不大于10^{-4}cm/s。同时考虑到垃圾填埋场渗滤液难于处理，要求污泥日覆盖层所产渗滤液的污染物浓度低于普通填埋场，其值应满足COD值不超过4500mg/L，氨氮浓度不超过80mg/L，pH值不得超过5.3~8.5的范围。杨石飞等在将石灰添加到污泥中对污泥进行改性的试验研究中表明，添加石灰后污泥的物理力学性能得到提高。在泥灰比为20∶1的条件下，试样的渗透系数出现下降，抗渗性得到提高。改性后试样的最优含水量提高到46%，但重度有一定程度的下降，压实性能有一定改善。根据混合试样的直剪试验，改性后试样的黏聚力增长比较明显。J. H. Moon也曾用生石灰稀释污泥来研究污泥作为填埋场上覆土材料的可能性。

Eung-Ho Kin等以转炉炉渣作为固化剂、生石灰作为添加剂研究其对于污泥的固化/稳定化，以期固化后能作为填埋场的覆盖材料。通过采用XRD（X射线衍射）、SEM（电镜扫描）、EDS（能谱分析）分析固化体的物理化学性能（重度、颗粒级配、液限、塑限、压实性、无侧限抗压强度、渗透性）和微观结构后发现，采用转炉炉渣固化后在固化体中形成了CSH（$CaO \cdot SiO_2 \cdot nH_2O$），从而使固化体的性质得到了有效改善，并且处理后重金属的渗滤很少。研究指出，采用这种方法处理后的污泥性质能够作为覆盖材料使用，且经济可靠，并能达到以废治废的目的。

6.6.3 以改良酸性土壤、农用为目的的固化/稳定化

由于污泥中的有机质成分多，高营养化，因而可以作为一种良好的化肥或者土壤调节剂。一般来说，由于采用粉煤灰、石灰等类火山灰材料对污泥进行改性后，混合物稍显碱性，对于修复酸性土壤，提高土地的肥力有较为显著的作用。J. W. C. Wong研究工业污泥和生活污泥农用于酸性土壤时也发现，用石灰添加到污泥中可以有效减少重金属的浸出率。然而，其研究中还指出石灰的阻碍作用是否长期有效还有待于进一步研究。Preeda Parkpian等通过将粉煤灰和炉灰分别与污泥进行混合来研究二者对于污泥施用土壤的修复作用，其现场研究试验结果表明，粉煤灰或炉灰与污泥的混合物比较适用于修复酸性土壤，因为试验研究成果发现粉煤灰或炉灰与污泥混合施用于酸性土壤更容易使土壤的pH值提高，且能更有效地减少重金属的毒性，尤其当土壤的pH值在4~6时吸收作用更强。试验同时也揭示了粉煤灰由于有更高的负荷率和金属含量，因此，比炉灰能更有效的修复土壤。但是，在试验中观察发现，12周后种子发芽率开始下降，试验者指出，用粉煤灰修复污泥其有时间效应，这是由于土壤的pH值开始下降的结果。

6.6.4 以建材为目的的固化/稳定化

污泥固化/稳定化后的产物如果强度满足相应的力学要求，渗滤满足环境要求，则可作为建材使用。要提高强度，一般需多加水泥，因此，在这方面多以水泥为主剂进行固化。Marcos A. R. 等提出，先用黏土和石灰对电镀污泥进行调理，后用水泥和砂进行固化，生产建筑混凝土砌块。据巴西的相关规定，铺路材料无侧限抗压强度要达到35MPa以上，而采用这种方法固化生产出来的砌块满足要求，可以用作人行道路、路基或停车场材料。

P. Fong-Satitkul 等用电厂的炉灰和飞灰作为凝结剂去除污泥中的重金属，并用水泥固化/稳定化，从而使污泥处理后能够满足建材使用的要求，在固化完成后，检测结果发现重金属渗滤满足相关方面的要求。Hiroki Maenami 等通过水热试验研究废物的固化，其试验所用的废物包括粉煤灰、污水污泥渣和垃圾渣，这些废物作为 SiO_2 和 Al_2O_3 的来源。在试验过程中添加 CaO 和 Na_2CO_3 作为钙和钠离子的来源，将温度调到 200℃进行氢化热解。试验研究发现，在氢化热解过程中可以形成沸石，沸石的形成可以固定各种离子，并使固化体的强度提高。在粉煤灰所形成的系统中，固化体的强度可达到 17MPa，对于添加垃圾渣所形成的固化体，重金属的溶解基本上看不到。试验研究表明，沸石的形成有助于废物(包括污泥)的固化/稳定化。

6.6.5 以减少污染物为目的的固化/稳定化

由于污泥中的无机污染物和有机污染物相当多，因此，固化/稳定化意义的一个侧重点就是使固化后试样中的无机污染物和有机污染物在外界环境的变化下不致过多溶出，避免对环境造成二次污染。近几年来，针对这方面的专题研究较多。J. Chen、S. P. Li 等用铁氧化细菌剂来研究未消化污泥的生物淋滤性，在试验过程中还添加了培养基 $FeSO_4 \cdot 7H_2O$。铁离子氧化剂对于污泥生物淋滤性的影响主要是通过将二价铁离子转化为三价铁离子，在这过程中所产生的能的大小来反映的。试验研究发现，随着铁氧化剂的加入，污泥的 pH 值逐渐下降，并可达到 2.1~3.0 的范围。由于污泥酸性的降低，许多金属被淋滤出来。在经过 10 天的观察分析，发现添加了培养基 $FeSO_4 \cdot 7H_2O$ 的溶液中，Zn 的溶解率达到 100%，Cu 的溶解率为 83%~98%，Cr 的溶解率为 9%~75%。而没有添加培养基的溶液中 Cu 和 Cr 都不溶解，仅有少量的 Zn 被溶解。研究发现，即使添加了铁氧化剂和培养基，但是污泥中生物体的减少率仍然远远低于使污泥稳定化所要达到的标准。Marija Zupan CIC 等采用各种不同的磷酸盐进行混合以减少污泥中的 Zn 和 Ni，在试验中为了减少试剂的成本，添加了粗骨粉作为磷盐的替代品。试验表明，粗骨粉可以修复被金属所污染的土壤。

Alberto coz 等为了评估铸造污泥的生物毒性，采用水泥或石灰作为固化剂，铸造砂砾、镁化钙木质磺酸盐、硅灰、活性炭、炭黑作为添加剂来处置污泥。试验研究发现，如果在水泥中添加活性炭或炭黑作为吸附剂，最后产物基本无害。而采用木质磺酸盐和硅灰作为添加剂，最后产物是否有害与污泥中的废物所占比例有关。试验指出，采用水泥作为固化剂，可以有效减少渗滤液的毒性、降低重金属和有机物的含量以及最终产物的生化毒性。而以石灰作为固化剂，在降低渗滤液的毒性、重金属和有机污染物的含量以及产物的生物毒性方面也有效，如果在固化过程中添加活性炭或炭黑，最终处理效果会更好。

Olcay Yilmaz 用普通硅酸盐水泥来固化和稳定化含有毒性金属和有机污染物的废物，如含金量丰富的冶矿后留下的矿渣、可吸收有机卤化物的纸浆污泥、含多氯联苯的被油污染的土体。在试验开始之前，首先确定污染物的特性如污染物的浓度、颗粒分布、阿太堡界限、重度以及产生最大干密度的湿度。试样被养护 28 天，测得强度和水力传导性能后被压碎并进行 TCLP 试验。结果表明，用水泥来固化含有可吸收卤化物的污泥时，固化体的强度和水力传导性能可以获得满意的结果，但渗滤液中含有的有机物的浓度超标，无法满足要求。另外，在这个试验中发现，用水泥来固化稳定化含多氯联苯的油污染土壤时，当水泥与土的比例少于 35%时，固化稳定化不能取得满意的效果。

R. Ibanez，A. Andres 在其试验中为了研究固化稳定化后的废物(包括污泥)的化学稳定性，采用 DLT(Dynamic Leaching Test)试验，并且建立了一个动态渗滤模型去研究污染物的长期表现，同时建立了反映污染物移动的参数。在这些参数中，比较重要的参数是有效扩散系数和渗滤指数，这些参数需在试验中测出以反映粉煤灰的应用效果。Tony Sarvinder Singh 等将硅酸盐水泥、飞灰、氢氧化钙、活性氧化铝、复合材料(聚苯乙烯/聚甲基丙烯酸甲酯)按各种不同比例混合来研究含砷污泥的固化和稳定化，试验研究发现，用这种方法可以有效降低砷的渗滤。研究者觉得渗滤性的降低是由于加入固化剂后所形成的沸石将固化体中的孔隙封堵住以及促进了亚砷酸钙的形成。但是，在添加了聚苯乙烯、聚甲基丙烯酸甲酯的样品没有物理化学作用被测到，表明用该种材料来固化含砷污泥无效。Tanapon Phenrat 尝试用水泥固化和稳定化污泥中所含砷和钙的复合物，采用 X 射线衍射和无侧限抗压强度试验发现，水泥与水或者水泥、石灰与水所形成的环境可以有效阻止砷离子的渗滤。这是由于水泥氢化热解作用，这种作用的深浅程度被 Ca_3SiO_5 和 Ca_2SiO_4 形成的数量所决定。Nait Kriipsalu、Marcia Marques、Aleksander Maastik 也指出，油性污泥中的有机物可以通过生化处理来减少，但是重金属的含量却不能通过这种方法来减少，因此，对于油性污泥中重金属的去除需进行多步处理。

6.7 污泥固化/稳定化过程中存在的问题

从目前的污泥固化稳定化的研究情况来看，主要存在以下几个方面的问题：

(1) 重金属、有机物的存在会影响到污泥的固化效果。

Komameni 的研究表明，污泥中的 Cu 离子会在水泥颗粒表面形成不溶性的沉积物，延缓水泥的水化；Cocke D. L. 等的研究认为，Pb 通常存在于水泥熟料颗粒的表面，抑制水泥的水化。由于重金属对水泥水化反应的阻碍作用，并且由于污泥中的无机固体颗粒含量比较少，所以，要使污泥的强度提高必然要消耗掉大量的水泥，这样无疑会使运行成本提高。另外，污泥中的有机物含量也会引起阻碍作用。如 Athanasiosn K. 和 Evangelos A. Voudrias 在研究中提出，由于油性污泥含有高浓度的有机物，如果用水泥为基材的添加料来处理，将不能取得满意的固化和稳定化的效果。因为有机化合物与无机水泥之间很少能相互作用。但是试验研究表明，用水泥来固化和稳定化油性污泥被证明是阻止铅、镉、锌、镍、铜、铬、铁等金属释放的一种有效方法。油性污泥与水泥作用的不协调性不会影响到阻止金属释放的效能。

(2) 体积安定性有时较差，达不到减容的目的。

固化稳定化过程中有时物理力学性能达到要求，但体积发生较大膨胀或失水发生收缩。有时加入石灰、粉煤灰固化，会发生一定体积的膨胀，如 Ahmet H. Aydilek 和 Tuncer B. Edil 所做试验。另外，曹永华和 Shawabkeh R. A. 在其研究中指出，在污泥中加入黏土会对固化体的体积造成膨胀，而且会使其抗压强度下降。Shawabkeh R. A. 指出，这种膨胀是因为黏土中一般包含石墨颗粒，当这些颗粒悬浮于水中时，这些颗粒层之间将会吸附存在于试样中的重金属离子，从而导致层间的膨胀。这一点似乎说明了污泥用黏土固化时体积安定性差的原因。

（3）水泥用量较多。

为使污泥固化体满足较大的强度要求，一般需多耗水泥，这样无疑增加了处理成本，难以达到经济的目的。为减少水泥用量，目前出现了一些以水泥为基质的固化材料。例如，李磊、朱伟等在 S. D. Daniali 研究的基础上，提出污泥骨架构建技术的概念，采用含有黏土矿物的废弃淤泥作为骨架材料采用水泥进行固化，较单独使用水泥进行固化，强度得到了明显提高，而且污泥的体积也没有显著的增加，同时解决了大量废弃疏浚淤泥难以处置的问题，具有较高的推广价值。林城等以水泥为基材，采用添加辅助材料有机膨润土来改善污泥的特性，取得较好的效果。

（4）微观模型和机理解释较少。

Athanasios K. 和 Evangelos A. Voudrial 曾指出，目前很少有模型能解释金属氧化物是如何使金属吸附于其表面的，从而能从机制上说明金属的渗滤行为。

有鉴于此，今后应在以下几个方面开展污泥固化/稳定化研究：

① 改善污泥的前期脱水效率。由于污泥含有大量有机质，颗粒细小，渗透系数低，虽然出厂时采用机械方式进行脱水，但效率并不高，初始含水率通常大于 80%，极大增加了后期处理的难度。因此，如何从工艺上和技术上改善污泥的前期脱水效率，对提高污泥固化/稳定化效果和降低处理成本具有非常重要的意义。

② 进一步掌握固化体的变形特性。当前关于固化体的工程性能研究主要局限于力学强度方面，而与力学强度同等重要的变形性质却未得到应有的重视，往往会导致固化体填埋和资源化利用过程中出现安全隐患。

③ 开发针对多种重金属离子的综合固化技术。不同的固化剂对污泥中不同重金属离子的稳定能力并不一样，目前大多数的固化技术只能对一种或两种主要重金属离子具有较好的稳定效果。但污泥中往往同时存在多种含量较高的重金属离子，从而极大增加了处理难度，因此，开发出能同时对多种重金属离子均具有较好稳定能力的固化/稳定化技术是今后的研究重点。

④ 污泥经过固化处理后，后期处置环境大多比较复杂，尤其对于填埋处置，关于二次污染的现场追踪及观测试验研究资料甚少，不利于环评工作的开展。其次，相关理论研究工作还有待深入，建立适当的模型来模拟重金属离子在固化体中的溶出过程及其在土壤、地下水中的迁移扩散规律，对指导污泥处理处置具有重要参考意义。

⑤ 研发新型固化剂。目前已有的固化剂虽然在污泥固化/稳定化方面具有一定的效果，但传统的水泥、石灰等固化剂在生产过程会排放大量二氧化碳，产生间接环境问题。因此，研发新型高效尤其是低碳节能的固化剂是今后的重要研究方向之一，一些发达国家已在这方面进行了较大的研究投入。

参 考 文 献

[1] 廖传华，米展，周玲，等．物理法水处理过程与设备[M]．北京：化学工业出版社，2016.

[2] 于坤，木合塔尔·艾买提，韦良焕，等．城市污水厂污泥稳定化评价指标的研究[J]．中国给水排水，2016，32(5)：93-97.

[3] 王鹏，唐朝生，孙凯强，等．污泥处理的固化/稳定化技术研究进展[J]．工程地质学报，2016，24(4)：649-660.

[4] 刘阳，程洁红，戴雅．高温微好氧与厌氧结合工艺的污泥稳定化及产气效果[J]．中国给水排水，2016，32(9)：1-7.
[5] 陈学民，雷旭阳，伏小勇，等．温度对蚯蚓处理城镇污泥稳定化过程的影响[J]．环境科学学报，2016，36(6)：2078-2084.
[6] 周乃然，温超，程刚．城市污水厂污泥稳定化技术研究进展[J]．应用化工，2016，45(3)：547-549，560.
[7] 张莹琦．脱除重金属污泥的稳定化及制肥工艺研究[D]．西安：西安工程大学，2016.
[8] 王厚成，曾正中，张贺飞，等．污泥堆肥对重金属稳定化过程的影响研究[J]．环境工程，2015，33(10)：81-84，112.
[9] 汪翠萍，左东升，杨永凯，等．城镇污泥加钙稳定化/资源化利用技术中试研究[J]．中国给水排水，2015，31(7)：109-113.
[10] 侯霜，李子富，张扬．不同生态床对剩余污泥脱水和稳定化的影响[J]．环境科学研究，2015，28(4)：589-605.
[11] 李辕成．铜冶炼污泥固化/稳定化研究[D]．昆明：昆明理工大学，2014.
[12] 周灵君，屈阳，李磊，等．固化/稳定化污泥填埋气产生规律研究[J]．科学技术与工程，2014，14(14)：294-297.
[13] 张会文，朱伟，包建平，等．污泥原位固化、稳定化处理中试研究[J]．环境工程，2014，32(8)：101-104.
[14] 蒋建国，殷闽，李春萍．添加不同比例的石灰对污泥稳定化的模糊评价[J]．环境工程学报，2012，6(2)：605-609.
[15] 田事，邓忠良，宁寻安，等．制革污泥固化稳定化处理[J]．环境工程学，2012，31(1)：94-99.
[16] 黄浩华．碱法稳定法在污泥稳定化中的应用[J]．给水排水，2012，38(A2)：51-52.
[17] 花发奇，刘明浩．污泥固化技术研究[J]．科技创新与应用，2012，(5)：34-35.
[18] 崔玉波，郭智倩，刘颖慧，等．剩余污泥生态稳定化研究[J]．土木建筑与环境工程，2011，33(4)：151-156.
[19] 于锋，张文标．ESP 污泥稳定化处理处置工艺[C]．2011 全国污泥处理与综合利用新技术、新设备交流研讨会，杭州，2011.
[20] 金艳，宋繁永，朱南文，等．不同固化剂对城市污水处理厂污泥固化效果的研究[J]．环境污染与防治，2011，33(2)：74-78.
[21] 时亚飞，杨家宽，李亚林，等．基于骨架构建的污泥脱水/固化研究进展[J]．环境科学与技术，2011，34(11)：70-75.
[22] 王月香．污泥的固化稳定化技术综述[J]．四川建筑科学研究，2011，37(5)：206-210.
[23] 丁瑾．电化学-生物法结合的污泥稳定化新型技术的研究[D]．上海：上海交通大学，2010.
[24] 曹楠楠．改性污泥稳定化过程及其卫生填埋技术研究[D]．太原：太原理工大学，2010.
[25] 季民，王芬，杨洁，等．污泥稳定化、减量化、资源化新技术：污泥超声破解技术的研究[C]．2008 年全国污水处理节能减排新技术新工艺新设施高级研讨会，桂林，2008.
[26] 车承丹，朱南文，李艳林，等．城市污水处理厂污泥固化处理技术研究[J]．安全与环境学报，2008，8(3)：56-59.
[27] 朱开金，马忠亮．污泥处理技术及资源化利用[M]．北京：化学工业出版社，2007.
[28] 朱英，赵由才，李鸿江，等．厌氧消化污泥稳定化评价指标综述[J]．有色冶金计算与研究，2007，28(2)：233-236.
[29] 邹凯旋，刘辉利，朱义年．工业重金属污泥的稳定化试验[J]．桂林工学院学报，2007，27(2)：231-235.

[30] 刘辉利，邹凯旋，朱义年. pH 对重金属污泥稳定化/固化处理工艺的影响特性[C]. 建设资源节约型、环境友好型社会国际研讨会暨中国环境科学学会 2010 年学术年会，苏州，2006.
[31] 吴春忠，尹炳奎，侯文胜，等. 三维电极氧化法在城市污泥稳定化中的实验研究[J]. 环境工程，2006，25(2)：203-206.
[32] 程洁红，张善发，陈华，等. 自热式高温好氧污泥稳定化系统[J]. 中国给水排水，2005，21(7)：9-13.
[33] 程洁红，张善发，陈华，等. 自热式高温好氧消化的污泥稳定化中试[J]. 中国给水排水，2005，21(11)：18-22.
[34] 陈晓飞. 冶金污泥稳定化/固定处理工艺研究[J]. 北方环境，2005，30(1)：67-69，74.
[35] 陈晓飞. 有色冶金污泥的稳定化/固化处理研究[D]. 武汉：武汉理工大学，2005.
[36] 王凯军，Last A R M. Vander，G. L. Lettinga. 厌氧处理的污泥稳定化研究[J]. 中国给水排水，2001，17(12)：69-73.
[37] 王晓. 活性污泥的稳定化处理技术及其发展[J]. 青海大学学报(自然科学版)，2001，19(1)：35-37.

第7章 污泥的输送

污泥的输送是根据预处理后污泥的性状，采用合适的手段将其输送到后续处理处置的地点或设备。

经过浓缩脱水减量化后的污泥采用的运输方式主要有以下三种：

(1) 脱水污泥经螺旋输送机输送至污泥棚后汽车外运。该法用于小型污水厂，二次污染严重，运输量有限，现已很少采用。

(2) 脱水污泥经螺旋输送机输送至脱水机下的缓冲料斗进入污泥泵提升至料仓，再由汽车外运。这种污泥经一级提升后外运是当前污泥输送的主要方式。

(3) 脱水污泥经螺旋输送机输送至脱水机下的缓冲料斗，进入一级污泥泵提升至料仓储存，料仓内污泥再进入二级污泥泵，经管道或由汽车输送至下一步处理处置地点。随着污泥后续处理工艺的实施，这种输送方式的应用将逐步增多。

污泥输送系统按照压力形式分为无压、有压输送系统。

无压输送主要有无轴螺旋输送机、皮带输送机或汽车槽车输送。输送机适合于短距离直线输送，临界距离为20m；由于输送量、距离和高度有限，所以能耗较小。无压输送的缺点是：①水平方向转角处必须增设传送设施，分两级或多级传送；②输送机倾斜角度一般不宜大于25°，将污泥输送至高处时需要较长的水平距离；③系统的密闭性不好，会对周边环境造成二次污染；④输送量固定，不可随意调整。这种输送方式常用于脱水机房内将脱水机排出的污泥输送至料斗进口处。汽车槽车适用于远距离输送，但其运输成本较高。

有压输送是泵加管道输送系统，通常采用螺杆泵或柱塞泵进行管道输送。在一定距离内，传统的输送机和汽车运输方式已不能提供安全、环保、快捷的污泥输送，应优先选用安全、高效、封闭式的污泥管道输送系统，减少敞开式运输方式因暴露、洒落、滴漏、臭气外逸而造成的二次污染。有压输送系统的适用性强，其主要优点有：①输送距离长，可达12000m；②采用弯头实现多转角多曲度输送功能；③系统密闭性好，不会对周围环境造成二次污染；④输送量可调，但是由于脱水污泥流动性差，沿程水头损失较大，所以输送系统能耗高。同时污泥泵造价高，该方式常用于将脱水污泥一级提升至料仓，以及二级提升至后续处理单元的场合。

7.1 污泥的管道输送

在污泥焚烧、填埋和资源化利用过程中，管道输送系统均可获得应用，且一些必不可少的工艺环节可以方便地融合在其中。

7.1.1 污泥管道输送工艺流程

图 7-1～图 7-4 为基于管道输送的城市污泥三种主要处理方式以及污泥储存、转载装车系统的示意图。

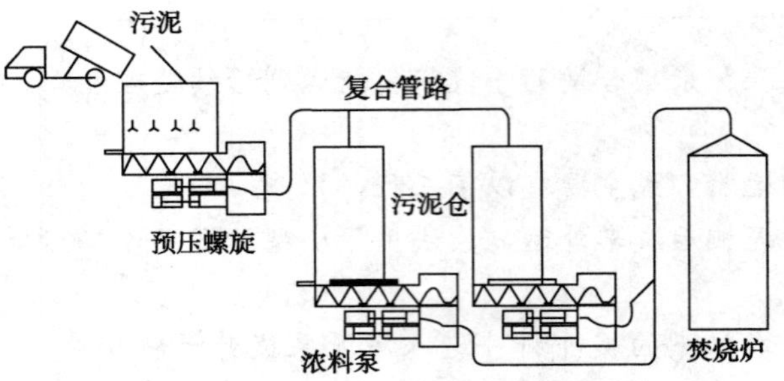

图 7-1 城市污泥焚烧管道输送工艺流程图

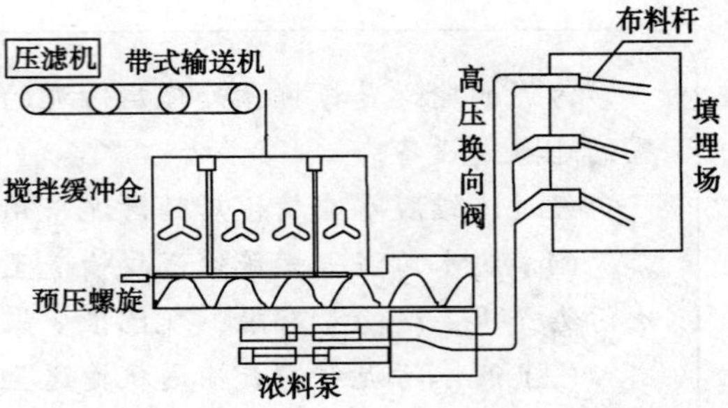

图 7-2 城市污泥填埋管道输送工艺流程图

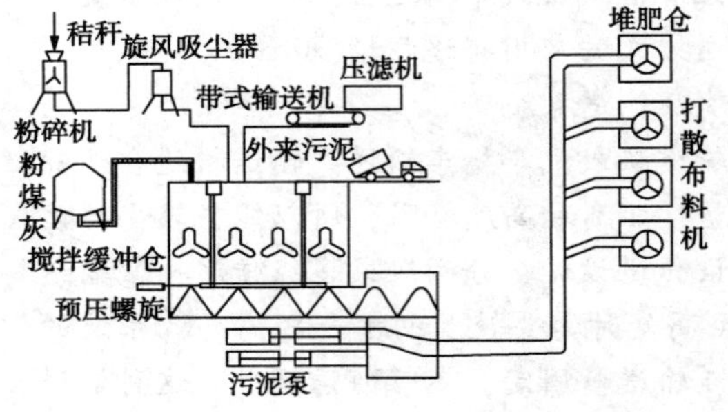

图 7-3 城市污泥堆肥管道输送工艺流程图

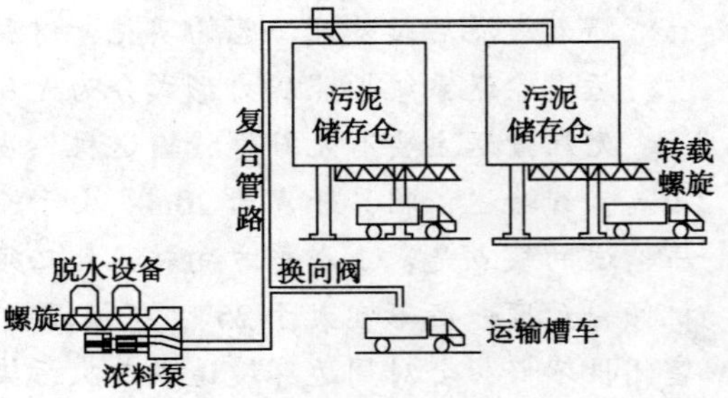

图 7-4 污泥储存、转载装车工艺流程图

上述以管道输送设备为核心的污泥处理系统具有以下优点：

（1）输送过程全封闭，无污染，完全消除了敞开输送方式严重污染环境的问题。

（2）污泥浓度高，输送距离远，输送系统出口压力为 0～25MPa，输送流量为 0～60m^3/h，输送距离为 0～3000m。

（3）全自动控制，无级调控输送量，可远程调控，实时监控等。

（4）系统结构紧凑，管道可架空或地埋、垂直上升及以任意角度转弯，占地面积小，布置灵活。

（5）物料分配、分流自动可调。专门设计的管路分配器、分流器及多功能给料器解决了污泥的分配、分流难题，能将污泥按工艺需要送至各卸料点。

（6）专门为堆肥发酵设计的打散布料器具有布料均匀、打散效率高等特点；专门为填埋设计的布料杆可以将污泥均匀送至填埋场的各点；专门为黏稠物料设计的多功能给料器适应污泥的入炉焚烧。

7.1.2 污泥管道输送设备

以北京某机电工程技术研究所在中国矿业大学的帮助下开发的“中矿”MNS黏稠物料管道输送系统为例。整套输送系统主要由撮合机、上料螺旋、搅拌缓冲仓、预压螺旋、输送泵、高压低摩阻复合管路、分流阀、分配器、打散及布料装置等组成。该系统的管道输送压力可达24MPa，具有投资少、全密封无污染、安全可靠、运行成本低等突出优点。

(1) 污泥缓冲仓

污泥缓冲仓为方形碳钢结构，由仓体、布料滑架、液压站、液压缸等部件组成，矩形大口径出料口位于底部。其特点是：

① 实现污泥洁净储存。现场无异味、无污染，占地面积小，布置灵活。

② 具有破拱功能。移动滑架可防止污泥起拱、板结等现象的发生。

③ 具有防爆功能。在仓顶设置甲烷浓度检测器，可实现自动报警、智能通风。

④ 具有料位检测功能。在仓顶设有料位检测仪，可自动检测、报警并实时显示料位。

⑤ 就地控制。卸料过程中现场操作，并有事故报警和系统紧急停车的功能。

⑥ 搅拌功能。采用卧式锤形搅拌轴，搅拌效果好。

(2) 闸板阀

闸板阀用于设备检修时切断污泥缓冲仓与预压螺旋的通道，便于系统的维护，为矩形结构，采用液压传动方式、聚氨酯密封材料，闸板刚度高，耐压高，密封可靠，操作方便、灵活。

(3) 预压螺旋

预压螺旋为污泥泵的辅助喂料设备，采用变频调速，双轴变螺距齿形结构，可以根据设定给料压力自动调整输送量。其特点为：实现浓料泵正压入料，输送量无级可调并与浓料泵形成闭环控制。

(4) 浓料泵

由于黏稠物料黏度大、流动性差，为满足输送要求，需设置浓料泵。对浓料泵的要求是：出口压力大，输送距离远；吸、排料无阻碍，便于高含固量黏稠物料吸入；采用闭式液压系统，压力冲击小，管路压力损失小；无级调节物料输出量，出料压力稳定；对关键运动部件的表面要采取特殊强化处理，使用寿命长。

(5) 高压低摩阻复合管

高压低摩阻复合管的特点是：摩擦系数极低，使用寿命长，耐磨损、耐腐蚀、耐冲击；采用高压密封减振法兰和专用管路固定附件可有效吸收振动，且密封可靠；管道设置简单，可架空、地埋，以任意角度拐弯等。

(6) 高压浓料换向器

由于黏稠物料的内摩擦阻力极高，常规方法无法进行流向切换，为此需采用高压浓料换向阀。“中矿”MNS黏稠物料管道输送系统的高压浓料换向阀采用滑阀结构，由液压驱动，性能可靠、动作准确。其一端为进料口，另两端分别与正常系统和备用系统管路相连，保证了两套管路切换自如。

(7) 多功能给料器

多功能给料器是专门研发的锅炉炉顶给料装置，采用滑阀式结构形式，以液压油缸为动力，入料端与输送管相连，出料端通过锅炉接口器与锅炉相连，可在总控室进行远程操作。同时，多功能给料器另一端连接清洗回流管，与污水排放系统相连。多功能给料器有送料、清洗2个工位，具有送料、清洗、疏通干结的功能。

(8) 泵房综合液压站

除浓料泵以外，该管道输送系统中其他所有需液压驱动的设备(如搅拌缓冲仓滑架、闸板阀、高压浓料换向阀和多功能给料器等)均由综合液压站驱动，通过调节溢流阀可以改变系统的工作压力，调节截流阀可以改变系统的输出油量，从而调节各液压缸的运动速度。

(9) 布料杆

布料杆采用液压驱动调节臂展长度和角度，采用先进的旋转折叠式臂架，每节臂的相对旋转都具有优化的转角区域，能够实现大范围布料；采用高强度合金钢材料焊接的臂架轻巧坚固；通过对回转减速器、支腿等部件采用比例控制和缓冲技术优化设计，保证了臂架回转动作平稳可靠；整套系统操作方便，可实现远程控制和系统调控。

(10) 折叠管

折叠管由高压低摩阻复合管及活接头构成，伸缩自如，坚固耐用。其内衬复合材料输送阻力小、耐腐蚀；连接法兰采用耐振快装法兰，密封性能可靠，回转阻力小，动作灵活。

污泥输送系统的设计与计算包括污泥量的确定、污泥管线的设计及输送方式的选择等三方面的内容。

7.1.3 污泥量的确定

初次沉淀池沉淀污泥的体积V可根据污(废)水中悬浮物浓度、污(废)水流量、去除率及污泥含水率按下式计算：

$$V=\frac{100C_0\eta Q}{10^3(100-P)\rho} \tag{7-1}$$

式中 V——沉淀污泥的体积，m^3/d；

C_0——进水悬浮物浓度，mg/L；

η——悬浮物去除率，%；

Q——污(废)水的流量，m^3/d；

P——沉淀污泥的含水率，%；

ρ——沉淀污泥的密度，以1000kg/m^3计。

二次沉淀池的污泥量也称为剩余污泥量，可近似利用式(7-1)计算，此时悬浮物去除率η取80%；对于以去除有机底物为目的的传统活性污泥工艺，也可根据式(7-2)计算：

$$\Delta X_T=\frac{\Delta X}{f}=\frac{1}{f}[Y(S_0-S_e)Q-K_dVX] \tag{7-2}$$

式中 ΔX_T——剩余污泥量，kg/d；

ΔX——每日的污泥增长量(即排放量)，kg/d；

f——系数，$f=\frac{X}{X_T}$；

X——污泥处理系统内微生物浓度，kgVSS/L；

X_T——活性污泥的浓度，kgVSS/L；

Y——污泥理论产率，kg(生物量)/kg(降解的 BOD_5)；

S_0——进水有机物浓度，mg/L；

S_e——出水有机物浓度，mg/L；

Q——二次沉淀池的设计流量，m^3/d；

K_d——活性污泥内源呼吸率，d^{-1}；

V——二次沉淀池的体积，m^3。

对于其他可去除有机底物、硝化、反硝化或除磷的活性污泥工艺，如 AB、AO、AnO、AAnO 或 AnAO、BARDENPHO 组合工艺等，需要根据处理效能的不同分别对待。

消化污泥量根据可消化程度用式(7-2)计算。如考虑到污(废)水处理厂固体物质的平衡，则可采用图 7-5 所示的污(废)水处理厂固体物质物料衡算图，计算污泥量。

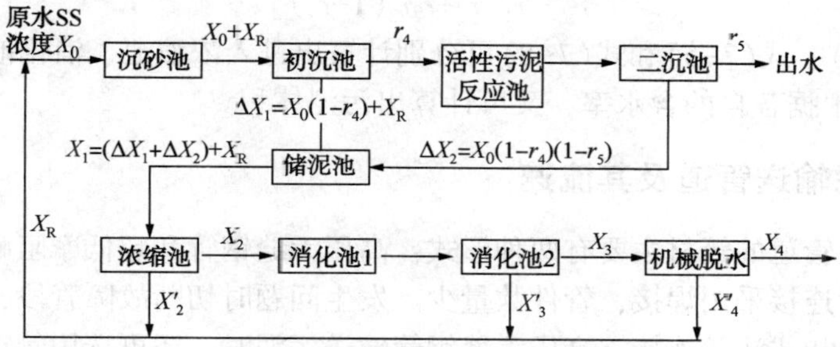

图 7-5　污(废)水处理厂固体物质物料衡算示意图

设原水悬浮物 SS 浓度为 X_0，初沉池对 SS 的去除率为 r_4(一般取 50%)，二沉池对 SS 的去除率 r_5 为(一般取 80%)，则污(废)水在此活性污泥处理系统中 SS 总去除率为 $1-(1-r_4)(1-r_5)$。各处理构筑物的固体回收率为：浓缩池为 r_1(一般为 90%)；消化池为 r_2(一般为 80%，SS 减量为 r_g 可达 30%)；机械脱水为 r_3(一般为 95%，其中预处理所加混凝剂的固体量略去不计)。因此，可写出平衡式如式(7-3)或式(7-4)：

$$X_1=(\Delta X_1+\Delta X_2)+X_R \tag{7-3}$$

$$\frac{(\Delta X_1+\Delta X_2)}{X_1}=1-\frac{X_R}{X_1} \tag{7-4}$$

式中　X_1——进入浓缩池的总固体物 TS 的量；

ΔX_1——初沉池排泥的 SS 量；

ΔX_2——二沉池排泥的 SS 量；

X_R——等于浓缩池上清液 SS 量 X'_2、消化池上清液 SS 量 X'_3、机械脱水上清液 SS 量 X'_4 的总和。

进入消化池的 SS 量为

$$X_2=X_1r_1 \tag{7-5}$$

浓缩池上清液的 SS 量为

$$X'_2=X_1(1-r_1)=X_1-X_1r_1 \tag{7-6}$$

消化池中 SS 减量为

$$G=X_2r_g=X_1r_1r_g \tag{7-7}$$

进入机械脱水设备的 SS 量为

$$X_3=(X_2-G)r_2=X_1r_1r_2-X_1r_1r_2r_g \tag{7-8}$$

脱水泥饼固体物 TS 的量为

$$X_4=X_3r_3=X_1r_1r_2r_3-X_1r_1r_2r_3r_g \tag{7-9}$$

机械脱水上清液的 SS 量为

$$X'_4=X_3(1-r_3)=(X_1r_1r_2-X_1r_1r_2r_g)(1-r_3) \tag{7-10}$$

则回流到沉砂池前的清液中所含的 SS 总量为

$$X_R=X'_2+X'_3+X'_4=X_1(1-r_1r_g-r_1r_2r_3+r_1r_2r_3r_g) \tag{7-11}$$

由式(7-11)，可得进入浓缩池的固体物 TS 的量为

$$X_1=\frac{\Delta X_1+\Delta X_2}{r_1[r_g+r_2r_3(1-r_g)]} \tag{7-12}$$

利用式(7-12)、式(7-5)和式(7-8)可分别计算出进入浓缩池、消化池及机械脱水设备的悬浮物 SS 量，根据各自的含水率，又可计算出污泥体积。

7.1.4 污泥输送管道及其流速

脱水污泥输送管道的管材主要有两种形式：高压无缝钢管和超低摩阻耐磨复合管。

高压无缝钢管连接采用焊接，管件数量少。发生问题时切断故障管段，维修好后重新焊接。管件连接为内扣式法兰连接。高压无缝钢管输送污泥时，还可选用管道润滑系统向管道内注入润滑剂，可减少约 30%~50%的水头损失。润滑剂可采用水、废油或高分子聚合物溶液。管道润滑系统由高压隔膜计量泵和润滑环组成。在污泥输送系统中，润滑剂常采用中水。中水经润滑环注入，均匀分布在管内壁和污泥之间形成润滑膜，有效降低管路的水头损失，润滑膜的厚度为 0.20~0.25mm，由于注入的水量有限，一般仅 2%污泥的含水率会升高，其余污泥的含水率基本不受影响。

超低摩阻耐磨复合管是一种具有特殊内涂层、黏稠物料在管道内进行高压低摩阻输送的管道。它的摩擦系数小，是普通钢管的 1/7，具有耐磨损、耐腐蚀、耐冲击的特点。管道和管件采用耐振快装法兰连接。因管道是法兰连接，管件数量多，发生故障时便于检修。

污泥输送管道的设计应注意以下几点：①管道选线应本着最短距离最少弯头的原则布线，管道尽量平直；②转弯时应优先采用 45°弯头；③转弯半径不低于 5*D*(直径)；④在管段适当位置应考虑清通、清洗、排气设施；⑤与污泥泵连接段应预留设备的检修空间，必要时设置高压伸缩节连接阀件。

当污泥含水率较高(如高于 99%)时，属于牛顿流体，其流动特性与水流相似。当污泥含水率较低(如含水率为 97%的浓缩污泥)，污泥流动具有半塑性或塑性流体特性，必须克服初始剪切力 τ_0 后才能开始流动，τ_0 值随固体浓度升高而增大，此时污泥在管道中的流动与水流不同，在层流条件下，由于 τ_0 的存在，污泥的黏滞性大，悬浮物又易于在管道中沉降，阻力较层流时的水流阻力大；在紊流条件下，由于污泥的黏滞性能够消除边界层产生的漩涡，使管壁的粗糙度减小，阻力反较紊流条件下的水流阻力小。污泥的含水率越低、黏滞性越大，上述情况越明显。因此在设计输泥管道时，常采用较大的流速，使泥流处于紊流状态。

输送管道的设计流速应根据输送泵形式及型号(流量-扬程)、管道长度、管道布置、介质特性等因素综合考虑。流速过高，管路系统磨损大，系统能耗高且易发生故障；流速过低，污泥在管道内停留时间长易产生气体造成不良影响，同时存泥多停机放空清洗不便，且管径大造价高。重力输泥管线一般采用0.01~0.02的管坡，污泥流动的下临界流速约为1.1m/s，上临界流速约为1.4m/s，污泥压力输送管道一般采用表7-1所列举的最小设计流速。

表7-1 压力输泥管道的最小设计流速

污泥含水率/%	最小设计流速/(m/s)		污泥含水率/%	最小设计流速/(m/s)	
	管径150~250mm	管径300~400mm		管径150~250mm	管径300~400mm
90	1.5	1.6	95	1.0	1.1
91	1.4	1.5	96	0.9	1.0
92	1.3	1.4	97	0.8	0.9
93	1.2	1.3	98	0.7	0.8
94	1.1	1.2	—	—	—

如为长距离输泥管(如输送到处理厂外利用等)，输泥管线的沿程水力损失可采用式(7-13)计算：

$$h_f = 2.49\left(\frac{L}{D^{1.7}}\right)\left(\frac{v}{C_H}\right)^{1.85} \tag{7-13}$$

式中 h_f——输泥管线沿程水力损失，m；

L——输泥管长度，m；

D——输泥管直径，m；

v——管内污泥流速，m/s；

C_H——哈森-威廉(Haren-Williams)系数，其值决定于污泥浓度，可参见表7-2。

表7-2 污泥浓度与 C_H 值表

污泥含量/%	0.0	2.0	4.0	6.0	8.5	10.1
C_H 值	100	81	61	45	32	25

为了便于维修管理，污泥管线最小直径用150mm。为了处于紊流状态，污泥管线内流速宜采用1.5~2.5m/s。污泥管线应设有水或压缩空气冲洗设备，以防止管道堵塞。在利用沼气的地方，不能用压缩空气清洗，以免混入空气，引起爆炸。

污泥管线中的局部阻力可按式(7-14)进行计算：

$$h_i = \xi\frac{v^2}{2g} \tag{7-14}$$

式中 h_i——局部阻力损失，m；

ξ——局部阻力系数，见表7-3；

v——管内污泥流速，m/s；

g——重力加速度，9.81m/s²。

表 7-3　污泥管线局部阻力系数 ξ 值

配件名称		ξ 值	污泥含水率/%	
承托接头		0.4	0.27	0.43
三通		0.8	0.60	0.73
90°弯头		1.46(r/R=0.9)	0.85(r/R=0.7)	1.14(r/R=0.8)
四通		—	2.50	—
闸门	h/d=0.9	0.03	—	0.04
	h/d=0.8	0.05	—	0.12
	h/d=0.7	0.20	—	0.32
	h/d=0.6	0.70	—	0.90
	h/d=0.5	2.03	—	2.57
	h/d=0.4	5.27	—	6.30
	h/d=0.3	11.42	—	13.00
	h/d=0.2	28.70	—	29.70

7.1.5　污泥管道输送工程实例

(1) 基于焚烧工艺的污泥处理工程

无锡某热电股份有限公司使用的污泥管道输送系统通过汽车将污泥从污水处理厂运至电厂卸料点，然后将污泥从地面输送到搅拌缓冲仓，再由管道输送系统将污泥送至锅炉的炉顶入料口进入锅炉焚烧，具体输送参数为：污泥的含固量为20%，水平输送距离为250m，垂直输送高度为34m，最大输送量为20m³/h。该系统包括一套污泥泵和一套输送管路，属于单套系统，主要设备为：搅拌缓冲仓，容积为20m³，搅拌功率为23.5kW；预压螺旋，输送量为20m³/h，功率为4kW；污泥输送泵，输送量为20m³/h；液压动力系统的油缸压力为31.5MPa，泵出口压力为18MPa，电机功率为132kW；输送管路为高压低摩阻复合管路，输送距离为250m，管路直径为100mm。

另外还有分流阀、多功能给料器、综合液压站、控制系统、就地操作、远程控制与操作等配套设备。输送工艺流程如图7-6所示。

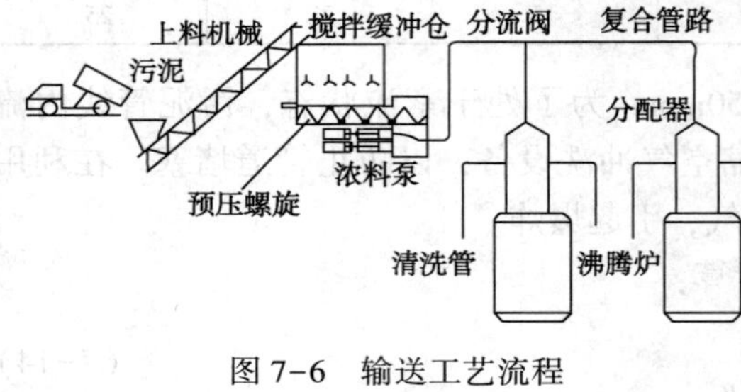

图7-6　输送工艺流程

污泥输送系统的实际输送量为额定输送量的35%~60%，相当于输送含固量为20%的污泥8~12t/h；送至2台锅炉燃烧，视锅炉燃烧情况对输送量做适当调整。当输送量为额定输送量的35%时，液压动力系统的油压为7~9MPa，相当于输送泵出口压力为4MPa左右。该污泥管道输送系统自正式启用后各设备运转正常，管路无任何泄漏现象。

(2) 基于填埋工艺的污泥处理工程

江南某大城市污泥填埋工程负责处理甲乙两个污水处理厂的污泥，设计规模为1200m³/d，甲、乙两厂各生产600m³/d，其中甲厂污泥的含水率为65%~75%，乙厂污泥的含水率为

70%~80%。根据用户要求，甲厂生产的污泥由污泥泵通过管路输送到污泥储存仓，与从乙厂运来的污泥混合后统一泵送至填埋场，因此需要采用两级输送，第一级输送距离为600m，第二级输送距离为800m，利用厂区内围堤空地作为污泥填埋场。

根据污泥的产量，在系统设计时选用了双管路双系统，在甲厂的污泥脱水机房安装2台缓冲搅拌仓，容积为$2\times30m^3$；2台污泥输送泵，输送量为$2\times40m^3/h$；输送管路的管径为150mm。

进行第二级输送时，由于加入了乙厂的污泥，因此选用的缓冲搅拌仓为$2\times30m^3$，污泥泵的输送量为$2\times60m^3/h$。图7-7为管道输送设备及工艺流程简图。

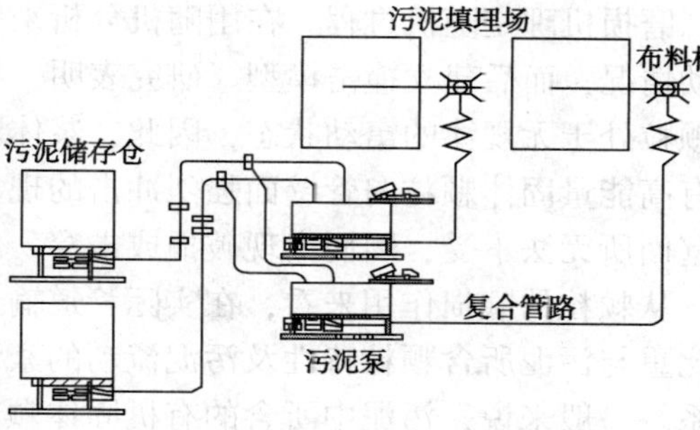

图7-7 管道输送设备及工艺流程图

污泥的输送过程为脱水污泥由污泥储存仓经预压螺旋喂入浓料泵，再由浓料泵经高压低摩阻复合管、高压换向阀泵入中间设置的污泥缓冲仓。2台浓料泵通过高压浓料换向阀实现互为备用，通过多功能给料器实现两套管路的灵活切换。

二级输送的污泥包括两部分：一部分为甲厂第一级输送来的污水，另一部分为乙厂由汽车运来并卸入搅拌缓冲仓中的污泥。两部分污泥在污泥缓冲仓混合后经预压螺旋和浓料泵，通过高压低摩阻复合管、输送弯管、折叠管、布料杆等输送至填埋场。二级输送泵房中的2台浓料泵是两套独立的系统，分别负责两个填埋区的污泥输送。布料杆设于隔堤，可以调节布料半径并能沿隔堤移动。

由于污泥具有一定的流动性，布料时只要保证污泥定点、定量的输送至填埋场即可实现污泥的均匀摊布；当布料杆移动至隔堤的远端，布料臂伸至最长并开始布料，电控系统同时计算污泥的输送总量，当达到系统设定值时，布料杆调节布料半径，在另一点开始布料。当污泥落满布料杆所覆盖的扇形区域时，布料杆及所在支架移动到下一点开始在新的区域布料。布料杆在扇形范围内的摆动和调节布料半径时不需停止污泥的输送。

整套系统均可远程控制。为保证系统的可靠运行，在污泥缓冲仓的顶部设有料位计，当污泥储存量达到预设之极大值和极小值时系统自动报警。

7.1.6 污泥管道输送过程存在的问题及应对措施

（1）防止停运时堵管

污泥管道输送过程中，如停电等使污泥停止流动时，管内的污泥在重力作用下会发生沉降分层，进而会引起堵管。对于水平或缓斜上管道，即使停止流动，污泥也不能沿管的轴向全部排出，若短时停电，可以启动泵再输送。但对于急倾斜或垂直管道，若污泥停止流送，所含的固体物沉淀到管线下部，可引起堵管。这种情况需在管道下端设置特别排放阀，在停止输送时自动开启此阀，排出管内的污泥，并要以一定量的水冲洗管道。另外，根据具体情况，必须考虑停电时用柴油机驱动清水泵，以便冲洗管道。

（2）输送管道的磨损

造成输送管道磨损的原因有物理磨损和化学腐蚀。输送高含水率污泥时，由于其流动性好，且污泥中所含的固体物少，对输送管道的物理磨损不大，但对于高含固量的污泥，尤其是其中混有细砂时，对输送管道的物理磨损就非常大。另外，对于某些工业废水污泥，由于其中含有化学成分，可能对输送管道造成腐蚀而磨损。

造成输送管道磨损的主要原因是由于输送污泥内固体颗粒与管壁之间的相互碰撞与摩擦；其次是滚动碰撞；再次是颗粒以一定的角度撞击管壁，即刮削效应。上述三个原因的界限并不很清楚，因为紊流会导致其中任何现象出现。影响管道磨损的因素很多，诸如颗粒的比重、硬度、粒径、级配、数量，污泥的浓度、pH 值、流速，以及输送管道的材质、管径等，均与磨损相关。

(3) 管道磨损机理分析

磨损机理是随机过程。在用随机分析来解释这种现象时，首先必须研究管道内壁附近的流动情况，而后建立撞击模型。研究表明，在浆体流动过程中，由于紊流的作用，浆体内固体颗粒处于无规律的窜动状态，因此，浆体颗粒与管壁之间不只出现水平的摩擦，而且还存在有高能量固体颗粒向管壁面强烈冲击的现象。这种高能量颗粒的冲击往往为强度较低的管道壁面所无法承受，因而出现破损或击穿。

从颗粒的磨损作用来看，在实际管道输送中，变形磨损与切割磨损往往是并存的，各占的比重与污泥所含颗粒特性及污泥流动的紊动程度有关。紊动程度的高低与污泥流速有直接关系。一般来说，污泥中所含的有机固体颗粒圆滑、细小、紊动程度较低时，切割磨损的危害较小；但对于污泥中夹杂的砂石颗粒而言，因其为多棱形、块状、多面体大颗粒，且硬度较大、输送流速快，紊动程度较高，此时对平管、直管、倾斜管的切割磨损危害较大，而对弯管及弯管出口处的短管的变形磨损危害较大。

(4) 管道磨损的定量监测

污泥输送管道的磨损程度可通过对输送管道各方向上的磨损进行监测而获知。用监测所得结果进行管道管理，防止由于管道磨损而造成输送中止，从而保证生产正常进行。

实际运行中，可采用高灵敏度超声波测厚仪对管道顶、底、两侧四个不同部位的壁厚进行定点监测，以确定输送管道的磨损率，及时发现管壁厚度的变化，以控制管壁的安全厚度，保证输送系统的安全可靠。

(5) 磨损控制

① 鉴于管道磨损与固料颗粒有关，所以应尽量清除污泥中夹杂的砂石，如无法完全清除，则应严格控制输送污泥中夹杂砂石的粒度。

② 控制污泥的流速是减少磨损的有效措施。试验表明，加大污泥输送流速，管道内的水头损失、所需动力、磨损量均有明显增加。在输送量相同时，流速每增加 2 倍，则所需动力要增加 4 倍；而管壁磨损量与流速的 2.6 次方成正比，即每当流速提高 2 倍则磨损量将增加 6 倍。但流速也不可能无限制缩小，起码需保证污泥的正常流动与固体颗粒不出现沉积。

③ 预留磨损壁厚。根据试验测定的每年管道磨损厚度乘以服务年限作为需要预留的管壁厚度，再与正常壁厚相加，两者厚度之和作为管道实际需要的壁厚。为了确保生产正常进行，除了对管道磨损严重部位进行加厚处理外，还需定时监测管壁的磨损情况，及时翻管后使用。

④ 由于切割磨损的作用，管子底部磨损严重，要求定时监测管壁的安全厚度，有计划的转动管子，每次转动角度为 60°~120°。

⑤ 提高管子自身的耐磨性。提高管子自身耐磨性的常用办法是在金属管内加耐磨层(或衬管)，或选用耐磨性能好的管材。

7.2 污泥输送泵

当污泥采用压力管道输送时，需要污泥输送泵。污泥输送泵在构造上必须满足不易堵塞、不易腐蚀和耐磨损等基本条件。常用的有离心泵、隔膜泵、螺杆泵、旋涡泵和磁力泵。

7.2.1 离心泵

离心泵的特点是结构简单，流量均匀，可用耐腐蚀材料制造，且易于调节和自控。

(1) 工作原理

离心泵开泵之前，打开出入管道阀，泵体内应充满流体，当泵叶轮转动时，叶轮的叶片驱使流体一起转动，使流体产生了离心力。在此离心力的作用下，流体沿叶片流道被甩向叶轮出口，经扩压器、蜗壳送入排出管。流体从叶轮获得能量，使压力能和速度能增加，当一个叶轮不能满足流体足够能量时，可用多级叶轮串联，获取较高能量。

在流体被甩向叶轮出口的同时，叶轮中心入口处的压力显著下降，瞬时形成了真空，入口管的流体经泵吸入室进入叶轮中心，当叶轮不停地旋转时，流体就不断地被吸入和排出，将流体送到管道和容器中。

离心泵的工作过程，就是在叶轮转动时将机械能传给叶轮内的流体，使它转换为流体的流动能，当流体经过扩压器时，由于流道截面变大，流速减慢，使一部分动能转换成压力能，流体的压力就升高了。所以流体在泵内经过两次能量转换，即从机械能转换成流体动能，该动能又部分地转换为压力能，从而泵就完成了输送液体的任务。

(2) 离心泵的特性

① 流量和口径

泵的流量是指单位时间内排到管路系统的液体体积，由装置所需要的流量来确定。一般来讲，应根据流量选择泵的口径和确定泵的数量。泵的吸入口径与流量的关系如图 7-8 所示。

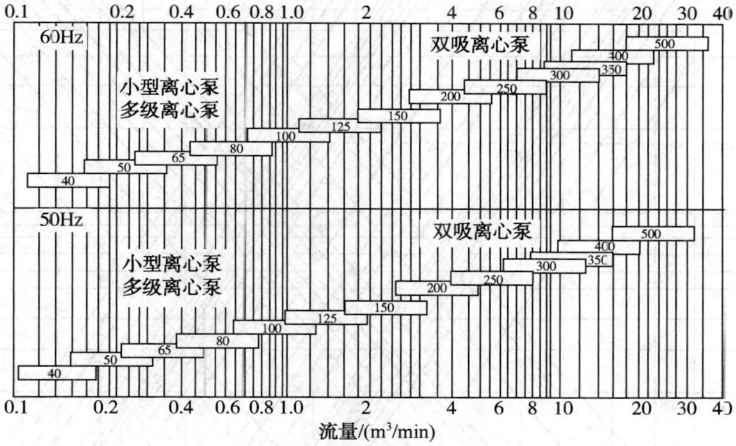

图 7-8 泵吸入口径与流量的关系

② 总扬程

也叫压头，是指离心泵对单位质量液体所提供的有效能量。泵的作用是从吸入液面吸入液体，将其输送到排出液面。此排出液面与吸入液面的压力差加上两个液面的垂直距离叫做泵的实际扬程，用 h_a 表示。为了向具有这一实际扬程的位置抽送液体，泵所产生的扬程叫总扬程，用 H 表示。上述关系如图 7-9 所示。

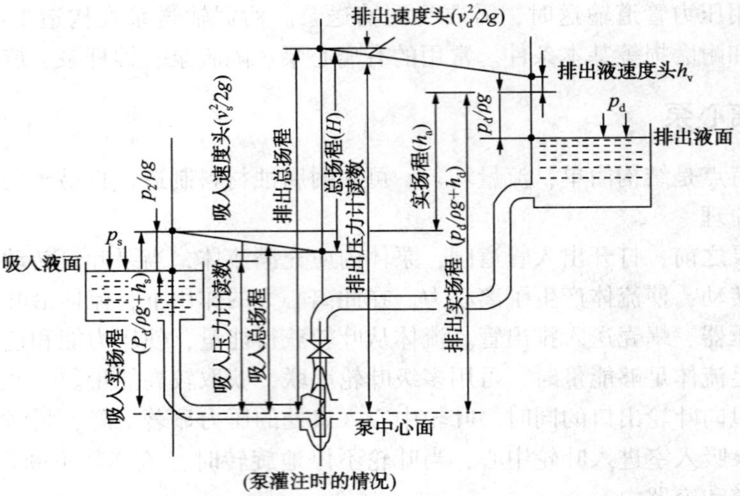

图 7-9　泵的扬程说明

（3）泵的转速和比转数

泵的转速即每分钟运转的次数，单位用 r/min 表示。在转速一定的情况下，泵的流量、扬程、功率亦为一定值；反之，亦随之变化。

为了生产的方便，设定泵运行的参数指标可从图 7-10 中查出泵的比转数。例如：一泵

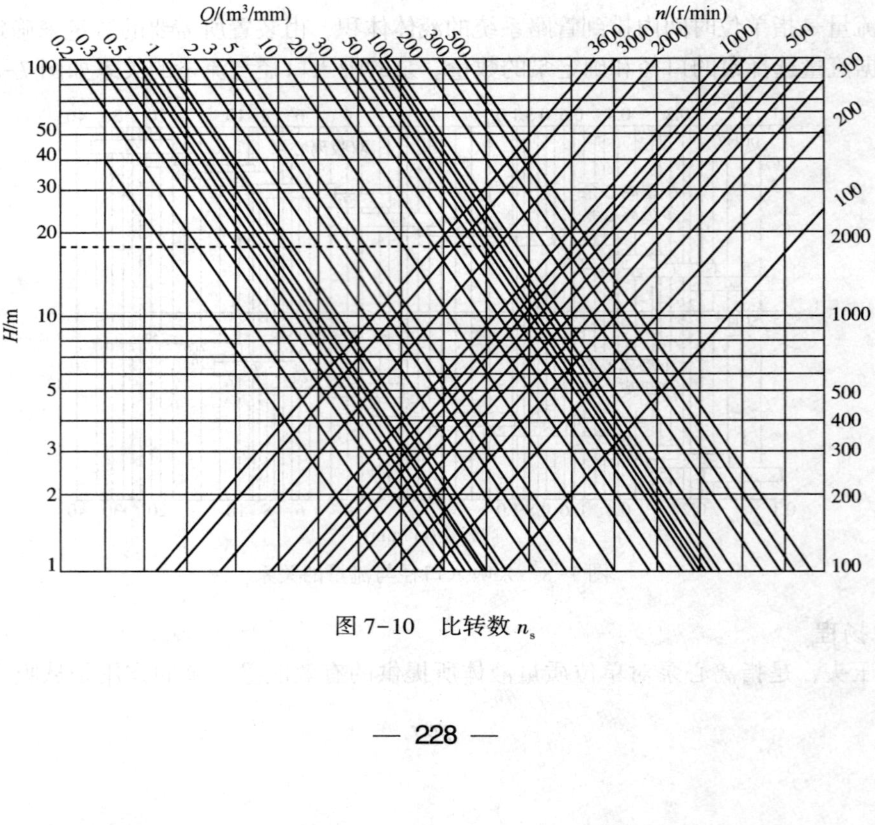

图 7-10　比转数 n_s

的扬程为18m，流量为$50m^3/min$，转速为900r/min，查该泵的比转数是多少？根据图7-10查纵坐标扬程18m，作水平线交于流量$50m^3/min$线上，再作垂直线交于转逗为900r/min的线上，之后作水平线，其比转数为$n_s=730$。

（4）泵的特性曲线

离心泵的流量Q、扬程H、功率P和效率η是泵的基本性能参数，它们之间存在一定的关系，将这些关系整理后用曲线表示出来，即为泵的特性曲线。假定泵的最高效率点的值为100%，用相对该值的流量比、扬程比、功率比的形式表示泵的特性曲线，如图7-11所示。

① $Q-H$曲线

离心泵的流量和扬程之间的关系曲线叫流量-扬程曲线，用$Q-H$表示。如果流量不大时，扬程近似直线，流量增加到一定值时，扬程开始降低。扬程降低的快慢与该泵的比转数有关，比转数小的则下降慢些，比转数大的则下降快些。

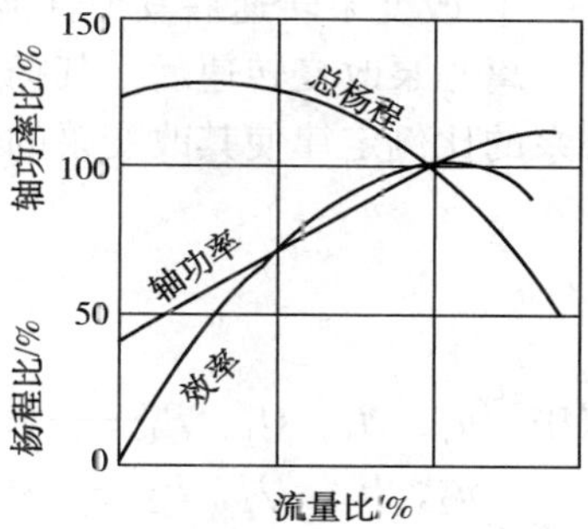

图7-11 离心泵的特性曲线

② $Q-P$曲线

离心泵的流量和功率之间的关系曲线叫流量-功率曲线，用$Q-P$表示。流量和功率为正比例关系，即当流量增加时功率增加。增加的快慢与比转数有关。比转数越小，流量增加后功率增加越快；比转数越大，流量增加后功率增加越慢。

③ $Q-\eta$曲线

离心泵的流量和效率之间的关系曲线叫流量-效率曲线，用$Q-\eta$表示。当泵的流量为“0”时，效率也为“0”，随着流量的增加，效率值也增加，但增加到一定值后又开始下降了，开始下降的最高点叫最高效率区。高效区与比转数有关，比转数小的，高效区宽些，泵的使用范围大；比转数大的，高效区窄，泵的使用范围也小些。

泵在运行过程中有时需要对泵的工况点进行调节。泵的工况点是泵特性曲线与管路特性曲线的交点，可以通过改变泵的特性曲线或改变管路特性曲线两种途径来改变工况点。

泵特性曲线的调节可以通过调节转速、切割叶轮外径、改变前置导流叶片角度、改变半开式叶轮叶片端部间隙、串联和并联来实现。管路特性曲线的调节可以通过闸阀、调节液位、旁路分流来实现。

（5）离心泵的汽蚀

离心泵的叶轮在高速旋转时产生很大的离心力，液体在离心力的作用下，流体动力使泵的入口处产生低于大气压的真空度，这种运动液体的压力降低到在该温度下的液体汽化压力时，液体就开始汽化形成气泡。还有，当压力降低时，溶解在液体中的气体常在汽化之前释放出，形成气泡。这样，在运动的液体中形成的气泡随液体一起流动。当气泡达到静压超过饱和蒸气压区域时，气泡中的气体又突然凝结而使气泡破灭。当气泡破灭后，周围的液体以高速向气泡中心运动，这就形成了高频的水锤作用，打击叶轮表面，并产生噪声和振动。这种气泡的产生和破灭过程反复进行，就对这一区域的叶轮表面产生破坏作用，使泵流量减少，扬程下降，效率降低等。这种现象叫汽蚀现象。

离心泵中最易发生汽蚀的部位有：①叶轮曲率最大的前盖板处，靠近叶片进口边缘的低压侧；②压出室中蜗壳隔舌和导叶的靠近进口边缘低压侧；③无前盖板的高比转数叶轮的叶梢外圆与壳体之间密封间隙以及叶梢的低压侧；④多级泵中第一级叶轮。

为避免泵的汽蚀现象，应选择抗腐蚀材料，或者在叶轮上涂环氧树脂，刷防腐油漆等防腐蚀材料，同时在设计和安装泵时，要考虑吸入真空度、吸入高度及液体的流动速度等因素。

（6）离心泵特性的改变

在过程工业生产中由于投产后工艺参数随生产的发展有不少的改变，或者说，原设计条件选用的泵必须改变其特性方可适用于实际生产。

① 改变泵转速后其他性能的变化

离心泵改变转速后，其扬程、流量、轴功率也发生相应的变化，在实际运行中可应用离心泵的比例定律使其改变泵的特性。泵的比例定律可用下式表示：

$$Q_1/Q_2=n_1/n_2 \tag{7-15}$$

$$H_1/H_2=n_1/n_2 \tag{7-16}$$

$$P_1/P_2=n_1/n_2 \tag{7-17}$$

式中 n_1，H_1，Q_1，P_1——泵原来的转速、扬程、流量、功率；

n_2，H_2，Q_2，P_2——泵改变后的转速、扬程、流量、功率。

② 切削泵叶轮尺寸后其他性能的变化

离心泵的叶轮直径如果因出口压力高而需减小时，其扬程、流量、轴功率也发生相应的变化，可用离心泵的切割定律来实现。切割定律可用下式表示：

$$Q_1/Q_2=D_1/D_2 \tag{7-18}$$

$$H_1/H_2=D_1/D_2 \tag{7-19}$$

$$P_1/P_2=D_1/D_2 \tag{7-20}$$

式中 D_1，Q_1，H_1，P_1——泵原来的叶轮直径、流量、扬程、功率；

D_2，Q_2，H_2，P_2——泵叶轮直径切割后的叶轮直径、流量、扬程、功率。

泵叶轮直径切削较大时，效率也有明显下降。一般的叶轮切削量可参考表 7-4。

表 7-4 泵叶轮切削量比较表

比转数	60	120	200	300	350
最大允许切割量/%	20	15	11	9	7
效率下降值	每切削 10%，下降 1%		每切削 4%，下降 1%		

（7）离心泵轴向力的平衡

不管是单蜗壳泵还是双吸泵、多级泵，在实际运行中均出现过振动，经频谱分析，大多为轴向力或径向力不平衡所致。造成轴向力、径向力不平衡的原因是多种多样的，有的是轴强度不够，有的是键槽开得不规范，有的是叶轮两侧盖板变形等。

① 单级泵轴向力的平衡方法

单级泵如果是用在易汽化且有腐蚀性介质的液体中，可制作成双吸泵。或者在叶轮上开平衡孔，或用平衡管与吸入口低压区连通。

② 多级泵轴向力的平衡方法

在过程工业生产中多级泵用来输送高压力的液体，如锅炉给水，钾碱液等，对于轴向力在设计和制造时，一般做成偶数叶轮，并作对称布置。如图 7-12 所示。

如果根据制造工艺的要求，叶轮均按一个方向排列时，当计算出轴向力很大时，则必须从结构上解决，增加平衡盘或者平衡鼓，或者二者结合起来。如图 7-13 所示。

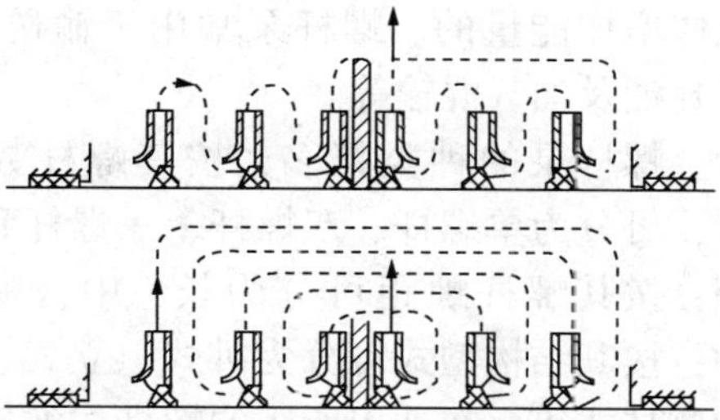

图 7-12　多级叶轮布置方式

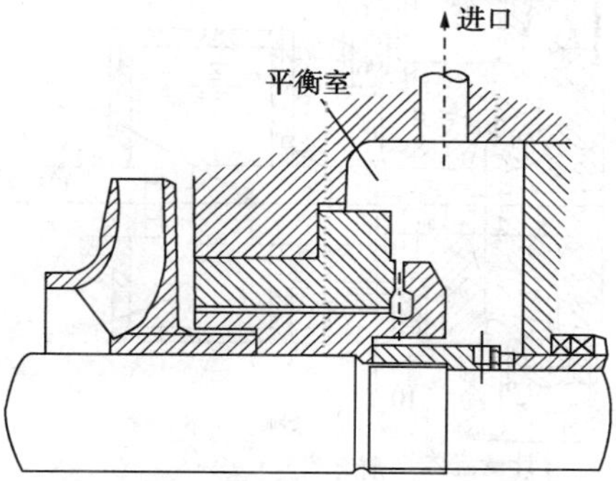

图 7-13　安装平衡盘、平衡鼓的泵

（8）离心泵径向力的平衡

如上所述，径向力也是造成振动的重要原因，消除径向力的影响，必须在泵运行中测定和计算径向力的分布状况。一般对单蜗壳泵来讲，如果轴、叶轮、轴承设计合理，选材适当，又严格按工况运转，是不会因径向力造成不平衡的，但如果偏离了工况，在整个叶轮外圆上压力分布呈不对称状态，迫使叶轮受到径向力的作用，径向力大时，会造成轴弯曲，当弯曲挠度超过旋转密封件与固定件之间的间隙时，就会产生摩擦，产生剧烈的振动。泵轴在交变应力作用下很快发生疲劳破坏。

减少径向力的办法是选用或设计成双蜗壳型式的，它可基本平衡径向力，但成本较高，流道制造比较复杂，一般可采用导叶或同心圆泵体。

7.2.2　隔膜泵

使用隔膜泵是为了在输送腐蚀性强的液体时，柱塞不受损伤。其泵头是采用弹性薄膜将柱塞与被输送的液体隔开，如图 7-14 所示。此弹性薄膜用耐腐蚀、耐磨的橡皮或特制的金属制成。隔膜右边所有部分均由耐蚀材料制成或涂有耐蚀物质，隔膜左边则盛有油或水。隔膜泵工作是借助柱塞在隔膜缸内作往复运动，迫使隔膜交替地向两边弯曲，使其完成吸入和排出的工作过程，并且被输送介质不与柱塞接触。为了保证隔膜正常工作，在缸头上装有安全补油阀组，根据压力的变化及时排油或补油。

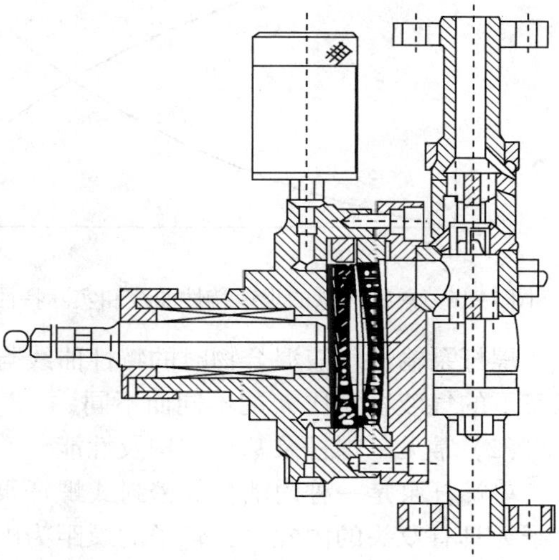

图 7-14　隔膜泵

在过程工业中隔膜泵常用作计量泵，或作为输送腐蚀性液体的加药泵，隔膜泵的隔膜片有膜片型、波纹管型和筒型隔膜等，以膜片型为最常用的隔膜泵。图 7-15 所示为隔膜计量泵。

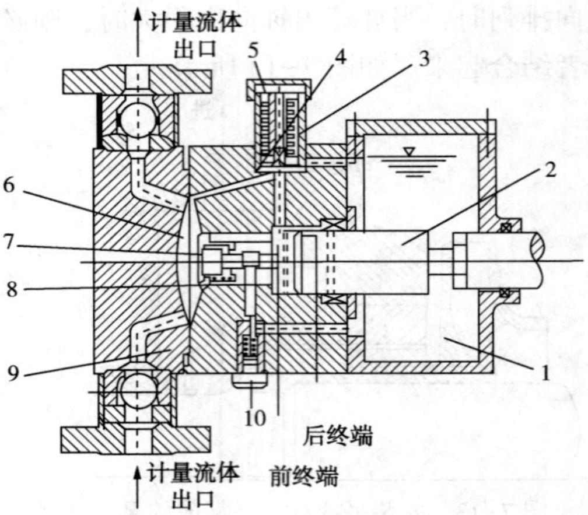

图 7-15　隔膜计量泵

1—液压油箱；2—活塞；3—液压双功能阀；
4—放空阀；5—减压阀；6—操作室；
7—控制杆；8—控制隔膜；9—液压室；
10—液压喷气阀

7.2.3　螺杆泵

螺杆泵是一种容积式旋转型水力机械，它是利用相互啮合的螺杆与衬套间容积的变化为流体增加能量的。螺杆泵常用于输送润滑油、密封油及油气混输等。

螺杆泵的种类繁多，按其螺杆数目的不同，可分为单螺杆、双螺杆、三螺杆和五螺杆等；按其螺杆螺距可分为长、中、短螺距三种；按其结构型式可分为卧式、立式、法兰式和侧挂式等。在油田所用的螺杆式油气混输泵中，以单螺杆泵和双螺杆泵为主。

(1)单螺杆泵的特性曲线

在图 7-16 中，单螺杆泵压头-流量的理论特性曲线 Q_T-H 为一条平行于横坐标 H 的水平线，Q_T 为常数，不随压头 H 的变化而改变。而实际上，随着压头 H 的增加，通过螺杆-衬套副密封线从泵排出端到吸入端的液体漏失量 q 也增加，实际流量 Q 是理论流量 Q_T 和漏失量 q 的差值。随着压头 H 的增加，流量 Q 是逐渐下降的。单螺杆泵综合了往复泵和离心泵的优点，其压头-流量特性曲线介于往复泵和离心泵之间，如图 7-17 所示。

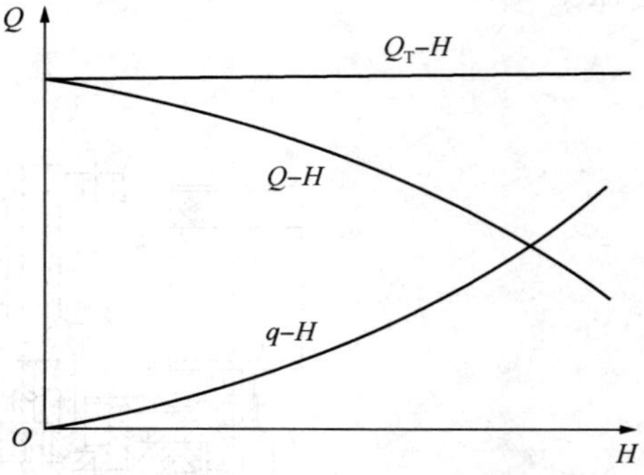

图 7-16　单螺杆泵的理论特性曲线和实际特性曲线

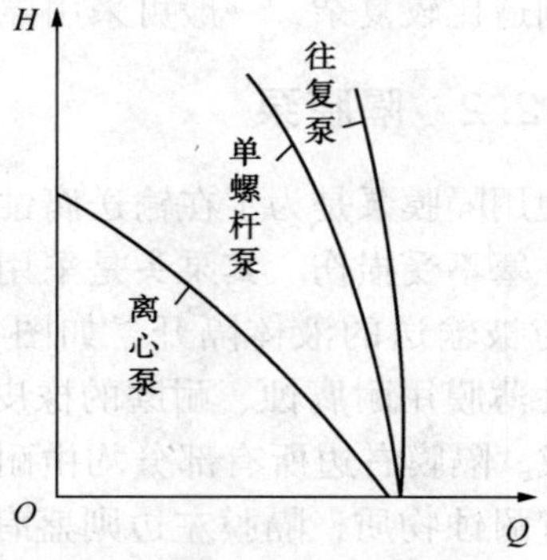

图 7-17　单螺杆泵、离心泵、往复泵特性曲线

螺杆泵输送气液混合物时的特性曲线与输送纯液体时的特性曲线是不同的，它将随吸入状态下的气液容积比 K 的不同而不同。

（2）常见单螺杆泵基本结构及性能

单螺杆泵是一种内啮合的密封式螺杆泵。普通的单螺杆泵，其转子为圆形断面的螺杆，定子为具有双头的内螺纹，转子的螺距为内螺纹螺距的一半，转子作行星运动的同时，沿着螺纹将液体向前推进，从而产生抽送液体的作用。

单螺杆泵具有下列特点：

① 能够连续均匀地输送，无脉冲现象。

② 易损零件少，且零件容易更换。

③ 排出能力强，自吸性能好，吸入可靠。

④ 对高黏度流体排出可靠，并且适用于含固体颗粒的浆料。

⑤ 吸入管和排出管调换一下，可以反向运转。

⑤ 对于高温度液体，需要采用金属衬套。

螺杆可以用各种钢材制造，只有在特殊条件下才用塑料、玻璃或铸石制成。因为螺杆精度要求相当高(螺距、直径和偏心距的偏差不大于 0.05mm)，所以螺杆制造时至少要在切削机床上精磨。为了提高摩擦副中螺杆表面的耐磨性，螺杆可放在电解槽中镀铬，镀铬层厚度推荐在 0.01~0.03mm 范围内，然而在工作螺杆上其值应在 0.06~0.08mm。

衬套材料通常采用橡胶。采用塑料或橡胶的衬套表面在压铸或压制过程中，在压模中放入型芯和钢管(衬套外壳)，钢管内表面的细螺纹用来增加橡胶固定的表面积。图 7-18 为单螺杆泵结构图。

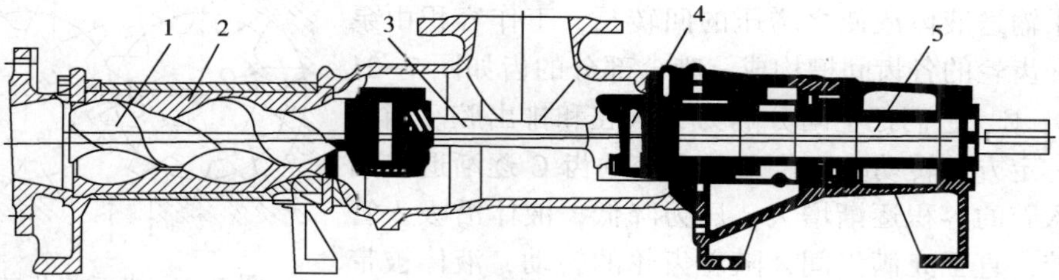

图 7-18 单螺杆泵结构图

1—转子；2—定子；3—连接杆；4—铰接接头；5—传动轴

由于螺杆泵是一种容积泵，它的压力决定于与它连接的管道系统的总阻力。一般来说，为防止管道阻力增大，必须在泵的出口设置安全阀，在泵的入口设置过滤器，以保证泵的安全。

(3) 双螺杆泵的结构

除了上述的单螺杆泵外，双螺杆泵也在工业中得了广泛的应用。图 7-19 所示为双螺杆泵的结构。

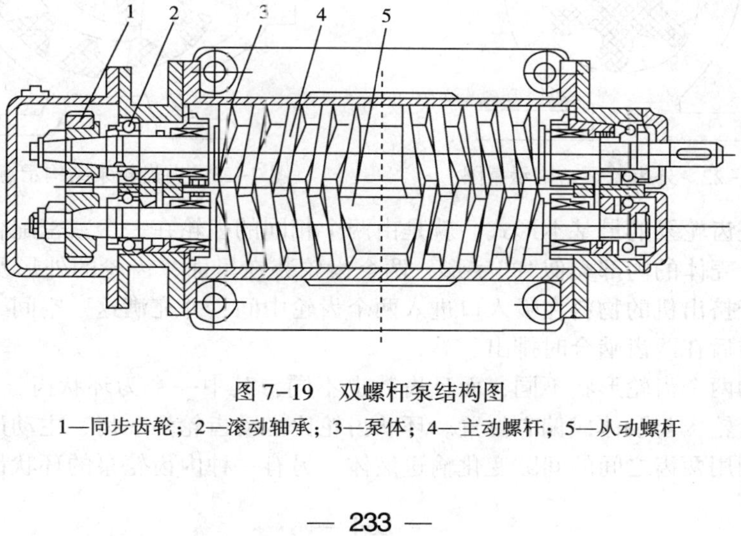

图 7-19 双螺杆泵结构图

1—同步齿轮；2—滚动轴承；3—泵体；4—主动螺杆；5—从动螺杆

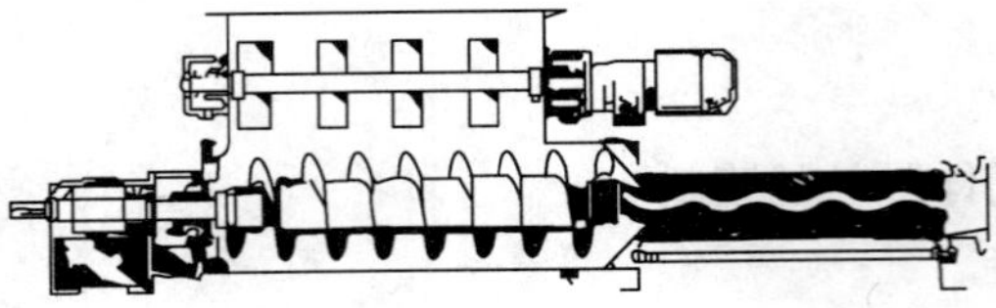

图 7-20　奈莫泵结构图

(4) 奈莫泵

后来研究出的奈莫泵，其工作原理和螺杆泵一样，但内部结构改变了很多，如图 7-20 所示，其特点是定子与转子接触形成的螺旋密封线将吸入腔与排出腔(压力腔)完全分开，使泵具有阀门的隔断作用。同时可实现液体、气体、固体的多相混输，可广泛用于输送高黏度的油品、有腐蚀性的介质流体，或含有纤维和固体颗粒的液体。

7.2.4　齿轮泵

(1) 齿轮泵的工作原理

齿轮泵是依靠泵缸和啮合齿轮间所形成的工作容积变化和移动来输送液体或使之增压的回转泵，工作容积由泵体、侧盖和齿轮的各齿间槽构成，啮合部分的齿如图 7-21 中的 A、B、C，它们把空间分隔为吸入腔和排出腔。当一对齿轮按一定方向转动时，位于吸入腔的齿 C 逐渐退出啮合，使吸入腔的容积逐渐增大，压力降低，液体沿吸入管进入吸入腔，直至充满齿间，随着齿轮的转动，液体被带到排出腔强行送到泵的出口进入管道。

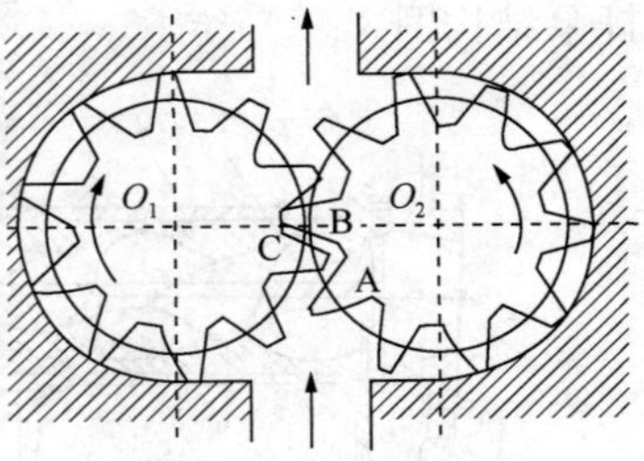

图 7-21　齿轮泵齿的啮合

齿轮泵主要由两个旋转的齿轮和泵壳组成。根据两个旋转齿轮的相互位置，齿轮泵可以分为外齿轮泵和内齿轮泵两种，其结构示意图分别如图 7-22 和图 7-23 所示。

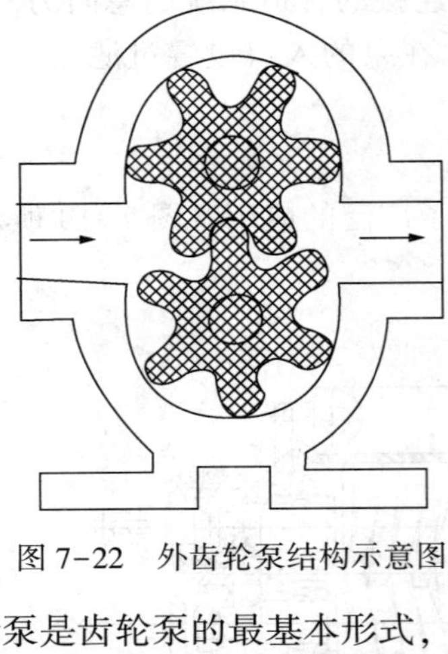

图 7-22　外齿轮泵结构示意图

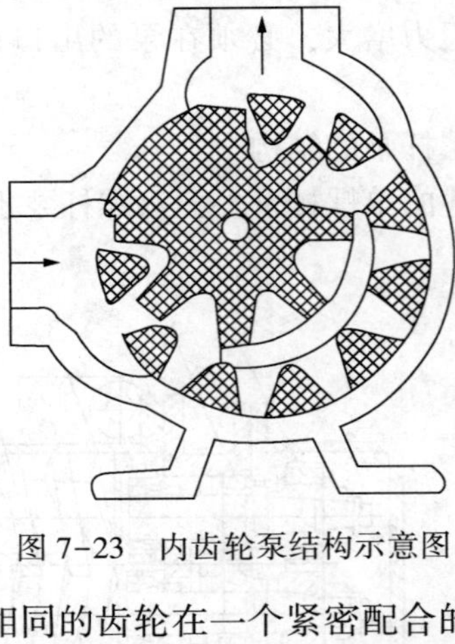

图 7-23　内齿轮泵结构示意图

外齿轮泵是齿轮泵的最基本形式，就是由两个相同的齿轮在一个紧密配合的壳体内相互啮合旋转，这个壳体的内部类似“8”字形，两个齿轮装在里面，齿轮的外形及两侧与壳体紧密配合。来自于挤出机的物料在吸入口进入两个齿轮中间，并充满这一空间，随着齿的旋转沿壳体运动，最后在两齿啮合时排出。

内齿轮泵的两个齿轮形状不同，而且齿数也不同，其中一个为环状齿，能在泵内浮动，另一个是主动齿轮，与泵体成偏心位置。环状齿轮比主动齿轮多一齿，主动齿轮带动环状齿轮一起运动，利用两齿之间的间隙变化输送液体。另有一种内齿轮泵的环状齿轮比主动齿轮多两齿，在两齿之间装有一块月牙形的隔板，把吸、排空间明显隔开了。

齿轮泵也叫正排量装置。对于齿轮泵而言，由于齿轮的齿顶与泵壳、齿轮的两侧与泵壳、相互啮合的齿之间形成旋转动密封，当一个齿轮进入另一个齿的流体空间时，流体就被机械性地挤出来。因为液体是不可压缩的，所以液体和齿就不能在同一时间占据同一空间，这样，液体就被排出了。由于齿的不断啮合，这一现象就连续发生，因而也就在泵的吸入侧产生负压将液体吸入，在泵的出口提供了一个连续排出量，泵每转一转，排出量是一样的。随着驱动轴的不间断高速旋转，泵也就不间断地排出流体，从而实现连续稳定的输送。泵的流量直接与泵的转速有关。

实际上，在齿轮泵内会有很少量的流体损失，这使泵的运行效率不能达到100%，因为这些流体被用来润滑轴承及齿轮两侧，而泵体也绝不可能无间配合，因此不能使流体100%地从出口排出，所以少量的流体损失是必然的。然而，泵还是可以良好地运行，对大多数挤出物料来说，仍可以达到93%~98%的运行效率。

齿轮泵一般带有安全阀，当压力过大时开启安全阀，使高压液体返回吸入回。

齿轮泵的流量均匀，结构简单紧凑，工作可靠，维修保养方便，能够提供较大的压头，一般用于输送流量小、所需扬程高、黏度较大、不含颗粒的各种液体，常用作润滑油泵、燃油泵和液压传动装置中的液压泵，但不宜输送水和汽油等黏性小的流体。

齿轮泵由一个独立的电机驱动，可有效地阻断上游的压力脉动及流量波动，在齿轮泵出口处的压力脉动可以控制在1%以内。在挤出生产线上采用一台齿轮泵，可以提高流量输出速度，减少物料在挤出机内的剪切及驻留时间。

（2）齿轮泵的性能参数及影响分析

齿轮泵的性能参数包括压力、排量、转速、功率、效率等。

齿轮泵的工作压力分为低、中、高三级。2.5MPa以下为低压，6.3~16MPa为中压，20~31.5MPa为高压。低压、中高压、高压外啮合齿轮泵均有不同的典型结构，以外啮合齿轮泵为例，通常其压力≤25MPa，排量0.3~650mL/r，转速300~4000r/min，最大功率187.2kW，容积效率80%~95%。

影响齿轮泵性能的因素主要有结构和使用两方面的因素。

① 结构的原因

a. 由于结构缝隙而出现泄漏。一般情况下，液压油出现泄漏的情况主要有：一对齿轮啮合处有缝隙、齿轮外圆以及泵体内孔间径向缝隙、齿轮的两面以及端盖的端面缝隙。出现渗漏较多的就是端面间隙，在总泄漏量中所占比例达75%~80%。如果有较大的端面间隙或者径向间隙，将导致齿轮泵停止吸油或者流量变小情况的发生。

b. 由于渐开线齿轮的啮合重合度超过1而出现困油的情况。渐开线齿轮啮合时，重合度在1以上，如果4个轮齿的啮合时间一致，一部分油液将困在一对轮齿形成的封闭腔之内。被困住的油液在旋转的齿轮下，当增加密封的容积时，将有气穴出现，可造成振动、噪声以及气蚀，当降低密封的容积时，将在高压作用下流出来，将加热系统的油液，困油现象就是这样产生的。

c. 由于油液不平衡的作用力而导致径向作用力的不协调。在齿轮泵中，油液作用在齿轮外缘的压力是不均匀的，工作压力增大将会加剧径向的不协调力，从而导致齿顶与泵体接触、泵轴弯曲、出现摩擦的现象，进而将降低轴承的使用寿命。

② 使用的原因

a. 由于裂纹间隙等导致齿轮泵压力不足。造成齿轮泵压力不足的原因主要包括：齿体出现裂纹，或出现泄漏的情况；齿轮泵径向间隙与轴向间隙过大；油液黏度太高或油温过高；齿轮泵不配套于电动机功率；流油器出现堵塞的情况；较低的调整溢流阀压力或者是失灵等情况，尤其阻塞了液压系统的情况，卡死了回油阀，安全阀失灵，会导致齿轮泵出现严重超载的情况，进而破坏齿轮泵。

b. 由于不确切的吸油部位而导致齿轮泵具有较小的流量或者不吸油的情况。其主要原因在于过高的吸油部位或者油位不足；堵塞了滤油器；较高的油温等。特别是齿轮泵在没有油液的情况下，“空磨”将很快破坏到齿轮泵。

c. 由于安装等导致噪声振动或者“咬死”的情况。齿轮出现偏差或者两齿轮间轴线相交叉；电动机没有和油泵轴在一个轴心上旋转；齿轮泵有较小的进油管直径；泵体与盖的两侧产生冲击；在转动泵的时候吸入空气将导致齿轮泵出现较大的噪声以及振动。电动机的联轴器和泵之间的同心度不够；轴和盖板的同心度不够；泵体中较小的轴向间隙以及径向间隙；压力阀不受控制；油液内夹杂其他物质等，将导致齿轮泵的非正常运转，进而造成“咬死”的情况。

（3）影响因素的优化方法

针对上述影响因素，可采取如下的优化方法：

① 完善齿轮泵的制造结构

a. 为将端面的泄漏量降低，可通过自动补偿的办法来实现；欲将齿轮泵压力增加，使齿轮泵具有更高的容积效率，一定要将端面的泄漏量降低。通常所使用的方法为自动补偿齿轮端面的间隙。自动补偿装置分弹簧侧板以及浮动轴承套两种。浮动轴承套的方法主要将压力油引入让轴套与齿轮的端面更加贴近，压力越大，贴合程度越好，进而使端面磨损得以自动补偿而使间隙得以降低；弹性侧板的方法主要是将泵出口的压力油引到侧板的背面，通过使侧板本身进行变化而使端面的间隙得以补偿。在补偿以后，齿轮泵的容积效率在90%以上。

b. 为使困油情况得以除去，可通过开卸荷槽的办法来实现。一般情况下，卸荷槽开于两端的盖板上，主要有对称式圆形、对称与非对称的矩形、阻尼槽式等形状，但一般卸荷槽并不能使齿轮泵的困油情况得到全面解决。理想设计的方法是将困油的膨胀区连接于进油区，或者将困油的高低区连接于进油区。实践证明，这种方法的卸荷效果十分显著，而且可以使泵容积效率得以提升并保持进出油压力稳定，还能够顺着困油容积柱面的中心线完善轴套、泵壳底、端盖的结构，进而将齿轮泵的困油情况得以完全解决。另外，开双重卸荷槽也能完全消除齿轮泵的困油现象。

c. 为将不平衡的径向力得以解决，可将压油口缩小来实现。为将其影响降低，主要方法有：将压油口减小，将压油腔中压力油限制在1~2个齿中，将压力油的作用面积降低，进而将径向力的不平衡得以减弱；开径向力的平衡槽，可有效降低轴承上所作用的径向力，但会使内泄漏增加，降低容积效率；增大径向间隙，以防齿顶碰触于泵体，进而使径向力所产生的不平衡因素得以解决。

② 完善齿形

在不断进步的液压技术下，将当初的渐开线齿形向双圆弧加正弦曲线的复合齿形转变，由于圆弧齿轮的2个啮合齿廓之间连续接触很小，因此不会有困油情况的发生，进而将渐开线的齿轮泵由于困油现象而造成噪声、振动、增加轴承负荷等情况得以有效解决。已开发成功的不锈钢圆弧齿轮泵（YCB）具有较高的效率以及微小的噪声，并且节能效果更佳。

③ 完善连接方式

在日益进步的液压技术下，齿轮泵在连接方式上也在不断进行，工作机同原动机间的连接方式已逐渐为最新的永磁联轴器替代。这种连接方式通过稀土永磁体的作用，通过磁场对一些空间距离以及物质材料属性的穿透，进而传动机械能量。磁力联轴器可将一些机械安装中因动密封而产生的泄漏情况得以有效解决。比如CQCB型磁力齿轮泵，其组成的主要材料为高纯铝陶瓷、不锈钢、填充聚四氟乙烯等一些抗腐蚀性材料，制造的齿轮以PPS、不锈钢为材料，无泄漏的密封结构设计，永磁联轴器驱动，对于零泄漏以及低噪声的情况得以理想的实现。

④ 完善工作维护

在使用时，应注意齿轮泵的维护。液压油在选材上要合理，油温要控制得当，以防污染油液；油液高度应合理；一定要注意临近的元件间是否搭配，比如齿轮泵在转向方面要符合于原动机转向；控制齿轮泵转速的范围；过滤器的过滤精度应适宜等。

(4) 齿轮泵的选型原则

齿轮泵的选型应依据以下原则：

① 使所选齿轮泵的形式和性能符合装置流量、扬程、压力、温度、汽蚀裕量、吸程等工艺参数的要求。

② 齿轮泵必须满足介质特性的要求。对输送易燃、易爆、有毒或贵重介质的齿轮泵，要求齿轮泵的轴封可靠，可采用无泄漏泵，如磁力驱动泵、隔膜泵、屏蔽泵；对输送腐蚀性介质的齿轮泵，要求对流部件采用耐腐蚀性材料，如AFB不锈钢耐腐蚀泵、CQFI工程塑料磁力驱动泵；对输送含固体颗粒介质的齿轮泵，要求对流部件采用耐磨材料，必要时轴封要采用清洁液体冲洗。

③ 齿轮泵的机械方面应可靠性高、噪声低、振动小。

④ 齿轮泵经济上要考虑到设备费、运转费、维修费和管理费的总成本最低。

⑤ 离心泵具有转速高、体积小、重量轻、效率高、流量大、结构简单、输液无脉动、性能平稳、容易操作和维修方便等特点，因此，除以下情况外，应尽可能选用离心泵：有计量要求时，选用计量泵；扬程要求很高、流量很小且无合适小流量高扬程的离心泵可选用时，可选用往复泵，如汽蚀要求不高时也可选用旋涡泵；扬程很低、流量很大时，可选用轴流泵和混流泵；介质黏度较大（大于650~1000mm^2/s）时，可考虑选用转子泵或往复泵（齿轮泵、螺杆泵）；介质含气量75%、流量较小且黏度小于37.4mm^2/s时可选用旋涡泵；对启动频繁或灌泵不便的场合，应选用具有自吸性能的泵，如自吸式离心泵、自吸式旋涡泵、气动（电动）隔膜泵。

(5) 齿轮泵的选型依据

齿轮泵的选型，应根据工艺流程和给排水要求，从五个方面加以考虑，即液体输送量、装置扬程、液体性质、管路布置以及操作运转条件等。

① 流量是选齿轮泵的重要性能数据之一，它直接关系到整个装置的生产能力和输送能力。如工艺设计中能算出泵的正常、最大、最小三种流量，选择齿轮泵时，应以最大流量为

依据，兼顾正常流量；在没有最大流量时，通常可取正常流量的1.1倍作为最大流量。

② 装置系统所需的扬程是选择齿轮泵的又一重要性能数据，一般要用放大5%~10%余量后的扬程来选型。

③ 流体性质，包括液体介质名称、物理性质、化学性质和其他性质。物理性质有温度、密度、黏度、介质中固体颗粒直径和气体的含量等，这涉及到系统的扬程、有效汽蚀裕量计算和合适泵的类型；化学性质，主要指液体介质的化学腐蚀性和毒性，是选用泵材料和选用哪一种轴封型式的重要依据。

④ 装置系统的管路布置条件指的是送液高度、送液距离、送液走向，如吸入侧最低液面、排出侧最大液面等一些数据和管道规格及其长度、材料、管件规格、数量等，以便进行系统扬程计算和汽蚀裕量的校核。

⑤ 操作条件的内容很多，如液体的操作温度、饱和蒸气压、吸入侧压力、排出侧容器压力、海拔高度、环境温度、操作是间歇还是连续的、齿轮泵的位置是固定的还是可移动的。

⑥ 对于输送黏度大于20mm^2/s的液体泵(或密度大于1000kg/m^3)，一定要以水实验，将泵特性曲线换算成该黏度(或者该密度下)的性能曲线，特别要对吸入性能和输入功率进行认真计算或校核。

(6) 齿轮泵的常见故障及其产生的原因

① 启动后不能排油或流量不足

a. 不能建立足够大吸入真空度的原因。密封圈损坏或者密封不良导致外漏严重，从而使泵不能建立足够的吸入真空度；新泵或者拆修过的泵齿轮表面没有浇油，导致泵的齿轮磨损严重，致使泵难以实现自吸；泵转速过低(一般低于200~300r/min时，不能正常工作)，泵反转或者泵的齿轮卡阻；吸入管漏气或者吸入管路损坏和磨损及吸口露出液面，致使泵不能建立足够大的吸入真空度。

b. 有较大吸入真空度而不能正常吸入的原因。吸高太大(液压泵一般不超过500mm)；油温太低，黏度太大致使吸入真空度过大，析出的气体太多，使泵的容积效率降低；吸入管路堵塞，如吸入管过滤器脏堵或公称流量太小，吸入阀未开或者吸入管损坏或磨损；油温过高或吸入油中的气泡太多，导致泵的泄漏增加，从而产生“汽穴”现象。

c. 排出方面的问题。排出管漏液或者排出管损坏或排出管磨损严重，排出管旁通，安全阀弹簧太松，使安全阀不能及时回复原位，导致泵工作异常；排出阀未开或排出阀损坏或排出管滤器堵塞，导致泵体内的压力过高，从而使安全阀顶开，泵排量不足。

② 工作噪声太大

a. 液体噪声。由漏入空气或产生气穴现象而引起，油的温度高则黏度降低，从而使泵的泄漏增加，导致液体的噪声加剧；油温过低，使油的黏度太大，从而吸入真空度过大，析出的气体增多，产生“气穴”现象。总之，吸高太大，油温太低和黏度太大，吸入管堵塞，油温过高或吸入油中的气泡太多，从而使泵的液体噪声增加。

b. 机械噪声。原因可能是泵和原动机对中不良，导致滚动轴承损坏或松动，加剧了滚动轴承的磨损，增加了机械噪声；安全阀跳动，齿轮磨损严重而啮合不良，齿轮在轴上的键松动，泵轴弯曲或因加工、安装不良引起泵内机械摩擦等，如联轴节偏心大或润滑不良；电动机故障；减速机异常；轴封处安装不良；轴变形或磨损。

③ 泵压力不足

产生的原因主要有：齿轮泵径向间隙与轴向间隙过大，导致泵内泄漏增加，从而不能建立足够的真空度，因而使泵的压力不足，其中端面间隙的影响更大；齿体有裂纹，使泵的泄漏增加，从而不能建立足够的真空度，使泵压力不足；油液黏度太高则吸入真空度太大，析出的气体增加，从而使泵压力不足；电动机功率与齿轮泵不匹配，转速过高或过低都严重影响泵的正常工作；滤油器堵塞，导致泵不能有效的滤掉杂质；溢流阀的压力调整过低或失灵。

④ 泵突然停止

a. 泵体结构的原因。出口压力过高，致使泵的安全阀提前开启，泵会突然停止；泵内咬入异常，如齿轮卡阻，轴的同心度不够，都会导致泵内磨损加剧，严重的还会使泵内部件打坏；轴与轴承粘着卡死，泵不能正常运转。

b. 外界原因。电源接线错误或电源有故障；电动机过载保护，电动机反转或电动机有故障；联轴器损坏，泵与电动机连接不良，泵与轴的对中不良。

7.2.5 旋涡泵

旋涡泵，也叫涡流泵，主要是由叶轮、泵壳和泵盖构成的，是靠旋转叶轮对液体的作用力在液体运动方向上给液体以冲量来传递动能以实现输送液体的。它不同于离心泵的地方主要体现在叶轮和流道的结构以及流体获得能量的方式上。旋涡泵的叶轮为在圆盘周缘两侧铣出许多凹槽而形成许多径向直叶片的盘型叶轮，其结构如图 7-24 所示。

(1) 旋涡泵的工作原理

旋涡泵依靠叶轮旋转使液体产生旋涡运动，进行吸入和排出液体。图 7-25 是旋涡泵的工作原理图，旋涡泵主要由叶轮 6、泵体 5、泵盖 4 等组成。在泵体和泵盖的侧面和外边缘组成一个与叶轮同轴的等截面的环形流道，流道一端与吸入口 3 相连，另一端与排出口 1 相连，吸入口 3 和排出口 1 之间有隔舌 2，隔开吸入口 3 和排出口 1。

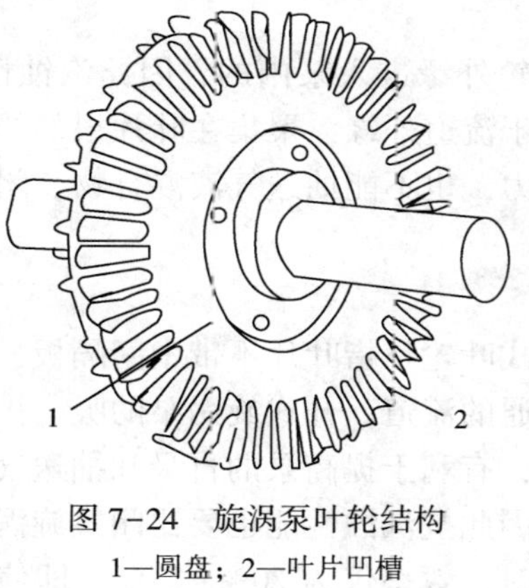

图 7-24 旋涡泵叶轮结构

1—圆盘；2—叶片凹槽

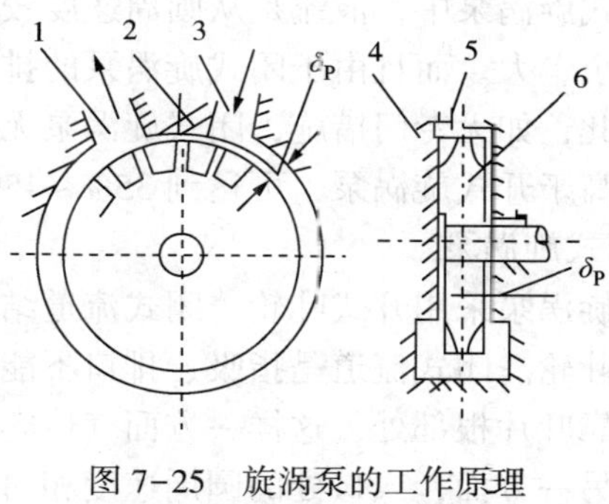

图 7-25 旋涡泵的工作原理

1—排出口；2—隔舌；3—吸入口；4—泵盖；5—泵体；6—叶轮

叶轮高速旋转时，泵内流道中的液体亦随之转动。由于叶轮中液体由圆周速度产生的离心力大于流道中液体的离心力，液体就会从叶间甩出进入流道，同时，在叶片根部产生局部低压，迫使流道中的液体产生向心流动，从叶片根部进入叶间。泵内这种环行旋涡运动，称为纵向旋涡。在纵向旋涡的作用下，液体从吸入至排出的整个过程中，会多次进出叶轮。液体每流入叶轮一次，就获得一次能量。每次从叶轮流至流道时，由于流速不同，叶间流出液体质点就会与流道中的液体发生撞击，产生动量交换，使流道中的液体能量增加。旋涡泵主要依靠纵向旋涡的作用来传递能量。

液体质点在泵中的运动轨迹就是圆周运动和纵向旋涡迭加形成的复合运动。对固定的泵壳而言，质点的运动轨迹是前进的螺旋线，而相对转动的叶轮而言则是后退的螺旋线(图 7-26)。

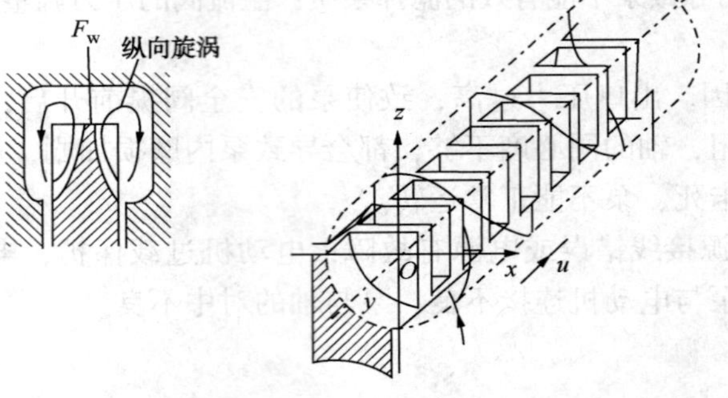

图 7-26　液体在旋涡泵(流道展开图)中的运动

(2) 旋涡泵的结构与分类

① 闭式旋涡泵

闭式旋涡泵采用闭式叶轮、开式流道结构。闭式叶轮是指叶片部分设有中间隔板、叶片比较短小的一种叶轮，泵的吸、排口除在隔舌部分隔开外，通过流道相通，这种与吸、排口直接相通的流道称之为开式流道。闭式旋涡泵必须搭配开式流道。

闭式旋涡泵的叶片和流道形式较多。一般矩形截面流道流量较大，但扬程和效率较低。而半圆形截面流道，扬程和效率较高，但流量较小。因此中、低比转数的旋涡泵多采用半圆形截面流道，而中、高比转数的旋涡泵多采用矩形截面流道。应用最广的是径向直叶片，在低比转数旋涡泵中也有采用后弯角叶片。

在闭式旋涡泵中，液流是从圆周速度较大的叶轮外缘进入泵内的，因此汽蚀性能较差，必须汽蚀余量大。而且由于闭式旋涡泵的排出口位于流道外缘，聚集在叶片根部的气体不易排出。因此，如无专门措施，闭式旋涡泵无自吸能力，也不能抽送气液混合物。闭式旋涡泵的效率要高于开式旋涡泵，可达到 35%~45%。

② 开式旋涡泵

开式旋涡泵采用开式叶轮、闭式流道结构。开式叶轮是指叶片不带中间隔板、叶片比较长的一种叶轮。闭式流道是指吸、排口不能直接相通的流道。开式旋涡泵的吸、排口一般开在泵侧盖靠叶片根部处，这样一方面气体容易排出，有利于提高泵的自吸和抽送气液混合物的性能；另一方面，入口处的圆周速度相对较小，因此抗汽蚀性能也要比闭式旋涡泵好。但开式旋涡泵的效率低，如采用效率最差的闭式流道时，效率仅为 20%~27%，即使采用水力损失较小的向心开式流道后，效率也只能提高到 27%~35%。

③ 离心旋涡泵

旋涡泵扬程较高，较容易实现自吸，但汽蚀性能差，而离心泵扬程低，但汽蚀性能相对较好。离心旋涡泵就是将这两种泵结合在一起，即第一级为离心叶轮，以减小泵的必须汽蚀余量；第二级为旋涡叶轮，提高泵的扬程。这样不但汽蚀性能好，而且泵的扬程也较高。

图 7-27 为 CWZ 型船用离心旋涡泵结构图，它实际就是一个离心泵和一个闭式旋涡泵的串联结构。第一级为离心级，第二级为旋涡级，两个叶轮装在同一根轴上，并用内隔板互相隔开，内隔板与外隔板构成旋涡泵流道；内隔板与泵盖组成离心泵的涡壳。为提高泵的自吸能力，吸入管和排出管位置均高于泵体并互成 90°，在旋涡级出口处，泵本做得较大，起气水分离室的作用。

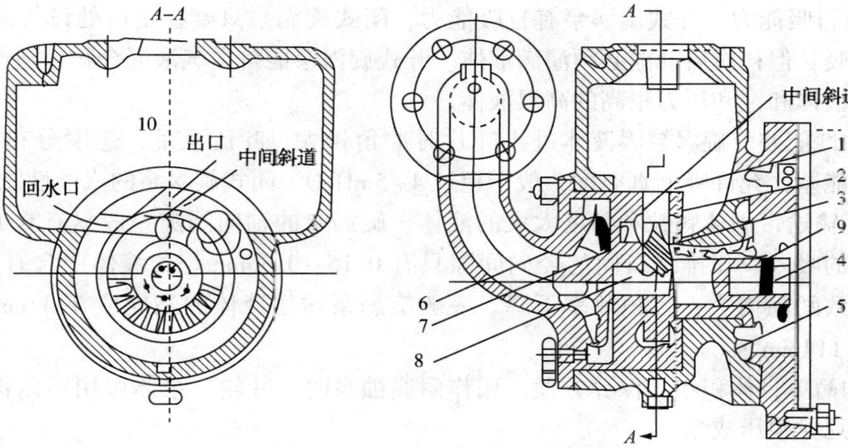

图 7-27　CWA 离心旋涡泵

1—气水分离室；2—内隔板；3—外隔板；4—旋涡泵叶轮；5—挡圈；6—横销；7—泵体；8—垫片；9—泵轴；10—离心泵叶轮

(3) 旋涡泵的工作特性

旋涡泵的特性曲线如图 7-28 所示。从特性曲线的变化关系，可得旋涡泵具有如下性能特点：

① 扬程(H)-流量(Q)曲线下降较陡。旋涡泵的扬程大小与纵向旋涡的强弱有很大关系。流量越大，液体在流道中的圆周速度也越大，叶间液体与流道中液体的离心力之差就越小，纵向旋涡就越弱，扬程也就越小。从理论上讲，当流道中流体的圆周速度 c 等于叶轮在流道截面重心处的圆周速度 u 时，泵的扬程降为零。由于旋涡泵具有较陡的 H-Q 曲线，扬程变化对泵的流量影响小，因此对系统中压力波动不敏感，较适合用于锅炉给水泵等压力波动较大的场合。

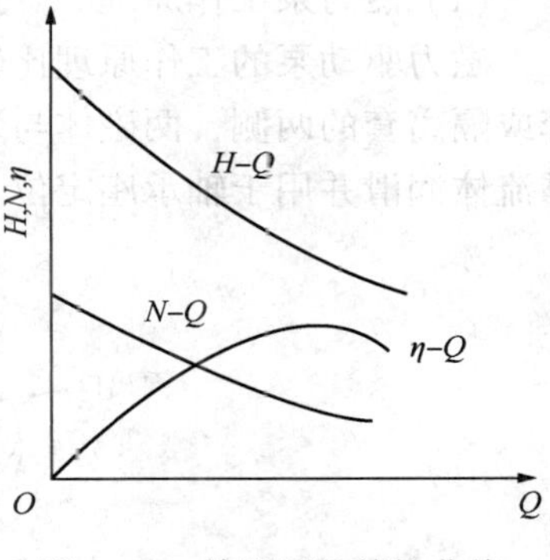

图 7-28　旋涡泵的特性曲线

② 扬程较高。由于液体在沿整个流道前进时能多次进入叶片间获得得能量，如同多级离心泵一样，因此，在相同的叶轮直径和转速下，旋涡泵的扬程比离心泵高。典型的单级旋涡泵 $Q \leqslant 25m^3/h$，$H=150 \sim 180m$；特殊设计的两级旋涡泵 $Q \leqslant 45m^3/h$，$H=360 \sim 460m$。

③ 效率较低。由于液体多次进出叶轮，流体在泵壳中的摩擦阻力作用以及涡旋对能量的消耗，导致旋涡泵的效率远低于一般离心泵的效率，效率一般是 $\eta=27\% \sim 35\%$，且流量越小，效率 η 越低。一般地，在设计工况时，闭式旋涡泵的效率为 35%~45%，开式旋涡泵

的效率为 20%~35%。

④ 功率(N)-流量(Q)曲线为陡降形。与离心泵不同，旋涡泵在零排量时功率最大。因此为减小起动功率，旋涡泵必须在出口阀开启的情况下启动。流量调节不宜采用改变排出阀门开度的节流调节法，而应采用旁通调节。但应注意的是，旁通调节时，虽可使管路的流量减小，但泵的排量却反而增加，因而会使泵的汽蚀性能降低。

⑤ 具有自吸能力。开式旋涡泵有自吸能力，闭式旋涡泵只要在出口处设气液分离设备也可实现自吸，但初次启动前必须灌满液体。开式旋涡泵能排送气液混合物，适于抽送含气体的易挥发液体和饱和压力很高的高温液体。

⑥ 汽蚀性能差。旋涡泵因液体进入叶片时冲角较大，叶流紊乱，速度分布极不均匀，因此汽蚀性能差，允许吸上真空度一般不超过 4~5mH_2O。闭式旋涡泵的汽蚀性能更差。

⑦ 不宜输送带固体颗粒和黏度太大的液体。旋涡泵的轴向间隙一般只有 0.1~0.5mm，闭式旋涡泵的吸入口和排出口间的径向间隙只有 0.15~0.30mm。若液体中含有固体颗粒，因磨损将导致间隙增大，容积效率下降。一般旋涡泵输送液体的黏度应在 37mm^2/s 以内，最高不大于 114mm^2/s。

⑧ 结构简单，体积小，保养方便。用作耐腐蚀泵时，叶轮、泵体可用不锈钢铸造，亦可用塑料或尼龙模压成型。

7.2.6 磁力泵

磁力泵又叫做无泄漏磁力驱动泵，第一台推向市场的磁力泵是英国 HMD 公司在 20 世纪 40 年代开发的，它有效地用于化工厂，特别是用于有毒有害的流体介质的输送，应用范围较广，现已发展到可用于从低功率、低温、低压的场合到 350kW、450℃及 25MPa 的较高水平作业。

（1）磁力泵工作原理

磁力驱动泵的工作原理比较简单，如图 7-29 所示，磁体被排列安装在一个静止的密封套或隔离套的两侧，两磁体与装在泵轴上的叶轮连在一起，整个旋转组件用轴承支承，轴承靠流体润滑并用于轴承座定位。

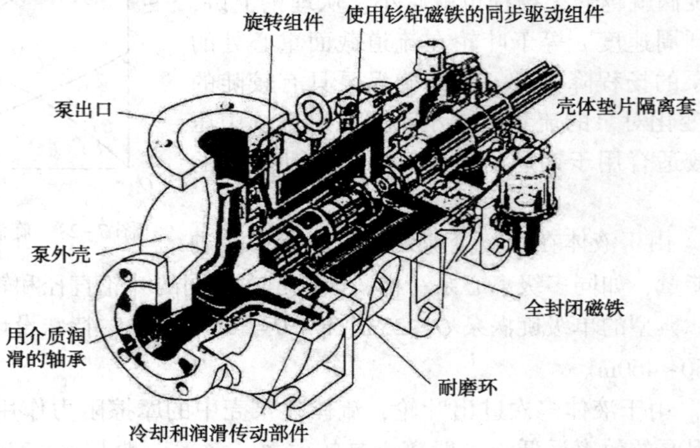

图 7-29　GS 型磁力驱动泵立体剖视图

外磁环被固定在电机上。驱动内磁体组件的动力来自于电动机驱动外磁环并透过隔离套传送的强磁体之间的吸引力。

简单地说，磁力泵是用一个强大的磁力联轴器来驱动叶轮，磁力联轴器使叶轮在不与电机直接接触的情况下被带动，浸没于工艺液体之中的泵轴与转子被密封在一无磁性的隔离套之间，磁动能通过隔离套传送给泵轴。

(2) 磁力泵的结构特点

磁力泵结构比较简单，有下列主要部件。

① 泵壳。一般铸造或锻造而成，叶轮在泵壳内转动，将流体从入口送至出口。

② 叶轮和轴。叶轮和轴组成了磁力泵的转子组，与离心泵叶轮的作用相同，流体在叶轮流道中流动，在离心力的作用下，把动能转换为速度能，完成提升流体的作用。

③ 内磁环。内磁环是由装在转子中的磁体形成的，其作用是直接产生磁引力使叶轮旋转。

④ 外磁环。外磁环装在密封隔离套外部，其作用是产生磁力使内磁环同步转动，带动泵转子组工作。

⑤ 隔离套。隔离套是泵的静止元件，磁性体被装在隔离套的两侧。

对于磁性体驱动泵，其转子组目前有两种类型。一类是在转子上装有大功率的稀土磁体，内、外磁环转动速度相同，属同步磁力驱动泵，性能较好，但使用温度不能大于260℃；另一类是采用扭矩环驱动联轴器，扭矩环受外磁环吸引而以略低的速度转动，属扭矩环泵，输送流体的温度高达450℃而不需冷却。

7.3 胶带输送机

胶带输送机是过程工业中应用最为普遍的一种连续输送机械，主要用来输送颗粒或粉末固体，在水处理工程中主要用于输送栅渣、脱水后的泥饼、泥砂等，可用于水平方向和坡度不大的倾斜方向的输送。

胶带输送机按机架结构形式不同可分为：固定式、可搬式、运行式三种。三者的工作部分都是相同的，所不同的只是机架部分。

带式输送机的构造如图7-30所示。一条无端的胶带1绕在改向滚筒14和传动滚筒6上，并由固定在机架上的上托辊2和下托辊10支承。驱动装置带动传动滚筒回转时，由于胶带通过拉紧装置7张紧在两滚筒之间，因此便通过传动滚筒与胶带间的摩擦力带动胶带运行。物料由漏斗4加至胶带上，由传动滚筒处卸出。加料点和卸料点可根据工艺过程要求设在相应的位置。

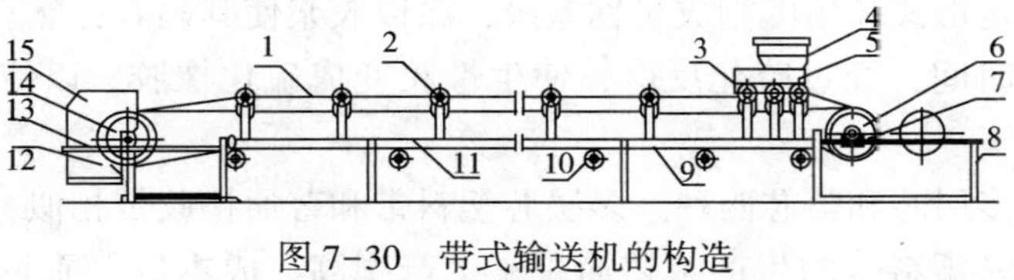

图7-30 带式输送机的构造

1—胶带；2—上托辊；3—缓冲托辊；4—漏斗；5—导料槽；6—传动滚筒；7—螺旋拉紧装置；8—尾架；9—空段清扫器；10—下托辊；11—中间架；12—弹簧清扫器；13—头架；14—改向滚筒；15—头罩

7.3.1 输送带

输送带起曳引和承载作用。输送带主要有织物芯胶带和钢绳芯胶带两大类。织物芯胶带中的衬垫材料通常用棉织物，近年来也用化纤织物衬垫，如人造棉、人造丝、尼龙、聚氨酯纤维和聚酯纤维等。目前使用的输送带有橡胶带和聚氯乙烯塑料输送带两种。其中橡胶带应用广泛，而塑料带由于除了具有橡胶带的耐磨、弹性等特点外，还具有优良的化学稳定性、耐酸性、耐碱性及一定的耐油性等，也具有较好的应用前景。

橡胶带由若干层帆布组成，帆布层之间用硫化方法浇上一层薄的橡胶，带的上面及左右两侧都覆以橡胶保护层，如图 7-31 所示。

图 7-31 橡胶带断面图

帆布层的作用是承受拉力。显然，胶带越宽，帆布层亦越宽，能承受的拉力亦越大；帆布层越多，能承受的拉力亦越大。但带的横向柔韧性越小，胶带就越不能与支承它的托辊平服地接触，这样就有使胶带走偏而把物料倾斜卸出机外的可能。帆布的层数可根据带的最大张力计算：

$$Z=\frac{S_{\max}m}{B\sigma} \tag{7-21}$$

式中 Z——帆布层数；

$S_{\max}$——输送带的最大张力，N；

m——安全系数：硫化接头取 8～10；机械接头取 10～12；

B——带宽，cm；

σ——输送带的径向扯断张力，每层普通型橡胶带 $\sigma=560\text{N/cm}$；每层强力型橡胶带 $\sigma=960\text{N/cm}$。

橡胶层的作用，一方面是保护帆布不致受潮腐烂；另一方面是防止物料对帆布的摩擦作用。因此，橡胶层对于工作面（即与物料相接触的面）和非工作面（即不与物料相接触的面）是有所不同的。工作面橡胶层的厚度有 1.5mm、2.0mm、3.0mm、4.5mm、60mm 等五种，非工作面橡胶层的厚度有 1.0mm、1.5mm、3.0mm 等三种。橡胶层的厚度根据物品的尺寸及物理性质而定，通常情况下多选用 1.5～3.0mm 的橡胶层。

橡胶带的连接是影响胶带使用寿命的关键问题之一，由于接头处强度较弱，计算时橡胶带的安全系数势必取得较大，因此影响胶带能力的充分发挥。为了保证胶带正常运转和节约橡胶，就必须合理地解决连接问题。

橡胶带的连接方法可分为两类，即硫化胶结和机械连接。硫化胶结法是将胶带接头部位的帆布和胶层按一定形式和角度割成对称差级，涂以胶浆使其黏着，然后在一定的压力、温度条件下加热一定时间，经过硫化反应，使生橡胶变成硫化橡胶，以使接头部位获得黏着强度。

塑料输送带有多层芯和整芯两种。多层芯塑料带和普通橡胶带相似，其每层径向扯断张力为 560N/cm。整芯塑料带的生产工艺简单，生产率高，成本低，质量好。整芯塑料带厚度有 4mm、5mm 和 6mm 三种。塑料带的接头方法有机械法和塑化两种。机械接头的安全系数与橡胶带相似，塑化接头能达到其本身强度的 70%～80%，安全系数取 $m=9$，因此，整芯塑料带采用塑化接头很有必要。

夹钢绳芯橡胶带是以平行排列在同一平面上的许多条钢绳芯代替多层织物芯层的输送带。钢绳以很细的钢丝捻成，直径在 2.0～10.3mm。钢绳的材料为 1mm 的钢丝，这些钢丝经淬火后表面镀铜，以提高橡胶与钢绳的黏着力。经处理后的钢丝再冷拉至直径为 0.25mm 的细丝。夹钢丝芯橡胶输送带的主要优点是抗拉强度高，适用于长距离和陡坡输送；伸长率小(约为普通胶带的 1/5～1/10)，因此可缩短拉紧行程；带芯较薄，纵向挠曲性能好，易于成槽(槽角为 35°)，这不仅能增大输送能量，也可防止皮带跑偏；横向挠曲线性能好，滚筒直径可以较小；动态性能好，耐冲击、耐弯曲疲劳，破损后易修补，因而可提高作业速度；接头强度高，安全性较高；使用寿命长，是普通胶带使用寿命的 2～3 倍。其缺点是，当覆盖层损坏后，钢丝易腐蚀，使用时要防止物料卡入滚筒与胶带之间，因其延伸率小而容易使钢绳拉断。带式输送机已向长距离、大输送量、高速度方向发展。目前各国使用的长距离、大输送量的输送机上多数采用夹钢绳芯橡胶带。

7.3.2 托辊

托辊用于支承运输带和带上物料的质量，减小输送带的下垂度，保证稳定运行。托辊可分为如下几种：

(1) 平形托辊

如图 7-32(a)所示，一般用于输送成件物品和无载区，以及固定型式卸料器处。

(2) 槽形托辊

如图 7-32(b)所示，一般用于输送散状物料，其输送能力要比平形托辊提高 20%以上。旧系列的槽角一般采用 20°、30°，目前都采用 35°、45°。国外已有采用 60°的。

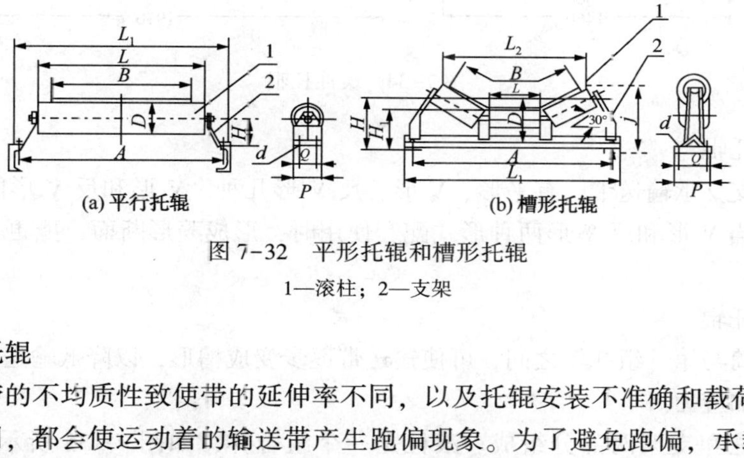

(a) 平行托辊　　(b) 槽形托辊

图 7-32　平形托辊和槽形托辊

1—滚柱；2—支架

(3) 调心托辊

由于运输带的不均质性致使带的延伸率不同，以及托辊安装不准确和载荷在带的宽度上分布不均等原因，都会使运动着的输送带产生跑偏现象。为了避免跑偏，承载段每隔 10 组托辊设置一组槽形调心托辊或平形调心托辊；无载段每隔 6～10 组设置一组平形调心托辊。

槽形调心托辊的结构如图 7-33 所示。托辊支架 2 装在一有滚动止推轴承的主轴 3 上，使整个托辊能绕垂直轴旋转。当输送带跑偏而碰到导向滚柱 8 时，由于阻力增加而产生的力矩使整个托辊支架旋转。这样托辊的几何中心与带的运动中心线就不相互垂直，带和托辊之间产生一滑动摩擦力，此力可使输送带和托辊恢复正常运行位置。

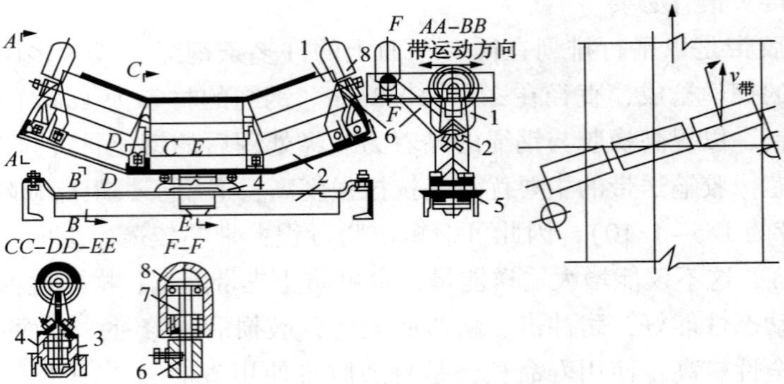

图 7-33 槽形调心托辊

1—托辊；2—托辊支架；3—主轴；4—轴承座；5—槽钢；6—杠杆；7—立辊轴；8—导向滚柱体

（4）缓冲托辊

如图 7-34 所示，在受料处，为了减少物料对输送带的冲击，可以设置缓冲托辊，它的滚柱是采用管形断面的特制橡胶制成的。

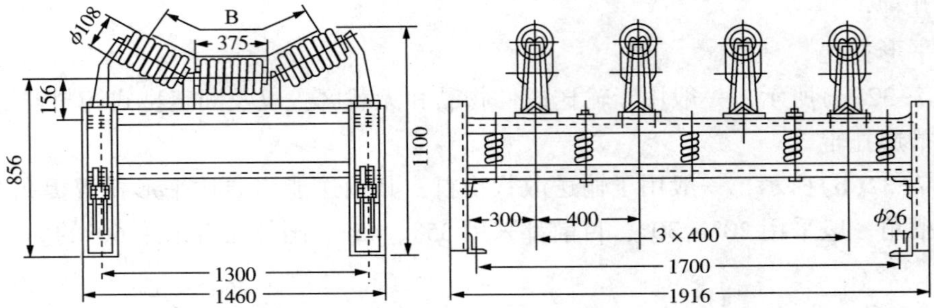

图 7-34 缓冲托辊

（5）回程托辊

用于下分支支承输送带，有平形、V 形、反 V 形几种。V 形和反 V 形能降低输送带跑偏的可能性。当 V 形和反 V 形两种形式配套使用时，形成菱形断面，能更有效地防止输送带跑偏。

（6）过渡托辊

安装在滚筒与第一组托辊之间，可使输送带逐步变成槽形，以降低输送带边缘因成槽延伸而产生的附加应力。

托辊由滚柱和支架两部分组成。滚柱是一个组合体，如图 7-35 所示，它由滚柱体、轴、轴承、密封装置等组成。滚柱体用钢管截成，两端具有钢板冲压或铸铁制成的壳作为轴承座，通过滚动轴承支承在心轴上(少数情况也有采用滑动轴承的)。为了防止灰尘进入轴承，也为了防止润滑油漏出，装有密封装置。其中迷宫效果最佳，但防水性能差。

胶带输送机上托辊的间距应根据带宽和物料的物理性质选定，建议参照表 7-5 所列范围选用。

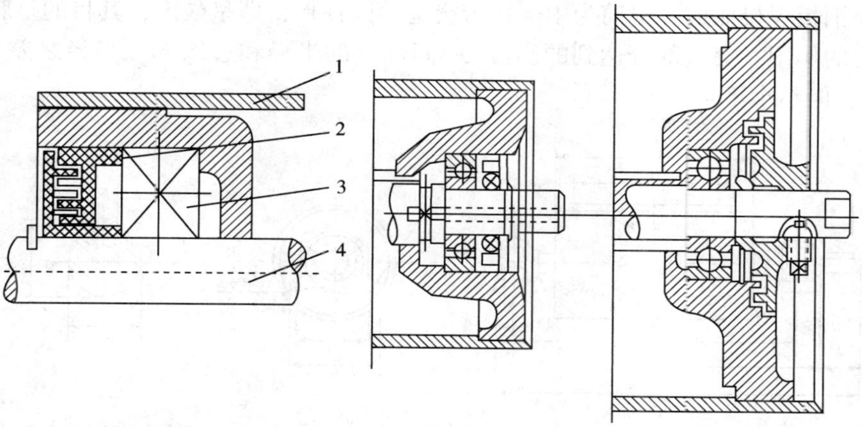

(a) 迷宫式密封的托辊　　(b) 填料密封的托辊　　(c) 迷宫毛毡密封的托辊

图 7-35　托辊结构

1—滚柱体；2—密封装置；3—轴承；4—轴

表 7-5　托辊的间距

物料容积密度 ρ/(t/m³)	带宽/mm			
	500	650	800	1000
	托辊间距/mm			
≤1.6	1200		1200	
>1.6	1200		1100	

受料处托辊间距视物料容积密度及块度而定，一般取为上托辊间距的 1/2~1/3。下托辊间距一般可取为 3m。头部滚筒轴线到第一组槽形托辊的间距可取为上托辊间距的 1.3 倍，尾部滚筒到第一组托辊的间距不小于上托辊间距。输送质量大于 20kg 的成件物品时，托辊间距不应大于物品输送方向上长度的 1/2。对输送质量小于 20kg 以下的成件物品时，托辊间距可取为 1m。

7.3.3　驱动装置

驱动装置的作用是通过传动滚筒和输送带的摩擦传动，将牵引力传给输送带，以牵引输送带运动。胶带输送机的驱动装置典型结构如图 7-36 所示。传动滚筒由电动机经减速装置而驱动。对于倾斜布置的胶带输送机，驱动装置中还设有制动装置，以防止突然停电时，由于物料的作用而产生胶带的下滑。

最常用的减速器是圆柱齿轮减速器和圆锥齿轮减速器。另外，还采用有圆柱-圆锥齿轮减速器和蜗轮减速器。

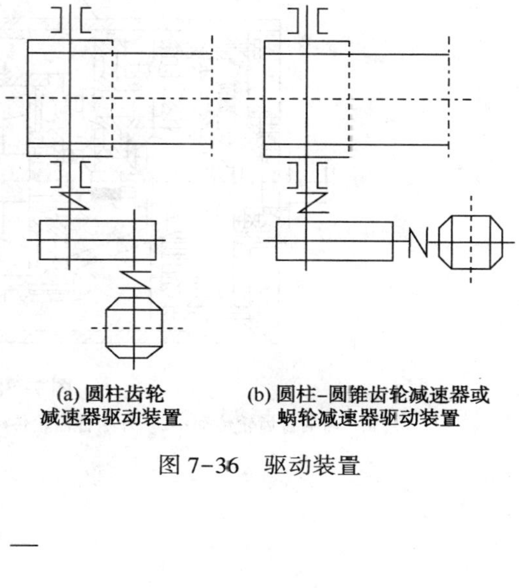

(a) 圆柱齿轮减速器驱动装置　　(b) 圆柱-圆锥齿轮减速器或蜗轮减速器驱动装置

图 7-36　驱动装置

传动滚筒的结构如图 7-37 所示，它由铸铁制成或由钢板焊接而成。滚筒为中部稍带突起的圆柱形，即呈鼓形，其目的是胶带运动时有自动定心的作用。突起部分达到的高度(中间部分的半径和边缘部分半径之差)通常为直径的0.5%，但不小于4mm。

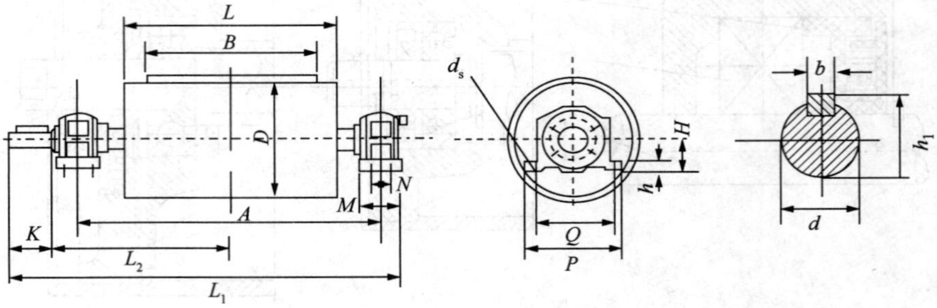

图7-37　传动装置

滚筒的宽度应比带宽大100~200mm。滚筒的直径由胶带内帆布层数所决定。对于普通型胶带，传动轴滚筒直径与帆布层数之比，对于硫化接头取$\frac{D}{Z}=125$；机械接头取$\frac{D}{Z}=100$；对于强力型胶带取$\frac{D}{Z}\geqslant 200$。

传动滚筒分光面和胶面滚筒两种。光面滚筒的摩擦系数一般为0.20~0.25，使用于功率不大、环境湿度小的场合。反之，则采用滚筒外敷一层橡胶的胶面滚筒，以增大摩擦系数。

在胶带输送机中，当需要很紧凑的驱动装置时，可以采用电动滚筒作为驱动装置。图7-38所示为油冷式电动滚筒，它把电动机和减速装置都装在传动滚筒之内。该电动滚筒具有以下优点：结构简单、紧凑、占有空间位置小；操作安全；整机操作方便，减少停机时间；与同规格的外部驱动装置相比，电动滚筒质量约减轻60%~70%，节约金属材料58%，功率范围为2.2~55kW。一般用于环境温度不超过40℃的场合。

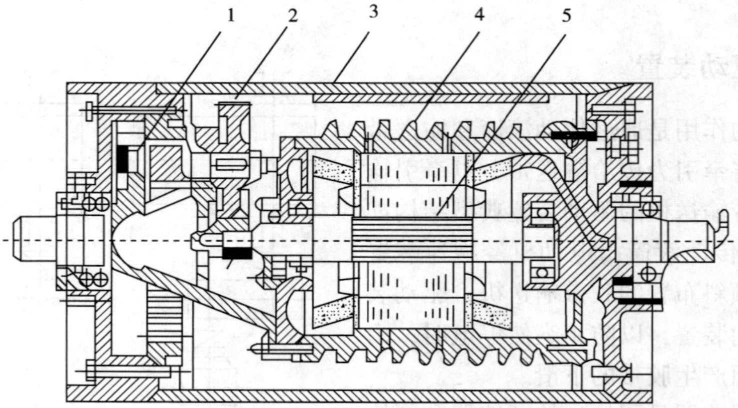

图7-38　电动滚筒

1—内啮合齿轮传动；2—外啮合齿轮传动；3—滚筒；4—电动机定子；5—电动机转子

胶带输送机驱动装置的一个重要问题是输送带绕过传动滚筒的方式问题。图 7-39 中列出了几种方案，其中图 7-39(a)只是一个传动滚筒，而胶带在它上面的包角 $\alpha=180°$；如果采用一个导向滚筒，则如图 7-39(b)所示，$\alpha=210°\sim230°$；两个传动滚筒的方案如图 7-39(c)、图 7-39(d)所示，包角分别为 $\alpha=350°$ 及 $\alpha=430°$；图 7-39(e)、图 7-39(f)所示为采用压辊或压带以增加附加压力。

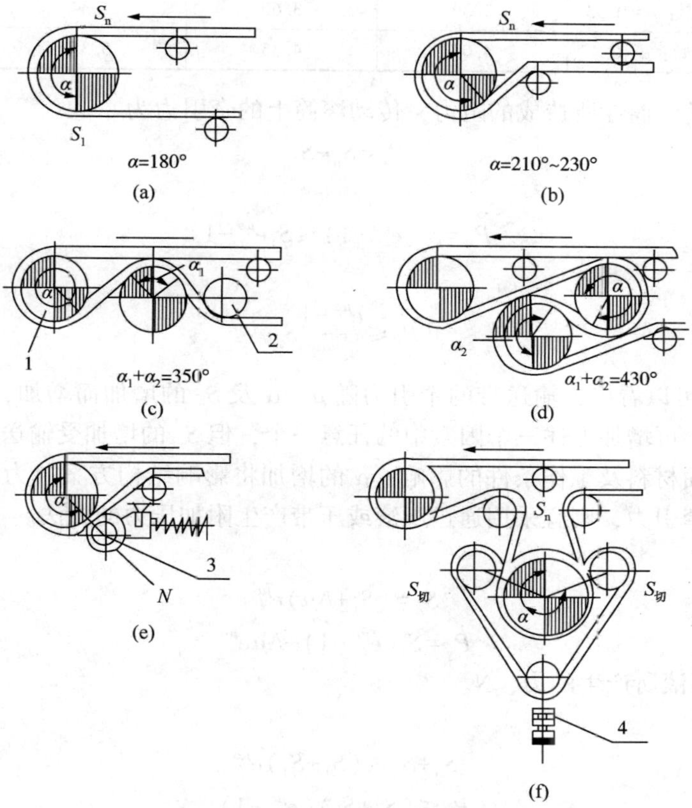

图 7-39　带式输送机驱动滚筒形式

1—传动滚筒；2—改向滚筒；3—弹簧压紧装置；4—坠重式压紧装置

驱动输送带的条件是[图 7-39(a)]：为了避免输送带在传动滚筒上打滑，传动滚筒趋入点的输送带张力 S_n 和奔离点的输送带张力 S_1 之间的关系应满足尤拉公式：

$$S_n \leqslant S_1 e^{\mu\alpha} \tag{7-22}$$

式中　S_n——传动滚筒趋入点的输送带张力，N；

S_1——传动滚筒奔离点的输送带张力，N；

e——自然对数的底数；

μ——传动滚筒与输送带间的摩擦系数；

α——输送带与传动滚筒的包角，(°)。

$e^{\mu\alpha}$ 的值见表 7-6。

表 7-6 $e^{\mu\alpha}$值

传动滚筒情况及μ值		包角α/(°)			
		200	210	240	400
		$e^{\mu\alpha}$值			
光面滚筒	环境潮湿：μ=0.2	2.01	2,09	2.31	4.04
	环境干燥：μ=0.25	2.39	2.50	2.85	5.74
胶面滚筒	环境潮湿：μ=0.35	2.39	3.60	4.34	11.47
	环境干燥：μ=0.4	4.04	4.35	5.35	16.40

如果不计输送带僵性所造成的阻力，传动滚筒上的牵引力为

$$P_y = S_n - S_1 \tag{7-23}$$

又可写成

$$P_y = S_1(e^{\mu\alpha}-1) \leqslant S_1 e^{\mu\alpha}-1 \tag{7-24}$$

或

$$P_y \leqslant \frac{e^{\mu\alpha}-1}{e^{\mu\alpha}} S_n \tag{7-25}$$

由式(7-25)可以看出，输送带的牵引力随μ、α及S_n的增加而增加，因此当需要增大输送带牵引力时，可增加上述三个因素中的任意一个，但S_n的增加受输送带强度的限制；μ的增加受滚筒表面材料及工作条件的影响；α的增加将影响结构方案。为了在μ、α、S_n一定的情况下增加牵引力，则宜采用通过压滚或压带产生附加压力的方法。

采用压滚时，

$$S_n = (S_1 + N\mu) e^{\mu\alpha} \tag{7-26}$$

$$P_y = S_1(e^{\mu\alpha}-1) + N\mu e^{\mu\alpha} \tag{7-27}$$

式中 N——由压滚所产生的力，N。

采用压带时，

$$S_n + S_q \leqslant (S_1 + S_1) e^{\mu\alpha} \tag{7-28}$$

$$P_y \leqslant (S_1 + S_1)(e^{\mu\alpha}-1) \tag{7-29}$$

7.3.4 改向装置

胶带输送机在垂直平面内的改向一般采用改向滚筒。改向滚筒的结构与传动滚筒的结构基本相同，但其直径比传动滚筒略小一些。改向滚筒直径与胶带帆布层之比，一般可取$\frac{D}{Z} \geqslant 80 \sim 100$。

180°改向者一般用作尾部滚筒或垂直拉紧滚筒；90°改向者一般用作垂直拉紧装置上方的改向轮；小于45°改向者一般用作增面轮。

此外，尚可采用一系列的托辊达到改向的目的。如输送带由倾斜方向转为水平(或减小倾斜角)，即可用一系列的托辊来实现改向，其托辊间距可取正常情况的一半。此时输送机的曲线是向上凸起的，其凸弧的曲率半径可按下式计算

$$R_1 \geqslant 18B \tag{7-30}$$

式中 B——带宽，m。

有时可不用任何改向装置，而让输送带自由悬垂成一曲线来改向。如输送带由水平方向转为向上倾斜方向时(或增加倾斜角)，即可采用这种方法，但输送带下仍需设置一系列托辊。此时凹弧的曲率半径可按下式计算

$$R_2 \geqslant \frac{S}{g w_0} \tag{7-31}$$

式中 S——凹弧段输送带的最大张力，N；

w_0——每米输送带的质量；

g——重力加速度。

R_2 推荐值见表 7-7。

表 7-7 R_2 推荐值

带宽/mm	R_2/m	
	$r_v \leqslant 1.6\text{t/m}^3$	$r_v \geqslant 1.6\text{t/m}^3$
500、650	80	100
800、1000	100	200

7.3.5 拉紧装置

拉紧装置的作用是拉紧胶带输送机的胶带，限制在各支承托辊间的垂度和保证带中有必要的张力，使带与传动滚筒之间产生足够的摩擦牵引力，以保证正常工作。

拉紧装置分螺旋式、车式、垂直式三种。

(1) 螺旋式拉紧装置

螺旋式拉紧装置如图 7-40 所示，由调节螺旋和导架等组成。回转螺旋即可移动轴承座沿导向架滑动，以调节带的张力。但螺旋应能自锁，以防松动。这种拉紧装置紧凑、轻巧，但不能自动调节。它适用于输送距离短(一般<100m)、功率小的输送机上。

该拉紧装置的螺旋拉紧行程有 500mm、800mm 和 1000mm 三种。

图 7-40 螺旋式拉紧装置

(2) 车式拉紧装置

车式拉紧装置又分为重锤式拉紧装置和固定绞车式拉紧装置。如图 7-41(a)所示是一种重锤车式拉紧装置，这种拉紧装置适用于输送距离较长、功率较大的输送机。其拉紧行程有 2m、3m 和 4m 三种。

固定绞车式拉紧装置用于大行程、大拉紧力(30~150kN)、长距离、大运输量的带式输送机，最大拉紧行程可达 17m。

(3) 垂直式拉紧装置

垂直式拉紧装置如图 7-41(b)所示，其拉紧原理与车式相同。它使用于采用车式拉紧装置布置较困难的场合，可利用输送机走廊的空间位置进行布置。可随着张力的变化靠重力

自动补偿输送带的伸长，重锤箱内装入每块 15kg 重的铸铁块调节拉紧张力。该拉紧装置的缺点是改向滚筒多，且物料易掉入输送带与拉紧滚筒之间而损坏输送带，特别是输送潮湿或黏性物料时，由于清扫不干净，这种现象更严重。

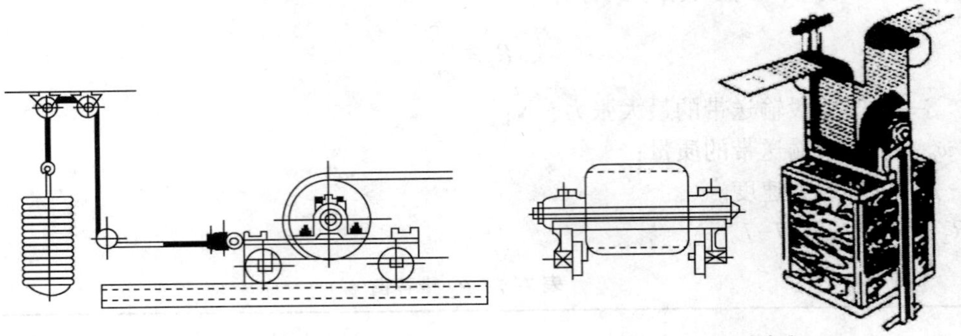

(a) 车式　　(b) 垂直式

图 7-41　车式和垂直式拉紧装置

7.3.6　装料及卸料装置

装料装置的形式决定于被输送物料的特性。成件物品通常用倾斜槽、滑板来装载或直接装到输送机上；粒状物料则用装料漏斗来装载。

装料装置除了要保证均匀地供给输送机定量的被输送物料外，还要保证这些物品在输送带上分布均匀，减少或消除装载时物料对带的冲击。因此，装料装置的倾斜度最好能使物料在离开装料装置时的速度能接近带的运动速度。

卸料装置的形式决定于卸料的位置。最简单的卸料方式是在输送机的末端卸料，这时除了导向卸料槽之外，不需要任何其他装置。如需要从输送机上任意一处卸料，则需要采用犁式卸料器和电动小车，如图 7-42 所示。

7.3.7　清扫装置

清扫器的作用是清扫输送带上黏附的物料，以保证有效的输送物料，同时也为了保护输送带。尤其是输送黏湿性物料时，清扫器的作用就显得更为重要。

清扫器分头部清扫器和空段清扫器两种。头部清扫器又分重锤刮板式清扫器和弹簧清扫器，装于卸料滚筒处，清扫输送带工作面的黏料。弹簧清扫器的结构如图 7-43(b)所示。空段清扫器装在尾部滚筒前，用以清扫黏附于输送带非工作面的物料。空段清扫器的结构如图 7-43(a)所示。

7.3.8　制动装置

倾斜布置的胶带输送机在运行过程中如遇到突然停电或其他事故而引起突然停机时，则会由于输送带上物料的自重作用而引起输送机的反向运转，这在胶带输送机的运行中是不允许的。为了避免这一现象的发生，可设置制动装置。常见的制动装置有三种：带式逆止器、滚柱逆止器和电磁闸瓦式制动器。

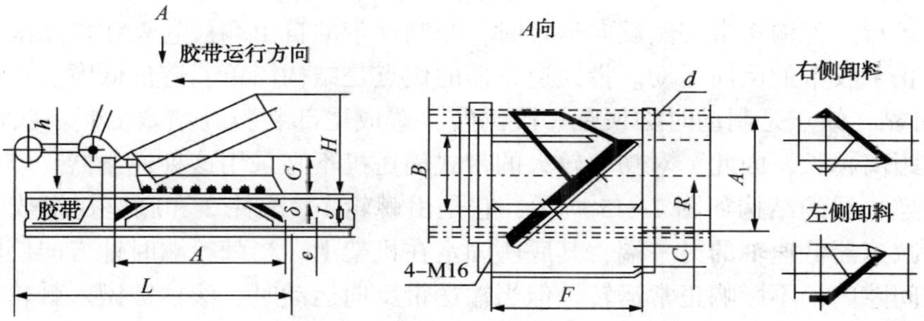

(a) 固定单侧式卸料器

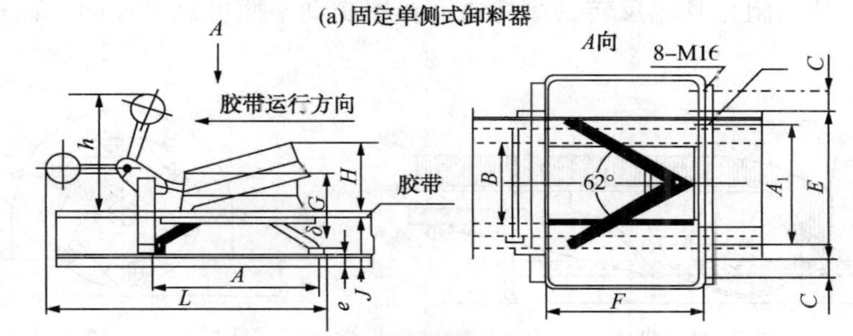

(b) 固定两侧式卸料器

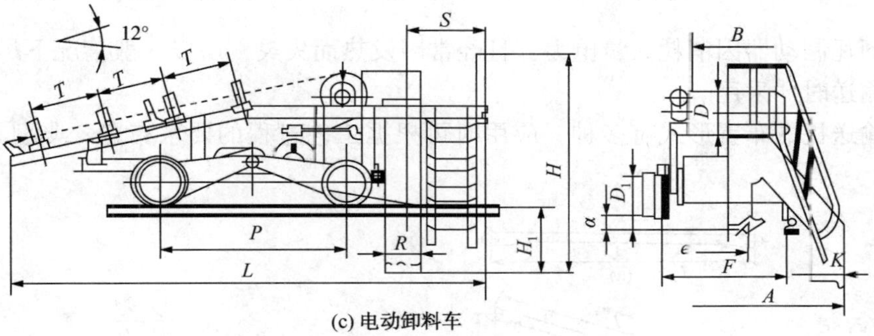

(c) 电动卸料车

图 7-42　梨式卸料器和电动小车

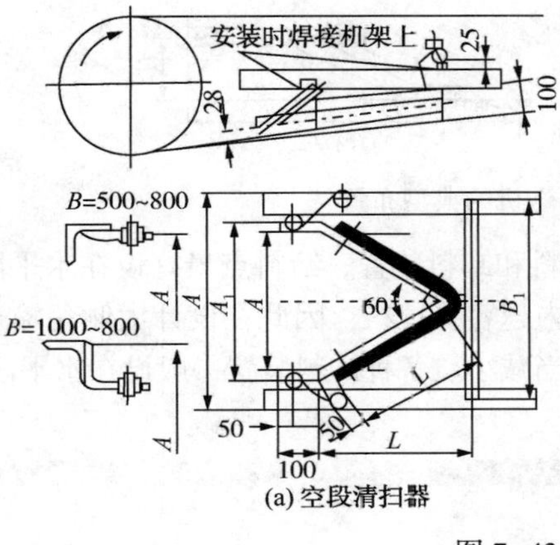

(a) 空段清扫器

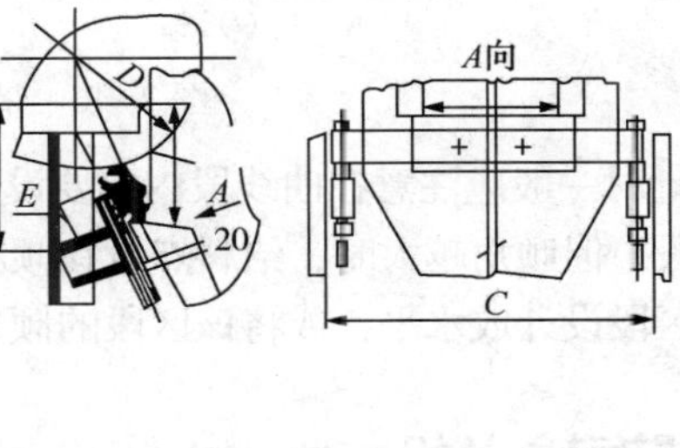

(b) 弹簧清扫器

图 7-43　清扫器

带式逆止器的结构如图 7-44 所示。输送带正常运行时，制动带 1 被卷缩，因此，不影响输送带的运行。若输送带突然反向运行时，则制动带的自由端被卷夹在传动滚筒与输送带之间，就阻止了胶带的反向运动。带式逆止器的优点是结构简单、造价低廉、在倾斜角小于 18°时制动可靠，缺点是制动时必须有一段倒转，造成尾部装料处堵塞溢料。头部滚筒直径越大，倒转距离越长，因此，对功率较大的带式输送机不宜采用这种逆止器。

滚柱式逆止器的结构如图 7-45 所示，它是由棘轮 1、滚柱 2 和底座 3 组成。滚柱式逆止器安装在减速器低速轴的另一端，其底座固定在机架上。当棘轮顺时针方向旋转时，滚柱处于较大的间隙内，不影响正常运转。但当输送带反向运动时，滚柱被锲入棘轮与底座之间的狭小间隙内，从而阻止棘轮反转。滚柱式逆止器制动平衡可靠，在向上输送的输送机中都可采用。

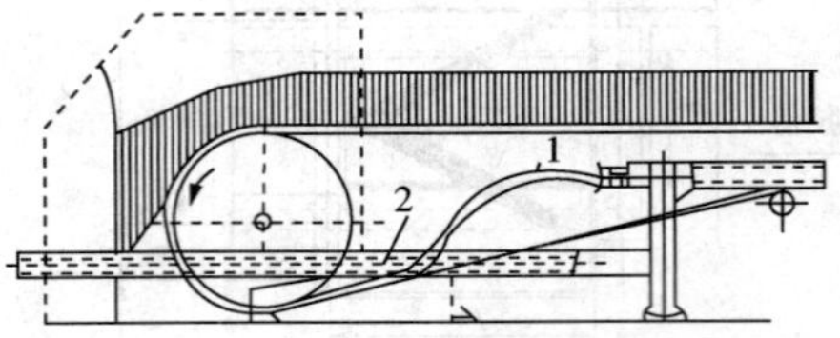

图 7-44　带式逆止器

1—制动带；2—小链条

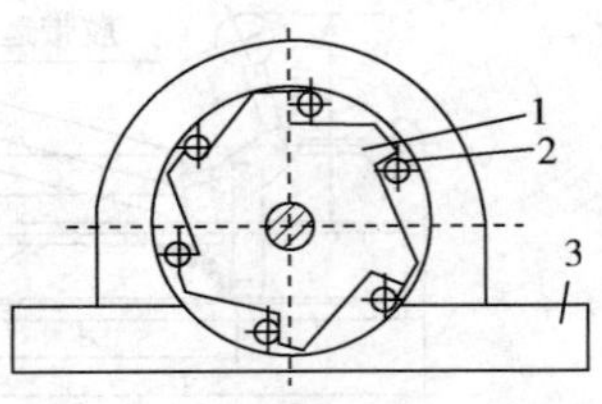

图 7-45　滚柱式逆止器

1—棘轮；2—滚柱；3—底座

电磁闸瓦制动器因消耗大量电力，且经常因发热而失灵，所以一般情况下尽量不用，只是在向下输送时才采用。

带式输送机的布置形式有多种，应用时可根据工艺过程的要求布置。典型布置如图 7-46 所示。

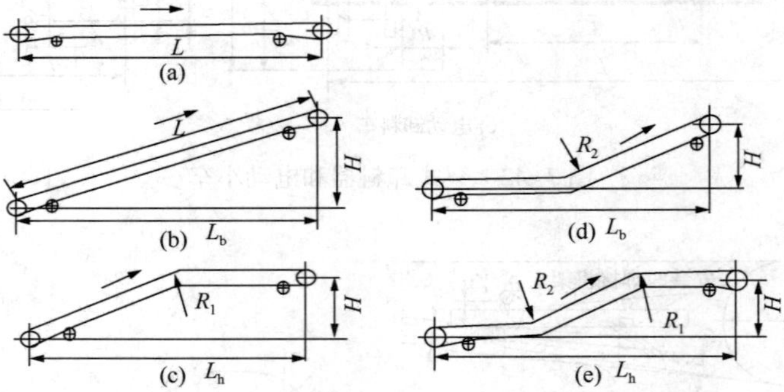

图 7-46　带式输送机的典型布置

在设计时一般应注意在曲线段内不要设置给料和卸料装置。给料点最好设在水平段内，也可设在倾斜段。但倾角越大时，给料点设在倾斜段内越容易掉料，因此在设计大倾角输送机时，最好将给料区段设计成水平，或将该区段的倾角适当减小。各种卸料装置一般设在水平段内。

7.4　螺旋输送机

螺旋输送机是一种最常用的连续输送设备，用于传输工业生产中产生的各种废物及滤渣，城市给排水中格栅输出栅渣，污泥脱水中输送泥饼等物料。

螺旋输送机一般分为有轴、无轴两种。

7.4.1 有轴螺旋输送机

有轴螺旋输送机由螺杆、U形槽盖板、进出料口和驱动装置组成，其优点是构造简单，在机槽外部除了传动装置外，不再有转动部件；占地面积小；容易密封；管理、维护、操作简单；便于多点装料和多点卸料。其装料和卸料方式如图7-47所示。

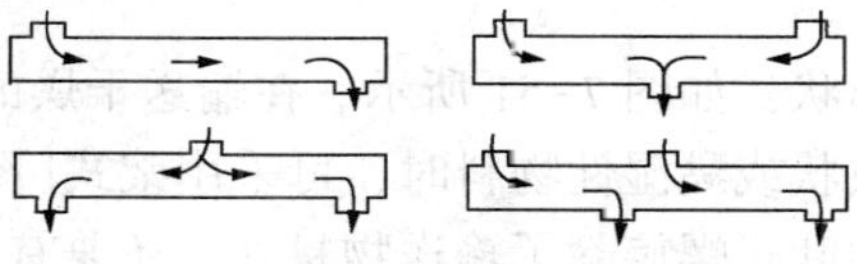

图7-47 螺旋输送机的装料和卸料的几种布置形式

螺旋输送机的缺点是：运行阻力大，这些阻力主要产生于机械与螺旋叶片之间、螺旋面与物料之间、机槽与物料之间等。一般比其他输送机的动力消耗大，而且机件磨损较快，因此不适宜输送块状、磨琢性较大的物料；由于摩擦大，所以在输送过程中物料有较大的粉碎作用，因此需要保持粒度一定的物料不宜用这种输送机；由于各部件有较大的磨损，所以这种输送设备只用于较低或中等生产率($100m^3/h$)的生产中，且输送距离不宜太长。

螺旋输送机的结构如图7-48所示，内部结构如图7-49所示。它主要由螺旋轴、料槽和驱动装置所组成。料槽的下半部是半圆形，螺旋轴沿纵向放在槽内。当螺旋轴转动时，物料由于其质量及它与槽壁之间摩擦力的作用，不随螺旋轴一起转动，这样由螺旋轴旋转而产生的轴向推力就直接作用到物料上而成为物料运动的推动力，使物料沿轴向滑动。物料沿轴向的滑动，就像螺杆上的螺母，当螺母沿周向被持住而不能旋转时，螺杆的旋转就使螺母沿螺杆作平移。物料就是在螺旋轴的旋转过程中朝着一个方向推进到卸料口处卸出的。

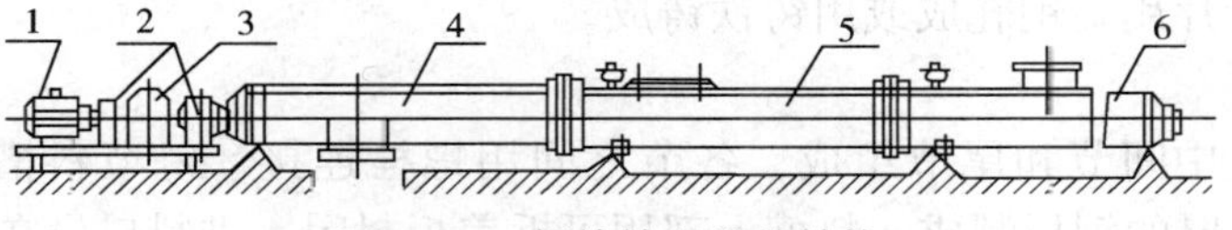

图7-48 螺旋输送机的结构

1—电动机；2—联轴器；3—减速器；4—头节；5—中间节；6—尾节

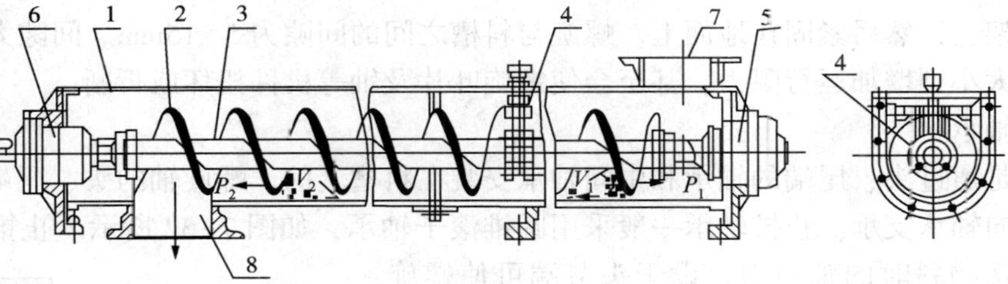

图7-49 螺旋输送机内部结构

1—料槽；2—叶片；3—转轴；4—悬挂轴承；5、6—端部轴承；7—进料口；8—出料口

(1) 螺旋

螺旋由转轴和装在上边的叶片组成。转轴有实心和空心管两种，在强度相同的情况下，空心管轴较实心轴质量轻，连接方便，所以比较常用。管轴用特厚无缝钢管制成，轴径一般在50~100mm之间，每根轴的长度一般在3m以下，以便逐段安装。

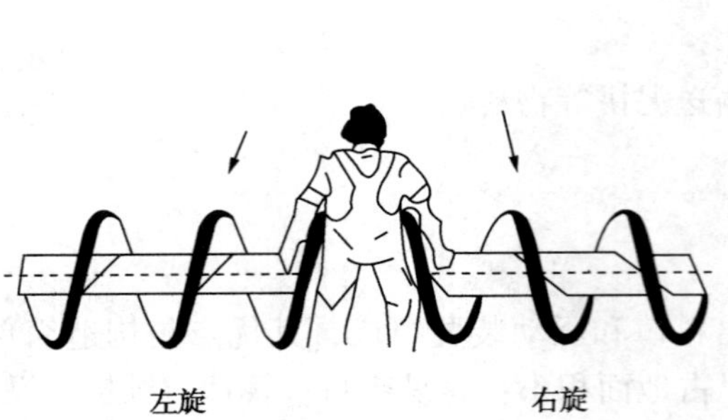

图 7-50　确定螺旋旋向的方法

螺旋叶片有左旋和右旋之分，确定旋向的方法如图 7-50 所示。物料被推送方向由叶片的方向和螺旋的转向所决定。图 7-49 为右旋螺旋，当螺旋按 n 方向旋转时，物料沿 V_1 的方向推送到卸料口处；当螺旋按反向旋转时，物料沿 V_2 的方向被推送。若采用左旋螺旋，物料被推送的方向则相反。

根据被输送物料的性质不同，螺旋有各种形状，如图 7-51 所示。在输送干燥的小颗粒物料时，可采用全叶式[图 7-51(a)]；当输送块状或黏湿性物料时，可采用桨式[图 7-51(c)]或型叶式[图 7-51(d)]螺旋。采用桨式或型叶式螺旋除了输送物料外，还兼有搅拌、混合及分散物料等作用。

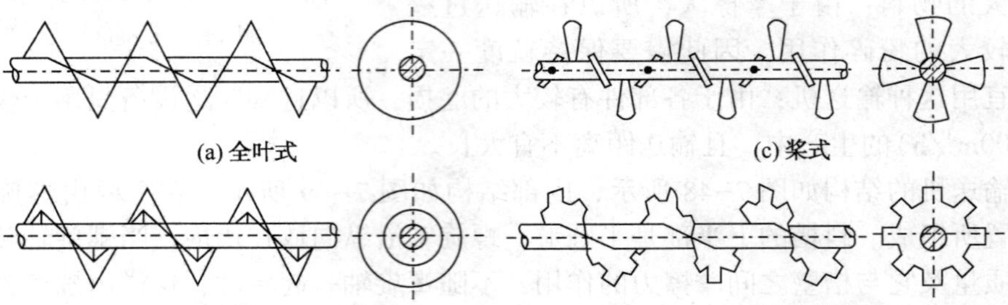

图 7-51　螺旋形式

叶片一般采用 3~8mm 厚的钢板冲压而成，焊接在转轴上。对于输送磨蚀性大的物料和黏性大的物料，叶片用扁钢轧成或用铸铁铸成。

（2）料槽

料槽由头节、中间节和尾节组成，各节之间用螺栓连接。每节料槽的标准长度为 1~3m，常用 3~6mm 厚的钢板制成。料槽上部用可拆盖板封闭，进料口设在盖板上，出料口则设在料槽的底部，有时沿长度方向开数个卸料口，以便在中间卸料。在进出料口处配有闸门。料槽的上盖还设有观察孔，以观察物料的输送情况。料槽安装在用铸铁制成或用钢板焊接成的支架上，然后紧固在地面上。螺旋与料槽之间的间隙为 5~15mm。间隙太大会降低输送效率，太小则增加运行阻力，甚至会使螺旋叶片及轴等机件扭坏或折断。

（3）轴承

螺旋是通过头、尾端的轴承和中间轴承安装在料槽上的。螺旋轴的头、尾端分别由止推轴承和径向轴承支承。止推轴承一般采用圆锥滚子轴承，如图 7-52 所示。止推轴承可承受螺旋轴输送物料时的轴向力，设于头节端可使螺旋轴仅受拉力，这种受力状态比较有利。止推轴承安装在头节料槽的端板上，它又是螺旋轴的支承架。尾节装置与头节装置的主要区别在于尾节料槽的端板上安装的是双列向心球面轴承或滑动轴承，如图 7-53所示。

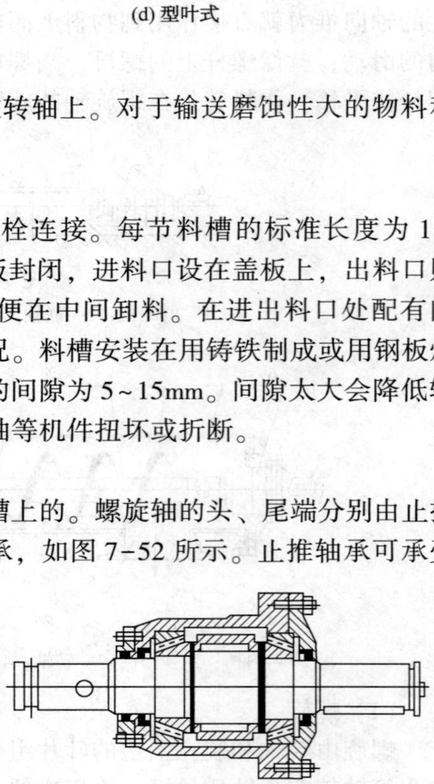

图 7-52　止推轴承结构图

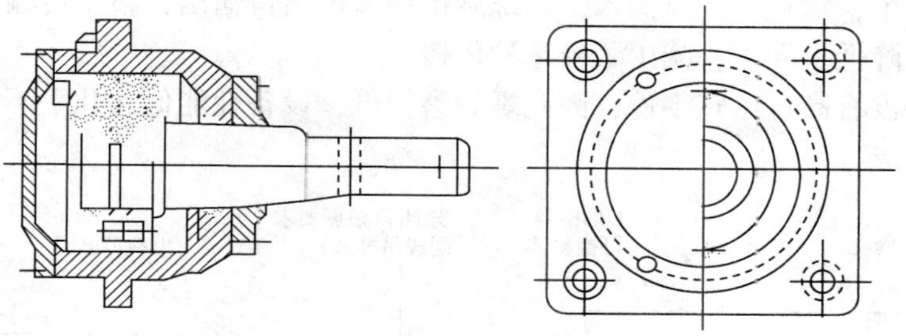

图 7-53　平轴承

当螺旋输送机长度超过 3~4m 时，除在槽端设置轴承外，还要安装中间轴承，以承受螺旋轴的一部分质量和运转时所产生的力。中间轴承上部悬挂在横向板条上，板条则固定在料槽的凸缘或它的加固角钢上，因此称为悬挂轴承，又称为吊轴承。悬挂轴承的种类很多，图 7-54 所示是 GX 型螺旋输送机的悬挂轴承。

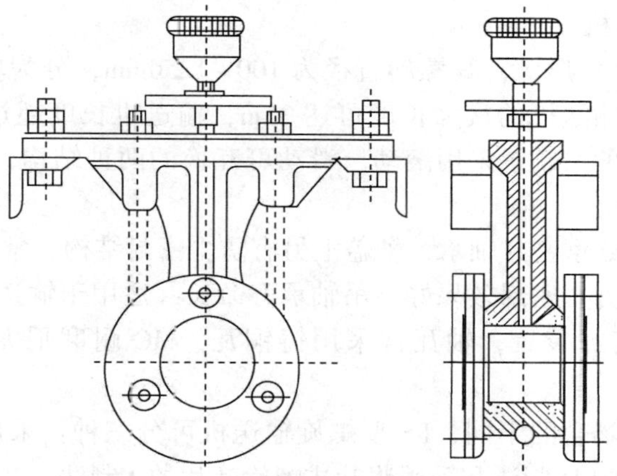

图 7-54　悬挂轴承

由于悬挂轴承处螺旋叶片中断，物料容易在此处堆积，因此悬挂轴承的尺寸应尽量紧凑，而且不能装太密，一般每隔 2~3m 安装一个悬挂轴承。一段螺旋的标准长度为 2~3m，要将数段标准螺旋连接成工艺过程要求的长度，各段之间的连接就靠联结轴装在悬挂轴承上。联结轴和轴瓦都是易磨损部件。轴瓦多用耐磨铸铁或巴氏合金制造。轴承上还设有密封和润滑装置。

(4) 驱动装置

驱动装置有两种形式，一种是电动机和减速器，两者之间用弹性联轴器连接，而减速器与螺旋轴之间常用浮动联轴器连接；另一种是直接用减速电动机，而不用减速器。在布置螺旋输送机时，最好将驱动装置和出料口同时装在头节，这样使螺旋轴受力较合理。

7.4.2　无轴螺旋输送机

无轴螺旋输送机是利用无轴螺旋实现物料连续输送的螺旋输送机。

(1) XLS 型螺旋输送机

XLS 型螺旋输送机是把有轴螺旋输送机的螺杆改为无轴螺旋，并在 U 形槽内装置有可换衬体，结构简单，物料由进口输入，经螺旋推动后由出口输出，整个传输过程可在一个密封的槽中进行，降低了噪声，减少了异味的传播。

由于设备中没有高速运转零件，因此螺旋磨损低，设备耗能低，几乎不需要维修。其结构如图 7-55 所示。

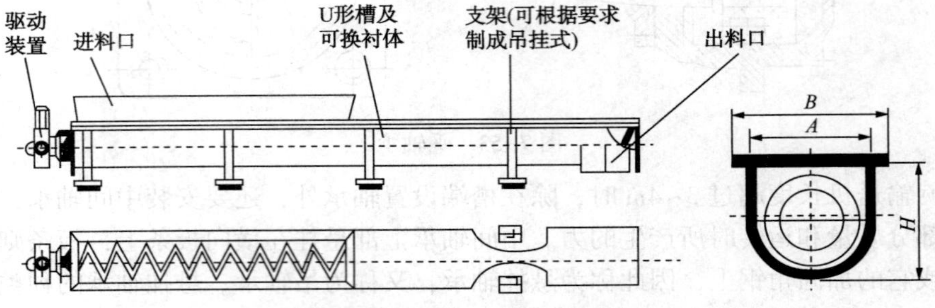

图 7-55　XLS 型螺旋输送机

（2）LS 型螺旋输送机

LS 型螺旋输送机为 U 形槽，其螺旋直径为 100~1250mm，分为单端驱动和双端驱动两种形式。单端驱动螺旋输送机的最大长度可达 35m，输送机长度超过 35m 时，需采用双端驱动。螺旋输送机中间的吊轴承采用滚动、滑动可互换的两种结构，阻力小、密封性能强，耐磨性好。

滚动轴承采用 80000 型密封轴承，轴盖上另有防尘密封结构，常用在不易加油、不加油或油对物料有污染的地方，密封效果好，吊轴承寿命长，适用于输送温度低于 80℃ 的物料；滑动吊轴承设有防尘密封装置，轴瓦常采用铸铜瓦、MC 耐磨尼龙瓦和铜基石墨少油润滑瓦。

按螺旋输送机使用场合的不同，LS 型螺旋输送机可分三种：采用实体螺旋叶片的 S 制法、采用带式螺旋叶片的 D 制法和采用桨叶式螺旋叶片的 J 制法。

（3）GX 型螺旋输送机

GX 型螺旋输送机的结构形式与 LS 型螺旋输送机基本相同。

GX 型螺旋输送机的螺旋直径有 150mm、200mm、250mm、300mm、400mm、500mm 和 600mm 七种，机长 3~70m，可在环境温度为-20~50℃ 的条件下，以小于 20° 的倾角单向输送温度低于 200℃ 的物料。

按螺旋输送机使用场合要求的不同，GX 型螺旋输送机可分为两类：

① S 制法：带有实体螺旋面的螺旋，其螺距等于直径的 0.8 倍；

② D 制法：带有带式螺旋面的螺旋，其螺距等于直径。

GX 型螺旋输送机的结构如图 7-56 所示。

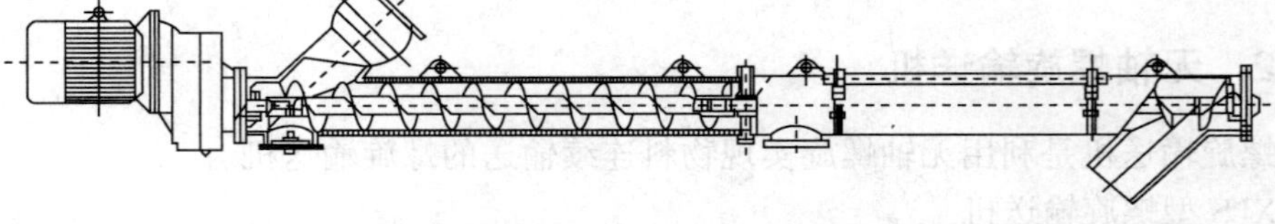

图 7-56　GX 型螺旋输送机

（4）XLY 型螺旋输送机

XLY 型螺旋输送机适用于城镇污水处理厂、自来水厂和市政雨、污水泵站的栅渣处理。其工作过程是：由格栅清污机捞出的水中漂浮物由螺杆带入压榨机主体，在传送过程中被压榨、脱水，最后压榨渣被卸入收集器中，使废料易于运输、填埋及焚烧。

压榨机以由下几部分构成：动力装置、压榨机主体、进出料装置、电气控制箱等，其外形如图 7-57 所示。

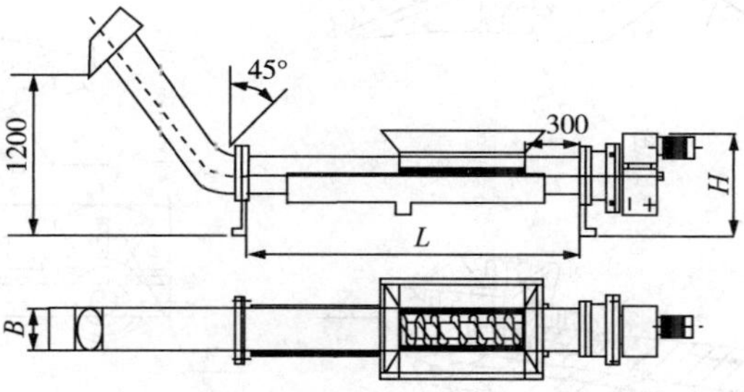

图 7-57　XLY 型螺旋压榨机

7.5　链板输送机

链板输送机的主要特点是以链条作为牵引构件，另以板片作为承载构件，板片安装在链条上，借助链条的牵引，达到输送物料的目的。根据输送物料种类和承载构件的不同，链板输送机主要有板式输送机、刮板输送机和埋刮板输送机三种。

7.5.1　板式输送机

板式输送机的构造如图 7-58 所示，它用两条平行的闭合链条作牵引构件，链条上连接有横向的板片 2 或 3，板片组成鳞片状的连续输送带，以便装载物料。牵引链紧套在驱动链轮 4 和改向链轮 5 上，用电动机经减速器、驱动链轮带动。在另一端链条绕过改向链轮。改向链轮装有拉紧装置。因为链轮传动速度不均匀，坠重式的拉紧装置容易引起摆动，所以，拉紧装置都采用螺旋式。重型板式输送机的牵引链大多数采用板片关节链，如图 7-58 所示，在关节销轴上装有滚轮 6，输送的物料以及输送机的运动构件等的质量都由滚轮支承，沿着机架 7 上的导向轨道滚动运行。

板式输送机有以下几种类型：板片上装有随同板片一起运行的活动拦板 8 的输送机[图 7-58(d)]；在机架上装有固定拦板的输送机[图 7-58(a)]；无拦板的输送机[图 7-58(b)]；前两种多用来输送散状物料。板片的形状有平板片[图 7-58(b)]、槽形板片[图 7-58(d)]和波浪形板片[图 7-58(e)]。为了提高输送机的生产能力，特别是在较大倾斜角时，波浪形板片具有明显的优越性。

输送散、粒状物料时，板式输送机的输送能力为

$$Q=3600Fv\phi\rho_s$$

式中　F——承载板上物料的横截面积，m^2；

v——板的速度，m/s；

ϕ——填充系数；

ρ_s——物料的堆积密度，t/m^3。

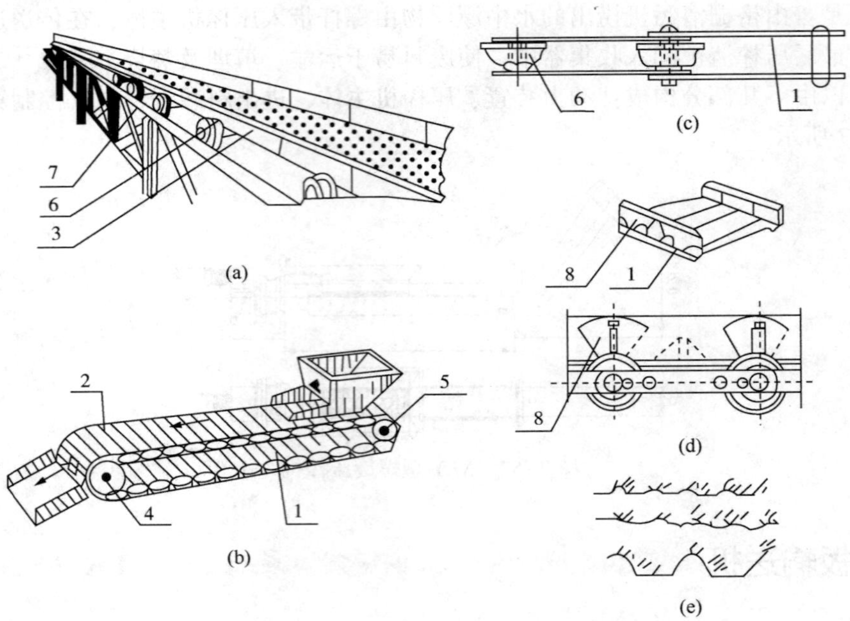

图 7-58　板式输送机

1—牵引链；2—平板；3—槽形板；4—驱动链轮；5—改向链轮；6—滚轮；7—机架；8—拦板

对于有拦板的输送机，承载板上的横截面积取等于承载板料槽的截面积。考虑到物料有填充不够之处，在计算中引入填充系数修正。在计算承载板的宽度时，不仅考虑到输送能力，同时还要考虑到料块的大小。料块的尺寸不应大于板宽的 1/3。拦板的高度一般取 120~180mm。

板式输送机的特点是：输送能力大；能水平输送物料，也能倾斜输送物料，一般允许最大输送倾角为 25°~30°。如果采用波浪形板片，倾角可达 35°或更大；由于它的牵引件和承载件强度高，输送距离可以较长，最大输送距离为 70m；特别适合输送沉重、大块、易磨和炽热的物料，一般物料温度应小于 200℃；但其结构笨重，制造复杂，成本高，维护工作繁重，所以一般只在输送灼热、沉重的物料时才选用。

7.5.2　刮板输送机

刮板输送机是借助链条牵引刮板在料槽内的运动来达到输送物料的目的。如图 7-59 所示，料槽 1 固定在机座 2 中，牵引导链 3 上安装刮板 4，绕过两端的驱动链轮 5 和改向链轮 6，形成一条闭合的链条。链条的运动由驱动链轮带动，料槽中的物料就在链条的运动中由链条上的刮板推动向前运动，从而达到输送物料的目的。改向链轮上也装有张紧装置，以使链条处于张紧状态，便于驱动轮的动力得以有效地传递。

链条带上的刮板要高出物料，物料不连续地堆积在刮板的前面，物料的截面呈梯形，如图 7-60 所示。由于物料在料槽内是不连续的，所以又称为间歇式刮板输送机。这种输送机利用相隔一定间距固装在牵引链条上的刮板沿着料槽刮运物料。闭合的链条刮板分下、下两支，可在上分支或下分支输送物料，也可在上、下两分支同时输送物料，如图 7-59 所示。牵引链条最常用的是圆环链，可以采用一根链条与刮板中部连接，也可用两根链条与刮板两端相连。刮板的形状有梯形和矩形等，料槽断面与刮板相适应。物料由上面或侧面装载，由末端自由卸载；也可以通过槽底部的孔口进行中途卸载，卸载工作能同时在几处进行。

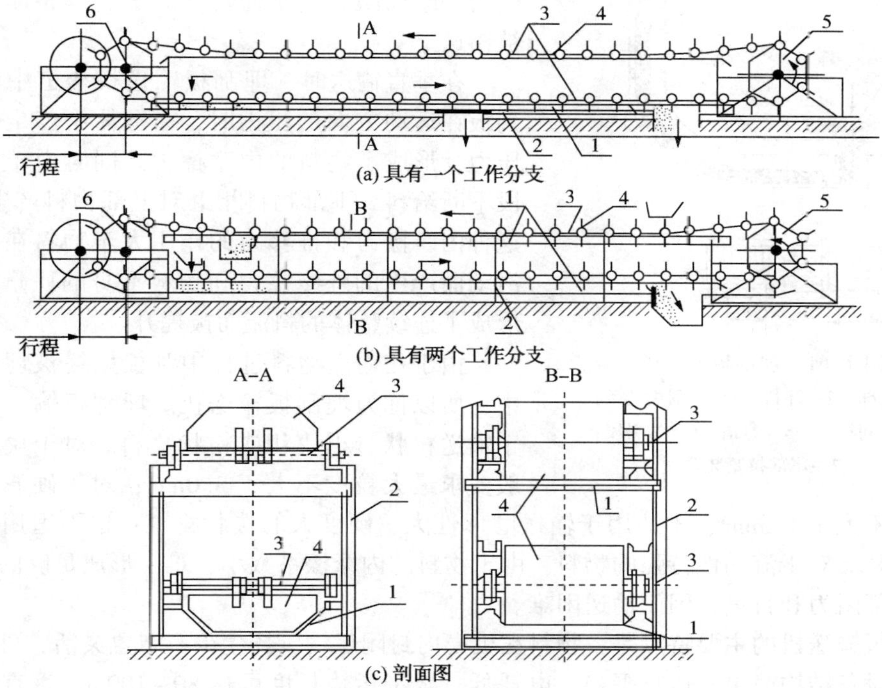

图 7-59　间歇式刮板输送机

1—料槽；2—机座；3—牵引链条；4—刮板；5—驱动链轮；6—改向链轮

这种输送机适用在水平或小倾角方向输送散、粒状物料，如碎石、煤和水泥熟料等，不适宜输送易碎的、有黏性的或会挤压成块的物料。该输送机的优点是结构简单，可在任意位置装载和卸载；缺点是料槽和刮板磨损快，功率消耗大，因此输送长度不宜超过 60m，输送能力不大于 200t/h，输送速度一般在 0. 25~0. 75m/s。

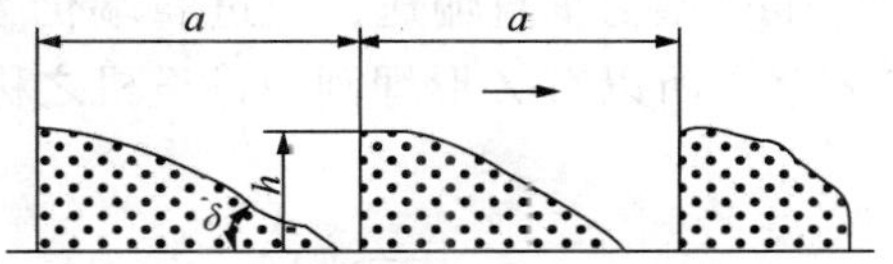

图 7-60　刮板前的物料堆积形状

7. 5. 3　埋刮板输送机

埋刮板输送机在水平和垂直方向都能很好地输送粉体和散粒状物料，因此近年来得到了较多的应用。

埋刮板输送机有两个部分的封闭料槽：一部分用于工作分支；另一部分用于刮分支，固定有刮板的无端链条分别绕在头部的驱动链轮和尾部的张紧链轮上，如图 7-61 所示。物料在输送时并不由各个刮板一份一份地带动，而是以充满料槽整个工作断面或大部分断面的连续流的形式运动。这种连续牵引物料的过程可分析如下：

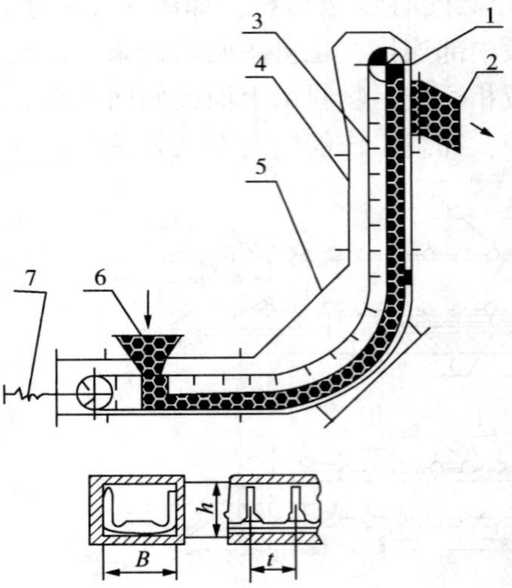

图 7-61　埋刮板输送机
1—头部；2—卸料口；3—刮板链条；
4—中间机壳；5—弯道；6—加料段；
7—尾部拉紧装置

水平输送时，埋刮板输送机槽道中的物料受到刮板在运动方向的压力及物料本身质量的作用，在散体内部产生了摩擦力，这种内摩擦力保证了散体层之间的稳定状态，并大于物料在槽道中滑动而产生的外摩擦阻力，使物料形成了连续整体的料流而被输送。

在垂直输送时，埋刮板输送机槽道中的物料受到板在运动方向的压力时，在散体中产生横向的侧压力，形成了物料的内摩擦力。同时由于板在水平段不断给料，下部物料相继对上部物料产生推移力。这种内摩擦力和推移力的作用大于物料在槽道中的滑动而产生的外摩擦力和物料本身的质量，使物料形成了连续整体的料流而被提升。

由于在输送物料过程中刮板始终被埋于物料之中，所以称为埋刮板输送机。埋刮板输送机主要用于输送粒状、小块状或粉状物料。对于块状物料一般要求最大粒度不大于 3.0mm；对于硬质物料要求最大粒度不大于 1.5mm；不适用于输送磨琢性大、硬度大的块状物料；也不适用于输送黏性大的物料。对于流动性特强的物料，由于物料的内摩擦系数小，难于形成足够的内摩擦力来克服外部阻力和自重，因而输送困难。

埋刮板输送机的主要特点是：物料在机壳内封闭运输，扬尘少，布置灵活，可多点装料和卸料；设备结构简单，运行平稳，电耗低。水平运输长度可达 80~100m，垂直提升高度为 20~30m。

通用型埋刮板输送机主要有三种，如图 7-62 所示：MS 型为水平输送，最大倾角可达 30°；MC 型为垂直输送，但进料端仍为水平段；MZ 型为“水平-垂直-水平”的混合型，形似 Z 字，所以有 Z 形埋刮板输送机之称。

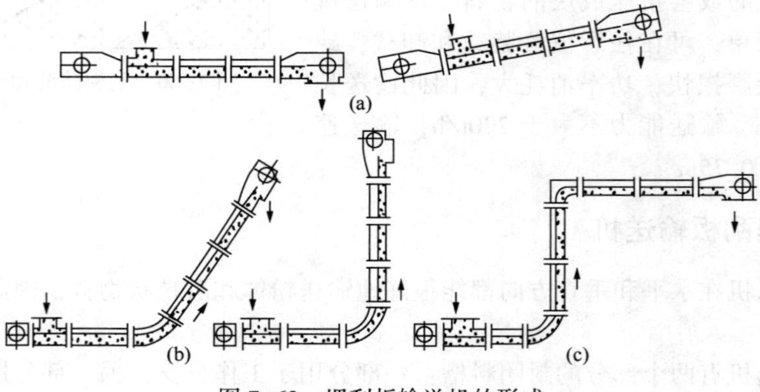

图 7-62　埋刮板输送机的形式

选用时，首先对物料要有一定的要求，物料密度 $\gamma=0.5\sim1.8\mathrm{t/m^3}$，其中 Z 形要求物料密度 $\gamma\leq1.0\mathrm{t/m^3}$；物料温度≤100℃。物料粒度一般要小于 3.0mm；其他物性如含水率要低，在输送过程中物料不会黏结，不会压实变形，硬度和磨琢性不宜过大。

刮板链条的结构类型如表 7-8 中的各图。在选用时，应根据物料的性能如粒度、流动性等合理选用。一般的粉状物料少的可用 T 形和 U_1形；流动性比较好的可用 O 形或 V_1形；流动性好的粉状物料可用 O_4形或耐磨、耐热的树脂板型。

表 7-8　刮板链条的结构类型

	横锻链 DL	滚子链 GL	双板链 BL
链条形式	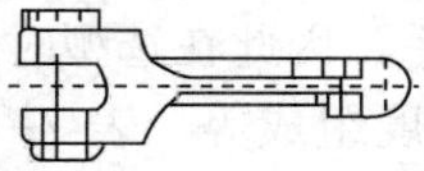	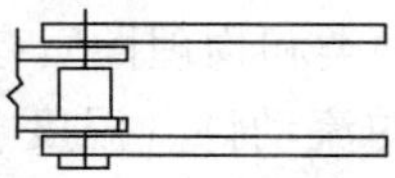	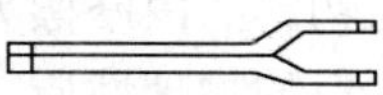
刮板结构形式	T 形	U_1 形	板形
	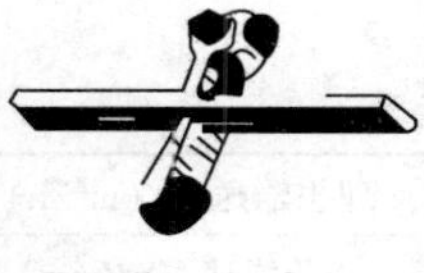	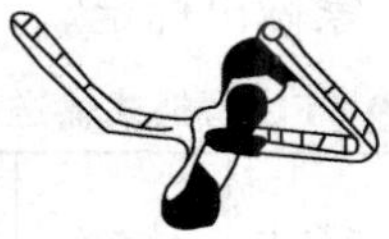	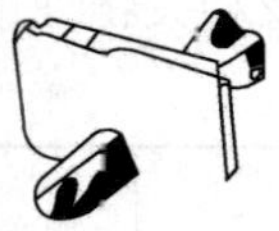
	V_1 形	C 形	O_4 形
			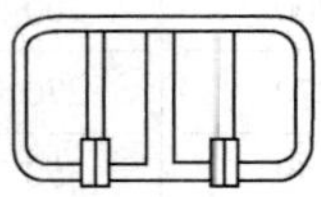
刮板内外向	外向		内向
	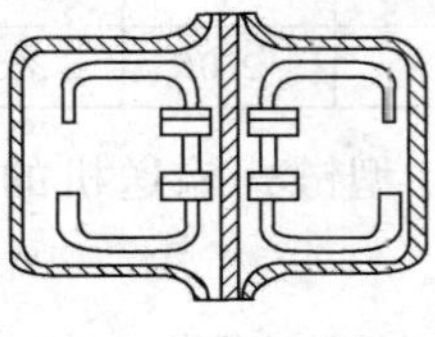		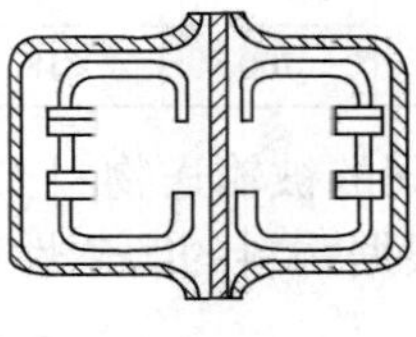

7. 5. 4　FU 型链式输送机

FU 型链式输送机(简称“链运机”)是吸收日本和德国先进技术设计制造而成的一种用于水平(或倾角小于 15°)输送粉体、粒状物料的粉体输送设备。

在密封的机壳内装有一条配有附件装置的链条，该链条在传动装置的带动下在机壳内运动，加入机壳内的物料在链条的带动下靠物料的内摩擦力与链条一起运动，从而实现输送物料的目的。该产品设计合理，结构新颖，使用寿命长，运转可靠性高，节能高效，密封、安全且维修方便。其使用性能明显优于螺旋输送机、埋刮板输送机及其他粉体输送设备。

FU 型链式输送机的主要特点如下：

（1）输送能力范围宽。目前已有产品的输送能力在 6~500m^3/h 之间，

（2）输送能耗低。与螺旋输送机相比，节电 40%~60%。

(3) 密封、安全。全密封的机壳，输送过程无扬尘，操作安全，运行可靠。

(4) 使用寿命长。用合金钢材经先进的热处理工艺加工而成的输送链，正常寿命大于5年。

(5) 工艺布置灵活。可多点进料或出料，可单向或双向输送，可水平或爬坡15°布置，

(6) 维修费用低。维修率极低，能确保主机的正常运行。

(7) 可使用于水泥、生料、煤粉等粉状、小块状、易碎物料。

表7-9是FU型链式输送机的规格性能表。由于该输送机是靠物料内摩擦力输送物料的，而物料的内摩擦力与物料的种类和物理性质有密切的关系，因此在选型时应特别注意被输送物料的物理性质，例如物料的流动性、温度、湿度、粒度组成等。表7-9中所列的输送能力是以输送水泥等为输送物料而标定的，在输送其他物料时，其实际输送量可参照比此表中推荐值小0~20%的范围。如果要求精确知道其输送量，可向生产厂家提供被输送物料的种类及相关物理性质，由生产厂家做出标定。

表7-9　FU型链式输送机的规格性能表

规格	槽宽/mm	理想粒度/mm	10%最大粒度/mm	最大输送斜度	理想输送量/(m^3/h) 链条线速/(m/min)				
					11	14	17	22	27
FU150	150	<4	<8	≤15°	10		16	20	
FU200	200	<5	<10	≤15°	18		28	38	
FU270	270	<7	<15	≤15°	33	41	50	68	82
FU350	350	<9	<18	≤15°		64	80	100	125
FU410	410	<11	<21	≤15°		90	110	138	175
FU500	500	<13	<25	≤15°			170	210	270
FU600	600	<15	<30	≤15°		184	224	276	340
FU700	700	<18	<32	≤15°		250	305	376	460

由于不同的被输送物料具有不同的物理性质，FU型链式输送机的输送线速度也不同，表7-10是根据物料的磨琢性而推荐的链条线速度。

表7-10　输送不同磨琢性物料时的链速推荐

物料磨琢性		特大	大	中	小
链速/(m/min)	推荐	10	15	20	30
	最大	15	20	30	40

FU型链式输送机对物料的水分含量也有一定的要求。在选用时，可采用下列办法测定物料湿度是否适合于该输送机，一般可将物料抓捏成团，撒手后物料仍能松散，即表明可以采用该输送机。当被输送物料的湿度超过一定值时，是否可以采用应与该输送机生产厂家技术部门取得联系进行咨询。当用于其他行业输送磨琢性小且温度小于60℃的物料时，链速还可以加快，最快可达40m/min。

参　考　文　献

[1] 廖传华，周玲，朱美红，等. 输送技术、设备与工业应用[M]. 北京：化学工业出版社，2018.

[2] 蔡振旭，冯敏，周坤龙，等．自动控制在污水处理厂污泥输送系统中的应用[J]．中国给水排水，2016，32(9)：80-82.
[3] 李善宁，张良桥．生化污泥输送系统自动控制应用[J]．冶金动力，2016，2：51-53.
[4] 郑赟嘉，王精宝，邵立军，等．悬挂式Silo泵对高固含量脱水污泥的输送[J]．通用机械，2016，9：66-69.
[5] 陈志平，谢淮明，宋旭，等．脱水污泥管道输送阻力计算模型对比研究[J]．中国给水排水，2016，32(3)：101-103.
[6] 闫利刚，杜志鹏．脱水污泥储存及输送系统设计探讨与分析[J]．中国给水排水，2016，32(12)：41-43.
[7] 曹秀芹，崔伟莎，杨平，等．污水厂污泥流变特性变化规律[J]．环境工程学报，2015，9(4)：1956-1962.
[8] 徐兴华，沙雪华．市政污泥螺杆泵输送计算的工程化应用研究[J]．中国给水排水，2015，31(23)：90-92.
[9] 陆海，尹军，袁一星，等．应用GA-DE组合算法的污泥输送管道设计参数优化[J]．哈尔滨工业大学学报，2015，47(6)：27-32.
[10] 宣建岚，杨明远，欧如清，等．污泥干化焚烧输送系统的优化改造研究[J]．环境科学管理，2015，40(4)：20-22.
[11] 张丽．城市污泥管道输送减阻可行性试验研究[J]．山西水利，2015，2：28-29.
[12] 陆海．污泥管道输送非均质流动阻力预测及费用模拟研究[D]．哈尔滨：哈尔滨工业大学，2014.
[13] 潘绮，邵任斌，谢建萍．污泥管道输送阻力特性的研究与应用[J]．给水排水，2014，40(10)：100-102.
[14] 汤传彬，樊学勇，张承信，等．污泥输送用螺旋输送机设计参数选取[J]．建筑机械，2014，4：84-87.
[15] 徐黎黎，孙爱国，代成杨．污水处理厂污泥脱水系统工艺改造设计[J]．广东化工，2014，41(22)：126-127，118.
[16] 饶宾期，施阁，曹黎．脱水污泥储存输送系统的优化设计[J]．化工自动化及仪表，2013，40(9)：1137-1139.
[17] 陈升辉，饶宾期，胡青海，等．基于HML的污泥存储输送系统设计[J]．微型机与应用，2013，32(24)：94-97.
[18] 廉兴格．城市污泥的特性与输送[D]．杭州：浙江工业大学，2013.
[19] 裴玉良，殷江平，王磊．城市污泥掺烧自动化搅拌输送系统的应用[J]．环境工程，2013，31(A1)：478-479.
[20] 李晖．脱水污泥输送系统技术特点及设计探讨[J]．市政技术，2013，31(5)：120-22.
[21] 马修元，段钰锋，刘猛．污泥水焦浆管道输送的壁面滑移和减阻特性[J]．中国电机工程学报，2013，33(2)：46-51，10.
[22] 余召辉，兰思杰，赵由才．文丘里泵提高剩余污泥重力浓缩效率的研究[J]．安徽农业科学，2013，41(24)：10089-10091.
[23] 金中国．用单螺杆泵输送脱水干污泥[C]．中国土木工程学会全国排水委员会2013年年会，厦门，2013.
[24] 朱敏．污水处理厂污泥管道输送系统设计与研究[J]．给水排水，2012，38(A2)：22-25.
[25] 李再澄．用单螺杆泵输送脱水污泥[C]．全国城镇污水处理厂污泥处理处置技术研讨会，山东德州，2012.
[26] 何成柱．供水系统污泥泵的故障分析及改进措施[J]．安全、健康和环境，2012，12(3)：27-29.

[27] 张大群．污泥处理处置适用设备[M]．北京：化学工业出版社，2012.
[28] 于东，张良．脱水污泥的泵送、存储和石灰稳定[C]．第七届全国膜与膜过程学术报告会，杭州，2011.
[29] 陈明，杨健，奚圣美，等．CAST池回流污泥泵断轴原因分析与解决措施[J]．水务世界，2011，6：45-47.
[30] 蔡芝斌，李再澄，杨平昌，等．单螺杆泵输送脱水污泥的应用探讨[J]．给水排水，2011，37(1)：93-96.
[31] 杨茂东，林海燕，王超．净水厂污泥泵选择及设计应用探讨[J]．给水排水，2010，36(10)：108-110.
[32] 黄居森，卢映莲．远距离大运量污泥泵送系统技术改进探讨[J]．给水排水，2010，36(7)：105-106.
[33] 马庆勇．污泥压干螺旋泵的理论设计及CFD分析[J]．水泵技术，2010，4：31-33.
[34] 许乃炎．PLC变频器及上位机的通信在污泥泵检修的应用[J]．自动化与信息工程，2010，31(4)：44-48.
[35] 毛凤，魏洪矾，刘庆超．新型过滤器结构分析及改进[J]．石油与化工设备，2010，13(3)：56-59.
[36] 相春根，蒋宏林，杨平昌．祥符水厂脱水污泥实现泵-管道输送[J]．中国给水排水，2009，25(16)：72.
[37] 郭光明，马星民，赵巧芝，等．活塞泵对造纸污泥吸入特性实验研究[J]．中国造纸，2009，28(4)：56-60.
[38] 吴淼，赵学义，潘越，等．城市污泥的特性及管道输送技术研究[J]．环境工程学报，2008，2(2)：260-266.
[39] 朱晟远．城镇中小型水质净化厂污泥回流螺旋泵的改造[J]．上海水务，2008，24(1)：59-60.
[40] 王星，赵学义，吴淼．城市污泥管道输送与处置结合的新技术[J]．环境科学与技术，2007，30(7)：103-103.
[41] 刘弦．城市污水处理厂污泥管道输送阻力特性研究[D]．重庆：重庆大学，2007.
[42] 王伟静，王东，曹茂康．炼钢转炉污泥管道输送的设计与应用[J]．节能与环保，2006，1：60-60.
[43] 吴淼，赵学义，孙浩，等．污泥管道输送成套装备的应用[J]．中国给水排水，2005，21(6)：73-76.

第8章 污泥的电离辐射处理

随着核科学与技术的不断发展，以电离辐射技术为代表的核应用技术在“三废”处理、材料改性、辐射治疗以及消毒等领域显示出巨大的应用潜力。其中，辐射技术在环境保护中的应用，被国际原子能机构(IAEA)列为21世纪原子能应用的主要研究方向之一。与此同时，随着核反应堆和辐射化学的发展，水或污泥受到高能射线作用后的辐射分解特性受到了很大的关注。研究表明，水或污泥在受到辐射时，体系会发生物理效应(如胶体的变性作用)、化学效应(如污染物的辐射分解或氧化作用)及生物学效应(如灭菌、消毒作用)等。

目前，辐射技术在环境保护领域的研究和应用主要包括：烟气脱硫脱硝、挥发性有机物(VOC)的去除、污泥处理、地下水修复、水的消毒、水和废水中难降解有机污染物和重金属离子的去除以及染料等工业废水的处理等。水分子经辐射后能产生羟基自由基HO·、水合电子e_{eq}^{-}和氢自由基H·等活性粒子。这些粒子能够与水中的污染物发生加成、取代、电子转移和断键等反应，达到去除污染物、净化水体的效果。

8.1 电离辐射处理的原理和特点

辐射技术在水及污泥处理中主要应用两种辐射源：γ射线辐照源和高能电子加速器产生的电子束(electron beam，EB)。常用的γ辐射源为Co^{60}和Cs^{137}。Co^{60}的半衰期为5.25年，核衰变产生能量为1.17MeV和1.33MeV的γ射线；Cs^{137}的半衰期为30.2年，发生的γ射线的能量为0.66MeV。尽管Cs源的半衰期较长，但其射线利用率低，因此，广泛应用的是Co^{60}源。电子加速器是利用电磁场加速带电粒子获得高能量射线的装置。γ射线穿透能力强，但剂量率较低，反应时间长，防护成本较高；EB的能量利用率高、安全可控性好，适宜大规模操作，但其穿透能力比γ射线弱。目前，水处理和污泥处理领域实验室研究主要采用γ射线源Co^{60}；中试和实际工程中一般采用EB。

8.1.1 电离辐射处理水或污泥的基本原理

一般认为，电离辐射作用于水时，依次经历3个阶段，即物理、物理化学和化学阶段。

在物理阶段，水分子中的电子快速吸收辐射能，如果电子得到的能量足以克服水分子中核电场的束缚，水分子就电离生成羟基自由 HO·、水合电子 e_{eq}^{-}和氢自由基 H·。这些次级电子还可以继续电离和激发其他分子，本身逐渐慢化成热电子。如果水分子中的电子得到的能量不足以克服水分子核电场的束缚，电子就从低能态向高能态跃迁，生成激发分子。在物理化学阶段，通过解离、慢电子俘获、离子中和和分解、激发分子的离解、离子-分子反应以及激发分子的双分子反应等各种过程生成自由基和水合电子。在化学阶段，各种活性粒子发生反应。

电离辐射降解水或污泥中的污染物可以通过高能射线与污染物直接作用，也可通过水分子受到高能辐射后产生的羟基自由 HO·、水合电子 e_{eq}^{-}和氢自由基 H·等活性粒子与污染物反应的间接作用。大多数情况下以间接作用为主。水分子受到高能辐射后，会发生如下的反应：

$$H_2O——(2.7)e_{eq}^{-}+(2.8)HO\cdot+(0.55)H\cdot+(0.45)H_2+(0.7)H_2O_2+(2.7)H^{+} \quad (8-1)$$

括号内的数值是在 pH 为 6~8 时生成的每种活性粒子的辐射化学产率 G 值(μmol/J)。

G 值是辐射化学常用的概念，表示每吸收 100eV(1.6×10^{-17}J)的能量产生的产物粒子(自由基、分子或离子)或者分解的污染物分子的数目，即相应粒子的产额，国际单位为 mol/J 或 μmol/J，每 100eV 分子数相当于 0.1036μmol/J。另一个常用的概念为吸收剂量，表示单位质量物质受辐射后吸收的能量，国际单位为 Gy，1Gy＝1J/kg。

通过反应式(8-1)可以看出，与一般的 Fenton、紫外/H_2O_2等高级氧化技术不同，纯水受到辐照后，氧化性(羟基自由基 HO·)与还原性(水合电子 e_{eq}^{-}和氢自由基 H·)同时产生，并且浓度相近。羟基自由基 HO·的氧化还原电位为 2.72V，具有很强的氧化性，而水合电子 e_{eq}^{-}的氧化还原电位为-2.9V，具有很强的还原性。因此，有机污染物在辐照过程中，可通过氧化和还原两种路径被降解，这对氯取代化合物的降解是非常有利的。

8.1.2 电离辐射处理水或污泥的特点

辐照技术作为新兴的水或污泥处理技术，具有以下特点：

(1) 不需要或仅需加入少量化学试剂，不会产生二次污染；

(2) 降解效率高，反应速率快，适应面广，可对废水或污泥中的各种污染物进行快速有效处理；

(3) 当电离辐射与其他化学氧化等手段联合使用时，可产生显著的协同效应；

(4) 一般在常温常压下进行，应用方便，占地面积小，可以作为预处理手段或深度处理手段；

(5) 电子加速器带有自屏蔽装置，已在多个领域获得应用，具有良好的安全性。

因此，辐射分解是一种清洁、可持续利用的技术。但目前电离辐照在水处理和污泥处理领域主要应用于实验室研究，还未在大规模的实际污水或污泥处理中得到广泛应用，其主要原因包括：

(1) 一次性投资成本较高，电子加速器和 γ 射线均需要设计专门的防护装置进行射线防护，费用较高；

(2) 公众对辐射安全仍普遍比较担忧，影响了其实际应用；

(3) 尽管电离辐射技术降解有机污染物的效率较高，但若实现将其完全矿化为 CO_2和水，需要较高的剂量，运行成本较高。

随着电子加速器技术的不断发展，其制造成本在逐步降低；现有的射线屏蔽与防护技术日趋成熟，运行和维护过程不会造成安全问题，可靠性有保证，公众的认知程度在逐渐提高；为降低运行成本，可采用辐射与其他技术联用的方法，先用一定的辐照剂量将难降解有机污染物转化为可降解有机物，降低毒性，提高其可生化性，再采用生物处理等方法将其完全矿化去除。电离辐照在去除水或污泥中难降解有机污染物方面具有巨大的应用潜力。

8.2 电离辐射去除水或污泥中的卤代芳香化合物

卤代芳香化合物是污泥中的一簇重要污染物，主要包括氯酚类(2-氯酚、5-氯酚和2,4-二氯酚、2,4,6-三氯酚等)、氯苯类(邻、间、对二氯苯和三氯苯等)和多氯联苯(PCBs)。这类化合物广泛用于农药、医药和染料等有机化学品的合成工业中，具有较高的毒性和“三致”(致畸、致癌、致突变)效应，许多化合物被美国环保局列为优先控制的有机污染物。这些氯代污染物的毒性随着含氯原子数的增加而增加，而且生物处理不能有效地去除它们。人们曾研究过用亲核取代、湿式氧化、紫外线辐射、臭氧氧化等热处理方法来除去它们，但到目前为止，还没有哪一种单一的方法可以有效地去除其中的卤代芳香化合物。

污泥经电子束辐射或Co^{60}辐射产生的活性粒子包括水合电子e_{aq}^-、氢自由基H·和羟基自由基HO·，其中水合电子e_{aq}^-是还原性很强的粒子，可以使得含卤有机物发生去卤反应；羟基自由基HO·是很强的氧化剂，可以氧化水相中的芳香卤代化合物。这样，一个辐射过程产生两种自由基，应该可以很有效地去除污泥中的卤代芳香化合物。为此，人们开始了这方面的研究。

辐射可以用电子加速器，也可以用Co^{60}源，但由于Co^{60}的辐射涉及放射源的运输和安置，所以大规模的污泥处理一般用电子加速器。然而，由于涉及的卤代芳香化合物具有一定的毒性，所以进行实验研究时，一般都用Co^{60}源进行辐射，以减少样品的用量。

8.2.1 多卤代苯及卤代联苯的辐射去除

首先，将污泥样品溶解在纯的丙酮中，过滤，配制成200mg/L的溶液，然后再用水配制成1mg/L的溶液。所用的样品为试剂级，所用的水包括蒸馏水和自来水，自来水中的固体含量为150mg/L，3%的高岭土加入到选定的样品中，以形成高悬浮固体浆液，并用Co^{60}源辐射。辐射后的样品用戊烷萃取，有机相用气相色谱分析卤代芳香化合物的浓度。假设卤代芳香化合物浓度的微小差别不影响它们的去除效果，即不考虑浓度对卤代芳香化合物的去除效果。

(1) 多卤代苯的辐射去除

图8-1所示为1,2,4-三氯苯在三种不同溶液中的含量与辐射剂量的关系。由图8-1可知，自来水中存在的羟基自由基消除剂碳酸氢根离子对1,2,4-三氯苯的辐射去除效果影响不大；溶液中的固体悬浮粒子在较低辐射剂量时对1,2,4-三氯苯的辐射去除效果有不利的影响，这是由于固体悬浮粒子对溶液的辐射有一定的屏蔽作用造成的，而当辐射剂量大于600krad时，这种影响不显著。辐射剂量为600krad时，约90%的1,2,4-三氯苯被去除，这说明1,2,4-三氯苯很容易通过辐射的方法去除。

图 8-2~图 8-4 为四氯苯的含量与辐射剂量的关系。从这些图可以看出，四氯苯的去除效果与氯取代基在苯环中的位置有关。其中，1,2,3,5-四氯苯的去除效果优于 1,2,3,4-四氯苯和 1,2,4,5-四氯苯的去除效果。对 1,2,3,5-四氯苯来说，辐射剂量为 800krad 时，约 90%的四氯苯被去除。1,2,4,5-四氯苯的去除效果最差，当辐射剂量为 800krad 时，也有约 60%的四氯苯被去除。总的来说，辐射去除污泥中的四氯苯是有效的。另外，对所有的四氯苯来说，自由基消除剂和固体悬浮粒子的存在对四氯苯的辐射去除效果影响不大。

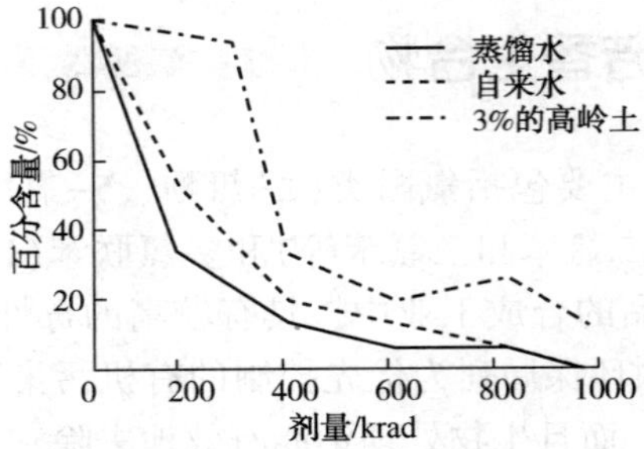

图 8-1　1,2,4-三氯苯的含量与辐照剂量的关系

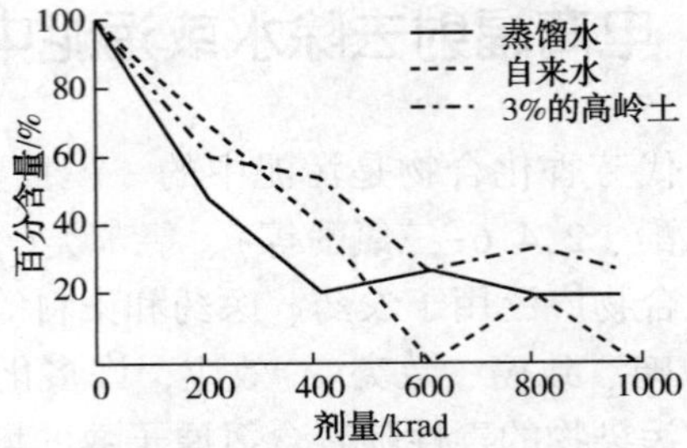

图 8-2　1,2,3,5-四氯苯的含量与辐照剂量的关系

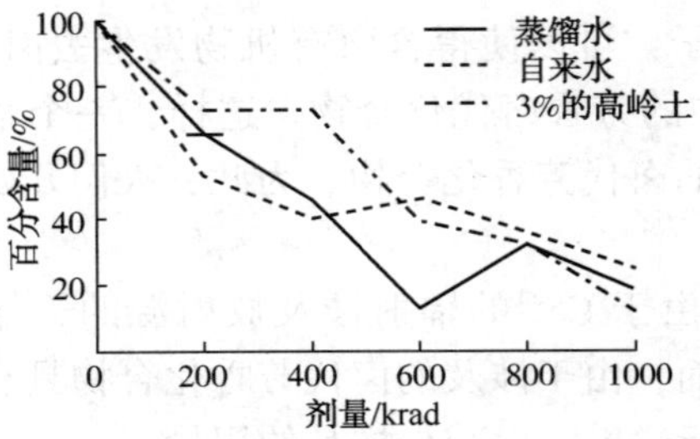

图 8-3　1,2,3,4-四氯苯的含量与辐照剂量的关系

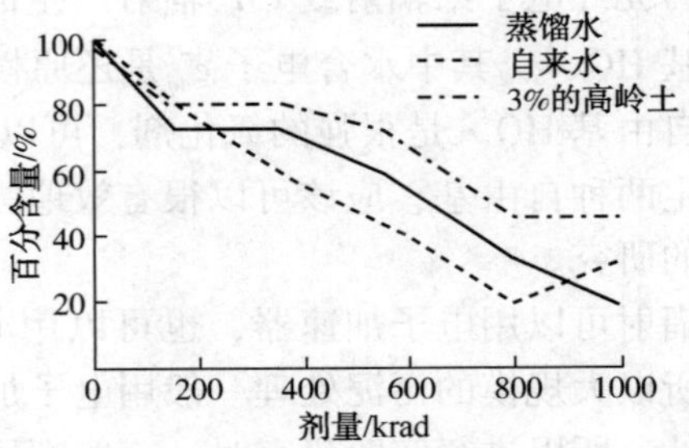

图 8-4　1,2,4,5-四氯苯的含量与辐照剂量的关系

图 8-5 为溶液中六氯苯的含量与辐射剂量的关系。由于 6 个氯取代基的缘故，六氯苯的辐射去除效果比其他的氯取代苯的去除效果都差。当辐射剂量为 1Mrad 时，仅 50%的六氯苯被去除，但与其他的处理方法相比，这个去除效果还是比较好的。从图 8-5 中还可以看出，自由基消除剂和固体悬浮粒子的存在增加了六氯苯的去除效果，这是一个反常现象，但造成这一现象的原因还不清楚。

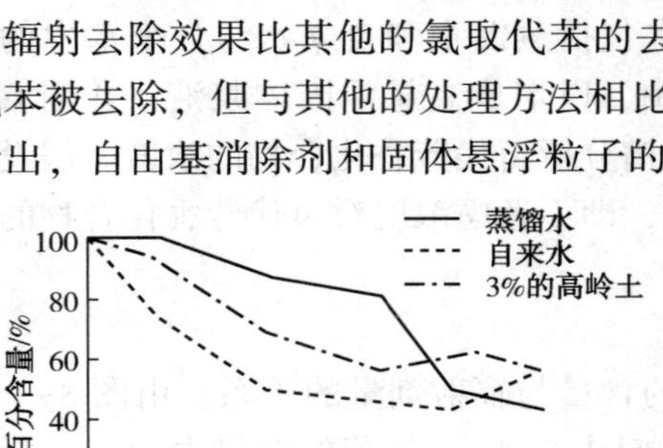

图 8-5　六氯苯的含量与辐照剂量的关系

（2）卤代联苯的辐射去除

图 8-6~图 8-9 为溶液中联苯及一氯联苯的含量与辐射剂量的关系。从图 8-6~图 8-9 可以看出：氯取代基在不同位置的一氯联苯的辐射去除效果相似，并且与未取代的联苯的辐射去除效果相近。当辐射剂量为 400krad 时，几乎所有一氯联苯都被去除，说明这类卤代芳香化合物是很容易通过辐射的方法去除的。另外，溶液中的自由基消除剂和固体

悬浮粒子的存在对这类卤代芳香化合物的辐射去除效果影响不大。

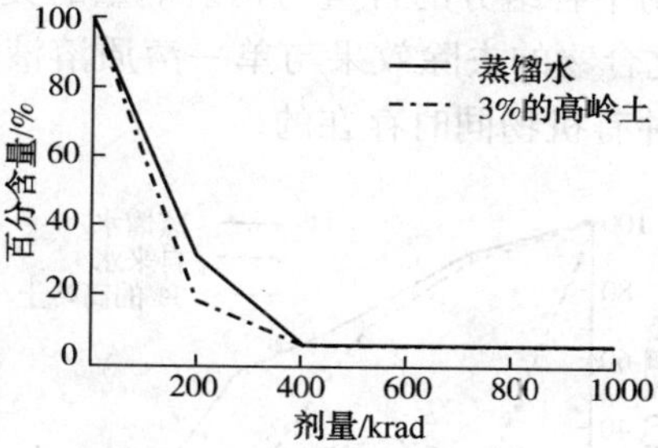

图 8-6 联苯的含量与辐照剂量的关系

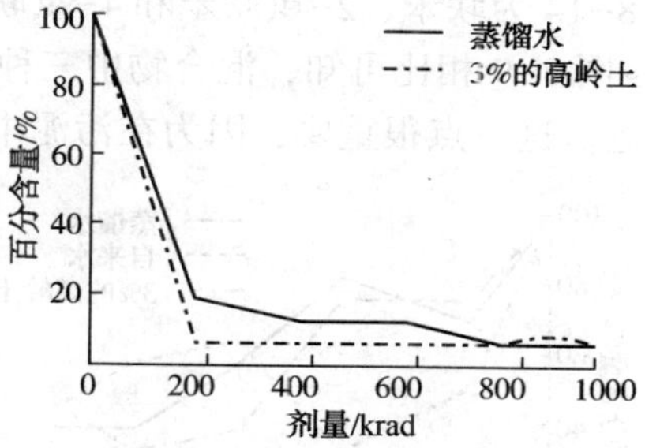

图 8-7 2-氯联苯的含量与辐照剂量的关系

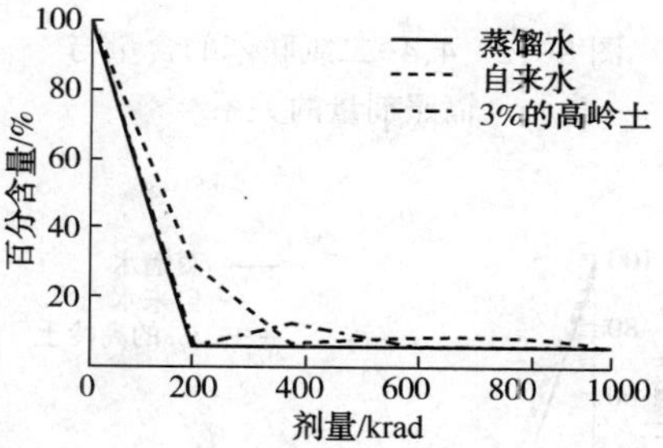

图 8-8 3-氯联苯的含量与辐照剂量的关系

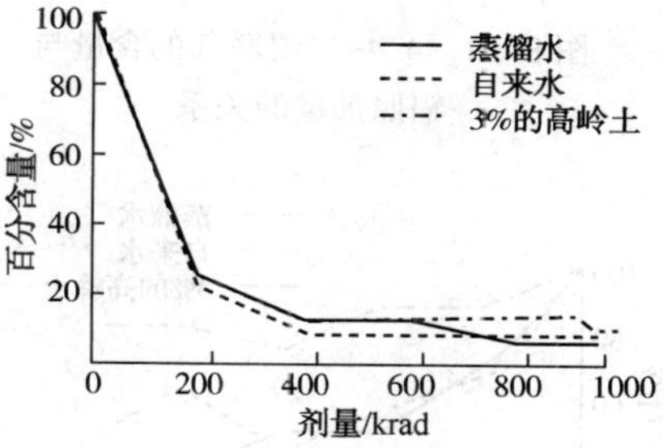

图 8-9 4-氯联苯的含量与辐照剂量的关系

图 8-10 为溶液中 4-溴联苯的含量与辐射剂量的关系。与图 8-7~图 8-9 相比可知，一溴联苯的去除效果比一氯联苯的去除效果差，当辐射剂量为 1Mrad 时，约有 80%的一溴联苯被去除。

图 8-11 为 4,4-二溴联苯的含量与辐射剂量的关系。由于溴取代基的增加，二溴联苯对辐射的敏感度降低，它的去除效果也较差。当辐射剂量为 1Mrad 时，约有 50%的二溴联苯被除去。总的来说，溶液中自由基消除剂和固体悬浮粒子对二溴联苯的去除效果影响不大，尤其是辐射剂量大于 600krad 时。

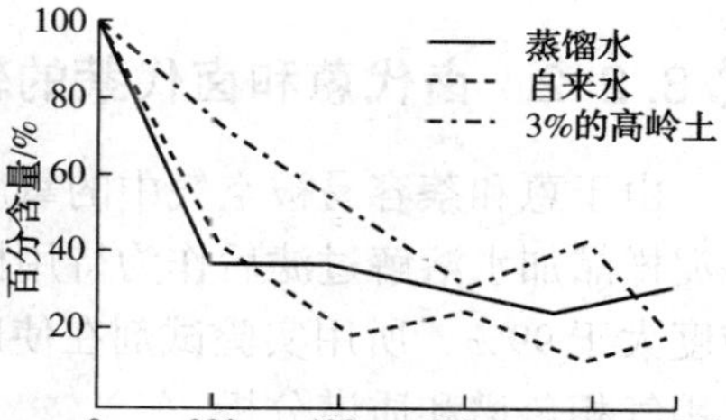

图 8-10 4-溴联苯的含量与辐照剂量的关系

图 8-12 为溶液中 4,4-二氯联苯的含量与辐射剂量的关友系。与图 8-7~图 8-9 相比可知，随着氯取代基的增加，氯代联苯的去除效果也下降。当辐射剂量为 800krad 时，约 70%的二氯联苯被除去。在较低的辐射剂量时，溶液中固体悬浮粒子增强了二氯联苯的去除效果。另外，与图 8-11 相比，二氯联苯的去除效果优于二溴联苯的去除效果。

图 8-13 为多氯联苯的含量与辐射剂量的关系。与图 8-12 相比可知，高氯联苯的去除效果比二氯取代的联苯的去除效果要差。当辐射剂量为 1Mrad 时，约 40%的高氯联苯被去除。另外，溶液中的自由基消除剂对高氯取代的联二苯的去除效果影响不大，而固体悬浮粒

子的存在，则降低了这类卤代芳香化合物的去除效果。

图 8-14 为联苯、2-氯联苯和 4-氯联苯的混合物中各组分的含量与辐射剂量的关系。与图 8-6~图 8-9 相比可知，混合物中三种卤代芳香化合物的去除效果与单一溶质溶液的去除效果相近。这一点很重要，因为在污泥中通常是几种有机物同时存在的。

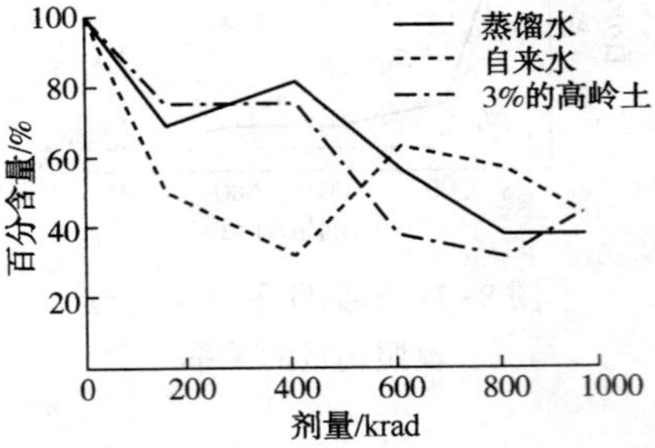

图 8-11　4,4-二溴联苯的含量与辐照剂量的关系

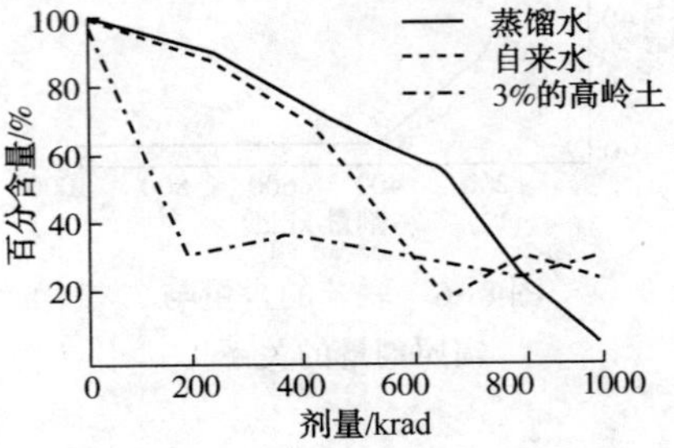

图 8-12　4,4-二氯联苯的含量与辐照剂量的关系

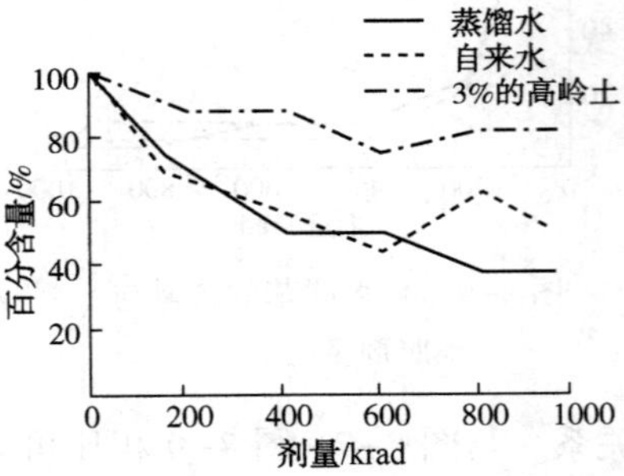

图 8-13　多氯联苯的含量与辐照剂量的关系

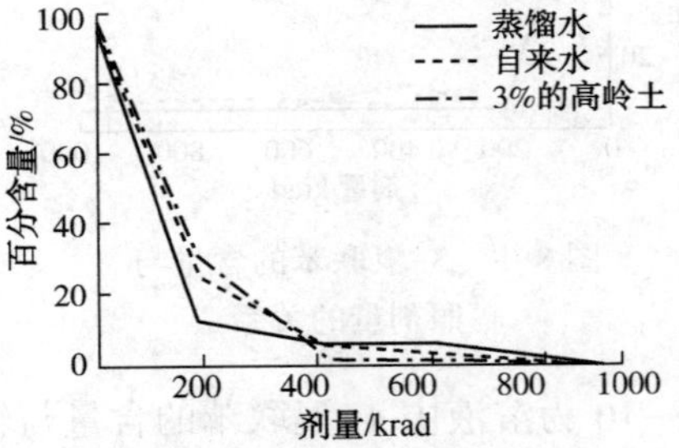

图 8-14　联苯、2-氯联苯和 4-氯联苯的混合物中各组分的含量与辐照剂量的关系

8.2.2　卤代蒽和卤代萘的辐射去除

由于蒽和萘容易被空气中的氧所氧化，所以在实验中一定要防止氧的侵入。取一定量的污泥样品加水溶解过滤后作为待用样品。实验所用溶剂为高压液相色谱级，芳香基化合物的纯度大于99%，所用实验试剂在使用前都通氩气除氧。用 Co^{60} 源辐射，辐射后的混合溶液直接用气相色谱和质谱分析。

卤代蒽和卤代萘的辐射产物如表 8-1 所示。

表 8-1　卤代蒽和卤代萘的辐射产物

卤代蒽或卤代萘	浓度/(mmol/L)	溶剂	剂量/$\times10^{-4}$Gy	添加剂	转化剂/(μmol/mL)$\times10^{-4}$Gy	辐射产物中各组分的摩尔百分比/%				
						AnX	AnH	An_2	其他	丢失物
9-BrAn	2.2	乙醇-水	0.33	无	4.4	27	4.9	7.5		60
9-ClAn	2.2	乙醇-水	0.33	无	4.6	32	2.6	2.4		63
1-BrNp	2.5	乙醇-水	0.33	无	3.7	50	6.3	<0.5		43

续表

卤代蒽或卤代萘	浓度/(mmol/L)	溶剂	剂量/ $\times10^{-4}$Gy	添加剂	转化剂/(μmol/mL) $\times10^{-4}$Gy	辐射产物中各组分的摩尔百分比/%				
						AnX	AnH	An_2	其他	丢失物
1-ClNp	1.1	乙醇-水	0.33	无	3.7	35	13.6	<0.5		51
9-BrAn	2.0	乙醇-水	0.33	$O_2$③	0.9	85	<0.5	<0.5		15
1-BrNp	2.9	乙醇-水	0.33	$O_2$③	<0.1	>99	<0.5	<0.5		<0.5
1-ClNp	1.6	乙醇-水	0.33	$O_2$③	0.7	85	<0.5	<0.5		15
1-ClAn	5.2	乙醇-水	1.10	无	2.6	45.6	<0.5	<0.5	7.0	47.5
9,10-Cl_2An	1.5	乙醇-水	1.10	无	0.8	40	13.8		40.9	5.3
9-BrAn	9.7	乙腈	1.30	无	4.4	41.4	<0.5	<0.5		58.6
9-BrAn	9.7	乙腈-水	1.30	无	4.3	43.2	<0.5	<0.5		56.8
9-BrAn	9.8	乙腈	1.30	Et_3N	3.8	49.5	8.6	<0.5		41.9
1-BrNp	14.1	乙腈	1.30	④	3.7	66.4	9.2	<0.5		24.4
1-BrNp	14.5	乙腈-水②	1.30	无	1.3	88.5	1.9	<0.5		9.6
1-BrDD①	5.6	乙腈-水	1.10	无	0.4	91.2	9.3			

注：①1-BrDD 为 1-溴化钾代十二烷；②混合溶剂比＝75∶25(体积)；③指辐射前为 O_2 溶液；④[Et_3N]＝0.14mol/L。

（1）卤代蒽的辐射去除

从表 8-1 可以看出，以当水-乙醇为溶液时，9-溴代蒽和 9-氯代蒽辐射的副产物主要是蒽(An)和二蒽 An_2(沉淀)。由于二蒽部分溶解在溶剂中，所以测得的二蒽的量只是一个大约值。蒽和二蒽的产生机理可能为：

$$\gamma+H_2O(\text{或 }EtOH)\longrightarrow H_2O^+\cdot(\text{或 }EtOH^+\cdot)+e_{aq}^- \tag{8-2}$$

$$H_2O^+\cdot(\text{或 }EtOH^+\cdot)\longrightarrow H_2O(\text{或 }EtOH)+H^+ \tag{8-3}$$

$$AnX+e_{aq}^-\longrightarrow AnX^- \tag{8-4}$$

$$AnX^-\longrightarrow An+X^- \tag{8-5}$$

$$AnX+An\cdot\longrightarrow An_2 \tag{8-6}$$

$$An+CH_3CH_2OH(\text{或 }Et_3N)\longrightarrow AnH+CH_3CH(\cdot)OH \tag{8-7}$$

由表 8-1 的第 5~7 项可以看出，当溶液用氧气饱和时，蒽的分解几乎被完全抑制，这可能是由于氧优先与水合电子反应，从而阻止了水合电子与卤代芳香化合物的反应。

1-氯蒽辐射的副产物与 9-卤代蒽的辐射副产物不同，既没有二蒽，也没有蒽。另外，9-卤代蒽辐射后溶液的酸性增加，而 1-氯蒽辐射后溶液的酸性没有增加。这两种现象表明，1-氯蒽在辐射过程中没有发生去卤反应。造成这种结果的原因可能是由于 9-卤代蒽的自由基负离子在失去氯离子后空阻减少很多，从而有利于反应向形成蒽自由基的方向移动；另一种原因可能是卤代蒽的自由基负离子在失去卤离子后发生杂化，在过渡状态中，9-蒽自由基比 1-蒽自由基更稳定，因此 9-卤代蒽比 1-卤代蒽更容易形成稳定的蒽自由基，从而进一步反应形成蒽和二蒽。另外，从表 8-1 可以看出，9,10-二氯蒽的辐射产物只有蒽，没有二蒽，这可能是由于另一取代基的存在，阻止了二聚体的生成。

从表 8-1 还可以看出，当溶剂为乙腈时，无论有水或无水，都没有辐射产物，而在溶液中加入三乙胺后，则有蒽生成。毫无疑问，三乙胺的一个作用是作为氢的来源，但可以肯定它一定还起另外的作用，因为如果没有三乙胺，就没有蒽或二蒽；另外，若在溶液中加入吡啶或氢氧离子，也可促进蒽的生成。乙腈经辐射后产生乙腈自由基负离子，它能够将卤代蒽转化成卤代蒽自由基负离子，而辐射结果没有产生蒽或二蒽，说明在辐射过程中产生了一些氧化性粒子，这些粒子将卤代蒽自由基负离子转化为卤代蒽的速率大于卤代蒽自由基负离子的分解速率，三乙胺可能捕获了这些氧化粒子，从而使得卤代蒽自由基负离子分离为蒽自由基和卤离子。

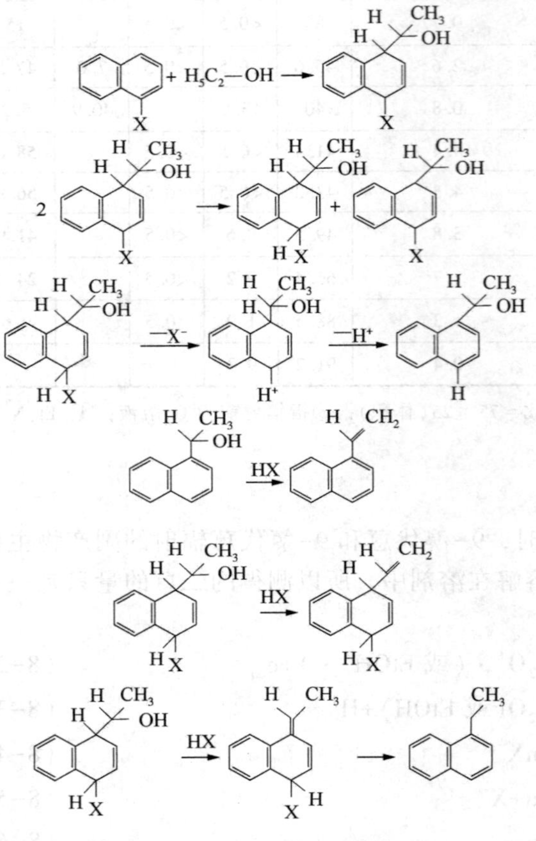

图 8-15 1-羟乙基萘的产生机理

(2) 卤代萘的辐射去除

不管溶剂是水-乙醇还是乙腈，卤代萘经辐射后的主要产物是萘，其原因可能是由于卤代萘自由基负离子的分解速率大大高于卤代蒽自由基负离子的分解速率。

1-氯萘自由基负离子的分解速率与 9-溴蒽自由基负离子的分解速率相近，实验证明，若以乙腈为溶剂，1-氯萘的辐射产物也没有萘，只有加入三乙胺，才会产生萘。另外，将辐射后的溶液浓缩，再用气相色谱和质谱分析，发现溶液中存在着相当量的去卤或没有去卤但与溶剂结合的母体。质谱分析结果表明，1-溴萘在水-乙醇中辐射后有 1-羟乙基萘生成。这个溶剂取代物可能的产生机理如图 8-15 所示。

在卤代蒽和卤代萘的辐射去除研究中，发现了一个令人困惑的现象，即相当量的起始物质的丢失，部分起始物消失但没有转化为可以检测到的产物。对于卤代蒽来说，既没有沉淀生成，也没有二蒽生成，因此估计这些起始物转化成某些物质，而气相色谱检测不到这些物质。例如某些起始物的溶剂加成物，由于浓度较低，只有浓缩后才能通过气相色谱检测出来，但由于它们的种类很多，这类物质所涉及的起始物质的总量也就较大，所以这是造成起始物质丢失的一个原因。支持这一观点的证据是，若在辐射前用氧气饱和溶液，则起始物质的回收率大于 85%。另外，这是芳香化合物特有的现象，脂肪族化合物如十二烷基溴(1-BrDD)则没有这种现象。

8.2.3 五氯苯酚的辐射引发分解

某些地区的污泥可能含有六氯环已烷(HCCH)和五氯苯酚(PCP)以及它们的前体六氯苯(HCB)。此外，可能还含有其他二十多种含氯有机物。对于这些含氯有机物，可采用先进的氧化技术如电离辐射与臭氧氧化相结合的方法对污泥中的 PCP、HCB 及其他卤代物进行辐射引发分解。

(1) 五氯苯酚的γ辐射分解

PCP 的辐解化学产率由分光光度法测定[$\lambda_{max}=320nm$，$\varepsilon=6900dm^3/(mol\cdot cm)$]并用高压液相色谱仪(HPLC)校测，色谱为12.5cmC$_{18}$，淋洗液为含有0.1%醋酸的乙醇-水(体积比为88.2∶12)，氧化物离子的产率用硫氢酸汞(Ⅱ)法测定。此法为：将污泥加水配成溶液过滤，滤液辐照作为样品，将一定量的样品用乙醚萃取，以减少酚类化合物的可能影响。水相的氧化物离子用$Hg(SCN)_2$定量反应释放出的SCN^-进一步转化为$[Fe(SCN)_6]^{3-}$，它可方便地用分光光度法测得[$\lambda_{max}=460nm$，$\varepsilon=2600dm^3/(mol\cdot cm)$]。溶液中的臭氧浓度由260nm处光密度测定。取$\varepsilon=2900dm^3/(mol\cdot cm)$，剂量由Ficker剂量计测出。

当PCP为低浓度时，在各种条件下(不同气氛或不同pH值)测定了γ辐照引发的水中PCP的分解。图8-16为不同剂量下γ辐照PCP水溶液的UV光谱。在320nm处PCP显示出一特征峰[$\varepsilon=6900dm^3/(mol\cdot cm)$]，而大多数取代或非取代酚在此几乎没有吸附常数。因此在320nm处吸收常数的减少将定量对应PCP的消耗。

如图8-17所示，PCP的消耗与剂量成线性上升关系，在后阶段，当大多数PCP已消耗而余下的不可能与产物有效竞争羟基自由基HO·时，消耗率(*G*值)下降。但在相对高剂量下PCP仍有可能被γ辐照几乎完全地消耗。由图8-17的斜率可计算出PCP消耗的*G*值。

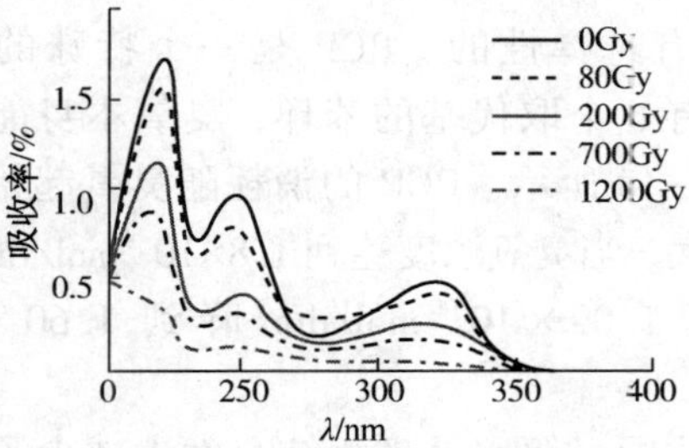

图8-16 不同剂量下辐照前后PCP水溶液的UV光谱

(空气饱和，pH=11，[PCP]=$6.3\times10^{-6}mol/dm^3$，剂量率：0.3~1.6kGy/s)

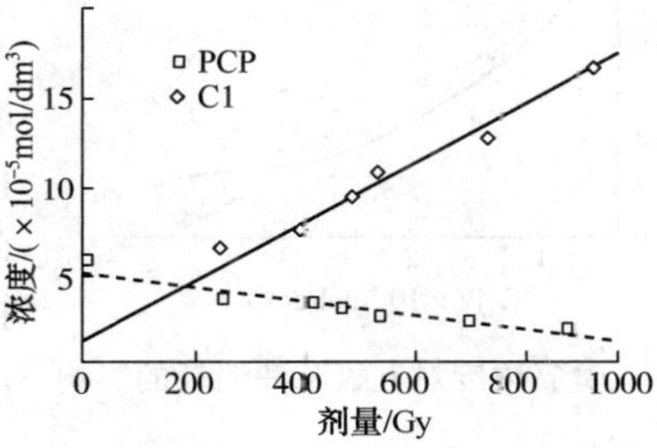

图8-17 五氯苯酚的消耗及氯化物释放的依赖关系

(空气饱和，$[PCP]_0=6.3\times10^{-6}mol/dm^3$，剂量率：0.3~1.6kGy/s)

氯化物离子随PCP的消耗而同时释放，氯化物量随吸收剂量的增加而线性地减少，如图8-17所示。从图8-17氯化物浓度对吸收剂量的斜率可计算出氯化物去除的*G*值并编入表8-2。在相对高剂量下，几乎一切氯化物离子(亦即溶于PCP起始量)均被消除掉。

表8-2 PCP消耗以及氯化物释放的*G*值

pH值	空气		N_2		N_2O	
	G(-PCP)	G(Cl^-)	G(-PCP)	G(Cl^-)	G(-PCP)	G(Cl^-)
5	-0.22	1.1	N. D.	2.4	N. D.	2.7
9	-0.37	1.7	-1.2	4.8	-1.5	7.1

如表8-2所列，辐射化学反应的产率很低，由PCP的脉冲辐照研究表明，羟基自由基HO·通过攻击苯环与PCP反应而产生二羟基五氯环已二烯、五氯苯氧及半醌自由基。在

pH 值为 8 时苯氧自由基占主导(77%)，它一般与 O_2缓慢反应，但通常与 O_2 · 很快反应，O_2 · 能加合到苯氧自由基上并进一步通过 O_2消除而产生酚或形成稳定的化合物。在空气饱和溶液中(这里水合电子转化为 O_2)，PCP 分解产率很低说明 O_2 · 同 PCP 衍生的苯基自由基主要产生 PCP · 。一个可能的原因是在高 pH 值时，羟基自由基 HO · 加成到 PCP 形成的二羟基五氯环已二烯自由基倾向于通过 Cl^- 消除而产生半醌自由基，而不是通过自由基 HO · 消除产生五氯苯氧自由基。因为在高 pH 值时，在二羟基五氯环已二烯自由基中的两个羟基自由基 HO · 都进行了去质化。在相对低吸收剂量(≤50Gy，即 PCP 的消耗不大于一半)下，Cl^- 消耗的化学产率约为 PCP 消耗的化学产率的 5 倍，这意味着 γ 辐照引发的 PCP 去氯效率高，即羟基自由基 HO · 攻击引发的 PCP 去氯形成的产物倾向于彻底去除。产物聚酚是比 PCP 更好的还原剂，因此当它们本身降解时就能将苯氧自由基还原为 PCP。

在吸收剂量为 530Gy 时，约消耗了近一半的 PCP(图 8-17)，但 COD 值没有变化。COD 值只有当剂量高到足够消耗几乎全部 PCP 时才显著减少。这说明在初期羟基自由基 HO · 引发的 PCP 消耗中苯环的打开可以忽略，虽然 O_2是存在，这与苯氧自由基对 O_2的低反应性一致。

(2) 臭氧氧化-电离辐射处理的结合

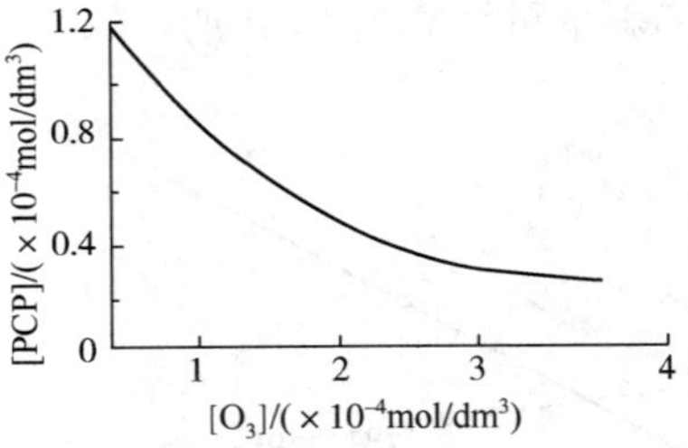

图 8-18　臭氧浓度对五氯苯酚消耗的影响

由于市场上可购到的臭氧发生器很多，臭氧为强氧化剂，但反应对于化合物分子的不饱和部分几乎可以说是有选择性的。PCP 是一个特殊的化合物，它包含有 6 个取代基的苯环，臭氧本身能分解 PCP。如图 8-18 所示，PCP 的消耗随臭氧起始浓度的增加而增大。当臭氧浓度达到 $1.8\times10^{-4}mol/dm^3$时，PCP 浓度从 1.09×10^{-4} mol/dm^3 降到 1.60×10^{-5} mol/dm^3。

臭氧氧化同 γ 辐照处理相结合大大减少了所用剂量。与 γ 辐照处理相比，臭氧与 γ 辐照处理相结合所需剂量仅为 1/3。氯化物离子随 PCP 分解而释放。由臭氧氧化加 γ 辐照引起氯化物离子浓度变化的测定结果以及 pH 值及 COD 的变化表明，辐照溶液的 pH 值明显降低，通过分解产物与羧酸的 UV 吸收谱比较，分解产物可能为羧酸。

8.2.4　PPCPs 类微污染有机物的辐射去除

近年来，以药品和个人护理用品(Pharmaceuticals and personal care products，PPCPs)为代表的新型毒性有机污染物在水体和污泥中的残留和污染问题引起世界各国的普遍关注，尤其备受关注的是具有药物活性的物质，包括内分泌干扰性、抗生素和抗肿瘤等医药品。该类物质具有较强的持久性、特定的生物活性和生物积累性。在极低浓度下就会引起微生物耐药性、水生生物的雌雄同体和生殖系统紊乱等生态效应，给水体环境和人类健康造成潜在危害。PPCPs 类物质极性高、不易挥发，因此，更容易转移和残留在水体和污泥中。LC-MS-MS、GC-MS 和固相萃取等现代分析技术的发展使检测水体中微克(μg)和纳克(ng)浓度级别的有机物成为可能。目前，在污水处理厂出水、再生水、地表水、地下水、饮用水以及污泥和土壤中都发现有低浓度的 PPCPs 残留。

大多数的 PPCPs 类物质可被电离辐射完全去除，其中包括泛影酸钠等 X 射线照影剂以及氯贝酸等物质。这些化合物应用臭氧氧化以及其他的高级氧化技术处理效果较差，以泛影酸钠为例，Ternes 等研究表明，臭氧剂量为 15mg/L，单独臭氧、臭氧/H_2O_2和臭氧/UV 联用对纯水中泛影酸钠的去除效率分别为 14%、25%和 35%；Real 等应用 Fenton 氧化对其的去除率为 41.5%。而应用电离辐射技术，溶液中氧化性和还原性活性粒子的共存有助于这类污染物的降解，辐照剂量为 12kGy 时，泛影酸钠的去除率可达 90%。

矿化 PPCPs 类物质需较高的剂量。辐照与生物技术联用可提高污染物的矿化率。He 等研究将 EB 辐照作为生物工艺的预处理，去除地表水中的消炎类药物双氯芬酸。辐照 1.0kGy 后采用曝气生物滤池(Biological aerated filter，BAF)处理，在进水双氯芬酸和 TOC 的浓度分别为 10mg/L 和 15mg/L 左右时，采用单独辐照处理，双氯芬酸的去除率可达 100%，但 TOC 的去除率仅为 13%；单独 BAF 处理，双氯芬酸的去除率仅为 3%~18%；EB 和 BAF 联用，TOC 的去除率可提高到 34%，COD_{Mn}的去除率由单独 BAF 处理的 17.4%提高到 62.0%。

8.2.5 其他毒性有机污染物的辐射去除

苯、苯酚、苯胺及其衍生物、萘等多环芳烃(PAHs)是一类重要的工业原料，广泛用于染料、制药和精细化工等工业。这类物质具有较高的毒性，难以生物降解。电离辐射对该类化合物同样具有较好的去除效果。周涛等应用 9MeV 电子加速器对 2,4-二硝基苯胺、邻硝基苯胺、间氨基酚、2-硝基间苯二酚的水溶液进行辐照降解，溶液的初始浓度均为 100mg/L、吸收剂量为 8kGy 时，4 种化合物的去除效率分别为 98%、89%、57%和 98%，但 TOC 的去除率仅为 7.8%、8.9%、8.5%和 4.0%。Nickelsen 应用 EB 辐照降解苯和甲苯水溶液，对于初始浓度分别为 1.3mg/L 和 4.4mg/L 的苯和甲苯溶液，达到 99%去除率所需的剂量分别为 0.95kGy 和 1.65kGy。Chu 等研究 γ 射线辐照降解水溶液中的萘，在初始浓度为 8~32mg/L、辐照剂量为 3.0kGy 时，萘的去除率可达 98%，TOC 的去除率为 28%~31%。γ 射线辐照同样可有效降解其他 PAHs 类物质，如芴、荧蒽和苯并(a)芘。

Samp 等开展了 EB(1.3MeV)辐照降解饮用水消毒副产物三卤甲烷(THMs)的中试研究，处理量为 1.3m^3/h，水中 $CHCl_3$、$CHBrCl_2$、$CHBr_2Cl$ 和 $CHBr_3$ 的初始浓度分别为 78μg/L、12.3μg/L、3.2μg/L 和 168.3μg/L，经过 2kGy 的剂量照射后，除了 $CHCl_3$ 外，其余 3 种物质的浓度均降到检测限以下；吸收剂量提高到 6kGy，$CHCl_3$的去除率可达 95%。

8.3 电离辐射降解有机物的机理与毒性评价

8.3.1 电离辐射降解有机物的机理分析

如前所述，水溶液电离辐照后产生强氧化性的羟基自由 HO·、强还原性的水合电子 e_{eq}^- 和氢自由 H·。尽管两类活性粒子同时产生，但多数研究表明，在辐照降解有机污染物过程中发挥主要作用的是羟基自由基 HO·。羟基自由基 HO·作为亲电试剂，可以与苯环分子的不饱和键发生加成反应，引起苯环断裂，分解成甲酸、乙酸、乙醛等小分子化合物，并进一步被氧化成 CO_2和水。而且，水溶液中不可避免的会存在溶解氧，还原性的水合电子 e_{eq}^- 和氢自由基 H·会被氧化为 O_2^-·和 HOO·而被消耗掉。其反应如式(8-8)和式(8-9)所示：

$$e_{eq}^{-}+O_2 \longrightarrow O_2^{-} \cdot \quad k=1.9\times10^{10}L/(mol \cdot s) \tag{8-8}$$

$$H \cdot +O_2 \longrightarrow HOO \cdot \quad k=2.1\times10^{10}L/(mol \cdot s) \tag{8-9}$$

电离辐照降解水中酒石酸美托洛尔、青霉素、布洛芬和双酚酸等污染物的研究都表明，羟基自由基 HO·氧化是主要的降解机制。加入叔丁醇等羟基自由基 HO·抑制剂后，有机物的降解效率明显降低。对于卤代有机物，e_{eq}^{-}很容易进攻卤素原子而使其变为卤素离子释放到溶液中，有助于脱卤。但苯环的降解主要还是羟基自由基 HO·氧化的作用。

8.3.2 电离辐射产物的毒性评价

除了关注污染物的降解效率，近年来人们对辐照降解过程中溶液毒性的变化也较为关注，大多采用简单、快速的发光细菌抑制实验来检测电离辐照过程中污染物生物毒性的变化。大多数的研究结果表明，污染物的完全去除并不代表毒性的完全去除；较低的剂量下溶液的毒性反而增加，表明生成的中间产物具有比母体污染物更高的毒性；随着辐照剂量的进一步增加，污染物的毒性逐渐降低，较高的剂量下一般可达到毒性低于母体污染物。

Zona 等研究表明，初始浓度为 500μmol/L 的 2，4-D 水溶液对发光细菌的抑制率为 60%，属于中等毒性化合物。随着辐照剂量的增加，发光细菌的抑制率先增加到 80%(2kGy)，然后逐渐降低到 30%左右(10kGy)。根据 Zona 等的研究，氯酚类物质的毒性顺序为：2-氯酚<3-氯酚<2，4，6-3-氯酚<2，4-2-氯酚<4-氯酚。浓度为 50mmol/L 的 2-氯酚和 3-氯酚的发光细菌抑制率为 30%左右，辐照剂量为 100Gy 时，其抑制率急剧增加到 100%；直至剂量为 400Gy 时，其毒性才逐渐降低；剂量增加到 600Gy 以上时，毒性可被全部去除。其他 3 种氯酚化合物的初始毒性较高，发光细菌抑制率在 45%~70%，辐照剂量为 600Gy 时，抑制率均可降为 0，毒性被完全去除。

PPCPs 类物质在辐照过程中的毒性变化情况与卤代有机物类似。初始浓度为 0.1mmol/L 的布洛芬水溶液对发光细菌的抑制率约为 25%，辐照剂量增加到 1.0kGy 时，抑制率增加到 38%左右；继续增加剂量到 4.0kGy 时，抑制率逐渐降低到小于 10%。Sagi 等研究认为，磺胺甲噁唑(SMX)在纯水溶液中发光细菌抑制率的显著增加主要是由于辐照过程中产生的 H_2O_2，而不是来源于中间产物。0.1mmol/L 的 SMX 溶液在 pH=5.8 时发光细菌抑制率为 10%，辐照剂量为 5kGy，抑制率增加到 80%；剂量进一步提高到 10kGy，抑制率缓慢降低到 65%左右，仍然显著高于初始溶液。用酶分解掉辐照过程中产生的 H_2O_2后，抑制率降低到 25%~20%。辐照剂量为 5kGy 时检测到产生的 H_2O_2的浓度约为 1.0mmol/L，而 1.0mmol/L 的 H_2O_2水溶液对发光细菌的抑制率为 90%。对于地下水、二级出水等实际水体的辐照处理，产生的 H_2O_2可被很快分解，不会对毒性测定产生影响。

壬基酚等内分泌干扰物质具有不同程度的类似雌激素活性，影响水体生物的生殖和免疫系统，因此，常通过检测辐照前后污染物的雌激素活性来表征其生态毒性的变化。Kimura 等应用酵母双杂交实验研究电离辐射对 4-壬基酚(NPs)雌激素活性的去除效果，NPs 的初始浓度为 20μmol/L，辐照剂量为 5.0kGy 时，NPs 的雌激素活性可被完全去除，但雌激素活性的去除速率低于 4-壬基酚的去除速率，表明辐照过程中的中间产物具有一定的雌激素活性。Kimura 等采用 ELISA 雌激素当量浓度评价 17-β 雌二醇(E2)的辐照降解效果，初始浓度为 1.8nmol/L，剂量为 10Gy 时，E2 可被完全去除；但仍可检测到雌激素活性，剂量增加到 30Gy 时，雌激素当量浓度可降到低于生态环境容许的阈值。

8.4 电离辐射与污泥稳定化处理

电离辐射处理污泥的技术是电离辐射在环境工程领域中应用的一个方面。电离辐射产生的α粒子、β粒子、中子、γ射线、X射线以及经加速器加速的电子、质子、氘核等，其能量比紫外线高很多倍，辐射作用与最强的化学氧化剂相似，利用辐射技术可以处理不同领域的废水，降低COD，破坏有毒化合物，杀死微生物，改善污泥的沉降和过滤性能。辐射法的成本约10倍于常规法，利用废核燃料元件作辐射源可以达到以废治废、降低成本的目的。

早在20世纪70年代国外就开始进行这方面的研究，经过几十年的研究和发展，用电离辐射处理污泥的技术已比较成熟。它的特点是处理费用低，处理后的污泥用于农田能起到增产增效的效果，但不足之处是处理装置的一次性投资较大，而且由于存在核辐射，安全措施要求高。尽管如此，一些发达国家如德国、日本等仍建起了工业化生产装置，运行也一直良好。

8.4.1 电离辐射用于污泥处理的原因

城市污泥中不仅含有N、P、K等元素，而且含有Mn、Zn、Cu等微量元素，经适当处理后可用作土壤调节剂、肥料补充剂，但由于其中含有大量致病的病原体，必须经过消毒、降解后才能使用。为了有效利用污泥，采用电离辐射技术是一个很好的办法，因为污泥经重带电子粒子或电子快速碰撞后，其内的细菌病毒、寄生虫卵在室温下即可被灭除，同时还能起到抑制杂草种子发芽、破坏胶体、增加脱水速率的作用。

关于污泥的消毒效果问题，实验表明，在32℃消化21~28天的污泥，其中病菌的数量远不能降到允许的水平。如1L消化的污泥中仍存活有10^6~10^7个沙门菌，若把含有如此多病菌的污泥施用于农田显然是不行的。若污泥经300krad(1rad=10mGy，1Gy=1J/kg)剂量的电离辐射，与热处理法相比，10种沙门菌减少了4~7个数量级，各种肠道病菌减少了2~5个数量级。对于病毒的实验研究表明，300krad的剂量，使病毒的纯化率超过了90%。

电离辐射对污泥的工艺性能，特别是对污泥脱水性能的改善是很显著的。电离辐射可以大大改善污泥的过滤能力，使污泥的比阻减少。例如经电离辐射处理的污泥比阻为经巴氏热处理消毒的污泥比阻的1/4。从电泳淌度的测量可知，污泥胶粒所带的负电荷由于受重带电粒子的辐射而减少，因此使污泥的比阻减少，从而提高了污泥的脱水性能和过滤性能。

8.4.2 电离辐射处理后的污泥稳定性

未处理的污泥很不稳定，在放置过程中会产生物理和化学两方面的变化，出现细菌和藻类繁殖、污泥上浮、变黑等现象，而污泥经过辐射处理后就不存在这些问题。

(1) 电离辐射对厌氧菌的影响

未经照射的污泥和经照射过的污泥在静置一段时间后，已经沉淀在底部的污泥开始有规律地上浮。从上浮的时间看，未经照射处理的污泥首先上浮，然后是照射后的污泥上浮，且每隔几天或十几天陆续上浮。当照射4kGy或6kGy的污泥开始上浮时，未照射的污泥又一次下沉。这种情况受温度影响很大，温度越高，污泥上浮的时间越快，而在低温环境中基本不发生这种现象。产生这种现象的原因是厌氧菌在污泥底部不断繁殖，污泥本身含有大量的厌氧菌，在放置过程中，沉下来的污泥隔断了与大气的复氧传递条件，而污泥上覆的澄清水中的好氧菌在繁殖和分解有机物的过程中又耗掉了水中的溶解氧，为污泥底部的厌氧菌创造了良好的繁殖环境。它们在分解有机物的过程中所产生的气体却很难穿过污泥层进入大气，当不断积累起来的气体达到一定程度后，这种气体就将污泥慢慢顶向水面。而经过电离辐射的污泥，由于重带电粒子或射线杀死厌氧菌，导致厌氧菌很难恢复和繁殖。照射剂量越高，杀死厌氧菌的效果就越好。超过 6kGy 剂量照射后的污泥几乎不发生上浮现象，说明杀死厌氧菌是有效的，因此采用高剂量照射可彻底杀死污泥中的全部厌氧菌。

（2）电离辐射对好氧菌、兼氧菌的影响

在污泥放置过程中，当环境温度较低时，污泥澄清后的上清液变色是放置过程中出现的主导性转化现象，此时不发生污泥上浮现象，但上清液会由浅色变成黑色，并且发臭。变色首先是从未照射的污泥开始，然后从低剂量到高剂量照射的污泥逐次发生变化。当照射 6kGy 剂量的污泥澄清水变成黑色时，未照射的和低剂量照射的污泥澄清水又开始由黑色逐渐变成黄色，这一过程一般需要 1~3 个月。温度越低，过程越长。造成这一现象的主要原因是好氧菌和兼氧菌在繁殖和分解有机物时消耗了上清液中的溶解氧而使其变成黑色（上清液中的有机物被充分分解后，由于上清液表层的复氧速率超过了微生物利用溶解氧的速率，上清液中的溶解氧缓慢上升，使其中黑色的硫化物等再次转化为硫酸盐、亚硫酸盐等浅色物质）。因此，经过照射的污泥上清液变黑的时间能随着照射剂量的增大而延长，这就说明了电离辐射能有效地杀死水中的好氧菌和兼氧菌，并且照射剂量越大，杀菌越彻底。

8.4.3 电离辐射对藻类的影响

电离照射可以杀死污泥中的藻类，防止其繁殖生长。在长期放置的污泥上清液中，未经照射的污泥首先开始生长绿色的藻类，发现大部分是小球藻；又经过一段时间，照射 1kGy 和 2kGy 剂量的污泥也相继开始生长藻类，镜检后发现大部分也是小球藻。而照射剂量超过 3kGy 的污泥始终没有发现藻类生长，这说明电离辐射对藻类是有影响的，只要达到一定剂量，就可以彻底杀死污泥中所有的藻类物质。

8.4.4 污泥电离辐射的除臭效果

城市生活污泥本身带有一定的臭味，如不经任何处理排入干化场后，在微生物的作用下，会产生更加强烈的臭味。而用巴氏热处理法处理的污泥不但去除不了臭味，相反还会产生令人厌恶的臭味，直接影响操作环境和操作人员的身体健康，并且对设备腐蚀严重。相比之下，电离辐射剂量超过 4kGy 时，可使污泥由强烈臭降低到仅可以察觉到的程度。电离辐射除臭的主要原因是，它能够破坏和分解一些产生臭味的物质，杀死污泥中的各种细菌和藻类，从而消除产生臭味的根源，因此即使放置较长时间，污泥也很稳定。此外，由于污泥电离辐射的处理是在常温常压下进行的，所以对设备的腐蚀性也很小。

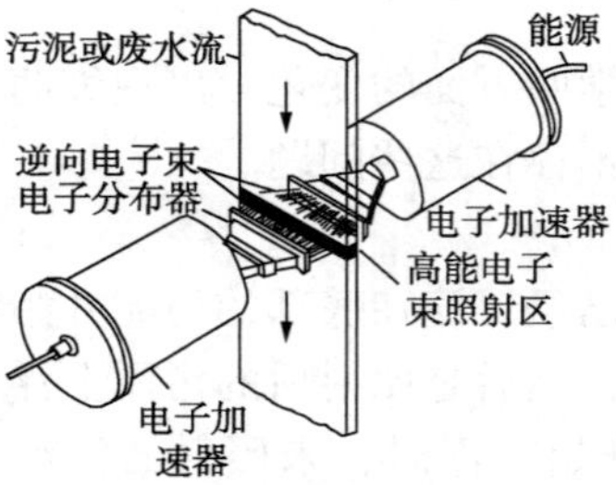

图 8-19 供照射废水或污泥用的高能电子束装置简图

用于照射废水或污泥的一种高能电子束装置如图 8-19 所示。电离辐射对人体有害，必须注意安全防护。

8.4.5 电离辐射处理污泥的应用

1972 年德国在慕尼黑附近建立了一个用电离辐射处理污泥的试验工厂，用来处理一家污水处理厂的活性污泥。该污水处理厂每天可产生 150m^3的污泥。污泥处理试验工厂装设了 12×10^4Ci（1Ci = 37GBq）的 Co^{60}辐射源，每天可以处理 30m^3的污泥，运转很成功，经辐射处理后的污泥可作为肥料施用于农田。其试验工厂的示意图如图 8-20 所示。

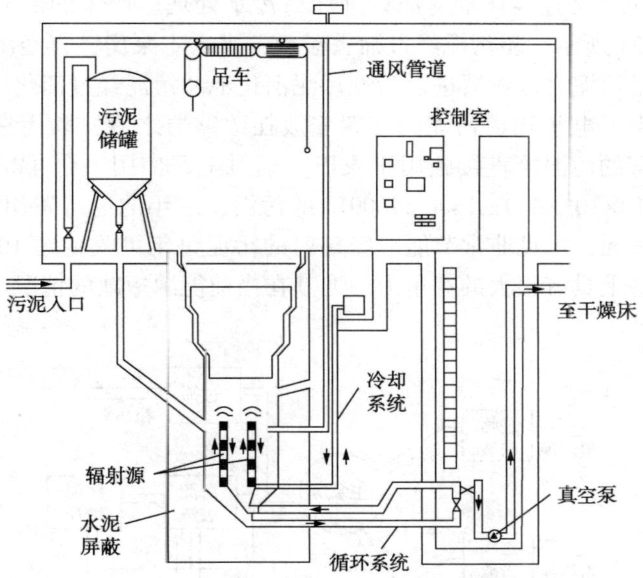

图 8-20　慕尼黑辐射处理污泥试验工厂剖面示意

该装置一次可辐射 5.6m^3污泥，可实现过程的自动辐射。其原理是：用压缩空气把储罐中的污泥送入中心管道，并使污泥在中心管道中循环。在照射一定时间后，用真空泵把中心管道中的污泥送到干燥床上，使其干燥。运行实践表明，这种工艺不仅安全可靠，而且经济合理。当日处理量超过 30m^3时，每处理 1m^3污泥的费用就接近或低于常规热处理法的费用。

如果考虑下述一些因素，电离辐射法的优越性就更加明显了。①电离辐射法的处理温度较低，通常在 25~30℃之间；②电离辐射不破坏污泥中的有机氮化物，因此不会产生难闻的臭味；③电离辐射不增加污泥的体积；④辐射后的污泥具有良好的脱水性能，因此可省去化学絮凝剂和一些相应的设备；⑤节省油、电等能源的消费；⑥杀死污泥中的病菌、病毒；⑦防止污泥中杂草种子发芽；⑧设备简单。

长期使用经电离辐射处理后的污泥作农肥会给土壤和作物带来何种影响，这是对电离辐射处理污泥效益的最大考验。德国慕尼黑试验工厂详细考察了电离辐射处理的污泥对土壤成分、作物种子发芽、生长、发育、收获的影响，结果表明，电离辐射污泥对污泥成分的改变影响不大，而巴氏热处理使氮损失较多，减少了污泥的肥力。

种子发芽在植物生长过程中是非常敏感的阶段。试验结果发现，施用辐射处理污泥对种子发芽没有明显作用，有时反而会有轻微的加速趋势，而施用巴氏热处理污泥，种子有少许退化现象。

在考察污泥对作物生长的影响时发现，作物的产量不仅与污泥处理方式有关，更重要的还与土壤类型、气候条件和污泥施用量有关。例如玉米试验表明，每英亩(1 英亩 = 4046.86m^2)施用 600m^3辐射处理的污泥可增产 10%，800m^3/英亩的施用量可增产 20%。

总之，德国慕尼黑试验工厂的运行结果表明，电离辐射处理污泥在经济上是合理的，能有效杀死污泥中的病菌、病毒，能改善污泥的过滤性能，不会对土壤和作物生长产生不利影响，反而会有利于农作物的增产增收。

1975 年美国用电子加速器作辐射源处理鹿岛污水处理厂产生的部分污泥，其工厂流程和辐照系统如图 8-21 所示。粗污泥经过筛去渣后，进入主泵房，再经沉淀池进入污泥浓缩器。常规处理方法是污泥自浓缩器进入活性污泥消化池。污泥经过消化后，废水排放，消化污泥用于农田作肥料。电子辐射污泥的装置安放在浓缩器之后，取代常规法的消化池，经 4.5×10^5rad 辐射消毒的污泥能直接施用于农田。辐射工厂使用一台 4MeV、50kW 的电子加速器，每天可处理 10×10^4gal(1gal = 4.54609L)的污泥，一年的运行费用为 10 万美元，而动力消耗仅为 1.5 万美元，可见非常节能。经辐射的污泥每年可收益约 10 万美元左右。因此电子辐射工厂在经济上具有很大的竞争力，尤其在当前能源短缺的情况下，节能具有更大的现实意义。

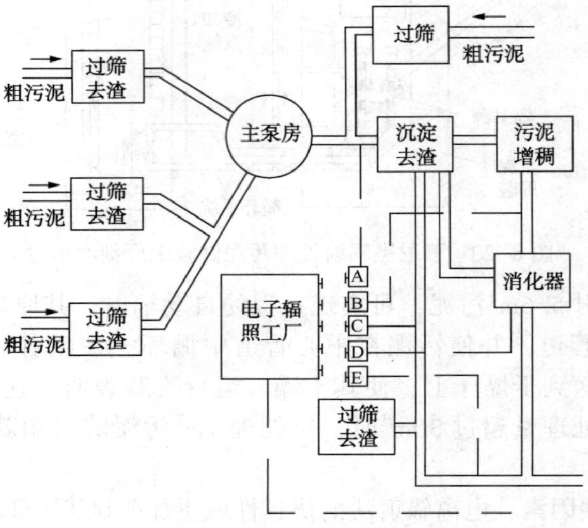

图 8-21 鹿岛污泥电子辐照厂流程

美国新墨西哥州建立了一个使用 Cs^{137}源的污泥处理厂，如图 8-22 所示。辐射源的强度为 100×10^4Ci，污泥的吸收剂量为 100×10^4rad。工厂的处理能力为 8t/d 污泥。该厂基本上由两部分组成。源储藏器是一个带盖的深 20ft(1ft = 0.3048m)的水井。把辐射源从运输铅罐转移到存放源的装置中后，把由三块水泥板组成的井盖盖好，再把井中的水排出。辐射源做成板状，辐射场比较均匀。用传送带可以自动运输和装卸料，置于传送带上的污泥可散装或筐装。经处理的污泥可作为土壤调节剂或肥料使用。

1985 年印度在西部城市 Boroda 建立了一个污泥辐射处理厂，该厂使用水平式管状 Co^{60} 作为辐射源，污泥处理量为每天 110t(污泥的固含量为 4% ~ 6%)，辐射剂量为 3 ~ 3.5kGy。20 世纪 80 年代日本原子能研究所高崎辐射化学研究机构进行了电子束辐照处理污泥及堆肥化研究。第一步辐照，电子束能量为 1.5MeV，功率为 15kW，处理量为每天 25 ~ 100t，辐射剂量为5kGy，污泥含水量为50%。以厚度为5mm的污泥通过平板喷嘴散铺在不锈钢运输带上，受到上方电子束辐射；第二步堆肥化处理，时间为3天（常规堆肥为10~12天），温度为50℃。研究表明，辐射堆肥化比常规堆肥化可大大节省发酵器。如处理容量为50t/d，辐射堆肥化只需2个ϕ12m、高1.5m的发酵器，而常规堆化需要4个ϕ16m的发酵器。当处理容量为200t/d时，辐射堆肥化的建筑面积为常规堆肥化的1/2。容量大于50t/d的污泥处理厂，辐射堆肥化的成本略低于常规堆肥化。美国的科研工作者正在研究污泥的辐射/氧化综合处理工艺，在3kGy剂量下，细菌、病毒几乎完全被杀死。

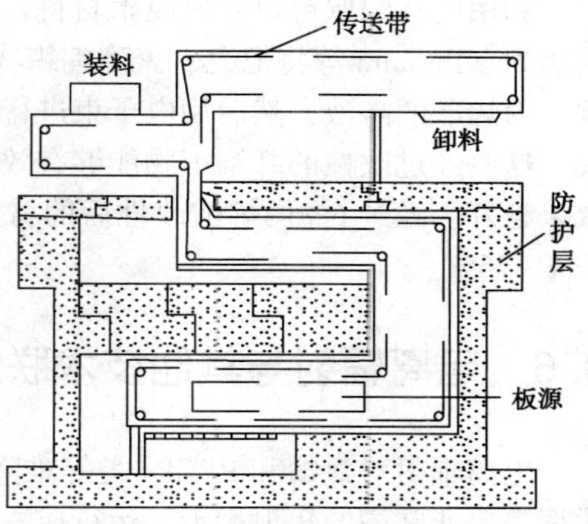

图8-22　使用Cs^{137}辐射源处理干污泥辐照厂示意图

综上所述，用电离辐射技术处理污泥有许多独特的优点，电离辐射处理污泥在国外已达工业化规模，经电离辐射处理过的污泥的应用效果良好，经济上也比较合理。

8.5　电离辐射去除水或污泥中的重金属离子

电镀、冶金、电子和化工等工业生产中常排出含有铅、汞和铬等重金属离子的废水和污泥。重金属离子可在土壤中累积，并最终通过它们的水溶性化合物，经由植物或动物进入人体，产生很大危害。废水或污泥中的重金属离子一般采用吸附、化学沉淀和离子交换等方法处理。

利用电离辐照技术处理含重金属离子的废水和污泥，有两条途径可以实现：

（1）直接利用辐射技术处理含重金属离子的废水或污泥。对于电离辐射可以还原的重金属离子，如Pb、Hg、Cd、Cr及其盐类，可以利用电离辐射将它们还原到较低的氧化态而从溶液中沉淀出来。

（2）利用辐射技术制备或改性用于重金属吸附的材料，如纤维、膜的制备等，通过固化、交联与接枝等手段，提高对重金属离子的选择性或吸附容量，从而用于含重金属废水或污泥的处理。

通过辐射产生的还原性水合电子e_{eq}^-和氢自由基H·的作用，可以将废水中呈溶解状态的重金属离子还原为不溶性的重金属元素或化合物，经沉淀将其从溶液中去除。Chaychian等研究采用EB和γ射线去除水中的Hg^{2+}和Pb^{2+}，对于初始浓度为1mmol/L的$HgCl_2$和$PbCl_2$溶液，加入乙醇掩蔽氧化性羟基自由基OH·，在吸收剂量为3kGy时Hg^{2+}的去除率可达99.9%以上，而Pb^{2+}去除率达到96%所需的剂量为40kGy。Ribeiro等利用EB辐照去除工业废水中的各种金属离子，吸收剂量为100kGy时，Al、Zn、Fe、Co和Cr离子的去除率均在98%以上。袁守军等研究采用γ射线辐照去除水中的六价铬，结果表明，酸性条件有利于Cr(Ⅵ)的还原。吸收剂量为15kGy，pH=2、5和7时Cr(Ⅵ)的去除率分别为86.2%、36.3%和22.2%。向水样中充入N_2和加入乙醇，均可抑制羟基自由基HO·的产生，提高Cr(Ⅵ)的还原效果。

利用电离辐照可以合成吸附材料，或对吸附材料进行辐射改性，增强对重金属离子的吸附能力。Ibrahim 等将尼龙、聚酯编织物、涤纶针织物表面涂上厚约 25μm、含有羧甲基纤维素和丙烯酸的溶液，然后用电子束进行辐照，剂量为 30kGy，使它们发生交联反应。结果发现，这些经过改性的纤维织物能够有效去除水中的 Cu^{2+} 和 Cr^{3+}，并且丙烯酸浓度越高，去除效果越好。经过 6%丙烯酸改性后的材料对 Cu^{2+} 的去除率为 24%~42%，对 Cr^{3+} 的去除率为 57%~76%。

8.6 电离辐射与其他技术联用强化

电离辐射对氯酚和 PPCPs 类等难降解有机污染物的去除效果较好，但若实现较高的矿化率需要非常高的辐射剂量，运行成本较高。因此，电离辐照经常与 H_2O_2、臭氧等技术联用，强化有机物的降解效率，提高有机物的矿化程度，降低电离辐射的剂量。因为羟基自由基 HO·是无选择性的强氧化剂，在辐照矿化有机物中发挥主要作用，因此，各种强化技术的核心大多是促进辐照过程中羟基自由基 HO·的产生。

在辐照过程中加入 H_2O_2 是最简单易行的常用协同处理技术。胡俊等研究表明，采用 γ 射线/H_2O_2 联用处理 3-氯酚降解的拟一级动力学常数比单独辐照处理提高近 1 倍。一定剂量的 H_2O_2 能促进羟基自由基 HO·的产生，但如果 H_2O_2 加入过量，H_2O_2 也会与羟基自由基 HO·发生如式(8-10)和式(8-11)所示的反应，反而会消耗掉产生的羟基自由基 HO·，从而降低降低效率。

$$H_2O_2+HO\cdot \longrightarrow HOO\cdot+H_2O \qquad k=2.7\times10^7 L/(mol\cdot s) \tag{8-10}$$

$$HOO\cdot+HO\cdot \longrightarrow H_2O+O_2 \qquad k=6.0\times10^9 L/(mol\cdot s) \tag{8-11}$$

Ocampo-Perez 等研究 H_2O_2 浓度对辐照阿糖胞苷(cytarabin)水溶液的影响，H_2O_2 浓度从 1.0μmol/L 增加到 1000μmol/L，阿糖胞苷的降解速率常数 k 从 $5.5\times10^{-3}Gy^{-1}$ 增加到 $7.4\times10^{-3}Gy^{-1}$，进一步增加至 10mmol/L，降解速率常数 k 反而降低至 $4.6\times10^{-3}Gy^{-1}$。

Fe^{2+} 与辐照过程中产生的 H_2O_2 发生 Fenton 反应，从而促进羟基自由基 OH·产生。O_3 本身在水中分解会产生羟基自由基 HO·，与辐照联用，二者相互促进，可显著提高有机物的降解效率。

辐照/O_3 联合对水溶液中 4-氯酚的降解具有协同效应。辐照/O_3 联合作用时氯酚的降解速率常数为 $0.1016min^{-1}$，相当于单独辐照($0.0294min^{-1}$)与单独 O_3 氧化($0.0137min^{-1}$)时降解速率常数之和的 2.4 倍；单独辐照(2.0kGy)和单独臭氧(20mg/L)处理 4-氯酚的 TOC 去除率仅为 7%和 14%，两者联用时 TOC 的去除率显著提高到 54%。

Popov 等研究表明，与单独臭氧氧化相比，γ 射线/O_3 联用可显著提高芴氧化降解中间产物 9-芴酮和 9-芴碳酸的去除效率。Kubesch 等的研究表明，EB/O_3 联用能提高儿茶酚水溶液毒性的去除，以反应 30min 发光细菌抑制率低于 20%作为脱毒指标，单独 EB 辐照需要的剂量为 10.5kGy，EB/O_3 联用需要的剂量小于 7.0kGy，而单独臭氧氧化没有毒性去除作用。

纳米 TiO_2 促进电离辐照的机制与光催化类似。γ 射线能激发 TiO_2 的价带电子跃迁，产生光带电子 e^- 和空穴 h^+，两者与水中的 OH^- 或者溶解氧反应产生羟基自由基 HO·。而且，水溶液中产生的羟基自由基 HO·可能会吸附在 TiO_2 纳米颗粒的表面，延长其存在寿命。

加入过硫酸盐的强化反应机制与上述方法不同。辐照/过硫酸盐($S_2O_8^{2-}$)联用体系中，主要的活性粒子除了羟基自由基 HO·外，还有 SO_4^-·自由基。水合电子 e_{eq}^- 和氢自由基 H·能与过硫酸酸根反应，产生 SO_4^-·自由基。SO_4^-·自由基的氧化性很强，氧化还原电位达到 2.5~3.1V，但其与有机物的反应主要是通过电子转移机制，具有较强的选择性。Zhang 等研究过硫酸盐强化 γ 射线辐照降解水溶液中的甲氧苄氨嘧啶（trimethoprim，TMP），TMP 的去除率和矿化率随 $S_2O_8^{2-}$ 加入量的增加而增加。在初始 TMP 浓度为 20mg/L、pH＝7.13、吸收剂量为 1.0kGy 时，TMP 的矿化率为 17%；加入 $S_2O_8^{2-}$ 浓度为 0.5~2.0mmol/L，TOC 的去除效率可逐渐提高到 35%，TMP 的去除率由 17%增加到 36%。Roshani 等研究发现，辐照剂量为 30Gy 时，500μmol/L 的 $S_2O_8^{2-}$ 可将去除离子水中布洛芬、黄体酮和苯并三唑的降解率分别提高 17%、36%和 24%。

8.7 电离辐射处理废水或污泥的影响因素

影响废水或污泥电离辐射处理效果的因素很多，一般包括以下几个方面。

8.7.1 吸收剂量和剂量率

吸收剂量是影响电离辐照降解有机物的一个重要因素。辐照过程中，污染物的浓度随吸收剂量的增加而逐渐降低。剂量越大，污染物的降解效果越好。污染物的降解速率一般符合拟一级动力学，如式(8-12)：

$$-\ln\left(\frac{C}{C_0}\right)=kD \tag{8-12}$$

式中 C_0——辐照前污染物的浓度；

C——辐照后污染物的浓度；

D——吸收剂量，Gy；

k——反应速率常数，或称剂量常数，Gy^{-1}。

k 值与污染物的初始浓度、溶液 pH 值、污染物结构和水体中存在的一些阴离子浓度等相关，可用 k 值表示不同条件下反应速率的快慢。

随着吸收剂量的增大，产生活性粒子的浓度也相应增大，但用于母体化合物降解的辐射化学收率 G 值反而减小。可能的原因是随着吸附剂量的提高，辐照产生的中间产物量逐渐增加，中间产物与母体化合物竞争辐照产生的活性粒子；而且，活性自由基之间复合的几率增大，造成母体污染物的辐射化学收率减小。

除了吸收剂量，剂量率对辐照降解也有一定的影响。不同辐射源产生的射线，其剂量率各不相同，即使同一放射源产生的射线，随着水深度和距离放射源位置的不同，剂量率也不尽相同。EB 辐照的剂量率远高于 γ 射线，达到同样的吸收剂量，EB 辐照仅需要几秒钟，而 γ 射线需要几分钟到几个小时。剂量率越高，瞬时产生活性粒子的浓度越大，有利于污染物的降解；但是电子束瞬间产生的大量自由基之间也会发生复合反应而被消除。因此，文献报道有关剂量率对污染物降解的影响出现相反的两种结果。

一些研究者认为，高的剂量率有利于污染物的降解。Slegers 等研究表明，应用 EB 辐照（剂量率为 8900Gy/s）降解水中酒石酸美托洛尔的速率高于 γ 射线辐照（0.089Gy/s），而且检测到的中间产物量较少。Abdou 等研究认为，应用 EB 辐照对水溶液中偶氮染料的脱色率

比 γ 射线辐照高 10%~15%，COD 和 TOC 的去除率高 5%~10%。采用 γ 射线辐照时，当剂量率从 97Gy/h 增加到 296Gy/h，辐照降解硫丹(endosulfan)的速率常数从 0.0089Gy^{-1}增加到 0.0207Gy^{-1}；剂量率从 64Gy/h 增加到 230Gy/h，辐照降解水中四环素的速率常数增加了 17%，降解双酚酸的速率常数增加了 39%。

还有一些研究认为，低的剂量率有利于污染物的降解。Kurucz 等比较了 EB 中试实验与 Co^{60}小试实验分别降解苯、甲苯、苯酚、三氯乙烯、四氯乙烯和氯酚水溶液，在同样的实际条件下，采用高剂量率的 EB 辐照(80kGy/s)，这六种污染物的降解速率常数是低剂量率的 γ 射线辐照(0.065Gy/s)的 39%~83%。Gehringer 等研究也表明 γ 射线辐照对地下水中三氯乙烯的降解速率快于 EB 辐照。

8.7.2 溶液 pH 值

溶液 pH 值也是影响辐照降解的一个重要参数。不同 pH 条件下，水溶液辐照前后产生活性粒子的 *G* 值不同。在碱性条件下(一般 pH>10)，羟基自由基 HO·与 OH^-发生式(8-13)所示的反应生成 O^-·自由基，其反应活性远低于羟基自由于 HO·。

$$HO\cdot + OH^- \longrightarrow O^-\cdot + H_2O \qquad k = 1.2\times10^{10}\,L/(mol\cdot s) \tag{8-13}$$

在强酸性条件下(一般 pH<2)，水合电子 e_{eq}^-与 H^+发生式(8-14)所示的反应转变为氢自由基 H·。

$$e_{eq}^- + H^+ \longrightarrow H\cdot \qquad k = 2.3\times10^{10}\,L/(mol\cdot s) \tag{8-14}$$

生成的氢自由基 H·增加了与羟基自由基 HO·的复合反应[式(8-15)]的几率，使羟基自由基 HO·的浓度降低。

$$HO\cdot + H\cdot \longrightarrow H_2O \qquad k = 7.0\times10^{9}\,L/(mol\cdot s) \tag{8-15}$$

因此，碱性和强酸性条件均不利于污染物的辐照降解。

Guo 等研究表明，在 pH=3~9 时，γ 射线辐照降解水中磺胺嘧啶的去除率为 93%~90%；当 pH=11 时，去除率降低到 87%。Lopez Penalver 等研究 γ 射线辐照降解四环素水溶液，在 pH=2 时的降解速率常数最低，在 pH=4~8 时较高，在 pH=10 时又降低。Abdou 等研究 pH=4、7、9 和 11 对 EB 辐照降解偶氮染料直接蓝 4GL 和活性黄 3RF 脱色率的影响，在染料初始浓度为 1.0mg/L，吸收剂量为 7.0kGy 以及 H_2O_2浓度为 1.2mmol/L 时，pH 值由 4 提高到 9，脱色率由 40%~55%提高到 90%~99%；pH=11 时脱色率又降低到 60%~75%。Criquet 等应用 EB 辐照降解水中的 4-羟基苯甲酸，在吸收剂量为 600Gy 时，4-羟基苯甲酸降解的辐射化学收率 *G* 值在 pH=3.8~4.5 时为 0.086μmol/J，在 pH=11.0 时减小到 0.031μmol/J。但 Zheng 等研究表明，在同样的吸收剂量下，布洛芬的去除效率在 pH=1.45 时最高，为 92%，在 pH=11 时减小到 80%。分析原因可能是强酸性条件下产生的氢自由基 H·参与了布洛芬的降解反应。

8.7.3 污染物的性质和初始浓度

如前所述，与 Fenton 等高级氧化技术类似，电离辐照技术对含苯环类有机污染物的降解效果较好，但若要彻底矿化有机物，需要较高的剂量。因为辐照过程会同时产生强还原性的水合电子 e_{eq}^-，尤其适用于氯酚、氯苯类氯代有机物的脱氯。

污染物的初始浓度是研究报道较多的影响辐照降解效果的因素。大多数的研究都表明，污染物浓度越高，污染物的降解速率越慢。一定的辐照剂量下，参与反应的活性粒子数量一定。当目标污染物浓度增加时，相应辐照分解产生的中间产物量增加，这些中间产物与母体污染物竞争自由基反应并消耗大量的自由基，使目标污染物的降解效率下降。Wu 等研究了水溶液中二氯吡啶酸的辐照降解特性，随着二氯吡啶酸浓度的增加，去除效率明显下降。在辐射剂量为5kGy 时，二氯吡啶酸的浓度由 100mg/L 增加到 400mg/L 时，其去除效率由 91%降低到 66%。

然而，需要特别指出的是，初始浓度的增加可能会增加有机物分子与自由基碰撞反应的几率,从而使污染物的初始降解速率和辐射化学收率 G 值增加。Shah 等研究表明，水溶液中硫丹的初始浓度由 0.5μmol/L 增加到 2.0μmol/L 时，硫丹的起始降解速率从 0.0065μmol/(L · min)线性增加到 0.024μmol/(L · min)，G 值由 0.0036μmol/J 增加到 0.0144μmol/J。

8.7.4 实际水体存在的阴离子和溶解性有机物

地表水和地下水中实际存在不同浓度的 CO_3^{2-}、HCO_3^-、NO_3^-、NO_2^-、Cl^-和 SO_4^{2-}等阴离子和腐殖酸等溶解性有机物(dissolved organic matter，DOM)。污水处理厂二级生化出水中还存在溶解性微生物产物等溶解性有机碳(dissolved organic carbon，DOC)。这些物质与辐照产生的活性粒子发生反应，影响目标有机污染物的降解效率。CO_3^{2-}、HCO_3^-、NO_2^-和 Cl^-与羟基自由基 HO · 的反应速率较高，NO_3^-、NO_2^-、SO_4^{2-}与水合电子 e_{eq}^-具有较高的反应活性。研究结果表明，溶液中存在的这些阴离子会降低阿糖胞苷、布洛芬和双酚酸等有机物的降解效率。腐殖酸与羟基自由基 HO · 具有较高的反应活性，腐殖酸的浓度从 1mg/L 增加到 100mg/L，γ 射线辐照降解四环素的速率常数由 $1.27\times10^{-2}Gy^{-1}$减小到 $0.9\times10^{-2}Gy^{-1}$；腐殖酸的浓度从 1mmg/L 增加到 500mg/L，γ 射线辐照降解阿糖胞苷的速率常数由 $0.58\times10^{-2}Gy^{-1}$显著减小到 $0.06\times10^{-2}Gy^{-1}$。

Drzewicz 等比较了杀虫剂 2，4-D 在取自 2 个不同地区自来水中的 EB 辐照降解效率，结果表明，在具有较高的 HCO_3^-、NO_3^-和 DOC 浓度的自来水中，2，4-D 的降解速率较低，达到完全去除 2，4-D(500μmol/L)所需的剂量约增加 1 倍。Sanchez-Polo 等研究表明，甲硝哒唑在地下水和地表水中的 γ 射线辐照降解效率低于纯水，在污水中的降解效率最低，甲硝哒唑(150μmol/L)在纯水、地下水和地表水、以及污水溶液中达到 50%降解所需的吸收剂量分别为 433Gy、630Gy 和 770Gy。Chu 等研究了 γ 射线辐照 3-氯-4-羟基苯甲酸(CHBA)在二级生化出水和去离子水中的降解情况，CHBA 降解的拟一级动力学常数在二级出水中比去离子水中减小 1.7~3.5 倍；在吸收剂量为 2.5kGy 时，二级出水 TOC 的去除率为 13%~19%，低于去离子水中的 37%~57%。

8.7.5 O_2(空气)、N_2和 N_2O 等气体

在辐照降解机制的研究中，一个常用的方法是向溶液中通入 O_2、N_2和 N_2O 等不同的气体。不同气体饱和条件下，溶液中辐照反应占主导地位的自由基不同，再加上叔丁醇、甲醇等自由基抑制剂的作用，可探索目标污染物与不同自由基之间的化学反应关系。

一般情况下，通入氧气(空气)条件下，水溶液中的溶解氧与还原性粒子(水合电子 e_{eq}^-与氢自由基 H ·)反应，转化为氧自由基 O_2^- · 和 HOO · 自由基[见反应式(8-8)和式(8-

9)]，因此，羟基自由基 HO·和 O_2^-·/HOO·的氧化作用占主导地位。通入 N_2或 Ar 条件下，这些气体不会直接与自由基反应，但会使溶液中溶解氧浓度降到几乎为 0，从而消除氧气对反应体系的影响，这时起反应的活性粒子主要是羟基自由基 HO·和水合电子 e_{eq}^-；若再加入羟基自由基 HO·的抑制剂叔丁醇，起反应的主要粒子就是水合电子 e_{eq}^-。通入 N_2O 气体时，N_2O 与水合电子 e_{eq}^-及氢自由基 H·反应生成羟基自由基 HO·，因此，反应体系中起作用的就是羟基自由基 OH·。N_2O 气体对人体有毒害作用，一般仅用在机理研究中。人们常通过向体系中通入氧气或者空气，使整个体系变为氧化状态来提高有机物的降解效率和矿化率。

Yu 等研究 γ 射线辐照降解抗生素头孢克洛(cefaclor)水溶液，吸收剂量为 20kGy，单独辐照以及通入 N_2、O_2和 N_2O 气体时，TOC 的去除率分别为 30%、15%、63%和 90%，据此判断，羟基自由基 HO·氧化在辐照降解水中头孢克洛中占主要地位。Zona 等研究表明，氧浓度增加有利于 γ 射线辐照降解 2，4-D 水溶液的脱氯和矿化，在氧气饱和溶液中氯离子的释放浓度较高，乙酸和草酸的浓度增加 1.5~3.8 倍，TOC 的去除率由 15%增加到 36%。Chu 等研究表明，通入空气能提高 γ 射线辐照降解污泥的溶解效率，上清液中蛋白质、多糖等细胞溶解产物的量明显增多。Wasim 等研究通入 O_2和 N_2对偶氮染料直接红 28 辐照降解的影响，通入 O_2能提高溶液的脱色和降解效应，在初始浓度为 30mg/L、吸收剂量为 2.2kGy 时，通入 O_2脱色率可达 97%，通入 N_2脱色率为 87%，染料的辐照降解速率常数在 O_2氛围下约是 N_2氛围下的 2.2 倍。Kimura 等的研究结果略有不同，通入 O_2、N_2和 He 时 17-β 雌二醇的降解速率基本一致，只有通入 N_2O 气体时，17-β 雌二醇的浓度和雌激素活性才显著降低。

8.8 电离辐射处理废水或污泥的安全性

辐照废水或污泥处理技术应用的安全性问题，是辐照技术实际应用于废水或污泥处理时必须考虑的重要问题，主要涉及到辐射源的安全性、辐照废水或污泥的安全性以及辐照废水或污泥处理中人员的辐射防护问题。

8.8.1 辐射源的安全性

废水处理中采用的辐射源分为两大类：①通过放射性物质衰变产生电离辐射的装置，如放射性核素源等；②通过电磁场加速带电粒子至高能量的电气装置，如电子加速器等。

在实验室的研究中，大多采用 Co^{60}辐照源；在实际废水或污泥处理过程中，采用电子加速器。加速器设备制造厂商必须设计出运行简单、可靠的电子束源，并考虑到发生潜在辐射事故的严重后果。因此，在加速器设计时应考虑下列要点：①使主加速系统失效的可靠方法；②内置加速器参数监控；③内置远距离诊断等。

除了一些低能加速器采用自屏蔽装置外(一般小于 1MeV)，大部分工业辐照用加速器都需要建设专用的辐照室，用来保证辐照室外工作人员的安全。辐照室外墙为屏蔽墙，内部分上下两层，上层安装加速器主体部分，下层安装束流引出装置和束下装置。小功率低能加速器，可采用自屏蔽设计，即在加速器生产时，自身就带有屏蔽壳，屏蔽壳可采用铅或复合材料。

无论是辐照源，还是电子加速器，都有辐射安全防护标准，并且这些辐射装置在工业生产、科学研究中已有广泛应用，有成熟的经验可供借鉴。因此，辐照废水或污泥处理中辐射源的安全性可以得到保障。

8.8.2 辐照后废水或污泥的安全性

废水或污泥辐照处理后是否会产生放射性是人们存在的一个疑虑。

一种元素在电离辐射的照射下，辐射能量将传递给元素中一些原子核，在一定条件下会造成激发反应，引起这些原子核的不稳定，由此而发射出中子并产生辐射，这种电离辐射使物质产生放射性(是由电离辐射诱发出来的)称为感生放射性。例如，利用中子照射人工制造放射性同位素，Co^{59}—Co^{60}。感生放射性的可能性取决于被辐射物质的性质以及所使用的射线能量，若射线能量很高，超过某元素的核反应阈值，则该元素应会产生放射性。

目前，辐照加工中允许使用的辐射源包括：Co^{60}(r_1 = 1.17MeV，r_2 = 1.33MeV)和 Cs^{137}；不超过 10MeV 的加速电子；X 射线源，其能束不超过 5MeV。这些辐射源的能量均小于 10MeV。废水或污泥中的基本元素为氢、氮、氧、碳、磷和硫等，大部分元素的核反应能量阈值都在 10MeV 以上，如 N^{14}的核反应能量阈值大于 10.5MeV，O^{16}的核反应能量阈值大于 15.5MeV，C^{12}的核反应能量阈值大于 18.8MeV。因此，辐照废水或污泥处理过程中不会产生放射性。在轻元素中，放射性同位素的半衰期极短(仅几秒至几十分钟)，即使产生放射性，放射性也会迅速消失。

在食品辐照加工领域，为了确认这种放射线照射食品的卫生安全性，学者们从 20 世纪 50 年代初就开始了长期的研究。1980 年，联合国粮农组织(FAO)、国际原子能机构(IAEA)、世界卫生组织(WHO)专家会议决定，不再对 10kGy 以内的辐射食品进行此剂量范围内的毒性实验。这些食品在微生物学和营养学上都不存在问题，可以作为“推荐接受”。

辐照废水或污泥处理中，所采用的剂量一般都在 10kGy 以下，因此，经过辐照处理的出水或出泥是安全的。

8.8.3 辐射防护问题

对于辐射防护，必须遵循以下三个原则：①实践的正当性；②剂量限制和潜在照射危害限制；③防护与安全最优化。

对于辐照废水或污泥处理的操作人员，建议采取辐照防护的基本方法：①时间防护，缩短受照时间；②空间防护，增大人与放射源间的距离；③屏蔽防护，利用屏蔽物。因此，只要严格遵照相关的法规要求，辐照废水或污泥处理不会对相关人员造成辐射危害。

参 考 文 献

[1] 王建龙，初里冰．电离辐照技术在废水处理中的研究进展[J]．环境工程学报，2017，11(2)：653-672.

[2] 廖传华，朱廷风，代国俊，等．化学法水处理过程与设备[M]．北京：化学工业出版社，2016.

[3] 青宪，黄锦琼，余小巍，等．某造纸厂废水中二噁英含量及其电子束辐照降解[J]．环境科学，2014，35(7)：2645-2649.

[4] 王建龙，叶龙飞，杨春平，等．电子加速器辐射处理含氰废水的中试研究[J]．环境科学学报，2014，34(1)：60-66.

[5] 万建信，何仁均，孙伟华，等．造纸废水的电离辐射预处理工艺研究[J]．环境科学，2011，32(6)：1638-1643.
[6] 万建信，吴小缓，何仁均，等．造纸废水二级生化出水的电离辐射深度处理[J]．环境科学学报，2011，31(10)：2169-2173.
[7] 刘宇，胡湖生，杨明德，等．电子束辐照降解氰化浸金废水的研究进展[J]．水处理技术，2011，37(1)：20-22.
[8] 郑忆枫．剩余污泥的电离辐射处理研究[D]．上海：东华大学，2010.
[9] 曹冬梅，张晓红，关钰，等．γ 射线辐照降解乳酸左氧氟沙星及产物抑菌活性分析[J]．辐射研究与辐射工艺学报，2010，28(5)：277-281.
[10] 何仁均，王建龙，顾国兴，等．氰化物溶液的 γ 辐射降解[J]．清华大学学报(自然科学版)，2010，50(3)：415-417.
[11] 何仁均，李坤豪，谢雷，等．γ 辐射/生物处理工艺处理草浆中段废水的研究[J]．中国给水排水，2009，25(7)：69-72.
[12] 孙宏图，王建龙．高浓度丙烯腈废水的辐照处理[J]．清华大学学报(自然科学版)，2009，49(9)：100-102.
[13] 胡媛，胡湖生，杨明德，等．铜氰溶液的电子束辐照降解[J]．环境污染与防治，2009，31(1)：31-34.
[14] 马红娟，王敏，蒲长永，等．偶氮类染料刚果红水溶液的辐射降解[J]．环境化学，2009，28(5)：691-696.
[15] 胡俊，王建龙．γ 射线辐照/H_2O_2联合技术降解 3-氯酚的研究[J]．环境科学，2009，30(10)：2936-2939.
[16] 赵君，王敏，马红娟，等．茜素红的辐射降解研究[J]．辐射研究与辐射工艺学报，2008，26(1)：13-18.
[17] 朱开金，马忠亮．污泥处理技术及资源化利用[M]．北京：化学工业出版社，2007.
[18] 胡俊，王建龙．辐照降解 4-氯酚的影响因素[J]．清华大学学报(自然科学版)，2006，46(9)：1637-1640.
[19] 王艳丽，包伯荣，吴明红，等．电子束辐照降解二氯苯废水的研究[J]．核技术，2006，29(1)：51-54.
[20] 袁守军，郑正，牟艳艳，等．γ 射线辐照法去除水中的六价铬[J]．中国环境科学，2005，25(6)：655-659.
[21] 胡俊，王建龙，程荣．γ 辐照/O_3氧化联合下 4-氯酚的降解[J]．中国科学 B 辑：化学，2005，35(6)：520-525.
[22] 周涛，郑正，孙权，等．电子辐照降解硝基苯胺等有机污染物的研究[J]．环境科学与技术，2003，26(6)：15-17.

第9章 污泥的微波处理

近年来，随着污水处理厂规模的扩大，污水污泥的产量也迅速增加。大量增加的污泥已经成为严重的环境和安全问题，因此，应在遵循“减量化、稳定化、无害化、资源化”的原则，对污泥进行有效处理。

在污泥处理过程中，厌氧消化扮演着重要的角色，它能减少污泥的体积和质量，还可以甲烷的形式回收污泥中的生物质能。但污泥中的有机物大部分以生物难降解且被细胞包裹的细胞物质和胞外多聚物的形式存在，因此污泥水解就成为整个污泥厌氧消化处理的限速步骤。提高污泥水解的主要方法之一就是对污泥进行强化预处理，破解细胞壁和胞外多聚物，从而使胞内有机物质从固相转移到液相，实现微生物对有机物的降解转化。微波预处理被认为是极具发展前景的污泥处理技术，因为微波预处理技术不仅加热速率快，热效高，而且能进一步提高对污泥中病原体的灭活率及总悬浮固体和挥发性悬浮固体的溶解率。

9.1 微波预处理污泥的作用机理及作用过程

微波是一种电磁波，它的频率在300MHz~300GHz之间(波长1mm~1m)，比一般的无线电波频率高，也称“超高频电磁波”，具有电磁波的反射、透射、干涉、偏振、衍射以及伴随着电磁波进行能量转输等的波动性。微波在污泥处理方面的应用以其独特的效果和优越性得到了人们的高度重视。

9.1.1 微波预处理污泥的作用机理

微波对污泥的作用源自微波的热效应和非热效应。热效应主要是指污泥中的水和有机物等具有永久偶极或诱导偶极的物质吸收微波能量，从而使污泥温度迅速升高。非热效应是指在微波电磁场中，污泥中生物大分子的极化部分定向排列而导致氢键等维持大分子高级结构的次级键断裂，生物分子失活变性，物质性质改变。升温和变性的污泥中大分子物质水解变成了易分解的小分子物质，即微生物细胞、胞外聚合物(EPS)等，大分子得到破碎，胞内物质溶出水解，从而达到了污泥破解的效果。

微波加热有3个特点：①瞬时性，加热均匀，热量从物质内部产生，不需要从表面传递到内部，热效率高，加热时间短；②选择性，不同物料由于其介电性质不同，在微波场中的受热特性差别很大；③穿透性，电磁波能够穿透介质内部，因此微波具有穿透能力强的特点。

9.1.2 微波预处理污泥的作用过程

微波预处理是一种新兴而高效的污泥破解预处理技术，微波预处理可通过微波对污泥絮体及微生物细胞（细胞壁和细胞膜）进行破解，而使胞内物质和胞外多聚物EPS中的有机物得到释放、水解，进而提高后续污泥的厌氧消化性能。

污泥的微波预处理可大致分为4个过程：污泥絮体结构破解、污泥细胞破碎及有机物的释放、有机物水解和美拉德反应。

（1）污泥絮体结构破解

污泥中水分子是很好的微波吸波介质，微波辐射引起污泥中产生的温度梯度破坏了结合水与胞外多聚物EPS之间的结合力，从而使EPS中的蛋白质和脂类等物质得到释放，絮体结构破解。

污泥絮体结构的破解必然伴随着污泥颗粒粒径的变化。研究表明，未经微波处理的污泥平均粒径为33.5μm，经过微波处理后的污泥颗粒粒径明显减小，降到28.5μm。

（2）污泥细胞破碎及有机物的释放

微波热效应和非热效应破坏了污泥微生物细胞的细胞壁和细胞膜，使胞内物质及胞外多聚物EPS中的物质得到释放。Chen等证明了微波作用可导致细胞壁的机械性破裂。Shami等对原核微生物进行微波处理时观察到菌体细胞壁受损的现象。Eskicoglu等表明细胞膜由于可以吸收微波而导致自身受损，进而使得胞内物质泄漏，最终导致细胞死亡。污泥中的DNA基本上来自于微生物细胞，因此DNA含量的变化也可以指示污泥中微生物细胞的破碎情况。肖朝伦等采用微波对污泥进行处理，发现当温度升到近70℃时，污泥中的DNA浓度快速增大到约33mgDNA/（gVS），这与污泥中微生物细胞壁的破碎温度（65～90℃）相符，表明细胞大量破碎，胞内物质大量溶出。

污泥中的絮体主要由细胞和胞外多聚物EPS组成，絮体和细胞的破碎必然会使胞内物质及胞外多聚物EPS中的有机物释放到液相中。这些有机物主要有蛋白质、碳水化合物、核酸、脂类等。梁仁礼等发现，经900W的微波辐射60s后，上清液中的蛋白质和多糖含量分别增加了263%和602%。周翠红等的实验表明微波使污泥中的大分子絮体解体，有机物如多糖、蛋白质等得到释放。

（3）有机物水解

从胞内物质和胞外多聚物EPS释放到污泥液相中的有机物主要由碳水化合物、蛋白质、脂肪以及核酸等组成。在微波处理下，蛋白质水解生成多肽、二肽、氨基酸等，并进一步水解成低分子有机酸、氨及二氧化碳；碳水化合物水解成低分子量的多糖和单糖；脂肪水解生成硬脂酸、棕榈酸等；核酸水解使胞内的磷和氮释放到水解液中。有机物的水解宏观上表现为污泥有机固体的溶解，即挥发性悬浮固体（VSS）溶解。乔玮等的实验发现，采用微波在150℃条件下辐射10min和在170℃条件下辐射5min时，污泥的VSS水解率较高，分别为20%和29.4%。Tyagi等发现，污泥经95℃、pH＝12的微波和碱（NaOH）联合处理后，VSS

的水解率可达到72.4%。王凌等的实验发现，经700W的微波辐射5min时，污泥的VSS水解率最大可达到23%。综上可见，微波预处理促进了污泥中有机物的水解反应。

(4) 美拉德反应

美拉德反应(Maillard reaction，又称羰氨反应)是羰基化合物(还原糖类)和氨基化合物(氨基酸和蛋白质)间的反应，经过复杂的历程最终生成棕色甚至是黑色的大分子物质类黑精或称拟黑素。研究表明，污泥经微波预处理后释放的大分子物质水解生成的化合物(如羰基化合物、氨基酸、蛋白质等)在温度超过80℃时可发生该反应，生成类黑精等难生物降解物质。高瑞丽等的实验发现微波预处理污泥时，污泥厌氧消化过程中的产气量有所下降，可能的解释是微波产生的热效应使蛋白质发生了美拉德反应。

通常情况下，污泥絮体结构破解、细胞破碎及有机物的释放、美拉德反应这3个过程所要求的温度较低，而有机物水解要求的温度较高，污泥微波预处理过程中可能同时发生这4个过程，也可能只发生其中的几个过程，这主要取决于污泥的处理温度。

9.2 微波预处理污泥的作用效果

微波预处理污泥的作用效果体现在对污泥物理特性、化学特性和生物特性的影响。

9.2.1 物理特性

(1) 污泥温度

温度变化是微波辐射对污泥作用的最重要、最直接的结果，而温度是影响污泥性质的一个重要因素。微波预处理过程中，污泥温度随着微波功率和接触时间的增加而增加。通常污泥温度高些，污泥的分解效果就会较好些，但温度过高不利于后续的厌氧消化，因为太高的污泥温度会导致污泥中产生大量难降解有机物，甚至会发生腐殖质碳化。从经济性考虑，污泥温度高意味着高的微波功率或长接触时间，也就需要高的能量投入，即能耗大，Danesh等也得到了类似的结论。因此，在微波预处理的过程中，要选择合适的处理条件，使得污泥温度升到适度的范围。Chi等得到的较为合适的污泥温度为71℃。

(2) 沉降性和脱水性

污泥的沉降性能通常采用污泥沉降比(Settling velosity，SV)进行评价。微波处理对剩余污泥沉降性的研究结果表明，在最初的一段时间内SV随着处理时间的增加而增加，当达到某一峰值后继续延长处理时间，则SV呈下降的趋势。这表明污泥的沉降性与微波处理时间之间存在着一个优化问题，这似乎与超胶体颗粒随处理时间的变化情况相悖。一个可能的解释就是随着微波处理时间的增加，有可能增加了粒度范围不在超胶体颗粒粒度范围内的胶体颗粒，而正是这些颗粒对SV产生了上述的影响。

污泥颗粒由于表面负电荷的存在使得其脱水性能很差。微波辐射的高频电场使污泥及其中的水分子不断移动、旋转，污泥的Zeta电位、表面双电层结构遭到破坏，污泥颗粒脱稳，从而可以促进污泥脱水性能的改善。Karr等认为粒度范围在1~100μm的超胶体颗粒数量是影响活性污泥过滤性的重要因素。超胶体颗粒所占的比例越少，脱水性能就越好。

(3) 污泥粒径分布

Yu等采用激光粒度分析仪对微波处理后得到的剩余污泥中粒径在0.2~200μm之间的产

物进行了测定，结果表明随着微波强度和辐照时间的增加，d_{p90}(累计频率分布为90%的粒径)降低，同时粒度范围在1~100μm的超胶体颗粒数量也在减少。对剩余污泥超滤液的分析也表明，微波处理后剩余污泥超滤液中的化学需氧量(chemical oxygen demand，COD)浓度高于经水浴加热处理后剩余污泥超滤液中的COD浓度。

9.2.2 化学特性

(1) 氮、磷的水解规律

污泥上清液中的无机氨包括氨氮、硝酸盐和亚硝酸盐，是评价微波处理对污泥化学特性影响的重要指标。Liao等的研究表明，总固体(total solid，TS)浓度为0.17%的污泥经170℃微波处理后其氨氮浓度由35mg/L增至107mg/L。乔玮等对TS浓度为7%和9%的污泥在170℃下进行微波处理，处理后污泥上清液中氨氮浓度的变化范围在900~1200mg/L之间。此外，经微波处理后污泥上清液中的氨氮浓度高于相同加热温度时水浴加热条件下污泥上清液中氨氮的浓度。污泥经微波处理后其上清液中氨氮和总氮浓度增加的原因有3个：①由于胞内物质的释放；②由于污泥上清液中蛋白质和氨基酸的氨化作用；③由于微波的非热效应。

与氮的变化规律类似，污泥经微波处理后，其上清液中的总磷浓度也是随着处理温度和处理时间的增加而增加。程振敏等采用900W、100s的微波条件对污泥进行了预处理，结果发现污泥上清液中的总磷浓度从处理前的19.58mg/L提高到115.10mg/L，提高了近5倍。

(2) 碳、氢的水解规律

乔玮等对混合污泥(TS浓度为5.1%)的微波处理研究表明，污泥中氢的水解率大于碳的水解率。温度对元素水解率的影响不明显，随着温度的升高，元素的水解率有所增大。在处理时间为5min、处理温度为80~170℃时，氢元素的水解率为44%~47%，碳元素的水解率为26%~33%，这表明在微波处理污泥时碳元素和氢元素的水解较快。

9.2.3 生物特性

微波预处理对污泥生物特性的影响主要表现在污泥中病原菌的灭活方面。微波预处理对污泥中病原菌的灭活机理包括以下3种：①菌体细胞壁受损，Woo等在对Escherichia coli和Bacillus subtilis进行微波处理时观察到菌体细胞壁受损的现象；②菌体细胞膜受损，菌体双层脂膜的细胞膜由于可以吸收微波而导致细胞膜受损，进而使得膜内物质泄漏，最终导致细胞死亡；③DNA受损，琼脂凝胶电泳试验表明，与对照(相同加热温度，水浴加热)相比，粪大肠菌悬浊液经微波处理后其DNA带的亮度明显减弱。

9.3 微波预处理效果的影响因素

影响微波预处理效果的因素很多，可从污泥特性及处理条件两方面进行考虑。

9.3.1 污泥特性

(1) 污泥浓度

乔玮等的研究表明，在处理温度为170℃、处理时间为20min的条件下，微波处理对TS

浓度为7%、9%和13%的混合污泥中VSS的溶解率分别可达到33%、36%和27%。这说明微波预处理污泥时污泥浓度存在一个优化问题。污泥浓度越小，微波能量的有效利用效率越低。反之，如果污泥浓度太高，不仅很难获得上清液，还会给搅拌等带来不利影响。因此，最大TS浓度不宜超过9%。

（2）污泥种类

污泥种类也是影响污泥微波预处理的重要因素，通常污水厂污泥包括初沉污泥、剩余污泥及混合污泥（初沉污泥+剩余污泥）。微波对介质的穿透性常用微波穿透深度表示，即微波功率从物料表面衰减到表面值的1/2时的距离，该值越大则穿透性越强。Hong等对初沉污泥和剩余污泥的微波穿透性进行了研究，结果表明微波对初沉污泥（TS浓度为3.0%）和剩余污泥（TS浓度为4.1%）的穿透深度分别为1.73cm和1.11cm。接着，他们又分别比较了微波处理对初沉污泥、剩余污泥和混合污泥的处理效果。在温度均为72.5℃的条件下，微波处理可分别使初沉污泥、剩余污泥和混合污泥的SCOD相对增加16%、125%和45%。这表明微波对剩余污泥的处理效果优于对初沉污泥和混合污泥的处理效果。

9.3.2 处理条件

（1）加热方式

对污泥进行微波加热有许多方法，包括家用微波炉（开放系统，常压）、微波消解仪（密闭系统，高压）和自制微波处理装置等。家用微波炉是最初的微波处理装置，但其加热温度通常在100℃以下，这限制了微波技术的发展。微波消解仪由于其具有可控性、自动性、高温高压及温度可显示性，目前已得到了广泛的应用。但由于前两种装置没有搅拌功能，越来越多的人开始研究自制微波处理装置。研究人员对3种方式进行了比较，结果显示：加热温度不超过100℃时，前两种装置对污泥的处理效果相同；当加热温度超过100℃时，微波消解仪优于家用微波炉，且由于处于高温高压，这更有利于污泥的水解。

（2）加热功率及加热速率

对质量一定、初始温度一定、加热终温一定的污泥而言，当微波功率增加时，处理时间会缩短、升温速率会增大。Eskicioglu等利用家用微波炉处理TS浓度为5.4%的剩余污泥，在处理温度分别为50℃、75℃和96℃的条件下，低功率（加热功率为50%的微波输出功率）处理后污泥的溶解性化学需氧量（Soluble COD，SCOD）与总化学需氧量（Total COD，TCOD）的比值比高功率（加热功率为100%的微波输出功率）处理后污泥的SCOD/TCOD值分别提高17%、27%和6%。

Toreci等采用微波消解仪在设定加热终温度175℃的情况下，分别研究了升温速率为1.75℃/min（低升温速率、低功率）和3.75℃/min（高升温速率、高功率）时的处理效果。研究结果表明，低升温速率的处理效果略高于高升温速率的处理效果。究其原因，微波处理污泥的本质是由于微波能被污泥吸收而产生各种效应，即处理效果应该与吸收的微波能量成正比。当处理终温一定时，低升温速率的微波处理时间显然要大于高升温速率的微波处理时间，由于时间的增加，从而可能在一定程度上提高处理效果。

（3）加热温度及处理时间

微波处理效果随着加热温度的增加而提高，通常可将加热温度分为低温处理（处理温度≤70℃）、中温处理（70℃<处理温度≤100℃）和高温处理（处理温度>100℃）3种。若从污泥的减量化效果来看，显然加热温度越高，减量化效果越好，但是若从对后续污泥厌氧消化过程的影响来看，当加热温度超过170℃时，由于类黑精类物质(Melanoidins)等难生物降解有机物的生成量随温度的升高而增加，将对后续的厌氧消化处理产生不利影响。此外，对加热时间而言，在相同的加热温度下，微波处理污泥的效果随着时间的延长而提高，但若加热时间超过30min，处理效果不会再明显提高。

9.3.3 微波和其他技术的联合作用

对于大量产生的市政污泥，如何高效脱水已成为污泥处理处置的关键。预处理技术可以改变污泥的特性，增强污泥脱水性能、杀菌和促进有机物的水解，从而实现污泥的减量化和资源化。微波辐射污泥时，由于交变电场的作用，污泥内部的极化偶离子会在微波电场中发生激烈的振动，引起摩擦，使吸收的微波能迅速转化为热能，从而改变污泥的理化性质。鉴于微波具有加热速率快、热效高、热量立体传递、设备体积小等优点，微波破解污泥成为一种具有广阔应用前景的污泥脱水预处理方式。然而，单独的微波破解污泥的高能耗、低效益制约着该技术的快速发展。为此，广大研究者研究了微波联合其他技术对污泥脱水性能的影响。

杨国友等研究了生石灰与微波协同作用对污泥脱水性能的影响，结果表明，生石灰与微波协同作用可以强化污泥脱水，比单独投加生石灰提高了约3.8%。周翠红等研究了微波/超声波对污泥粒度与水分的影响，结果表明，在超声与微波联合作用下微波时间60s、超声时间30s时，经过预处理后的污泥脱水特性向着有益于脱水的方向改变。

陈小英等研究了微波联合Fenton试剂对污泥脱水性能的影响，结果表明，经过微波破解的物理振动作用和Fenton试剂的化学絮凝作用的相互联合作用，极大地提高了污泥的脱水性能。这是因为，污泥中胞外多聚物EPS的存在导致了剩余污泥的难脱水性能，而微波辐射破坏了EPS结构，使污泥颗粒脱稳，脱水性能改善，但长时间的微波辐射使污泥微生物细胞壁开始受到胞内水分子的机械性撞击而破裂，在细胞壁完全破坏后的一段时间内，胞内物质在污泥颗粒表面产生水化作用，污泥黏度增加，脱水性能开始恶化。而在细胞壁完全破裂后投加Fenton试剂，一方面，由于Fenton试剂对破解后的污泥进行调理时，羟基自由基具有强氧化性，对这些释放出的内含物进行氧化降解的同时发生了污泥絮体EPS的部分氧化和重组，从而减少漂浮物，提高了污泥的脱水性能；另一方面，Fe^{2+}能够在带负电荷的未破解的细胞表面架桥，产生絮凝作用，出现污泥颗粒粗大化现象，促进污泥脱水性能的改善。另外，微波-Fenton试剂联合处理可减少污泥中超胶体颗粒的数量，进而提高污泥的脱水性能。

9.4 微波协同碱预处理技术

近年来，国内外对市政污泥资源化利用技术的研究，无论是利用污泥厌氧消化回收生物能或生物化学品，还是利用微生物燃料电池技术(microbial fuel cell，MFC)回收电能，对剩余污泥进行预处理，实现污泥絮体解体、细胞破壁、有机质释放、溶解，是提高后续污泥资源化利用率的关键。

目前，污泥预处理技术主要有微波预处理、超声波预处理、热水解预处理、机械预处理、化学分解以及联合技术等。其中微波预处理具有加热速率快、加热均匀、热效率高、污泥溶胞率高等优点，碱处理具有操作简单、方便、有机物水解效果好等优点，二者具有较好的应用前景。但微波预处理要达到较高的破解效果需要消耗较多的能量，而碱预处理的高效则需建立在较大的投加量和较长的处理时间上，因此，一方面，会增加污泥处理成本；另一方面，污泥加碱量太大，会造成污泥 pH 值过高，致使有机物易发生褐变反应，反而降低污泥预处理效果。微波与碱联合预处理工艺在一定程度上弥补了二者单独预处理的不足，且进一步提高了污泥的溶胞效果。

为此，王慧勇等以预处理后污泥作为微生物燃料电池(Microbial fuel cell，MFC)底物为前提，采用常压微波协同碱预处理技术破解剩余污泥(NaOH 投加量≤15mg/gTS)，通过对比加碱前后污泥溶解性化学需氧量(SCOD)、溶解性蛋白质、溶解性总糖、氨氮、pH 值、电导率等随微波处理时间的变化，考察该技术对污泥破解以及污泥特性的影响，以期为其在 MFC 中的应用提供参考。

(1) 单独微波预处理污泥 SCOD 溶出率的变化

将污泥预处理前后 SCOD 浓度差值与原污泥 TCOD 和 SCOD 差值之比定义为污泥 SCOD 的溶出率。王慧勇等考察了不同微波功率(210W、350W、490W 和 700W)下污泥 SCOD 溶出率随微波时间(0.5min、1min、2min、3min、4min、5min 和 6min)的变化，如图 9-1 所示。

由图 9-1 可知，随着微波功率和微波时间的增加，污泥 SCOD 溶出率随之增大。这是因为电磁波首先破坏污泥胞外聚合物(EPS)的稳定性，污泥絮体解体，EPS 中的蛋白质、碳水化合物等物质释放到污泥液相中；随着微波时间的延长，产生的热效应增强，污泥吸收的微波能量增多，随之污泥微生物细胞破壁，胞内有机物溢出并溶解，SCOD 溶出率不断提高。此外，高功率破解比低功率破解更有利于提高 SCOD 的溶出率。相比低功率，高功率破解在相同时间内获取更多的微波能量，从而能够缩短污泥破解释放胞内物质的时间。微波预处理 6min，微波功率 210W、350W、490W 和 700W 时，污泥 SCOD 的溶出率分别达到 18.2%、27.6%、35.7%和 43.9%。由此可知，提高微波功率、延长微波时间有利于提高污泥破解效果。由于微波处理为开放条件，随着微波热效应的增加，水分蒸发较快，污泥体积变化较大。当微波功率为 700W、预处理 6min 时，污泥已由液态近乎转变为固态。为了减小污泥体积变化对试验结果的影响，同时考虑预处理污泥的后续作用，微波功率选用 350W 与 490W，最长微波时间为 6min。

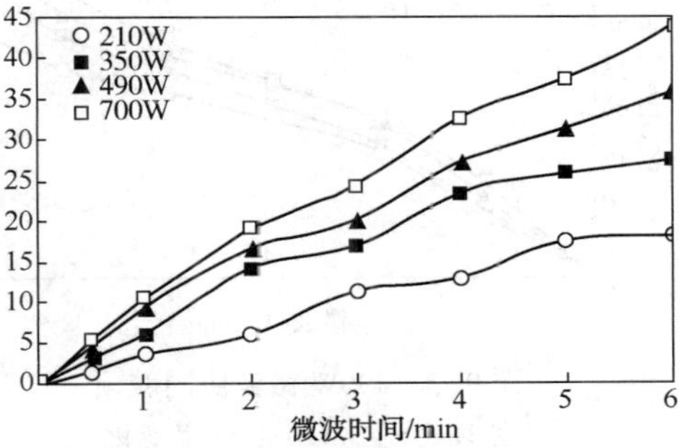

图 9-1 单独微波预处理污泥 SCOD 溶出率变化

(2) 单独碱预处理污泥 SCOD 溶出率变化

为防止微波协同碱预处理后污泥 pH 值过高，影响后续 MFC 微生物活性，采用最大碱投加量为 15mgNaOH/gTS。考察碱投加量分别为 0、5mgNaOH/gTS、10mgNaOH/gTS、15mgNaOH/gTS(相应投碱后污泥 pH 值分别为 6.81、7.16、7.57 和 7.87)、预处理时间 2min、4min、6min、10min 和 15min 时，污泥 SCOD 的溶出率。其预处理过程为：取 100mL 剩余污泥置于 250mL 锥形瓶中，向污泥中投加一定量的 NaOH 固体，用玻璃棒搅拌相应时间。单独碱预处理，污泥 SCOD 溶出率如图 9-2 所示。

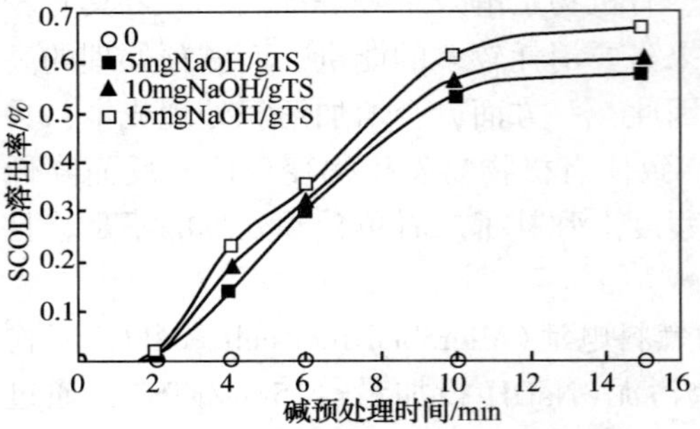

图 9-2　单独碱预处理污泥 SCOD 溶出率变化

由图 9-2 可知，虽然污泥 SCOD 溶出率随着预处理时间和碱投加量的增加而增大，但由于碱浓度过小，污泥破解效果较差，碱投加量 15mgNaOH/gTS，预处理 15min，SCOD 溶出率只有 0.67%，说明只有很少部分污泥絮体结构解体。

（3）微波协同碱预处理污泥 SCOD 溶出率变化

考虑预处理污泥的后续利用，王慧勇等考察碱投加量分别为 0、5mgNaOH/gTS、10mgNaOH/gTS 和 15mgNaOH/gTS，微波功率为 350W 和 490W，预处理时间 1min、2min、3min、4min、5min 和 6min 时，微波协同碱预处理污泥效果。不同预处理条件下，污泥 SCOD 溶出率变化如图 9-3 和图 9-4 所示。

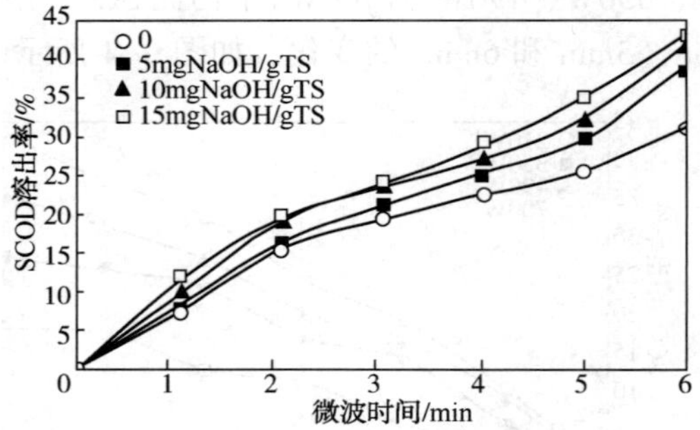

图 9-3　490W 微波协同碱预处理污泥 SCOD 溶出率变化

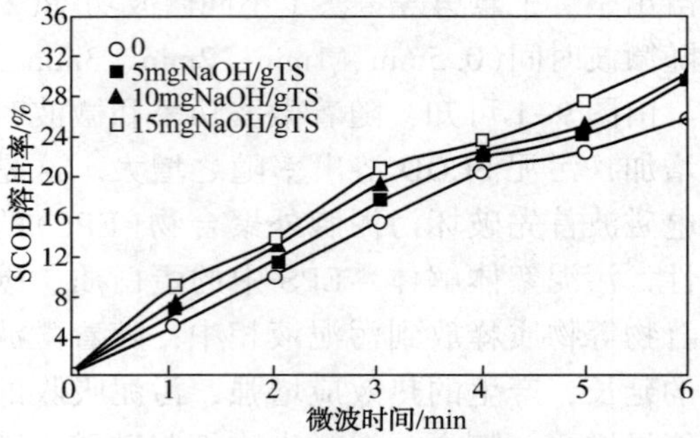

图 9-4　350W 微波协同碱预处理污泥 SCOD 溶出率变化

由图 9-3 和图 9-4 可以看出，随着微波时间的延长和碱投加量的增大，污泥 SCOD 溶出率随之增大，且微波功率高者，SCOD 溶出率更大。预处理 6min、微波功率 490W、碱投加量 15mgNaOH/gTS 时，SCOD 溶出率为 43.4%，相对单独微波对照组增加了 12.0%，是单独碱处理时的 124 倍。微波功率 350W、碱投加量 15mgNaOH/gTS、预处理 6min 时，SCOD 溶出率为 32.4%，相对单独微波对照组增加了 6.6%，是单独碱预处理时的 93 倍。试验结果表明，碱的投加在一定程度上增大了污泥微波破解效果，而且微波功率高时效果更显著。分析原因，可能是利用碱破解剩余污泥虽然低投加量的碱只能破坏污泥的絮体结构，而在微波作用下污泥微生物细胞结构容易破解，这有助于碱进入细胞内部水解蛋白质、碳水化合物等有机物质，从而进一步促进污泥细胞溶解性物质的释放，投碱量加大，有机物溶出增多。

（4）微波协同碱预处理污泥溶解性总糖浓度变化

图 9-5 和图 9-6 所示为微波协同碱预处理污泥溶解性总糖浓度的变化。

从图 9-5 可以看出，溶解性总糖浓度随微波时间的增加而增加，且微波功率高者，浓度较大。预处理 6min、碱投加量 15mgNaOH/gTS、微波功率 490W 条件下，溶解性总糖浓度为 404.6mg/L，较 350W 时增加了 45.5%，但碱的投加并没有显著提高污泥碳水化合物的溶出。预处理 6min、微波功率为 490W 与 350W、碱投加量 15mgNaOH/gTS 时，分别相对单独微波对照组提高了 11.5%和 10.2%。这可能是因为，微波的热作用是碳水化合物溶解的主要影响因素，而碱的影响次之。

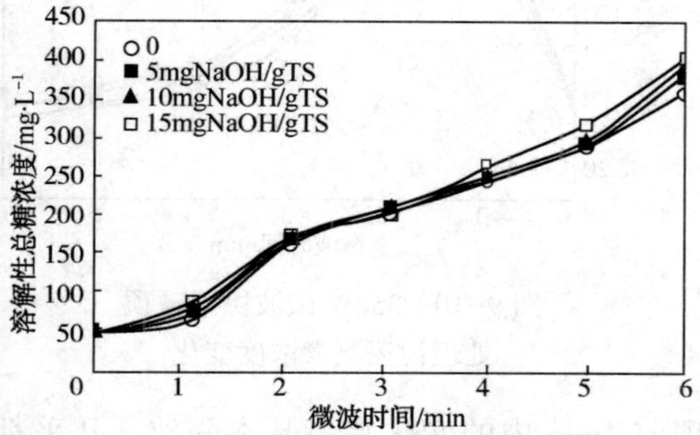

图 9-5　490W 微波协同碱预处理溶解性总糖浓度变化

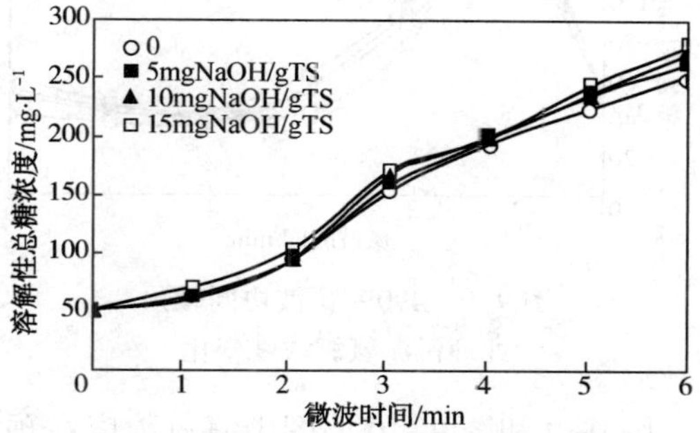

图 9-6　350W 微波协同碱预处理溶解性总糖浓度变化

（5）微波协同碱预处理污泥溶解性蛋白质浓度的变化

污泥溶解性蛋白质浓度的变化如图 9-7 和图 9-8 所示。

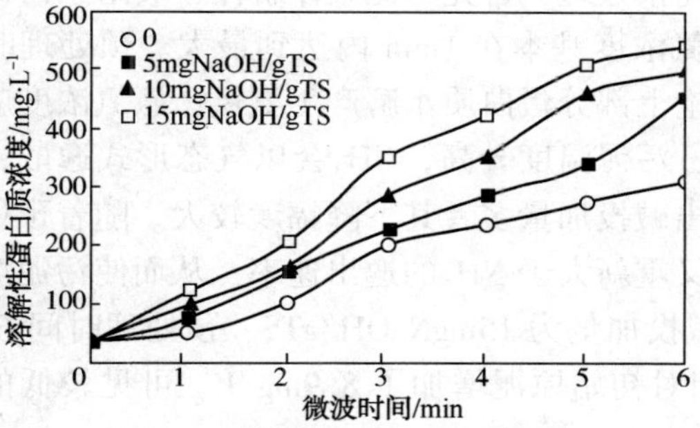

图 9-7　490W 微波协同碱预处理溶解性蛋白质浓度变化

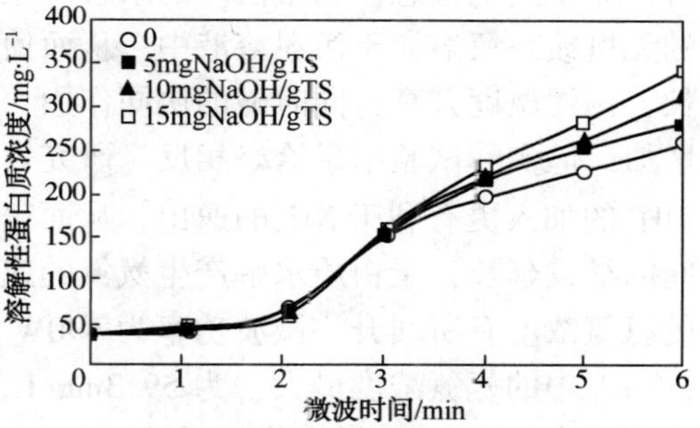

图 9-8　350W 微波协同碱预处理溶解性蛋白质浓度变化

随着微波时间的延长和碱投加量的增大，溶解性蛋白质浓度随之增加，且微波功率高者，蛋白质的溶出更佳。预处理 6min、碱投加量 15mgNaOH/gTS、微波功率 490W 条件下，污泥溶解性蛋白质浓度达到 543.5mg/L，相对对照组增加了 73.9%，是原始未处理污泥的 15.3 倍。而微波功率为 350W 时，污泥溶解性蛋白质浓度为 343.3mg/L，相对对照组增加了 33.2%，是原始未处理污泥的 9.6 倍。从图 9-7 和图 9-8 可知，微波功率为 490W 时，从预处理开始碱与微波便实现了良好的协同作用，而在微波功率为 350W 时，直到 3min 后加碱的优势才得以体现。这可能是较高的微波强度在较短时间内便能实现污泥絮体解体和细胞破解，为碱进一步溶出固体蛋白质提供了良好的条件。已有研究表明，蛋白质是污泥细胞有机质及污泥 EPS 的主要组成部分，同时又是微生物难降解的有机物质。在微波和碱的协同下，剩余污泥中更多的蛋白质溶出，这有利于提高后续 MFC 的污泥利用率。

（6）微波协同碱预处理污泥氨氮浓度的变化

图 9-9 和图 9-10 所示为不同预处理条件下污泥上清液中氨氮浓度的变化。

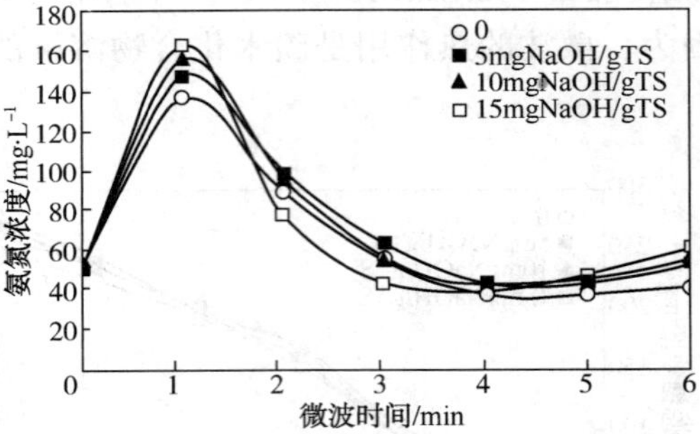

图 9-9　490W 微波协同碱预处理污泥氨氮浓度变化

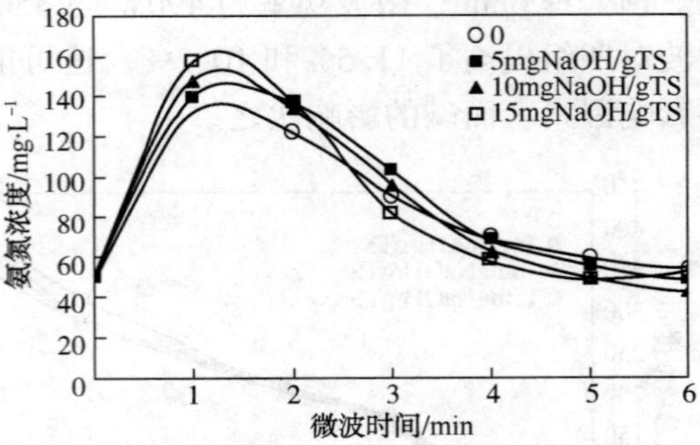

图 9-10　350W 微波协同碱预处理污泥氨氮浓度变化

图 9-9 和图 9-10 两图中氨氮浓度在预处理前 4min 内的变化趋势基本一致，几乎都在预处理的前 1min 内达到最大值，然后快速下降，且碱投加量越多，下降幅度越大。预处理 4min 后，图 9-9 中氨氮浓度随着预处理时间的延长有一小幅回升，且碱投加量多者，回升较多；图 9-10 中除碱投加量 15mgNaOH/gTS 时污泥上清液中的氨氮浓度在 5min 后有所回升外，其余的氨氮浓度仍呈下降趋势，但下降幅度变小。分析原因，污泥溶液中的氨氮主要来自污泥中无机铵态氮和蛋白质的水解。短时间预处理，首先污泥絮体解体，吸附于污泥表面的无机铵态氮溶解于污泥溶液中，从而使氨氮浓度基本在 1min 内达到最大。预处理时间延长，污泥温度升高，同时碱的协同作用，理论上部分蛋白质水解产生氨氮，氨氮浓度应随之增加，但实际试验结果恰好相反。研究表明，污泥温度升高，NH_3会以气态形式逸散，而且 OH^-的加入更有利于 NH_3的逸出，从而表现出碱投加量多者其下降幅度较大。随着预处理时间的继续延长，蛋白质水解产生氨氮的速率又重新大于 NH_3的逸出速率，从而使污泥溶液中的氨氮浓度有所回升。微波功率为 490W、碱投加量为 15mgNaOH/gTS、预处理时间 6min 时，污泥中的氨氮浓度最大，为 59. 3mg/L，相对初始原泥增加了 8. 9mg/L。可见较低的氨氮浓度不会影响 MFC 微生物的活性。

（7）微波协同碱预处理污泥 pH 值的变化

从图 9-11 和图 9-12 可以看出，污泥 pH 值的变化趋势基本一致。投碱污泥的 pH 值随着微波时间的延长先上升然后逐渐趋于稳定；而单独微波对照组的 pH 值随微波时间的延长先上升然后逐渐下降。分析原因，预处理前期污泥 pH 值的上升是由于污泥中氨氮浓度的增加所致。随着预处理时间的延长，一方面部分 NH_3以气体形式逸出，另一方面污泥中 EPS、微生物细胞等固相有机物不断溶出，溶解性有机物也不断水解，污泥溶液中脂肪酸、核酸等含量随之增大，致使对照组污泥的 pH 值开始下降。而加碱的污泥，由于 OH^-对脂肪酸、核酸等酸性物质的中和作用，保持了污泥 pH 值的基本稳定。后期污泥 pH 值的小幅上升与氨氮浓度的回升是一致的。预处理 6min，投碱污泥的 pH 值在 9. 1~9. 5 之间，污泥的偏碱性环境有助于增强 MFC 微生物的活性。

（8）微波协同碱预处理污泥电导率的变化

图 9-13 和图 9-14 所示为预处理过程中污泥溶液电导率的变化。由两图可知，随着预处理时间的延长，污泥的电导率呈下降趋势，并逐渐趋于稳定。剩余污泥由于含有碳、氮、磷、钾、钙、镁、铝、铁等无机盐类，使其本身的离子强度较高。污泥预处理的主要溶出物

为有机质，污泥微生物细胞溶出离子的浓度较少，同时由于污泥温度的升高，使污泥中原有的一些离子成分，如NH_4^+、HCO_3^-、CO_3^{2-}等以NH_3、CO_2气态形式逸出，最终导致污泥电导率下降。碱的加入补充了污泥的离子强度，在一定程度上减小了电导率的变化量。污泥较高的离子强度会降低 MFC 的内阻，从而将有助于提高 MFC 的产电能力。

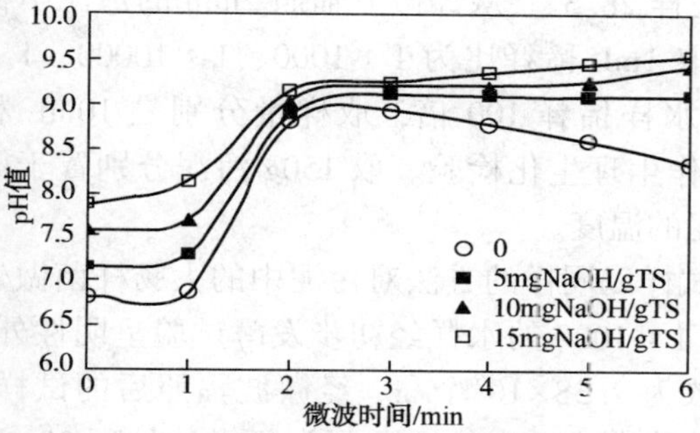

图 9-11　490W 微波协同碱预处理污泥 pH 值变化

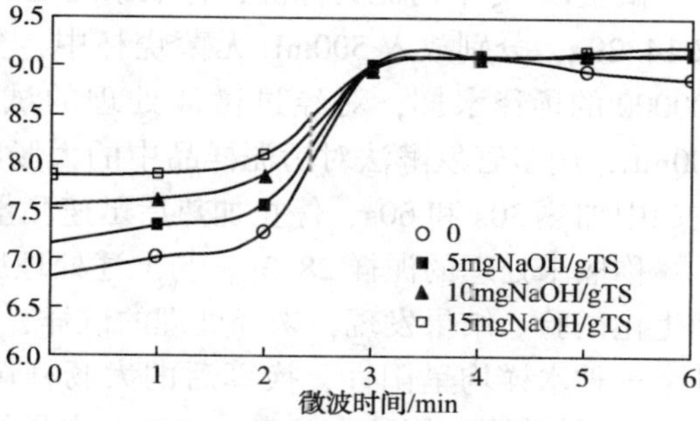

图 9-12　350W 微波协同碱预处理污泥 pH 值变化

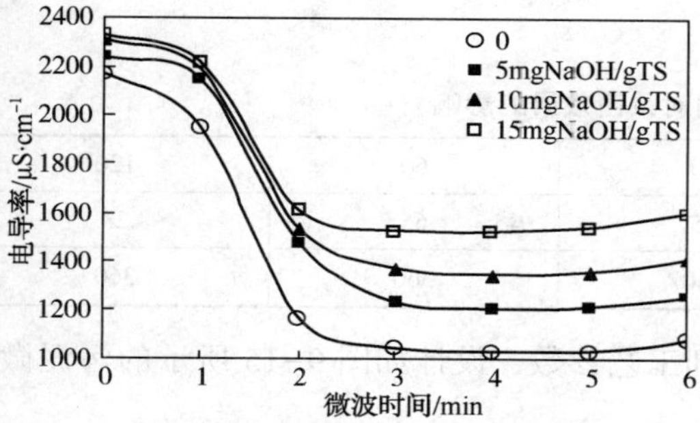

图 9-13　490W 微波协同碱预处理污泥电导率变化

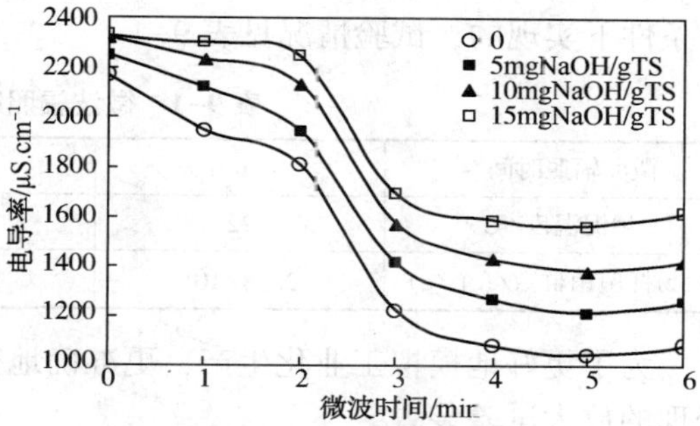

图 9-14　350W 微波协同碱预处理污泥电导率变化

9.5 微波辐照污泥处理技术的应用

微波辐照处理污泥，主要分为微波辐照杀灭污泥中所含的细菌、微波辐照去除污泥中含有的挥发性有机污染物、微波诱导催化和辅助光催化氧化污泥中的有机物污染物。

9.5.1 微波辐照杀菌

（1）微波杀菌试验

未经处理的污泥一定含有病原菌，直接使用生污泥在卫生上是不允许的。厌氧消化和巴氏灭菌法是常用的传统污泥杀菌方法。厌氧消化作用可以杀死一部分病原菌和蛔虫卵，或使它们明显丧失活性，但在较短的时间内它们又能重新恢复活性。巴氏灭菌法又称低温灭菌法，需在 45~80℃ 条件下加热较长时间，它既不伤害污泥中的植物养分，又能使污泥符合卫生要求，但能耗太高，且这两种传统方法处理后污泥体积增大。而微波辐照能使水的温度上升很快，一方面使细菌所处的环境温度升高，另一方面使细菌细胞体内的水分也同时升温，甚至发生细菌体内蛋白质凝固，因此微波辐照可以实现对污泥的快速低温灭菌。

大肠杆菌是一种较难杀死的病菌，传统加热方法需在60℃条件下加热60min。大肠杆菌被杀死就能保证其他主要病菌(包括蛔虫卵)也被杀死，因此可以用大肠杆菌菌群总数来表示微波的灭菌效果。

试验以1g干污泥为标准，称取未经处理的泥样28.3g。从经微波辐照2min的污泥中称取14.29g，分别放入500mL无菌烧杯中，分别取1mL稀释比为1∶1000、1∶10000、1∶100000的稀释水样，对经过微波处理的试样、水样稀释100倍，取样量分别是10mL和100mL，用多管发酵法对污泥样品中的大肠杆菌作生理生化检验。取150g污泥分别置于微波炉中加热30s和60s，停止加热后迅速测量污泥的温度。

称取未处理的泥样28.3g，与上述处理后的试样以同样的方法对污泥中的大肠杆菌做生理生化试验。结果发现，未经处理的试样，除了1∶1000的水样经初步发酵试验呈阴性外，其余三种水样均呈阳性，换算后的大肠杆菌群数为2.38×10^5个/g。经微波辐照后的试样，10mL水量的阳性管数为6支，100mL水量的阳性管数为1支。150g污泥经微波处理30s后大肠杆菌的去除率近乎100%。

由于电磁场的生物学效应，微波对污泥进行杀菌的过程不但时间短，而且是在较低的温度条件下实现的，试验情况见表9-1。

表9-1　微波辐照时间对杀菌效果的影响

微波辐照时间/s	0	30	60	120
污泥温度/℃	22	45	65	28
大肠杆菌菌群数/(个/g)	2.38×10^7	360	360	360

为了更好地模拟工业化生产，更准确地得到工艺参数，设计如图9-15所示的污泥微波处理的放大试验装置。

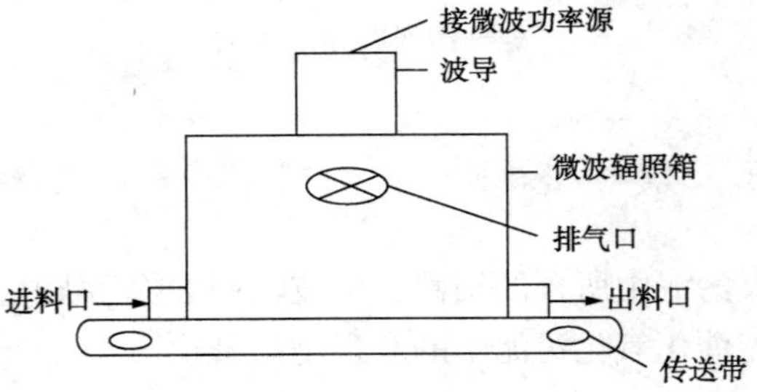

图9-15　放大试验装置示意图

按运行时间为12h/d计，此装置的污泥处理能力为100kg/d，最大输出功率为800W。假设5000m^3/d的污水处理厂约产含水率为95%的污泥20t/d，经机械脱水后污泥含水率降低到80%，干污泥约为5t/d，因此该设备的处理能力为5000m^3/d。

试验采用污泥连续进样、设备间断运行的方式，对机械脱水前后的污泥均进行试验，同时测定微波处理前后污泥的含水率、大肠杆菌菌群指标，并根据处理时间核算耗电量。试验结果表明，未经机械脱水的含水率95%以上的污泥用微波处理的成本很高。当耗电量为0.85kW·h/kg时，污泥含水率也只能降低到85%；经机械脱水后污泥含水率为76%左右，其耗电量为0.4kW·h/kg。若能将微波处理后的污泥制成高效复合肥料，这样的处理成本是可以接受的。

微波处理后，污泥的卫生学指标明显改善。处理后大肠杆菌菌群数最多是2500个/g，折算菌值为0.4；污泥含水率降低10%，大肠杆菌菌群数可降至300个/g，折算菌值为1.1，可以认为大肠杆菌已全部被杀灭。

(2) 微波杀菌机理

微波杀菌的机理大致有热效应和生物学效应两种观点。热效应认为微波能在微生物体内转化为热能，使其本身温度升高，从而使体内蛋白质发生热变性凝固致死；生物学效应认为，细菌、病毒等生物细胞都是由水、蛋白质、碳水化合物、脂肪和无机物等复杂化合物构成的一种凝聚态介质，其中水是生物细胞的主要成分，含量为75%~85%，细菌的各种生理活动都必须有水参加才能进行，如细菌的生长、繁殖过程等，对各种营养物质的吸收要通过细胞质的扩散、渗透及吸附作用来完成，这些作用都需以水为介质方能进行。在一定强度微波场的作用下，菌体会因自身水分极化而同时吸收微波能升温。由于菌体内的物质是凝聚态介质，分子间的强作用力加强了微波能向热能的转化，从而使细菌体内的蛋白质同时受到无极性热运动和极性转变两方面的作用，空间结构发生变化或破坏而导致变性。蛋白质变性后，其溶解度、黏度、膨胀性、渗透性、稳定性都会发生明显变化，从而使细胞失去生物活性。

细菌是一种生物体系，因而细菌致死不能单纯用能量多少以及能否拆开H—OH键来衡量微波的生物学效应。因为细菌的存活是一个复杂的生态生理活动，这就需要考虑异常生态环境(高频率、强电场强度的微波场)对其生理活动的影响。

从生物学角度来讲，组成微生物的蛋白质、核酸等生物大分子和水作为极性分子在高频率、强电场强度的微波场中将被极化，并随着微波场极性的迅速改变而引起蛋白质分子基团电性质的变化，往复颤动。它们同样能将微波能转换成热能而使自身温度升高，电性、能量的变化将引起蛋白质等生物大分子的变性。

从能量的角度考虑，尽管微波量子能量不能破坏生物体内的共价键，但对氢键、范德华力、疏水相互作用力、盐键等赖以维持核酸、蛋白质等生物大分子高级结构(空间构像)的次级键具有一定的破坏作用。这些次级键是维持核酸和蛋白质空间构象、生物膜结构的作用力，甚至可以称之为维持生物系统内部结构的作用力。这些次级键一旦遭到破坏，将危及生物大分子的高级结构，影响其正常的生理功能。

(3) 微波脉冲杀菌技术

微波脉冲杀菌技术是利用微波进行杀菌处理的最新技术。实验证明，采用微波脉冲杀菌技术可以在较小的温升内达到良好的杀菌效果。它可以在极短的时间内，采用高于常规微波场能量密度的数倍或数十倍的脉冲微波能量照射污泥，不但可以杀死细菌，还可大大降低污泥温升和设备的能耗，从而降低杀菌成本。目前采用的微波脉冲杀菌技术主要有两种方法：一是采用瞬时高功率脉冲，将微秒-毫秒级宽度的高压脉冲加在磁控管上，使脉冲功率达到数十千瓦至兆瓦级。将这样的微波能量加到被处理的污泥上，污泥在极短的时间内受到如此高能量的热波照射，细菌会很快失去生存能力而致灭。它的优点是平均功率低、能耗小、杀菌效率高。二是将原有相对幅度较低的连续波微波功率周期性地切断，使之处于毫秒级的持续时间和毫秒级的停断时间的状态。如此往复，细菌的机体会受到周期性的断续作用，若是与细菌自身存在的振荡周期相一致，就可能造成谐振状态，使细菌的细胞膜破坏，细菌致死，从而达到灭菌的目的。

产生高能量脉冲微波的关键设备有两个：一是大功率脉冲发生器，二是大功率脉冲磁控管。

9.5.2 微波辐照去除挥发性有机物

当污泥中含有一些可挥发的有害有机物时，除去这些有害有机物常用的方法是通过加热来实现。热处理方法包括燃烧法和挥发法。燃烧法的缺点是可能燃烧不完全，释放污染物和副产品，而这些副产品可能比原来的污染物毒性更大。挥发法使用普通的加热方法时，由于加热是由外到内，所以外边首先被加热到更高温度，然后由热传导再逐步提高内部温度。这种加热方式会使污泥外层的易挥发有害物和水分挥发得更快，从而导致污泥外层结构的变化，有可能会阻止内层污染物的挥发。而用微波加热时，由于加热是由内向外一起进行的，所以不会出现上述问题。

当用微波辐照时，水分子会吸收微波能并在升温后蒸发，从而将易挥发有机污染物从污泥中部分带出。这一方法与污泥的含水量有关，含水量高有利于形成蒸馏，并将有机污染物大部分蒸馏除去。这一过程所需温度一般低于100℃，蒸馏进入气相的有机物不会被分解或形成其他副产品。对于那些半挥发性化合物，可采用多级蒸馏法，即重复加水、重复用微波辐照，即可将这些半挥发性化合物除去。

国外有研究者研究了用微波低温减压条件净化含有甲苯和对二甲苯的污泥，发现在低温减压条件下，甲苯和对二甲苯不会分解；当污泥中含水的质量分数为3%时，这些有机物的挥发速率会增加几倍。

为了增强污泥对微波的吸收能力，提高升温速率，可在污泥中加入炭屑(平均粒径为10mm)。当这些炭屑与污泥混合后，因为对微波有很强的吸收能力，因此这些升高温度的炭粒会迅速将热能传导给周围的污泥，使污泥温度也迅速上升。图9-16是污泥样品加炭粒后温度随时间变化的规律。

由图9-16可以看出，不加炭粒时，温度在200℃左右；加入40%的炭粒时，温度最高可超过1000℃。超过最高温度后，随微波功率的增加，由于炭粒的物理变化，温度反而下降，并降至低于800℃后趋于恒定。一般采用污染物的破坏和去除效率(DRE)来表征微波加热净化的效果。DRE可用下式由实验结果计算出来：

$$DRE=\frac{C_i-C_t}{C_i}\times 100\%$$

式中 C_i——微波处理前样品中污染物的浓度；

C_t——微波处理后样品中污染物的浓度。

图9-17所示是微波加热对污泥中五氯苯酚去除效率(DRE)的影响。由图9-17可以看出，炭屑的加入大大提高了五氯苯酚的去除效率，但水的加入却基本不影响五氯苯酚的去除效率。这是由于五氯苯酚的沸点(310℃)比水的沸点(100℃)高得多的缘故。

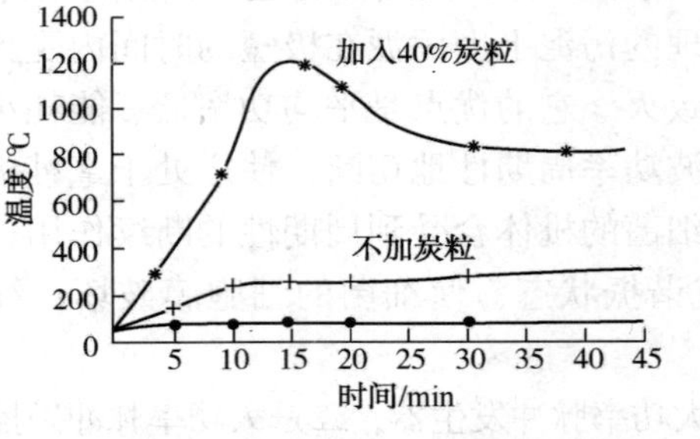

图9-16 污泥样品加炭粒后温度随时间的变化

(微波功率：540W)

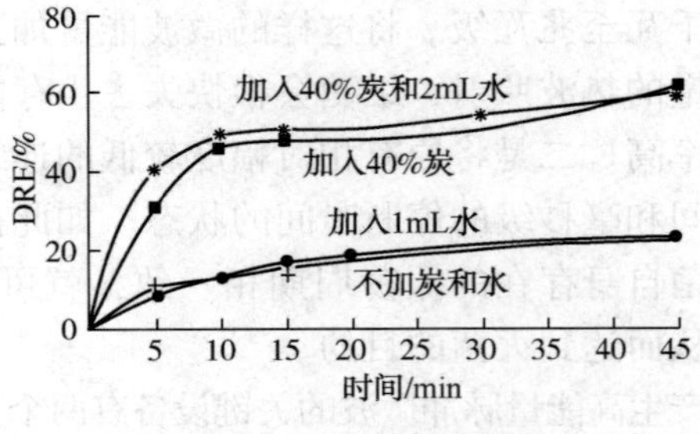

图9-17 微波加热对污泥中五氯苯酚去除率(DRE)的影响

(五氯苯酚的浓度：300μg/g；微波功率：500W)

9.5.3 微波诱导催化和辅助光催化氧化有机物

污泥中的许多有机物不能直接明显地吸收微波，但可利用某些强烈吸收微波的“敏化剂”把微波能传递给这些有机物而诱导催化反应，实现对有机污染物的氧化去除。

近年来微波辐照技术被用于去除污泥中的多氯联苯、磺基水杨酸、活性艳蓝 KN-R 染料、三氯乙烯、二甲基萘等，以活性炭作催化剂，将这些难降解的有机物最终降解为二氧化碳和水。

微波诱导催化氧化的关键技术是催化剂的制备。在当前进行的微波诱导催化氧化研究中，大多采用活性炭作为诱导反应的催化剂，可在微波辐照下快速处理污泥中大多数难以降解的有机物。但也有采用其他催化剂的，如以 V_2O_5/TiO_2 为催化剂，用微波辐照法将甲苯氧化成苯甲酸；以改性的活性 Al_2O_3 为催化剂，将含有乙烯砜和一氯均三嗪两个活性基团的雅格素蓝 BF-BR 进行降解。

对微波辐照辅助光催化氧化技术也进行了很好的研究并取得了不错的效果。如 Horikoshi 等采用如图 9-18 所示的微波辅助无极紫外灯光反应装置，以 P-25 型 TiO_2 为光催化剂对苯酚降解研究发现，辅之以微波辐照可将苯酚的去除率从 10%提高到 50%。

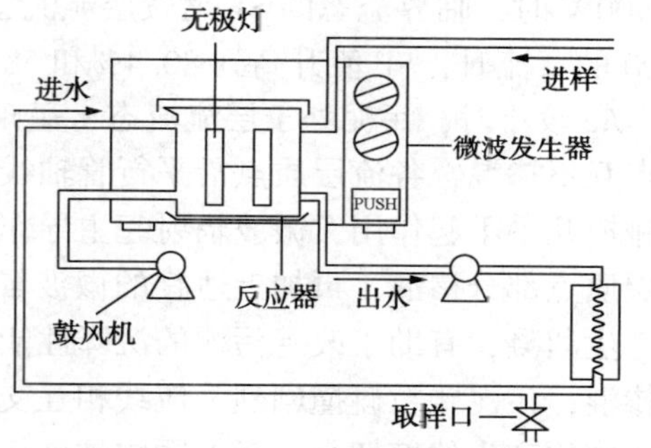

图 9-18　微波辅助无极灯光反应器装置示意图

微波强化光催化氧化虽然可以明显提高光催化的效果，但其氧化机理目前尚不十分清楚。总的分析微波强化光催化反应可能是以下 4 个方面的作用：①抑制了催化剂表面空穴电子对的复合。催化剂在微波电磁场的作用下产生更多的缺陷，由于陷阱效应，缺陷将成为电子或空穴的捕获中心，从而降低电子与空穴的复合率。②促进了催化剂表面羟基自由基 HO·的生成。微波辐照使表面羟基的振动能级处于激发态的数目增多，从而使表面羟基活化，进而有利于羟基自由基的生成。羟基自由基数目的增多，又有利于催化活性的提高。Horikoshi 等通过电子旋转共振仪 ESR 发现，增加微波辐照后，催化剂表面 HO·的数量增加了 20%。③增强了催化剂表面的光吸收。由于微波场对催化剂的极化作用，在表面产生更多的悬空键和不饱和键，从而在能隙中形成更多的附加能级(缺陷能级)，非辐射性的多声子过程使光致电子空穴对的生成更容易，从而提高催化剂的光激发电子跃迁概率。有人通过监测微波场作用下 TiO_2 催化剂的漫反射吸收系数 F(R)，发现在微波场作用下，催化剂的吸收系数 F(R)随时间增加缓慢增强；随着微波场的关闭，催化剂的吸收系数 F(R)又随时间增加缓慢减小。④促进了水的脱附。在微波场的作用下，水分子间的氢键被打断，抑制了水在催化剂表面的吸附，使更多的表面活性中心能参与反应，从而提高了催化剂的催化活性。

影响微波光催化氧化的因素有催化剂加入量、光源、温度、反应器结构，还有微波源强度等，而这些都是需要进行进一步研究的。

9.6 不同流态下微波辐射对污泥性质的影响

前述微波辐射对污泥性质的影响都是基于静态条件下进行的，而实际处理中污泥大多是连续的动态条件，因此有必要对污泥动态条件下微波辐射对污泥性质的影响进行研究，主要考察不同流态(*Re*)下微波辐射对污泥沉降性能、脱水性能、有机质水解和微观形态的影响。

9.6.1 不同 *Re* 下微波辐射对污泥沉降性能的影响

通过调控 *Re* 来控制动态流污泥的流态，经过微波辐射处理后污泥沉降比(*SV*) 的变化可以看出，不同微波辐射的功率下，静态条件和 *Re*=500 的层流流态时，污泥的沉降性能几乎没有差别，微波对污泥沉降性能的影响也非常小；污泥处于层流流态时，*Re* 对污泥的沉降性能几乎没有影响；污泥处于临界流态和紊流流态时，*Re* 对污泥的沉降性能产生影响。微波辐射功率越高，流态对污泥沉降性能的影响越大。任伯帜等的研究结果表明，微波辐射功率较低(300W 和 500W)时，随着 *Re* 的增加，污泥从层流变为紊流，*SV* 值不断减小，污泥的沉降性能变好；辐射功率分别为 300W 和 500W 时，紊流流态(*Re* = 3000) 的 *SV* 值比层流流态(*Re*=500)时分别减小 5.8%和 6.4%；当微波辐射功率较高，污泥由层流变为临界流态时，污泥的沉降性能变好，*SV* 值减小；随着 *Re* 的增大，由临界流态转变为紊流时，污泥的 *SV* 值增大，污泥的沉降性能恶化。临界流态下污泥的沉降性能最好，微波辐射功率为 700W 和 900W 时，临界流态的 *SV* 值较层流流态(*Re*=500)时减小 9.1%和 17.1%，而转变为 *Re*=3000 的紊流时，*SV* 值升高到 80.4%和 58.5%。

Re 较小时，污泥处于层流流态，呈现一种层状流动，在流体黏滞力的作用下，各流层质点互不掺混，各流层质点沿平行管轴线方向运动，流线相互平行，此时，流态对污泥颗粒的碰撞几乎不起作用，微波辐射起主导作用。当 *Re* 达到临界值时，污泥流线产生波动，各流层质点部分掺混，再加上适宜的微波辐射作用，更有利于污泥颗粒克服 Zeta 电位的作用而产生絮凝，有助于改善污泥的沉降性能。当 *Re* 较大时，污泥流动处于紊流流态，质点相互掺混，污泥颗粒碰撞剧烈，流线相互交叉，产生较大的切应力，再加上高强度微波辐射偶极子作用产生的剪切力，污泥颗粒被破坏，沉降性能变差。

9.6.2 不同 *Re* 下微波辐射对污泥脱水性能的影响

污泥比阻是反映污泥脱水性能的综合参数，它表示水从污泥中脱除时的阻力，脱水后泥饼含水率是脱水效果的最直观反映。任伯帜等考察了不同流态下微波辐射作用对污泥比阻和泥饼含水率的影响，结果表明，不同流态下污泥比阻和泥饼含水率的变化规律与污泥 *SV* 的变化规律相似。*Re* 为 0 时的静态条件和 *Re* 为 500 的动态条件下较为接近，表明污泥处于层流流态时，*Re* 对污泥脱水性能的影响不显著。临界流态和紊流流态对污泥的脱水性能产生影响，且随着微波辐射功率的增大，*Re* 对污泥脱水性能的影响变大。微波辐射功率较低(300W 和 500W)时，紊流流态能够改善污泥的脱水性能；微波辐射功率较高(700W 和 900W)时，临界流态下污泥的脱水性能最好，紊流使污泥的脱水性能恶化。微波辐射功率分别为 700W 和 900W、*Re*=2300 时的比阻分别为 0.61×10^{13} m/kg 和 0.36×10^{13} m/kg，泥饼含水率分别为 71.5%和 70.2%；*Re*=3000 时，污泥比阻分别增大到 0.74×10^{13} m/kg 和 0.72×10^{13} m/kg，泥饼含水率也升高到 73.2%和 77.1%。

在理想推流式反应器中，污泥微元不与其时间点前后的微元进行混杂，不产生物料的返混，各断面平行流动，流速越小，反应器越趋于理想反应器。当流速趋于 0 时，*Re* 也趋近于 0，流动状态近于静态。因此，在静态条件下和 *Re* 较小的层流流态下，微波辐射对污泥沉降性能的影响规律接近。

适宜的微波辐射可以破坏污泥混合液胶体系统的稳定性，流动产生的切应力也可以对混合液的凝聚稳定性产生影响。当微波辐射功率较低时，微波作用产生的剪切力较小，辅以紊流流动产生的切应力，各层质点相互掺混，增加了污泥颗粒的碰撞频率，可以达到破坏污泥混合液凝聚稳定性的作用，使较小颗粒的污泥凝聚成较大粒径的絮体，导致污泥中水分分布发生变化，颗粒间的水转变为更易脱除的自由水，从而使污泥的脱水性能得到改善。微波辐射功率较高时，在微波辐射偶极子转动产生的较强剪切力和高 *Re* 产生的较大雷诺应力的协同作用下，污泥颗粒被打碎，污泥中微生物的细胞结构也有可能遭到破坏，形成的小颗粒吸附更多难以脱除的水分，致使污泥的脱水性能恶化；另外，小颗粒的污泥在过滤脱水时容易堵塞水分脱除的通道，导致比阻增大，污泥脱水性能变差。

9.6.3 不同 *Re* 下微波辐射对污泥有机质水解的影响

微波辐射可以产生热效应和电磁效应，在两种效应的作用下，污泥混合液中的不溶和微溶有机物质会发生水解和溶解现象，大分子的不溶有机物水解为小分子的溶解性有机物，甚至微生物细胞破裂，胞内物质释放出来并不断溶解。溶解性的有机物在微波作用下也在不断发生水解反应，有机质从固相进入液相，表现为污泥中挥发性悬浮固体(VSS)的减小和污泥上清液中 COD 的增加。

任伯帜等对不同流态下微波辐射对污泥有机质水解的影响进行了研究，结果表明，*Re* 越大，微波辐射作用下污泥水解率越高，说明紊流条件有助于污泥固相有机物质的水解反应；微波辐射功率越高，紊流促进污泥水解反应的效果越明显，且污泥从临界流态转变为紊流流态时，污泥中 VSS 溶解率增加显著。微波辐射功率分别为 300W、500W、700W 和 900W，*Re* 为 3000 时，污泥中 VSS 溶解率分别为 3.2%、5.4%、7.9%和 16.3%。上清液中 COD 与 VSS 溶解率相对应，VSS 溶解率越大，上清液中 COD 越高，微波辐射功率分别为 300W、500W、700W 和 900W 时，*Re* 从 500 增大到 2300，上清液中 COD 分别增加 2.1%、14.2%、19.0%和 24.0%；*Re* 从 2300 增大到 3000 时，上清液中 COD 分别增加 14.4%、31.2%、44.0%和 45.6%。在紊流流态下上清液中 COD 的增加量明显大于层流流态下上清液中 COD 的增加量，说明相对于层流，紊流流态更有助于污泥中固相有机物质的水解，有利于污泥中有机物质从固相转化为液相。

层流流态时，各流层之间只存在由于流体黏性而产生的牛顿内摩擦应力；随着 *Re* 的增加，由于流层速度梯度的增大，牛顿内摩擦应力也相应的线性增大；当 *Re* 足够大时，流体呈现紊流流态，流体中的速度分布不断变化，并形成涡体。根据伯努利方程，涡体两侧的压力差会逐渐变大，导致大小不等的涡体动荡于各流层间。污泥颗粒的固相主体处于液相主体的包围中，液相主体中的流态为紊流流态，污泥颗粒的固相主体和液相紊流主体的界面过渡区是层流流态，紊流脉动下流层中切应力的方向和大小都是随时变化的，速度梯度越大，层流过渡区越小，从固相主体中水解的可溶有机物越容易穿过过渡区进入紊流液相主体，也就越有利于固相有机物质的水解反应。

9.6.4 不同 *Re* 下微波辐射对污泥形态的影响

微波辐射可以改变污泥的微观形态，流态对污泥颗粒之间的相互作用也有一定的影响。

任伯帜等在微波辐射功率为900W时比较了不同*Re*下污泥微观形态的变化，结果表明，当*Re*为500的层流流动时，污泥混合液中胶体颗粒有一定的絮凝，絮体尺寸较小；当*Re*为2300的临界流态时，污泥颗粒发生了明显的絮凝反应，絮体尺寸较大；当*Re*为3000的紊流流态时，混合液中絮体破碎，絮体尺寸较小。

研究表明，絮体的大小、强度和密实度与水动力条件密切相关。*Re*为2300时形成的絮体颗粒强度和尺寸要比*Re*为500时的大，*Re*为3000时，在较强剪切应力作用下形成的絮体强度较大，但絮体尺寸较小。在临界流态时有利于污泥的絮凝反应，形成的絮体较好，因此，在临界流态时污泥的沉降性能和脱水性能都较好。紊流流态时污泥的絮凝效果有所恶化，因此，紊流流态下污泥的沉降性能和脱水性能也在一定程度上变差。

9.7 微波化学分析技术

除了前述的微波辐照杀菌、微波辐照去除挥发性有机物、微波辐照诱导催化和辅助光催化氧化有机物外，微波也广泛用于化学成分分析和形态分析方面。

9.7.1 微波等离子体分析技术

早在20世纪50年代初，国外就有人研究过一种在谐振腔中心电极顶端维持的微波等离子体(MWP)[也称为电容耦合微波等离子体(CMP)]及其可能的光谱学应用，随后又有人将一种位于谐振腔中的放电管内维持的等离子体[后来被称为微波诱导等离子体(MIP)]用到了氢-氘混合气中氘同位素的光谱分析，这是最早的微波等离子体分析应用实例。

由于微波等离子体(MWP)的电子温度很高(20000K左右)，激发温度也很高(5000K左右)，而气体温度很低(2500K左右)，因此是一种很好的激发光源，具有很高的激发能力。在用氦作工作气体时，MWP甚至可以激发卤素的离子线，因而采用MWP作为光源的发射光谱分析(MWP-AES)可以测定包括卤素在内的几乎所有元素。同时，MWP-AES的背景辐射相对来说比较简单，由离子复合过程产生的连续光谱背景发射很低，因此并不需要用很高分辨率的分光系统以消除背景干扰。维持MWP一般只需要较小的功率(50~500W)和较低的工作气体流量(1L/min)，因此成本和运行费用也相对较低。

1963年，Schmidt等将改进后的MWP用于溶液分析。由于MWP可在常压下以He、Ar或空气作为工作介质，此后在西欧和日本得到了较好的发展，并研制出商品仪器。但由于该方法共存元素的干扰效应严重，分析性能无法与同时发展起来的感(应)耦(合)等离子体(ICP)光谱仪相比，所以并没有形成商品。但对MWP的研究工作仍不断有人在继续，这方面以美国Winefordner小组的研究工作最为出色，他们将其用于诸如污泥等固体样品的直接分析，取得了较好的结果。

1965年，微波诱导等离子体(MIP)原子发射光谱法(MIP-AES)被Cook等成功地用作元素选择性气相色谱(GC)检测器(AED)，但由于当时所用的同轴谐振腔只有在减压条件下才能获得氦MIP，其推广应用受到了限制。1976年，Beenakker等发展了一种新型的以TM_{010}模式工作的圆柱腔，该腔可以容易地维持常压He和Ar等离子体，因此很快就引起了广泛的关注，被用作气相色谱的AED可直接作气体、溶液和固相样品分析的激发光源。同时，AED还被应用到了超临界流体色谱(SFC)，在质谱研究领域也得到了应用。

1975 年，Moisan 等根据表面波传播的原理研制出了一种被称为 Surfatron 的装置，用该装置也可以获得常压 He 和 Ar 等离子体，引起了分析化学家们的广泛关注。这种装置不仅被用于气体和溶液的发射光谱分析，用作 GC 和 SFC 的 AED，而且还以它为基础发展了一种 GC 的离子化检测器和一种原子吸收光谱法(AAS)的原子化器。

1985 年，金钦汉发明了一种新的获得微波等离子体的装置——微波等离子体炬(MPT)。用 MPT 可以获得常压 He 和 Ar 等离子体，而且由于其类似于 ICP 的三管同轴结构及等离子体中央通道的存在，MPT 对湿气溶胶和分子气体的承受能力很高，基体效应也比传统的 MIP 要低，所以比较利于用作 GC 和 SFC 的检测器。但由于等离子体直接暴露在空气中，通过对流和扩散作用，有大量的 N_2和 O_2进入等离子体，因此其背景发射光谱中有大量的与氮和氧有关的分子发射带存在，对许多元素都有较严重的背景光谱干扰，但这一缺点已被氧屏蔽 Ar MPT(OS-Ar MPT)所克服。加上在进样系统和软件方面的改进，可用于诸如污泥介质液样品直接分析的世界上首台 MPT 光谱仪已经研究成功并投入批量生产。

与此同时，一种采用氮屏蔽的 He MPT 也已被证明是质谱仪(MS)很好的离子化源。由于这种离子化源可以使包括卤素在内的几乎所有元素的原子离子化，且又可以采用光源调制等办法获得分子信息，因而特别适于与 GC、HPLC 和 CE 等分离技术联用，作金属元素形态分析之用。由于 MPT 呈矩形，因此也利于用作原子荧光光谱法(AFS)的原子化器。

污泥中气体样品很容易用微波加以激发，这种静态体系可以达到很高的检测能力。20 世纪 70 年代，类似的放电还被做成多种无极放电灯(EDL)，用于原子荧光光谱法(AFS)和 AAS 中。MWP 还在激光增强电离光谱法(LEIS)和亚稳态能量转移光谱法(METS)中得到了应用。由分子气体形成的等离子体具有较高的热容量，利于样品的原子化和离子化。N_2 MIP 最初被用作激发光源，但真正有商品价值的却是用它作 MS 的离子化源，这种 N_2 MIP-MS 仪器已在日本上市。解决基体干扰的途径之一是提高微波功率，因此千瓦级 MIP 已越来越引起人们的关注，并显示了某种良好的分析性能。

自微波等离子体(MWP)问世以来，MWP 分析化学已经经历了一个稳定的发展过程。MWP 在分析化学中的应用领域不断扩展，特别是在原子光谱分析方面，由于其激发能力高，背景辐射低，适用范围广和成本与运行费用都不高等特点，已越来越被人们所重视，它对污泥中有机成分和重金属成分的分析具有极其显著的应用价值。

9.7.2 微波形态分析技术

形态分析是分析化学的一个重要领域，也是环境科学研究的热点之一，对污泥成分的分析快捷、方便。

Burguera 等采用微波在线加热预还原技术，与原子吸收光谱法联用分别测定污泥中硒的 Se(Ⅳ)和 Se(Ⅵ)两种化学形态。其依据的基本原理是：当微波炉功率设在最大额定功率的 40%处时，在 4mol/L HCl 介质中，Se(Ⅵ)不被还原；而当微波功率升至 95%处时，在 12mol/L HCl 介质中，Se(Ⅵ)可被预还原到 Se(Ⅳ)；产生的 Se(Ⅳ)可与 $NaBH_4$反应生成 H_4Se，被原子吸收光谱法测定。这样，可以在 95%微波功率和 12mol/L HCl 的介质条件下，测定 Se(Ⅳ)和 Se(Ⅵ)的总量；而在 40%微波功率和 4mol/L HCl 的介质条件下测定 Se(Ⅳ)和 Se(Ⅵ)的量可通过由总量减去在 40%微波功率和 4mol/L HCl 的介质条件下测定的 Se(Ⅳ)的量而求出。

Burguera 等还用微波加热选择性蒸发技术对砷进行形态分析。在 2mol/L HNO_3介质中，用 $NaBH_4$将 As(Ⅲ)($HAsO_2$)、As(Ⅴ)(H_3AsO_4)、一甲基胂酸[$CH_3AsO(OH)_2$]和二甲基胂酸[$(CH_3)_2AsO(OH)$]分别还原到易挥发的 AsH_3、CH_3AsH_2和$(CH_3)_2AsH$。而 AsH_3、CH_3AsH_2和$(CH_3)_2AsH$ 的沸点分别-55℃、2℃和 35.6℃，这些易挥发化合物被捕捉在液氮阱中，而后用微波加热此液氮阱，使其逐步升温。AsH_3、CH_3AsH_2和$(CH_3)_2AsH$ 由于沸点不同，会逐渐被加热蒸发离开液氮阱进入原子吸收光谱仪而被检测。采用这种方法可分别检测出污泥样品中无机砷总量、一甲基胂酸和二甲基胂酸的含量。在 1%柠檬酸介质中，只有 As(Ⅲ)可被还原至 AsH_3而被测定，As(Ⅴ)的量可以用在 2mol/L HNO_3介质中测得的无机砷总量减去 1%柠檬酸介质中测得的 As(Ⅲ)的量而求出，从而实现了砷的四种化学形态的分析测定。

参 考 文 献

[1] 王建龙，初里冰．电离辐照技术在废水处理中的研究进展[J]．环境工程学报，2017，11(2)：653-672.

[2] 周翠红，凌鹰，曾萌，等．微波/超声波对污泥粒度与水分的影响[J]．环境工程学报，2017，11(1)：529-534.

[3] 谢敏，李好，刘小波，等．微波调质对剩余污泥结构及其脱水性能的影响[J]．环境工程学报，2016，10(8)：4457-4461.

[4] 陈小英，尤晓燕，邱凌峰．微波联合 Fenton 试剂对污泥脱水性能的影响研究[J]．福州大学学报(自然科学版)，2016，44(1)：134-137.

[5] 王慧勇，冯泽，陈翔，等．微波协同低碱预处理剩余污泥效果分析[J]．化工进展，2015，34(9)：3456-3461.

[6] 贾瑞来，魏源送，刘吉宝．基于微波-过氧化氢-碱预处理的污泥水解影响因素[J]．环境科学，2015，36(6)：2222-2231.

[7] 曾萌．污泥微波连续型调理装置的研制与实验研究[D]．北京：北京化工大学，2015.

[8] 王慧勇，马保国，刘亮．微波协同低碱预处理对污泥 MFC 性能的影响[J]．中国给水排水，2015，31(21)：20-24.

[9] 刘吉宝，倪晓棠，魏源送，等．微波及其组合工艺强化污泥厌氧消化研究[J]．环境科学，2014，35(9)：3455-3460.

[10] 李进平，李梦谣，姚雯，等．城市污泥微波干化工艺及干化特性研究[J]．环境工程学报，2014，8(8)：3433-3436.

[11] 王艳杰，严媛媛，郭迎庆．微波强化预处理促进低有机质污泥厌氧消化[J]．环境工程，2014，32(3)：92-95，99.

[12] 池勇志，刘晓敏，李玉友，等．微波预处理剩余污泥的研究进展[J]．化工进展，2013，22(9)：2221-2226，2252.

[13] 王亚炜，肖庆聪，阎鸿，等．基于微波预处理的源头污泥减量研究[J]．中国给水排水，2013，29(15)：19-23.

[14] 任伯帜，侯保林，陈文文，等．不同流态下微波辐射对污水污泥性质的影响[J]．环境科学学报，2013，33(7)：1907-1911.

[15] 周翠红，常俊英，陈家庆，等．微波对污水污泥脱水特性及形态影响[J]．土木建筑与环境工程，2013，35(1)：135-139.

[16] 李学军，梁英，黄国平，等．微波、碱及其联合技术预水解市政污泥的研究[J]．环境工程，2013，

31(A1)：522-526，516.
[17] 李娟娟，宋秀兰．微波预处理污泥水解产酸特性研究[J]．环境工程，2013，31(5)：91-94.
[18] 于子淇．剩余污泥二级碱解及厌氧消化的研究[D]．广州：华南理工大学，2-13.
[19] 罗海健，付长亮，宁寻安，等．微波预处理对制革污泥絮凝脱水性能的影响[J]．环境工程学报，2013，7(5)：1933-1938.
[20] 侯保林．微波辐射与粉煤灰联合改善污水污泥脱水性能的研究[D]．湘潭：湖南科技大学，2012.
[21] 王旭．微波处理炼油污泥的实验研究[D]．西安：西安石油大学，2012.
[22] 韩洪军，牟晋铭．微波联合 PAM 对污泥脱水性能的影响[J]．哈尔滨工业大学学报，2012，44(10)：28-32.
[23] 李延吉，李润东，冯磊，等．基于微波辐射研究城市污水污泥脱水特性[J]．环境科学研究，2009，22(5)：544-548.
[24] 乔玮，王伟，黎攀，等．城市污水污泥微波热水解特性研究[J]．环境科学，2008，29(1)：152-158.
[25] 朱开金，马忠亮．污泥处理技术及资源化利用[M]．北京：化学工业出版社，2007.
[26] 田禹，方琳，黄君礼．微波辐射预处理对污泥结构及脱水性能的影响[J]．中国环境科学，2006，26(4)：459-463.

第10章 污泥的超声波处理

利用超声波杀菌和处理污泥中的有机污染物，尤其是难降解的有机污染物，是近年来发展起来的一项新兴环境治理技术。该技术操作条件温和，降解速率快，适用范围广，可以单独使用，也可以与其他污泥氧化技术联用，是一种很有发展潜力和应用前景的技术。

10.1 超声波及其应用特性

人耳敏感的声波的频率是20~2000Hz范围，频率低于20Hz（约10^{-4}~20Hz）的叫次声波，频率高于20000Hz的叫超声波。超声波具有声波的特征，即不仅能在空气及一切气体中传播，也能在液体和固体中传播；既有横波，也有纵波，满足机械波的一般规律；同时也有它独自的特性，如波长比一般声波的波长短，因而衍射现象不显著；具有良好的方向性，可以类似于光线那样得到定向而集中的波射线束；它能反射、折射，也能被聚焦，完全遵守几何光学的规律，且频率越高，束射性越好，因此可用来探测潜水艇、海底暗礁，寻找海中鱼群、沉船等。

由于波的强度与频率的平方和振幅的平方成正比$\left(I=\frac{1}{2}\rho uA^2\omega^2\right.$，其中$A$为振幅，$\omega$为频率$\left.\right)$，因此对于相同振幅的波来说，超声波的强度要比一般声波大得多。如10^{10}Hz的超声波的能量比10^3Hz的一般声波的能量大几百万倍，这就使得超声波能对物质发生显著作用。利用这个特性，可进行物体的切割、焊接和钻孔等。

超声波的能量大，声压也特别大。当超声波在液体中传播时，液体受到时正时负的几个气压的拉力或压力作用。而液体的抗拉强度不大，在强度较弱的区域，液体被拉断，从而形成许多极小的空气泡，称之为空化泡。这些空化泡又很快被四面液体压缩、填充，在这个过程中会产生几千个大气压的瞬时压力，同时局部温度猛升，并伴随放电发光现象。这个瞬时压力的破坏作用极大，称空化作用。利用空化作用可以击碎坚硬的物体；能在玻璃、石英、瓷器、宝石等不易钻孔的物体上钻出任意形状的孔；对不易焊接的金属能进行焊接；能使在常温常压下不能发生的化学反应得以发生。气体对超声波的吸收很强，液体吸收较弱，固体吸收更弱，因此超声波在液体中特别是固体中穿透性强，且在不透明固体中能穿透几十米的厚度。利用这个特性，可探测工件深部的缺陷(如气泡、砂眼、裂缝等)，这就是作为无损检测重要方法之一的超声波探伤。

此外，超声波还有许多其他方面的应用，如用于肿瘤的探测、生物学测量和诊断、织物清洗、水泥包装、计数以及消雾等。

综上所述，超声波具有如下几个显著的应用特性：

(1) 方向性好。容易得到定向而集中的波束，既便于目标定位及定向发射，又便于聚焦，以获得较大的能量。

(2) 功率大。超声波的功率比一般声波功率强大得多。一般人说话的功率(能波密度)约为 $10^{-6}W/m^3$，而近代超声波技术能产生 $10^5 \sim 10^6 W/m^3$ 的功率。

(3) 穿透能力强。因为超声波在气体中衰减很强，在液体、固体中衰减很弱，因此其具有较强的穿透作用。

(4) 引起空化作用。超声波在液体、固体中传播时，使液体、固体介质不断受到压缩和拉伸，从而会断裂形成暂时的近似真空的空洞(尤其是在含有杂质、气泡的地方)。而到压缩阶段，这些空洞会发生崩溃。崩溃时，空洞内部最高瞬压可达几千个大气压，并将产生局部极高温，并伴随有放电现象。

(5) 引起许多特殊效应。由于高能量超声波强烈的机械振动在击碎、搅拌、去气、扩散、渗透等效应中都有重大作用，所以有时会产生凝聚效应和分离效应。

10.2 超声波对污泥的作用原理

10.2.1 超声波的作用机理

超声波泛指导频率在20000Hz以上的声波，是物质介质中的一种弹性机械波，由一系列疏密相间的纵波构成，并通过液体介质向四周传播。超声波能在水中产生一系列接近于极端的条件，如急剧的放电、产生瞬间的局部高温高压和超高速射流等。质点加速度、冲击波、射流、高温、高压可破坏物质结构，改变其物理化学性质，这是超声波的一次效应；而由此衍生的二次波，如辐射压、声捕捉、自由基和氧化剂等也可能较大程度地改变物质性质，引发化学反应，属于超声波的二次效应。影响超声波效应的因素主要有声波频率、强度、作用时间、作用方式等。

当超声波的声能足够高时，在疏松的半周期内，液相分子间的吸引力被打破，形成空化核。空化核的寿命约为 0.1μs，它在爆炸的瞬间可以在局部产生高温(约5000K)高压(约500MPa)和速度约为110m/s、具有强烈冲击力的微射流，这种现象称为超声空化。这些条件足以使有机物在空化气泡内发生化学键断裂、水相燃烧、高温分解或自由基反应。从声学角度来看，超声波作用于污泥主要是利用声波的能量。

当一定强度的超声波作用于污泥体系时，污泥中会产生大量的空化泡，这些气泡会随着声波的变化而变化并瞬间破灭，产生空化现象。由于气泡的瞬间破灭，会形成瞬间热点，产生高温(5000K)、高压(5.0×10^4kPa)，还会产生很高的剪切力(射流，时速可达400km)。这些特性使超声波这种能量形式有别于机械搅拌等其他形式，其可以在常温下完成一些需要极端条件的化学反应。在不添加化学变性剂、酶以及其他微粒的情况下，连续的高频超声波作用能够溶解污泥中的细菌孢子，而且超声波能对污泥产生一种海绵效应，使水分更易于从波面传播产生的通道通过，从而使污泥颗粒团聚、粒径增大。当其粒径大到一定程度时，就会做热运动，相互碰撞、黏结，最终沉淀。超声波对污泥的其他一些作用，如局部发热、界面破稳、扰动和空化等，能够使污泥中的生物细胞破壁，并且加速固液分离过程，改善污泥的脱水性能。当空化发生时，液体污泥体系中产生很高的剪切力作用于污泥中的化学物质上，伴随发生的高温高压会产生明显的声化学反应，使难以降解的有机物得以分解。

10.2.2 超声波降解污泥的机理

超声波降解水中有机物是一种物理化学降解过程，主要基于超声空化效应以及由此引发的物理和化学变化，主要有三种途径：自由基氧化、高温热解和超临界水氧化。声波在液体介质中振荡产生空化现象，液体的超声空化过程是集中声场能量并迅速释放的过程，即液体在超声辐射下产生空化气泡，空化气泡相当于一个具有极端物化条件和含有高能量的微反应器。溶液中溶解的气体和蒸气扩散进入空化泡，空化泡的长大和破裂会使空化泡内产生约5200K的高温，进而导致空化泡与溶液接触处产生约1900K的温度，同时会产生超过500MPa的压力，并伴有强烈的冲击波和微射流等现象。超声过程中空化泡最终崩溃时产生的最高温度 T_{max} 和最高压力 p_{max} 可由下列公式表示：

$$T_{max}=T_m\left[\frac{p_m(\gamma-1)}{p_v}\right] \tag{10-1}$$

$$p_{max}=p_v\left[\frac{p_m(\gamma-1)}{p}\right]^{\left(\frac{\gamma}{\gamma-1}\right)} \tag{10-2}$$

式中 T_{max}、p_{max}——空化泡崩溃时的中心温度和压力；

T_m——水的环境温度；

p_v——空化泡最大尺寸时的内部压力，通常为水的蒸汽压；

p_m——空化泡瞬间崩溃时压力，即静水压力和声压的总和；

γ——饱和溶液与气体的比热容比（c_p/c_v）。γ 与气体压缩时热量的释放有关。

在空化泡崩溃瞬间产生的高温、高压下，水蒸气可以扩散进入空化泡发生热解反应，水分子的破裂可以产生自由基（HO·、H·），这些自由基可以降解空化泡内及其周围局部区域的有机物；而进入气泡内的有机污染物蒸气也可发生类似燃烧的热分解反应；在空化气泡表面层的水分子则可形成超临界水，超临界水具有低介电常数、高扩散性及高传输能力等特性，是一种理想的反应介质，有利于大多数化学反应速率的提高。

10.2.3 超声波预处理对污泥结构性质的改变

利用超声波效应对污泥进行预处理，可迅速改变污泥结构，污泥的脱水性能也大大提高，污泥量可大幅度减少。菌胶团具有良好的保水性，内部包含的水约占总水量的25%，使得污泥难以脱水。若破坏了菌胶团结构，这部分水就会被释放出来。超声波处理可以破坏菌胶团结构，使菌胶团内部包含的水排出，同时保持较大的污泥颗粒，污泥的沉降性能有所提高。但高强度、长时间的超声波预处理会完全破坏菌胶团结构，使得污泥尺寸过小，沉降性能差。小颗粒具有较大的比表面积，能吸附大量自由水，从而降低污泥的脱水性能，甚至比未经超声波处理的原污泥更难脱水。高强度、短时间的组合可能提供最佳脱水效果，在高强度超声波的作用下，污泥平均粒径可降至20μm以下，既破坏了菌胶团的结构，又不降低污泥的脱水性能。

超声波预处理破坏菌胶团结构后，大量被挟裹在菌胶团内的有机物被释放到水中，从而易于为微生物所利用。由于厌氧发酵的关键步骤是水解，将不溶性的有机物变为溶解性的有机物，但这一过程的进程十分缓慢，致使厌氧处理周期长。而超声波预处理可以相当程度地取代水解过程，使时间大大缩短。

除了对污泥结构的破坏外，超声波还能改变微生物的活性。一定强度的超声波可以促进酶的活性，加快微生物生长，提高其对有机物的分解吸收能力。线性超声波处理酵母菌可以使酵母细胞生长对数期提前，细胞数提高近1倍，细胞干重也有较大提高。其可能原因是超声波产生的微冲击流改进了细胞内外的传质作用，进而加快有机质进入细胞和代谢物排出细胞的进程。

超声波还可以加快细胞膜的传递。可溶性有机物的增加和细胞活性增加的共同作用，极大地加快了厌氧发酵的速率，且这种促进效应在超声波停止后数小时内依然存在。30～120min的超声波处理使厌氧发酵时间从22天降到8天，挥发性有机物的去除率从45.8%提高到50.3%，也即短时间的超声波预处理可以大大缩短发酵时间，提高处理效率。

过高强度的超声波可能会破坏微生物细胞壁，使细胞内的有机物被释放出来。如在声能密度为0.44W/cm^{3}的情况下处理120min后污泥中64%的大肠杆菌被杀死，影响了后续的生物处理。

10.3 超声波对污泥减量化的作用

泥量减量化可分为后续减量化和过程减量化。污泥后续减量化主要是在污泥产生后通过一定的物理、化学、生物或联合工艺等手段，减少已产生的污泥量；污泥的过程减量化是指在污水处理中，通过改变工艺的运行过程，或者采用一定的技术手段，在保证不影响污水出水水质的前提下，使剩余污泥的产量达到最小化，从根本上减少污泥产率。因此，污泥的过程减量化技术可从源头削减污泥，有效避免后续污泥处理负荷，是一种更为理想的污泥减量技术。

10.3.1 超声波在污泥后续减量化中的作用

超声波在污泥后续减量化中的应用主要是通过采用超声波对产生的污泥进行预处理，提高污泥的脱水性能，促进污泥的厌氧消化速率，从而实现污泥的减量化。

10.3.1.1 超声波促进污泥的脱水性能

超声波脱水常见的工艺为：污泥→重力破碎→超声波处理→机械脱水。污泥菌胶团内部包含的水约占污泥总水量的25%，且菌胶团结构稳定，难以被机械作用（压滤、离心）破坏，造成污泥脱水困难。但超声波能有效破坏菌胶团结构，将其内部包含的水释放成可比较容易去除的自由水。研究表明，在频率为31kHz、声能密度为0.11W/cm^{3}的情况下超声波处理可以有效打破菌胶团，处理30s后污泥平均粒径下降到85μm。图10-1是污泥粒径分布比例在

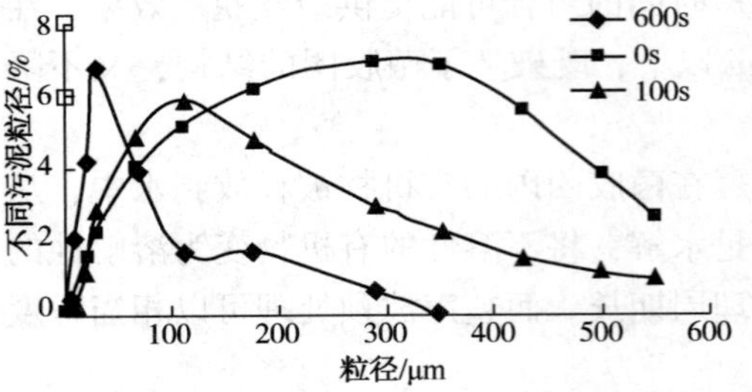

图 10-1　污泥粒径分布比例在 0.15W/cm² 超声波作用下的变化

0.15W/cm³超声波作用下的变化情况。

电镜照片也表明，菌胶团结构在此条件下被破坏，其中的水被释放。水中的架桥离子如钙、镁离子的浓度增加也进一步说明了菌胶团的破坏。需要注意的是，并不是菌胶团破坏得越彻底越好。经 20kHz、声能密度为 0.33W/cm³的超声波处理 40min 将污泥平均粒径降到约 3μm，污泥尺寸过小，结合水量从原有的 3.8kg/kg 上升到 11.7kg/kg，毛细渗透时间从原有的 197s 上升到 489s，造成污泥沉降性能恶化。因此，在采用超声波促进污泥脱水时，一定要控制较适宜的声能密度和较短的处理时间，这有助于控制处理成本，对污泥处理有利。

(1) 工艺条件对污泥脱水性能的影响

① 超声波功率对污泥脱水效果的影响

将含水率为 94%的污泥用超声波处理 90s 后，考察超声波功率对污泥脱水效果的影响，结果如图 10-2 所示。

由图 10-2 可以看出，在超声波处理时间为 90s 的条件下，超声波功率为 0.44W/cm³时，污泥的含水率最低，为 85%左右，脱水效果最好；超声波功率略小于 0.44W/cm³或略大于 0.44W/cm³时几乎不影响。这是由于适当功率的超声波可以改变污泥的团聚特性，使其容易脱水。但若超声波功率太大，产生的空化效应会过分破坏污泥颗粒，增加过滤比阻，反而不易脱水；若超声波功率太小，又不能对污泥产生有效作用，也不宜脱水。

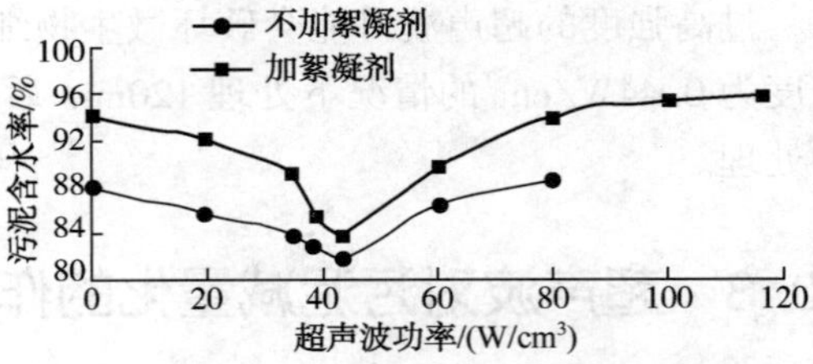

图 10-2　超声波功率对污泥脱水效果的影响

② 超声波处理时间对污泥脱水效果的影响

将含水率为 94%的污泥用功率为 0.44W/cm³的超声波处理，考察处理时间对污泥脱水效果的影响，如图 10-3 所示。

由图 10-3 可知，在超声波功率为 0.44W/cm³的条件下，超声波处理时间为 90s 时，污泥含水率最低(85%左右)，脱水效果最好；超声波处理时间小于 90s 或大于 90s 时，污泥含水率上升，脱水效果变差。其原因是若超声波处理时间过长，输入的总声能太大，可能会改变污泥的内部结构，增加污泥黏度，使污泥脱水性能变差。

超声波处理活性污泥的试验装置如图 10-4 所示，主要仪器有超声波处理器(压电陶器换能器，超声波频率 20~40Hz，功率 0~1kW)、烘箱(温度 0~500℃)、分析天平等。

常见的工业化装置有两种，探头式反应器(图 10-5)和槽式反应器(图 10-6)。探头式反应器声强高，反应容器可以做成各种形状，但作用体积较小，适用于小规模操作；槽式反应器则适用于大规模生产。

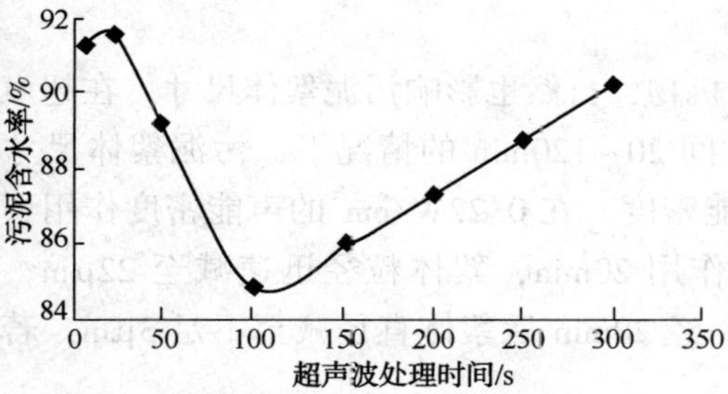

图 10-3　超声波处理时间对污泥脱水效果的影响

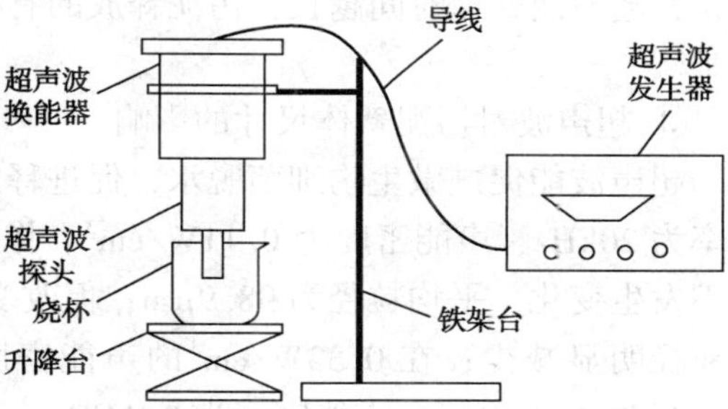

图 10-4　超声波处理活性污泥的试验装置

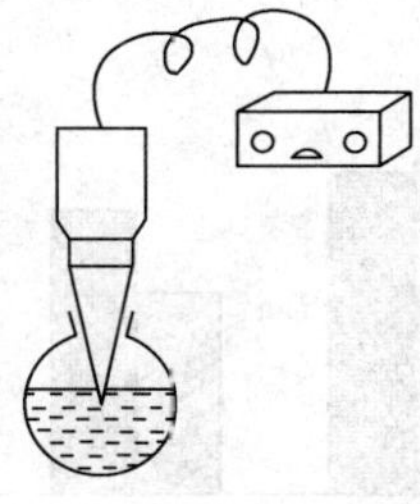

图 10-5　探头式反应器

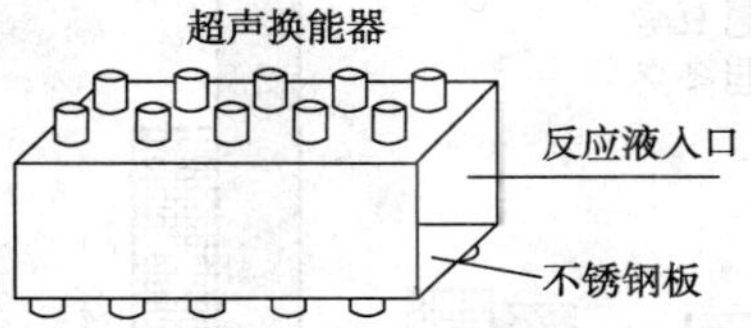

图 10-6　槽式反应器

(2) 超声波对污泥性能的影响

① 超声波分解细菌

实验发现，在 0.33W/cm³的声能密度下，经 40min 超声波处理后，活性污泥中的异养菌减少了 82%，大肠杆菌减少了 99%，并且溶解性 COD 经 60min 作用后提高了 12 倍；在 0.11W/cm³的声能密度下，如果作用时间较短，则异养菌和大肠杆菌变化不大，只有在 60min 以上才有明显减少，而且不管作用时间长短，溶解性 COD 几乎保持不变。这种现象揭示了较高声能密度作用下，超声波可以把细菌分解，并使相当一部分固态 COD 转变成溶解态。在声能密度为 0.11W/cm³时，经 60min 后异养菌显著减少，经 120min 后减至 41%。与异养菌相比，大肠杆菌更容易分解，60min 减至 41%，120min 减至 36%。同时，对细菌分解释放的有机物，原始污泥中 BOD/COD=0.66，COD/TCOD(总 COD)不足 1%。

② 超声波促进有机物的释放

以较大功率超声波对污泥处理一定时间后，可破坏微生物的细胞壁，释放出其中的有机物。由于污泥中的少量无机物一般为泥砂等物质，其 COD 很低，可忽略不计，因此可根据滤液的 COD 值来确定超声波处理时间与污泥释放有机物的关系。

将含水率为 15.9%的污泥用声能密度为 0.22W/cm³的超声波处理后，考察超声波处理时间对污泥滤液 COD 的影响，如图 10-7 所示。

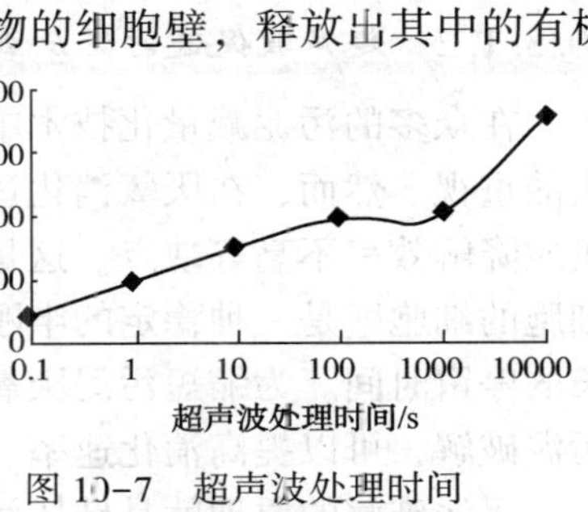

图 10-7　超声波处理时间对污泥滤液 COD 的影响

由图 10-7 可以看出，随着超声波处理时间的增加，滤液的 COD 提高，即污泥中有机物量增多。一般来说，超声波处理时间越长，污泥释放的有机物越多，但同时污泥性质改变也较大，脱水越困难。

③ 超声波对污泥絮体尺寸的影响

超声波能促进微生物细菌脱水，促进释放有机物，自然也影响污泥絮体尺寸。在超声波频率为20kHz、声能密度为0.11W/cm^3、作用时间20~120min的情况下，污泥絮体尺寸几乎不发生变化，平均粒径为98.9μm；但改变声能密度，在0.22W/cm^{3}的声能密度作用下絮体粒径明显减少；在0.33W/cm^{3}的声能密度下作用20min，絮体粒径迅速减至22μm，经120min减至4μm；在声能密度为0.44W/cm^{3}时，经20min后絮体直径减至不足3μm，若再延长时间则粒径还会更小。

(3) 超声波对不同季节污泥的处理效果

超声波对夏季和冬季污泥的处理效果如图10-8和图10-9所示。

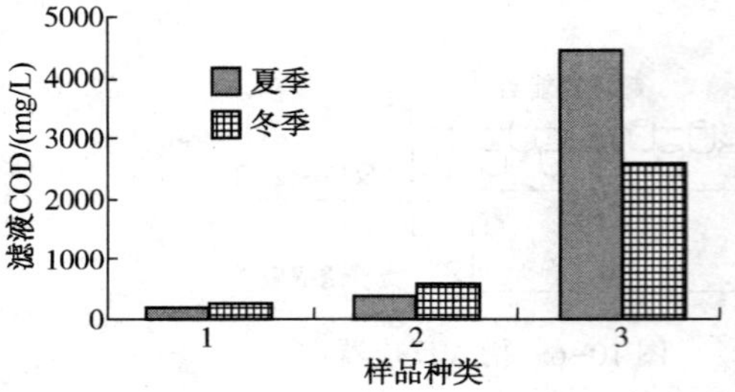

图10-8 超声波(0.22W/cm^3)对不同季节污泥中有机物的脱出效果

1—污泥上清液；2—污泥倾去上清液后再过滤所得滤液；3—污泥过滤后经超声波处理30min以后过滤所得滤液

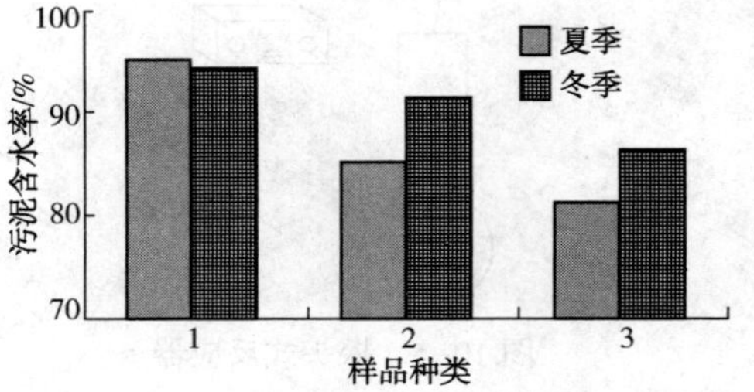

图10-9 超声波(0.44W/cm^3)对不同季节污泥的脱水效果

1—直接过滤后的污泥；2—超声波处理90s后的污泥；3—超声波处理30min后的污泥

由图10-8可以看出，超声波处理前后污泥滤液的COD差别很大，表明超声波处理可以较好地脱出冬、夏季污泥中的有机物；夏季污泥上清液(即排放水)的COD较低(说明污水处理效果较好)，污泥中的有机物含量较高，超声波处理后脱出的有机物就比较多；冬季污泥中的有机物含量低(表示污水处理效果较差)，超声波处理后脱出的有机物就比较少。

由图10-9可以看出，夏季污泥的脱水效果优于冬季污泥的脱水效果。

当然，超声波分解污泥也会引起温度升高，因此超声波的声能密度和作用时间对于污泥分解同样重要。

10.3.1.2 *超声波促进污泥厌氧消化*

在众多的污泥减量化技术中，厌氧消化技术集环保、资源与能源回收于一体而得到了极大的重视。然而，在厌氧消化过程中仍然存在着产气速率低、产气量不大、发酵周期长、有机质降解效率不高等缺点。这是因为污泥中的大多数有机物质存在于微生物细胞内，微生物细胞的细胞壁是一种稳定的半刚性结构，较难生物降解，从而导致厌氧污泥消化过程需要较长的停留时间。为缩短污泥厌氧消化时间，减少污泥量和消化体积，在污泥厌氧消化前进行污泥破解，可以提高消化速率。

污泥破解的原理就是破坏污泥的结构及微生物细胞壁，使污泥絮体结构发生变化，细胞内的内含物流出，同时释放酶。酶的作用使其余未被破解的微生物细胞失去环境适应能力，易被厌氧微生物消耗，变难降解的固体性物质为易降解的溶解性物质。破解污泥后，水相中的有机物含量会在较短时间内大大增加，从而缩短厌氧消化的停留时间，大大提高沼气的产生量。超声所产生的高温、高压和超高速射流产生的剪切力和冲击波能够破坏污泥絮体结构与污泥中微生物的细胞壁，使酶和其他有机质从细胞内溶出，改善污泥的水解环境，使未被击破的微生物细胞对消化环境失去承受能力，很快被厌氧微生物消耗掉，从而大大加速污泥的消化过程。

10.3.2 超声波在污泥过程减量化中的作用

目前污泥过程减量化技术可分为三类：①增强微生物内源呼吸代谢的溶胞技术；②降低细菌合成量的解耦联技术；③利用食物链作用强化微型动物对细菌的生物捕食作用。其中，超声波作为一种“绿色、高效”的溶胞技术引起了研究者的广泛关注。

① 隐形生长

超声波促进污泥过程减量化主要在于其可以有效强化污泥的隐性生长。所谓隐性生长，是指当微生物细胞溶解时，其中的有机细胞物质溶解于水中，形成可被细胞利用的自底基质。微生物细胞以自底基质作为生长底物重复代谢时，污泥的总产量就会减少。在隐性生长过程中，由于微生物细胞壁由缩氨链交联的多糖组成，起到保护胞内物质的作用，细胞溶解非常困难，成为细胞隐性生长过程的决定步骤。因此，如果能够采用适当的技术对细胞进行破解，就可以通过强化污泥的隐性生长过程来减少污泥产率。

② 超声波溶胞技术

超声波具有独特的空化效应。当超声波作用时，存在于液体中的微小气泡(空化泡)会发生一系列振荡、扩大、收缩乃至崩溃的动力学过程。当超声强度较低时，空化泡保持稳定的径向振荡(稳态空化)；当超声超过一定强度时，空化泡继续增长并随之被压缩至崩溃(瞬态空化)，崩溃的瞬间可产生高温高压并引发液体紊流和强烈的剪切力。因此，超声波可在瞬态空化作用下对污泥进行破解。通过将破解后的污泥回流至生物反应器，作为底物供其他微生物重复代谢，可使得污泥总体产量下降。超声波强化污泥过程减量化的工艺过程如图10-10所示。

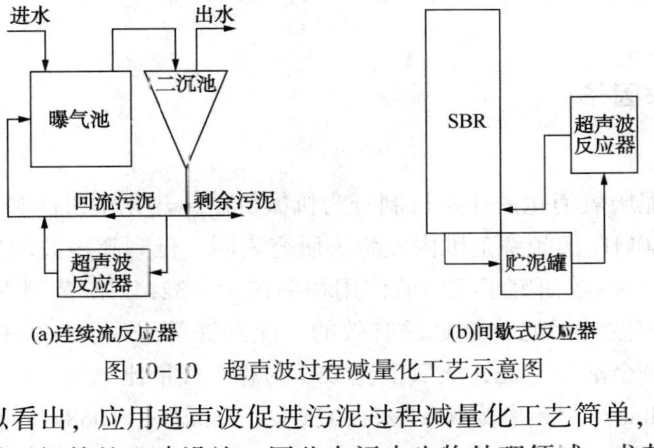

图10-10　超声波过程减量化工艺示意图

从图10-10可以看出，应用超声波促进污泥过程减量化工艺简单，可与任意生物处理系统进行联合，不需要额外的土建设施，因此在污水生物处理领域，尤其是在现有污水处理厂的升级改造中具有显著优势。

超声波促进污泥过程减量化主要是基于其溶胞性能，溶胞速率的快慢将直接影响污泥过程减量化的效果。与超声波促进污泥后续减量化一样，影响超声溶胞的主要因素包括超声频率、超声强度、污泥辐射比例、辐射间隔及辐射时间等。

10.4 超声波预处理污泥的影响因素

超声波对污泥的后续化减量作用(破坏细胞结构、破解细胞壁、提高脱水性能、促进厌氧发酵)是通过对污泥的超声预处理来实现污泥破解的。超声波对污泥的预处理过程是一个复杂的物理化学过程，其影响因素很多，概括起来，主要包括底物因子和操作因子。其中，底物因子主要包括污泥的来源、种类、性质等；操作因子主要包括超声波的频率、声强、声能密度、作用时间、反应器结构及超声功率等。

10.4.1 底物因子

当前，以活性污泥法及生物膜法为主的城市污水处理厂所产生的污泥，由于污水来源、处理工艺及操作条件等的不同，其所产生的污泥的性质(如固含率 TS、挥发组分 VS、污泥的化学需氧量 COD 及溶解性化学需氧量 SCOD 等)、种类等也千差万别，进而使其适宜的厌氧消化过程也较大程度地受到污泥的来源、种类及性质等的影响。

韩萍芳等在超声功率为 44W 的条件下，处理 3 种不同含水率的污泥，考察了污泥含水率对其释放有机物的影响，在超声处理时间相同时，含水率越低的污泥其滤液的 COD 越低，即其释放出的有机物越少。所以，污泥的含水率过低时，不利于超声处理以脱出其中的有机物。王芬等对污泥的超声破解性能进行了研究，结果表明：相同比能耗下，破解质量分数为 1%的污泥的 SCOD 增加值明显大于破解质量分数为 0.5%的污泥的 SCOD 增加值，因此从节约能耗的角度考虑，推荐破解质量分数为 1%的污泥。王芬等对超声分解污泥的研究表明，污泥浓度对超声破解污泥效果的影响强于声强和声能密度。沈劲锋等用超声预处理来自扬子石化污水处理厂的剩余活性污泥(含水率约为 96%~98%，原始污泥总的化学需氧量(TCOD)为 3×10^4~4×10^4 mg/L)，其厌氧消化的总产气量比未经超声波处理的污泥总产气量提高了 53%。

10.4.2 操作因子

(1) 频率

超声波强化污泥厌氧消化的作用机制分为机械机制、热化学机制和空化机制，其中空化作用更容易在 20~40kHz 的频率范围内发生。研究表明，低频超声波的处理效果优于高频超声波的处理效率。Nicke 等研究了超声波作用频率在 41~3214kHz 范围内的剩余污泥预处理，得出低频 41kHz 超声波对污泥分解是最有效的。沈劲锋等采用 28.7kHz 的低频超声波处理石化污水处理厂的剩余活性污泥，厌氧消化 25d 的总产气量比未经超声波处理的污泥总产气量提高了 53%。Tiehm 等用频率为 41kHz、207kHz、360kHz、1068kHz 和 3217kHz 的超声波进行实验，结果发现随着频率的增加，污泥破解程度显著降低，最佳频率为 41kHz，这表明为了提高污泥破解程度，应当使用较低频率的超声处理污泥。

（2）声强

研究表明，高强度超声波可将污泥絮体打碎，且声强越大越有利于污泥的处理。高强度的超声波可通过打碎污泥，改变剩余活性污泥的絮体结构，减小污泥颗粒粒径，将包裹在污泥内的有机质释放出来进入液相，液相有机质更容易被厌氧菌胞外酶作用，从而加速厌氧消化过程。低强度的超声波不能打碎污泥，不能释放出污泥内的有机质，但可使污泥絮体变得松散，与未经超声波处理的污泥相比，污泥絮体更容易水解。声强大于 1040W · m^2时，用超声波处理污泥 30min 以上，污泥絮体被打碎，污泥絮体结构遭到严重破坏，污泥中 SCOD 迅速增加，加速了污泥中有机质的水解反应；声强为 2000W · m^2时，用超声波处理污泥 60min，中温（37℃±1℃）厌氧消化 10 天，COD 去除率为 41%；厌氧消化 25 天的总产气量比未经超声波处理的污泥总产气量提高了 53%；将发酵罐容积放大 10 倍，经超声波处理的污泥 25 天累积的总产气量比未经超声波处理的污泥总产气量提高了约 25%。

高强度超声波可对生物体产生不利影响，其原因主要是由于瞬态空化产生水力剪切力对细胞壁和细胞膜的机械破坏作用，以及超声空化导致 HO · 、H · 等自由基和 H_2O_2的产生，而产生的强氧化剂 H_2O_2对 DNA 产生损伤等。Dooley 等证实超声空化产生的自由基一定程度上可导致微生物死亡。因此，高强度超声波具有显著的破坏作用，对生物体产生不可逆的变化。

低强度超声波作用时，产生细胞原浆微流（环流），改变细胞内溶物的空间位置，这种变化决定了超声波对细胞的刺激作用。细胞原浆微流又可引起细胞半透膜的弥散过程和膜内外电位发生改变。现已发现，低强度的超声波作用可刺激细胞内的蛋白复合物生长合成过程。低强度超声波处理是基于输入的超声波只破碎污泥微粒之间的紧密连接，减小絮体尺寸，从而改善微生物组胞膜的通透性和水解作用，强化液-固体系传质，从而加速微生物代谢的污泥处理方法。这与当今大多数着眼在直接破碎细胞壁和细胞膜释放生物固体内的有机物至液相不同，而是在较容易发生空化作用的 20~40kHz 频率范围内，输入不能完全破碎污泥絮体和细胞壁，但能改善传质和刺激生物代谢的超声能量，强化微生物内源呼吸过程，达到污泥减量的目的。Schlafer 等在生物反应器中输入 0. 3W/mL、25kHz 的超声波获得了生物量的增长和生物活性的增加。Chu 等用 0. 33W/mL、20kHz 的超声波作用污泥样品 20min 后，样品的 SCOD/TCOD 值为 0. 09，仅比未作用的对照组（SCOD/TCOD 值为 0. 06）增加 0. 03，絮体尺寸由原来的 60μm 降到 50μm，但厌氧消化第 2~6 天时 SCOD 和产气量比对照组获得 2. 5 倍和 290%的增量。这表明低强度超声波并不破碎细胞壁，只是打散了絮体结构，加快了水解速率。

（3）声能密度

声能密度是影响超声处理效果的重要因素，已有不少研究成果。王芬等研究了 SCOD 溶出率随着声能密度的变化情况，可以得到随着声能密度的增加，SCOD 溶出率显著增加。在 20kHz、0. 11W/cm^3的声能密度下经超声波处理 4h 可将 SCOD 从 36%提高到 89%，可溶性 N 的比值从 34%提高到 42%，基本取代了污泥水解过程，从而极大地缩短了污泥厌氧发酵的时间并提高了污泥的可生化性。在 41kHz 的条件下，用声能密度为 0. 10W/cm^3的超声波处理 30~120min，可以使污泥厌氧发酵时间从 22 天降到 8 天，比容积消化速率从 437VS/（m^3 · d）上升到 1166VS/（m^3 · d）。除了改变污泥性质外，超声波还能加快微生物生长，提高其对有机物的分解吸收能力，加快有机质进入细胞和代谢产物排出细胞的过程。而且经超声波处理后污泥沼气产率上升，研究表明，在 15 天的发酵时间下，超声波预处理 2h 可以提高沼气产量61%，超声波处理40min比10min可提高沼气产量59%。

曹秀芹等也研究了不同声能密度下污泥絮体的变化情况，实验结果表明，声能密度与超声作用时间对污泥絮体的变化有很大的影响。

(4) 超声作用时间

作用时间是影响超声处理效果的重要因素。王芬等研究了SCOD溶出率与超声作用时间的关系，结果表明，随着破解时间的增加，SCOD溶出率显著增加。丁文川等考察了不同超声作用时间下低强度超声波处理剩余污泥的影响，试验测定了0~5min、0~30min两个时间序列，0.03W/mL、0.05W/mL和0.1W/mL三个能量水平超声波作用对剩余污泥的摄氧速率(OUR)、溶解性COD(SCOD)、溶解性总氮(TN)和总磷(TP)的变化，结果表明，低强度超声波处理污泥的作用可分为两个阶段，第一个阶段主要是作用在污泥絮体层面，时间为0~4min左右，OUR、SCOD、TN和TP有明显增长，体现了超声波的冲洗、浸蚀、搅拌作用等而使絮体尺寸变小，结构更为松散，溶出了污泥絮体中的有机物；第二个阶段发生在第5min后，超声波可能会对生物活性产生短期抑制，但继续作用，细胞膜的通透性增加，生物活性增强，OUR、溶解性TN、TP都有较大增长。OUR的变化受超声波能量水平的影响不大，SCOD、TN的增长受超声波能量水平的影响较大。从强化微生物新陈代谢，从而使污泥减量的角度讲，0.05W/mL、作用2~4min比较经济。杨艳等用超声预处理对污水处理站曝气池污泥进行预处理，污泥SCOD均有不同程度的增加。当作用时间从5min变为7.5min时，污泥SCOD从110mg/L下降到85mg/L。

曹秀芹等研究表明，污泥经超声处理后，污泥絮体被分解，絮体尺寸变小，同时不溶解COD转变为溶解态COD，且随着超声作用时间的延长，SCOD/TCOD的值逐渐增高，而且这种变化非常明显。由BOD/SCOD随时间变化可知，其BOD/SCOD的提高受超声作用时间影响很大。试验结果表明，超声波起到显著的溶胞作用，即经超声波作用后，污泥分解细胞壁破裂，胞内物质释放，同时释放出的胞内物质进一步转化为可生物降解物质。污泥上清液中总氮(TN)及总磷(TP)随超声作用时间的变化，二者均有明显增加，这也是胞内物质释放的必然结果。韩萍芳等研究了超声处理时间对污泥脱水效果的影响以及对污泥释放有机物的影响，随着超声处理时间的增加，滤液的COD提高，即污泥中的有机物释放量增多。一般来说，超声处理时间越长，污泥释放的有机物越多，但同时可能会改变污泥的内部结构，增加污泥黏度，使污泥脱水困难增大。因此在实际应用时，应根据污泥消化及释放有机物的效果，综合考虑超声处理时间及功率的大小。

(5) 反应器的构造

反应器设计的目的是在恒定输出功率条件下，尽可能提高超声强度，增强空化效果。反应器可以是间歇式的或连续式工作方式，超声波发生器件可以置于反应器内部或外部，可以是相同频率的或不同频率的组合。刘红等在声强0.3W/cm^2的超声辐照下，对烧瓶内距瓶底5mm平面上的声强分布进行测定，得到声强在平面分布是不均匀的，在烧杯的中心也就是距超声换能器最近的位置声强最大，随着距离的增大声强逐渐减小，而且由于清洗槽及烧杯内会发生声波的反射，因此造成部分区域超声波叠加或抵消。为改善反应器内声场的均匀性，消除驻波影响，通常采用调频方式。声化学反应器的类型为声变幅杆浸入式声化学反应器和超声清洗槽式声化学反应器。许多研究者在超声处理污泥研究中都采用声变幅杆浸入式声化学反应器，在以后工作中应注重污泥处理量的增加及考虑超声清洗槽式反应器的应用，加强反应器的合理设计（大小、形状、参数选择）及换能器（类型、位置、频率、功率）等多种因素对实验结果的影响。

（6）超声功率

超声波对有机物的降解并不是来自超声波和有机物分子的直接作用，而是来源于机械剪切、超声空化及自由基氧化。超声空化是液体中一种非常复杂的物理现象，是液体中的微小泡核在超声波作用下被激化，表现为泡核的振荡、生长、收缩及崩溃等一系列动力学过程。随着超声功率的提高，在增加“空化核”数量的同时，增强了超声波对污染物的空化热解作用，同时 HO · 等自由基的氧化作用也有所增强。在 pH = 8.0 左右时，有机物主要以分子形式存在，容易接近“空化核”的气-液界面，同时在“空化核”的气-液界面和本体溶液中同空化作用产生的 HO · 自由基发生氧化反应，所以 COD 的去除效率比较高。韩萍芳等研究了超声功率对污泥脱水效果的影响，结果表明，大功率超声波可以降解生物污泥，释放其中的有机物；小功率超声波能够改善污泥的膨胀特性，提高污泥的沉淀特性和脱水能力，达到污泥减量的目的。由此可知，较大功率的超声预处理，有利于污泥中有机物的释放而提高其厌氧消化能力。

（7）超声辐射污泥的比例

在超声强化污泥隐性生长系统中，只能对部分污泥进行破解，否则将会造成污泥失活而导致生物处理系统崩溃。超声辐射处理污泥比例的大小决定着超声破解的效果、超声能耗、超声反应器的体积等。过低的比例会导致溶胞不佳；过高的比例不仅导致能耗升高，而且还有可能降低污泥活性，影响生物系统的稳定运行。Zhang 等首先采用 1/7、2/7、3/7、4/7 和 5/7 的污泥比例进行实验，结果表明，当辐射污泥比例超过 2/7 时，SBR 系统出现漂泥，且出水 COD 升高到 400mg/L 以上；进一步采用 1/14、2/14、3/14 和 4/14 的比例进行实验发现，当超声污泥比例为 3/14 时，剩余污泥产量减量化效果最优，且无漂泥和出水恶化现象发生。He 等在超声污泥比例为 0~30%的试验中发现，30%的辐射比例可以获得最佳的污泥减量效果，但幅射能耗过高，推荐选择污泥辐射比例为 15%。Mohammadi 等采用 20%~60%的污泥比例进行超声辐射试验，结果表明，污泥削减率呈线性上升，当辐射比例为 60%时污泥削减率可达 97%，但与此同时，COD 去除率急剧下降。为了能够使出水满足当地的排放标准，建议最佳辐射污泥比例不高于 30%。

（8）超声辐射的频次

超声辐射频次也是影响污泥减量效果和生物系统稳定运行的一个重要因素。理论上，超声辐射往往会造成污泥失活，并且过于频繁的溶胞处理所释放的有机物也增加了 COD 处理负荷，因此会对污水净化过程造成一定的影响。但是 He 等在超声比例分别为 15%和 21%的条件下，调整超声频次为 1 次/d、2 次/d 和 3 次/d 的实验结果表明，随着超声频次的增大，污泥减量效果出现线性下降，而 COD 的去除却没有规律性变化，这与预期存在较大差距，其原因还有待进一步研究。从实验结果来看，以 1 次/d 的辐射频次对 15%的污泥进行超声辐射，可以获得较优的污泥减量和 COD 去除效果。

（9）pH 值

研究表明，超声与碱耦合作用可促进碱与污泥中胞外聚合物、细胞壁及细胞质膜中脂类物质的水解反应，该反应可破坏对形成污泥絮体结构有重要作用的胞外多聚物，并在细胞壁与细胞质膜上产生小孔，加强超声对污泥的破解作用。因此，超声破解污泥的效果较易受体系 pH 值的影响。

10.5 超声波降解污泥中有机物的影响因素

超声波除了对污泥进行预处理，提高其脱水性能，促进污泥的后续减量化和过程减量化外，还能够促进有机物的化学反应，尤其是难降解有机物的化学反应，其原因是多种多样的，但主要原因不外乎有热化学作用、力学作用和电化学作用等几个因素，或者以其中一个因素为主，或者为其中两个或多个因素的综合结果。然而，热化学作用、力学作用和电化学作用等与空化作用密切相关。因此，虽然人们现在还不能完全肯定超声化学效应的实质是空化作用，但有一点是可以肯定的，那就是空化作用在超声化学中起决定性的作用。空化过程一般由成核、微泡鼓大和空化泡溃陷3个阶段组成，它可分为均相的液体介质内的空化作用和非均相的液-液、气-液、固-液界面上的空化作用。由于空化作用与介质、压力、温度和频率等有关，因此，这些因素也必然会对超声效应产生影响。所以在进行超声研究和应用时必须考虑超声波频率和强度、反应温度、外加压力、气体种类及含量、污泥介质的性质和反应器结构等因素。

10.5.1 超声波频率的影响

超声频率是超声波的一个重要参数。从超声降解有机物的机理可知，超声降解有机物是一种物理化学降解过程，主要基于超声空化效应以及由此引发的物理和化学变化，主要有三种途径：自由基氧化、高温热解和超临界水氧化。

以自由基氧化为主的降解反应，反应路径分为两步：第一步，空化泡内水蒸气在高温高压下热解，生成 HO·和 HO_2·自由基；第二步，HO·和 HO_2·自由基从空化泡中逸出迁移至空化泡气-液界面形成 H_2O_2或直接进入本体溶液中同有机污染物反应。这样，H_2O_2的生成及有机物的降解不仅取决于空化泡崩溃时释放的能量，还取决于从空化泡中逸出的 HO·和 HO_2·自由基的数目。低频超声的声周期长，空化泡崩溃持续时间长(20kHz 时为 10~5s，487kHz 时为 10~7s)，空化泡共振半径大(20kHz 时为 170μm，487kHz 时为 6.6μm)，崩溃强烈，可产生较多的自由基。但是产生的自由基一部分又在空化泡崩溃之前互相结合生成 H_2O 而失活，具体反应为

$$2HO\cdot \longrightarrow H_2O+1/2O_2 \tag{10-3}$$

$$HO\cdot+HO_2\cdot \longrightarrow H_2O+O_2 \tag{10-4}$$

随着超声频率的增大，空化泡脉动增强，碰撞更加迅速，更多自由基从空化泡内逸出，参加有机物的氧化降解反应。由于高频超声声场中空化泡共振半径小，空化强度减弱，这又将削减化学反应的发生。因此，以自由基氧化为主的降解反应存在一个最佳操作频率。

以热解为主的降解反应，如果每个空化泡崩溃时释放出足够的能量断裂有机污染物分子的键，则降解率与超声空化产生的空化泡的数量有关。当超声强度大于空化阈值(使液体产生空化的最低声强或声压幅值)时，随频率增大，超声波长缩短，空化泡数量增多，超声降解效率增大。

因此，不同有机物存在各自最佳的超声降解频率。研究表明，高频超声波有助于提高超声波降解速率，这被认为是由于 HO·自由基的产率随声源频率的增加而增加的缘故。实际

上，在超声降解有机物的过程中，超声波强度和频率之间可能有一个最佳匹配问题，而且频率的选择与被降解有机物的结构、性质以及降解历程有关，并不是在所有情况下高频超声波都是有利于降解的。例如，900kHz 的超声波对 CS_2没有明显的超声降解作用，20kHz 的超声波能将它分解为碳和单晶硫。因为该降解反应的机理为空化气泡内的高温裂解，因此，降解速率与 HO · 自由基的产率无关。另外，随着超声波频率的增高，超声波功率强度也下降，从而降低超声降解的速率。

超声降解可以通过调整频率和饱和溶解气体来达到最佳效果。为了优化工艺参数，一些学者研究了超声频率对降解过程的影响。Petrier 等分别研究了 20kHz、200kHz、500kHz 和 800kHz 下超声降解水中亲水性难挥发物苯酚和憎水性易挥发物 CCl_4。结果表明，CCl_4的降解速率随频率升高而增大，但增大效果不明显，且在任何频率下其降解速率比苯酚的降解速率都大。究其原因是，对难挥发有机物，其降解途径主要是空化气泡及其表面层的氧化。当频率较高时，空化气泡半径较小，空化气泡内的 HO · 又重新与 H · 结合形成 H_2O 而易于扩散到气泡表面层，从而有利于降解。但当频率过高时，空化气泡内能量较小，有利于 H_2O 分解释放 HO · 和 H · ，因此频率有一优化值。对易挥发物，其降解途径主要是在空化气泡内的热分解。当频率升高时，空化气泡数目增多，从而有利于降解。

10.5.2 超声功率强度的影响

从上面的分析可以看出，声能密度（W/cm^3）或声强度（W/cm^2）是影响超声降解的重要因素。一般而言，当超声波频率一定时，超声波强度增加，超声化学效应增强，超声降解反应的速率也相应增加。研究发现，降解速率随声强的增加呈线性增大关系。由于膨胀循环的时间较短，在较高频率超声波的作月下，当超声波的强度较低（即小于空化阈声压）时，较难产生空化作用；但超声波的强度增大到一定程度，即达到或超过声压阈时，就很容易产生空化气泡了，而且空气泡的溃陷也更为猛烈。但需要说明的是，并不一定是强度越大效果就越好，这是因为液体介质中空化气泡的最大半径（R_{max}）与压力振幅有关：

$$\frac{p}{p_0}=1+\frac{R}{3\frac{R}{R_{max}}}\left(\frac{R_{max}}{R}-4\right)-\frac{R^4}{3\left(\frac{R}{R_{max}}\right)^4}\left[\left(\frac{R_{max}}{R}\right)^3-1\right] \tag{10-5}$$

从式（10-5）可以看出，随着压力振幅的增大，膨胀时空化气泡可以长得很大，以致没有足够的时间溃陷。例如，使用频率为 20kHz 和压力振幅为 $2\times10^5 N/m^2$的超声波处理水时，其空化气泡的最大半径（R_{max}）为 1.27×10^{-4}m。除了计算空化气泡的最大半径外，还可以推导出溃陷时间的数学表达式为

$$\tau=0.915R_{max}\left(\frac{\rho}{p_0}\right)^{0.5} \tag{10-6}$$

式中 ρ——液体介质的密度；

p_0——大气压。

当 $p_m=p_A+p_h$ 时（p_m 为空化气泡溃陷的瞬时溶液压强；p_A 为振荡声压幅值；p_h 为溶液的静压），可以计算出溃陷时间 $\tau=6.6\mu s$。可见溃陷时间 τ 比 1/5 循环时间（10μs）还要短。如果将压力振幅增大到 $3\times10^5 N/m^2$ 时，$R_{max}=1.27\times10^{-4}$ m，则 $\tau=10.5\mu s$，这时溃陷时间则比 1/5 循环时间（10μs）还要长。也就是说，在后一种情况下，即超声波强度较大时，所产生的

空化气泡没有足够的时间溃陷，因而这时的超声化学效应要比前一情况下的超声化学效应小得多。这就是说，并不是超声波的强度越大越有利于促进化学反应，一般只要求超声波的强度能够在污泥液体介质中引起足够强的空化作用即可。例如，超声降解甲胺磷时最适宜的声强为 $80W/cm^2$。随着声强的增加，空化程度增加，甲胺磷的降解率增大，但声能太大，空化泡会在声波的负相长得很大而形成声屏蔽，使系统可利用的声场能量反而降低，降解速率反而下降。

同时，降解速率随声强的增大存在一极大值，超过这一极值后，降解速率随声强的增大而减小。其原因是：当声强增大到一定程度时，介质溶液与产生声波的振动面之间会产生退耦现象，从而降低能量利用率。此外，声强过高时，会在振动表面处产生气泡屏，从而导致声波衰减。

10.5.3 温度的影响

污泥介质温度也是影响超声降解的一个因素。温度升高会导致气体溶解度减小、表面张力降低和饱和蒸气压增大，降低了空化强度，从而影响反应速率。一般声化学效率随温度的升高呈指数下降，因此为了更有效地利用超声波，在超声化学研究中一般都尽可能地在较低的温度下(<20℃)进行。这一点与通常的化学反应有显著的不同，对于通常的在没有超声条件下的化学反应，一般来说，升高反应温度能够提高化学反应速率。

10.5.4 空化气体的影响

空化气体是指为提高空化效应而溶解于污泥介质溶液中的气体，溶液中是否含有气体，含有什么类型的气体以及所含气体的量等，对空化作用及超声化学的影响也比较大。一般来说，体系中气体越多，越容易产生空化气泡。

溶解气体对超声降解速率和降解程度的影响主要有两个方面的原因：一是溶解气体对空化气泡的性质和空化强度有重要的影响；二是溶解气体如 N_2、O_2产生的自由基也参与降解反应过程，因而影响反应机理和降解反应的热力学和动力学行为。超声空化产生的最高温度和压力总是随绝热指数 γ($\gamma=c_p/c_v$，c_p 和 c_v 分别为恒压比热容和恒容比热容)的增大而升高。对于单原子气体，$\gamma=1.67$，而多原子气体(如腔内的空气、水蒸气或有机物蒸气)的绝热指数总小于单原子气体，例如 N_2饱和的水溶液 $\gamma=1.33$。可见，在超声降解过程中使用单原子稀有气体总能提高降解的速率和程度，如用 20kHz 的超声波降解溶有 Kr、Ar、He、O_2 四种气体的水溶液时，由于溶解气体不同，H_2O_2和 HO· 的生成速率变化约为一个数量级。

一些学者在研究超声降解污泥中的酚类物质时发现，O_2对酚类降解有较大的促进作用，其原因被认为利用 O_2可产生 HO·；另有学者则发现空气与 Ar 的混合气体对酚类的降解效果较好。

另一方面，超声化学作用的程度还取决于气体的热传导。一般来说，气体的导热率越大，越多的热量(即空化气泡在溃陷过程中所释放出来的热量)传给周围的液体介质，使得空化温度降低，超声化学效应即被削弱。

总之，气体对超声化学反应的影响比较复杂，在实际应用中，应根据具体情况具体分析。

10.5.5 污泥介质性质的影响

污泥介质溶液的性质如溶液黏度、表面张力、pH 值以及盐效应等都会影响污泥的超声空化效果。

介质溶液的黏度对空化效应的影响主要表现在两个方面：一方面它能影响空化阈值，另一方面它能吸收声能。当介质溶液黏度增加时，声能在溶液中的黏滞损耗和声能衰减加剧，辐射入溶液中的有效能减少，致使空化阈值显著提高，溶液发生空化现象变得困难，空化强度减弱，因此黏度太高不利于超声降解。

随着表面张力的增加，空化核生成困难，但它爆炸时产生的极限温度和压力升高，有利于超声降解。当介质溶液中有少量的表面活性剂存在时，其表面张力会迅速下降，在超声波作用下有大量泡沫产生，但气泡爆破时产生的威力很小，因此不利于超声降解。例如，用频率为 1.8kHz、声强为 $5W/cm^2$ 的固定式反应器对溶液中十二烷基苯磺酸钠进行降解，TOC 的去除率不超过 10%。

pH 值对介质溶液的物化性质有较大的影响，进而会影响超声降解的速率。许多研究发现超声降解速率随介质溶液的 pH 值增大而减少。

对于有机酸、有机碱类物质的超声降解，pH 值具有更大的影响。超声降解发生在空化核内或空化气泡的气-液界面处，因此介质溶液的 pH 值调节应尽量有利于有机物以中性分子的形态存在并易于挥发进入气泡核内部。对于有机酸和有机碱的超声降解，应尽量在酸性条件下进行，这样更有利于有机物分子以更大的比例分布在气相中；反之，有机物分子以盐的形式，水溶性增加，挥发度降低，使得空化气泡内部和气-液界面处的有机物浓度较低，不利于超声降解。例如，对十二烷基苯磺酸钠的超声降解维持溶液低 pH 值是有利的。

除了要考虑有机物分子本身的酸碱性之外，介质溶液最佳 pH 值的确定还需要考虑超声降解机理。例如，氧化过程是以 H_2O_2 的氧化反应为主还是以 HO · 自由基的氧化反应为主，因为 H_2O_2 与 HO · 自由基在最大产生速率时对应的 pH 值是不同的。例如，三氯乙烯水溶液在被氩气饱和的碱性溶液中分解速率最快。

在溶液中加入盐，能改变有机物的活度性质，改变有机物在气-液界面与本体液相之间的浓度分配，从而影响超声降解速率。例如，在 20kHz 超声波反应器中加入氯化钠，氯苯、对乙基苯酚以及苯酚的降解速率可以分别提高 60%、70% 和 30%，而且反应速率的提高与污染物在乙醚-水中的分配系数呈正比。这是因为加盐后水相中离子浓度增加，更多的有机物被驱赶到气-液界面。因此，无论从优化工艺条件还是从研究反应动力学角度出发，研究污泥介质溶液初始浓度对超声降解反应的影响都很有必要。目前所研究的浓度范围集中在 10^{-7} ~ 10^{-3}mol/L。许多学者发现降解速率（或速率常数）随溶液初始浓度升高而下降，其原因被认为是：对非极性易挥发溶质，当溶液浓度升高时，空化气泡内溶质蒸气含量增加，导致空化泡温度降低，进而影响反应速率；对非极性难挥发物质，空化点随着溶液浓度升高而趋于饱和，从而降低反应速率。

10.5.6 超声波反应器结构的影响

由于声的传播和产生空化效应的强弱与反应器的结构密切相关，因此良好的反应器设计是降低处理成本的一个有效途径。反应器设计的目的就是在恒定输出功率条件下尽可能地提高超声场强度，以增强污泥的空化效果。反应器可以是间歇的或是连续的工作方式，超声波发生元件可以置于反应器的内部或外部，可以是相同频率的或不同频率的组合。一般地，双频超声比单频超声的空化效果要好，平行比垂直效果要好。与双频系统相比，三轴对称的声场能极大地提高声能效率。Seymour 等在反应器设计中采用了聚焦和反射手段，使声能利用率得以提高，采用 640kHz 的超声波辐照酚类物质时，氧化速率比文献报道的最好数据提高了 1 倍。

10.6 超声技术存在的问题及联合技术

10.6.1 超声技术存在的问题

利用超声技术处理污泥中的难降解有机物是近年来兴起的一个研究领域，目前仍处于探索开发阶段，有许多问题有待解决，如降解中间产物的鉴定、降解机理、反应器的放大设计以及反应进程的定量化描述等，要使之发展成为一项成熟的处理技术，尚需要解决好以下几个方面的问题。

（1）适应性

目前已尝试采用超声技术进行降解的污泥有机污染物已有几十种之多，但多为单组分模拟体系，而实际污泥中通常含有多种污染物，在此条件下，超声技术能否有效，有待于进一步开展研究。

（2）工程性

目前有关超声辐照降解污泥中有机物的研究报道大多属于实验室研究阶段。由于声化学反应过程固有的复杂性以及降解中间产物的难以确定性，因此在降解机理、物质平衡、反应动力学、反应器设计放大等方面的研究开展得还很不充分，缺少定量化放大准则，难以实现工程化。

（3）经济性

尽管目前在实验室小型探头式间歇声化学反应器内超声降解污泥中的化学污染物，尤其是易挥发有机污染物，已在技术上取得了较为满意的效果，但从经济上考虑，由于其能量利用率低，与其他污泥处理技术相比，仍存在处理率低、费用高等问题。如何通过优化参数和改进反应器结构，进一步提高降解效率、降低成本是目前急需解决的问题之一。

10.6.2 超声技术与其他技术联合应用

尽管超声技术应用于污泥处理还有许多需要解决的问题，但作为一种新兴技术用于处理污泥中的污染物，特别是难降解有毒有机污染物仍具有重要的研究价值，它可以单独使用，也可以与其他处理技术联合应用而更显示其优越特性。

（1）超声/光催化联用技术

光催化法处理有机污染物被认为是一种有效的方法，在以 TiO_2 为催化剂的光催化处理过程中，TiO_2 微小颗粒的分散以及处理结束后 TiO_2 的回收是该过程工业化的难题。采用超声波的分散效应，可使 TiO_2 均匀分散，以有利于提高其催化活性；在 TiO_2 的回收处理中，改变操作条件，可使 TiO_2 尽快凝聚沉降。例如在 0.2%的光催化剂 TiO_2 存在下，采用紫外光照射可有效分解五氯苯酚，再辅之以超声辐照，则可在相同条件下使五氯苯酚的分解率提高 20%。

（2）超声/臭氧氧化联用技术

臭氧作为一种强氧化剂，已被广泛用于氧化和消毒，而用于污泥处理工业化过程的核心是臭氧能够很好地溶解分散在污泥介质液中。在臭氧接触室中引入高功率超声波，则可使臭氧充分分散与溶解，提高臭氧氧化能力，节省电能，降低臭氧的消耗量。应用超声/臭氧联合净化技术可以提高处理效率，超声空化能使细菌分裂，使臭氧气泡保持较小的状态，从而提供较大的氧化面积，大大提高杀菌能力。Olson 等采用超声/臭氧氧化法降解污泥中的有毒有机物时发现，辅以超声波能够大幅度提高降解速率，其原因被认为是挥发性中间产物可在空化泡内直接燃烧和臭氧在超声作用下分解速率较快所致。赵朝成等研究了超声/臭氧氧化处理硝基苯废水，实验结果表明，超声辐射可以在臭氧氧化过程中起加速反应的作用，而且随着超声功率的增大，加速反应的能力增强；废水初始 pH 值为 11 时硝基苯的去除效果较佳；随着臭氧通入量的增大、反应时间的延长，硝基苯去除率不断增大。

（3）超声/电化学联用技术

大多数有机污染物在阳极氧化时可降解为 CO_2 和 H_2O。然而，在电解法处理过程中，有机物在电极氧化或还原时，会在电极表面生成一层聚合膜，从而改变电极表面的性质，导致电极活性下降和电耗增加；此外，大多数有机物在水中溶解度相对较小，致使在反应系统中多呈悬浮小颗粒存在，导致电化学反应器的处理能力降低；再者，有机物在溶液中的传质速率一般较小。

大功率超声技术是解决上述问题较有效的方法。利用超声的空化效应，可在电化学反应中使电极不形成覆盖层，而且超声空化效应可使有机反应物和反应产物在三维电极表面上的扩散速度加快；或当电极活性下降到一定程度后用超声波处理以消除电极表面的杂质，使电极复活；超声还可使有机物在水溶液中充分扩散，从而大幅度提高反应器的处理能力。利用超声波产生的强化传质效应，即超声波能破坏液固界面上的滞留层，还可强化反应物从液相主体向电极表面的传质过程，消除由传质扩散而引起的浓差极化。另外，超声空化效应有利于协同电催化过程产生 HO · 自由基使污泥中的化学污染物发生分解。Mizera 等在电解氧化处理酚类物质时发现，如果无超声存在，则只有 50%的分解率。如在含酚 100g/L 及 NaCl 2g/L 的废水中，使用 25kHz、10W/cm^2 的超声处理时，可有 80%的酚被氧化成顺丁烯二酸。Frabelsi 等利用此技术降解水中的酚，也取得了良好的效果。

（4）超声/光化学氧化反应（UV/US）

将超声引入光化学氧化技术中可提高物质的传递速率，加速光化学氧化反应的速率，改善降解效果。超声波技术本身也是一种处理废水的有效手段，使用的超声波频率范围一般为 $2\times10^4 \sim 1\times10^7$ Hz。采用光化学氧化技术与超声技术联合降解处理有机物，其降解效率往往比单独采用光化学氧化技术或超声技术处理好。将超声波技术的"空化作用"配以紫外光辐射，可以增强氧化剂的氧化能力，加快反应速率，提高有机物的降解效果。超声/光化学氧化技术(UV/US)在处理染料废水方面已被证明有很好的效果。

除上述几种联用技术外，人们也尝试采用超声/H_2O_2联用、超声/O_3/UV联用和超声/化学氧化联用等技术来处理城市生活污泥。通过这些联用技术，能更快速降解化学污染物，而且只要条件适合，有机物可以被彻底矿化为CO_2和无机离子，是一种环境友好的处理技术，具有较好的应用前景。

参考文献

[1] 闫怡新，高健磊，丁静雨．超声波促进污泥过程减量化的研究进展及展望[J]．环境工程，2017，35(5)：116-120.

[2] 戴世宇，杨兰，王东田．超声波/絮凝剂联用于净水污泥脱水机理研究[J]．工业安全与环保，2017，43(7)：68-71，82.

[3] 梁波，陈海琴，关杰．超声波处理城市剩余污泥脱水性能研究进展[J]．工业用水与废水，2017，1-6.

[4] 周翠红，凌鹰，曾萌，等．微波/超声波对污泥粒度与水分的影响[J]．环境工程学报，2017，11(1)：529-534.

[5] 蔺舒，白向玉，周磊，等．低声能密度超声波破解污泥的效果研究[J]．环境污染与防治，2015，37(2)：78-82.

[6] 郭超，刘怀英，裴以军，等．超声预处理剩余污泥水解试验研究[J]．工业安全与环保，2015，41(4)：38-40.

[7] 董艳丽，高立娣，谷信晨．超声辅助生物表面活性剂去除污泥中的重金属[J]．化工时刊，2015，29(7)：14-17，23.

[8] 朱易春，李欣，杜茂安，等．低强度超声辐照对厌氧污泥性能的影响[J]．中国给水排水，2015，31(21)：25-29.

[9] 刘琦，路立，王芬，等．超声破解污泥对硝酸盐还原酶活力的影响[J]．中国给水排水，2015，31(9)：15-18.

[10] 刘庆玉，郑良灿，张朝龙．超声预处理污泥对厌氧催化的影响[J]．沈阳农业大学学报，2015，46(3)：368-372.

[11] 马德刚，翟君，柯忱，等．超声辅助对污泥电脱水的特性改进[J]．环境工程学报，2015，9(8)：3991-3996.

[12] 翟君．污泥的弱超声电渗透脱水技术的研究[D]．天津：天津大学，2015.

[13] 李现瑾，苑春莉，余宏，等．厌氧处理结合超声空化高效破解剩余污泥[J]．东北大学学报(自然科学版)，2015，36(6)：868-871，891.

[14] 赵芳，程道来，陈振乾．超声波处理对污泥热风干燥过程的影响[J]．农业工程学报，2015，31(4)：272-276.

[15] 冯银芳．高铁酸钾-超声联合对印染污泥溶胞及脱水性能的影响研究[D]．广州：广东工业大学，2015.

[16] 伍琳瑛．脉冲超声耦合水力空化浸取分离污泥中重金属的研究[D]．广州：华南理工大学，2015.

[17] 杨兰．超声辅助处理净水污泥用于去除废水中磷和氨氮研究[D]．杭州：浙江工业大学，2015.

[18] 张萍．超声作用对给水污泥回流强化混凝的效能影响研究[D]．北京：北京工业大学，2015.

[19] 汤曼琳．污泥超声预处理的机理研究[D]．上海：东华大学，2014.

[20] 由美雁．流化剪切与超声联合作用下剩余污泥的破解研究[D]．沈阳：东北大学，2014.

[21] 邬艳．超声作用对净水沉淀污泥絮体特性的影响[D]．北京：北京工业大学，2014.
[22] 王志娟．超声波及超声波/碱预处理污泥水解产酸效果的研究[D]．邯郸：河北工程大学，2014.
[23] 丁园，余小芬，刘运坤，等．超声-冻融联合技术对污泥理化性质的影响[J]．贵州农业科学，2014，42(10)：252-254.
[24] 由美雁，李现瑾，王利伟，等．超声破解剩余污泥的研究[J]．东北大学学报(自然科学版)，2014，35(3)：447-451.
[25] 刘昌，曾萍，宋永会，等．超声与碱预处理对剩余污泥磷及有机物释放的影响[J]．环境科学学报，2014，34(5)：1276-1284.
[26] 孙成江，邱立平，王嘉斌，等．低强度超声辐射对活性污泥微生物种群结构及活性的影响[J]．济南大学学报(自然科学版)，2014，28(5)：395-400.
[27] 周磊，白向玉，许新海，等．超声波-氢氧化钙联合破解剩余污泥的效果[J]．环境科学与技术，2014，37(9)：120-125.
[28] 陈仁义．超声-Fenton 氧化对啤酒工业污泥破解效果的影响研究[D]．南宁：广西大学，2014.
[29] 邱松．超声结合 Fenton 反应消减剩余活性污泥量的研究[D]．北京：北京大学，2013.
[30] 董贞君，马千然，刘洋，等．超声波处理 VC 发酵污水/污泥的研究[J]．食品科学技术学报，2013，31(2)：62-66.
[31] 张志强，李向蓉，张姣，等．超声波从剩余污泥中提取微生物絮凝剂的研究[J]．同济大学学报(自然科学版)，2013，41(2)：234-239.
[32] 康晓荣．超声联合碱促进剩余污泥水解酸化及产物研究[D]．哈尔滨：哈尔滨工业大学，2013.
[33] 康晓荣，张光明，刘亚利，等．碱调理超声破解污泥产酸及生物群落研究[J]．中国给水排水，2013，29(7)：89-92.
[34] 陈传政．超声破解剩余活性污泥的实验与理论研究[D]．沈阳：东北大学，2013.
[35] 赵欢，陈元飞，陈立宇．超声萃取法处理含油污泥[J]．环境工程学报，2012，6(6)：2104-2108.
[36] 宋新南，陈波，刘莉红，等．超声对城市污泥处理稳定性的影响[J]．江苏农业科学，2012，40(11)：362-364.
[37] 宋新南，刘莉红，侯杏平，等．超声破解对污泥表面性质的影响[J]．江苏农业科学，2012，40(1)：329-331.
[38] 朱易春，杜茂安，张光明，等．厌氧污泥性质对超声破解效率的影响[J]．环境工程学报，2012，6(11)：4223-4227.
[39] 刘畅．超声预处理组合技术改善污水污泥厌氧消化的研究[D]．武汉：华中科技大学，2011.
[40] 刘峻，刘永德，赵继红，等．超声处理对系统剩余污泥减量效果的研究[J]．中国给水排水，2011，27(1)：58-61.
[41] 张宁宁，吴胜举．污泥的超声破解实验研究[J]．应用声学，2011，30(2)：118-123.
[42] 胡凯，赵庆良，苗礼娟，等．剩余污泥超声强化预处理及其厌氧消化效果[J]．浙江大学学报(工学版)，2011，45(8)：1463-1468.
[43] 童文锦，孙水裕，郑莉，等．城市污水污泥超声波预处理的研究[J]．环境科学与技术，2010，33(5)：133-135，139.
[44] 严媛媛，冯雷雨，张超杰，等．超声能量密度对污泥脱水性能的影响[J]．化工学报，2010，61(2)：491-495.
[45] 尹洪军，蒲贵兵，吕波．污水污泥厌氧消化的超声预处理研究进展[J]．水处理技术，2009，35(9)：6-10.

[46] 吴岩峰．超声破解技术在污水污泥处理中的应用研究[D]．重庆：重庆大学，2008.
[47] 杨洁，季民，韩育宏，等．污泥碱解和超声破解预处理的效果研究[J]．环境科学，2008，29(4)：1002-1006.
[48] 张宁宁．超声破解污泥的研究应用[D]．西安：陕西师范大学，2007.
[49] 薛玉伟，季民，李文彬．超声功率对超声破解污泥的影响[J]．化工学报，2007，58(4)：1037-1042.
[50] 薛玉伟，季民．污泥超声破解的最佳超声频率选择[J]．天津大学学报，2007，40(6)：747-751.